数学分析教程

Mathematics

上册

许绍溥　姜东平　编著

南京大学出版社

图书在版编目(CIP)数据

数学分析教程．上册 / 许绍溥,姜东平编著.－－2
版.－－南京:南京大学出版社,2013.11
ISBN 978－7－305－12226－2

Ⅰ.①数… Ⅱ.①许… ②姜… Ⅲ.①数学分析－高
等学校－教材 Ⅳ.①O17

中国版本图书馆 CIP 数据核字(2013)第 226882 号

出版发行 南京大学出版社
社　　址 南京市汉口路22号　　邮　编　210093
网　　址 http://www.NjupCo.com
出 版 人 左　健

书　　名 数学分析教程(上册)
编　　著 许绍溥　姜东平
责任编辑 马冀冀　吴　华　　　　　编辑热线　025－83596997

照　　排 江苏南大印刷厂
印　　刷 丹阳市兴华印刷厂
开　　本 880×1230　1/32　印张 21　字数 527 千
版　　次 2013 年 11 月第 2 版　2013 年 11 月第 1 次印刷
印　　数 1～2 000
ISBN 978－7－305－12226－2
定　　价 42.00 元

发行热线　025－83594756　83686452
电子邮箱　Press@NjupCo.com
　　　　　Sales@NjupCo.com(市场部)

内容提要

　　《数学分析教程》第一版在南京大学数学系连续使用了近二十年.本书第二版我们对全书作了详细修订.全书概念准确,论证严谨,文字浅显易懂,便于自学.丰富多彩的例题与多层次的习题大大加强了传统的分析技巧的训练,同时又注意适当引进近代分析的概念.本书可作为综合性大学、师范院校数学系各专业的教材,也可作为其他对数学要求较高的专业的教材或教学参考书,还可作为高等学校数学教师以及其他数学工作者参考用书以及研究生入学考试的复习用书.

　　全书分上下两册出版.上册共9章,包括极限理论、一元函数微积分、多元函数及其微分学.下册共10章,包括级数理论、傅里叶级数、反常积分与含参变量积分、线积分、面积分与重积分、囿变函数与RS积分、场论等.

编者的话

　　《数学分析教程》第一版在南京大学数学系连续使用了近二十年.本书第二版我们对全书作了详细修订.考虑到本教材是为数学系各专业编写的基础课教材,在修订过程中,编者们力求做到:

　　使读者获得广博而坚实的分析基础.为此,不但对数列的极限、实数系的基本定理、函数的一致连续性、欧几里得空间的基本性质、向量值函数、函数项级数和含参变量积分、一致收敛性等部分作了适当的加强,而且还增加了连续性的拓扑学定义、上下连续和霍尔德连续以及凸函数的性质.此外,在第18章增加了围变函数和RS积分的内容,这不但使得傅里叶级数的某些定理叙述得更为完美,证明更为简单,而且还为实变函数论中的LS积分打下了基础.在第6章增加了一节"简单的微分方程",这既可以增加不定积分的训练,又可以使后续的常微分方程课得以删去过于简单的内容.

　　对各种概念的叙述准确严谨,全书的论证严密,具有科学性、逻辑性.例如,在极限理论中一开始就给出了极限的严格定义,并由此展开数学分析的全部内容.极限及连续性的理论都一次完成,而不采用一度流行过的先方法后理论的两步走方案.在阐述定积分概念时,特别强调指出定积分这一极限过程与函数的极限、数列的极限以及级数求和的不同,并指出在可积性确认以后又可把积分和的极限看成数列的极限.在论证由方程组所定义的隐函数时,增加了关于唯一性的几行文字,避免了不少教材普遍存在的一个疏漏.

　　加强传统的分析技巧的训练.为此,选择了大量具有启发性、典型性的例题,并注意一题多解,前后呼应.其次,精心选择了一整套习题,安排在每节后面的是理解概念掌握基本方法所必备的,其中虽也有些较为困难,但为数不多.每章后面的总习题,大部分都有一定的难度,需要适当的技巧.它要求读者融会贯通所学到的数学分析知识,有时还涉及平行学科的有关内容,这些题目在类型上既有广泛性又有代表性,对于立志报考硕士生的读者是有所裨益的.

有广泛的适应性,易教易学.在证明比较困难的定理时,往往先进行适当的分析,以诱导读者的思路.对于较难的例题,在给出解法的同时,指出思想方法,讲清来龙去脉.对于容易模糊的概念,反复强调,不厌其烦.全部习题,书末都附有答案,难题还给出提示.

所有这一切,都是编者们所着意追求的,但由于水平所限,力不从心之处在所难免,热切希望得到同行以及广大读者的批评指正.

还需着重指出的是,本书对于实数理论的处理,采用的是逻辑学的方法,这与当前全国流行的种种教材完全不同.编者认为,这对于读者在后继课中理解函数空间的扩张是有好处的.

考虑到当今中学的教材内容,本书不再专门叙述函数概念以及集合的基础知识,这无论对于使用本书的学生、教师,还是用本书来自学的读者都不会产生不便.

全书共19章,240学时可以讲完,对部分要求较低的读者以及学时不够充裕的教师,实数理论、上下连续、霍尔德连续、RS积分以及微分形式及其积分等内容可部分删去,这不会给整个教学过程带来困难.

本书是编者们长期从事数学分析教学工作的结晶.第 1～5 章、第 6～9 章分别由许绍溥、姜东平执笔,第 10～16 章以及第 17 章 17.1～17.4 由宋国柱执笔,第 18～19 章以及第 17 章 17.5 由任福贤执笔.

本书第二版的出版与发行得到了南京大学出版社的大力支持,编者谨此一并表示衷心的感谢.

目　录

第1章　极限理论

第 4 章　利用导数研究函数

第 5 章　实 数 理 论

第6章 不定积分

第7章 定 积 分

第 8 章 多 元 函 数

第 9 章　多元函数的微分学

第 1 章　极限理论

极限理论是数学分析中的最基本理论之一，它是初等数学与高等数学的分水岭，整个数学分析可以说就是研究形形色色的极限．本章介绍数列的极限、函数的极限、实数系的基本定理．此外，还引进了上极限、下极限的概念，这对处理某些极限问题会带来方便．

1.1　数列的极限

1.1.1　数列极限的定义

在中学数学教材中已经指出：**数列**是一个定义域为自然数数集（记为 **N**）的函数，即自变量从小到大依次取自然数时，相对应的一系列有顺序的函数值．它也可看成一个 **N→R** 的映射（其中 **R** 记所有实数的集合）．

数列的一般形式可以写成为

$$x_1, x_2, x_3, \cdots, x_n, \cdots$$

其中 x_n 称为**数列的第 n 项**，或者称为**通项**．为书写简单起见，把上面的数列简单记为 $\{x_n\}$．当它和通项不会发生混淆时也记为 x_n．

数列和集合是有差别的．其一为数列中的元素（即项）是有一定次序的，而集合中的元素是没有次序的；其二为数列中各元素可以相同，而集合中各元素是不同的．所以有时将数列 $\{x_n\}$ 称为集合 $\{x_n\}$ 时，就约定该集合是由数列中所有互不相同的项为元素所组成的集合．

对于一个 $\{x_n\}$ 来说,当 n 无限增大时,对应的值 x_n 可能是毫无规律的,但也有一类数列,当 n 无限增大时,x_n 趋近于某一个定数 a,这种趋近过程可以是多种多样的,比如 x_n 的值随 n 的增加而增加,而且不断向 a 靠近;x_n 的值随 n 的增加而减少,而且不断向 a 靠近;x_n 的值随 n 增加而减小,而且不断向 a 靠近;x_n 的值随 n 增加时而大于 a 时而小于 a,但不断向 a 靠近;当 n 无限增大时,x_n 可以不等于 a,也可以等于 a,或者可以有无穷多项等于 a,甚至可以每一项都等于 a. 怎样用数学的语言来描述"n 无限增大时,x_n 趋近于 a"呢? 也即怎样用客观的尺度来衡量"无限增大"及"趋近于"呢? 这就是我们下面要讲的"极限的 $\varepsilon - N$ 定义".

对于数列 $\{x_n\}$,如果存在一个实数 a,无论预先指定多么小的正数 ε,都能在数列中找到一项 x_N,使得这一项后面的所有项与 a 的差的绝对值都小于 ε,这时就把实数 a 叫做数列 $\{x_n\}$ 的**极限**.

我们用简单的数学语言概括成下面的定义.

定义($\varepsilon - N$) $\{x_n\}$ 是已知数列,a 为已知实数,如果对任给 $\varepsilon > 0$,存在 $N \in \mathbf{N}$,当 $n \in \mathbf{N}$ 且 $n > N$ 时,就有

$$|x_n - a| < \varepsilon, \tag{1.1}$$

则称当 $n \to \infty$ 时,$\{x_n\}$ **有极限 a**,也可称当 $n \to \infty$ 时,$\{x_n\}$ **收敛于 a**,或趋于 a,记为

$$\lim_{n \to \infty} x_n = a,$$

或

当 $n \to \infty$ 时,$x_n \to a$,

及

$$x_n \to a \quad (n \to \infty).$$

其中 lim 是 limit(极限)的缩写.

有了收敛的概念后,有必要在这里提一下它的反面——发散.

定义(发散) 若 $\{x_n\}$ 不以任何实数为极限,就称 $\{x_n\}$ 是**发散数列**,简称 $\{x_n\}$ **发散**.

对于数列极限的 $\varepsilon\text{-}N$ 定义,虽然在中学里已经讲过,这里仍有必要对其中的细节再强调一次.

$1°$ ε 的任意性.确切地说,定义中的 ε 是否可以任意小.

$2°$ N 的存在性.一旦 ε 选定后,N 就能找到.这个 N 可能随 ε 变动(一般地说,ε 越小,N 就得越大).有时为了突出这种依赖关系,就记 N 为 N_ε 或 $N(\varepsilon)$.也就是把 N 看成是 ε 的函数.又因为对选定的 ε,若 N 满足定义中的要求,则 $N+1,N+2,\cdots$ 当然更满足要求,也可以选为定义中的 N,所以这时函数 $N(\varepsilon)$ 已经不是单值确定的了,而有无穷多个值可以适用.但在定义中,实际上只关心 N 的存在性,它可以从这无穷多个值中任意选一个,而不必去找最小的 N.

$3°$ ε 必须为正实数.若取 $\varepsilon<0$ 或 $\varepsilon=0$,则(1.1)式永远不能成立,从而得出任意数列都没有极限存在的结论.

$4°$ 定义中有些话的先后次序不能随意改变.比如改成"存在 $N\in\mathbf{N}$,对任给 $\varepsilon>0$,只要 $n\in\mathbf{N}$ 且 $n>N$ 时,就有……"就不行了.因为这修改后的话表示:该 N 对所有正的 ε 都适用,一般说这是不可能的.但是,这并不说明定义中的语句不可修改.在对 $\varepsilon\text{-}N$ 定义中的有些语句作适当的修改后,可以得出和 $\varepsilon\text{-}N$ 定义等价的定义.请读者自己动手对一些地方做些修改,并给予证明.下面我们给出一个修改,因为它使用方便,所以以后经常用到它.

$\varepsilon\text{-}N$ 定义(记为 A)的等价定义(记为 B):任给 $\varepsilon>0$,存在 $N\in\mathbf{R}$,当 $n\in\mathbf{N}$ 且 $n>N$ 时,就有

$$|x_n-a|<m\varepsilon, \tag{1.2}$$

(其中 m 为与 ε 无关的正常数),则称 $n\to\infty$ 时,$x_n\to a$.

显然 A 成立时必有 B 成立,因为 $\mathbf{N}\subset\mathbf{R}$,所以存在 $N\in\mathbf{N}$,必有 $N\in\mathbf{R}$.而 A 中(1.1)成立,对应于 B 中 $m=1$ 时的情况,其中 $m=1$ 显然是与 ε 无关的正常数,所以 B 成立.

反之，若 B 成立，即任给 $\varepsilon>0$，对 $\varepsilon_1=\dfrac{1}{m}\varepsilon>0$，存在 $N_1\in\mathbf{R}$，当 $n\in\mathbf{N}$ 且 $n>N_1$ 时，就有

$$|x_n-a|<m\varepsilon_1=\varepsilon.$$

若用 $[x]$ 记不超过 x 的最大整数（简称 x 的取整）. 取 $N=[N_1]$，则当 $n\in\mathbf{N}$ 且 $n>N$ 时，更有

$$|x_n-a|<\varepsilon,$$

即 A 也成立.

在中学的数学教材中，已经用 ε-N 定义证明了

$$\lim_{n\to\infty}\frac{(-1)^{n+1}}{n}=0,$$

$$\lim_{n\to\infty}\frac{n}{n+1}=1.$$

显见，对于每项都等于 a 的常数列，它以 a 为极限，下面再给出一些例子.

例 1 证明当 $|q|<1$ 时，有 $q^n\to0(n\to\infty)$

证 对于任给 $\varepsilon>0$，最后要求有

$$|q^n-0|<\varepsilon,$$

即

$$|q^n|<\varepsilon.$$

对 $q=0$ 时不等式显然成立，否则取对数后，得

$$n\ln|q|<\ln\varepsilon.$$

注意到 $\ln|q|<0$ 这一点后，必须要求

$$n>\frac{\ln\varepsilon}{\ln|q|}.$$

因此，对于任意 $\varepsilon>0$，取 $N=\left[\left|\dfrac{\ln\varepsilon}{\ln|q|}\right|\right]$，当 $n\in\mathbf{N}$ 且 $n>N$ 时，就有

$$|q^n-0|<\varepsilon,$$

即

$$n \to \infty 时, q^n \to 0.$$

例 2　证明当 $a>1$ 时,有 $a^{\frac{1}{n}} \to 1 (n \to \infty)$.

证　用例 1 的证法同样可以证本例,今换一种方法,用预先建立不等式的方法来证明.

由二项式展开式取两项,得

$$(1+A)^n > 1 + nA \quad (A>0).$$

令

$$A = a^{\frac{1}{n}} - 1, x_n = a^{\frac{1}{n}}.$$

得

$$|x_n - 1| = |a^{\frac{1}{n}} - 1| = A < \frac{1}{n}[(1+A)^n - 1]$$

$$= \frac{1}{n}(a-1).$$

任给 $\varepsilon>0$,要

$$|x_n - 1| < \varepsilon,$$

只要

$$\frac{1}{n}(a-1) < \varepsilon,$$

即

$$n > \frac{a-1}{\varepsilon},$$

所以对于上面给的 $\varepsilon>0$,只要取 $N = \left[\dfrac{a-1}{\varepsilon}\right]$,当 $n \in \mathbf{N}$ 且 $n>N$ 时,就有

$$|x_n - 1| < \varepsilon,$$

即

$$\lim_{n \to \infty} a^{\frac{1}{n}} = 1.$$

例 3 证明

$$\lim_{n \to \infty} \sqrt[n]{n} = 1. \tag{1.3}$$

证 因为

$$n = (\sqrt[n]{n})^n = [1 + (\sqrt[n]{n} - 1)]^n > \frac{n(n-1)}{2!}(\sqrt[n]{n} - 1)^2,$$

其中取了二项式展开式的第三项,最后得

$$\sqrt[n]{n} - 1 < \sqrt{\frac{2}{n-1}},$$

任给 $\varepsilon > 0$,取 $N = \left[\dfrac{2}{\varepsilon^2} + 1\right]$,当 $n \in \mathbf{N}$ 且 $n > N$ 时,就有

$$0 < \sqrt[n]{n} - 1 < \varepsilon,$$

即

$$\lim_{n \to \infty} \sqrt[n]{n} = 1.$$

例 4 证明

$$\lim_{n \to \infty} \frac{n^2 + n + 1}{2n^2 + 1} = \frac{1}{2}.$$

证 因为

$$\left| \frac{n^2 + n + 1}{2n^2 + 1} - \frac{1}{2} \right| = \left| \frac{2n+1}{2(2n^2+1)} \right| < \frac{2n+1}{n^2}$$

$$= \frac{2}{n} + \frac{1}{n^2} \leqslant \frac{3}{n},$$

对于任给 $\varepsilon > 0$,只要取 $N = \left[\dfrac{3}{\varepsilon}\right]$,当 $n \in \mathbf{N}$ 且 $n > N$ 时,就有

$$\left| \frac{n^2 + n + 1}{2n^2 + 1} - \frac{1}{2} \right| < \frac{3}{n} < \varepsilon,$$

即

$$\lim_{n \to \infty} \frac{n^2 + n + 1}{2n^2 + 1} = \frac{1}{2}.$$

以上四例基本上是两种方法,其一是对 $|x_n - a|$ 进行放大,简

称为放大法;其二是先建立不等式. 两者都要求最后结果是可以任意小的(以后我们将称它为无穷小). 假如放大后结果不是可以任意小的,比如

$$|x_n-a|<4n,$$

就不能要求 $4n<\varepsilon$ 了,这样建立起来的不等式已无用. 初学者易犯此错误.

了解了 $\varepsilon\text{-}N$ 定义后,下面介绍 $\varepsilon\text{-}N$ 定义的几何意义.

定义(a 的 ε-邻域) a 的 **ε-邻域**是指数轴上和 a 的距离小于 ε 的所有点的集合,也就是开区间 $(a-\varepsilon,a+\varepsilon)$. 其中**区间的长度称为邻域的长度**,而 ε 称为**邻域的半径**.

这样,(1.1)式

$$|x_n-a|<\varepsilon,$$

就表示 $x_n\in(a-\varepsilon,a+\varepsilon)$,或者 x_n 属于 a 的 ε-邻域.

将 $\varepsilon\text{-}N$ 定义用几何语言来表示,其中"任给 $\varepsilon>0$"表示在实轴上任意给了一个开区间(图 1.1 中划有斜线部分),因为 ε 是任意的,所以该邻域的长度可以任意的小. "存在 $N\in\mathbf{N}$,当 $n\in\mathbf{N}$ 且 $n>N$ 时,就有 $|x_n-a|<\varepsilon$"表示存在一个足码 N,而所有足码大于 N 的点 x_n 都属于邻域 $(a-\varepsilon,a+\varepsilon)$. 而在 a 的 ε-邻域外,只有 $\{x_n\}$ 中前 N 项可能存在. 这就是极限定义的几何意义.

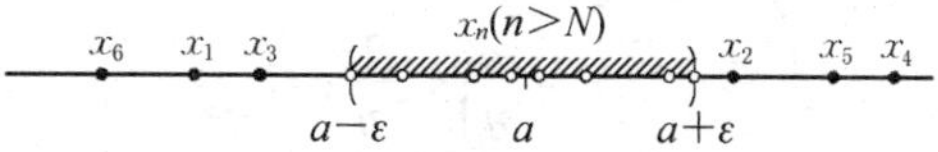

图 1-1

用 $\varepsilon\text{-}N$ 定义来证明"x_n 不以 a 为极限",对初学者来说并不顺利,它要将原来意义反过来叙述,即

存在一个 $\varepsilon_0>0$,对任意的 $N\in\mathbf{N}$,都存在 $n_0\in\mathbf{N}$,虽然 $n_0>N$,但

$$|x_{n_0}-a|\geqslant\varepsilon_0.$$

这里把原来"任意"的地方改成"存在",而原来"存在"的地方改成了"任意".

上述讲法还可以改写成:存在一个 $\varepsilon_0>0$,对任意的 $k\in\mathbf{N}$,都存在 $n_k\in\mathbf{N}$,虽然 $n_k>k$,但是

$$|x_{n_k}-a|\geqslant\varepsilon_0.$$

例 5 证明 $\left\{1+(-1)^n-\dfrac{5}{n}\right\}$ 不以零为极限.

证 取 $\varepsilon_0=\dfrac{1}{2}$,对于任意 $k\in\mathbf{N}$,取 $n_k=2k+6$ 时,有

$$|x_{n_k}-0|=1+1-\frac{5}{2k+6}>2-\frac{5}{6}>1>\varepsilon_0,$$

所以 $\left\{1+(-1)^n-\dfrac{5}{n}\right\}$ 不以零为极限.

1.1.2 无穷小量·无穷大量

若 $\{x_n\}$ 以零为极限,则称 x_n 为**无穷小量**或**无穷小**. 这样,无穷小只是收敛数列的特例. 例如,前段讲的例 1 中,$q^n(|q|<1)$ 就是无穷小量. 下面再举一些复杂一点的例子.

例 1 证明 $\dfrac{a^n}{n!}$ 是无穷小量$(a>0)$.

证 当 $[a]=0$ 时,有

$$x_n=\frac{a^n}{n!}<\frac{1}{n};$$

当 $[a]\neq0$ 时,设 $n>[a]$,则

$$|x_n-0|=\frac{a^n}{n!}=\frac{a}{1}\frac{a}{2}\cdots\frac{a}{[a]}\frac{a}{[a]+1}\cdots\frac{a}{n}\leqslant\frac{a^{[a]}}{[a]!}\frac{a}{n}$$
$$=\frac{a^{[a]+1}}{[a]!}\frac{1}{n}.$$

对于任给 $\varepsilon>0$,要

$$|x_n-0|<\varepsilon,$$

只要

$$\frac{a^{[a]+1}}{[a]!}\frac{1}{n}<\varepsilon,$$

或

$$\frac{1}{n}<\varepsilon.$$

即

$$n>\frac{a^{[a]+1}}{\varepsilon[a]!},$$

或

$$n>\frac{1}{\varepsilon}.$$

故对上面给的 $\varepsilon>0$,取

$$N=\max\left\{[a],\frac{a^{[a]+1}}{\varepsilon[a]!},\frac{1}{\varepsilon}\right\},$$

(其中 max 是 maximun 的缩写,意为最大者)当 $n\in\mathbf{N}$ 且 $n>N$ 时,就有

$$|x_n|<\varepsilon.$$

即 $\dfrac{a^n}{n!}$ 是无穷小量.

例2 证明当 $0<a<1$ 时,$[(n+1)^a-n^a]$ 是无穷小量.

证 由

$$|(n+1)^a-n^a|=n^a\left[\left(1+\frac{1}{n}\right)^a-1\right]<n^a\left[\left(1+\frac{1}{n}\right)-1\right]$$

$$=\frac{1}{n^{1-a}}$$

立即可得所述结论.

例3 已知

$$\lim_{n\to\infty}(x_n-x_{n-2})=0,$$

证明

$$\lim_{n\to\infty}\frac{x_n-x_{n-1}}{n}=0.$$

证 因为

$$\lim_{n\to\infty}(x_n-x_{n-2})=0$$

所以,任给 $\varepsilon>0$,存在 $N\in\mathbf{N}$,当 $n\in\mathbf{N}$ 且 $n\geqslant N$ 时(这里加了等号并不改变 ε - N 定义实质),有

$$|x_n-x_{n-2}|<\varepsilon.$$

从而,当 $n>N$ 时,有

$$\begin{aligned}
\frac{1}{n}|x_n-x_{n-1}|=&\frac{1}{n}|(x_n-x_{n-2})-(x_{n-1}-x_{n-3})\\
&+(x_{n-2}-x_{n-4})-(x_{n-3}-x_{n-5})+\cdots\\
&\pm[(x_{N+1}-x_{N-1})-(x_N-x_{N-2})\\
&+x_{N-1}-x_{N-2}]|,
\end{aligned}$$

其中方括号前的正负号可由 n,N 的奇偶性决定,对解题没有影响. 因此

$$\begin{aligned}
\frac{1}{n}|x_n-x_{n-1}|\leqslant&\frac{1}{n}[|x_n-x_{n-2}|+|x_{n-1}-x_{n-3}|+\cdots\\
&+|x_N-x_{N-2}|+|x_{N-1}|+|x_{N-2}|]\\
<&\frac{1}{n}[(n-N+1)\varepsilon+|x_{N-1}|+|x_{N-2}|]\\
\leqslant&\varepsilon+\frac{|x_{N-1}|+|x_{N-2}|}{n}.
\end{aligned}\tag{1.4}$$

对于选定了的 N,$|x_{N-1}|+|x_{N-2}|$ 是固定数,从而 $\frac{1}{n}(|x_{N-1}|+|x_{N-2}|)$ 是无穷小量,因此,对该 ε 来说,存在 $N_1\in\mathbf{N}$ $\left(\text{只要取 }N_1=\left[\dfrac{|x_{N-1}|+|x_{N-2}|}{\varepsilon}\right]\text{就可}\right)$,当 $n\in\mathbf{N}$ 且 $n>N_1$ 时,有

$$\frac{|x_{N-1}|+|x_{N-2}|}{n}<\varepsilon.$$

代入(1.4)式,得对于任给的 $\varepsilon>0$,取 $N_2=\max(N,N_1)$,当 $n\in\mathbf{N}$

且 $n>N_2$ 时,就有

$$\frac{1}{n}|x_n-x_{n-1}|<2\epsilon,$$

即

$$\lim_{n\to\infty}\frac{x_n-x_{n-1}}{n}=0.$$

定义(无穷大量) 设 $\{x_n\}$ 是已知数列,若任给 $E\in\mathbf{R}$,存在 $N\in\mathbf{N}$,当 $n\in\mathbf{N}$ 且 $n>N$ 时,就有

$$|x_n|>E, \tag{1.5}$$

则称 x_n 为无穷大量,或 x_n 以无穷大为极限,或 x_n 发散到无穷. 记为

$$\lim_{n\to\infty}x_n=\infty,$$

或者   当 $n\to\infty$ 时,$x_n\to\infty$.

如果将(1.5)式改成为

$$x_n>E, \quad(\text{或 } x_n<-E)$$

则称 x_n 为正无穷大量,或 x_n 以正无穷大为极限,或 x_n 发散到正无穷.(x_n 为负无穷大量,或 x_n 以负无穷大为极限,或 x_n 发散到负无穷.)记为

$$\lim_{n\to\infty}x_n=+\infty \quad(-\infty),$$

或者

$$\text{当 } n\to\infty \text{ 时}, \quad x_n\to+\infty(-\infty).$$

在不会发生误解时,常把 $+\infty$ 记为 ∞,例如 $n\to+\infty$ 一直记为 $n\to\infty$.

例 4 证明当 $|q|>1$ 时,有

$$\lim_{n\to\infty}q^n=\infty.$$

证 任给 $E\in\mathbf{R}$,假设 $E>0$(否则对任何 n 都有 $|q^n|>E$),要

$$|q^n|>E,$$

只要

$$n\ln |q|>\ln E,$$

即

$$n>\frac{\ln E}{\ln |q|}.$$

所以,对任给的 $E\in\mathbf{R}$,只要取 $N>\dfrac{\ln E}{\ln |q|}$,当 $n\in\mathbf{N}$ 且 $n>N$ 时,就有

$$|q^n|>E,$$

即

$$\lim_{n\to\infty}q^n=\infty.$$

例5 证明

$$\lim_{n\to\infty}n! =+\infty.$$

由 $n! >n$,立即可从定义得出证明.

例6 当 $a>1$ 时,$[(n+1)^a-n^a]$ 是无穷大量.

证 由

$$(n+1)^a-n^a=n^a\left[\left(1+\frac{1}{n}\right)^a-1\right]>n^a\left[\left(1+\frac{1}{n}\right)-1\right]$$
$$=n^{a-1},$$

立即可得所需的结论.

由极限的几何意义,得无穷小量的几何意义为:任给原点的一个 ε-邻域$(-\varepsilon,\varepsilon)$,都能找到一个项 x_N,使得这项以后的各项 x_n 都属于该邻域.(见图 $1-2$)

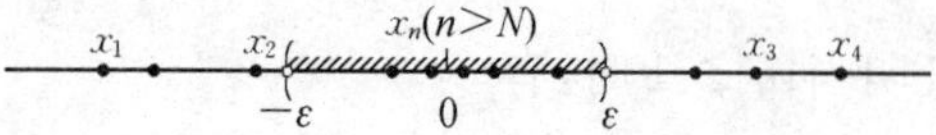

图 $1-2$

如果我们约定开区间$(E,+\infty)$ 为 $+\infty$ 的一个 E-邻域;

$(-\infty,-E)$ 为 $-\infty$ 的 E -邻域；$(-\infty,-E) \bigcup (E,+\infty)$ 为 ∞ 的 E -邻域.则无穷大量的几何意义为:任给 ∞ 的一个 E -邻域,都能找到一个项 x_N,使得这项以后的各项 x_n 都属于 ∞ 的该 E -邻域.(见图 1 - 3)

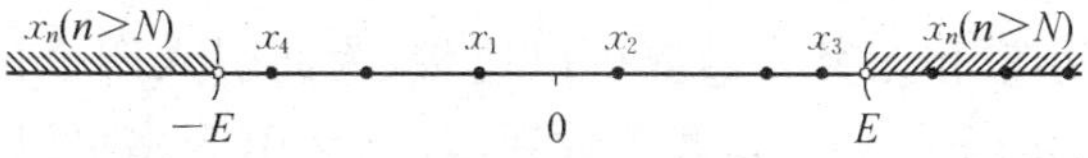

图 1 - 3

下列诸性质是很显然的.

1° 有限多个无穷小量之和为无穷小量.

2° 若 $x_n \rightarrow a$,则 $x_n - a$ 为无穷小量,反之亦然.

3° x_n 是无穷大量,则 $\dfrac{1}{x_n}$①是无穷小量.

4° x_n 是无穷小量,且 $x_n \neq 0$(或至多有有限项为零),则 $\dfrac{1}{x_n}$(舍去分母为零的各项后)为无穷大量.

以 3°为例给予证明.

任给 $\varepsilon > 0$,取 $E = \dfrac{1}{\varepsilon}$,因为 x_n 为无穷大量,则对该 E,存在 $N \in$ **N**,当 $n \in$ **N** 且 $n > N$ 时,有

$$|x_n| > E = \frac{1}{\varepsilon},$$

即

$$\left| \frac{1}{x_n} \right| < \varepsilon,$$

─────────────

①当 x_n 为无穷大量时,x_n 可能为零,这时 $\dfrac{1}{x_n}$ 就无意义.但是由 x_n 是无穷大量,得最多只有有限个 x_n 为零,舍去它们后并不影响数列的极限性质.

这就说明了 $\dfrac{1}{x_n}$ 为无穷小量.

上面的性质 1° 对无穷大不适合,即无穷大量加无穷大量不一定是无穷大量.例如,n 和 $-n$ 都是无穷大量,但它们之和为零,却是无穷小量.

无穷小量和无穷大量都可以比较,为此引入四个记号 o,O,O^*,$\sim$.假定 $\{x_n\}$,$\{y_n\}$ 是两个数列,若 $y_n \neq 0$（至多可以有有限项为零）,则可以构造新数列 $\left\{\dfrac{x_n}{y_n}\right\}$（对分母为零的有限项舍去）,若 $n \to \infty$ 时,

(1) $\dfrac{x_n}{y_n} \to 0$,记为

$$x_n = o(y_n). \tag{1.6}$$

(2) $\dfrac{x_n}{y_n} \to A$（非零有限数）,记为

$$x_n = O^*(y_n). \tag{1.7}$$

当 $A = 1$ 时,特别记为 $x_n \sim y_n$（读作"x_n 等价于 y_n"）.

(3) $\left|\dfrac{x_n}{y_n}\right| < A$（有限数）,记为

$$x_n = O(y_n). \tag{1.8}$$

用上述四种记号,将无穷小量分阶如下:

(1) 若 $x_n = o(y_n)$,则称 x_n 是 y_n 的**高阶无穷小**,或 y_n 是 x_n 的**低阶无穷小**.

(2) 若存在两个正数 A,B 及一个自然数 N,当 $n \in \mathbf{N}$ 且 $n > N$ 时,有

$$A < \left|\dfrac{x_n}{y_n}\right| < B, \tag{1.9}$$

则称 x_n 和 y_n 是**同阶无穷小**.显然,若 $x_n = O^*(y_n)$ 时,则有 x_n 和 y_n 是同阶无穷小.

（3）若 $x_n \sim y_n$ 时，则称 x_n 和 y_n 是**等阶无穷小**.

（4）若 x_n 和 $\dfrac{1}{n^k}(k \in \mathbf{R})$ 是同阶无穷小，则称 x_n 是 $\dfrac{1}{n}$ 的 k **阶无穷小**. 显然，若 $x_n = O^* \left(\dfrac{1}{n^k} \right)(k \in \mathbf{R})$ 时，则 x_n 是 $\dfrac{1}{n}$ 的 k 阶无穷小.

例如，$\dfrac{1}{n^2+1}$ 是 $\dfrac{1}{n}$ 的二阶无穷小，$\dfrac{1}{n+1}$ 和 $\dfrac{1}{n}$ 是等价无穷小.

当 x_n, y_n 为无穷大量时，也可以分阶如下：

（1）若 $x_n = o(y_n)$，则称 y_n 是 x_n 的**高阶无穷大**，x_n 是 y_n 的**低阶无穷大**.

（2）若存在两个正数 A, B 及一个自然数 N，当 $n \in \mathbf{N}$ 且 $n > N$ 时，有

$$A < \left| \frac{x_n}{y_n} \right| < B, \tag{1.10}$$

则称 y_n 和 x_n 是**同阶无穷大**，显然，若 $x_n = O^*(y_n)$ 时，有 y_n 和 x_n 是同阶无穷大.

（3）若 $x_n \sim y_n$，则称 y_n 和 x_n 是**等阶无穷大**.

（4）若 x_n 和 $n^k(k \in \mathbf{R})$ 是同阶无穷大，则称 x_n 是 n 的 k **阶无穷大**，显然，若 $x_n = O^*(n^k)$ $(k \in \mathbf{R})$，则 x_n 是 n 的 k 阶无穷大.

在 $k < 0$ 时，$\dfrac{1}{n^k}(n^k)$ 已经是无穷大（小）了. 但我们仍可以将 x_n 和 $\dfrac{1}{n}(n)$ 比较，只是我们理解无穷小（大）是比任意无穷大（小）都为低阶的无穷大（小）.

1.1.3　收敛数列的性质及运算

首先介绍数列的有界、无界. 它是和集合的有界、无界一致的.

定义（有界数列）　对于一已知数列 $\{x_n\}$，若存在一个正数 M，使得对所有 $n \in \mathbf{N}$，都有

$$|x_n| \leqslant M, \tag{1.11}$$

则称$\{x_n\}$为**有界数列**.

(1.11)式的另一写法是

$$-M \leqslant x_n \leqslant M. \tag{1.12}$$

也可改成存在两个实数m, M使得

$$m \leqslant x_n \leqslant M. \tag{1.13}$$

对照上一段中记号,又可写成$x_n = O(1)$.

当$\{x_n\}$不是有界数列时,称它为**无界数列**. 当$\{x_n\}$为无界数列时,则对任给的实数M,都存在着一项x_{n_0},使得

$$|x_{n_0}| > M,$$

或者对任给自然数k,都存在着一项x_{n_k},使得

$$|x_{n_k}| > k.$$

收敛数列(即有有限极限的数列)有下列性质.

性质 1 收敛数列是有界数列.

证 设$x_n \to a$,则对$\varepsilon = 1$,存在$N_0 \in \mathbf{N}$,当$n > N_0$[①] 时,有

$$|x_n - a| < 1,$$

即当$n > N_0$时,有

$$|x_n| < |a| + 1.$$

取$M = \max(|a| + 1, |x_1|, |x_2|, \cdots, |x_{N_0}|)$,则对所有$n \in \mathbf{N}$,有

$$|x_n| \leqslant M,$$

即$\{x_n\}$是有界数列.

例 1 已知

$$\lim_{n \to \infty} x_n = A, \lim_{n \to \infty} y_n = B,$$

———————

① 以后在不会发生混淆的情况下,我们将"$n \in \mathbf{N}$且$n > N$"简写成"$n > N$",有时也将"存在$N \in \mathbf{N}$"简写成"存在N".

$$z_n = \frac{x_1 y_n + x_2 y_{n-1} + \cdots + x_n y_1}{n},$$

则

$$\lim_{n \to \infty} z_n = AB.$$

为了证当 n 充分大时，$z_n - AB$ 可以充分小，我们首先分析一下 $x_1 y_n, x_2 y_{n-1}, \cdots, x_k y_{n-k+1}, \cdots, x_n y_1$ 各项. 这些项可以分为三部分，前面的诸项 $x_k y_{n-k+1}$ 中 k 不能充分大，虽然 y_{n-k+1} 可以和 B 充分地靠近，但是 x_k 不能和 A 充分地靠近，这样，$x_k y_{n-k+1}$ 也不能和 AB 充分地靠近；对最后的诸项，x 与 y 的关系正好交换，结论仍是一样. 因为 z_n 的分母是 n，所以，若略去了上述有限诸项后，相差将是很小的，而对留下的中间部分既有 x_k 和 A 适当地靠近，又有 y_{n-k+1} 和 B 适当地靠近，这种略去前面与后面诸项的直观想法是否合理呢？下面用 $\varepsilon - N$ 方法将上述直观想法给予严格证明.

证 由性质 1 知，$\{x_n\}, \{y_n\}$ 均为有界数列，即存在常数 $M > 0$，使得对所有 $n \in \mathbf{N}$，都有

$$|x_n| \leqslant M, \ |y_n| \leqslant M. \tag{1.14}$$

注意到

$$z_n - AB = \frac{x_1 y_n + \cdots + x_k y_{n-k+1} + \cdots + x_n y_1}{n} - AB$$

$$= \frac{(x_1 y_n - AB) + \cdots + (x_k y_{n-k+1} - AB) + \cdots + (x_n y_1 - AB)}{n},$$

$$\tag{1.15}$$

其中分子中的一般项

$$x_k y_{n-k+1} - AB = x_k (y_{n-k+1} - B) + (x_k - A)B, \tag{1.16}$$

当 $n \to \infty$ 时，因为 $x_n \to A, y_n \to B$，从而当 k 和 $n - k + 1$ 都充分大时，(1.16) 右端可充分小，从而 (1.15) 式中间部分可以达到这个要求，它可以充分小. 下面将 (1.15) 式分子分成三部分来处理.

由于 $x_n \to A$，所以任给 $\varepsilon > 0$，设 $\varepsilon < 1$（它对 $\varepsilon - N$ 定义没有影

响),则存在 $N_1 \in \mathbf{N}$,当 $n > N_1$ 时,有

$$|x_n - A| < \varepsilon. \tag{1.17}$$

由于 $y_n \to B$,则存在 $N_2 \in \mathbf{N}$,当 $n > N_2$ 时,有

$$|y_n - B| < \varepsilon. \tag{1.18}$$

当 $k > N_1$, $n - k + 1 > N_2$ 时,由(1.16)式就有

$$|x_k y_{n-k+1} - AB| \leqslant |x_k| \cdot |y_{n-k+1} - B| + |x_k - A| \cdot |B|$$
$$\leqslant (M + |B|)\varepsilon.$$

对于(1.15)式分子中, $k \leqslant N_1$ 的前 N_1 项及 $n - k + 1 \leqslant N_2$ 的后 N_2 项,有

$$|x_k y_{n-k+1} - AB| \leqslant |x_k| \cdot |y_{n-k+1}| + |AB|$$
$$\leqslant M^2 + |AB|.$$

因此,前 N_1 项和后 N_2 项总和的绝对值小于

$$(N_1 + N_2)(M^2 + |AB|).$$

余下的中间各项总和绝对值小于

$$(n - N_1 - N_2)(M + |B|)\varepsilon,$$

代入(1.15)式得

$$|z_n - AB| \leqslant \left(\frac{N_1 + N_2}{n}\right)(M^2 + |AB|) + \left(1 - \frac{N_1 + N_2}{n}\right)(M + |B|)\varepsilon. \tag{1.19}$$

对于上面任意给定的 ε,由(1.17),(1.18)可以取定 N_1, N_2,它们虽然和 ε 有关,但 ε 取定后, N_1、N_2 就可固定下来,再取 $N = \left[\dfrac{N_1 + N_2}{\varepsilon}\right]$,则当 $n > N$ 时,就有

$$\frac{N_1 + N_2}{n} < \varepsilon, 0 < 1 - \frac{N_1 + N_2}{n} < 1,$$

代入(1.19)式,这时 n 大于 N_1 及 N_2,所以有

$$|z_n - AB| < (M^2 + |AB| + M + |B|)\varepsilon,$$

其中 $(M^2 + |AB| + M + |B|)$ 是和 ε 无关的正常数,这就证明了

$$\lim_{n \to \infty} z_n = AB.$$

性质 2 极限的四则运算:设 $x_n \to a, y_n \to b$,则

1° $x_n \pm y_n \to a \pm b$.

2° $x_n y_n \to ab$.

3° 当 $b \neq 0$ 时,$\dfrac{x_n}{y_n} \to \dfrac{a}{b}$.

证 任给 $\varepsilon > 0$,因为 $x_n \to a$,所以存在 N_1,当 $n > N_1$ 时,有

$$|x_n - a| < \varepsilon. \tag{1.20}$$

因为 $y_n \to b$,所以存在 N_2,当 $n > N_2$ 时,有

$$|y_n - b| < \varepsilon. \tag{1.21}$$

1° 取 $N = \max(N_1, N_2)$,当 $n > N$ 时,有

$$|(x_n \pm y_n) - (a \pm b)| \leqslant |x_n - a| + |y_n - b| < 2\varepsilon,$$

故

$$x_n \pm y_n \to a \pm b.$$

2° 因为 $y_n \to b$,所以 $\{y_n\}$ 是有界数列,即存在 M,使得对所有 $n \in \mathbf{N}$,有

$$|y_n| \leqslant M.$$

取 $N = \max(N_1, N_2)$,当 $n > N$ 时,就有

$$|x_n y_n - ab| \leqslant |x_n - a| \cdot |y_n| + |a| \cdot |y_n - b|$$
$$< M\varepsilon + |a|\varepsilon = (M + |a|)\varepsilon,$$

故 $x_n y_n \to ab$.

3° 因为 $b \neq 0$,对特殊的 $\varepsilon = \dfrac{|b|}{2} > 0$,由 $y_n \to b$,则存在 N_3,当 $n > N_3$ 时,有

$$|y_n - b| < \frac{|b|}{2},$$

从而

$$|y_n| \geqslant |b| - |y_n - b| > \frac{|b|}{2}. \tag{1.22}$$

数学分析教程(上册)

所以,对 $n>N_3$ 时,$y_n\neq 0$,即 $\dfrac{x_n}{y_n}$ 是有意义的,今取 $N=\max(N_1,$ $N_2,N_3)$,当 $n>N$ 时,就有(1.20),(1.21),(1.22)同时成立,从而

$$\left|\frac{x_n}{y_n}-\frac{a}{b}\right|=\frac{|bx_n-ay_n|}{|b|\cdot|y_n|}\leqslant\frac{|x_n-a|\cdot|b|+|y_n-b|\cdot|a|}{|b|\cdot|y_n|}$$

$$\leqslant\frac{|a|+|b|}{|b|\cdot\frac{|b|}{2}}\varepsilon=\frac{2(|a|+|b|)}{b^2}\varepsilon,$$

故

$$\frac{x_n}{y_n}\to\frac{a}{b}.$$

从 2° 的证明中,可以得出下面推论.

推论 有界数列和无穷小量的乘积为无穷小量.

当 a,b 不都是有限数,而可能取 $\infty,+\infty,-\infty$ 时,有时四则运算仍旧成立,但有时不能确定结果是什么.使用时要特别谨慎,这时一般有

1° 若 a 为有限,b 为 ∞,或 a 为 ∞,b 为有限,则 $x_n\pm y_n\to\infty$. a,b 同为 $+\infty(-\infty)$,则 $x_n+y_n\to+\infty(-\infty)$. a 为 $\pm\infty$,b 为 $\mp\infty$,则 $x_n-y_n\to\pm\infty$.

其他情况下,$x_n\pm y_n$ 的极限是不确定的,称为 $\infty-\infty$ 型不定型.

2° 若 a 为有限,且 $a\neq 0$,b 为 ∞,则 $x_ny_n\to\infty$(a 和 b 交换仍正确).

若 a 为 ∞,b 为 ∞,则 $x_ny_n\to\infty$.

当 $a=0$,b 为 ∞ 时,或 $b=0$,a 为 ∞ 时,则 x_ny_n 的极限称为 $0\cdot\infty$ 型的不定型.

3° 若 a 为有限,b 为 ∞,则 $\dfrac{x_n}{y_n}\to 0$.

若 a 为有限且 $a\neq 0$,$b=0$,则 $\dfrac{x_n}{y_n}\to\infty$(这时要求除有限项外,

y_n 都不等于零).

若 a 为 ∞，b 为有限且 $b \neq 0$，则 $\dfrac{x_n}{y_n} \to \infty$.

当 $a = 0$，$b = 0$ ($a = \infty$，$b = \infty$) 时，$\dfrac{x_n}{y_n}$ 的极限称为 $\dfrac{0}{0}$ $\left(\dfrac{\infty}{\infty}\right)$ 型的不定型.

以上各条的证明和前面证明类同.

例 2　$x_n = a_0 n^k + a_1 n^{k-1} + \cdots + a_k$ ($k \in \mathbf{N}$，$a_0 \neq 0$)，证明 $x_n \sim a_0 n^k$.

证　$\displaystyle\lim_{n\to\infty} \frac{x_n}{a_0 n^k} = \lim_{n\to\infty}\left(1 + \frac{a_1}{a_0}\frac{1}{n} + \cdots + \frac{a_k}{a_0}\frac{1}{n^k}\right)$

$$= 1 + \lim_{n\to\infty}\frac{a_1}{a_0}\frac{1}{n} + \cdots + \lim_{n\to\infty}\frac{a_k}{a_0}\frac{1}{n^k}$$

$$= 1,$$

所以 $x_n \sim a_0 n^k$.

等价无穷小(大)量在求乘积形式的极限时可以代换.

例如，$x_n \sim y_n$，且 $y_n z_n$ 的极限存在时，有

$$\lim_{n\to\infty} x_n z_n = \lim_{n\to\infty}\frac{x_n}{y_n} y_n z_n = \lim_{n\to\infty}\frac{x_n}{y_n} \cdot \lim_{n\to\infty} y_n z_n$$

$$= \lim_{n\to\infty} y_n z_n.$$

所以成立下述代换式：

$$\lim_{n\to\infty} x_n z_n = \lim_{n\to\infty} y_n z_n, \tag{1.23}$$

若 $y_n z_n$ 的极限不存在，则用反证法，可得 $x_n z_n$ 的极限也不存在，所以上述代换式(1.23)隐含着 $x_n z_n$ 与 $y_n z_n$ 或者极限同时存在且相等，或者同时不存在.

例 3　在 $a_0 b_0 \neq 0$ 时，求

$$\lim_{n\to\infty} \frac{a_0 n^k + a_1 n^{k-1} + \cdots + a_k}{b_0 n^t + b_1 n^{t-1} + \cdots + b_t}.$$

解 $\lim\limits_{n\to\infty}\dfrac{a_0 n^k + a_1 n^{k-1} + \cdots + a_k}{b_0 n^t + b_1 n^{t-1} + \cdots + b_t}$

$= \lim\limits_{n\to\infty}\dfrac{a_0 n^k}{b_0 n^t}$（利用了等价无穷大代换）

$$= \lim_{n\to\infty}\frac{a_0}{b_0}n^{k-t} = \begin{cases} \infty, & \text{当 } k > t, \\[2mm] \dfrac{a_0}{b_0}, & \text{当 } k = t, \\[2mm] 0, & \text{当 } k < t. \end{cases}$$

性质 3 已知

$$\lim_{n\to\infty}x_n = a > p \quad (\text{或} < q),$$

则存在 $N \in \mathbf{N}$，当 $n > N$ 时，有

$$x_n > p \quad (\text{或} < q).$$

只要在 ε-N 方法中，对 $\varepsilon = \dfrac{a-p}{2}$ 找 N 就可证明.

推论 若

$$\lim_{n\to\infty}x_n = a > 0 \quad (\text{或} < 0).$$

则存在 $N \in \mathbf{N}$，当 $n > N$ 时，有

$$x_n > 0 \quad (\text{或} < 0).$$

例 4 $\lim\limits_{n\to\infty}\dfrac{\log_a n}{n} = 0 \quad (a > 1).$ \hfill (1.24)

证 任给 $\varepsilon > 0$，利用 (1.3) 式，有

$$\lim_{n\to\infty}\sqrt[n]{n} = 1 < a^{\varepsilon}.$$

再由性质 3，存在 $N \in \mathbf{N}$，当 $n > N$ 时，有

$$\sqrt[n]{n} < a^{\varepsilon},$$

即

$$\frac{1}{n}\log_a n < \varepsilon,$$

故

$$\lim_{n\to\infty}\frac{\log_a n}{n}=0.$$

例 5 证明 $x_n\to a(a>0)$ 的充要条件是 $\ln x_n\to\ln a$(可能有有限多项 $x_n\leqslant 0$,这时 $\ln x_n$ 没有意义,舍去或修改这些项后,不影响数列极限的讨论).

证 (必要性)任给 $\varepsilon>0$,要

$$|\ln x_n-\ln a|<\varepsilon,$$

只要

$$-\varepsilon<\ln\frac{x_n}{a}<\varepsilon,$$

即

$$e^{-\varepsilon}<\frac{x_n}{a}<e^{\varepsilon}.$$

因为

$$\lim_{n\to\infty}\frac{x_n}{a}=1<e^{\varepsilon},$$

所以,存在 $N_1\in\mathbf{N}$,当 $n>N_1$ 时,有

$$\frac{x_n}{a}<e^{\varepsilon}.$$

又因为

$$\lim_{n\to\infty}\frac{x_n}{a}=1>e^{-\varepsilon},$$

所以,存在 $N_2\in\mathbf{N}$,当 $n>N_2$ 时,有

$$\frac{x_n}{a}>e^{-\varepsilon}.$$

取 $N=\max(N_1,N_2)$,当 $n>N$ 时,就有

$$e^{-\varepsilon}<\frac{x_n}{a}<e^{\varepsilon},$$

即

$$|\ln x_n-\ln a|<\varepsilon,$$

也就是

$$\ln x_n \to \ln a.$$

(充分性)任给 $\varepsilon > 0$(设 $\varepsilon < a$),要

$$|x_n - a| < \varepsilon,$$

只要

$$a - \varepsilon < x_n < a + \varepsilon,$$

即

$$\ln(a - \varepsilon) < \ln x_n < \ln(a + \varepsilon).$$

$$\ln\left(1 - \frac{\varepsilon}{a}\right) < \ln x_n - \ln a < \ln\left(1 + \frac{\varepsilon}{a}\right).$$

因为 $\ln x_n \to \ln a$,所以对于

$$\varepsilon_1 = \min\left[\ln\left(1 + \frac{\varepsilon}{a}\right), -\ln\left(1 - \frac{\varepsilon}{a}\right)\right] > 0,$$

(其中 min 是 minimum 的缩写,意为最小者)必存在 $N \in \mathbf{N}$,当 $n > N$ 时,有

$$-\varepsilon_1 < \ln x_n - \ln a < \varepsilon_1,$$

更有

$$\ln\left(1 - \frac{\varepsilon}{a}\right) < \ln x_n - \ln a < \ln\left(1 + \frac{\varepsilon}{a}\right),$$

从而由前面分析过程逆推,可得 $|x_n - a| < \varepsilon$,
即

$$\lim_{n \to \infty} x_n = a.$$

性质 4 极限存在则必唯一.

证 (反证法)设 $x_n \to a$,且 $x_n \to b$,不失一般性,令 $a < b$. 今取实数 r,使得

$$a < r < b.$$

因为 $a < r$,则由性质 3,存在 N_1,当 $n > N_1$ 时,有

$$x_n < r. \tag{1.25}$$

又由 $b>r$,再由性质 3,存在 N_2,当 $n>N_2$ 时,有
$$x_n>r. \tag{1.26}$$
从而,当 $n>\max(N_1,N_2)$ 时,综合 (1.25),(1.26) 两式,得矛盾不等式
$$r<x_n<r,$$
从而性质 4 得证.

1.1.4 夹逼法则

本段介绍用已知数列的极限来求其他数列的极限,为此先介绍收敛数列的下述性质.

引理 1.1 已知 $\{x_n\},\{y_n\}$ 为收敛数列,且 $x_n\geqslant y_n$,则
$$\lim_{n\to\infty}x_n\geqslant\lim_{n\to\infty}y_n.$$

证 (反证法) 设
$$\lim_{n\to\infty}x_n<\lim_{n\to\infty}y_n,$$
则可取实数 r,使得
$$\lim_{n\to\infty}x_n<r<\lim_{n\to\infty}y_n.$$
利用性质 3,由
$$\lim_{n\to\infty}x_n<r,$$
则存在 $N_1\in\mathbf{N}$,当 $n>N_1$ 时,有
$$x_n<r.$$
又由
$$\lim_{n\to\infty}y_n>r,$$
则存在 $N_2\in\mathbf{N}$,当 $n>N_2$ 时,有
$$y_n>r.$$
从而当 $n>\max(N_1,N_2)$ 时,就有
$$x_n<r<y_n,$$
它和已知 $x_n\geqslant y_n$ 矛盾,从而得证.

注 1 将 $x_n \geqslant y_n$,加强到 $x_n > y_n$ 时,仍只有

$$\lim_{n \to \infty} x_n \geqslant \lim_{n \to \infty} y_n.$$

不一定能得到严格不等号.

比如,$x_n = \dfrac{2}{n}$,$y_n = \dfrac{1}{n}$,有 $x_n > y_n$,但极限相等,它们都等于零.

注 2 由 $x_n > r (<r)$,则有

$$\lim_{n \to \infty} x_n \geqslant r \quad (\leqslant r).$$

也不一定有严格不等号.

定理 1.2(夹逼法则) 已知数列 $\{x_n\}$,$\{y_n\}$,$\{z_n\}$ 满足

$$x_n \leqslant y_n \leqslant z_n,$$

并且 $\{x_n\}$ 和 $\{z_n\}$ 有相同极限 a,则 $\{y_n\}$ 也以 a 为极限.

证 由

$$\lim_{n \to \infty} x_n = a,$$

故任给 $\varepsilon > 0$,存在 $N_1 \in \mathbf{N}$,当 $n > N_1$ 时,有

$$a - \varepsilon < x_n < a + \varepsilon.$$

由

$$\lim_{n \to \infty} z_n = a,$$

故对上述 ε,存在 $N_2 \in \mathbf{N}$,当 $n > N_2$ 时,有

$$a - \varepsilon < z_n < a + \varepsilon,$$

今取 $N = \max(N_1, N_2)$,当 $n > N$ 时,就有

$$a - \varepsilon < x_n \leqslant y_n \leqslant z_n < a + \varepsilon,$$

即

$$a - \varepsilon < y_n < a + \varepsilon,$$

也就是说

$$\lim_{n \to \infty} y_n = a.$$

注 1 定理 1.2 中不等式只要对某个 N 开始(即 $n > N$ 时)成立就可.

注2 当 a 是定号的无穷大（$\pm\infty$）时,定理 1.2 仍然成立,这时条件 $x_n \leqslant y_n \leqslant z_n$ 只要一半就可以了（对应于 $+\infty$,要左半边不等式;对应于 $-\infty$,要右半边不等式）.

例1 已知 $a_k > 0 (k=1,2,\cdots,m)$,求

$$\lim_{n\to\infty} \sqrt[n]{a_1^n + a_2^n + \cdots + a_m^n}.$$

解 令 $A = \max(a_1,a_2,\cdots,a_m)$,则

$$\sqrt[n]{A^n} \leqslant \sqrt[n]{a_1^n + a_2^n + \cdots + a_m^n} \leqslant \sqrt[n]{\underbrace{A^n + \cdots + A^n}_{m\text{个}}}$$

当 $n > m$ 时,有

$$A \leqslant \sqrt[n]{a_1^n + a_2^n + \cdots + a_m^n} \leqslant \sqrt[n]{n}A.$$

由(1.3)式:$\lim\limits_{n\to\infty} \sqrt[n]{n} = 1$,得左、右两端都以 A 为极限,再应用定理 1.2,得

$$\lim_{n\to\infty} \sqrt[n]{a_1^n + a_2^n + \cdots + a_m^n} = A = \max(a_1,a_2,\cdots,a_m).$$

例2 求 $\lim\limits_{n\to\infty} \left(\dfrac{1}{\sqrt{n^2+1}} + \cdots + \dfrac{1}{\sqrt{n^2+n}} \right)$.

解 记 $y_n = \dfrac{1}{\sqrt{n^2+1}} + \cdots + \dfrac{1}{\sqrt{n^2+n}}$,

则

$$y_n \leqslant \frac{1}{\sqrt{n^2}} + \cdots + \frac{1}{\sqrt{n^2}} = 1,$$

$$y_n \geqslant \frac{1}{\sqrt{n^2+n}} + \cdots + \frac{1}{\sqrt{n^2+n}} = \frac{n}{\sqrt{n^2+n}}$$

$$= \frac{1}{\sqrt{1+\dfrac{1}{n}}} > \frac{1}{1+\dfrac{1}{n}},$$

从而

$$\frac{1}{1+\frac{1}{n}}<y_n\leqslant 1.$$

利用定理 1.2,得

$$\lim_{n\to\infty}\left(\frac{1}{\sqrt{n^2+1}}+\cdots+\frac{1}{\sqrt{n^2+n}}\right)=1.$$

1.1.5　施笃兹定理

在介绍施笃兹(Stolz)定理以前,先介绍一个不等式关系.

引理 1.3　设 $b_k>0(k=1,\cdots,n)$,且

$$m\leqslant\frac{a_k}{b_k}\leqslant M\quad(k=1,\cdots,n),$$

则有

$$m\leqslant\frac{a_1+\cdots+a_n}{b_1+\cdots+b_n}\leqslant M.$$

证　首先由

$$\frac{a_1}{b_1},\ \frac{a_2}{b_2}\leqslant M,$$

得

$$a_1\leqslant Mb_1,\ a_2\leqslant Mb_2,$$

从而

$$a_1+a_2\leqslant M(b_1+b_2).$$

由 $b_1+b_2>0$,得

$$\frac{a_1+a_2}{b_1+b_2}\leqslant M.$$

利用简单的数学归纳法就可得

$$\frac{a_1+\cdots+a_n}{b_1+\cdots+b_n}\leqslant M.$$

类似可以证明另一半不等式.

定理 1.4(施笃兹定理)　已知 $y_n \to +\infty$，并且从某一项起 y_n 严格单调上升(即存在 $N_0 \in \mathbf{N}$，当 $n > N_0$ 时，就有 $y_{n+1} > y_n$)，又

$$\lim_{n \to \infty} \frac{x_n - x_{n-1}}{y_n - y_{n-1}}$$

为有限或 $\pm\infty$，则

$$\lim_{n \to \infty} \frac{x_n}{y_n} = \lim_{n \to \infty} \frac{x_n - x_{n-1}}{y_n - y_{n-1}}.$$

证　第一种情况：

$$\lim_{n \to \infty} \frac{x_n - x_{n-1}}{y_n - y_{n-1}} = l(有限)$$

即任给 $\varepsilon > 0$，存在 $N_1 \in \mathbf{N}$，当 $n > N_1$ 时，有

$$l - \varepsilon < \frac{x_n - x_{n-1}}{y_n - y_{n-1}} < l + \varepsilon,$$

再由已知条件，对于 $n > N_0$，就可得到 y_n 严格单调上升. 又由于 $y_n \to +\infty$，所以存在 $N_2 \in \mathbf{N}$，当 $n \geqslant N_2$ 时，可以得 $y_n > 0$，令 $N = \max(N_0, N_1, N_2)$，当 $n > N$ 时，取足码 $n, n-1, \cdots, N+1$，对应得

$$l - \varepsilon < \frac{x_n - x_{n-1}}{y_n - y_{n-1}}, \frac{x_{n-1} - x_{n-2}}{y_{n-1} - y_{n-2}}, \cdots, \frac{x_{N+1} - x_N}{y_{N+1} - y_N} < l + \varepsilon,$$

利用引理 1.3 得

$$l - \varepsilon < \frac{x_n - x_N}{y_n - y_N} < l + \varepsilon,$$

即

$$\left| \frac{x_n - x_N}{y_n - y_N} - l \right| < \varepsilon. \tag{1.27}$$

其次

$$\frac{x_n}{y_n} - l = \frac{x_n - l y_n}{y_n} = \frac{(x_n - x_N) - l(y_n - y_N) + (x_N - l y_N)}{y_n}$$

$$= \left(1 - \frac{y_N}{y_n}\right)\left(\frac{x_n - x_N}{y_n - y_N} - l\right) + \frac{x_N - l y_N}{y_n}. \tag{1.28}$$

由 $n > N$ 时，y_n 严格单调上升及 $y_n, y_N > 0$，故

$$0 < \frac{y_N}{y_n} < 1,$$

代入(1.28)式,得

$$\left| \frac{x_n}{y_n} - l \right| \leqslant \left| \frac{x_n - x_N}{y_n - y_N} - l \right| + \frac{|x_N - l y_N|}{y_n}. \tag{1.29}$$

今对上述取定的 N,$|x_N - l y_N|$ 是固定数,而由于 $y_n \to +\infty$,从而存在 $N_3 \in \mathbf{N}$,当 $n > N_3$ 时,有

$$\frac{|x_N - l y_N|}{y_n} < \varepsilon.$$

这样对上面所给的 ε,当 $n > \max(N, N_3)$ 时,就有

$$\left| \frac{x_n}{y_n} - l \right| < 2\varepsilon,$$

即

$$\lim_{n \to \infty} \frac{x_n}{y_n} = \lim_{n \to \infty} \frac{x_n - x_{n-1}}{y_n - y_{n-1}}.$$

第二种情况:若

$$\lim_{n \to \infty} \frac{x_n - x_{n-1}}{y_n - y_{n-1}} = +\infty,$$

则存在 $N_4 \in \mathbf{N}$,当 $n \geqslant N_4$ 时,有

$$\frac{x_n - x_{n-1}}{y_n - y_{n-1}} > 1,$$

即

$$x_n - x_{n-1} > y_n - y_{n-1}.$$

也就是说,当 $n > N_4$ 时,x_n 和 y_n 一样也是严格单调上升,另外

$$x_n - x_{N_4} = (x_n - x_{n-1}) + (x_{n-1} - x_{n-2}) + \cdots + (x_{N_4+1} - x_{N_4})$$
$$> (y_n - y_{n-1}) + (y_{n-1} - y_{n-2}) + \cdots + (y_{N_4+1} - y_{N_4})$$
$$= y_n - y_{N_4}.$$

由 $y_n \to +\infty$ 得 $x_n \to +\infty$,将 x_n, y_n 的位置对换(分子、分母对换),就变成第一种情况中($l = 0$)的结果。

第三种情况:若

$$\lim_{n \to \infty} \frac{x_n - x_{n-1}}{y_n - y_{n-1}} = -\infty,$$

则只要用 $-x_n$ 代换 x_n 就化为第二种情况.

到此定理证毕.

例 1 已知

$$\lim_{n \to \infty} a_n = a(\text{有限或} \pm \infty),$$

则

$$\lim_{n \to \infty} \frac{a_1 + a_2 + \cdots + a_n}{n} = a.$$

证 取 $y_n = n, x_n = a_1 + a_2 + \cdots + a_n$,显见 $y_n \to +\infty$,且严格单调上升,从而满足定理 1.4 的要求,故得

$$\lim_{n \to \infty} \frac{a_1 + a_2 + \cdots + a_n}{n} = \lim_{n \to \infty} \frac{a_n}{1} = a.$$

例 2 已知

$$\lim_{n \to \infty} \frac{u_n}{v_n}$$

为有限或 $\pm \infty$;当 $n \to \infty$ 时,$v_1 + \cdots + v_n \to +\infty$,又 $v_n > 0$,则

$$\lim_{n \to \infty} \frac{u_1 + \cdots + u_n}{v_1 + \cdots + v_n} = \lim_{n \to \infty} \frac{u_n}{v_n}.$$

证 取 $y_n = v_1 + \cdots + v_n, x_n = u_1 + \cdots + u_n$,应用定理 1.4 就可.

从上两例子看出:对分子、分母为求和型时,在求极限时,用施笃兹定理(定理 1.4)有很大的优越性.

1.1.6 上确界·下确界·单调数列的极限

设 $X = \{x\}$ 是一些实数的集合,简称 X 为数集.

定义(上界·下界) $X = \{x\}$ 为数集,若存在 $M \in \mathbf{R}$,使得对所有 $x \in X$,都有 $x \leqslant M$,则称 M 为 X 的一个**上界**;若存在 $m \in \mathbf{R}$,

使得对所有 $x \in X$,都有 $x \geqslant m$,则称 m 为 X 的一个**下界**.

显然上界、下界如果存在,则有无穷多个.

定义(**上确界·下确界**) $X = \{x\}$ 是一个数集,X 的上确界是指它的最小上界,记为 $\sup X$[sup 是 supremum(上确界)的缩写];X 的**下确界**是指它的最大下界,记为 $\inf X$[inf 是 infimum(下确界)的缩写].

"最小上界"包含两层意思,即

1° 它是上界.

2° 它是上界中最小者.

$X = \{x\}$ 是一个数集,则 $M = \sup X$ 的充要条件是

1° 对所有 $x \in X$,有 $x \leqslant M$.(表示 M 是上界)

2° 任给 $\varepsilon > 0$,存在 $x \in X$,使得

$$x > M - \varepsilon.$$

(表示 $M - \varepsilon$ 就不是上界了.)

这两条可以作为上确界的等价定义,以后常常引用它.

类似地,$m = \inf X$ 的充要条件是

1° 对所有 $x \in X$,有 $x \geqslant m$.

2° 任给 $\varepsilon > 0$,存在 $x \in X$,使得

$$x < m + \varepsilon.$$

定理 1.5(基本定理 1) (**上确界存在定理**)

凡有上界的非空数集 X 必有上确界.

证 第一步 问题化简

由 X 非空得出必存在 $a \in X$,令

$$X' = \{x - a \mid x \in X\},$$

则显然 $0 \in X'$,且 X' 有上界. 若 X' 的上确界存在,将其加上 a,就是 X 的上确界. 于是问题化为证明 X' 必有上确界. 再令

$$X_0 = \{x \mid x \in X', x \geqslant 0\},$$

因为 $0 \in X_0$,所以 X_0 非空,且其中各数都大于等于零,由 X' 有上

界得 X_0 也有上界,而且 X_0 和 X' 的上界一样,所以最后问题化为:

凡有上界的非负数集 X_0,它又有 $0 \in X_0$,则必有上确界.

第二步　构造 X_0 的上确界

将 X_0 中数 x 记为十进小数

$$x = x_0. x_1 x_2 \cdots x_n \cdots.$$

其中 x_0 表示 x 的整数部分,x_1 表示第一位小数的值,$\cdots$,x_n 表示第 n 位小数的值. 以下出现的十进小数都有相同的记法. 因为 X_0 有上界,设 M 为上界,显然 x_0 的取值范围不超出

$$0, 1, 2, \cdots, [M]$$

等有限个数值,用 b_0 记所有 x_0 的最大值,令

$$X_1 = \{x \mid x \in X_0, x = b_0. x_1 x_2 \cdots x_n \cdots\},$$

即 X_1 是由 X_0 中具有整数部分为 b_0 的数的全体所组成的集合,显然它是非空的,又有 $X_1 \subset X_0$. 对于 X_1 中的数来说,小数点后第一位小数的数字 x_1 只能在 $0, 1, \cdots, 9$ 中取值. 因此可以找到一个最大的,设为 b_1. 令

$$X_2 = \{x \mid x \in X_1, x = b_0. b_1 x_2 \cdots x_n \cdots\}.$$

即 X_2 是由 X_1 中整数部分为 b_0,第一位小数是 b_1 的数的全体组成的集合. X_2 也是非空的,且 $X_2 \subset X_1$.

重复上述步骤,可以得 $b_2, X_3; b_3, X_4; \cdots$. 最后得

$$b_0, b_1, b_2, \cdots, b_n, \cdots$$

及

$$X_0 \supset X_1 \supset \cdots \supset X_n \supset \cdots,$$

且 X_n 非空.

接下来证明十进小数

$$b = b_0. b_1 b_2 \cdots b_n \cdots$$

就是 X_0 的上确界.

第三步　证 b 是 X_0 的上界.

对 X_0 中的任一个元素 x,设 x 的十进小数为 $x_0. x_1 x_2 \cdots x_n \cdots$

因为 b_0 是全体 x_0 的最大值，所以有 $x_0 \leqslant b_0$. 若 $x_0 < b_0$，就有 $x < b$，否则 $x_0 = b_0$，则 $x \in X_1$，同理有 $x_1 \leqslant b_1$. 若 $x_1 < b_1$，就得 $x < b$，若 $x_1 = b_1$ 则 $x \in X_2$. 以上步骤可以重复进行，到最后只有两种情况，其一为 $x < b$，其二为上述步骤无穷进行下去，最后有 $x = b$，将两者综合起来知 $x \leqslant b$，即 b 是 X_0 的上界.

第四步　证 b 是上界中最小的.

任给 $\varepsilon > 0$，则 ε 可写成十进小数 $\varepsilon_0. \varepsilon_1 \varepsilon_2 \cdots \varepsilon_n \cdots$ 记 ε_k 是 $\varepsilon_0, \varepsilon_1$, $\varepsilon_2, \cdots, \varepsilon_n, \cdots$ 中第一个不为零的数，则

$$b - \varepsilon = b_0. b_1 b_2 \cdots b_{k-1} (b_k - \varepsilon_k) \cdots,$$

因此 X_{k+1} 中的数都大于 $b - \varepsilon$，由 X_{k+1} 非空可得存在一个 $a \in X_{k+1} \subset X_0$，使得 $a > b - \varepsilon$，也即 $b - \varepsilon$ 已不是上界，换句话说，b 是最小上界.

因为 b 是 X_0 的上确界，从而 $b + a$ 是 X 的上确界，定理证毕.

注　若任一非空数集上确界不存在，则它必为没有上界的数集，所以约定它的上确界为 $+\infty$.

定理 1.6(基本定理 2)(下确界存在定理)

凡有下界的非空数集 X 必有下确界.

证法 1　和定理 1.5 类同，请读者自证.

证法 2　令 $X' = \{x | -x \in X\}$，则 X' 是有上界的非空数集，根据定理 1.5 得 X' 有上确界 M. 今证 $-M$ 是 X 的下确界. 因为只要 $x \in X$，就有 $-x \in X'$，从而 $-x \leqslant M$，即 $x \geqslant -M$. 也就是说，$-M$ 是 X 的下界. 再证 $-M$ 是下界中最大者. 任给 $\varepsilon > 0$，则 $M - \varepsilon$ 就不是 X' 的上界，即存在 $a \in X'$，使得 $a > M - \varepsilon$，即 $-a < -M + \varepsilon$，而 $-a \in X$，这说明 $-M + \varepsilon$ 已不是 X 的下界了，即 $-M$ 是 X 的下确界.

上面证法 2 表示定理 1.5 可推出定理 1.6，反之由证法 1 先证定理 1.6，用类似方法可以证明定理 1.5 成立，从而得出定理 1.5 和定理 1.6 等价.

下面将用确界存在定理来得出一类数列的极限. 因为到目前为止, 所介绍的极限的 ε-N 定义本身用到了极限值 a, 所以它不能用来求极限; 而夹逼法则是建立在别的极限存在的基础上的, 下面将介绍单调有界数列, 它的极限是存在的, 从而有可能求得它的极限.

定义(单调数列) 已知数列 $\{x_n\}$, 若有

$$x_1 \leqslant x_2 \leqslant \cdots \leqslant x_n \leqslant \cdots,$$

则称 $\{x_n\}$ 为**广义(单调)上升数列**, 若所有的 "$\leqslant$" 改成严格的 "$<$", 则称 $\{x_n\}$ **严格(单调)上升数列**. 广义单调上升有时也称**不降**. 不等号改向就得**广义(单调)下降**、**严格(单调)下降**、**不增数列**的定义.

定理 1.7(基本定理 3)(单调有界数列有极限)

广义单调上升且有上界的数列必有(有限)极限.

证 设 $\{x_n\}$ 为广义单调上升且有上界的数列, 令 $x_1, x_2, \cdots,$ $x_n, \cdots$ 这些数的集合为 X, 则 X 非空有上界, 利用定理 1.5, 得 X 有上确界 a. 即

$1°$ 对所有 $n \in \mathbf{N}$, 有 $x_n \leqslant a$. $\hspace{3em}$ (1.30)

$2°$ 任给 $\varepsilon > 0$, 存在 $x_N \in X$, 使得

$$x_N > a - \varepsilon,$$

再由广义单调上升性, 当 $n > N$ 时, 就有

$$x_n \geqslant x_N > a - \varepsilon, \hspace{3em} (1.31)$$

合并 (1.30), (1.31) 两式得: 当 $n > N$ 时, 有

$$a - \varepsilon < x_n \leqslant a < a + \varepsilon,$$

即

$$\lim_{n \to \infty} x_n = a.$$

定理 1.8(基本定理 4)(单调有界数列有极限)

广义下降且有下界的数列必有(有限)极限.

证法 1 同定理 1.7, 用定理 1.6 证定理 1.8 成立(从略).

证法 2 设 $\{x_n\}$ 广义单调下降且有下界, 则 $\{-x_n\}$ 就是广义

单调上升且有上界,从而由定理 1.7,得$\{-x_n\}$的极限存在(有限),从而$\{x_n\}$的极限存在(有限).

定理 1.9 广义单调上升的无界数列以$+\infty$为极限.广义单调下降的无界数列以$-\infty$为极限.

证 $\{x_n\}$广义单调上升且无上界,即任给$E>0$(它不是上界),总存在x_N,使得$x_N>E$,再由$\{x_n\}$广义单调上升,所以当$n>N$时,有

$$x_n \geq x_N > E,$$

即

$$\lim_{n\to\infty} x_n = +\infty.$$

定理的另一半同法可证.

例 1 x_1为已知正数,证明由

$$x_{n+1} = \frac{3(1+x_n)}{3+x_n}$$

所定义的数列$\{x_n\}$有(有限)极限,并求之.

证 首先由$x_1>0$,得所有$x_n>0$,且

$$x_{n+1} = 3\frac{1+x_n}{3+x_n} < 3,$$

即$\{x_n\}$是有界数列. 又

$$x_{n+1}-x_n = \frac{3(1+x_n)}{3+x_n} - \frac{3(1+x_{n-1})}{3+x_{n-1}}$$

$$= 6\frac{x_n-x_{n-1}}{(3+x_n)(3+x_{n-1})}.$$

由于分母为正,故得$(x_{n+1}-x_n)$和(x_n-x_{n-1})同号,从而类推得它和(x_2-x_1)同号,也就是说,$\{x_n\}$是单调数列,又有界,故有(有限)极限存在,令

$$\lim_{n\to\infty} x_n = a,$$

并对

$$x_{n+1} = \frac{3(1+x_n)}{3+x_n}$$

求极限,得

$$a = \frac{3(1+a)}{3+a},$$

即

$$a^2 = 3,$$
$$a = \sqrt{3}.$$

(因为 $x_n > 0$,故负值舍去),

也就是

$$\lim_{n \to \infty} x_n = \sqrt{3}.$$

例 2 求 $x_n = \underbrace{\sqrt{c+\sqrt{c+\cdots+\sqrt{c}}}}_{n \text{ 重}} (c \geqslant 0)$ 的极限.

解 首先,归纳证明当 $c > 0$ 时有

$$x_n < \sqrt{c} + 1.$$

$n = 1$ 时,

$$x_1 = \sqrt{c} < \sqrt{c} + 1.$$

假设

$$x_n < \sqrt{c} + 1,$$

则

$$x_{n+1} = \sqrt{c+x_n} < \sqrt{c+\sqrt{c}+1} < \sqrt{c} + 1,$$

由数学归纳法,不等式得证.

再证 x_n 单调

$$x_n = \sqrt{c+\sqrt{c+\cdots+\sqrt{c}}} \geqslant \sqrt{c+\sqrt{c+\cdots+\sqrt{0}}}$$
$$= x_{n-1},$$

即 $\{x_n\}$ 广义单调上升且有界,从而有(有限)极限. 设

$$\lim_{n \to \infty} x_n = a.$$

将

$$x_n = \sqrt{c + x_{n-1}}$$

两端平方后,求极限得

$$a^2 = c + a,$$

$$a = \frac{1 \pm \sqrt{1 + 4c}}{2},$$

当 $c > 0$ 时,因为 $x_n > 0$,所以负值舍去,即

$$\lim_{n \to \infty} x_n = \frac{1 + \sqrt{1 + 4c}}{2}.$$

当 $c = 0$ 时,显然有

$$\lim_{n \to \infty} x_n = 0.$$

以上两例都分两步进行,其一是先确定极限存在;其二再用极限的运算法则求出极限. 如果缺少了第一步,后面一步的合理性就出了问题.

1.1.7 数 e

考虑数列 $x_n = \left(1 + \dfrac{1}{n}\right)^n$,因为

$$x_n = 1 + n\,\frac{1}{n} + \frac{n(n-1)}{1 \cdot 2}\frac{1}{n^2} + \cdots + \frac{n(n-1)\cdots[n-(n-1)]}{1 \cdot 2 \cdots \cdot n}\frac{1}{n^n}$$

$$= 1 + 1 + \frac{1}{2!}\left(1 - \frac{1}{n}\right) + \cdots + \frac{1}{n!}\left(1 - \frac{1}{n}\right)\cdots\left(1 - \frac{n-1}{n}\right)$$

$$< \left[1 + 1 + \frac{1}{2!}\left(1 - \frac{1}{n+1}\right) + \cdots + \frac{1}{n!}\left(1 - \frac{1}{n+1}\right)\cdots\left(1 - \frac{n-1}{n+1}\right)\right]$$

$$+ \frac{1}{(n+1)!}\left(1 - \frac{1}{n+1}\right)\cdots\left(1 - \frac{n}{n+1}\right)$$

$$= x_{n+1},$$

即

$$x_n < x_{n+1},$$

所以，$\{x_n\}$ 为严格单调上升数列. 其次，

$$x_n < \sum_{k=0}^{n} \frac{1}{k!} < 1 + 1 + \sum_{k=2}^{n} \frac{1}{2^{k-1}} < 3, \tag{1.32}$$

即 $\{x_n\}$ 严格单调上升且有上界，则由定理 1.7，得它有（有限）极限存在，这极限记为 e.

类似地，数列 $y_n = \left(1 + \dfrac{1}{n}\right)^{n+1}$ 是严格单调下降且有下界的数列，它也有极限存在，事实上，要证

$$y_{n-1} = \left(1 + \frac{1}{n-1}\right)^n > \left(1 + \frac{1}{n}\right)^{n+1} = y_n,$$

即证

$$\left(\frac{1 + \dfrac{1}{n-1}}{1 + \dfrac{1}{n}}\right)^n > 1 + \frac{1}{n}, \tag{1.33}$$

而左端有

$$\left(\frac{1 + \dfrac{1}{n-1}}{1 + \dfrac{1}{n}}\right)^n = \left(1 + \frac{1}{n^2-1}\right)^n > 1 + \frac{n}{n^2-1} > 1 + \frac{1}{n},$$

即 (1.33) 式得证，所以 $\{y_n\}$ 为单调下降且有下界（因为 $y_n > 0$）的数列，由定理 1.8 它有极限. 又因为

$$y_n = x_n \left(1 + \frac{1}{n}\right),$$

所以

$$\lim_{n \to \infty} y_n = \lim_{n \to \infty} x_n = e,$$

即 y_n 也以 e 为极限. 已经计算得

$$e = 2.718281828459045\cdots.$$

但用 $\{x_n\}$ 的极限来计算 e 时，发现它收敛速度太慢，例如

$$x_{100} = 2.7048\cdots.$$

所以下面介绍 e 作为另一个数列的极限(第 10 章中将称它为级数和).

利用(1.32)式,得

$$x_n < \sum_{k=0}^{n} \frac{1}{k!} = z_n. \tag{1.34}$$

又当 $m<n$ 时,有

$$x_n = 1+1+\frac{1}{2!}\left(1-\frac{1}{n}\right)+\cdots+\frac{1}{n!}\left(1-\frac{1}{n}\right)\cdots\left(1-\frac{n-1}{n}\right)$$

$$> 1+1+\frac{1}{2!}\left(1-\frac{1}{n}\right)+\cdots+\frac{1}{m!}\left(1-\frac{1}{n}\right)\cdots\left(1-\frac{m-1}{n}\right).$$

令 $n \to \infty$,对任意的 $m \in \mathbf{N}$,都有

$$e \geqslant \sum_{k=0}^{m} \frac{1}{k!} = z_m. \tag{1.35}$$

联合(1.34),(1.35),得

$$x_n < z_n \leqslant e. \tag{1.36}$$

由夹逼法则,得

$$\lim_{n \to \infty} z_n = e,$$

其中

$$z_n = 1+\frac{1}{1!}+\frac{1}{2!}+\cdots+\frac{1}{n!}.$$

计算得

$$z_6 = 2.7083\cdots, \quad z_7 = 2.71826\cdots.$$

它比 $\{x_n\}$ 收敛得快得多,估计 z_n 和 e 误差也比较方便,事实上,

$$z_{n+m} - z_n = \frac{1}{(n+1)!}+\cdots+\frac{1}{(n+m)!}$$

$$= \frac{1}{(n+1)!}\left[1+\frac{1}{n+2}+\frac{1}{(n+2)(n+3)}+\cdots+\right.$$

$$\left.\frac{1}{(n+2)\cdots(n+m)}\right]$$

$$< \frac{1}{(n+1)!}\left[1 + \frac{1}{n+2} + \frac{1}{(n+2)^2} + \cdots\right]$$

$$= \frac{1}{(n+1)!}\frac{1}{1 - \frac{1}{n+2}} = \frac{1}{(n+1)!}\frac{n+2}{(n+1)}.$$

由

$$0 < \frac{n(n+2)}{(n+1)^2} < 1,$$

得

$$z_{n+m} - z_n < \frac{1}{n!n}.$$

令 $m \to \infty$，注意到(1.36)式可得误差估计为

$$0 < e - z_n \leqslant \frac{1}{n!n}.$$

于是可得

$$e = z_n + \frac{\theta}{n!n} = 1 + \frac{1}{1!} + \frac{1}{2!} + \cdots + \frac{1}{n!} + \frac{\theta}{n!n}, \qquad (1.37)$$

其中 $\theta \in (0,1)$.

利用(1.37)式，还可证明 e 为无理数.（反证法）设 $e = \frac{p}{q}$（p, $q \in \mathbf{N}$）为有理数，则

$$\frac{p}{q} = z_q + \frac{\theta}{q!q} = 1 + \frac{1}{1!} + \cdots + \frac{1}{q!} + \frac{\theta}{q!q}.$$

两端乘 $q!$ 得

$$(q-1)!\ p = q!\left(1 + \frac{1}{1!} + \cdots + \frac{1}{q!}\right) + \frac{\theta}{q},$$

左端为整数，右端是一个整数加上一个非零小数，从而得出矛盾，即 e 不是有理数.

习　题

1. 问在下列条件下是否有 $\lim\limits_{n\to\infty} x_n = a$.

(1) 任给 $\varepsilon > 0$，存在 $N \in \mathbf{N}$，当 $n \in \mathbf{N}$ 且 $n \geqslant N$ 时，有 $|x_n - a| \leqslant \varepsilon$.

(2) 任给 $\varepsilon (1 > \varepsilon > 0)$，存在 $N \in \mathbf{N}$，当 $n \in \mathbf{N}$ 且 $n > N$ 时，有 $|x_n - a| < \varepsilon$.

(3) 任给 $k \in \mathbf{N}$，存在 $N \in \mathbf{N}$，当 $n \in \mathbf{N}$ 且 $n > N$ 时，有 $|x_n - a| < \dfrac{1}{k}$.

(4) 对于任给的 $k \in \mathbf{N}$，$\{x_n\}$ 中只有有限多项在 a 的 $\dfrac{1}{k}$-邻域外.

(5) 对于任给的 $\varepsilon > 0$，$\{x_n\}$ 有无限多项在 a 的 ε-邻域内.

2. 证明下列等式：

(1) $\lim\limits_{n\to\infty} \dfrac{n}{2n+1} = \dfrac{1}{2}$；

(2) $\lim\limits_{n\to\infty} 0.\underbrace{99\cdots9}_{n\text{个}} = 1$；

(3) $\lim\limits_{n\to\infty} \arctan n = \dfrac{\pi}{2}$；

(4) $\lim\limits_{n\to\infty} \dfrac{2^3-1}{2^3+1} \cdot \dfrac{3^3-1}{3^3+1} \cdot \cdots \cdot \dfrac{n^3-1}{n^3+1} = \dfrac{2}{3}$；

(5) $\lim\limits_{n\to\infty} \left(\dfrac{1}{1\cdot2} + \dfrac{1}{2\cdot3} + \cdots + \dfrac{1}{(n-1)n} \right) = 1$；

(6) $\lim\limits_{n\to\infty} \left(\dfrac{1}{n^2} - \dfrac{2}{n^2} + \cdots + \dfrac{n-1}{n^2} \right) = \dfrac{1}{2}$；

(7) $\lim\limits_{n\to\infty} \dfrac{\sin\dfrac{n}{2}\pi}{n} = 0$；

(8) $\lim\limits_{n\to\infty} \dfrac{n}{2^n} = 0$；

(9) $\lim\limits_{n\to\infty} \dfrac{n^k}{a^n} = 0 \quad (a>1, k\in \mathbf{N})$；

(10) $\lim\limits_{n\to\infty} \dfrac{(\log_a n)^{\frac{1}{s}}}{n} = 0 \quad (a>1, s\in \mathbf{N})$；

(11) $\lim\limits_{n\to\infty} na^n = 0 \quad (|a|<1)$；

(12) $\lim\limits_{n\to\infty} \dfrac{n!}{n^n} = 0$；

(13) $\lim\limits_{n\to\infty} \sqrt[n]{n!} = +\infty$；

(14) $\lim\limits_{n\to\infty} \dfrac{1-n^2}{2n-1} = -\infty$；

(15) $\lim\limits_{n\to\infty} \left(\dfrac{1}{\sqrt{n}} + \dfrac{1}{\sqrt{n+1}} + \cdots + \dfrac{1}{\sqrt{2n}} \right) = +\infty$；

(16) $\lim\limits_{n\to\infty} \left(1 + \dfrac{1}{\sqrt{2}} + \cdots + \dfrac{1}{\sqrt{n}} \right) = +\infty$；

(17) $\lim\limits_{n\to\infty} \left(\sin n - \dfrac{n^3}{\sqrt{n^2+n+1}} \right) = -\infty$；

(18) $\lim\limits_{n\to\infty} (-1)^n \ln n = \infty$；

(19) $\lim\limits_{n\to\infty} \sqrt{n - \sqrt{n}} = +\infty$；

(20) $\lim\limits_{n\to\infty} \dfrac{1-(-1)^n n}{2\sqrt{n}-3} = \infty$.

3. 收敛数列重新排列后所得到的新数列仍为收敛数列,而且有相同的极限.

4. 证明 $\lim\limits_{n\to\infty} x_n = a$ 的充要条件是 $\lim\limits_{k\to\infty} x_{2k} = a$ 与 $\lim\limits_{k\to\infty} x_{2k-1} = a$ 同时成立.

5. 证明下列数列 $\{x_n\}$ 没有极限:

(1) $x_n = n^{(-1)^n}$；

(2) $x_n = \sin \dfrac{n}{2}\pi$；

(3) $x_n = \dfrac{(-2)^n + 1}{2^{n+1} - 3}$；

(4) $x_n = (-1)^n + \dfrac{1}{n}$.

6. 求下列数列 $\{x_n\}$ 的极限：

(1) $x_n = \dfrac{n + 10\sqrt{n}}{5n - 100\sqrt{n}}$；

(2) $x_n = \dfrac{6n^2 + (-1)^n n}{5n^2 + n}$；

(3) $x_n = \sin\sqrt{n+1} - \sin\sqrt{n}$；

(4) $x_n = \sqrt{n+2} - \sin\sqrt{n}$；

(5) $x_n = \left(1 - \dfrac{1}{2^2}\right)\left(1 - \dfrac{1}{3^2}\right)\cdots\left(1 - \dfrac{1}{n^2}\right)$；

(6) $x_n = (1+x)(1+x^2)\cdots(1+x^{2n})$ （$|x| < 1$）；

(7) $x_n = \dfrac{a^n}{(1+a)(1+a^2)\cdots(1+a^n)}$ （$a > 0$）；

(8) $x_n = \dfrac{a^n}{1+a^n}$；

(9) $x_n = \dfrac{a^n - a^{-n}}{a^n + a^{-n}}$ （$a > 0$）；

(10) $x_n = \sqrt[n]{2\sin^2 n + \cos^2 n}$.

7. 求出 A, p，使下列关系成立.

(1) $\dfrac{\sqrt[3]{n^2}\sin n - 5n - 1}{n - 3} \sim \dfrac{A}{n^p}$；

(2) $(\sqrt[3]{n+1} - \sqrt[3]{n}) \sim \dfrac{A}{n^p}$；

(3) $\dfrac{\sqrt{n}}{100 + n} \sim \dfrac{A}{n^p}$；

(4) $\dfrac{3n^6 - n^4 + n^2}{2n^2 + 1} \sim An^p$.

8. 设 $\lim\limits_{n\to\infty} x_n = a$，证明 $\lim\limits_{n\to\infty} \dfrac{[nx_n]}{n} = a$.

9. 证明

(1) 若 $\lim\limits_{n\to\infty}\sqrt[n]{|x_n|}=r<1$,则 $\lim\limits_{n\to\infty}x_n=0$;

(2) 若 $\lim\limits_{n\to\infty}\sqrt[n]{|x_n|}=r>1$,则 $\lim\limits_{n\to\infty}x_n=\infty$;

(3) 若 $\lim\limits_{n\to\infty}\left|\dfrac{x_{n+1}}{x_n}\right|=r<1$,则 $\lim\limits_{n\to\infty}x_n=0$;

(4) 若 $\lim\limits_{n\to\infty}\left|\dfrac{x_{n+1}}{x_n}\right|=r>1$,则 $\lim\limits_{n\to\infty}x_n=\infty$.

*10. 已知当 $n\to\infty$ 时,$a_n\to0$,$b_n\to0$;$\{b_n\}$ 对充分大的 n 为严格单调下降数列,则如果 $\dfrac{a_n-a_{n+1}}{b_n-b_{n+1}}$ 收敛,就有

$$\lim_{n\to\infty}\frac{a_n}{b_n}=\lim_{n\to\infty}\frac{a_n-a_{n+1}}{b_n-b_{n+1}}.$$

*11. 已知 $x_n>0$,且 $x_n\to a(n\to\infty)$,则

$$\lim_{n\to\infty}\sqrt[n]{x_1x_2\cdots x_n}=a.$$

*12. 设 $t_n>0$,且 $\dfrac{t_{n+1}}{t_n}\to t(n\to\infty)$,证明 $\sqrt[n]{t_n}\to t$. 举例说明反之不真.

13. 求下列数列的极限:

(1) $x_n=\dfrac{1}{n}(1+\sqrt{2}+\cdots+\sqrt[n]{n})$;

(2) $x_n=\dfrac{1}{n^{p+1}}(1^p+2^p+\cdots+n^p)$ ($p\in\mathbf{N}$);

(3) $x_n=\dfrac{1}{n^p}(1^p+2^p+\cdots+n^p)-\dfrac{n}{p+1}$ ($p\in\mathbf{N}$);

(4) $x_n=\dfrac{1}{n^{p+1}}\left[1^p+3^p+\cdots+(2n-1)^p\right]$ ($p\in\mathbf{N}$);

(5) $x_n=\dfrac{1}{n^2}(a_1+2a_2+\cdots+na_n)$ (其中 $a_n\to a$).

14. 下列集合哪些是有界集? 哪些是无界集? 并分别求出它

们的上、下确界:

(1) $A = \left\{ (-1)^n + \dfrac{(-1)^n}{n} \right\}$;

(2) $B = \{(0,1)$内有理数$\}$;

(3) $C = \{ n^{(-1)^n} \}$;

(4) $D = \{ \sin x$ 的值集$\}$;

(5) $E = \left\{ \tan x \text{ 的值集} \left(-\dfrac{\pi}{2} < x < \dfrac{\pi}{2} \right) \right\}$.

15. 证明下列上、下确界的关系式,其中 X, Y 为非空有界数集,$\{x_n\}, \{y_n\}$ 为有界数列.

(1) $\inf\limits_{x \in X} \{-x\} = -\sup\limits_{x \in X} \{x\}$;

(2) $\sup\limits_{x \in X} \{-x\} = -\inf\limits_{x \in X} \{x\}$;

(3) $\inf\limits_{n} \{x_n + y_n\} \geqslant \inf\limits_{n} \{x_n\} + \inf\limits_{n} \{y_n\}$;

(4) $\inf\limits_{x \in X, y \in Y} \{x+y\} = \inf\limits_{x \in X} \{x\} + \inf\limits_{y \in Y} \{y\}$;

(5) $\sup\limits_{n} \{x_n + y_n\} \leqslant \sup\limits_{n} \{x_n\} + \sup\limits_{n} \{y_n\}$;

(6) $\sup\limits_{x \in X, y \in Y} \{x+y\} = \sup\limits_{x \in X} \{x\} + \sup\limits_{y \in Y} \{y\}$;

(7) $\inf\limits_{n} \{x_n \cdot y_n\} \geqslant \inf\limits_{n} \{x_n\} \cdot \inf\limits_{n} \{y_n\}$ $(x_n, y_n > 0)$;

(8) $\inf\limits_{x \in X, y \in Y} \{x \cdot y\} = \inf\limits_{x \in X} \{x\} \cdot \inf\limits_{y \in Y} \{y\}$ $(x, y > 0)$;

(9) $\sup\limits_{n} \{x_n \cdot y_n\} \leqslant \sup\limits_{n} \{x_n\} \cdot \sup\limits_{n} \{y_n\}$ $(x_n, y_n > 0)$;

(10) $\sup\limits_{x \in X, y \in Y} \{x \cdot y\} = \sup\limits_{x \in X} \{x\} \cdot \sup\limits_{y \in Y} \{y\}$ $(x, y \geqslant 0)$.

16. 证明若在 M_0 的任意 ε -邻域内,总是既有 X 的元素存在,也有 X 的上界存在,则 M_0 是 X 的上确界.

17. 设$\{M_n\}$是 X 的上界所组成的数列,又 $M_n \to M_0$,则 M_0 也是 X 的上界.

18. $\{x_n\}$是收敛数列,则$\{x_n\}$或者有最大的一项,或者有最小的一项,或者两者都有.

19. 证明下列数列收敛：

(1) $x_n = p_0 + \dfrac{p_1}{10} + \cdots + \dfrac{p_n}{10^n}$，其中 $p_0 \in \mathbf{Z}, 0 \leqslant p_i \leqslant 9 (i = 1, 2, \cdots, n)$.

(2) $x_n = \dfrac{10}{1} \cdot \dfrac{11}{3} \cdot \cdots \cdot \dfrac{n+9}{2n-1}$；

(3) $x_n = 1 + \dfrac{1}{2^2} + \cdots + \dfrac{1}{n^2}$；

(4) $x_n = \dfrac{c^n}{\sqrt[k]{n!}} (c > 0, k > 0)$；

(5) $x_n = 1 + \dfrac{1}{2} + \dfrac{1}{3} + \cdots + \dfrac{1}{n} - \ln n$.

20. 证明下列数列收敛，并求极限.

(1) $x_1 = \sqrt{2}, x_n = \sqrt{2x_{n-1}}$；

(2) $x_1 = a, x_n = \sin x_{n-1}$；

*(3) $a > 0, x_1 > 0, x_{n+1} = \dfrac{1}{2}(x_n + a x_n^{-1})$；

*(4) 斐波那契(Fibonecei)数列

$$1, 1, 2, 3, 5, 8, \cdots, F_n, \cdots$$

(其中 $F_0 = 1, F_1 = 1, F_n = F_{n-1} + F_{n-2}$)，今取 $x_n = \dfrac{F_n}{F_{n+1}}$.

21. 已知 $x_1 = \dfrac{1}{2}, y_1 = 1, x_n = \sqrt{x_{n-1} y_{n-1}}, \dfrac{1}{y_n} = \dfrac{1}{2} \left(\dfrac{1}{x_n} + \dfrac{1}{y_{n-1}} \right)$.
证明 $\{x_n\}, \{y_n\}$ 都收敛，并有相同的极限.

22. 已知 $u_0 < v_0, u_n = \dfrac{1}{2}(u_{n-1} + v_{n-1}), v_n = \dfrac{1}{3}(u_{n-1} + 2v_{n-1})$，
证明 $\{u_n\}$ 和 $\{v_n\}$ 都收敛，并有相同的极限，而且该极限在 u_0、v_0 之间.

23. $\{u_n\}, \{v_n\}$ 两数列满足 u_n 单调上升，v_n 单调下降，且

$\lim\limits_{n \to \infty}(v_n - u_n) = 0$. 则 $\{u_n\}$ 和 $\{v_n\}$ 有相同极限.

24. 求下列极限:

(1) $\lim\limits_{n \to \infty}\left(\dfrac{n}{n+1}\right)^n$;

(2) $\lim\limits_{n \to \infty}\left(1+\dfrac{1}{n}\right)^{n+4}$;

(3) $\lim\limits_{n \to \infty}\dfrac{\ln\left(1+\dfrac{1}{n}\right)}{\dfrac{1}{n}}$;

(4) $\lim\limits_{n \to \infty}\left(\dfrac{1+n}{2+n}\right)^n$;

(5) $\lim\limits_{n \to \infty}\left(1-\dfrac{1}{n-2}\right)^n$.

1.2 函数的极限

1.2.1 函数极限的定义

与数列极限的 ε-N 定义相类似,我们来给出函数极限的 ε-δ 定义.

定义(ε-δ) 设函数 $f(x)$ 在 a 点附近有**定义**(可能除去 a 本身),而 A 是一个实数. 如果对于任给 $\varepsilon > 0$,存在 $\delta > 0$,使得当 $0 < |x-a| < \delta$ 时,就有

$$|f(x)-A| < \varepsilon,$$

则称 $f(x)$ 当 x 趋向 a 时**有极限** A. 也称 $f(x)$ 当 x 趋向 a 时**收敛**于 A. 记为

$$\lim_{x \to a}f(x) = A,$$

或

$$f(x) \rightarrow A \quad (x \rightarrow a).$$

和 1.1 中一样,我们称满足 $|x-a|<\delta$ 的所有 x,即对应到实轴上的点集 $\{x \mid |x-a|<\delta\}$,为 a 点的 δ-邻域,而现在满足 $0<|x-a|<\delta$ 的点集称为 a 点的**去心 δ-邻域**,这样上述定义用集合论的观点来描述就是:

任给 A 点的一个 ε-邻域 V,总存在 a 点的一个去心 δ-邻域 U,使得 $f(U) \subset V$,其中 $f(U)=\{y \mid y=f(x), x \in U\}$ 称为 U 的**象**.

上述定义也可改写成:A 点的任一个邻域 V 的原象 $f^{-1}(V)$ 中,一定包含有 a 点的一个去心邻域 U,其中 $f^{-1}(V)=\{x \mid f(x) \in V\}$ 称为 V 的**原象**.

由上述集合论定义,很容易用图 1-4 来说明极限的几何意义.

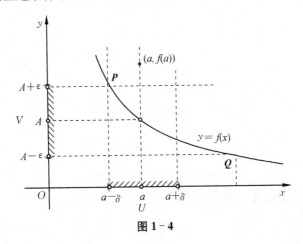

图 1-4

"任意给定一个 A 的 ε-邻域"表示在 y 轴上给了一个开区间(y 轴上划有斜线的部分). 而在 Oxy 平面上就对应一条水平的带子."可以找到 a 的一个去心 δ-邻域"表示在 x 轴上存在一个去掉中心点 a 的开区间(x 轴上划有斜线部分),在 Oxy 平面上对应于两条紧靠着的垂直带子,ε-δ 定义表示存在这种垂直带子,使得垂直带中的点$(x,f(x))$一定在水平带内,$(a,f(a))$点可以除外.

注 在论及函数$f(x)\to A(x\to a)$时,我们考虑的是$f(x)$在a点附近的性质,和a点函数取什么值毫无关系,甚至在a点函数可以没有定义.

例 1
$$\lim_{x\to 0}a^x=1 \quad (a>1). \tag{1.38}$$

证 任给$\varepsilon>0$(设$\varepsilon<1$),要
$$|a^x-1|<\varepsilon,$$
只要
$$1-\varepsilon<a^x<1+\varepsilon,$$
取对数
$$\log_a(1-\varepsilon)<x<\log_a(1+\varepsilon). \tag{1.39}$$
令
$$\delta=\min[\log_a(1+\varepsilon),-\log_a(1-\varepsilon)],$$
则当$0<|x|<\delta$时,就有(1.39)式成立,从而有
$$|a^x-1|<\varepsilon,$$
即
$$\lim_{x\to 0}a^x=1.$$

例 2
$$\lim_{x\to 0}\frac{\sin x}{x}=1. \tag{1.40}$$

证 这是一个中学里学过的极限,它的证明方法是事先建立不等式.

如图 1-5,显然当$0<x<\dfrac{\pi}{2}$时,有
$$S_{\triangle OAC}>S_{\text{扇形}OAB}>S_{\triangle OAB},$$
从而得
$$\tan x>x>\sin x, \tag{1.41}$$
即

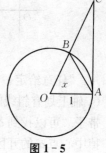

图 1-5

$$1 > \frac{\sin x}{x} > \cos x,$$

$$0 < 1 - \frac{\sin x}{x} < 1 - \cos x.$$

又

$$1 - \cos x = 2\sin^2 \frac{x}{2} < 2\sin \frac{x}{2} < x.$$

最后得

$$0 < 1 - \frac{\sin x}{x} < x,$$

更有

$$\left| \frac{\sin x}{x} - 1 \right| < |x|.$$

显然这一不等式当 $-\frac{\pi}{2} < x < 0$ 时也成立.

这样,任给 $\varepsilon > 0$,取 $\delta = \min\left(\frac{\pi}{2}, \varepsilon\right)$,当 $0 < |x| < \delta$ 时,就有

$$\left| \frac{\sin x}{x} - 1 \right| < \varepsilon,$$

即

$$\lim_{x \to 0} \frac{\sin x}{x} = 1.$$

例 3 $\lim\limits_{x \to 1} \dfrac{1 - 3x}{2 - x} = -2.$

证 任给 $\varepsilon > 0$,要

$$\left| \frac{1 - 3x}{2 - x} + 2 \right| < \varepsilon, \tag{1.42}$$

只要放大左端后仍小于 ε 就可,而左端

$$\left| \frac{1 - 3x}{2 - x} + 2 \right| = \left| \frac{5(x - 1)}{2 - x} \right|,$$

先限制 $\delta \leqslant \frac{1}{2}$,这时当 $|x-1|<\delta$ 时,就有

$$\frac{1}{2}<x<\frac{3}{2},$$

从而

$$\left|\frac{1-3x}{2-x}+2\right|<\frac{5}{2-\frac{3}{2}}|x-1|=10|x-1|.$$

要(1.42)式成立,只要 $\delta \leqslant \frac{1}{2}$,且

$$10|x-1|<\varepsilon.$$

取 $\delta=\min\left(\frac{1}{2},\frac{\varepsilon}{10}\right)$,当 $0<|x-1|<\delta$ 时,就有(1.42)式

$$\left|\frac{1-3x}{2-x}+2\right|<\varepsilon$$

成立,即

$$\lim_{x\to 1}\frac{1-3x}{2-x}=-2.$$

例 4

$$\lim_{x\to a}\cos x=\cos a. \tag{1.43}$$

证 因为

$$|\cos x-\cos a|=2\left|\sin\frac{x+a}{2}\sin\frac{x-a}{2}\right|\leqslant 2\left|\sin\frac{x-a}{2}\right|\leqslant|x-a|.$$

故对任给 $\varepsilon>0$,取 $\delta=\varepsilon$,当 $0<|x-a|<\delta$ 时,就有

$$|\cos x-\cos a|<\varepsilon,$$

即

$$\lim_{x\to a}\cos x=\cos a.$$

本例表示余弦函数有下述性质:

$$\lim_{x\to a}\cos x=\cos\lim_{x\to a}x.$$

例 5

$$\lim_{x \to a} \sqrt[k]{x} = \sqrt[k]{a} \quad (k \in \mathbf{Z}, a > 0).　\quad (1.44)$$

证

$$\sqrt[k]{x} - \sqrt[k]{a} = \frac{x-a}{\sqrt[k]{x^{k-1}} + \cdots + \sqrt[k]{a^j x^{k-j-1}} + \cdots + \sqrt[k]{a^{k-1}}}.　\quad (1.45)$$

先限制 $\delta \leqslant \dfrac{1}{2}a$，则 x 属于 a 的去心 δ-邻域时，就有

$$\frac{1}{2}a < x < \frac{3}{2}a,$$

从而

$$\sqrt[k]{a^j x^{k-j-1}} > \left(\frac{a}{2}\right)^{\frac{k-1}{k}}.$$

记 $b = \left(\dfrac{a}{2}\right)^{\frac{k-1}{k}}$，由 (1.45) 式得

$$|\sqrt[k]{x} - \sqrt[k]{a}| < \frac{|x-a|}{kb}.$$

任给 $\varepsilon > 0$，取 $\delta = \min\left[\dfrac{1}{2}a, k\left(\dfrac{a}{2}\right)^{\frac{k-1}{k}}\varepsilon\right]$，当 $0 < |x-a| < \delta$ 时，就有

$$|\sqrt[k]{x} - \sqrt[k]{a}| < \varepsilon,$$

即

$$\lim_{x \to a} \sqrt[k]{x} = \sqrt[k]{a}.$$

也可写为

$$\lim_{x \to a} \sqrt[k]{x} = \sqrt[k]{\lim_{x \to a} x}.$$

在这里有必要简单地重提一下对于 ε-N 定义所提过的几点注意：

1° ε 的任意性及 δ 的存在性，而且 δ 是 ε 的函数，有时记为 δ_ε，

或 $\delta(\varepsilon)$.

2° ε 虽然任意,但必须限制 $\varepsilon > 0$,不能取 $\varepsilon \leqslant 0$.

3° "任给 $\varepsilon > 0$,存在 $\delta > 0$,…"不能改为"存在 $\delta > 0$,对任给 $\varepsilon > 0$,…".

4° 限制 $\varepsilon \in (0,1)$,或最后 $|f(x) - A| < m\varepsilon$($m$ 为与 ε 无关的正常数),等等,不改变原定义的实质,即和原定义是等价的,以后我们常常应用这些修改.

以上这几点作适当修改后,可以推广到将要定义的以 ∞ 为极限以及在 ∞ 处的极限时的情况.

我们在实轴 $\mathbf{R}$ 上外加点 ∞,$+\infty$,$-\infty$ 并约定它的 E-邻域分别是指 $\{x \mid |x| > E, x \in \mathbf{R}\}$,$\{x \mid x > E, x \in \mathbf{R}\}$,$\{x \mid x < -E, x \in \mathbf{R}\}$(也可写成:$|x| > E, x > E, x < -E$). 对 ∞,$+\infty$,$-\infty$ 而言,邻域即去心邻域.

有了无穷远点的邻域概念后,不难将

$$\lim_{x \to a} f(x) = A$$

的定义推广到 a 为有限,∞,$\pm\infty$,及 A 为有限,∞,$\pm\infty$ 的情况:比如,当 a 为有限时,

$$\lim_{x \to a} f(x) = +\infty$$

可叙述为:任给 $+\infty$ 的一个 E-邻域 V,总存在 a 的去心 δ-邻域 U,使得 $f(U) \subset V$.

换一种讲法就是:任给 $E \in \mathbf{R}$,必存在 $\delta > 0$,当 $0 < |x - a| < \delta$ 时,就有

$$f(x) > E.$$

再比如,

$$\lim_{x \to -\infty} f(x) = \infty$$

定义为:任给 ∞ 的一个 E-邻域 V,总存在 $-\infty$ 的一个 Δ-邻域 U,使得

$$f(U) \subset V.$$

换一种讲法就是:任给 $E \in \mathbf{R}$,存在 $\Delta \in \mathbf{R}$,当 $x < \Delta$ 时,就有

$$|f(x)| > E$$

对于 a 为有限,∞,$\pm\infty$,A 为有限,∞,$\pm\infty$ 所搭配而成的 16 种定义都可很快给出,请读者自己去完成.

例 6

$$\lim_{x \to -\infty} a^x = +\infty \quad (0 < a < 1). \tag{1.46}$$

证　任给 $E > 0$,要

$$a^x > E,$$

注意到 $a < 1$ 后,只要

$$x < \log_a E,$$

取 $\Delta = \log_a E$,则当 $x < \Delta$ 时,就有

$$a^x > E,$$

即

$$\lim_{x \to -\infty} a^x = +\infty.$$

类似地可以证明:

$$\lim_{x \to +\infty} a^x = 0 \quad (0 < a < 1), \tag{1.47}$$

$$\lim_{x \to +\infty} a^x = +\infty \quad (a > 1), \tag{1.48}$$

$$\lim_{x \to -\infty} a^x = 0 \quad (a > 1). \tag{1.49}$$

例 7

$$\lim_{x \to +\infty} \frac{a^x}{x} = +\infty \quad (a > 1). \tag{1.50}$$

证　令 $[x] = n$,先限制 $x > 0$,则

$$\frac{a^x}{x} > \frac{a^n}{n+1} = \frac{1}{a} \frac{1}{n+1} [1 + (a-1)]^{n+1}.$$

利用二项式展开式取第三项,得

$$\frac{a^x}{x} > \frac{1}{a} \frac{1}{n+1} \left[\frac{1}{2}(n+1)n(a-1)^2 \right] = \frac{(a-1)^2}{2a} n > \frac{(a-1)^2}{2a}(x-1).$$

任给 $E \in \mathbf{R}$,取 $\Delta = \max\left[0, \dfrac{2a}{(a-1)^2}E + 1\right]$,当 $x > \Delta$ 时,就有

$$\frac{a^x}{x} > E,$$

即

$$\lim_{x \to +\infty} \frac{a^x}{x} = +\infty \quad (a > 1).$$

上述证法略加修改后,就可证明当 $k \in \mathbf{N}$ 时,有

$$\lim_{x \to +\infty} \frac{a^x}{x^k} = +\infty \quad (a > 1). \tag{1.51}$$

例 8

$$\lim_{x \to +\infty} \log_a x = +\infty \quad (a > 1). \tag{1.52}$$

只要在 E-Δ 定义中,取 $\Delta = a^E$ 就可(证略).

最后,我们将极限推广到并不是对 a 的某个去心 δ-邻域内都有定义的函数 $f(x)$ 上去,为此我们先介绍聚点的概念.

定义(聚点) 设 X 是实轴上一些点的集合,a 是实轴上一个点,任给一个 a 的去心 δ-邻域 U,都有

$$X \cap U \neq \varnothing,$$

则称 a 为 X 的**聚点**.

上面的定义通俗地讲就是:若在 a 无论多小的邻域里,都有 X 的异于 a 的点存在,则 a 为 X 的聚点.

设 a 为 X 的聚点(用 X' 记所有 X 的聚点的集合,它称为 X 的导集),则下列情况都可能发生:

1° $a \in X$;

2° $a \overline{\in} X$;

3° $X = X'$;

4° $X' \subset X$;

5° $X' \supset X$,甚至于 X 是 X' 的真子集;

6° $X' = \varnothing$.

定理 1.10 a 为 X 的聚点的充要条件是,在 X 中可找出数列 $\{x_n\}$,它满足 $x_n \neq a$,且 $x_n \to a$.

证(必要性) 任给一个 a 去心 $\frac{1}{n}$-邻域$\left(\text{即取 } \delta = \frac{1}{n}\right)$,记为 U_n,由于

$$X \cap U_n \neq \varnothing,$$

故存在 x_n 使

$$x_n \in (X \cap U_n).$$

从 $x_n \in U_n$,得

$$0 < |x_n - a| < \delta = \frac{1}{n},$$

从而 $\{x_n\}$ 以 a 为极限,且 $x_n \neq a$.

(充分性)任给 a 的一个去心 δ-邻域 U,则 $U \cup \{a\}$ 为 a 的一个邻域,由 $x_n \to a$,则存在着 $N_\delta \in \mathbf{N}$,当 $n > N_\delta$ 时,有

$$x_n \in (U \cup \{a\}),$$

另外 $x_n \neq a$ 表示 x_n 实际上属于 a 的去心 δ-邻域 U,又 $\{x_n\}$ 是 X 中的数列(即 $x_n \in X$),这样就得到任给 a 的一个去心 δ-邻域,都有

$$x_{N_\delta + 1} \in (X \cap U),$$

即

$$X \cap U \neq \varnothing,$$

也就是说 a 是 X 的聚点.

注 因为数列 $\{x_n\}$ 和集合 $\{x_n\}$ 有一点区别,所以有的教材中将数列 $\{x_n\}$ 的聚点 a 的定义改为:任给 a 的一个 δ-邻域 U,在 U 内有 $\{x_n\}$ 的无限多项. 而另一些教材中称这种 a 为"极限点". 本书采用后面这种讲法.

现在我们给出定义在集合 X 上函数极限的定义.

定义(ε-δ) 设 $f(x)$ 定义在点集 X 上,a 是 X 的一个聚点,A

是一个实数,若任给 $\varepsilon>0$,存在 $\delta>0$,当 $0<|x-a|<\delta$,且 $x\in X$ 时,就有

$$|f(x)-A|<\varepsilon,$$

则称 A 为在点集 X 上当 x 趋向于 a 时,$f(x)$ 的极限,记为

$$\lim_{\substack{x\to a\\x\in X}}f(x)=A. \tag{1.53}$$

不会发生混淆时,仍记为

$$\lim_{x\to a}f(x)=A.$$

对 a,A 可能是无穷时,也可给出相应的定义.

若 U 是 a 点的一个 δ-邻域,则称 $X\bigcap U$ 为 a 的在 X 中的 δ-邻域,在不会发生误解时,仍称为 a 的 δ-邻域,这样,极限的集合论中的讲法可以不加修改地搬到定义在集合 X 上的函数中来.

若对 a 的 δ-邻域,改成 $\infty(\pm\infty)$ 的 E-邻域,可以毫不困难地定义

$$\lim_{\substack{x\to\infty\\x\in X}}f(x)(\lim_{\substack{x\to\pm\infty\\x\in X}}f(x))=A \quad (\text{有限},\infty,\pm\infty).$$

从上面的定义也可以看出,数列的极限是函数极限的特例,它对应于 $X=\mathbf{N}$ 且 $a=+\infty$ 的情况.

后面我们将讲到的极限的一些性质、运算、定理可以容易地推广到这种定义在集合 X 上的函数上来,只要将所提到的 x 理解为 $x\in X$ 就可.为简单起见,我们不一一罗列了.

例 9

$$\lim_{\substack{x\to 0\\x\in \mathbf{R}+}}\sqrt[k]{x}=0 \quad (k\in\mathbf{N}), \tag{1.54}$$

其中 $\mathbf{R}+$ 表示全体正实数集合.

证 任给 $\varepsilon>0$,取 $\delta=\varepsilon^k$,当 $0<x<\delta$ 时,就有

$$0<\sqrt[k]{x}<\varepsilon,$$

即

$$\lim_{\substack{x \to 0 \\ x \in \mathbf{R}+}} \sqrt[k]{x} = 0.$$

将(1.44),(1.54)合在一起,不论对 $a>0$ 还是 $a=0$,都有

$$\lim_{x \to a} \sqrt[k]{x} = \sqrt[k]{a}. \tag{1.55}$$

只是当 $a=0$ 时,理解这个极限是对 $x \in \mathbf{R}+$ 中取的.

下面我们来给出函数极限定义的另一种很有用的等价定义,令 $y = f(x)$ 是一已知函数,对 x 选一数列 $\{x_n\}$,对应得 $y_n = f(x_n)$,从而得到对应的函数值的数列 $\{y_n\}$,即 $\{f(x_n)\}$.

定理 1.11

$$\lim_{x \to a} f(x) = A$$

的充要条件是:任给数列 $\{x_n\}$,若 $x_n \to a$,且 $x_n \neq a$,则数列 $\{f(x_n)\}$ 以 A 为极限.

证(必要性)　已知任给 $\varepsilon > 0$,存在 $\delta > 0$,当 $0 < |x-a| < \delta$ 时,就有

$$|f(x) - A| < \varepsilon. \tag{1.56}$$

另外,还有 $x_n \to a$,且 $x_n \neq a$. 由 ε-N 定义得:对于给定 $\delta > 0$,存在 $N \in \mathbf{N}$,当 $n > N$ 时,就有

$$|x_n - a| < \delta,$$

又 $x_n \neq a$,从而得

$$0 < |x_n - a| < \delta,$$

再利用(1.56),得

$$|f(x_n) - A| < \varepsilon,$$

这就得到 $f(x_n) \to A(n \to \infty)$.

(充分性)(反证法)设当 $x \to a$ 时,$f(x)$ 不以 A 为极限,即对某一个 $\varepsilon_0 > 0$,对任何 $\delta > 0$,总存在一个 x,虽然 $0 < |x-a| < \delta$,但是

$$|f(x) - A| \geqslant \varepsilon_0.$$

今取 $\delta = \delta_n \to 0$，比如 $\delta_n = \dfrac{1}{n}$，则对 $\dfrac{1}{n}$，存在一个 x_n，虽然

$0 < |x_n - a| < \dfrac{1}{n}$，(即 $x_n \to a$，且 $x_n \neq a$，)但是

$$|f(x_n) - A| \geqslant \varepsilon_0,$$

即数列 $f(x_n) \nrightarrow A(n \to \infty)$.

所得出的矛盾就证明了我们的命题.

注 定理 1.11 可以改成为：当 $x \to a$ 时，$f(x)$ 收敛的充要条件是：任给数列 $\{x_n\}$，若 $x_n \to a$，且 $x_n \neq a$，则数列 $\{f(x_n)\}$ 收敛.

定理 1.11 这个充要条件称为函数极限的数列定义，函数极限的数列定义在解决某些问题时是很方便的．比如：如果 $x_n \to a$ $(x_n \neq a)$时，有 $f(x_n) \to A$；而 $x'_n \to a (x'_n \neq a)$时，有 $f(x'_n) \to B$，又 $A \neq B$，则 $x \to a$ 时 $f(x)$无极限．下面举例说明之.

例 10 证明当 $x \to 0$ 时，$f(x) = \sin \dfrac{1}{x}$ 没有极限.

证 先取 $x_n = \dfrac{1}{n\pi} \to 0$，显然有 $x_n \neq 0$，及 $f(x_n) = \sin n\pi = 0$，从而 $f(x_n) \to 0$. 再取 $x'_n = \dfrac{1}{2n\pi + \dfrac{\pi}{2}} \to 0$，显然有 $x'_n \neq 0$，及 $f(x'_n) =$

$\sin \left(2n\pi + \dfrac{\pi}{2} \right) = 1$，从而 $f(x'_n) \to 1$.

由函数极限的数列定义得，当 $x \to a$ 时 $f(x)$无极限.

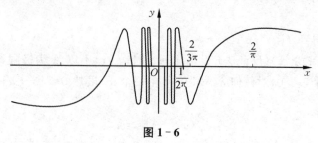

图 1-6

利用定理 1.11,很快就得到函数极限是唯一的:设 $x \to a$ 时,$f(x)$ 趋于 A 及 B,今取 $x_n \to a$,且 $x_n \neq a$,就得到

$$f(x_n) \to A \text{ 及 } B.$$

由数列极限的唯一性得 $A = B$.

从以上两例看出函数极限的数列定义有时处理问题是很方便的.尤其证明极限不存在更是它的优点.

定理 1.11 可以很容易地推广到 a 可以是 $\infty, \pm\infty$,以及 A 可以是 $\infty, \pm\infty$ 的情况.还可以推广到 $f(x)$ 的定义域为集合 X(它可以不包含 a 的任意一个邻域)的情况,这时只要取 $x_n \in X$ 就可.

因为数列是一种特殊的函数,从而我们得到一个有用的推论.

推论　$\lim\limits_{n \to \infty} x_n = A$ 的充要条件是:$\{x_n\}$ 的任一子数列都以 A 为极限.(所谓 $\{x_n\}$ 的子数列,是指从 $\{x_n\}$ 中取出一部分项,并保持原来的先后次序而构成的数列).

1.2.2　函数极限的性质

定义(有界函数)　已知 $f(x)$ 定义于 X 上,若存在一正数 M,使得对所有 $x \in X$,有

$$|f(x)| \leqslant M,$$

则称 $f(x)$ 在 X 上**有界**.

若 X 改成 a 点的邻域 U,则上定义表示 $f(x)$ 在**邻域 U 中有界**,若 $f(x)$ 在 a 某一邻域中有界,则称 $f(x)$ 在 a **点附近有界**.

与收敛数列的性质类似,函数极限也有类似的性质,而且证法也类同,今将性质重新列出如下:

性质 1　若 $f(x)$ 在 $x \to a$ 时有(有限)极限,则 $f(x)$ 在 a 的某邻域内有界(即在 a 点附近有界).

性质 2　极限的四则运算:设

$$\lim_{x \to a} f(x) = A, \quad \lim_{x \to a} g(x) = B,$$

则

1° $\lim\limits_{x \to a}[f(x) \pm g(x)] = A \pm B$;

2° $\lim\limits_{x \to a} f(x)g(x) = A \cdot B$;

3° $\lim\limits_{x \to a}\dfrac{f(x)}{g(x)} = \dfrac{A}{B}$（当 $B \neq 0$ 时）.

对无穷处的极限（即 $x \to \infty, \pm\infty$）上诸式仍成立. 对于无穷极限（A, B 为无穷）时，除去 $\infty - \infty, 0 \cdot \infty, \dfrac{\infty}{\infty}$ 型式的运算，其他都可赋予相应的意义.

性质 2 除了用类似数列时的证明法外，如果用函数极限的数列定义（定理 1.11）证明还可简化，请读者自证.

性质 3 已知

$$\lim\limits_{x \to a} f(x) = A,$$

$A > p$（或 $< q$）. 则存在一个 a 的去心 δ -邻域，使在其内（即当 $0 < |x - a| < \delta$ 时）有

$$f(x) > p \quad （或 < q）.$$

推论 若极限 $A > 0$（或 < 0），则存在一个 a 的去心 δ -邻域，在其内有

$$f(x) > 0 \quad （或 < 0）.$$

更进一步可要求

$$f(x) > \frac{A}{2} \quad \left(或 < \frac{A}{2}\right),$$

这是以后常用到的结果.

性质 4 函数极限存在则必唯一.

性质 5 若 $f(x) \geqslant g(x)$ 在 a 点某一去心邻域 U 中成立，且

$$\lim\limits_{x \to a} f(x) \text{ 和 } \lim\limits_{x \to a} g(x)$$

存在，则

$$\lim_{x \to a} f(x) \geqslant \lim_{x \to a} g(x).$$

证 在 U 中取一个数列 $\{x_n\}$，使 $x_n \to a$，且 $x_n \neq a$，再利用定理 1.11(即函数极限的数列定义)及引理 1.1，得

$$\lim_{x \to a} f(x) = \lim_{n \to \infty} f(x_n) \geqslant \lim_{n \to \infty} g(x_n) = \lim_{x \to a} g(x)$$

注 若 $f(x) > g(x)$ 时，在性质 5 中也未必有

$$\lim_{x \to a} f(x) > \lim_{x \to a} g(x),$$

仍只有

$$\lim_{x \to a} f(x) \geqslant \lim_{x \to a} g(a).$$

性质 6 若已知

$$\lim_{x \to a} f(x) > \lim_{x \to a} g(x),$$

则存在着 a 的去心 δ-邻域，在该邻域内有

$$f(x) > g(x).$$

定理 1.12(夹逼法则) 已知

$$\lim_{x \to a} f(x) = \lim_{x \to a} h(x) = A,$$

且在 a 的某一去心邻域里，有

$$f(x) \leqslant g(x) \leqslant h(x),$$

则

$$\lim_{x \to a} g(x) = A.$$

(本定理同样可用 ε-δ 定义及函数的数列定义两种方法证得，请读者自己证明之)

下面来介绍极限运算中的变量变换，即复合函数的极限。已知 $f(x)$ 是复合函数 $g(\varphi(x))$，即

$$f(x) = g(\varphi(x)),$$

令 $y = \varphi(x)$ 后，

$$f(x) = g(y)\big|_{y=\varphi(x)}.$$

定理 1.13(复合函数极限) 设 $x \to a$ 时 $\varphi(x) \to b$，且 $x \neq a$ 时 $\varphi(x) \neq b$；又 $y \to b$ 时 $g(y) \to A$(有限)，则 $x \to a$ 时 $f(x)$(即

$g(\varphi(x))$ 的极限存在且等于 A，即

$$\lim_{x \to a} f(x) = \lim_{x \to a} g(\varphi(x)) = \lim_{y \to b} g(y). \qquad (1.57)$$

证 因为

$$\lim_{y \to b} g(y) = A,$$

所以任给 $\varepsilon > 0$，存在 $\delta > 0$，当 $0 < |y - b| < \delta$ 时，就有

$$|g(y) - A| < \varepsilon. \qquad (1.58)$$

又

$$\lim_{x \to a} \varphi(x) = b,$$

所以对取得的 $\delta > 0$，存在 $\Delta > 0$，当 $0 < |x - a| < \Delta$ 时，就有

$$|\varphi(x) - b| < \delta. \qquad (1.59)$$

又由已知条件，当 $x \neq a$ 时，$\varphi(x) \neq b$，从而(1.59)式事实上有

$$0 < |\varphi(x) - b| < \delta.$$

代入(1.58)式，得

$$|g(\varphi(x)) - A| < \varepsilon,$$

即

$$|f(x) - A| < \varepsilon,$$

也就是说，$x \to a$ 时 $f(x)$ 的极限存在且为 A.

定理 1.13 说明在求极限时，可以用变量的代换. 令 $y = \varphi(x)$ 后，若

$$\lim_{x \to a} \varphi(x) = b,$$

且当 $x \neq a$ 时，$\varphi(x) \neq b$，则

$$\lim_{x \to a} f(x) = \lim_{y \to b} g(y).$$

对一般情况忽视了 $x \neq a$ 时 $\varphi(x) \neq b$ 这个条件并不出问题，但对有些情况是有问题的，这类不出问题的函数，绝大部分是我们第 2 章要讲的连续函数.

注 1 以上结果可以毫不费力地推广到无穷处的极限及极限为无穷的情况.

注2 条件 $x \neq a$ 时 $\varphi(x) \neq b$. 只要对 x 在 a 附近的某邻域内成立就可. 若 $g(b) = A$, 则这一条件可以删去.

例1 求 $\lim\limits_{x \to 1} \left(\dfrac{m}{1-x^m} - \dfrac{n}{1-x^n} \right)$ $(m, n \in \mathbf{N})$.

解 $\lim\limits_{x \to 1} \left(\dfrac{m}{1-x^m} - \dfrac{n}{1-x^n} \right)$

$= \lim\limits_{x \to 1} \dfrac{m(1-x^n) - n(1-x^m)}{(1-x^m)(1-x^n)}$

$= \lim\limits_{x \to 1} \dfrac{m(1+x+\cdots+x^{n-1}) - n(1+x+\cdots+x^{m-1})}{(1-x)(1+x+\cdots+x^{m-1})(1+x+\cdots+x^{n-1})}$

$= \dfrac{1}{mn} \lim\limits_{x \to 1} \dfrac{m(1+x+\cdots+x^{n-1}) - n(1+x+\cdots+x^{m-1})}{1-x}$

$= \dfrac{1}{mn} \lim\limits_{x \to 1} \left\{ \dfrac{m[(x-1)+\cdots+(x^{n-1}-1)]}{1-x} - \dfrac{n[(x-1)+\cdots+(x^{m-1}-1)]}{1-x} \right\}$

$= \dfrac{1}{mn} \lim\limits_{x \to 1} \{ -m[1+(x+1)+\cdots+(x^{n-2}+x^{n-3}+\cdots+1)]$

$\qquad + n[1+(x+1)+\cdots+(x^{m-2}+x^{m-3}+\cdots+1)] \}$

$= \dfrac{1}{mn} \{ -m[1+2+\cdots+(n-1)] + n[1+2+\cdots+(m-1)] \}$

$= \dfrac{1}{mn} \left\{ -m \dfrac{n(n-1)}{2} + n \dfrac{m(m-1)}{2} \right\}$

$= \dfrac{1}{2}(m-n).$

例2 求 $\lim\limits_{x \to +\infty} (\sqrt{x+\sqrt{x+\sqrt{x}}} - \sqrt{x})$.

解 $\lim\limits_{x \to +\infty} (\sqrt{x+\sqrt{x+\sqrt{x}}} - \sqrt{x})$

$= \lim\limits_{x \to +\infty} \dfrac{\sqrt{x+\sqrt{x}}}{\sqrt{x+\sqrt{x+\sqrt{x}}} + \sqrt{x}}$

$$= \lim_{x \to +\infty} \frac{\sqrt{1+\sqrt{\dfrac{1}{x}}}}{\sqrt{1+\sqrt{\dfrac{1}{x}+\sqrt{\dfrac{1}{x^3}}}}+1}.$$

由(1.55)式得 $\sqrt{y} \to 0$(当 $y \in \mathbf{R}_+$,且 $y \to 0$ 时),再利用定理 1.13 注 1,将 $\sqrt{\dfrac{1}{x}}$ 看成是复合函数,当 $x \to +\infty$ 时有 $y = \dfrac{1}{x} \to 0$,从而 $\sqrt{\dfrac{1}{x}} \to 0$,由此推出 $1+\sqrt{\dfrac{1}{x}} \to 1$,再用(1.55)式及定理 1.13,得

$$\sqrt{1+\sqrt{\dfrac{1}{x}}} \to 1$$

同样得

$$\sqrt{1+\sqrt{\dfrac{1}{x}+\sqrt{\dfrac{1}{x^3}}}} \to 1$$

最后得

$$\lim_{x \to +\infty} \left(\sqrt{x+\sqrt{x+\sqrt{x}}} - \sqrt{x} \right) = \frac{1}{2}.$$

例 3　求 $\lim\limits_{x \to 1}(1-x)\tan\dfrac{\pi}{2}x$.

解　令 $y=1-x$,$x \to 1$ 时得 $y \to 0$(且 $x \neq 1$ 时,$y \neq 0$).

$$\lim_{x \to 1}(1-x)\tan\frac{\pi}{2}x = \lim_{y \to 0} y \tan\left(\frac{\pi}{2}-\frac{\pi}{2}y\right)$$

$$= \lim_{y \to 0} y \cot\frac{\pi}{2}y$$

$$= \lim_{y \to 0} \cos\frac{\pi}{2}y \cdot \lim_{y \to 0} \frac{\dfrac{\pi}{2}y}{\sin\dfrac{\pi}{2}y} \cdot \frac{2}{\pi},$$

令 $x=\dfrac{1}{2}\pi y$,则 $y \to 0$ 时有 $z \to 0$,且 $y \neq 0$ 时 $z \neq 0$,从而得

$$\lim_{x \to 1}(1-x)\tan\frac{\pi}{2}x = \lim_{z \to 0}\cos z \cdot \lim_{z \to 0}\frac{z}{\sin z} \cdot \frac{2}{\pi},$$

再利用(1.43)及(1.40),得上述极限为 $\frac{2}{\pi}$,即

$$\lim_{x \to 1}(1-x)\tan\frac{\pi}{2}x = \frac{2}{\pi}.$$

例 4

$$\lim_{x \to +\infty}\frac{a^x}{x^s} = +\infty \quad (a>1, s\in\mathbf{R}). \tag{1.60}$$

证　由(1.51)式

$$\lim_{x \to +\infty}\frac{a^x}{x^k} = +\infty \quad (k\in\mathbf{N}),$$

下面就利用这个结果.

因为当 $x>1$,且 $s>0$ 时,有

$$\frac{a^x}{x^s} > \frac{a^x}{x^{[s]+1}},$$

利用刚才提到的结果,得

$$\lim_{x \to +\infty}\frac{a^x}{x^s} = +\infty.$$

当 $x>1$,且 $s\leqslant0$ 时,有

$$\frac{a^x}{x^x} \geqslant a^x,$$

利用(1.46)式,得

$$a^x \to +\infty,$$

从而得

$$\lim_{x \to +\infty}\frac{a^x}{x^s} = +\infty.$$

例 5

$$\lim_{x \to +\infty}\frac{(\log_a x)^s}{x} = 0 \quad (a>1, s\in\mathbf{R}). \tag{1.61}$$

证 令 $y=\log_a x$（由（1.52）式，当 $x\to+\infty$ 时，$y\to+\infty$），再利用例 4 的结果，得

$$\lim_{x\to+\infty}\frac{(\log_a x)^s}{x}=\lim_{y\to+\infty}\frac{y^s}{a^y}=0.$$

从例 4、例 5 可以看出，在 $x\to+\infty$ 时，指数函数 a^x 比 x 的任何幂次趋于 ∞ 的速度都要来得快；而 x 趋于 ∞ 的速度又比对数函数 $\log_a x$ 的任何幂次趋于 ∞ 的速度要来得快. 这个结论是很重要的，每个读者都必须熟记.

最后介绍一个重要极限

$$\lim_{x\to\pm\infty}\left(1+\frac{1}{x}\right)^x=e.$$

今设 $x\to+\infty$，因为

$$[x]\leqslant x<[x]+1,$$

所以当 $x>1$ 时，有

$$\left(1+\frac{1}{[x]+1}\right)^{[x]}<\left(1+\frac{1}{x}\right)^x<\left(1+\frac{1}{[x]}\right)^{[x]+1}.$$

再利用已知极限

$$\lim_{n\to\infty}\left(1+\frac{1}{n}\right)^n=e,$$

从而得出

$$\lim_{n\to\infty}\left(1+\frac{1}{n+1}\right)^n=\lim_{n\to\infty}\frac{\left(1+\frac{1}{n+1}\right)^{n+1}}{1+\frac{1}{n+1}}=e,$$

$$\lim_{n\to\infty}\left(1+\frac{1}{n}\right)^{n+1}=\lim_{n\to\infty}\left(1+\frac{1}{n}\right)^n\left(1+\frac{1}{n}\right)=e,$$

也就是说，任给 $\varepsilon>0$，存在 N_1，当 $n\geqslant N_1$ 时，有

$$e-\varepsilon<\left(1+\frac{1}{n+1}\right)^n;$$

又存在 N_2，当 $n\geqslant N_2$ 时，有

$$\left(1+\frac{1}{n}\right)^{n+1}<\mathrm{e}+\varepsilon.$$

今取 $\Delta=\max(N_1,N_2)$，当 $x>\Delta$ 时（这时有 $x>1$，及 $[x]\geqslant N_1$、N_2），从而有

$$\mathrm{e}-\varepsilon<\left(1+\frac{1}{[x]+1}\right)^{[x]}<\left(1+\frac{1}{x}\right)^{x}<\left(1+\frac{1}{[x]}\right)^{[x]+1}<\mathrm{e}+\varepsilon,$$

这就得到

$$\lim_{x\to+\infty}\left(1+\frac{1}{x}\right)^{x}=\mathrm{e}.$$

当 $x\to-\infty$ 时，先令 $y=-x$，则

$$\left(1+\frac{1}{x}\right)^{x}=\frac{1}{\left(1-\frac{1}{y}\right)^{y}}=\left(1+\frac{1}{y-1}\right)^{y}.$$

再令 $y-1=z$，当 $x\to-\infty$ 时，$z\to+\infty$，从而有

$$\lim_{x\to-\infty}\left(1+\frac{1}{x}\right)^{x}=\lim_{z\to+\infty}\left(1+\frac{1}{z}\right)^{z+1}$$

$$=\lim_{z\to+\infty}\left(1+\frac{1}{z}\right)^{z}\left(1+\frac{1}{z}\right)=\mathrm{e}.$$

最后，我们事实上已经得到了

$$\lim_{x\to+\infty}\left(1+\frac{1}{x}\right)^{x}=\lim_{x\to-\infty}\left(1+\frac{1}{x}\right)^{x}=\lim_{x\to\infty}\left(1+\frac{1}{x}\right)^{x}=\mathrm{e}$$

$$(1.62)$$

及

$$\lim_{x\to0}(1+x)^{\frac{1}{x}}=\mathrm{e}. \tag{1.63}$$

例 6　求

$$\lim_{x\to0}(\cos x)^{\frac{1}{1-\cos x}}.$$

解　$\lim\limits_{x\to0}(\cos x)^{\frac{1}{1-\cos x}}=\lim\limits_{x\to0}(1+\cos x-1)^{\frac{1}{1-\cos x}}.$

令 $y=\cos x-1$，当 $x\to0$ 时，有 $y\to0$，当 x 在原点附近且 $x\neq0$ 时，有 $y\neq0$，所以

$$原式 = \lim_{y \to 0}(1+y)^{-\frac{1}{y}} = \lim_{y \to 0}\frac{1}{(1+y)^{\frac{1}{y}}} = \frac{1}{e}.$$

1.2.3 无穷大(小)的比较·o, O, O^* 的运算

关于无穷大(小)的一些定义和结论可以毫不困难地搬到函数上来.

定义(无穷小量) $f(x)$ 在 a 的某一邻域内有定义,且

$$\lim_{x \to a} f(x) = 0,$$

则称 $f(x)$ 在 $x \to a$ 时为**无穷小量**.

同样与数列的情况相似,可以对函数定义无穷大量,高阶、低阶、等阶、同阶无穷大(小),以及记号 o, O, O^* 等.

例如,当 $x \to a$ 时,

$$f(x) = o(g(x)), \tag{1.64}$$

即

$$\lim_{x \to a}\frac{f(x)}{g(x)} = 0.$$

当 $x \to a$ 时,

$$f(x) = O(g(x)), \tag{1.65}$$

即存在常数 A,及 a 的去心 δ-邻域 U,当 $x \in U$ 时有 $g(x) \neq 0$,且

$$\left|\frac{f(x)}{g(x)}\right| < A.$$

当 $x \to a$ 时,

$$f(x) = O^*(g(x)), \tag{1.66}$$

即

$$\lim_{x \to a}\frac{f(x)}{g(x)} = A \quad (\text{非零有限数}).$$

从上述定义可以看出 o, O, O^* 是不论 $f(x), g(x)$ 在 $x \to a$ 时是无穷大(小)的,只要上面三式分别成立就可.

定义(k 阶无穷小量)　设 $x \to a$ 时，$f(x)$，$g(x)$ 是无穷小量，若存在两正数 A，B 及 a 的去心邻域 U，当 $x \in U$ 时，有

$$A \leqslant \left| \frac{f(x)}{g^k(x)} \right| \leqslant B, \tag{1.67}$$

则称当 $x \to a$ 时，$f(x)$ 是 $g(x)$ 的 **k 阶无穷小量**. 若 $f(x) = O^*(g^k(x))$，则当 $x \to a$ 时，$f(x)$ 是 $g(x)$ 的 k 阶无穷小量.

同样方法可定义 k 阶无穷大量.

一般，当 $x \to a$ 时，且 a 为有限时，取 $g(x) = (x-a)$ 作为基本无穷小，$\dfrac{1}{x-a}$ 作为基本无穷大量；当 a 为无穷时，取 x 作为基本无穷大，$\dfrac{1}{x}$ 作为基本无穷小，这样定义的 k 阶无穷大（小）有它的方便之处.

例如：当 $x \to 0$ 时，以 x 为基本无穷小，有

$$\sin x \sim \tan x \sim x;$$

$$1 - \cos x = O^*(x^2), o(x);$$

$$x \sin \frac{1}{x} = O(x);$$

$$\sqrt{1+x} - 1 = O^*(x).$$

注　以上所用的符号有特殊的含义，例如

$$1 - \cos x = O^*(x^2),$$

左边为一个函数，右边为一个函数类. 这里"等号"的含义是"属于". 所以，由

$$1 - \cos x = O^*(x^2) \quad 及 \quad 1 - \cos x = o(x),$$

并不能说 $o(x) = O^*(x^2)$.

在 $x \to a$ 时，$f(x) = O(1)$ 表示在 a 点附近 $f(x)$ 为有界函数；$f(x) = O^*(1)$ 表示当 $x \to a$ 时，$f(x)$ 有（非零）有限极限；$f(x) = o(1)$ 表示当 $x \to a$ 时，$f(x)$ 为无穷小量，这样，$x \to 0$ 时，有

$$\cos x = O(1), \quad \sin x = o(1).$$

当 $x \to +\infty$ 时,以 x 为基本无穷大,则

$$\sin x = O(1),$$

$$a_0 x^n + a_1 x^{n-1} + \cdots + a_n \sim a_0 x^n \quad (a_0 \neq 0).$$

同样,由(1.60)式给出,当 $x \to +\infty$ 时, $a^x (a > 1)$ 是比 x 的任意阶都要高的无穷大量,从而它也是比任何阶的多项式都要高的无穷大量.

由(1.61)式给出,当 $x \to +\infty$ 时, x 是比 $\log_a x$ 的任意阶都要高的无穷大量.

在求极限时, O, o 可以参加运算.下列性质是很容易证明的,今列出如下.

1° $O, O^*, \sim$ 是自反的,而 o 不是自反的,即

$$f(x) = O(f(x)), f(x) = O^*(f(x)), f(x) \sim f(x)$$

但

$$f(x) \neq o(f(x)).$$

2° O^* 和 $\sim$ 是对称的,但 O 和 o 不是对称的,即当 $f(x) = O^*(g(x))$ 时,必定有 $g(x) = O^*(f(x))$. 当 $f(x) \sim g(x)$ 时,必定有 $g(x) \sim f(x)$. 但是,当 $f(x) = O(g(x))$ 时,不一定有 $g(x) = O(f(x))$. 当 $f(x) = o(g(x))$ 时,一定有 $g(x) \neq o(f(x))$.

3° $o, O, O^*, \sim$ 都是传递的,即 $f(x) = o(g(x))$,且 $g(x) = o(h(x))$ 时,必定有 $f(x) = o(h(x))$. 对 $O, O^*, \sim$ 也一样成立.

4° 加、减运算:当 $x \to 0$ 时(记 $t = \min(k, l)$),有

(ⅰ) $o(x^k) \pm o(x^l) = o(x^t);$①

(ⅱ) $O(x^k) \pm O(x^l) = O(x^t);$

(ⅲ) $o(x^k) \pm O(x^l) = \begin{cases} O(x^l), & \text{当 } k \geqslant l \text{ 时,} \\ o(x^k), & \text{当 } k < l \text{ 时;} \end{cases}$

---

①这里以及下面出现的等号也有特殊含义.例如: $o(x^k) + o(x^l) = o(x^l)$ 表示: $o(x^k)$ 中一个函数 $f(x)$,加上 $o(x^l)$ 中的一个函数 $g(x)$,必属于 $o(x^l)$.

（ⅳ）$o(x^k) \pm O^*(x^l) = \begin{cases} O^*(x^l), & \text{当 } k \geqslant l \text{ 时,} \\ o(x^k), & \text{当 } k < l \text{ 时;} \end{cases}$

（ⅴ）$O(x^k) \pm O^*(x^l) = \begin{cases} O^*(x^l), & \text{当 } k > l \text{ 时,} \\ O(x^k), & \text{当 } k \leqslant l \text{ 时.} \end{cases}$

5° 乘法运算:当 $x \to 0$ 时,

（ⅰ）$o(x^k) \cdot g(x) = o(x^{k+l})$,其中 $g(x)$ 为 $o(x^l)$, $O(x^l)$, $O^*(x^l)$;

（ⅱ）$O(x^k) \cdot g(x) = O(x^{k+l})$,其中 $g(x)$ 为 $O(x^l)$, $O^*(x^l)$;

（ⅲ）$O^*(x^k) \cdot O^*(x^l) = O^*(x^{k+l})$.

6° 除法运算:当 $x \to 0$ 时,

（ⅰ）$\dfrac{o(x^k)}{O^*(x^l)} = o(x^{k-l})$;

（ⅱ）$\dfrac{O^*(x^k)}{O^*(x^l)} = O^*(x^{k-l})$.

对于 $x \to \pm\infty$ 时的运算规则,请读者自行列出.另外值得注意的是(在 $x \to a$ 时)

当 $f(x) = o(g(x))$ 时,必定有 $f(x) = O(g(x))$;

当 $f(x) \sim g(x)$ 时,必定有 $f(x) = O(g(x))$,及 $f(x) = O^*(g(x))$.

当 $f(x) = O^*(g(x))$ 时,必定有 $f(x) = O(g(x))$.

前面在讲 k 阶无穷小(大)时,我们已选取了基本无穷小(大),它们是

当 $x \to a$(有限)时,取 $\alpha = x - a \left(\alpha = \dfrac{1}{x-a} \right)$ 为基本无穷小(大).

当 $x \to \infty$ 时,取 $\alpha = x \left(\alpha = \dfrac{1}{x} \right)$ 为基本无穷大(小).

若 $f(x) = O^*(\alpha^k)$,也就是

$$\lim \frac{f(x)}{\alpha^k} = C,$$

其中 C 为非零有限数,从而

$$\lim \frac{f(x)}{C\alpha^k}=1, \tag{1.68}$$

最后得出

$$f(x)\sim C\alpha^k.$$

定义(主部) 设 α 为基本无穷小(大),当 $x\to a$(有限或无穷)时,有 $f(x)\sim C\alpha^k(C\neq0)$,则称 $C\alpha^k$ 为 $f(x)$ 在 $x\to a$ 时的主部.

令

$$r(x)=f(x)-C\alpha^k,$$

由(1.68)式,得

$$\lim_{x\to a}\frac{r(x)}{\alpha^k}=0,$$

即 $r(x)=o(\alpha^k)$,从而

$$f(x)=C\alpha^k+o(\alpha^k).$$

所以,若上式成立,就可得出 $C\alpha^k$ 是 $f(x)$(在 $x\to a$ 时)的主部.

例1 求 $1-\cos x$(在 $x\to0$ 时)的主部.

$$1-\cos x=\frac{1}{2}x^2+o(x^2)\quad(x\to0\ \text{时}),$$

即 $1-\cos x$ 在 $x\to0$ 时的主部为 $\frac{1}{2}x^2$.

例2 求 $f(x)=a_0x^n+a_1x^{n-1}+\cdots+a_n\quad(a_0\neq0)$ 在 $x\to\infty,0$ 时的主部.

解 首先,当 $x\to\infty$ 时,

$$a_jx^{n-j}=o(x^n)\quad(j>0),$$

从而当 $x\to\infty$ 时,有

$$f(x)=a_0x^n+o(x^n).$$

即 $x\to\infty$ 时 $f(x)$ 的主部为首项.

其次,当 $x\to0$ 时,设 $a_n,a_{n-1},\cdots,a_0$ 中第一个非零者为 a_l,则

$$f(x) = a_0 x^n + \cdots + a_l x^{n-l},$$

而当 $x \to 0$ 时,有

$$a_j x^{n-j} = o(x^{n-l}) \quad (j < l).$$

所以当 $x \to 0$ 时,有

$$f(x) = a_l x^{n-l} + o(x^{n-l}),$$

即 $x \to 0$ 时,$f(x)$ 的主部为末项.

例 3 当 $x \to 0$ 时,

$$\sqrt[k]{x^l + o(x^l)} = x^{l/k} + o(x^{l/k}), \tag{1.69}$$

其中 $k \in \mathbf{N}$.

解 由 (1.55) 式,

$$\lim_{x \to a} \sqrt[k]{x} = \sqrt[k]{a} \quad (k \in \mathbf{N})$$

再用极限的变量代换(定理 1.13)及其注 2,得

$$\frac{\sqrt[k]{x^l + o(x^l)}}{x^{l/k}} = \sqrt[k]{1 + o(1)} \to 1 \quad (x \to 0),$$

故

$$\sqrt[k]{x^l + o(x^l)} = x^{l/k} + o(x^{l/k}).$$

注 当 $x \to \infty$ 时 (1.69) 仍成立.

例 4 求 $\sqrt{x + \sqrt{x + \sqrt{x}}}$ 的主部($x > 0$ 且 $x \to 0$).

解 $x + \sqrt{x} = x^{\frac{1}{2}} + o(x^{\frac{1}{2}})$.

利用上例 3,得

$$\sqrt{x + \sqrt{x}} = x^{\frac{1}{4}} + o(x^{\frac{1}{4}}).$$

又 $x = o(x^{\frac{1}{4}})$,所以

$$x + \sqrt{x + \sqrt{x}} = x^{\frac{1}{4}} + o(x^{\frac{1}{4}}),$$

再利用例 3,得

$$\sqrt{x + \sqrt{x + \sqrt{x}}} = x^{\frac{1}{8}} + o(x^{\frac{1}{8}}),$$

即当 $x \to 0$ 时,$\sqrt{x+\sqrt{x+\sqrt{x}}}$ 的主部为 $x^{\frac{1}{8}}$.

类似可证,当 $x \to +\infty$ 时,$\sqrt{x+\sqrt{x+\sqrt{x}}}$ 的主部为 $\sqrt{x}$.

例 5 $f(x) = x^k + o(x^k)$,

则

$$\frac{1}{f(x)} = x^{-k} + o(x^{-k}).$$

证 因为 $f(x) \sim x^k$,即

$$\frac{f(x)}{x^k} \to 1,$$

所以,当 $x \to a(0 \text{ 或 } \infty)$ 时,必定在 a 的某一去心邻域内 $f(x) \neq 0$,从而 $\dfrac{1}{f(x)}$ 是有意义的,也即可得

$$\frac{\dfrac{1}{f(x)}}{\dfrac{1}{x^k}} \to 1,$$

所以

$$\frac{1}{f(x)} = \frac{1}{x^k} + o\left(\frac{1}{x^k}\right).$$

例 6 求 $\sqrt{x+1} + \sqrt{x-1} - 2\sqrt{x}$ 关于 x 的阶 $(x \to +\infty)$.

解 $\sqrt{x+1} + \sqrt{x-1} - 2\sqrt{x}$

$$= (\sqrt{x+1} - \sqrt{x}) + (\sqrt{x-1} - \sqrt{x})$$

$$= \frac{1}{\sqrt{x+1} + \sqrt{x}} - \frac{1}{\sqrt{x} + \sqrt{x-1}}$$

$$= \frac{\sqrt{x-1} - \sqrt{x+1}}{(\sqrt{x+1} + \sqrt{x})(\sqrt{x} + \sqrt{x-1})}$$

$$= -\frac{2}{(\sqrt{x+1} + \sqrt{x})(\sqrt{x} + \sqrt{x-1})} \cdot \frac{1}{(\sqrt{x-1} + \sqrt{x+1})}$$

$$= \frac{2}{x^{3/2}\left(\sqrt{1+\dfrac{1}{x}}+1\right)\left(1+\sqrt{1-\dfrac{1}{x}}\right)} \cdot \frac{1}{\left(\sqrt{1-\dfrac{1}{x}}+\sqrt{1+\dfrac{1}{x}}\right)}$$

$$= -\frac{1}{4}x^{-\frac{3}{2}} + o(x^{-\frac{3}{2}}),$$

即当 $x \to +\infty$ 时,关于 x 的阶为 $-\dfrac{3}{2}$.

例 7 求 $x + \dfrac{5\sin x}{x} + \sqrt{(x-1)(x-5)} + (1+\mathrm{e}^{-x})^{\mathrm{e}^{x}}$ 关于 x 的阶 $(x \to +\infty)$.

解 $x + \dfrac{5\sin x}{x} + \sqrt{(x-1)(x-5)} + (1+\mathrm{e}^{-x})^{\mathrm{e}^{x}}$

$$= x + o(1) + \sqrt{x^2 + o(x^2)} + O^*(1)$$
$$= x + (x + o(x)) + O^*(1) = 2x + o(x),$$

即它关于 x 为 1 阶 $(x \to +\infty)$.

在求极限时,可以应用等价无穷小的代换. 设当 $x \to a$ 时,$f(x) \sim f_1(x)$,$g(x) \sim g_1(x)$,若下面两极限有一存在,则必有

$$\lim_{x \to a} \frac{f(x)}{g(x)} = \lim_{x \to a} \frac{f_1(x)}{g_1(x)}. \tag{1.70}$$

利用

$$\frac{f(x)}{g(x)} = \frac{f(x)}{f_1(x)} \frac{f_1(x)}{g_1(x)} \frac{g_1(x)}{g(x)},$$

求极限,立即得到 (1.70) 式.

例 8 $\lim\limits_{x \to 0} \dfrac{\sin mx}{\sin nx} = \lim\limits_{x \to 0} \dfrac{mx}{nx} = \dfrac{m}{n}$.

注意:无穷小量的代换,对乘、除运算时可以应用,而在加、减运算时不能随便应用. 比如当 $x \to a$ 时,$f(x) \sim f_1(x)$,则

$$\lim_{x \to a} \frac{f(x)+h(x)}{g(x)} \text{和} \lim_{x \to a} \frac{f_1(x)+h(x)}{g(x)}$$

不一定相等,简单的例子是当 $x \to 0$ 时,有

$$\sin x \sim \tan x,$$

但

$$\lim_{x \to 0} \frac{\sin x - \tan x}{x^3} \neq \lim_{x \to 0} \frac{\sin x - \sin x}{x^3} = 0,$$

事实上,第一个极限为 $-\dfrac{1}{2}$.

1.2.4　单侧极限·单调有界法则

定义(右极限)　设 $f(x)$ 在 a 的右边附近有定义,A 为一个实数,如果对任给 $\varepsilon > 0$,存在 $\delta > 0$,当 $0 < x - a < \delta$ 时,就有

$$|f(x) - A| < \varepsilon,$$

则称 A 为 $f(x)$ 在 a 点的**右极限**,记为

$$\lim_{x \to a_+} f(x) = A$$

或

$$f(a+0) = A, \text{ 及 } f(a_+) = A.$$

定义(左极限)　设 $f(x)$ 在 a 的左边附近有定义,A 为一个实数,如果对任给 $\varepsilon > 0$,存在 $\delta > 0$,当 $-\delta < x - a < 0$ 时,就有

$$|f(x) - A| < \varepsilon,$$

则称 A 是 $f(x)$ 在 a 点的**左极限**,记为

$$\lim_{x \to a_-} f(x) = A,$$

或

$$f(a-0) = A, \text{ 及 } f(a_-) = A.$$

左、右极限满足前面关于极限的各条性质,它可以分别看成 $f(x)$ 的定义域为 $X = \{x \mid x < a\}$,及 $X = \{x \mid x > a\}$ 的函数极限,从而对应的极限四则运算及不等式关系都成立.

定理 1.14　函数极限存在的充要条件是左右极限存在且相等.(请读者自证)

例 1 若 $f(x)=a^{\frac{1}{x}}(a>1)$，则
$$f(0_+)=+\infty,f(0_-)=0.$$

例 2 若 $f(x)=\arctan\frac{1}{x}$，则
$$f(0_+)=\frac{\pi}{2},f(0_-)=-\frac{\pi}{2}.$$

例 3 若 $f(x)=\operatorname{sgn}x$，(其中 $\operatorname{sgn}x$ 称为符号函数，它当 $x>0$ 时取值为 1，当 $x<0$ 时取值为 -1，当 $x=0$ 时取值为 0)则
$$f(0_+)=1,f(0_-)=-1;$$
$$f(x_{0\pm})=\begin{cases}1,当\ x_0>0,\\-1,当\ x_0<0.\end{cases}$$

例 4 若 $f(x)=[x]$，则当 $n\in\mathbf{Z}$ 时，有
$$f(n_+)=n,f(n_-)=n-1.$$
当 $x_0\overline{\in}\mathbf{Z}$ 时，有
$$f(x_{0\pm})=[x_0].$$

例 5 若
$$f(x)=\begin{cases}x,&当\ |x|\leqslant1,\\x-2,&当\ |x|>1,\end{cases}$$
求各点左右极限.

解 事实上，有
$$f(x)=\begin{cases}x-2,&当\ x<-1,\\x,&当\ -1\leqslant x\leqslant1,\\x-2,&当\ x>1.\end{cases}$$
所以当 $x\neq-1,1$ 时，有
$$f(x_\pm)=f(x);$$
在 $x=-1$ 时，有
$$f(-1_+)=-1,f(-1_-)=-3;$$
在 $x=1$ 时，有

$$f(1_+) = 1 - 2 = -1, f(1_-) = 1.$$

例 6　讨论狄利克雷(Dirichlet)函数

$$f(x) = \begin{cases} 1, & \text{当 } x \text{ 为有理数}, \\ 0, & \text{当 } x \text{ 为无理数} \end{cases}$$

的左极限、右极限.

解　在任一点 x 的左(右)面附近,可以找一数列 $\{x_n\}$,它具有奇次项为有理数,而偶次项为无理数,而且 $x_n \to x$,显然这时 $f(x_n)$ 的极限不存在,所以 $f(x)$ 处处无左、右极限.

定义(单调函数)　对于数集 X 上定义的函数 $f(x)$,若 X 上的任两点 x_1, x_2,只要 $x_1 > x_2$,就有

$1°$ $f(x_1) > f(x_2)$,则称 $f(x)$ 在 X 上**严格单调上升**.

$2°$ $f(x_1) \geqslant f(x_2)$,则称 $f(x)$ 在 X 上**广义单调上升**,或单调不降.

$3°$ $f(x_1) < f(x_2)$,则称 $f(x)$ 在 X 上**严格单调下降**.

$4°$ $f(x_1) \leqslant f(x_2)$,则称 $f(x)$ 在 X 上**广义单调下降**,或单调不升.

定理 1.15(单调有界法则)　$f(x)$ 在 a 的右边附近为广义单调上升,且有下界,则 $\lim\limits_{x \to a_+} f(x)$ 存在(有限).

证　设在 $(a, a+\delta)$ 内,$f(x)$ 广义单调上升,且有下界. 今令 $X = \{f(x) \mid x \in (a, a+\delta)\}$,它是非空有下界的数集,从而由下确界存在定理(定理 1.6),X 必存在下确界 A,再由下确界定义得

(1) 对 $x \in (a, a+\delta)$,有 $f(x) \geqslant A$.

(2) 对任给 $\varepsilon > 0$,存在 $f(x')$,使 $f(x') < A + \varepsilon$,其中 $x' \in (a, a+\delta)$.

取 $\delta_1 = x' - a$,当 $0 < x - a < \delta_1$ 时,必有 $x < x'$,从而

$$A \leqslant f(x) \leqslant f(x') < A + \varepsilon,$$

也就是

$$\lim_{x \to a_+} f(x) = A.$$

推广 (1) $f(x)$ 在 a 的右边附近为广义单调下降且有上界，则 $\lim_{x \to a_+} f(x)$ 存在(有限).

(2) $f(x)$ 在 a 的左边附近有广义单调上升(下降)且有上(下)界，则 $\lim_{x \to a_-} f(x)$ 存在(有限).

(3) $f(x)$ 的有界性，只要在 a 点右(左)边附近成立就可.

(4) 还可以推广到 a 为无穷情况(略).

1.2.5 常用极限·求极限时常用的等式、不等式

下述各极限有的已经证过，有的将在后面各章节中证明，为了读者记忆和查用特归纳如下.

(1) $\lim\limits_{n \to \infty} \sqrt[n]{n} = 1$ (见(1.3));

(2) $\lim\limits_{n \to \infty} \dfrac{a^n}{n!} = 0$ (见 1.1.2 例 1);

(3) $\lim\limits_{x \to 0} (1+x)^{\frac{1}{x}} = e$ (见(1.63));

(4) $\lim\limits_{x \to 0} \dfrac{\sin x}{x} = 1.$ (见(1.40));

(5) $\lim\limits_{x \to +\infty} \dfrac{a^x}{x^s} = +\infty$ ($a>1, s \in \mathbf{R}$) (见(1.60));

(6) $\lim\limits_{x \to +\infty} \dfrac{(\log_a x)^s}{x} = 0$ ($a>1, s \in \mathbf{R}$) (见(1.61));

(7) $\lim\limits_{x \to 0_+} x^s a^{\frac{1}{x}} = +\infty$ ($a>1, s \in \mathbf{R}$);

(8) $\lim\limits_{x \to 0_+} x(\log_a x)^s = 0$ ($s \in \mathbf{R}$);

下面各极限将在第 2 章中证明.

(9) $\lim\limits_{x \to 0_+} x^x = 1$ (见(2.11));

(10) $\lim\limits_{\alpha \to 0} \dfrac{\log_a(1+\alpha)}{\alpha} = \log_a e$ (见(2.6));

(11) $\lim\limits_{\alpha\to 0}\dfrac{a^\alpha-1}{\alpha}=\ln a$ (见(2.8));

(12) $\lim\limits_{\alpha\to 0}\dfrac{(1+\alpha)^\mu-1}{\alpha}=\mu$ (见(2.10)).

下面各等式、不等式是求极限时常用的,今列出以备读者查用.

(1) $1+2+\cdots+n=\dfrac{1}{2}n(n+1)$;

(2) $1^2+2^2+\cdots+n^2=\dfrac{1}{6}n(n+1)(2n+1)$;

(3) $1^3+2^3+\cdots+n^3=(1+2+\cdots+n)^2$;

(4) $1^4+2^4+\cdots+n^4=\dfrac{1}{30}(6n^5+15n^4+10n^3-n)$;

(5) $1^2+3^2+\cdots+(2n-1)^2=\dfrac{1}{3}n(4n^2-1)$;

(6) 当 $x_1,x_2,\cdots,x_n$ 是符号相同且大于 -1 的实数时,则
$(1+x_1)(1+x_2)\cdots(1+x_n)\geqslant 1+x_1+x_2+\cdots+x_n$;

(7) 当 $n\geqslant 1,x>-1$ 时,
$$(1+x)^n\geqslant 1+nx;$$

(8) $n^{\frac{n}{2}}<n!<\left(\dfrac{n+1}{2}\right)^n$ $(n\in\mathbf{N})$;

(9) $\sin x\leqslant x\leqslant\tan x$ $\left(0<x<\dfrac{\pi}{2}\right)$;

(10) 当 $x\neq 0$ 时,有
$$e^x>1+x.$$

习　题

1. 证明下列极限:

(1) $\lim\limits_{x\to 1}\dfrac{x^2-1}{2x^2-x-1}=\dfrac{2}{3}$;　　　　(2) $\lim\limits_{x\to\infty}\dfrac{x-1}{x+2}=1$;

(3) $\lim\limits_{x \to a} \sin x = \sin a$；

(4) $\lim\limits_{x \to +\infty} \dfrac{\log_a x}{x} = 0 (a > 1)$；

(5) $\lim\limits_{x \to +\infty} \dfrac{\log_a x}{x^\varepsilon} = 0$ （$\varepsilon > 0$）；

(6) $\lim\limits_{x \to 1} \dfrac{(x-2)(x-1)}{x-3} = 0$；

(7) $\lim\limits_{x \to \infty} \dfrac{x^2 + 2x}{x+1} = \infty$；

(8) $\lim\limits_{x \to 0} \ln x^2 = -\infty$；

(9) $\lim\limits_{x \to -\infty} \dfrac{x^3 + 2}{x-1} = +\infty$.

2. 讨论下列函数的敛散性 ($x \to \infty$)：

(1) $e^x \sin x$；

(2) $\dfrac{\sin x}{x}$；

(3) $x \arctan x$；

(4) $\dfrac{[x]}{x}$.

3. 求下列极限 ($m, n \in \mathbf{N}$)：

(1) $\lim\limits_{x \to 0} \dfrac{(1+x)^5 - (1+5x)}{x^2 + x^5}$；

(2) $\lim\limits_{x \to 0} \dfrac{(1+mx)^n - (1+nx)^m}{x^2}$；

(3) $\lim\limits_{x \to \infty} \dfrac{(2x-3)^{20}(3x+2)^{30}}{(2x+1)^{50}}$；

(4) $\lim\limits_{x \to 1} \dfrac{x + x^2 + \cdots + x^n - n}{x-1}$；

(5) $\lim\limits_{x \to a} \dfrac{(x^n - a^n) - na^{n-1}(x-a)}{(x-a)^2}$；

(6) $\lim\limits_{x \to 1} \dfrac{x^{n+1} - (n+1)x + n}{(x-1)^2}$；

(7) $\lim\limits_{x \to 1} \left(\dfrac{1}{1-x} - \dfrac{3}{1-x^3} \right)$；

(8) $\lim\limits_{x \to \infty} \left(\dfrac{x^3}{2x^2 - 1} - \dfrac{x^2}{2x+1} \right)$.

4. 求下列极限$(n,m\in\mathbf{N},a,b\in\mathbf{R},a_1,\cdots,a_n\in\mathbf{R}$,都是已知常数):

(1) $\lim\limits_{x\to a}\dfrac{\sqrt{x}-\sqrt{a}+\sqrt{x-a}}{\sqrt{x^2-a^2}}$ $(a>0)$;

(2) $\lim\limits_{x\to 0}\dfrac{\sqrt[3]{1+\dfrac{x}{3}}-\sqrt[4]{1+\dfrac{x}{4}}}{1-\sqrt{1-\dfrac{x}{2}}}$;

(3) $\lim\limits_{x\to 0}\dfrac{\sqrt[m]{1+ax}\cdot\sqrt[n]{1+bx}-1}{x}$;

(4) $\lim\limits_{x\to +\infty}\left[\sqrt{(x+a)(x+b)}-x\right]$;

(5) $\lim\limits_{x\to +\infty}\left[\sqrt[n]{(x+a_1)\cdots(x+a_n)}-x\right]$;

(6) $\lim\limits_{x\to \infty}\dfrac{(x-\sqrt{x^2-1})^n+(x+\sqrt{x^2-1})^n}{x^n}$;

(7) $\lim\limits_{x\to 0}\dfrac{(\sqrt{1+x^2}+x)^n-(\sqrt{1+x^2}-x)^n}{x}$;

(8) $\lim\limits_{x\to 1}\dfrac{\sqrt[n]{x}-1}{\sqrt[m]{x}-1}$.

5. 求下列极限$(m,n\in\mathbf{N})$:

(1) $\lim\limits_{x\to 0}\dfrac{\tan x-\sin x}{\sin^3 x}$;

(2) $\lim\limits_{x\to 0}\dfrac{\cos x-\cos 3x}{x^2}$;

(3) $\lim\limits_{x\to \pi}\dfrac{\sin mx}{\sin nx}$;

(4) $\lim\limits_{x\to \frac{\pi}{2}}(\sec x-\tan x)$;

(5) $\lim\limits_{x\to a}\dfrac{\sin x-\sin a}{x-a}$;

(6) $\lim\limits_{x\to 0}\dfrac{\sin(a+2x)-2\sin(a+x)+\sin a}{x^2}$;

(7) $\lim\limits_{x\to 0}\dfrac{1-\cos x\cos 2x\cos 3x}{1-\cos x}$;

(8) $\lim\limits_{x\to 0}\dfrac{\tan(a+x)\tan(a-x)-\tan^2 a}{x^2}$;

(9) $\lim\limits_{x\to 0}\dfrac{2x+\arcsin x}{2x+\arctan x}$;

(10) $\lim\limits_{x\to 0}\dfrac{1-\cos(1-\cos x)}{x^4}$.

6. 利用 $\sim,o,O,O^*$ 的运算求极限:

(1) $\lim\limits_{x\to +\infty}\dfrac{\sqrt{x+\sqrt{x+\sqrt{x}}}}{\sqrt{x+1}}$;

(2) $\lim\limits_{x\to +\infty}\dfrac{\sqrt{x}+\sqrt[3]{x}+\sqrt[4]{x}}{\sqrt{2x+1}}$;

(3) $\lim\limits_{x\to 0}\dfrac{1+\sin x-\cos x}{1+\sin px-\cos px}\quad(p\neq 0)$;

(4) $\lim\limits_{x\to \infty}\dfrac{\sqrt{x^2+1}-\sqrt[3]{x^2+1}}{\sqrt[4]{x^4+1}-\sqrt[5]{x^4+1}}$;

(5) $\lim\limits_{x\to +\infty}\dfrac{\sqrt[5]{x^7+3}+\sqrt[4]{2x^3-1}}{\sqrt[6]{x^8+x^7+1}-x}$.

7. 确定下列无穷小(大)量关于基本无穷小的阶:

(1) $1-\sqrt[k]{x}\quad(x\to 1,k\in\mathbf{N})$;   (2) $\sec x-\tan x\quad\left(x\to\dfrac{\pi}{2}\right)$;

(3) $x^3-3x+2\quad(x\to 1)$;   (4) $\sqrt[3]{1-\sqrt{x}}\quad(x\to 1)$.

8. 选取 p 和 A 使下列各式成立:

(1) $\dfrac{1}{n}\sin^2\dfrac{1}{n}\sim\dfrac{A}{n^p}\quad(n\to\infty)$;

(2) $(1+x)(1+x^2)\cdots(1+x^n)\sim Ax^p\quad(x\to +\infty)$;

(3) $\sin(2\pi\sqrt{n^2+1})\sim\dfrac{A}{n^p}\quad(n\rightarrow\infty)$;

(4) $\sqrt{1+\tan x}-\sqrt{1-\sin x}\sim Ax^p\quad(x\rightarrow0)$;

(5) $\sqrt[n]{1+x}-1\sim Ax^p\quad(x\rightarrow0)$;

(6) $\tan x-\sin x\sim Ax^p\quad(x\rightarrow0)$.

9. 求下列单侧极限:

(1) $\lim\limits_{x\rightarrow0\pm}\dfrac{|x|}{x}$; (2) $\lim\limits_{x\rightarrow0\pm}\dfrac{|x|-x}{x}$;

(3) $\lim\limits_{x\rightarrow0\pm}(x+[x^2])$; (4) $\lim\limits_{x\rightarrow0\pm}\dfrac{x}{a}\left[\dfrac{b}{x}\right]$;

(5) $\lim\limits_{x\rightarrow-1\pm}\dfrac{(x-1)(-1)^{[x]}}{x^2-1}$.

10. 求下列函数在 $x=0$ 的左、右极限:

(1) $f(x)=\begin{cases}-\dfrac{1}{x-1}, & x<0,\\[2mm] \quad0, & x=0,\\[2mm] \quad x, & 0<x<1.\end{cases}$

(2) $f(x)=\begin{cases}1-x, & x\leqslant0,\\ 2x, & x>0.\end{cases}$

1.3 实数系的基本定理

1.3.1 区间套定理

在 1.1.6 段中,已经讲过四个基本定理,它们是确界存在定理(基本定理 1,2)和单调有界法则(基本定理 3,4),而且分别指出了 1,2 是等价的,3,4 也是等价的,并由 1 证明了 3,4.下面再证明由 4 可推出 1,从而证明了基本定理 1~4 是等价的.

例 1 已知有下界的广义单调下降数列有极限,证明有上界的非空数集有上确界(即用基本定理 4 证明基本定理 1).

证 设数集 $X=\{x\}$ 有上界 M,且 X 非空,则存在 $x_1\in X$. 今记 M 为 M_1,就有

$$x_1\leqslant M_1.$$

若 $x_1=M_1$,则 M_1 就有上确界,基本定理 1 得证. 若 $x_1<M_1$,则记 $a=M_1-x_1$.

现在用等分区间法来构造两个数列,取 x_1,M_1 的中值 $y_1=\frac{1}{2}(M_1+x_1)$,下面分两种情况:

第一种情况,若 y_1 为 X 的上界,则记它为 M_2. 若 y_1 又属于 X,则 y_1 本身就是 X 的上确界,从而基本定理 1 得证. 否则($y_1\bar\in X$)记 $x_2=x_1$.

第二种情况,若 y_1 不是 X 的上界,则必存在 $x_2\in X$,使得$x_2>y_1$. 若 x_2 是 X 的上界,则它就是 X 的上确界,从而基本定理 1 得证,否则记 $M_2=M_1$.

综合上两种情况,或者定理得证,或者有

$$x_1\leqslant x_2<M_2\leqslant M_1.$$

且 x_2 属于 M_2 的 a-邻域$\left(\text{因为 } M_2-x_2\leqslant\frac{1}{2}(M_1-x_1)=\frac{1}{2}a\right)$.

以 x_2,M_2 代替 x_1,M_1,重复上述步骤得 x_3,M_3,不断重复上述步骤得两种结果. 一为到某一步基本定理 1 得证,否则构造了两数列 $\{x_n\},\{M_n\}$,它们有:

$$x_1\leqslant x_2\leqslant\cdots\leqslant x_n\leqslant\cdots\leqslant\cdots\leqslant M_n\leqslant\cdots\leqslant M_2\leqslant M_1,$$

其中 $x_n\in X$,M_n 为 X 上界,且 x_n 属于 M_n 的 $\frac{a}{2^{n-2}}$-邻域. 从而 $\{M_n\}$ 是一个广义单调下降,且有下界的数列. 由单调有界法则(基本定理 4)它有极限 M_0,最后来证明 M_0 是 X 的上确界.

先证 M_0 是 X 的上界,因为对所有 $x\in X$,都有

$$x \leqslant M_n,$$

当 $n \to \infty$ 时取极限,得

$$x \leqslant M_0,$$

即 M_0 是 X 的上界.

再证 M_0 是 X 的上界中的最小者. 任给 $\varepsilon > 0$, 存在 $N_1 \in \mathbf{N}$, 当 $n > N_1$ 时, 有 M_n 全属于 M_0 的 $\dfrac{\varepsilon}{2}$-邻域. 另外又存在 n_0, 使得 $n_0 > N_1$ 且

$$\frac{a}{2^{n_0-2}} < \frac{\varepsilon}{2}.$$

这一不等式成立是因为 $\dfrac{a}{2^{n-2}}$ 是一个无穷小量. 这样, x_{n_0} 就属于 M_{n_0} 的 $\dfrac{a}{2^{n_0-2}}$-邻域, 当然属于 M_{n_0} 的 $\dfrac{\varepsilon}{2}$-邻域, 即

$$x_{n_0} > M_0 - \varepsilon.$$

也就是 M_0 是 X 的上确界.

这样, 我们就证明了基本定理 $1 \sim 4$ 是等价的. 后面我们将要证明以后引入的实数系的基本定理和前面的基本定理也等价.

定理 1.16(基本定理 5)(区间套定理)

设 $\{[a_n, b_n]\}$ 为长度趋于零的闭区间套, 即

$$[a_1, b_1] \supset [a_2, b_2] \supset \cdots \supset [a_n, b_n] \supset \cdots, \tag{1.71}$$

若又有

$$\lim_{n \to \infty} (b_n - a_n) = 0, \tag{1.72}$$

则存在唯一的一点 c, 使得 c 属于所有的 $[a_n, b_n]$, 且有

$$\lim_{n \to \infty} a_n = \lim_{n \to \infty} b_n = c. \tag{1.73}$$

证法 1 (用单调有界法则证)(1.71)式表示

$$a_1 \leqslant a_2 \leqslant \cdots \leqslant a_n \leqslant \cdots \leqslant b_n \leqslant \cdots \leqslant b_2 \leqslant b_1, \tag{1.74}$$

所以 $\{a_n\}$ 是广义单调上升数列, 且以 b_1 为上界, 利用单调有界法

则(基本定理 3),得$\{a_n\}$有极限存在,设为 c.

今任意固定一个 $k \in \mathbf{N}$,因为 $n > k$ 时,有

$$a_k \leqslant a_n \leqslant b_k,$$

所以,当 $n \to \infty$ 时,有

$$a_k \leqslant c(=\lim_{n \to \infty} a_n) \leqslant b_k,$$

即对所有的 $k \in \mathbf{N}$,都有

$$c \in [a_k, b_k].$$

最后证明 c 的唯一性.设另有 $c' \in [a_k, b_k]$,它对任意的 $k \in \mathbf{N}$ 都成立,则

$$|c - c'| \leqslant (b_k - a_k).$$

令 $k \to +\infty$,由(1.72)式得

$$|c - c'| \leqslant \lim_{k \to +\infty}(b_k - a_k) = 0,$$

即 $c' = c$.最后因为

$$\lim_{n \to \infty} a_n = c,$$

得

$$\lim_{n \to \infty} b_n = c.$$

证法 2 (用确界存在定理证)(1.71)式表示有(1.74)式

$$a_1 \leqslant a_2 \leqslant \cdots \leqslant a_n \leqslant \cdots \leqslant b_n \leqslant \cdots \leqslant b_2 \leqslant b_1.$$

所以,$\{a_n\}$是一个非空数集,且有上界 b_1,由确界存在定理(基本定理 1),得$\{a_n\}$有上确界 c 存在.

今任意固定一个 $k \in \mathbf{N}$,因为 c 是$\{a_n\}$的上界,所以有

$$a_k \leqslant c.$$

又 c 是$\{a_n\}$的最小上界,而由(1.74)式得 b_k 是$\{a_n\}$的上界,所以有

$$c \leqslant b_k,$$

即

$$a_k \leqslant c \leqslant b_k.$$

以下的证明就和证法 1 完全相同了.

注 1 区间套定理中的区间套必须是闭区间，否则不一定有公共点 c 存在.

例如，$\left\{\left(0,\dfrac{1}{n}\right)\right\}$ 是一个开区间套，它有

$$(0,1)\supset\left(0,\dfrac{1}{2}\right)\supset\cdots\supset\left(0,\dfrac{1}{n}\right)\supset\cdots,$$

且

$$\lim_{n\to\infty}\left(\dfrac{1}{n}-0\right)=0,$$

但它无公共点（用反证法易证）.

注 2 区间套定理的另一形式是：设 $\{[a_n,b_n]\}$ 为一闭区间套，即

$$[a_1,b_1]\supset[a_2,b_2]\supset\cdots\supset[a_n,b_n]\supset\cdots,$$

则至少存在一点 c 属于上述每一个区间.

上面的证明表明，用基本定理 3 或 1 可以推出基本定理 5，反过来，下面例 2 表明从基本定理 5 也可推出基本定理 1，从而说明了基本定理 1～5 是等价的.

例 2 用区间套定理证明上确界存在定理.

证 先回忆一下例 1 的证明：或者上确界存在（定理得证），或者用等分区间法可以得到两个数列 $\{x_n\}$，$\{M_n\}$，它们具有 $\{x_n\}\subset X$，而 $\{M_n\}$ 为 X 的上界列，并同时有

$$x_1\leqslant x_2\leqslant\cdots\leqslant x_n\leqslant\cdots\leqslant M_n\leqslant\cdots\leqslant M_2\leqslant M_1 \tag{1.75}$$

及

$$M_n-x_n<\dfrac{a}{2^{n-2}}\quad(a=M-x_1). \tag{1.76}$$

事实上，(1.75)表示得到了一区间套

$$[x_1,M_1]\supset[x_2,M_2]\supset\cdots\supset[x_n,M_n]\supset\cdots.$$

由(1.76)得

$$\lim_{n\to\infty}(M_n-x_n)=0.$$

利用区间套定理,即存在唯一的 $M_0 \in [x_k, M_k]$,且 $M_k \to M_0$,及 $x_k \to M_0$(当 $k \to \infty$ 时),这样,任给 M_0 的一个 ε-邻域 U,总存在着 $N \in \mathbf{N}$,当 $n > N$ 时,就有 $x_n \in U$ 及 $M_n \in U$. 于是,在 M_0 的任意 ε-邻域内,既有 X 的点,也有 X 的上界存在,这就是说,M_0 是 X 的上确界(见 1.1 习题 16).

1.3.2 聚点存在定理·子数列收敛定理

在介绍定义在集合 X 上的函数 $f(x)$ 的极限概念时,我们已经给聚点下了定义,即 a 是 X 的聚点是指在 a 的任意一个去心 δ-邻域内都存在 X 的至少一个点. 将上面"X 的至少一个点"改成"X 的无穷多个点",并不改变定义的实质. 它们是等价的. 因为若只有有限多个点在 a 的某一去心邻域中,则将邻域再取小一点,使这有限多个点都不在其内,这样,在该去心邻域内就无 X 的点了. 我们曾经在 1.2.1 段定理 1.10 中指出,a 是 X 的聚点的充要条件是,在 X 中可找出数列 $\{x_n\}$,它具有 $x_n \neq a$ 且 $x_n \to a$. 将这定理改写一下,可以得到

定理 1.17 a 是 X 的聚点的充要条件是:存在 X 中的各项不同的数列 $\{x_n\}$,使得 $x_n \to a$.

事实上,只要证明在 $x_n \neq a$ 且 $x_n \to a$ 的数列 $\{x_n\}$ 中,可以选出各项不同的子数列就可. 因为 $x_n \neq a$ 且 $x_n \to a$,这说明该数列不可能只有有限多个不同项组成.(否则必有一项的值在 $\{x_n\}$ 中无穷次出现. 这样 x_n 就收敛到该值,而它又不等于 a,从而得出矛盾). 取这些不同项,按原来的顺序排列后所得数列就是定理所要求的数列.

下面给出关于聚点的例子.

例 1 给出以 $[0,1]$ 上所有实数为聚点的数列.

解 利用 $(0,1)$ 上的有理数集的聚点就是 $[0,1]$ 这个事实,来构造数列如下:

$$\frac{1}{2},\frac{1}{3},\frac{2}{3},\frac{1}{4},\frac{2}{4},\frac{3}{4},\cdots,\frac{1}{n},\cdots,\frac{n-1}{n},\cdots.$$

当然上述数列的项有相同的,如果舍去和前面相同的项的话,就得到一个各项不同的数列,它以[0,1]上实数为聚点,而各项又都是有理数.

例 2 给出以全体实数 **R** 为聚点的数列.

解 如果记上例中数列为

$$a_1,a_2,\cdots,a_n,\cdots.$$

对应于各区间建立下面一张表.

按箭头次序建立一个数列.

$$x_1,x_2,x_3,x_4,x_5,x_6,x_7,\cdots$$

对应有

$$a_1,-a_1,-a_2,a_2,1+a_2,1+a_1,2+a_1,\cdots,$$

这个数列包含了全部有理数,并以全体实数为聚点.

下面介绍称为维尔斯特拉斯(Weierstrass)聚点原理的基本定理 6 及波尔察诺(Bolzano)定理(基本定理 7).

定理 1.18 **(基本定理 6)(维尔斯特拉斯聚点原理)** 任何有界的无穷数集 X,都有聚点存在.

证 （用等分区间法） 因为 X 有界，故存在 m,M 两数，使得对所有 $x\in X$，都有

$$x\in[m,M].$$

记 $a_1=m,b_1=M$，则 $[m,M]=[a_1,b_1]$. 将 $[a_1,b_1]$ 等分成 $[a_1,c_1],[c_1,b_1]$ $\left[\text{其中 } c_1=\frac{1}{2}(a_1+b_1)\right]$，则两者中至少有一区间含有 X 的无穷多数，记它为 $[a_2,b_2]$，它具有以下性质：

1° $[a_2,b_2]\subset[a_1,b_1]$;

2° $b_2-a_2=\frac{1}{2}(M-m)$;

3° $[a_2,b_2]$ 上有 X 的无穷多数.

对 $[a_2,b_2]$ 再等分，并不断继续之，假设已构造了 $[a_{n-1},b_{n-1}]$，它具有

1° $[a_{n-1},b_{n-1}]\subset[a_{n-2},b_{n-2}]\cdots\subset[a_1,b_1]$;

2° $b_{n-1}-a_{n-1}=\frac{1}{2^{n-2}}(M-m)$;

3° $[a_{n-1},b_{n-1}]$ 上有 X 的无穷多个数.

再等分 $[a_{n-1},b_{n-1}]$ 成 $[a_{n-1},c_{n-1}],[c_{n-1},b_{n-1}]$ 其中至少有一个区间含有 X 的无穷多个数，记它为 $[a_n,b_n]$，则

1° $[a_n,b_n]\subset[a_{n-1},b_{n-1}]\cdots\subset[a_1,b_1]$;

2° $b_n-a_n=\frac{1}{2^{n-1}}(M-m)$;

3° $[a_n,b_n]$ 上有 X 的无穷多个数.

用数学归纳法，我们事实上构造了一个区间套，

$$[a_1,b_1]\supset[a_2,b_2]\cdots\supset[a_n,b_n]\cdots,$$

并且

$$\lim_{n\to\infty}(b_n-a_n)=\lim_{n\to\infty}\frac{1}{2^{n-1}}(M-m)=0.$$

按区间套定理，存在一个数 $c\in[a_k,b_k]\,(k=1,2,\cdots)$. 下面证明 c

就是 X 的聚点. 因为 $a_n \to c, b_n \to c$, 所以任给 $\delta > 0$, 存在 $N \in \mathbf{N}$, 当 $n > N$ 时有 $[a_n, b_n]$ 含于 c 的 δ-邻域内. 因为 $[a_n, b_n]$ 上有 X 的无穷多个数, 从而 c 的 δ-邻域内有 X 的无穷多个数, 即 c 为 X 的聚点.

定理 1.19(基本定理 7)(波尔察诺定理)　有界数列有收敛的子数列.

证　若数列 $\{x_n\}$ 有无穷多项相同, 它们重复出现的序号为

$$n_1, n_2, \cdots, n_k, \cdots,$$

则 $\{x_{n_k}\}$ 就是一个收敛的子数列.

若 $\{x_n\}$ 没有无穷多项相同, 则数集 $\{x_n\}$ 为无穷有界数集, 则由定理 1.18(聚点原理), 必有聚点 a 存在. 再由定理 1.17, 在数集 $\{x_n\}$ 中有一个数列 $\{x_n'\} \to a$, 以 $\{x_n\}$ 的次序排列 $\{x_n'\}$ 后, 得 $\{x_n\}$ 的一个子数列, 它以 a 为极限. 其中用了收敛数列重排后极限不变, 读者已经在 1.1.1 的习题 3 中遇到了这个结论.

如果基本定理 7(收敛子列定理)成立, 去证明基本定理 6(聚点原理)同样方便. 只要在有界无穷点集 X 内构造一个各项不同的数列 $\{x_n\}$, 显然它是有界的, 由基本定理 7 得, 它有收敛的子列且各项不同, 再用定理 1.17 就证明了基本定理 6. 这样, 基本定理 6 和基本定理 7 是等价的.

实际上, 基本定理 1~7 都等价, 上面 1.3.1 段中我们已经指出基本定理 1~5 等价, 刚刚证明了 6 与 7 等价, 且用 5 推得 6, 作为习题请读者自证由 6 推出 1.

1.3.3　上极限·下极限

上一段给出了聚点及子列的一些性质, 下面介绍上极限、下极限, 一方面为了进一步了解聚点及子列的性质, 另一方面上极限、下极限本身也是求极限的有力工具.

在 1.2.1 段中讲集合 X 上的极限时, 就指出数列 $\{x_n\}$ 的极限点的概念: 若 a 为 $\{x_n\}$ 的一个极限点, 即在 a 的任一 ε-邻域内有

$\{x_n\}$的无穷多项. 它和聚点的差别只是前者是对数列来说,而后者是对点集来说的,也就是在 a 点的任意 ε-邻域内前者有数列的无穷多项,但各项值可以相等,而后者在 ε-邻域内有集合的无穷多元素,当然各元素是不同的. 因此,$\{x_n\}$的聚点一定是数列$\{x_n\}$的极限点,反之不然.(有的教材中两者不分,用同一名字.)

$\{x_n\}$的极限点有下列性质:

性质 1 a 是$\{x_n\}$的极限点的充要条件是:$\{x_n\}$有趋向于 a 的子列$\{x_{n_i}\}$存在.

证 (充分性) 因为 a 的任一邻域内,有$\{x_{n_i}\}$的无穷多项,当然也有$\{x_n\}$的无穷多项. 即 a 是$\{x_n\}$的极限点.

(必要性) 由 a 是$\{x_n\}$的极限点,即任给 ε>0,在 a 点的 ε-邻域 $U(a,\varepsilon)$内,有$\{x_n\}$的无穷多项. 依次取 $\varepsilon=1,\dfrac{1}{2},\cdots,\dfrac{1}{i},\cdots,$首先在 a 的邻域 $U(a,1)$内,有$\{x_n\}$的无穷多项,任取一项记为 x_{n_1}. 又因为在 a 的邻域 $U\left(a,\dfrac{1}{2}\right)$内,也有$\{x_n\}$的无穷多项,故取一项,只要它的足码大于 n_1 就可,记为 $x_{n_2},\cdots,$继续之,得子列$\{x_{n_i}\}$,由于 $x_{n_i}\in U\left(a,\dfrac{1}{i}\right)$,即

$$|x_{n_i}-a|<\frac{1}{i},$$

当 $i\rightarrow\infty$时,就有 $x_{n_i}\rightarrow a$.

推论 若$\{x_n\}$是有界数列,则数列$\{x_n\}$收敛的充要条件是:$\{x_n\}$只有一个极限点.

性质 2 极限点集的聚点也是极限点.

证 设$\{x_n\}$的极限点的集合为 $L,a\in L'$(即 a 为 L 的聚点),则 a 的任一 ε-邻域 U 中,必有 L 的异于 a 的点 b,若取 $\delta=\min[b-(a-\varepsilon),(a+\varepsilon)-b]$,设 V 为 b 的 δ-邻域,则有 $V\subset U$. 因为 $b\in L$,它是$\{x_n\}$的极限点,所以在 b 的 δ-邻域 V 内,有$\{x_n\}$的

无穷多项，这些项一定也在 U 内，即 a 是 $\{x_n\}$ 的极限点.

性质3 没有极限点的数列是以 ∞ 为极限的数列.

证 设 $\{x_n\}$ 没有极限点，则任给 $E>0$，在 $[-E,E]$ 上最多只有 $\{x_n\}$ 的有限多项，（否则仿定理 1.18 可证，在 $[-E,E]$ 上必有极限点，从而得出矛盾，）取 N 充分大，使得上述各项的足码都小于 N，则当 $n>N$ 时，就有

$$x_n \overline{\in} [-E,E],$$

即

$$|x_n| > E,$$

也就是

$$\lim_{n\to\infty} x_n = \infty.$$

如果我们约定无上界的数列至少有一个极限点和聚点为 $+\infty$，无下界的数列至少有一个极限点和聚点为 $-\infty$，换句话说，若 $\pm\infty$ 的任一邻域内，有数列 $\{x_n\}$（数集 X）的无穷多项（元素），则广义地称 $\pm\infty$ 为 $\{x_n\}$ 的极限点（X 的聚点）. 若同时约定无上界的数集 X 有 $\sup X = +\infty$，无下界的数集 X 有 $\inf X = -\infty$. 这样，上述性质 1、2 可推广到以 $\pm\infty$ 为极限点和聚点的情况，而性质 3 可改成：没有有限极限点的数列以 ∞ 为极限.

例如，数列 $\{n\}$ 没有有限极限点，但以 $+\infty$ 作为它的广义极限点；数列 $\left\{\dfrac{1}{n}\right\}$ 有唯一极限点 0；数列 $\{(-1)^n\}$ 有 ± 1 两个极限点.

性质4 $\{x_n\}$ 的极限点的集合 L 的上、下确界也是 $\{x_n\}$ 极限点，即

$$\sup L \in L, \quad \inf L \in L.$$

从而 L 有最大值和最小值.

证 因为 $\sup L(\inf L)$ 必定属于以下两种情况，即它属于 L（命题得证），或者它不属于 L，这时由习题 3 得它是 L 的聚点，由性质 2 得它不属于 L 是不可能的，从而得证.

定义 （上极限·下极限） 数列$\{x_n\}$的最大极限点的值称为$\{x_n\}$的**上极限**，记为

$$\varlimsup_{n\to\infty} x_n \text{ 或 } \lim_{n\to\infty} \sup x_n,$$

另外将数列$\{x_n\}$的最小极限点的值称为$\{x_n\}$的**下极限**，记为

$$\varliminf_{n\to\infty} x_n \text{ 或 } \lim_{n\to\infty} \inf x_n.$$

由前面的约定，无上界的数列$\{x_n\}$，广义地有

$$\varlimsup_{n\to\infty} x_n = +\infty,$$

无下界的数列$\{x_n\}$，广义地有

$$\varliminf_{n\to\infty} x_n = -\infty.$$

利用这些记号，有

$$\varliminf_{n\to\infty} n = \varlimsup_{n\to\infty} n = +\infty,$$

$$\varliminf_{n\to\infty} \frac{1}{n} = \varlimsup_{n\to\infty} \frac{1}{n} = 0,$$

$$\varliminf_{n\to\infty} (-1)^n = -1, \quad \varlimsup_{n\to\infty} (-1)^n = 1.$$

如果"上极限、下极限存在"一语广义地理解为有有限值或$\pm\infty$，则由上面介绍的极限点的性质 4 得上极限、下极限是一定广义地存在的（不是有限数就是$\pm\infty$）.

上述定义的上极限、下极限虽然很直观，但是计算起来就得把所有的极限点都求出来，再比较它们的大小，除了一些简单的数列外，这是很麻烦的. 为了克服这一缺点，下面介绍它的三种等价定义. 在a为有限数时，有

$$\varlimsup_{n\to\infty} x_n = a$$

的充要条件是

1° 任给$\varepsilon > 0$，在$[a+\varepsilon, +\infty)$上最多只有$\{x_n\}$的有限多项（这表明$\{x_n\}$的极限点不可能大于a）.

2° 对任给$\varepsilon > 0$，以及任意$N \in \mathbf{N}$，总存在着$n_0 \in \mathbf{N}$，它有$n_0 >$

N,且使得

$$x_{n_1} > a - \varepsilon.$$

(这表明 a 是 $\{x_n\}$ 的极限点)

当 $a = +\infty$ 时,实际上 $\{x_n\}$ 是一个无上界的数列,当 $a = -\infty$ 时,实际上 $\{x_n\}$ 以 $-\infty$ 为极限. 这两种情况都可以用 $E-N$ 法来叙述.

下极限的情况留给读者自己去完成.

上极限、下极限的第二种等价定义对初学者比较难理解,但是很实用的讲法,即:

$$\varlimsup_{n \to \infty} x_n = \lim_{n \to \infty} \sup_{k \geq n} \{x_k\}, \tag{1.77}$$

$$\varliminf_{n \to \infty} x_n = \lim_{n \to \infty} \inf_{k \geq n} \{x_k\}. \tag{1.78}$$

证 第一种情况:设

$$\varlimsup_{n \to \infty} x_n = a \text{(有限数)},$$

$$\alpha_n = \sup_{k \geq n} \{x_k\},$$

首先指出,当 n 增加时,$\{\alpha_n\}$ 是广义单调下降数列,由上面的等价定义之 1°,任给 $\varepsilon > 0$,在 $[a+\varepsilon, +\infty)$ 上最多只有 $\{x_n\}$ 的有限多项,记这些项的最大足码为 N_1,则当 $k \geq N_1$ 时,有

$$x_k < a + \varepsilon, \tag{1.79}$$

从而当 $n > N_1$ 时,有

$$\alpha_n = \sup_{k \geq n} \{x_k\} \leq a + \varepsilon.$$

而上面等价定义中 2° 指出,不论多么大的 n,在 x_n 之后,必有大于 $a-\varepsilon$ 的项 x_{n_0},从而有

$$a - \varepsilon < \alpha_n (= \sup_{k \geq n} \{x_k\}), \tag{1.80}$$

综合 (1.79),(1.80) 两式,就得当 $n > N_1$ 时,有

$$a - \varepsilon < \alpha_n < a + \varepsilon,$$

即

$$\lim_{n \to \infty} \alpha_n = a = \overline{\lim_{n \to \infty}} x_n,$$

也就是

$$\lim_{n \to \infty} \sup_{k \geqslant n} \{x_k\} = \overline{\lim_{n \to \infty}} x_n.$$

第二种情况：当

$$\overline{\lim_{n \to \infty}} x_n = +\infty,$$

这表示 $\{x_n\}$ 为无上界的数列，所以（广义地）有

$$\alpha_n = \sup_{k \geqslant n} \{x_k\} = +\infty.$$

可以广义地认为

$$\lim_{n \to \infty} \alpha_n = +\infty.$$

第三种情况，当

$$\overline{\lim_{n \to \infty}} x_n = -\infty,$$

这表示

$$x_n \to -\infty,$$

即任给 $E > 0$，存在 $N \in \mathbf{N}$，当 $n > N$ 时，有

$$x_n < -E,$$

从而

$$\alpha_n \leqslant -E.$$

即

$$\lim_{n \to \infty} \alpha_n = -\infty,$$

也就是

$$\lim_{n \to \infty} \sup_{k \geqslant n} \{x_k\} = -\infty.$$

最后下极限的情况类似可证.

因为 $\alpha_n = \sup\limits_{k \geqslant n} \{x_k\}$ 是一个广义单调下降数列，所以有

$$\lim_{n \to \infty} \alpha_n = \inf_{n \in \mathbf{N}} \{\alpha_n\},$$

从而有

$$\overline{\lim_{n \to \infty}} x_n = \lim_{n \to \infty} \alpha_n = \lim_{n \to \infty} \sup_{k \geqslant n} \{x_k\} = \inf_{n \in \mathbf{N}} \sup_{k \geqslant n} \{x_k\}. \tag{1.81}$$

同样

$$\varliminf_{n \to \infty} x_n = \lim_{n \to \infty} \inf_{k \geqslant n}\{x_k\} = \sup_{n \in N} \inf_{k \geqslant n}\{x_k\}. \qquad (1.82)$$

上极限、下极限的这第三种形式,已经没有用到极限,而完全用上确界、下确界来表示.

利用上确界、下确界的已知性质,可以很快得到上极限、下极限的下述性质.

性质 1

$$\varliminf_{n \to \infty} x_n \leqslant \varlimsup_{n \to \infty} x_n.$$

证 因为

$$\inf_{k \geqslant n}\{x_k\} \leqslant \sup_{k \geqslant n}\{x_k\}.$$

而不等式两边(关于 n)都是单调数列,所以当 $n \to \infty$ 时,可以广义地对不等式取极限.(所谓"广义地"是指可能在结果中出现 $\pm\infty$)得

$$\lim_{n \to \infty} \inf_{k \geqslant n}\{x_k\} \leqslant \lim_{n \to \infty} \sup_{k \geqslant n}\{x_k\},$$

即

$$\varliminf_{n \to \infty} x_n \leqslant \varlimsup_{n \to \infty} x_n.$$

性质 2 若 $x_n \leqslant y_n$,则

$$\varlimsup_{n \to \infty} x_n \leqslant \varlimsup_{n \to \infty} y_n;$$

$$\varliminf_{n \to \infty} x_n \leqslant \varliminf_{n \to \infty} y_n.$$

利用

$$\sup_{k \geqslant n}\{x_k\} \leqslant \sup_{k \geqslant n}\{y_k\};$$

及

$$\inf_{k \geqslant n}\{x_k\} \leqslant \inf_{k \geqslant n}\{y_k\}$$

就可证明.

性质3

$$\varliminf_{n\to\infty}(-x_n)=-\varlimsup_{n\to\infty}x_n, \tag{1.83}$$

$$\varlimsup_{n\to\infty}(-x_n)=-\varliminf_{n\to\infty}x_n. \tag{1.84}$$

利用

$$\inf_{k\geqslant n}\{-x_k\}=-\sup_{k\geqslant n}\{x_k\},$$

$$\sup_{k\geqslant n}\{-x_k\}=-\inf_{k\geqslant n}\{x_k\}$$

就可证明.

性质4 上极限、下极限运算有下列不等式关系,只要下述诸式中不出现$\infty-\infty$及$0\cdot\infty$的不定型式就可.

$$\varliminf_{n\to\infty}x_n+\varliminf_{n\to\infty}y_n\leqslant\varliminf_{n\to\infty}(x_n+y_n)\leqslant\varliminf_{n\to\infty}x_n+\varlimsup_{n\to\infty}y_n$$

$$\leqslant\varlimsup_{n\to\infty}(x_n+y_n)\leqslant\varlimsup_{n\to\infty}x_n+\varlimsup_{n\to\infty}y_n, \tag{1.85}$$

当$x_n\geqslant0$且$y_n\geqslant0$时,有

$$\varliminf_{n\to\infty}x_n\cdot\varliminf_{n\to\infty}y_n\leqslant\varliminf_{n\to\infty}x_ny_n\leqslant\varliminf_{n\to\infty}x_n\cdot\varlimsup_{n\to\infty}y_n$$

$$\leqslant\varlimsup_{n\to\infty}x_ny_n\leqslant\varlimsup_{n\to\infty}x_n\cdot\varlimsup_{n\to\infty}y_n. \tag{1.86}$$

利用上确界、下确界的关系立即可以得到这些关系式(见1.1的习题15及1.3的习题12),今以(1.86)式的第二个不等式为例,直接给予证明,即证明

$$\varliminf_{n\to\infty}x_ny_n\leqslant\varliminf_{n\to\infty}x_n\cdot\varlimsup_{n\to\infty}y_n \quad (x_n\geqslant0,y_n\geqslant0).$$

证 因为当$k\geqslant n$时,

$$y_k\leqslant\sup_{k\geqslant n}\{y_k\}.$$

又$x_k\geqslant0$,所以有

$$x_ky_k\leqslant x_k\cdot\sup_{k\geqslant n}\{y_k\}.$$

在$k\geqslant n$范围内,关于k取下确界,并注意到$\sup_{k\geqslant n}\{y_k\}$和$k$无关(只和$n$有关)且为非负数,得

$$\inf_{k\geqslant n}\{x_ky_k\}\leqslant\inf_{k\geqslant n}\{x_k\sup_{k\geqslant n}\{y_k\}\}=\inf_{k\geqslant n}\{x_k\}\cdot\sup_{k\geqslant n}\{y_k\}.$$

最后,当 $n \to \infty$ 时,取极限(由已知条件下述三极限都广义地存在,且不出现 $0 \cdot \infty$ 型的不定型),得

$$\lim_{n \to \infty} \inf_{k \geqslant n}\{x_k y_k\} \leqslant \lim_{n \to \infty} \inf_{k \geqslant n}\{x_k\} \cdot \lim_{n \to \infty} \sup_{k \geqslant n}\{y_k\},$$

即

$$\varliminf_{n \to \infty} x_n y_n \leqslant \varliminf_{n \to \infty} x_n \cdot \varlimsup_{n \to \infty} y_n.$$

性质 5 若 $\varliminf_{n \to \infty} x_n > 0$,则

$$\varlimsup_{n \to \infty} \frac{1}{x_n} = \frac{1}{\varliminf_{n \to \infty} x_n}.$$

利用

$$\sup_{k \geqslant n}\left\{\frac{1}{x_k}\right\} = \frac{1}{\inf_{k \geqslant n}\{x_k\}} \tag{1.87}$$

就可得证.

利用(1.87)和(1.86)两式,可以得到上极限、下极限商的运算关系.利用(1.83),(1.84)及(1.85)三式,可以得到上极限、下极限差的运算关系.

性质 6 当 $\{x_n\}$ 为有界数列时,则 $\{x_n\}$ 收敛的充要条件是:

$$\varlimsup_{n \to \infty} x_n = \varliminf_{n \to \infty} x_n.$$

用收敛数列的充要条件是它只有一个极限点(即它的极限),就可得证.

注 1 若

$$\varlimsup_{n \to \infty} x_n = \varliminf_{n \to \infty} x_n = a(有限数),$$

则 $\{x_n\}$ 必为有界数列,从而

$$\lim_{n \to \infty} x_n = a.$$

注 2 若 a 为有限数或 $\pm\infty$,则 $x_n \to a$ 的充要条件是

$$\varlimsup_{n \to \infty} x_n = \varliminf_{n \to \infty} x_n = a.$$

性质 7 $x_n \to a$,且 $x_n \geqslant 0$,则在下式右端有意义(不是 $0 \cdot \infty$

型)时,有

$$\varliminf_{n\to\infty} x_n y_n = a \varliminf_{n\to\infty} y_n,$$

$$\varlimsup_{n\to\infty} x_n y_n = a \varlimsup_{n\to\infty} y_n.$$

以第二式为例给出证明.

证 首先设

$$\varlimsup_{n\to\infty} y_n = b > 0,$$

其中 b 为有限数或 $+\infty$.

令

$$z_n = \begin{cases} y_n, & \text{当 } y_n > 0, \\ 0, & \text{当 } y_n \leqslant 0. \end{cases}$$

则

$$\varlimsup_{n\to\infty} z_n = \varlimsup_{n\to\infty} y_n = b, \tag{1.88}$$

$$\varlimsup_{n\to\infty} x_n z_n = \varlimsup_{n\to\infty} x_n y_n. \tag{1.89}$$

(以上两式作为习题 18 请读者自证). 这时由 $x_n \geqslant 0, z_n \geqslant 0$ 及 (1.86) 式得

$$\varliminf_{n\to\infty} x_n \cdot \varlimsup_{n\to\infty} z_n \leqslant \varlimsup_{n\to\infty} x_n z_n \leqslant \varlimsup_{n\to\infty} x_n \cdot \varlimsup_{n\to\infty} z_n,$$

即

$$a \varlimsup_{n\to\infty} z_n \leqslant \varlimsup_{n\to\infty} x_n z_n \leqslant a \varlimsup_{n\to\infty} z_n,$$

也就是

$$\varlimsup_{n\to\infty} x_n z_n = a \varlimsup_{n\to\infty} z_n.$$

代回到 y_n,就得到

$$\varlimsup_{n\to\infty} x_n y_n = a \varlimsup_{n\to\infty} y_n.$$

其次设

$$\varlimsup_{n\to\infty} y_n = b \leqslant 0 (b \text{ 为有限数}),$$

只要用 $y_n + b_1$ 代替 y_n(其中 $b_1 + b > 0$),并利用习题 14 的结果,就可得证.

最后设

$$\varlimsup_{n\to\infty} y_n = -\infty,$$

这时即 $y_n \to -\infty$,且 $a \neq 0$(否则出现 $0 \cdot \infty$ 型),显然 $x_n y_n \to -\infty$.

最后介绍关于函数的上极限、下极限. 对照数列上、下极限的定义,可以定义函数的上极限、下极限如下

定义(函数的上极限、下极限) 当 $x \to a$ 时,$f(x)$ 的上极限为

$$\varlimsup_{x\to a} f(x) = \lim_{\delta\to 0} \sup_{\substack{x\in U(a,\delta) \\ x\neq a}} f(x), \tag{1.90}$$

当 $x \to a$ 时,$f(x)$ 的下极限为

$$\varliminf_{x\to a} f(x) = \lim_{\delta\to 0} \inf_{\substack{x\in U(a,\delta) \\ x\neq a}} f(x). \tag{1.91}$$

例 1 求 $x_n = \sin\dfrac{n\pi}{3}$ 的上极限、下极限.

解 当 $m \in \mathbf{N}$ 时

$$x_{3m} = \sin m\pi = 0,$$

$$x_{3m+1} = \sin\left(m\pi + \frac{\pi}{3}\right) = (-1)^m \cdot \frac{\sqrt{3}}{2},$$

$$x_{3m+2} = \sin\left(m\pi + \frac{2\pi}{3}\right) = (-1)^m \cdot \frac{\sqrt{3}}{2},$$

$$x_{6m+1} = \frac{\sqrt{3}}{2}, \quad x_{6m+4} = -\frac{\sqrt{3}}{2},$$

$$x_{6m+2} = \frac{\sqrt{3}}{2}, \quad x_{6m+5} = -\frac{\sqrt{3}}{2}.$$

今将数列的项分成下列三类(其中 $m \in \mathbf{N}$):

$1°$ x_{3m} 型;

$2°$ x_{6m+1},x_{6m+2} 型;

$3°$ x_{6m+4},x_{6m+5} 型.

$\{x_n\}$ 的任一子数列,若包含有三者之一的无穷多项,而只包含其他型的有限多项,则它们有极限,其值分别为 $0,\dfrac{\sqrt{3}}{2},-\dfrac{\sqrt{3}}{2}$.

若$\{x_n\}$的一个子数列包含有上述两种型式的项各为无穷多项,则必发散,所以极限点存在且有 $0, \dfrac{\sqrt{3}}{2}, -\dfrac{\sqrt{3}}{2}$ 三点. 从而得

$$\overline{\lim_{n\to\infty}} x_n = \frac{\sqrt{3}}{2}, \quad \underline{\lim_{n\to\infty}} x_n = -\frac{\sqrt{3}}{2}.$$

例 2 求 $x_n = \dfrac{2n-1}{n+1} \sin \dfrac{n\pi}{3}$ 的上极限、下极限.

解 利用性质 7 及例 1 的结论

$$\underline{\lim_{n\to\infty}} x_n = \lim_{n\to\infty} \frac{2n-1}{n+1} \cdot \underline{\lim_{n\to\infty}} \sin \frac{n\pi}{3} = -\sqrt{3},$$

$$\overline{\lim_{n\to\infty}} x_n = \lim_{n\to\infty} \frac{2n-1}{n+1} \cdot \overline{\lim_{n\to\infty}} \sin \frac{n\pi}{3} = \sqrt{3}.$$

对任给 $x_n \to a$,得到对应函数值数列 $f(x_n)$. 可能有下列情况发生:即或者 $f(x_n)$ 没有极限,或者 $f(x_n)$ 有极限 l,对于后者来说,这个极限值 l 也可能随 x_n 的取法不同而改变数值,将这些极限值 l 集合起来,得集合 $\{l\}$,则 $\overline{\lim\limits_{x\to a}} f(x)$ 为集合 $\{l\}$ 的最大者,$\underline{\lim\limits_{x\to a}} f(x)$ 为集合 $\{l\}$ 的最小者.

同样可以定义 $x \to \pm\infty$ 时的上极限、下极限.

例 3 数列 $\{x_n\}$ 满足 $x_{m+n} \leqslant x_m + x_n (x_n \geqslant 0)$,证明 $\left\{ \dfrac{x_n}{n} \right\}$ 收敛.

证 任取 $k \in \mathbf{N}$,则当 $n \in \mathbf{N}$,且 $n \geqslant k$ 时,有

$$n = mk + l, l \in \{0, 1, \cdots, k-1\}, m \in \mathbf{N},$$

所以,约定 $x_0 = 0$ 后,就有

$$\frac{x_n}{n} \leqslant \frac{x_{mk}}{n} + \frac{x_l}{n} \leqslant \frac{m x_k}{n} + \frac{x_l}{n} \leqslant \frac{x_k}{k} + \frac{x_l}{n},$$

对上式取上极限($n \to \infty$ 时),就得

$$\overline{\lim_{n\to\infty}} \frac{x_n}{n} \leqslant \frac{x_k}{k} + \overline{\lim_{n\to\infty}} \frac{x_l}{n},$$

虽然,当 $n \to \infty$ 时,l 也变化,但 x_l 只取 $x_0 = 0, x_1, \cdots, x_{k-1}$ 等 k 个

值,因此得 $\varlimsup\limits_{n\to\infty}\dfrac{x_l}{n}=0$,从而得

$$\frac{x_k}{k}\geqslant\varlimsup_{n\to\infty}\frac{x_n}{n}.$$

从上式首先可以得出,$\left\{\dfrac{x_n}{n}\right\}$ 的上极限是有限数,从而得 $\left\{\dfrac{x_n}{n}\right\}$ 是有上界的,另外又有 $x_n\geqslant0$,从而得 $\left\{\dfrac{x_n}{n}\right\}$ 为有界数列.

再对该式取下极限$(k\to\infty)$得

$$\varliminf_{k\to\infty}\frac{x_k}{k}\geqslant\varlimsup_{n\to\infty}\frac{x_n}{n},$$

即

$$\varliminf_{n\to\infty}\frac{x_n}{n}\geqslant\varlimsup_{n\to\infty}\frac{x_n}{n},$$

所以只能有

$$\varliminf_{n\to\infty}\frac{x_n}{n}=\varlimsup_{n\to\infty}\frac{x_n}{n}.$$

又 $\left\{\dfrac{x_n}{n}\right\}$ 是有界数列,所以得到 $\left\{\dfrac{x_n}{n}\right\}$ 收敛.

例 4 已知 $x_n\to a$,则 $\dfrac{x_1+2x_2+\cdots+nx_n}{n^2}\to\dfrac{a}{2}$.

本例在第一章1.1的习题中用 ε-N 法给予证明,今用上极限、下极限给出较简单证明.

证 因为 $x_n\to a$,所以任给 $\varepsilon>0$,存在 $N\in\mathbf{N}$,当 $n>N$ 时,有
$$|x_n-a|<\varepsilon.$$

而

$$\left|\frac{x_1+2x_2+\cdots nx_n}{n^2}-\frac{a}{2}\right|$$

$$=\left|\frac{(x_1-a)+2(x_2-a)+\cdots+n(x_n-a)}{n^2}+\frac{a}{2n}\right|$$

$$\leqslant \frac{|(x_1-a)+2(x_2-a)+\cdots+N(x_N-a)|}{n^2}$$

$$+\frac{(N+1)+\cdots+n}{n^2}\varepsilon+\frac{|a|}{2n}$$

$$\leqslant \frac{|(x_1-a)+2(x_2-a)+\cdots+N(x_N-a)|}{n^2}$$

$$+\frac{(n+N+1)(n-N)}{2n^2}\varepsilon+\frac{|a|}{2n},$$

取上极限$(n\to\infty)$,得

$$\varlimsup_{n\to\infty}\left|\frac{x_1+2x_2+\cdots+nx_n}{n^2}-\frac{a}{2}\right|$$

$$\leqslant \varlimsup_{n\to\infty}\frac{|(x_1-a)+2(x_2-a)+\cdots+N(x_N-a)|}{n^2}$$

$$+\varlimsup_{n\to\infty}\frac{(n+N+1)(n-N)}{2n^2}\varepsilon+\varlimsup_{n\to\infty}\frac{|a|}{2n}=\frac{\varepsilon}{2}.$$

由 ε 的任意性,得

$$\varlimsup_{n\to\infty}\left|\frac{x_1+2x_2+\cdots+nx_n}{n^2}-\frac{a}{2}\right|=0.$$

但显然有

$$\varliminf_{n\to\infty}\left|\frac{x_1+2x_2+\cdots+nx_n}{n^2}-\frac{a}{2}\right|\geqslant 0.$$

即

$$\lim_{n\to\infty}\left(\frac{x_1+2x_2+\cdots+nx_n}{n^2}-\frac{a}{2}\right)=0.$$

1.3.4　收敛准则

ε-N 定义及 ε-δ 定义能够证明数列$\{x_n\}$及函数 $f(x)$以 a 为极限,但它必须事先知道 a 本身的值.单调有界法则给出了一类极限存在的充分条件,但条件苛刻,而且又不是充分必要条件.下面给出一个有有限极限存在的充分必要条件.

定理 1.20(基本定理 8)(柯西(Cauchy)收敛准则)　数列 $\{x_n\}$ 有有限极限的充要条件是：任给 $\varepsilon > 0$，存在 $N \in \mathbf{N}$，当 $n > N$，$n' > N$ 时，就有

$$|x_n - x_{n'}| < \varepsilon. \tag{1.92}$$

证　(必要性)因为 $\lim\limits_{n \to \infty} x_n = a$，所以任给 $\varepsilon > 0$，存在 $N \in \mathbf{N}$，当 $n > N$ 时，有

$$|x_n - a| < \frac{\varepsilon}{2},$$

从而当 $n, n' > N$ 时，有

$$|x_n - x_{n'}| \leqslant |x_n - a| + |x_{n'} - a| < \frac{\varepsilon}{2} + \frac{\varepsilon}{2} = \varepsilon.$$

(充分性)　由(1.92)式，对任给 $\varepsilon > 0$，存在 $N \in \mathbf{N}$，当 $n > N$，$n' > N$ 时，有

$$x_n < x_{n'} + \varepsilon. \tag{1.93}$$

上式中，当 n 固定，n' 任意变动时，数列 $\{x_{n'}\}$ 在 $n' > N$ 时有下界，从而得 $\{x_n\}$ 有下界，当 n' 固定，n 任意变动，可得 $\{x_n\}$ 有上界. 综合之得，该数列是有界数列.

另一方面，在(1.93)式中关于 $n' \to \infty$ 取下极限，得

$$x_n \leqslant \varliminf_{n' \to \infty} x_{n'} + \varepsilon,$$

再关于 $n \to \infty$ 取上极限，得

$$\varlimsup_{n \to \infty} x_n \leqslant \varliminf_{n' \to \infty} x_{n'} + \varepsilon,$$

由 ε 的任意性，得

$$\varlimsup_{n \to \infty} x_n \leqslant \varliminf_{n' \to \infty} x_{n'}.$$

即 $\{x_n\}$ 的上、下极限相等，又 $\{x_n\}$ 是有界数列，所以 $\{x_n\}$ 收敛.

注　以后将满足(1.92)的数列统称为**柯西数列**，也称它为**基本数列**.

例1 $x_n = 1 + \frac{1}{2} + \cdots + \frac{1}{n}$,则$\{x_n\}$不收敛.

证 对于任何 N,取 $n = N+1, n' = 2N+2$,则

$$|x_n - x_{n'}| = \frac{1}{N+2} + \cdots + \frac{1}{2N+2} > \frac{N+1}{2N+2} = \frac{1}{2}.$$

所以如果取 $\varepsilon < \frac{1}{2}$,则对任何的 N,总能找到 $n = N+1 > N, n' = 2N+2 > N$,但

$$|x_n - x_{n'}| > \frac{1}{2} > \varepsilon.$$

由柯西收敛准则得$\{x_n\}$不收敛.

上述$\{x_n\}$是一个严格单调上升数列,显然它是无界数列(否则它是收敛数列). 因此有

$$\lim_{n \to \infty} x_n = +\infty.$$

例2 已知数列$\{x_n\}$,且存在 $M \in \mathbf{R}$,对于所有 $n \in \mathbf{N}$,都有

$A_n = |x_n - x_{n-1}| + |x_{n-1} - x_{n-2}| + \cdots + |x_2 - x_1| < M$,

证明$\{x_n\}$收敛.

证 设 $n \geqslant n'$,则

$$|x_n - x_{n'}| \leqslant |x_n - x_{n-1}| + |x_{n-1} - x_{n-2}| + \cdots + |x_{n'+1} - x_{n'}|$$
$$= A_n - A_{n'}. \tag{1.94}$$

因为 A_n 是一个广义单调上升有界数列,所以 A_n 是一个收敛数列,由柯西准则,任给 $\varepsilon > 0$,存在 $N \in \mathbf{N}$,当 $n \geqslant n' > N$ 时,有

$$A_n - A_{n'} < \varepsilon,$$

由(1.94)式,更有

$$|x_n - x_{n'}| < \varepsilon,$$

从而,由柯西准则得$\{x_n\}$收敛.

例3 已知$\frac{x_1 + x_2 + \cdots + x_n}{n}$收敛于$a$,则$\frac{x_n}{n}$收敛于0.

证 由柯西收敛准则,任给 $\varepsilon > 0$,存在 $N \in \mathbf{N}$,当 $n > N$ 时,有

$$\left|\frac{x_1+\cdots+x_{n-1}}{n-1}-\frac{x_1+\cdots+x_n}{n}\right|<\varepsilon,$$

即

$$\left|\frac{x_1+\cdots+x_{n-1}}{n(n-1)}-\frac{x_n}{n}\right|<\varepsilon,$$

也就是

$$\frac{1}{n}\frac{x_1+\cdots+x_{n-1}}{n-1}-\varepsilon<\frac{x_n}{n}<\frac{1}{n}\frac{x_1+\cdots+x_{n-1}}{n-1}+\varepsilon. \quad (1.95)$$

当 $n\to\infty$ 时,取上极限及下极限,得

$$-\varepsilon\leqslant\varliminf_{n\to\infty}\frac{x_n}{n}\leqslant\varlimsup_{n\to\infty}\frac{x_n}{n}\leqslant\varepsilon,$$

由于 ε 的任意性,得上极限、下极限都等于 0,即

$$\lim_{n\to\infty}\frac{x_n}{n}=0.$$

特别请读者注意的是我们不能对(1.95)式取极限,得

$$-\varepsilon\leqslant\lim_{n\to\infty}\frac{x_n}{n}\leqslant\varepsilon,$$

再由 ε 的任意性,得极限为 0. 因为我们还不知道 $\lim\limits_{n\to\infty}\frac{x_n}{n}$ 存在与否,就在不等式中参加运算,这是不妥的.

定理 1.21(柯西收敛准则) 若 $f(x)$ 在 a 的附近有定义,则当 $x\to a$ 时,$f(x)$ 存在有限极限的充要条件是:任给 $\varepsilon>0$,存在 $\delta>0$,只要 $0<|x-a|<\delta$,与 $0<|x'-a|<\delta$ 成立,就有

$$|f(x)-f(x')|<\varepsilon. \quad (1.96)$$

证 (必要性)由

$$|f(x)-f(x')|\leqslant|f(x)-A|+|f(x')-A|$$

立即可得.

(充分性)任取一个数列 $\{x_n\}$,使得 $x_n\neq a$,且 $x_n\to a$. 则对于定理中提到的 $\delta>0$,存在 $N\in\mathbf{N}$,当 $n>N$ 时,有

$$0<|x_n-a|<\delta,$$

当 $n'>N$ 时,也有

$$0<|x_{n'}-a|<\delta,$$

从而由(1.96)式,有

$$|f(x_n)-f(x_{n'})|<\varepsilon.$$

由定理 1.20(数列的柯西准则),得 $n\to+\infty$ 时,$f(x_n)$ 的极限存在且有限. 再由函数极限的数列定义(定理 1.11 注),得 $x\to a$ 时 $f(x)$ 的极限存在且有限.

上述柯西准则不难推广到 $x\to\infty,+\infty,-\infty$ 的情况. 比如 $x\to\infty$ 时可写成

定理 1.22 若 $f(x)$ 对充分大的 x 有定义,则当 $x\to\infty$ 时,$f(x)$ 存在有限极限的充要条件是:任给 $\varepsilon>0$,存在 $G>0$,当 $|x|>G,|x'|>G$ 时,就有

$$|f(x)-f(x')|<\varepsilon.$$

(证法类同于定理 1.21)

注 1 对于定义在集合 X 上的函数 $f(x)$,若 a 是 X 的聚点,则柯西准则仍成立,只要限定其中的 $x,x'\in X$ 就可.

注 2 柯西准则不能推广到有无穷极限的情况.

1.3.5 有限覆盖定理

定义(覆盖) 令 Σ 为一族开区间所成的集合,记为 $\Sigma=\{\sigma\}$,今有一点集 X,若对任一个 $x\in X$,都存在有开区间 $\sigma\in\Sigma$,使得 $x\in\sigma$,则称 **Σ 覆盖了 X** 或 Σ 是 X 的一个**覆盖**.

定义(有限覆盖) 若 Σ 是 X 的一个覆盖,而且 Σ 中区间的个数是有限的,则称 Σ 是 X 的一个**有限覆盖**.

例如,$\left\{\left(-1+\dfrac{1}{n},1-\dfrac{1}{n}\right)\right\}$ 是 $(-1,1)$ 的一个覆盖,但非有限覆盖,且它也不是 $[-1,1]$ 的一个覆盖.

又如:对$[a,b]$中的任一点x,作一个x的$\delta(x)$-邻域$U(x)$,则$\{U(x)\}_{x\in[a,b]}$构成了$[a,b]$的一个覆盖(其中δ可随x的改变而改变),这是我们以后经常用到的一种覆盖.

定理 1.23(基本定理 9)(波莱尔(Borel)有限覆盖定理)

若闭区间$[a,b]$被一开区间的集合$\Sigma=\{\sigma\}$所覆盖,则一定可在Σ中找出有限个开区间,构造一个Σ的子集合$\Sigma^*=\{\sigma_1,\cdots,\sigma_n\}$,它同样覆盖了闭区间$[a,b]$.

证法 1 (用区间套定理证)(反证法) 设$[a,b]$不能被Σ中有限个区间所覆盖,用等分区间法将$[a,b]$等分为二,则其中必有一个不能被Σ中有限个区间所覆盖,记它为$[a_1,b_1]$.继续等分下去就得到一串区间$\{[a_n,b_n]\}$,它具有下述性质:

$1°$ $[a_n,b_n]$不能被Σ中有限个区间所覆盖;

$2°$ $[a,b]\supset[a_1,b_1]\supset[a_2,b_2]\cdots\supset[a_n,b_n]\supset\cdots$;

$3°$ $b_n-a_n=\dfrac{1}{2^n}(b-a)\to0$.

则由区间套定理得:存在唯一的c属于所有的$[a_n,b_n]$,且有

$$a_n\to c,b_n\to c. \tag{1.97}$$

又Σ覆盖了$[a,b]$,而$c\in[a,b]$,则必存在$\sigma_0\in\Sigma$,使$c\in\sigma_0$.记$\sigma_0=(\alpha,\beta)$,则

$$\alpha<c<\beta. \tag{1.98}$$

由数列极限的不等式性质,从(1.97),(1.98)式知,必存在一个$N\in\mathbf{N}$,当$n>N$时,有

$$\alpha<a_n<b_n<\beta,$$

即

$$[a_n,b_n]\subset(\alpha,\beta),$$

也就是说,$\sigma_0=(\alpha,\beta)$就覆盖了$[a_n,b_n]$,这和前面$[a_n,b_n]$的构造性质$1°$矛盾.定理得证.

证法 1 说明了由区间套定理 1.16(基本定理 5)可推出有限覆

盖定理 1.23(基本定理 9).下面再用上确界存在定理 1.5(基本定理 1)来推出基本定理 9.

证法 2　(用确界存在定理证)在 $[a,b]$ 中选出一个数集 E,使得对任一个 $x\in E$,就有 $[a,x]$ 可以被 Σ 有限覆盖.则

1° E 非空,因为 $a\in E$;

2° E 有界,因为 $E\subset[a,b]$.

由 1°,2° 并利用上确界存在定理,得 E 有上确界 c(即 $c=\sup E$),显见 $c\leqslant b$.

下证 $c\in E$:因为由 $c\in[a,b]$,而 Σ 覆盖 $[a,b]$,故存在 $\sigma_0\in\Sigma$,使 $c\in\sigma_0$,记 $\sigma_0=(\alpha,\beta)$,则

$$\alpha<c<\beta.$$

取 δ 适当小,使得 c 的 δ-邻域在 (α,β) 内.而 $c=\sup E$,所以,$c-\delta$ 就不是 E 的上界,从而在 c 的 δ-邻域内必有 E 的点 x_0.由 $x_0\in E$,得出 $[a,x_0]$ 可被 Σ 中有限个区间所覆盖,又 $[x_0,c]$ 可被 σ_0 所覆盖,故 $[a,c]$ 可被 Σ 中有限个区间所覆盖,即 $c\in E$.

再证必有 $c=b$:因为若 $c<b$,由上面证明中所构造的 c 的 δ-邻域内可找到 $c'>c$,而且 $[c,c']\subset\sigma_0$,这样,从 $c\in E$(即 $[a,c]$ 可被 Σ 的有限多个区间覆盖),得到 $[a,c']$ 也可被 Σ 的有限多个区间所覆盖(只要再加上 σ_0 就可),这样,c 就不是 E 的上确界了,从而得出只有 $c=b$ 才行,即 $b\in E$,也就是 $[a,b]$ 可被 Σ 的有限多个区间所覆盖.

若点集 X 对任意的覆盖都存在着有限子覆盖,则称 X 为**紧集**,或 X **具有紧性**.所以闭区间是紧集.

我们在 1.3.1 段指出:基本定理 1~5 是等价的.在 1.3.2 段指出:基本定理 6,7 是等价的.且由 5 推得 6,并请读者自证 6 推出 1,从而基本定理 1~7 都是等价的.习题 25 证明了由 7 推出 8,习题 24 证明了由 8 推出 5,从而证明了基本定理 1~8 的等价性.本段又证明了由 5 或 1 推出 9,下面证明由定理 9 推出 6(有限覆盖定理 1.23 成立推出聚点存在定理 1.18),这样我们就得出了基本

定理 1～9 是等价的.

例 1 有限覆盖定理成立,证明聚点存在定理.

证 (反证法)设 X 为有界无穷点集,它没有聚点.因为 X 有界,则存在 a,b,使得对所有 $x\in X$,有

$$x\in[a,b] \quad (即\ X\subset[a,b]),$$

且对任意一个 $y\in[a,b]$,因为它不是 X 的聚点,从而存在一个 y 的 δ-邻域 $U(y)$,使得在 $U(y)\backslash\{y\}$ 内无 X 的点(只有 y 可能是 X 的点).当 y 取遍 $[a,b]$ 时,得 $\Sigma=\{U(y)\}_{y\in[a,b]}$,它成为 $[a,b]$ 的一个无穷开覆盖.用有限覆盖定理得 $[a,b]$ 有一个有限子覆盖 $\{U_1,\cdots,U_n\}$ 存在,它覆盖了 $[a,b]$,从而覆盖了 X,再由每个 U 中最多只有 X 的一个点(U 的中心点),这样 X 最多只有有限个点,这和 X 是无穷点集矛盾.

习　题

1. 如果将区间套定理中的闭区间改成开区间套,且满足 $a_1<a_2<\cdots<a_n<\cdots<b_n<\cdots<b_2<b_1$,及 $\lim\limits_{n\to\infty}(b_n-a_n)=0$,证明该定理成立.

2. 求下列集合的聚点:

(1) $X=\{x\,|\,0<x<1\}$; 　　(2) $X=\{x\,|\,\sin x=x\}$;

(3) $X=\{[x]\,|\,x\in\mathbf{R}\}$; 　　(4) $X=\{x-[x]\,|\,x\in\mathbf{R}\}$.

3. $b=\sup(X)$,且 $b\overline{\in}X$,则 b 必为 X 的聚点.

4. 求下列数列的极限点:

(1) $\dfrac{1}{2},\dfrac{1}{2},\dfrac{1}{4},\dfrac{3}{4},\dfrac{1}{8},\dfrac{7}{8},\cdots,\dfrac{1}{2^n},\dfrac{2^n-1}{2^n},\cdots$;

(2) $1,\dfrac{1}{2},\left(1+\dfrac{1}{2}\right),\dfrac{1}{3},\left(1+\dfrac{1}{3}\right),\left(\dfrac{1}{2}+\dfrac{1}{3}\right),\dfrac{1}{4},\left(1+\dfrac{1}{4}\right),$

$\left(\dfrac{1}{2}+\dfrac{1}{4}\right),\ \left(\dfrac{1}{3}+\dfrac{1}{4}\right),\ \cdots,\ \dfrac{1}{n},\ \left(1+\dfrac{1}{n}\right),\ \left(\dfrac{1}{2}+\dfrac{1}{n}\right),\ \cdots,$

$$\left(\frac{1}{n-1}+\frac{1}{n}\right),\cdots;$$

(3) $x_n=\frac{1}{2}\big[(a+b)+(-1)^n(a-b)\big]$;

(4) $a_1,a_1,a_2,a_1,a_2,a_3,\cdots,a_1,a_2,\cdots,a_n,\cdots$.

5. 有界发散数列 $\{a_n\}$ 的极限点数大于等于 2.

6. $x_1\in[0,1]$，当 $n\geqslant 2$ 且为偶数时，$x_n=\frac{1}{2}x_{n-1}$；当 $n\geqslant 2$ 且为奇数时，$x_n=\frac{1}{2}(1+x_{n-1})$，问 $\{x_n\}$ 有多少极限点？

7. 数列 $\{x_n\}$ 只有一个极限点，且 $\{x_n\}$ 有界，则它收敛.

8. 用区间套定理，证明有界数列有收敛子列.

9. 由聚点原理，证明单调有界法则.

10. 由聚点原理，证明有上界的非空数集有(有限的)上确界.

11. 由有界数列有收敛的子列，证明有界非空数集必有(有限的)上确界.

12. 当下述运算有意义时(即不出现 $\infty-\infty$ 型不定型)，证明

(1) $\varlimsup\limits_{n\to\infty} x_n-\varlimsup\limits_{n\to\infty} y_n\leqslant\varlimsup\limits_{n\to\infty}(x_n-y_n)\leqslant\varlimsup\limits_{n\to\infty} x_n-\varliminf\limits_{n\to\infty} y_n$;

(2) $\varliminf\limits_{n\to\infty} x_n-\varlimsup\limits_{n\to\infty} y_n\leqslant\varliminf\limits_{n\to\infty}(x_n-y_n)\leqslant\varliminf\limits_{n\to\infty} x_n-\varliminf\limits_{n\to\infty} y_n$;

(3) 当 $x_n>0$，且 $\varliminf\limits_{n\to\infty} y_n>0$ 时，有

$$\varlimsup\limits_{n\to\infty} x_n/\varlimsup\limits_{n\to\infty} y_n\leqslant\varlimsup\limits_{n\to\infty}\frac{x_n}{y_n}\leqslant\varlimsup\limits_{n\to\infty} x_n/\varliminf\limits_{n\to\infty} y_n;$$

(4) 当 $x_n>0$，且 $\varliminf\limits_{n\to\infty} y_n>0$ 时，有

$$\varliminf\limits_{n\to\infty} x_n/\varlimsup\limits_{n\to\infty} y_n\leqslant\varliminf\limits_{n\to\infty}\frac{x_n}{y_n}\leqslant\varliminf\limits_{n\to\infty} x_n/\varliminf\limits_{n\to\infty} y_n.$$

13. 对于 $\varepsilon>0$，证明在区间 $(\varliminf\limits_{n\to\infty} x_n-\varepsilon,\varlimsup\limits_{n\to\infty} x_n+\varepsilon)$ 外，只有 $\{x_n\}$ 的有限多项存在.

14. 当 $\lim\limits_{n\to\infty} y_n=b$(有限数)时，有

(1) $\varlimsup_{n\to\infty}(x_n\pm y_n)=\varlimsup_{n\to\infty}x_n\pm b$; (2) $\varliminf_{n\to\infty}(x_n\pm y_n)=\varliminf_{n\to\infty}x_n\pm b$.

15. 当 $x_n>0$,且 $\lim_{n\to\infty}y_n=b>0$ 时,有

(1) $\varlimsup_{n\to\infty}\dfrac{x_n}{y_n}=\dfrac{1}{b}\varlimsup_{n\to\infty}x_n$; (2) $\varliminf_{n\to\infty}\dfrac{x_n}{y_n}=\dfrac{1}{b}\varliminf_{n\to\infty}x_n$.

16. $\{x_n\}$ 为正数列,证明

$$\varliminf_{n\to\infty}\frac{x_{n+1}}{x_n}\leqslant\varliminf_{n\to\infty}\sqrt[n]{x_n}\leqslant\varlimsup_{n\to\infty}\sqrt[n]{x_n}\leqslant\varlimsup_{n\to\infty}\frac{x_{n+1}}{x_n}.$$

17. $\{x_n\}$ 为有界数列,$\varlimsup_{n\to\infty}x_n=M$,$\sigma_n=\dfrac{1}{n}(x_1+\cdots+x_n)$,则 $\varlimsup_{n\to\infty}\sigma_n\leqslant M$.

18. 若 $\varlimsup_{n\to\infty}y_n=b>0$,令 $z_n=\begin{cases}y_n & \text{当 }y_n>0\\0 & \text{当 }y_n\leqslant0\end{cases}$,则

(1) $\varlimsup_{n\to\infty}z_n=b$; (2) $\varlimsup_{n\to\infty}x_nz_n=\varlimsup_{n\to\infty}x_ny_n$ $(x_n\geqslant0)$.

19. 证明下列数列收敛:

(1) $x_n=a_0+a_1q+\cdots+a_nq^n$ $(|a_k|<M,k=0,1,\cdots,n,|q|<1)$;

(2) $x_n=\dfrac{\sin 1}{2}+\dfrac{\sin 2}{2^2}+\cdots+\dfrac{\sin n}{2^n}$;

(3) $x_n=1-\dfrac{1}{2}+\dfrac{1}{3}-\cdots+(-1)^{n+1}\dfrac{1}{n}$;

(4) $x_n=\dfrac{1}{\sqrt{1\cdot2}}+\dfrac{1}{\sqrt{2\cdot5}}+\cdots+\dfrac{1}{\sqrt{n(n^2+1)}}$.

20. 证明下列数列发散:

(1) $x_n=1+\dfrac{1}{2}-\dfrac{1}{3}+\dfrac{1}{4}+\dfrac{1}{5}-\dfrac{1}{6}+\cdots-(-1)^{\mathrm{sgn}(\frac{n}{3}-[\frac{n}{3}])}\dfrac{1}{n}$;

(2) $x_n=\dfrac{1}{\sqrt{1\cdot2}}+\dfrac{1}{\sqrt{2\cdot3}}+\cdots+\dfrac{1}{\sqrt{n(n+1)}}$.

21. 判断下述极限存在与否:

(1) $\lim_{x\to0}\cos\dfrac{1}{x}$; (2) $\lim_{x\to0_+}\sin\dfrac{1}{\sqrt{x}}$;

(3) $\lim\limits_{x\to 0}(-1)^{[x]}\dfrac{\sin x}{x}$; (4) $\lim\limits_{x\to 0}x^{[x]}$.

22. 用 $\varepsilon - N$ 语言叙述 $\{x_n\}$ 不是柯西数列.

23. 证明下列数列 $\{x_n\}$ 收敛.

(1) $\{x_n\}$ 满足 $|x_{n+1}-x_n|<a^n$ $(0<a<1)$;

(2) $x_1=a,x_2=b,x_{n+2}=\dfrac{1}{2}(x_{n+1}+x_n)$;

(3) $a\leqslant x_1\leqslant x_2\leqslant b,x_{n+2}=\sqrt{x_n\cdot x_{n+1}}$.

24. 用柯西准则成立,证明区间套定理成立.

25. 用收敛子列定理(基本定理 7)证明柯西数列有极限.

26. $f(x)$ 定义于 (a,b),且对于每一点 $x\in(a,b)$,都存在一个 x 的邻域 $U(x)$,使得在 $U\bigcap(a,b)$ 内 $f(x)$ 单调下降,证明 $f(x)$ 在 (a,b) 上单调下降.

第1章总习题

1. 证明极限:

(1) $\{a_n\}$ 收敛时,则 $\lim\limits_{n\to\infty}\dfrac{(a_n)^n}{n!}=0$;

(2) $|x_{n+1}|\leqslant k|x_n|$ $(0<k<1,n=1,2,\cdots)$,则
$$\lim_{n\to\infty}x_n=0;$$

(3) $P(n)$ 是能整除 n 的素数的个数,则
$$\lim_{n\to\infty}\frac{P(n)}{n}=0;$$

(4) $\lim\limits_{n\to\infty}\sin^2(\pi\sqrt{n^2+n})=1$;

(5) $\lim\limits_{n\to\infty}\dfrac{\sqrt[n]{n!}}{n}=\dfrac{1}{e}$.

2. 设 $f(x)$ 在 x_0 的去心邻域 I 内有定义,试证对于任意的点

列 $\{x_n\}$，只要 $x_n \in I, x_n \to x_0 (n \to \infty)$，且 $0 < |x_{n+1} - x_0| < |x_n - x_0|$，都有 $\lim\limits_{n \to \infty} f(x_n) = A$，则必有 $\lim\limits_{x \to x_0} f(x) = A$.

3. 已知 $x_1 = a, x_2 = b, x_{n+2} = px_{n+1} + qx_n$ $(p > 0, q > 0, p + q = 1)$，求 $\{x_n\}$ 的极限.

4. $k > 0, x_1 > 0, x_{n+1} = \dfrac{k}{1 + x_n}$，证明 $\{x_n\}$ 有极限.

5. $f(x)$ 是 $[a, b]$ 上广义上升函数，$f(a) \geqslant a, f(b) \leqslant b$，试证必有 $x_0 \in [a, b]$，使得 $f(x_0) = x_0$.

6. $f(x)$ 在 $[a, b]$ 上严格单调，$\lim\limits_{n \to \infty} f(x_n) = f(b)$，且 $x_n \in [a, b]$，证明 $\lim\limits_{n \to \infty} x_n = b$.

7. 求下列极限：

(1) $\lim\limits_{x \to 0} \dfrac{(1+x)^n - 1}{x}$ $(n \in \mathbf{N})$；

(2) $\lim\limits_{x \to 0} \dfrac{(1+x)^{\frac{m}{n}} - 1}{x}$ $(m, n \in \mathbf{N})$.

8. 求证 $[-1, 1]$ 的每一点是数列 $\{\sin n\}$ 的聚点.

9. 单调数列有一个子列趋向于 a，则该数列也趋于 a.

10. $\{x_n\}$、$\{y_n\}$ 为两有界列，且 $\lim\limits_{n \to \infty} (x_n - y_n) = 0$，则存在足标 $\{n_k\}$ 使 $\{x_{n_k}\}$、$\{y_{n_k}\}$ 收敛.

11. 当 $x \to 0$ 时 $g(x)$ 收敛，且在原点的邻域内任意 x, y 有
$$|f(x) - f(y)| \leqslant |g(x) - g(y)|,$$
则问 $x \to 0$ 时 $f(x)$ 是否收敛.

12. 证明任一数列 $\{x_n\}$ 中必有一个子列是单调的.

第2章 一元连续函数

在自然界里,有些量是渐渐变化的,它们可以用连续函数来描述,这些量有很多很好的性质.但自然界里也有突然变化的量,例如:飞机撞在大山上,机速发生突然变化;电路接通时,电路中电流强度会发生突然变化.这些量可以用间断函数来描述.本章介绍连续与间断的确切数学描述,并系统地讨论连续函数的性质,以及一致连续的概念,这对于以后各章都是极为重要的,而且这里第一次出现一致的概念,以后还会多次出现.

2.1 连续·间断

2.1.1 连续函数的概念

定义(在 x_0 点连续) 如果 $f(x)$ 在 x_0 点的某一邻域内有定义,而且 $x \to x_0$ 时,$f(x) \to f(x_0)$,则称 $f(x)$ **在 x_0 点连续**.

上述定义很快可以推广到在集合 X 上定义的函数 $f(x)$,设 x_0 是 X 的一个聚点,当 $x \in X$ 且 $x \to x_0$ 时,有 $f(x) \to f(x_0)$,则称 $f(x)$ 在 X 上的 x_0 点连续.若 X 上的每一点都连续,则称 $f(x)$ **在 X 上连续**,记为 $f(x) \in C_X$.

因为极限有种种等价说法,所以下述几种讲法也是等价的(设 $f(x)$ 在 x_0 的某一邻域内有定义).

1° 任给 $\varepsilon > 0$,存在 $\delta > 0$,当 $|x - x_0| < \delta$ 时,就有
$$|f(x) - f(x_0)| < \varepsilon.$$

引入记号 $\Delta x = x - x_0$,$\Delta f = f(x) - f(x_0)$,得

2° 当 $\Delta x \to 0$ 时,有 $\Delta f \to 0$.

3° 对任何数列 $\{x_n\}$,只要 $x_n \to x_0$,就有 $f(x_n) \to f(x_0)$.

若 $f(x)$ 定义在点集 X 上,x_0 是 X 的孤立点(即存在 x_0 的邻域 U,使得 $U \bigcap X = \{x_0\}$),则从 $\varepsilon - \delta$ 定义(即 1°)出发,这时将 $|x - x_0| < \delta$ 改成 $x \in X$ 且 $|x - x_0| < \delta$,很自然地约定它在集合 X 上的孤立点 x_0 处是连续的.

从前面极限理论中所得到的结果很快可以得到一些函数的连续性. 例如,在(1.55)式证明了 $a \geqslant 0$ 时,有

$$\lim_{x \to a} \sqrt[k]{x} = \sqrt[k]{a} \quad (k \in \mathbf{N}),$$

所以 $\sqrt[k]{x}$ 在 a 点是连续的.

在(1.43)式,证明了

$$\lim_{x \to a} \cos x = \cos a.$$

所以 $\cos x$ 在 a 点是连续的,从而 $\cos x$ 在 $\mathbf{R}$ 上连续.

由第1章1.1.3段例5,及函数极限的数列定义,立即可得当 $a > 0$ 时,有

$$\lim_{x \to a} \ln x = \ln a.$$

所以 $\ln x$ 在 $a(>0)$ 处是连续的,从而 $\log_b x$ 在定义域内也是连续函数.

在第1章1.1.2习题1(3),我们还指出 $\sin x$ 在任意点是连续的.

将第1章1.2.2段中关于函数极限的性质,搬到 x_0 点连续的函数 $f(x)$ 上来,就有

性质 1 $f(x)$ 在 x_0 连续,则在 x_0 的某一邻域内有界.

性质 2 函数 $f(x), g(x)$ 在 x_0 点连续,则

1° $f(x) \pm g(x)$ 在 x_0 点也连续;

2° $f(x) \cdot g(x)$ 在 x_0 点也连续;

3° 当 $g(x_0) \neq 0$ 时,$\dfrac{f(x)}{g(x)}$ 在 x_0 点也连续.

性质 3　$f(x)$ 在 x_0 点连续，$f(x_0) > p$（或 $< q$），则存在 x_0 的邻域 U，在 U 内有 $f(x) > p$（或 $< q$）.

其他性质也类似，不一一列出了.

如果将函数 $f(x)$ 看成一个映射的话，则 $f(x)$ 在 x_0 点连续表示：对 $f(x_0)$ 的任意一个邻域 V，存在着 x_0 的一个邻域 U，使得 U 的象 $f(U) \subset V$.

换一种说法是：$f(x_0)$ 的任意一个邻域 V 的原象 $f^{-1}(V)$ 中，一定包含有 x_0 的一个邻域 U（即 $f^{-1}(V) \supset U$）.

对上面这两种说法，只要将 V 看成 $f(x_0)$ 的 ε-邻域（$f(x_0) - \varepsilon, f(x_0) + \varepsilon$），将 U 看成为 x_0 的 δ-邻域（$x_0 - \delta, x_0 + \delta$）."任意的邻域 V" 对应于 "任意 $\varepsilon > 0$"，"存在 x_0 的一个邻域" 对应于 "存在 $\delta > 0$"，再用不等号代替包含符号，就对应到 ε-δ 定义.

下面介绍后续课中常常用到的关于连续的另一种提法，为此先介绍开集与闭集.

定义（开集）　X 是 $\mathbf{R}$ 中的一个点集，若对任一个 $x \in X$，都存在着 x 的邻域 $U(x)$，使得 $U(x) \subset X$，则称 X 为**开集**.

例如，开区间 (a, b) 是开集，邻域是开集，有限多开集的并和交也是开集，任意多个开集的并也是开集.

定义（闭集）　X 是 $\mathbf{R}$ 中的一个点集，若 X 的余集是开集，则称 X 是**闭集**.

例如，闭区间 $[a, b]$ 是闭集，有限多个闭集的并和交也是闭集，任意多个闭集的交也是闭集.

定理 2.1　$f(x)$ 是 $\mathbf{R}$ 上的连续函数的充要条件是，$\mathbf{R}$ 上的任一开集 G 的原象

$$f^{-1}(G) = \{x \mid x \in \mathbf{R}, f(x) \in G\} \tag{2.1}$$

也是开集.

证　（充分性）（即已知开集的原象是开集，证明函数是连续的）（图 2-1）.

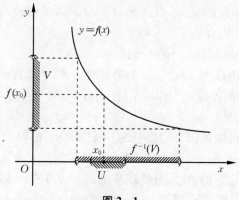

图 2-1

对于任一 $x_0 \in \mathbf{R}$,它的象为 $f(x_0)$,用 V 记 $f(x_0)$ 的任一邻域(它是开集),从而 $f^{-1}(V)$ 也是开集. 又 x_0 是 $f(x_0)$ 的原象,而 $f(x_0) \in V$,所以 $x_0 \in f^{-1}(V)$. 再由 $f^{-1}(V)$ 是开集,及 $x_0 \in f^{-1}(V)$,得存在 x_0 的邻域 U,使得

$$U \subset f^{-1}(V), \tag{2.2}$$

这就得到 $f(x)$ 在 x_0 连续,由 x_0 的任意性,从而 $f(x)$ 在 $\mathbf{R}$ 上连续.

(必要性) (即已知 $f(x)$ 是连续函数,证明若 G 为开集,则 $f^{-1}(G)$ 也是)(图 2-2).

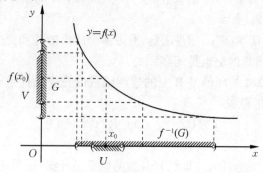

图 2-2

在 $f^{-1}(G)$ 内任取一点 x_0,我们的目的是去寻找一个 x_0 的邻域 U,使得 $U \subset f^{-1}(G)$.

因为 $x_0 \in f^{-1}(G)$,即 $f(x_0) \in G$,再由 G 是开集,所以存在一个 $f(x_0)$ 的邻域 V,使得 $f(x_0) \in V$,且 $V \subset G$.

对于 $f(x_0)$ 的这个邻域 V(因为 $f(x)$ 是连续的),存在着 x_0 的一个邻域 U,使得 $f(U) \subset V$,即 $f(U) \subset G$. 换句话说,$U \subset f^{-1}(G)$,也即 $f^{-1}(G)$ 是一个开集.

上面的证明用了比较抽象的集合论的语言,初学者会感到不习惯,建议读者将其与 $\varepsilon\text{-}\delta$ 语言对照以加深理解.

2.1.2　初等函数的连续性

利用乘法运算,很快就得到 x^n 的连续性. 再利用加、减、乘运算,很快就得到多项式函数

$$P(x) = a_0 x^n + a_1 x^{n-1} + \cdots + a_n$$

在任意点 x_0 都是连续的.

若令

$$Q(x) = b_0 x^m + b_1 x^{m-1} + \cdots + b_m,$$

则当 $Q(x_0) \neq 0$ 时,得到有理分式函数

$$\frac{P(x)}{Q(x)} = \frac{a_0 x^n + a_1 x^{n-1} + \cdots + a_n}{b_0 x^m + b_1 x^{m-1} + \cdots + b_m}$$

在 x_0 处是连续的.

由 (1.43) 式有 $\cos x$ 是连续的. 同时由第 1 章 1.1.2 习题 1(3) 得 $\sin x$ 是连续的. 这样,用四则运算就得到所有三角函数在定义域内是连续的.

下面证明指数函数也是连续的.

例 1

$$\lim_{x \to x_0} a^x = a^{x_0}. \tag{2.3}$$

证

$$|a^x - a^{x_0}| = a^{x_0} |a^{x-x_0} - 1|.$$

由(1.38)式($a>1$ 时,有 $\lim\limits_{x \to 0} a^x = 1$)表示

任给 $\varepsilon > 0$,存在 $\delta > 0$,当 $0 < |x - x_0| < \delta$ 时,有

$$|a^{x-x_0} - 1| < \varepsilon. \tag{2.4}$$

但当 $x = x_0$ 时,(2.4)式仍成立,所以当 $|x - x_0| < \delta$ 时,有

$$|a^{x-x_0} - 1| < \varepsilon,$$

从而

$$|a^x - a^{x_0}| < a^{x_0} \varepsilon,$$

即 $a > 1$ 时 a^x 连续.

当 $a < 1$ 时,得

$$\lim_{x \to x_0} a^x = \lim_{x \to x_0} \frac{1}{\left(\dfrac{1}{a}\right)^x} = \frac{1}{\left(\dfrac{1}{a}\right)^{x_0}} = a^{x_0}.$$

即 $a < 1$ 时 a^x 也连续.

最后当 $a = 1$ 时,结论显然成立.

为了证明其他初等函数的连续性,下面介绍关于单调函数的反函数的连续性,以及复合函数的连续性定理.

定理 2.2(严格单调的函数有反函数) $f(x)$ 在 $[a,b]$ 上严格单调上升(下降),则对应的反函数存在,而且也严格单调上升(下降).

证 首先证明反函数存在.(以 $f(x)$ 严格单调上升为例)

对于 $x_1, x_2 \in [a,b]$,若 $x_1 < x_2$,则 $f(x_1) < f(x_2)$. 即不同点上的函数值不能相同(以后称这种关系为**单射**),它也表示一个函数值只有一个自变数 x 可以和它对应,由函数值来确定原来函数自变量的这个新函数关系,就是 $f(x)$ 的反函数 f^{-1},即由 $y = f(x)$,得 $x = f^{-1}(y)$.(若仍用 x 记反函数的自变量,y 记函数值,则它可记为 $y = f^{-1}(x)$)

其次证明 f^{-1} 是单调上升的.

设 $y_1 > y_2$, $x_1 = f^{-1}(y_1)$, $x_2 = f^{-1}(y_2)$,则显然有 $y_1 = f(x_1)$, $y_2 = f(x_2)$.上面得到的 x_1, x_2 有两种情况:

(1) $x_1 \leqslant x_2$;

(2) $x_1 > x_2$.

由 $f(x)$ 是严格上升的,及 $y_1 > y_2$,所以第(1)种情况不可能出现;从而得 $x_1 > x_2$,即 $f^{-1}(y_1) > f^{-1}(y_2)$.

定理 2.3(严格单调连续函数的反函数连续) $f(x)$ 在 $[a, b]$ 上严格单调上升(下降),且 $f(x) \in C_{[a,b]}$,则反函数 $f^{-1}(y)$ 定义在 $[f(a), f(b)]$($[f(b), f(a)]$)上,且为连续函数.

证 (以上升函数为例) 首先证明 $f(x)$ 的函数值填满区间 $[f(a), f(b)]$.

在 $(f(a), f(b))$ 内任取一点 y_0,今证必有一点的函数值为 y_0. 将定义域 $[a, b]$ 等分为二,$[a, c]$ 和 $[c, b]$,若 $f(c) = y_0$,则结论得证;否则在 $f(c) > y_0$ 时取 c 为 b_1,a 为 a_1;在 $f(c) < y_0$ 时取 c 为 a_1,b 为 b_1. 从而得

$1°$ $[a_1, b_1] \subset [a, b]$;

$2°$ $b_1 - a_1 = \dfrac{1}{2}(b - a)$;

$\qquad y_0 \in (f(a_1), f(b_1))$.

继续对 $[a_1, b_1]$ 不断重复上述步骤,或结论得证,或得一区间套,它满足

$1°$ $[a, b] \supset [a_1, b_1] \supset \cdots \supset [a_n, b_n] \supset \cdots$;

$2°$ $b_n - a_n = \dfrac{1}{2^n}(b - a)$;

$3°$ $y_0 \in (f(a_n), f(b_n))$. $\hfill (2.5)$

由区间套定理知,存在一点 ξ,它属于所有的 $[a_n, b_n]$,且

$$a_n \to \xi, \quad b_n \to \xi.$$

又由 $f(x)$ 的连续性,得

$$f(a_n) \to f(\xi), \quad f(b_n) \to f(\xi).$$

而由(2.5)式,有

$$f(a_n) < y_0 < f(b_n),$$

所以 $f(\xi) = y_0$,最后因为 $f(x)$ 是严格上升的,所以只有一个 ξ 使得 $f(\xi) = y_0$.

接着证明反函数连续.

任给 $y_0 \in (f(a), f(b))$,由前面的证明,存在唯一的 x_0,使得 $x_0 = f^{-1}(y_0)$,且 $x_0 \in (a, b)$. 对于 x_0 的任意 ε-邻域[设它包含在 (a, b) 内]内的 x,对应 y 值必填满区间 $(f(x_0 - \varepsilon), f(x_0 + \varepsilon))$,今取 $\delta = \min(f(x_0) - f(x_0 - \varepsilon), f(x_0 + \varepsilon) - f(x_0))$,则当 $|y - y_0| < \delta$ 时,就有

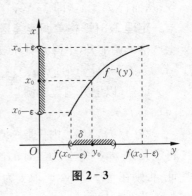

图 2-3

$$|x - x_0| < \varepsilon,$$

从而得出反函数 $x = f^{-1}(y)$ 在 $(f(a), f(b))$ 内连续(图 2-3),在 $y = f(a), f(b)$ 处,可以考虑在集合

$$Y = \{y \mid f(a) \leqslant y \leqslant f(b)\}$$

上的连续性,证法类同. 若了解了下一段中单方连续后,在 $f(a), f(b)$ 处可类似证明它分别为右、左连续.

定理 2.4(复合函数的连续性) 若已知 $y = f(x)$ 在 x_0 点连续,$x = \varphi(t)$ 在 t_0 点连续,又 $x_0 = \varphi(t_0)$,则复合函数 $y = f(\varphi(t))$ 在 t_0 点连续.

证 由 $y = f(x)$ 在 x_0 点连续,所以,任给 $\varepsilon > 0$,存在 $\Delta > 0$,当 $|x - x_0| < \Delta$ 时,有

$$|f(x) - f(x_0)| < \varepsilon.$$

因为 $x=\varphi(t)$ 在 t_0 点连续,所以对于 $\Delta>0$,存在 $\delta>0$,当 $|t-t_0|<\delta$ 时,就有

$$|\varphi(t)-\varphi(t_0)|<\Delta,$$

(即 $|x-x_0|<\Delta$),从而有

$$|f(\varphi(t))-f(\varphi(t_0))|<\varepsilon,$$

这就表示 $y=f(\varphi(t))$ 在 $t=t_0$ 点是连续的.

有了上面定理 2.3、定理 2.4,很快就得到下面很多初等函数的连续性.

由指数函数的连续性,马上得到它的反函数——对数函数的连续性,而幂函数

$$y=x^a=\mathrm{e}^{a\ln x},$$

可以看成 $y=\mathrm{e}^u,u=a\ln x$ 复合而成,因此由定理 2.4,幂函数在定义域内的连续性是不成问题的.

再由三角函数的连续性,在任一点附近的适当范围内它又是严格单调的,所以反三角函数是连续的,比如在主值意义下反三角函数都是连续的.

幂指函数

$$y=f(x)^{g(x)}=\mathrm{e}^{g(x)\ln f(x)}.$$

可以看成 e^u 和 $u=g(x)\ln f(x)$ 的复合函数,而 u 又可看成 $g(x)$ 和 $\ln f(x)$ 的乘积,最后 $\ln f(x)$ 可以看成 $\ln v$ 和 $v=f(x)$ 的复合函数. 所以幂指函数是指数函数、乘积、对数函数的多次复合而成,从而它的连续性也得到解决.

最后由连续函数的四则运算,得所有初等函数都是连续的.

2.1.3　单方连续·间断

和单方极限紧密联系着的是单方连续.

定义(右、左连续)　若 $f(x)$ 在 x_0 及其右(左)边附近有定义,而且有

$$\lim_{x \to x_{0+}} f(x) = f(x_0) \quad (\lim_{x \to x_{0-}} f(x) = f(x_0)),$$

则称 $f(x)$ 在 x_0 点**右(左)连续**. 右、左连续统称为**单方连续**.

定理 2.5 $f(x)$ 在 x_0 连续的充要条件是：$f(x)$ 在 x_0 点既是左连续又是右连续.

证 （必要性） 显见

（充分性） 任给 $\varepsilon > 0$，因为 $f(x)$ 右连续，所以存在 $\delta_1 > 0$，当 $0 \leqslant x - x_0 < \delta_1$ 时，就有

$$|f(x) - f(x_0)| < \varepsilon.$$

又因为 $f(x)$ 左连续，所以存在 $\delta_2 > 0$，当 $0 \leqslant x_0 - x < \delta_2$ 时，就有

$$|f(x) - f(x_0)| < \varepsilon.$$

取 $\delta = \min(\delta_1, \delta_2)$，当 $|x - x_0| < \delta$ 时，必有

$$0 \leqslant x - x_0 < \delta \leqslant \delta_1,$$

或者

$$0 \leqslant x_0 - x < \delta \leqslant \delta_2,$$

（二者必居其一）从而有

$$|f(x) - f(x_0)| < \varepsilon,$$

即 $f(x)$ 在 x_0 点连续.

有了右(左)连续的概念后，再介绍和连续的概念相对的概念——间断.

定义（间断） 如果 $f(x)$ 在 x_0 点不是右(左)连续，则称 $f(x)$ 在 x_0 点为右(左)间断. 如果 $f(x)$ 在 x_0 点不是连续的，则称 $f(x)$ 在 x_0 点为**间断**的，x_0 称为 $f(x)$ 的**间断点**.

在函数的间断点 x_0 处，有三种情况可能出现：

（1） $x \to x_0$ 时，$f(x)$ 的极限存在，但不等于 $f(x_0)$，甚至可以 $f(x_0)$ 根本没有定义，这种情况称 x_0 点为 $f(x)$ 的**可去间断点**. 当我们对 $f(x_0)$ 修改或补充定义为该极限值时，函数就成为连续了.

例如，$\dfrac{\sin x}{x}$ 在 $x = 0$ 处没有定义，今补充定义它为 1，则 $\dfrac{\sin x}{x}$ 就

是连续函数了,所以 $x=0$ 为 $\dfrac{\sin x}{x}$ 的可去间断点.

(2) 若 x_0 是 $f(x)$ 的间断点,且 $x\to x_0$ 时,$f(x)$ 的左、右极限都存在,这时称 x_0 为 $f(x)$ 的**第一类间断点**. 显然可去间断点为第一类间断点.

例如,$[x]$ 在 $x_0=n(n\in \mathbf{Z})$ 时,左极限为 $n-1$,右极限为 n,它们都存在但不相等,所以,n 是 $[x]$ 的第一类间断点. 且 n 点是右连续而左间断的.

(3) $x\to x_0$ 时,$f(x)$ 的左极限或右极限不存在,或者极限为无穷,则称 $f(x)$ 在 x_0 为**第二类间断**.

例如,$\sin\dfrac{1}{x}$ 在 $x_0=0$ 处为第二类间断点.

例 1　讨论 $f(x)=\dfrac{x}{\sin x}$ 的连续性.

$f(x)$ 的分子、分母都是连续函数,所以 $f(x)$ 在 $\sin x\neq 0$ 的点处都连续,而在 $\sin x=0$ 的点(即 $x=k\pi$),若 $k=0$(即 $x=0$)时,
$$\lim_{x\to 0}f(x)=1,$$
而 $f(0)$ 没有定义,所以 $x=0$ 为可去间断点. 当 $k\neq 0$ 时
$$\lim_{x\to k\pi}f(x)=\infty,$$
所以,$x=k\pi(k\neq 0)$ 为 $f(x)$ 的第二类间断点.

例 2　讨论 $f(x)=\mathrm{sgn}\,x^2$ 的连续性.

$f(x)$ 是 $\mathrm{sgn}\,u,u=x^2$ 的复合函数,而符号函数 $\mathrm{sgn}\,u$,当 $u>0$ 时取值为 1,$u=0$ 时取值为 0,$u<0$ 时取值为 -1,所以 $\mathrm{sgn}\,u$ 的间断点为 $u=0$(因为 $u=x^2$,故 $u=0$ 对应 $x=0$),因此,当 $x\neq 0$ 时函数 $f(x)$ 是连续函数 $\mathrm{sgn}\,u(u>0)$ 及 $u=x^2$ 的复合函数,从而也是连续的. 当 $x=0$ 时,
$$\lim_{x\to 0\pm}\mathrm{sgn}\,x^2=1,$$
而 $f(0)=0$,所以 $x=0$ 是 $f(x)$ 的可去间断点,而且它在 $x=0$ 处

既不是左连续,也不是右连续,除此以外函数都连续.

若修改 $f(0)=1$,即

$$f(x)=\begin{cases} \text{sgn } x^2, & \text{当 } x\neq 0, \\ 1, & \text{当 } x=0, \end{cases}$$

则 $f(x)$ 对所有的 x 都连续.

例3 讨论 $f(x)=\sqrt{x}-[\sqrt{x}]$ 的连续性.

因为对 $x\geq 0$ 时,$\sqrt{x}$ 是连续的,而 $x<0$ 时无定义,所以 $f(x)$ 的定义域为 $x\geq 0$. 又对 $[u]$ 来说,除了所有 $u=n\in \mathbf{Z}$ 外,是连续的,所以除了 $\sqrt{x}=n$(即 $x=n^2$)外,$f(x)$ 是连续的.

对 $x=n^2$ 时,有

$$\lim_{x\to n_+^2} f(x)=n-n=0, \quad \lim_{x\to n_-^2} f(x)=n-(n-1)=1,$$

而 $f(n^2)=0$,所以在 $x=n^2$ 时,$f(x)$ 是右连续的,而非左连续的. 且 $f(x)$ 在 $x=n^2$ 时是第一类间断,在其他点处都连续.

例4 讨论 $f(x)=\mathrm{e}^{\frac{1}{x}}$,$f(0)=0$ 的连续性.

$f(x)$ 是 e^u 和 $u=\dfrac{1}{x}$ 的复合函数,e^u 是连续函数,而 $u=\dfrac{1}{x}$,除去 $x=0$ 外,也为连续函数,所以除 $x=0$ 外,$f(x)$ 是连续函数. 当 $x=0$ 时,

$$\lim_{x\to 0_-} \mathrm{e}^{\frac{1}{x}}=0, \qquad \lim_{x\to 0_+} \mathrm{e}^{\frac{1}{x}}=+\infty.$$

所以 $x=0$ 是 $f(x)$ 的第二类间断点,其他都是连续点.

例5 讨论 $f(x)=\lim\limits_{n\to\infty}\dfrac{x^{2n}-1}{x^{2n}+1}$ 的连续性.

事实上

$$f(x)=\begin{cases} 1, & \text{当 } x>1, \\ 0, & \text{当 } x=1, \\ -1, & \text{当 } |x|<1, \\ 0, & \text{当 } x=-1, \\ 1, & \text{当 } x<-1. \end{cases}$$

显见,除 $x=1$、-1 以外,$f(x)$ 都是连续的. 在这两点,左、右极限存在而不等,所以 $x=\pm 1$ 为 $f(x)$ 的第一类间断点,而且既不左连续也不右连续. 其他点都是连续点.

例 6 任何在区间上定义的单调函数的间断点,一定是第一类间断点.

证 利用单调有界法则,任一个单调函数左、右极限一定存在. 如果这左、右极限相等,则由函数的单调性,该极限值必等于该点的函数值,从而函数在该点是连续的. 如果左、右极限存在但不相等,这就说明函数在该点是第一类间断.

例 7 $f(x)=\begin{cases} 0, & \text{当 } x \text{ 为正的无理数,} \\ \dfrac{1}{p+q}, & \text{当 } x \text{ 为既约分数 } \dfrac{p}{q}(p,q\in\mathbf{N}). \end{cases}$

试讨论 $f(x)$ 的连续性.

解 对于任一个 $x_0>0$,因为必可取正无理数列 $x_n \to x_0$,从而 $f(x_n)\equiv 0$,所以 $\lim\limits_{x \to x_0} f(x)$ 若存在的话,必为 0.

对于任给 $\varepsilon>0$,因为只有有限多个自然数 p,q 使得

$$\frac{1}{p+q}>\varepsilon,$$

所以只有有限多个点可使得函数值大于 ε,这样对 x_0,一定可取到一个去心 δ-邻域 U,使得 U 内没有上述诸点,即 $x\in U$ 时,有

$$|f(x)|<\varepsilon,$$

也就是说

$$\lim_{x \to x_0} f(x)=0.$$

所以,对于 x_0 为正无理数时,函数是连续的,x_0 为正有理数时,函数为可去间断点.

2.1.4 利用连续性求极限

指数函数、对数函数、幂函数、幂指函数的连续性对求极限有

很大的帮助.下面用例题来给予说明.

例 1

$$\lim_{\alpha \to 0} \frac{\log_a (1+\alpha)}{\alpha} = \log_a e. \qquad (2.6)$$

证

$$\lim_{\alpha \to 0} \frac{\log_a (1+\alpha)}{\alpha} = \lim_{\alpha \to 0} \log_a (1+\alpha)^{\frac{1}{\alpha}}$$

$$= \log_a \lim_{\alpha \to 0} (1+\alpha)^{\frac{1}{\alpha}} = \log_a e.$$

特别地,

$$\lim_{\alpha \to 0} \frac{\ln (1+\alpha)}{\alpha} = 1. \qquad (2.7)$$

例 2

$$\lim_{\alpha \to 0} \frac{a^{\alpha} - 1}{\alpha} = \ln a. \qquad (2.8)$$

证 令 $y = a^{\alpha} - 1$,再利用(2.6)式,得

$$\lim_{\alpha \to 0} \frac{a^{\alpha} - 1}{\alpha} = \lim_{y \to 0} \frac{y}{\log_a (1+y)}$$

$$= \frac{1}{\log_a e} = \ln a.$$

特别地,

$$\lim_{\alpha \to 0} \frac{e^{\alpha} - 1}{\alpha} = 1. \qquad (2.9)$$

例 3

$$\lim_{\alpha \to 0} \frac{(1+\alpha)^{\mu} - 1}{\alpha} = \mu. \qquad (2.10)$$

证 令 $y = (1+\alpha)^{\mu} - 1$,则由于

$$\frac{(1+\alpha)^{\mu} - 1}{\alpha} = \frac{y}{\ln (1+y)} \mu \frac{\ln (1+\alpha)}{\alpha}.$$

所以

$$\lim_{\alpha \to 0} \frac{(1+\alpha)^\mu - 1}{\alpha} = \mu.$$

以上各例中,如果 α 是 x 的函数 $\alpha(x)$,当 $x \to a$ 时,$\alpha(x) \to 0$ 且 $\alpha(x) \neq 0$,则当 $x \to a$ 时,也有上述极限公式. 这三例得出的结果在求极限时常常用到,而且我们在第 1 章 1.2.5 段已提前将其列出,读者需要把它们记住.

例 4

$$\lim_{n \to \infty} \left(\cos \frac{x}{n} + \lambda \sin \frac{x}{n}\right)^n = e^{\lambda x}.$$

证法 1

$$\left(\cos \frac{x}{n} + \lambda \sin \frac{x}{n}\right)^n$$

$$= \left[1 + \left(\cos \frac{x}{n} - 1 + \lambda \sin \frac{x}{n}\right)\right]^{\frac{1}{\cos \frac{x}{n} - 1 + \lambda \sin \frac{x}{n}} \left(\cos \frac{x}{n} - 1 + \lambda \sin \frac{x}{n}\right) \cdot n}$$

当 $n \to \infty$ 时,有

$$\left[1 + \left(\cos \frac{x}{n} - 1 + \lambda \sin \frac{x}{n}\right)\right]^{\frac{1}{\cos \frac{x}{n} - 1 + \lambda \sin \frac{x}{n}}} \to e$$

另外在 $n \to \infty$ 时,又有

$$\left[\left(\cos \frac{x}{n} - 1\right) + \lambda \sin \frac{x}{n}\right] n$$

$$= \left[o\left(\frac{1}{n}\right) + \lambda \frac{x}{n} + o\left(\frac{1}{n}\right)\right] n = \lambda x + o(1),$$

从而($n \to \infty$ 时)

$$\left[\left(\cos \frac{x}{n} - 1\right) + \lambda \sin \frac{x}{n}\right] n \to \lambda x.$$

由幂指函数的连续性,得

$$\lim_{n \to \infty} \left(\cos \frac{x}{n} + \lambda \sin \frac{x}{n}\right)^n = e^{\lambda x}.$$

证法 2

$$\left(\cos \frac{x}{n} + \lambda \sin \frac{x}{n}\right)^n = \exp\left[n \ln \left(\cos \frac{x}{n} + \lambda \sin \frac{x}{n}\right)\right]$$

而

$$n \ln \left(\cos \frac{x}{n} + \lambda \sin \frac{x}{n} \right)$$

$$= \frac{\ln \left(\cos \frac{x}{n} + \lambda \sin \frac{x}{n} \right)}{\cos \frac{x}{n} + \lambda \sin \frac{x}{n} - 1} \, n \left(\cos \frac{x}{n} - 1 + \lambda \sin \frac{x}{n} \right).$$

第一因子的极限为 1,第二因子的极限求法和证法 1 相同,最后可得极限为 $e^{\lambda x}$.

证法 1,2 对于底趋于极限 1,指数趋于∞的极限(称为 1^{∞} 型)都是可行的,有时证法 1 可以给我们带来方便之处.

例 5

$$\lim_{x \to 0} (\cos x)^{\frac{1}{\sin^2 x}} = \frac{1}{\sqrt{e}}.$$

证

$$\lim_{x \to 0} (\cos x)^{\frac{1}{\sin^2 x}}$$

$$= \left[\lim_{x \to 0} (1 + \cos x - 1)^{\frac{1}{\cos x - 1}} \right]^{\lim\limits_{x \to 0} \frac{\cos x - 1}{\sin^2 x}}$$

$$= \exp \left(\lim_{x \to 0} \frac{-\frac{x^2}{2}}{x^2} \right) = e^{-\frac{1}{2}} = \frac{1}{\sqrt{e}}.$$

例 6

$$\lim_{x \to +\infty} \frac{\ln \left[1 + 3^x + \cdots + (2n-1)^x \right]}{\ln (1 + 2^x + \cdots + n^x)} = \frac{\ln (2n-1)}{\ln n}.$$

证

$$\lim_{x \to +\infty} \frac{\ln \left[1 + 3^x + \cdots + (2n-1)^x \right]}{\ln (1 + 2^x + \cdots + n^x)}$$

$$= \lim_{x \to +\infty} \frac{\ln \left[\left(\frac{1}{2n-1} \right)^x + \left(\frac{3}{2n-1} \right)^x + \cdots + 1 \right] + x \ln (2n-1)}{\ln \left[\left(\frac{1}{n} \right)^x + \left(\frac{2}{n} \right)^x + \cdots + 1 \right] + x \ln n}$$

$$= \lim_{x \to +\infty} \frac{x \ln(2n-1) + o(1)}{x \ln n + o(1)}$$

$$= \lim_{x \to +\infty} \frac{\ln(2n-1) + o\left(\dfrac{1}{x}\right)}{\ln n + o\left(\dfrac{1}{x}\right)} = \frac{\ln(2n-1)}{\ln n}.$$

例 7

$$\lim_{x \to 0} \frac{\ln \cos ax}{\ln \cos bx} = \frac{a^2}{b^2}.$$

证

$$\lim_{x \to 0} \frac{\ln \cos ax}{\ln \cos bx}$$

$$= \lim_{x \to 0} \frac{\ln(1 + \cos ax - 1)}{\cos ax - 1} \frac{\cos ax - 1}{\cos bx - 1} \frac{\cos bx - 1}{\ln(1 + \cos bx - 1)}$$

$$= \lim_{x \to 0} \frac{\cos ax - 1}{\cos bx - 1} = \lim_{x \to 0} \frac{\dfrac{1}{2}(ax)^2}{\dfrac{1}{2}(bx)^2} = \frac{a^2}{b^2}.$$

例 8

$$\lim_{x \to 0_+} x^x = 1. \tag{2.11}$$

证　因为

$$x^x = e^{x \ln x}.$$

令 $x = \dfrac{1}{y}$，得

$$x^x = e^{-\frac{\ln y}{y}}.$$

由 (1.61) 式，得

$$\lim_{x \to 0_+} x^x = \exp\left(-\lim_{y \to +\infty} \frac{\ln y}{y}\right) = 1.$$

例 9

$$\lim_{x \to a} \frac{x^x - a^a}{x - a} = a^a(\ln a + 1) \quad (a > 0).$$

证

$$\lim_{x \to a} \frac{x^x - a^a}{x - a} = \lim_{x \to a} \frac{e^{x \ln x} - e^{a \ln a}}{x - a}$$

$$= \lim_{x \to a} a^a \frac{e^{x \ln x - a \ln a} - 1}{x - a}$$

$$= \lim_{x \to a} a^a \frac{e^{x \ln x - a \ln a} - 1}{x \ln x - a \ln a} \cdot \frac{x \ln x - a \ln a}{x - a}$$

$$= a^a \lim_{x \to a} \frac{x \ln x - a \ln a}{x - a}$$

$$= a^a \lim_{x \to a} \left[\ln x + \frac{\ln\left(\dfrac{x}{a} - 1 + 1\right)}{\dfrac{x}{a} - 1} \right]$$

$$= a^a [\ln a + 1].$$

习 题

1. 用 ε-δ 定义证明下列函数的连续性:

(1) $y = x^3$;   (2) $y = \arctan x$;

(3) $y = \dfrac{1}{x}$;   (4) $y = |x|$.

2. 定义 $f(0)$ 的值,使 $f(x)$ 为连续函数:

(1) $f(x) = \dfrac{\sqrt{1+x} - 1}{\sqrt[3]{1+x} - 1}$;   (2) $f(x) = \sin x \sin \dfrac{1}{x}$;

(3) $f(x) = \dfrac{e^x - e^{-x}}{x}$;   (4) $f(x) = x^x$.

3. 若 $f(x), g(x)$ 在区间 I 上连续,则下列函数也是连续的.

(1) $y=|f(x)|$;

(2) $y=\begin{cases} -c, & \text{当 } f(x)<-c, \\ f(x), & \text{当 } |f(x)|\leqslant c, \\ c, & \text{当 } f(x)>c; \end{cases}$

(3) $y=\max(f(x),g(x))$;

(4) $y=\min(f(x),g(x))$.

4. 若对任一 $\varepsilon>0$, $f(x)$ 在 $[a+\varepsilon,b-\varepsilon]$ 上连续, 问

(1) $f(x)$ 是否在 (a,b) 内连续?

(2) $f(x)$ 是否在 $[a,b]$ 上连续?

5. 已知 $f(x)\in C_{[a,b]}$, 且当 x 为有理数时, $f(x)=0$, 则在 $[a, b]$ 上 $f(x)\equiv 0$.

6. $f(x)$ 定义于 (a,b) 内, 对 $x\in(a,b)$, 考虑下述两种情况:

(1) $\lim_{h\to 0}|f(x+h)-f(x)|=0$;

(2) $\lim_{h\to 0}|f(x+h)-f(x-h)|=0$.

证明由(1)可以得到(2), 并给出(2)成立(1)不成立的例子.

7. 研究下列函数的连续性:

(1) $y=\begin{cases} \dfrac{x^2-A}{x-2}, & \text{当 } x\neq 2, \\ A, & \text{当 } x=2; \end{cases}$ (2) $y=\begin{cases} \dfrac{\sin x}{|x|}, & \text{当 } x\neq 0, \\ 1, & \text{当 } x=0; \end{cases}$

(3) $y=\begin{cases} x\sin\dfrac{1}{x}, & \text{当 } x\neq 0, \\ 0, & \text{当 } x=0; \end{cases}$ (4) $y=\begin{cases} e^{-1/x^2}, & \text{当 } x\neq 0, \\ 0, & \text{当 } x=0; \end{cases}$

(5) $y=\begin{cases} \dfrac{1}{1+e^{\frac{1}{x-1}}}, & \text{当 } x\neq 1, \\ a, & \text{当 } x=1. \end{cases}$

8. 设

(1) 在 $x=x_0$ 处 $f(x)$ 是连续的, 而 $g(x)$ 是不连续的;

(2) $f(x)$ 和 $g(x)$ 在 $x=x_0$ 处都不连续;

问 $f(x)+g(x)$ 与 $f(x)g(x)$ 在 $x=x_0$ 处是否必定不连续? 并证明之.

9. 研究函数 $f(g(x))$ 和 $g(f(x))$ 的连续性:

(1) $f(x)=\operatorname{sgn} x, g(x)=1+x^2$;

(2) $f(x)=\operatorname{sgn} x, g(x)=1+x-[x]$;

(3) $f(x)=\begin{cases} x, & \text{当 } 0<x\leqslant 1, \\ 2-x, & \text{当 } 1<x<2, \end{cases}$

$\qquad g(x)=\begin{cases} x, & \text{当 } x \text{ 为}(0,1]\text{上有理数}, \\ 2-x, & \text{当 } x \text{ 为}[0,1]\text{上无理数}. \end{cases}$

10. 研究下列函数的连续性,并确定不连续点所属的类型:

(1) $y=\operatorname{sgn}(\sin x)$; 　　　　　　(2) $y=x[x]$;

(3) $y=[x]\sin \pi x$; 　　　　　　　(4) $y=x^2-[x^2]$;

(5) $y=x\left[\dfrac{1}{x}\right]$; 　　　　　　　(6) $y=\left[\dfrac{1}{x^2}\right]\operatorname{sgn}\left(\sin\dfrac{\pi}{x}\right)$;

(7) $y=\cot\dfrac{\pi}{x}$; 　　　　　　　(8) $y=(-1)^{[x^2]}$;

(9) $y=\arctan\left(\dfrac{1}{x}+\dfrac{1}{x-1}+\dfrac{1}{x-2}\right)$;

(10) $y=\dfrac{1}{\sin x^2}$;

(11) $y=\begin{cases} \cos\dfrac{\pi x}{2}, & \text{当 }|x|\leqslant 1, \\ |x-1|, & \text{当 }|x|>1; \end{cases}$

(12) 黎曼(Riemann)函数

$y=\begin{cases} \dfrac{1}{q}, & \text{当 } x=\dfrac{p}{q}(\text{既约分数}), \\ 0, & \text{当 } x \text{ 为无理数}; \end{cases}$

(13) 狄利克雷函数

$y=\begin{cases} 1, & \text{当 } x \text{ 为有理数}, \\ 0, & \text{当 } x \text{ 为无理数}; \end{cases}$

(14) $y = \begin{cases} x, & \text{当 } x \text{ 为有理数}, \\ 0, & \text{当 } x \text{ 为无理数}; \end{cases}$

(15) $y = \lim\limits_{n \to \infty} \dfrac{1}{1+x^n}$;

(16) $y = \lim\limits_{n \to \infty} \dfrac{n^x - n^{-x}}{n^x + n^{-x}}$;

(17) $y = \lim\limits_{n \to \infty} \sqrt{1+x^{2n}}$;

(18) $y = \lim\limits_{n \to \infty} \dfrac{x}{1+(2\sin x)^{2n}}$.

11. 求下列极限:

(1) $\lim\limits_{x \to a} \dfrac{\ln x - \ln a}{x - a}$;

(2) $\lim\limits_{x \to +\infty} (\sin \ln(x+1) - \sin \ln x)$;

(3) $\lim\limits_{x \to +\infty} \dfrac{\ln(2+\mathrm{e}^{3x})}{\ln(3+\mathrm{e}^{2x})}$;

(4) $\lim\limits_{x \to +\infty} \dfrac{\ln(1+\sqrt{x}+\sqrt[3]{x})}{\ln(1+\sqrt[3]{x}+\sqrt[4]{x})}$;

(5) $\lim\limits_{h \to 0} \dfrac{\ln(x+h) + \ln(x-h) - 2\ln x}{h^2}$ $(x > 0)$;

(6) $\lim\limits_{x \to 0} \dfrac{\ln \tan\left(\dfrac{\pi}{4}+ax\right)}{\sin bx}$;

(7) $\lim\limits_{x \to 0} \dfrac{\ln(nx+\sqrt{1-n^2x^2})}{\ln(x+\sqrt{1-x^2})}$;

(8) $\lim\limits_{x \to 1} (1-x)\log_x 2$;

(9) $\lim\limits_{x \to \infty} \dfrac{(x+a)^{x+a}(x+b)^{x+b}}{(x+a+b)^{2x+a+b}}$;

(10) $\lim\limits_{x \to a} \dfrac{x^\alpha - a^\alpha}{x^\beta - a^\beta}$　$(a > 0)$;

(11) $\lim\limits_{x \to 0} \dfrac{a^{x^2} - b^{x^2}}{(a^x - b^x)^2} \quad (a, b > 0);$

(12) $\lim\limits_{n \to +\infty} \left(\dfrac{\sqrt[n]{a} + \sqrt[n]{b}}{2} \right)^n \quad (a, b > 0);$

(13) $\lim\limits_{n \to +\infty} \tan^n \left(\dfrac{\pi}{4} + \dfrac{1}{n} \right);$

(14) $\lim\limits_{n \to +\infty} \left(\dfrac{a - 1 + \sqrt[n]{b}}{a} \right)^n \quad (a, b > 0);$

(15) $\lim\limits_{x \to 0} (x + \mathrm{e}^x)^{\frac{1}{x}};$

(16) $\lim\limits_{x \to 0} \left(\dfrac{a^x + b^x + c^x}{3} \right)^{\frac{1}{x}} \quad (a, b, c > 0);$

(17) $\lim\limits_{x \to 0} \left(\dfrac{1 + x \cdot 2^x}{1 + x \cdot 3^x} \right)^{\frac{1}{x^2}};$

(18) $\lim\limits_{x \to 0} \left(\dfrac{a^{x^2} + b^{x^2}}{a^x + b^x} \right)^{\frac{1}{x}} \quad (a, b > 0);$

(19) $\lim\limits_{x \to +\infty} (\ln x)^{\frac{1}{x}};$

(20) $\lim\limits_{x \to 0_+} x^{\sin x}.$

2.2　连续函数的性质

2.2.1　有界性定理·最大值、最小值定理

定理 2.6　若 $f(x) \in C_{[a,b]}$,则 $f(x)$ 在 $[a, b]$ 上有界.

证法 1　(用收敛子列定理 1.19 证)(反证法)　设 $f(x)$ 在 $[a, b]$ 上无界,即对每个 $n \in \mathbf{N}$,必存在 $x_n \in [a, b]$,使得 $f(x_n) > n$. 这样就构造了一个数列 $\{x_n\}$,且 $\{x_n\} \subset [a, b]$,所以,$\{x_n\}$ 又是有界数列. 利用有界数列有收敛的子列,得 $\{x_n\}$ 中可选出收敛的子列 $\{x_{n_k}\}$,设 $x_{n_k} \to x_0$,从

$$a \leqslant x_n \leqslant b$$

得 $x_0 \in [a,b]$.

由 $f(x)$ 在 x_0 处连续,得 $f(x_{n_k}) \rightarrow f(x_0)$,但另一方面又有

$$f(x_{n_k}) > n_k \rightarrow \infty.$$

这两者的矛盾就证明了本定理.

证法 2 (用区间套定理 1.16 证)(反证法)

作为习题请读者自证.

证法 3 (用有限覆盖定理 1.23 证) 因为 $f(x)$ 在 $[a,b]$ 上连续,所以对 (a,b) 内的每一点 x,都存在一个邻域 $U(x)$,使得 $f(x)$ 在 $U(x)$ 内有界,对于 a,b 两点也各存在一个邻域 $U(a),U(b)$,使得 $f(x)$ 在 $U(a) \bigcap [a,b]$ 上及在 $U(b) \bigcap [a,b]$ 上有界,这样 $\{U(x)\}_{x \in [a,b]}$ 就构成了 $[a,b]$ 的一个(开)覆盖,由有限覆盖定理 1.23,存在着 $[a,b]$ 的有限覆盖 $U(x_1),\cdots,U(x_n)$,记 $M_1,M_2,\cdots,M_n$ 为 $|f(x)|$ 在 $U(x_1),\cdots,U(x_n)$ 内的上界(如果 $U(a),U(b)$ 被选上的话,就改成 $|f(x)|$ 在 $U(a) \bigcap [a,b],U(b) \bigcap [a,b]$ 上的上界就可),这样,对 $[a,b]$ 上任一个 x,都有

$$|f(x)| \leqslant M = \max(M_1,\cdots,M_n),$$

从而 $f(x)$ 在 $[a,b]$ 上有界.

证法 3 可以毫无困难地将闭区间 $[a,b]$ 推广为紧集 E,只要把 "$f(x)$ 在 $U(x)$ 上有界"改为"$f(x)$ 在 $U(x) \bigcap E$ 上有界"就可. 从而得

推广 $f(x)$ 在紧集 E 上连续,则 $f(x)$ 在 E 上有界.

定理 2.7 $f(x) \in C_{[a,b]}$,则 $f(x)$ 在 $[a,b]$ 上达到最大值和最小值.

证明以最大值为例.

证法 1 (用上确界存在定理 1.5 及子列收敛定理 1.19 证)

由定理 2.6 得函数值的集合 $R = \{f(x) | x \in [a,b]\}$ 是一个非空有界数集,从而 R 有上确界 M,它应该满足

1° 对所有 $x \in [a,b]$，有 $f(x) \leqslant M$.

2° 任给 $n \in \mathbf{N}$，存在 $x_n \in [a,b]$，使得

$$f(x_n) > M - \frac{1}{n}.$$

这就构造了一个包含在 $[a,b]$ 中的有界数列 $\{x_n\}$，从而存在收敛的子列 $\{x_{n_k}\}$. 设 $x_{n_k} \to x_0$，显然 $x_0 \in [a,b]$，由

$$M - \frac{1}{n_k} < f(x_{n_k}) \leqslant M.$$

令 $k \to \infty$ 取极限，得 $f(x_0) = M$，即 $f(x)$ 在 x_0 处达到最大值.

证法 2　（用有限覆盖定理 1.23 证）（反证法）　记

$$M = \sup_{x \in [a,b]} \{f(x)\}.$$

如果对每一点 $x \in (a,b)$，$f(x) < M$ 都成立，则存在 x 的邻域 $U(x)$，在其中函数值小于 $M - \delta(x)$（比如取 $\delta(x)$ 为 $\frac{1}{2}(M - f(x))$）. 对于 a,b 两点，也存在邻域 $U(a),U(b)$，使得在 $U(a) \bigcap [a,b]$ 及 $U(b) \bigcap [a,b]$ 上，函数值小于 $M - \delta(a)$ 及 $M - \delta(b)$，这样，$\{U(x)\}_{x \in [a,b]}$ 就覆盖了 $[a,b]$，从而可选出有限子覆盖 $U(x_1),\cdots,U(x_n)$，在 $U(x_i) \bigcap [a,b]$ 上，$f(x)$ 的值小于 $M - \delta(x_i)$，从而在 $[a,b]$ 上 $f(x)$ 的值就小于 $M - \delta$，其中 $\delta = \min(\delta(x_1),\cdots,\delta(x_n))$，即 M 不是 $f(x)$ 在 $[a,b]$ 上的上确界，这一矛盾表明必定存在 $x_0 \in [a,b]$，使 $f(x_0) = M$. 亦即 $f(x)$ 在 x_0 取得最大值 M.

2.2.2　零点定理·介值定理

定理 2.8　$f(x) \in C_{[a,b]}$，且 $f(a) \cdot f(b) < 0$. 则在 (a,b) 内必存在点 ξ，使 $f(\xi) = 0$.

证法 1　（用区间套定理 1.16 证）　设 $f(a) < 0, f(b) > 0$，将 $[a,b]$ 等分为二，则分点 c 处有三种可能，若 $f(c) = 0$，定理得证；若 $f(c) < 0$，记 c 为 a_1，b 为 b_1；若 $f(c) > 0$，记 c 为 b_1，a 为 a_1. 这样就

得到区间 $[a_1,b_1]$，再等分并继续之，或者定理得证，或者得一区间套，它们有

1° $[a,b] \supset [a_1,b_1] \supset \cdots [a_n,b_n] \supset \cdots$;

2° $b_n - a_n = \dfrac{1}{2^n}(b-a) \rightarrow 0$;

3° $f(a_n) < 0, f(b_n) > 0$.

由区间套定理 1.16 得，存在 $\xi \in [a_n,b_n]$，且

$$a_n \rightarrow \xi, \ b_n \rightarrow \xi.$$

再由 $f(x) \in C_{[a,b]}$，得

$$f(a_n) \rightarrow f(\xi), \ f(b_n) \rightarrow f(\xi).$$

而且由 $f(a_n) < 0$，得 $f(\xi) \leqslant 0$，又由 $f(b_n) > 0$，得 $f(\xi) \geqslant 0$，从而得 $f(\xi) = 0$.

证法 2　（用上确界存在定理 1.5 证）　对于 $[a,b]$ 中的点 x_0，若 $[a,x_0]$ 上 $f(x) < 0$，则令 $x_0 \in E$. 显然 E 非空（因为 $a \in E$），且有界（因为包含在 $[a,b]$ 中），因而 E 存在上确界 ξ.

下面证明 $f(\xi) = 0$（反证法），设 $f(\xi) < 0$（或 > 0），则由于 $f(x)$ 在 ξ 的连续性得，存在 ξ 的 δ - 邻域 U，在 U 内有 $f(x) < 0$（或 $f(x) > 0$），这就说明 $\xi + \dfrac{1}{2}\delta \in E$（或 U 内无 E 的点），从而 ξ 不是 E 的上确界，由此矛盾得 $f(\xi) = 0$.

定理 2.9　$f \in C_{[a,b]}$，则 $f(x)$ 取得 $f(a)$ 和 $f(b)$ 之间的一切值.

证　不失一般性，设 $f(a) < f(b)$，μ 是 $f(a),f(b)$ 之间的任一值，兹证明存在 ξ，使得 $f(\xi) = \mu$.

作 $F(x) = f(x) - \mu$，则 $F(a) < 0, F(b) > 0$，且 $F(x) \in C_{[a,b]}$，由定理 2.8，则存在 $\xi \in [a,b]$，使得 $F(\xi) = 0$，即 $f(\xi) = \mu$.

推论　$f(x) \in C_{[a,b]}$，则函数值构成一个闭区间.

证　设 m,M 分别是 $f(x)$ 在 $[a,b]$ 上的最小值和最大值，定理

2.7指出,它们可以被 $f(x)$ 所达到.定理2.9又指出 $[m,M]$ 中的值都可被取到,所以函数值构成区间 $[m,M]$.

2.2.3　一致连续

对于一个在区间 I 上定义的函数 $f(x)$ 来说,如果它在 x_0 点连续($x_0 \in I$),就是说:任给 $\varepsilon > 0$,存在 $\delta > 0$,当 $|x-x_0| < \delta$,且 $x \in I$ 时,就有

$$|f(x) - f(x_0)| < \varepsilon,$$

一般来说,该 δ 是和 x_0 有关的.现在提出 δ 是否可以和 x_0 无关的问题.下面首先来看两个例子.

例 1　$y = \sin x$ 在 **R** 上有定义,因为

$$\left| \sin x - \sin x_0 \right| = 2 \left| \sin \frac{x-x_0}{2} \cos \frac{x+x_0}{2} \right| \leqslant |x-x_0|.$$

所以,任给 $\varepsilon > 0$,取 $\delta = \varepsilon$(它和 x_0 无关),当 $|x-x_0| < \delta$ 时,就有

$$|\sin x - \sin x_0| < \varepsilon.$$

即 $\sin x$ 是对 **R** 内的所有 x_0 有公共合用的 δ 的函数.

例 2　$y = \dfrac{1}{x}$ 在 $(0, +\infty)$ 内定义,因为

$$\left| \frac{1}{x} - \frac{1}{x_0} \right| = \frac{|x-x_0|}{x x_0}.$$

对于任给 $\varepsilon > 0$,要上式小于 ε,则上式分母中 x 无论如何不能取到与零任意小的值,从而要求在 $(x_0-\delta, x_0+\delta)$ 内不包含有原点,因此必须 $\delta < x_0$,而 x_0 在 $(0, +\infty)$ 中任意变动时,就不能有公共的正数 δ 存在,所以 $y = \dfrac{1}{x}$ 属于对 $(0, +\infty)$ 内所有 x_0 没有公共合用的 δ 的函数之例.

对于像例1一样可以找到公共 δ 的函数,我们给它一个名称,称它为一致连续函数,对于定义在区间上的函数,用 $\varepsilon\text{-}\delta$ 方法,可以定义如下.

定义(一致连续) 设函数 $f(x)$ 定义于区间 I 上,如果对于任给的 $\varepsilon>0$,存在 $\delta>0$,只要 $|x-x'|<\delta$,且 $x,x'\in I$,就有

$$|f(x)-f(x')|<\varepsilon,$$

则称 $f(x)$ 在 I 上**一致连续**.

所以 $\sin x$ 在 **R** 上一致连续,而 $\dfrac{1}{x}$ 在 $(0,+\infty)$ 内不一致连续.

按定义,如果在 I 上取两数列 $\{x_n\}$ 及 $\{x_n'\}$,它们满足 $x_n\to a$,$x_n'\to a$(或者 $x_n-x_n'\to 0$),但

$$|f(x_n)-f(x_n')|>\varepsilon_0(\text{固定正数}),$$

则 $f(x)$ 在 I 上不一致连续.

例 3 $\sin\dfrac{1}{x}$ 在 $(0,1)$ 内连续,但不一致连续.

证 $y=\sin\dfrac{1}{x}$ 是 $y=\sin u$,$u=\dfrac{1}{x}$ 的复合函数,在 $u\in(-\infty,+\infty)$ 及 $x\in(0,1)$ 时 $\sin u$,$\dfrac{1}{x}$ 都是连续函数,从而复合函数 $y=\sin\dfrac{1}{x}$ 在 $(0,1)$ 上连续.

但若取

$$x_n=\frac{1}{n\pi+\dfrac{\pi}{2}}, \quad x_n'=\frac{1}{n\pi-\dfrac{\pi}{2}},$$

则 $x_n,x_n'\in(0,1)$,而且

$$|x_n-x_n'|=\left|\frac{1}{n\pi+\dfrac{\pi}{2}}-\frac{1}{n\pi-\dfrac{\pi}{2}}\right|$$

$$=\frac{\pi}{(n\pi)^2-\dfrac{\pi^2}{4}}\to 0 \quad n\to\infty,$$

但

$$|\sin x_n-\sin x_n'|=2,$$

所以 $\sin\dfrac{1}{x}$ 在 $(0,1)$ 内不一致连续.

下面介绍一类一致连续的函数.

定理 2.10(康托尔(Cantor)定理) 如果 $f(x)\in C_{[a,b]}$,则 $f(x)$ 在 $[a,b]$ 上一致连续.

证法 1 (用有限覆盖定理 1.23 证) 因为 $f(x)$ 在 $[a,b]$ 上的 x 处连续,即任给 $\varepsilon>0$,存在 $\delta(x,\varepsilon)>0$,当 $|x'-x|<\delta$ 时(在 $x=a,b$ 两处,改成当 $0\leqslant x'-a<\delta$ 时,当 $0\leqslant b-x'<\delta$ 时),就有

$$|f(x')-f(x)|<\varepsilon.$$

也就是说,对于任给的 $\varepsilon>0$,存在 x 点的 δ-邻域 $U(x,\delta)$,当 $x'\in U\cap[a,b]$ 时,就有

$$|f(x')-f(x)|<\varepsilon,$$

今将邻域 $U(x,\delta)$ 的半径缩小一半,得 $U\left(x,\dfrac{1}{2}\delta\right)$ 邻域,这样, $\left\{U\left(x,\dfrac{1}{2}\delta\right)\right\}_{x\in[a,b]}$ 就构成了 $[a,b]$ 的一个覆盖,由有限覆盖定理 1.23,可选出 $U_1,\cdots,U_n$ 覆盖 $[a,b]$,其中 U_i 记 $U\left(x_i,\dfrac{1}{2}\delta(x_i,\varepsilon)\right)$, $i=1,\cdots,n$. 今取

$$\delta(\varepsilon)=\min_i\left(\dfrac{1}{2}\delta(x_i,\varepsilon)\right),$$

因为 $U_1,\cdots,U_n$ 覆盖了 $[a,b]$,所以对任一点 $x\in[a,b]$,必有 U_{i_0} 使得 $x\in U_{i_0}=U\left(x_{i_0},\dfrac{1}{2}\delta(x_{i_0},\varepsilon)\right)$,当 $|x'-x|<\delta\left(\delta\leqslant\dfrac{1}{2}\delta(x_{i_0},\varepsilon)\right)$ 时,就有 x,x' 同属于 $U(x_{i_0},\delta(x_{i_0},\varepsilon))$,从而有

$$|f(x')-f(x)|\leqslant|f(x')-f(x_{i_0})|+|f(x_{i_0})-f(x)|<2\varepsilon,$$

$$\text{(2.12)}$$

这就得到 $f(x)$ 在 $[a,b]$ 上一致连续.

证法 2 (用收敛子列定理 1.19 证)(反证法) 设 $f(x)$ 在 $[a,$

$b]$上不一致连续,即存在 $\varepsilon_0 > 0$,对 $\delta_n = \dfrac{1}{n}$,在$[a,b]$中总存在着 x_n'

及 x_n,虽然

$$|x_n' - x_n| < \frac{1}{n},$$

但

$$|f(x_n') - f(x_n)| \geqslant \varepsilon_0.$$

因为 $\{x_n\} \subset [a,b]$,即 $\{x_n\}$ 有界,故 $\{x_n\}$ 中存在着收敛子列 $\{x_{n_k}\}$,使得 $x_{n_k} \to x_0$. 另外由

$$|x_{n_k}' - x_{n_k}| < \frac{1}{n_k},$$

得

$$x_{n_k} - \frac{1}{n_k} < x_{n_k}' < x_{n_k} + \frac{1}{n_k},$$

由夹逼法则,当 $k \to \infty$ 时有 $x_{n_k}' \to x_0$,但是从

$$|f(x_{n_k}') - f(x_{n_k})| \geqslant \varepsilon_0,$$

令 $k \to \infty$,得

$$|f(x_0) - f(x_0)| \geqslant \varepsilon_0 > 0,$$

这一矛盾不等式得出定理证毕.

同样用等分区间法及区间套定理也可比较方便地证明本定理(从略).

例 4 设 I 为有界区间,则 $f(x)$ 在 I 上一致连续的充要条件是:$f(x)$ 将柯西数列映成柯西数列.

证 (必要性) 已知 $f(x)$ 在 I 上一致连续,且 $\{x_n\}$ 为柯西数列. 由 $f(x)$ 在 I 上一致连续,即任给 $\varepsilon > 0$,存在 $\delta > 0$,对 I 上任意 x, x',只要 $|x - x'| < \delta$ 时,就有

$$|f(x) - f(x')| < \varepsilon. \tag{2.13}$$

又 $\{x_n\}$ 为柯西数列,所以对于该 $\delta > 0$,存在 $N \in \mathbf{N}$,当 $n, m > N$ 时,有 $|x_n - x_m| < \delta$. 由(2.13)式,又有

$$|f(x_n) - f(x_m)| < \varepsilon,$$

即 $\{f(x_n)\}$ 为柯西数列.

（充分性）（反证法） 设 $f(x)$ 在有界区间 I 上不一致连续，即存在 $\varepsilon_0 > 0$，对任一 $\delta_n = \dfrac{1}{n}$，总存在 I 上的 x_n', x_n''，虽然 $|x_n' - x_n''| < \dfrac{1}{n}$，但

$$|f(x_n') - f(x_n'')| \geqslant \varepsilon_0. \tag{2.14}$$

$\{x_n'\}, \{x_n''\}$ 都是 I 上的两个有界数列（类似于定理 2.10 的证法 2），可同时构造两个收敛的子数列 $\{x_{n_k}'\}, \{x_{n_k}''\}$，且有共同的极限 x_0，今构造新数列

$$x_1 = x_{n_1}', x_2 = x_{n_1}'', \cdots, x_{2k-1} = x_{n_k}', x_{2k} = x_{n_k}'', \cdots.$$

它是一个收敛数列（极限为 x_0），从而是一个柯西数列，但 $\{f(x_n)\}$ 不然，因为对于 ε_0 来说，对于任何 $N \in \mathbf{N}$，取 $n = 2N-1$ 及 $m = 2N$，由 (2.14) 式，得

$$|f(x_{2N-1}) - f(x_{2N})| = |f(x_{n_N}') - f(x_{n_N}'')| \geqslant \varepsilon_0,$$

即 $\{f(x_n)\}$ 不是柯西数列，这和已知条件发生矛盾，从而命题得证.

例 5 $f(x)$ 在有限区间 (a,b) 内连续，则 $f(x)$ 在 (a,b) 内一致连续的充要条件是

$$\lim_{x \to a_+} f(x), \lim_{x \to b_-} f(x)$$

存在（有限）.

证 （必要性） 由 $f(x)$ 在 (a,b) 内一致连续，即对任给 $\varepsilon > 0$，存在 $\delta > 0$，对 (a,b) 内任意 x, x'，只要 $|x - x'| < \delta$，就有

$$|f(x) - f(x')| < \varepsilon. \tag{2.15}$$

今取 x, x' 满足 $0 < x - a < \dfrac{\delta}{2}, 0 < x' - a < \dfrac{\delta}{2}$，则

$$|x - x'| \leqslant |x - a| + |x' - a| < \delta,$$

由 (2.15) 得

$$|f(x)-f(x')|<\varepsilon.$$

这就是说,$f(x)$ 当 $x \to a_+$ 时满足柯西准则,从而得出 $\lim\limits_{x \to a_+} f(x)$ 存在(有限).

同理可以证明 $\lim\limits_{x \to b_-} f(x)$ 存在(有限).

(充分性)　因为

$$\lim_{x \to a_+} f(x)=A, \lim_{x \to b_-} f(x)=B$$

存在(有限),令

$$F(x)=\begin{cases} A, & 当 x=a, \\ f(x), & 当 x \in (a,b), \\ B, & 当 x=b, \end{cases}$$

则 $F(x) \in C_{[a,b]}$,从而 $F(x)$ 在 $[a,b]$ 上一致连续,因而更有 $f(x)$ 在 (a,b) 内一致连续.

若 a,b 有一为无穷时,必要性不成立.例如 $y=\sin x$ 是一致连续的,但 $\lim\limits_{x \to +\infty} \sin x$ 不存在.

2.2.4　一致连续函数之例

例 1　用 $\varepsilon\text{-}\delta$ 方法证明,$y=\sqrt{x}$ 在 $(0,+\infty)$ 内一致连续.

证　因为 $|x-x'|<\delta$ 时,就有 $x' \in (x-\delta, x+\delta)$,对 x 分两种情况来讨论.

第一种情况,$x<\delta$,则必有 $x'<2\delta$,从而

$$|\sqrt{x}-\sqrt{x'}| \leqslant \sqrt{x}+\sqrt{x'} \leqslant \sqrt{\delta}+\sqrt{2\delta}<3\sqrt{\delta}.$$

第二种情况,$x \geqslant \delta$,则

$$|\sqrt{x}-\sqrt{x'}|=\frac{|x-x'|}{\sqrt{x}+\sqrt{x'}} \leqslant \frac{|x-x'|}{\sqrt{x}}<\frac{\delta}{\sqrt{\delta}}=\sqrt{\delta}.$$

综合上两种情况得,对 $x,x' \in (0,+\infty)$,且 $|x-x'|<\delta$ 时,有

$$|\sqrt{x}-\sqrt{x'}|<3\sqrt{\delta}.$$

对于任给 $\varepsilon > 0$，取 $\delta = \left(\dfrac{\varepsilon}{3}\right)^2$，则当 $|x - x'| < \delta$ 时，就有

$$|\sqrt{x} - \sqrt{x'}| < \varepsilon,$$

即 $y = \sqrt{x}$ 在 $(0, +\infty)$ 内一致连续.

例 2 $f(x)$ 在 $(a, c]$ 上一致连续，且在 $[c, b)$ 上一致连续，证明它在 (a, b) 内一致连续（其中 a, b 可以分别是 $-\infty, +\infty$）.

证 由 $f(x)$ 在 $(a, c]$ 上一致连续，所以存在 $\delta_1 > 0$，当 $x, x' \in (a, c]$，且 $|x - x'| < \delta_1$ 时，有

$$|f(x) - f(x')| < \varepsilon. \tag{2.16}$$

又由 $f(x)$ 在 $[c, b)$ 上一致连续，所以存在 $\delta_2 > 0$，当 $x, x' \in [c, b)$，且 $|x - x'| < \delta_2$ 时，也有

$$|f(x) - f(x')| < \varepsilon. \tag{2.17}$$

取 $\delta = \min(\delta_1, \delta_2)$，于是当 $x, x' \in [a, b]$，且 $|x - x'| < \delta$ 时，必有

$$|f(x) - f(x')| < 2\varepsilon. \tag{2.18}$$

事实上，若 $x, x' \in (a, c]$，则 (2.16) 成立，当然有 (2.18) 成立；若 $x, x' \in [c, b)$，则有 (2.17) 成立，当然也有 (2.18) 成立；最后，若有 $x \in (a, c]$，$x' \in [c, b)$（或者 x, x' 换位），这时有

$$|f(x) - f(x')| \leqslant |f(x) - f(c)| + |f(c) - f(x')| < 2\varepsilon,$$

从而 (2.18) 也成立.

上述论述等价于 $f(x)$ 在 (a, b) 内一致连续.

需要指出的是，在上述证明中两个区间必须有公共部分（这里公共部分就是点 c）. 请读者举例说明 $f(x)$ 在 $(a, c]$ 及 (c, b) 上的一致连续性并不能保证 $f(x)$ 在 (a, b) 上的一致连续性，甚至于连连续性都不能保证.

例 3 证明 $\dfrac{\sin x}{x}$ 在 $(0, +\infty)$ 上一致连续.

证 因为

$$\lim_{x \to +\infty} \frac{\sin x}{x} = 0,$$

由柯西准则,对于任给 $\varepsilon > 0$,存在 $\Delta > 0$,当 $x, x' > \Delta$ 时,就有

$$|f(x) - f(x')| < \varepsilon. \tag{2.19}$$

这说明对于 $(\Delta, +\infty)$ 内任意的 x, x',都有 (2.19) 成立.

如果定义 $x = 0$ 时, $\frac{\sin x}{x}$ 为 1 的话,则 $\frac{\sin x}{x}$ 在 $[0, \Delta+1]$ 上为连续函数,由康托尔定理,它在 $[0, \Delta+1]$ 上一致连续,于是对该 $\varepsilon > 0$,存在 $\delta_1 > 0$,当 $x, x' \in [0, \Delta+1]$,且 $|x - x'| < \delta_1$ 时,有

$$|f(x) - f(x')| < \varepsilon. \tag{2.20}$$

今取 $\delta = \min(\delta_1, 1)$,当 $|x - x'| < \delta$ 时,必有 x, x' 同时属于 $[0, \Delta+1]$ 或同时属于 $(\Delta, +\infty)$,从而得 (2.19) 或 (2.20) 成立. 命题得证.

在本例题的证明过程中,我们取 $(0, \Delta+1]$ 和 $(\Delta, +\infty)$ 有公共部分,这是很重要的.

例 4　讨论 $y = x^2$ 在 (1) 区间 $[a, b]$ 上;(2) 区间 $[a, +\infty)$ 上的一致连续性.

解　(1) 因为 $y \in C_{[a,b]}$,所以由康托尔定理, $y = x^2$ 在 $[a, b]$ 上一致连续.

(2) 在 $[a, +\infty)$ 上,对 x_1, x_2 属于 $[a, +\infty)$ 时,有

$$|x_1^2 - x_2^2| = |x_1 + x_2| \cdot |x_1 - x_2|.$$

对于 $\varepsilon = 1$,不论 $\delta > 0$ 取多么小 $\left(使 \frac{1}{\delta} > a\right)$,取

$$x_1 > \frac{1}{\delta}, \quad x_2 = x_1 + \frac{\delta}{2} > \frac{1}{\delta},$$

这样

$$|x_1 - x_2| = \frac{\delta}{2} < \delta,$$

但是

$$|y(x_1)-y(x_2)|=|x_1+x_2| \cdot |x_1-x_2| \geqslant \frac{2}{\delta} \cdot \frac{\delta}{2}=1,$$

所以，$y=x^2$ 在 $[a,+\infty)$ 上不一致连续.

类似地，可以证明 $y=x^2$ 在 $(-\infty,a]$ 上也不一致连续.

习　题

1. 已知 $f(x) \in C_{[a,+\infty)}$，且 $\lim\limits_{x \to +\infty} f(x)$ 存在(有限)，则 $f(x)$ 在 $[a,+\infty)$ 上有界.

2. 已知 $f(x) \in C_{(a,b)}$，$x_1,\cdots,x_n \in (a,b)$，则必存在 $\xi \in (a,b)$，使得

$$f(\xi)=\frac{1}{n}(f(x_1)+\cdots+f(x_n)).$$

3. $f(x) \in C_{\mathbf{R}}$ 且 $\lim\limits_{x \to \infty} f(x)$ 存在(有限)，则 $f(x)$ 在 $\mathbf{R}$ 内或者达到最大值，或者达到最小值.

4. $f(x) \in C_{\mathbf{R}}$，且 $\lim\limits_{x \to \infty} f(x)=+\infty(-\infty)$，则 $f(x)$ 在 $\mathbf{R}$ 内达到最小(大)值.

5. $f(x)$ 在区间 I 上连续，且当 $x \in I$ 时，$f(x) \neq 0$，则 $f(x)$ 在 I 上或者都大于零，或者都小于零.

6. $f(x) \in C_{(a,b)}$，且 $f(a_+) \cdot f(b_-)<0$，则存在 $c \in (a,b)$，使 $f(c)=0$.

7. 证明下列方程在指定的区域内有根存在：

(1) $x2^x=1$，在 $[0,1]$ 上；

(2) $x^{2n+1}+a_1 x^{2n}+\cdots+a_{2n+1}=0$　$(n \in \mathbf{N})$，在 $\mathbf{R}$ 内；

(3) $x^{2n}+a_1 x^{2n-1}+\cdots+a_{2n}=0$　$(a_{2n}<0,n \in \mathbf{N})$，在 $\mathbf{R}$ 内至少有两个根存在；

(4) $\dfrac{a_1}{x-\lambda_1}+\dfrac{a_2}{x-\lambda_2}+\dfrac{a_3}{x-\lambda_3}=0$　$(a_1,a_2,a_3>0,\lambda_1<\lambda_2<\lambda_3)$，

在区间(λ_1,λ_2)及(λ_2,λ_3)内各有一根存在；

(5) $x-\lambda\sin x=0(0\leqslant\lambda<1)$，在 **R** 内有且只有一根；

(6) $x-\lambda\sin x=b(0\leqslant\lambda<1,b>0)$，在$[0,\lambda+b]$上有一根；

(7) $\sin x=\dfrac{1}{x}$，在 **R** 内有无穷多根.

8. 研究下列函数的一致连续性.

(1) $y=x+\sin x$，在 **R** 内；　　(2) $y=\sin x^2$，在 **R** 内；

(3) $y=x\sin x$，在 **R** 内；　　(4) $y=\dfrac{x}{4-x^2}$，在$[-1,1]$上；

(5) $y=\ln x$，在$(0,1)$内；　　(6) $y=\mathrm{e}^x\cos\dfrac{1}{x}$，在$(0,1)$内；

(7) $y=\sqrt[3]{x}$，在$(0,+\infty)$内；

(8) $y=\dfrac{x+2}{x+1}\sin\dfrac{1}{x}$，在$(0,1)$内及$(2,+\infty)$内.

9. $f(x)\in C_{[a,+\infty)}$，$\lim\limits_{x\to+\infty}f(x)$存在（有限），则 $f(x)$ 在$[a,+\infty]$上一致连续.

10. 证明连续的周期函数在 **R** 内一致连续.

11. 若 $f(x)$，$g(x)$ 在区间 I 一致连续，问 $f(x)+g(x)$，$f(x)\cdot g(x)$ 是否一致连续？

(1) I 为有界；　　　　　(2) I 为无界.

12. 若 $f(x)$ 在有界区间(a,b)内一致连续，则 $f(x)$ 在(a,b)内有界.

13. $g(x)$ 在 **R** 内一致连续，$f(x)$ 在 $g(x)$ 的值域上一致连续，证明 $f(g(x))$ 一致连续.

第 2 章总习题

*1. 已知 $f(x) \in C_{[a,b]}$，$g(x) = \max\limits_{y \in [a,x]} f(y)$，证明 $g(x) \in C_{[a,b]}$.

2. $f(x) \in C_{[a,b]}$，对每一个 $x \in [a,b]$，存在 $y \in [a,b]$，使得 $|f(y)| \leqslant \dfrac{1}{2} |f(x)|$，则存在 $\xi \in [a,b]$，使得 $f(\xi) = 0$.

*3. 设 $f(x), g(x) \in C_{[a,b]}$，$f(x)$ 单调，又存在 $x_n \in [a,b]$，对所有 $n \in \mathbf{N}$，有 $g(x_n) = f(x_{n+1})$，证明必有一点 $x_0 \in [a,b]$，使 $f(x_0) = g(x_0)$.

4. 证明存在唯一的连续函数 $f(x)$，对一切 $x \in \mathbf{R}, y = f(x)$ 满足开普勒(Kepler)方程 $y - \lambda \sin y = x (0 \leqslant \lambda < 1)$.

5. 讨论函数

$$y = \begin{cases} \dfrac{m}{n+1}, & \text{当 } x \text{ 是既约分数} \dfrac{m}{n}(n > 0), \\ |x|, & \text{当 } x \text{ 是无理数} \end{cases}$$

的连续性，并指出间断点的类型.

*6. $f(x)$ 定义于 $[0,1]$ 上，它具有下述性质：对每一个实数 y，或者不存在 $x \in [0,1]$，使得 $f(x) = y$；或者恰有两个 $x \in [0,1]$，使得 $f(x) = y$，证明 $f(x)$ 在 $[0,1]$ 上不可能连续.

7. $f(x) \in C_I$，且区间 I 和 $f(x)$ 的值域一一对应，则 $f(x)$ 是严格单调函数.

8. 已知 $f(x)$ 将 $[a,b]$ 映射到 $[a,b]$，且 $f(x) \in C_{[a,b]}$，则 $x = f(x)$ 在 $[a,b]$ 内有解.

9. 试用有限覆盖定理证明连续函数的零点定理.

10. 若 $f(x) \in C_{[a,b]}$，$x_1, \cdots, x_n \in [a,b]$，又 $t_1, \cdots, t_n \geqslant 0$，且 $\sum\limits_{i=1}^{n} t_i = 1$，则存在 $c \in [a,b]$，使得 $f(c) = \sum\limits_{i=1}^{n} t_i f(x_i)$.

*11. $f(x)$在$[a,+\infty)$上连续而且有界,则对每一个 T,必存在一个数列$\{x_n\}$,使 $x_n \to +\infty$,且

$$\lim_{n \to \infty} [f(x_n+T)-f(x_n)]=0.$$

12. $f(x)$定义于有界的(a,b)内,则 $f(x)$在(a,b)内一致连续的充要条件是:对任意两个数列$\{x_n\}$, $\{y_n\} \subset (a,b)$,只要 $\lim_{n \to \infty}(x_n - y_n)=0$ 时,就有

$$\lim_{n \to \infty}[f(x_n)-f(y_n)]=0.$$

*13. 证明 $y=x\cos\dfrac{1}{x}$,在$(0,+\infty)$内一致连续.

*14. 证明 $y=x\arctan x$,在 **R** 内一致连续.

15. 证明 $f(x)=\dfrac{|\sin x|}{x}$ 在开区间 $I_1=(0,1)$, $I_2=(-1,0)$内分别一致连续,但在 $I_1 \bigcup I_2$ 内不是一致连续的.

第 3 章　导数·微分

在研究自然现象时,人们常常会遇到求瞬时变化率的问题,它可以作为平均变化率 $\dfrac{\Delta f}{\Delta x}$(当 $\Delta x \to 0$ 时)的极限,这就是导数的概念.本章介绍初等函数的各阶导数及微分的求法,以及导数、微分的运算规则.

3.1　一阶导数·一阶微分

3.1.1　导数的概念

导数的概念和求速度、加速度以及曲线的切线的斜率有着密切的关系.

若一质点 M 沿一直线运动,它的运动规律为 $s = s(t)$(t 为时间,s 为路程).为了求 t 时刻 M 点的瞬时速度,给 t 一个改变量 Δt,在 t 到 $t + \Delta t$ 这段时间内,M 移动的路程为 $s(t + \Delta t) - s(t)$(记为 Δs),这段时间内的平均速度为

$$\bar{v}(t, \Delta t) = \frac{s(t + \Delta t) - s(t)}{\Delta t} = \frac{\Delta s}{\Delta t},$$

令 $\Delta t \to 0$,得 t 时刻的瞬时速度为

$$v(t) = \lim_{\Delta t \to 0} \bar{v}(t, \Delta t) = \lim_{\Delta t \to 0} \frac{s(t + \Delta t) - s(t)}{\Delta t} = \lim_{\Delta t \to 0} \frac{\Delta s}{\Delta t}.$$

注意到瞬时速度 $v(t)$ 是 t 的函数,于是又可以用上法求瞬时加速度,即给 t 以一个改变量 Δt,在 t 到 $t + \Delta t$ 这段时间内,M 点的移动速度变化为 $v(t + \Delta t) - v(t)$(记为 Δv),这段时间内的平均

加速度为

$$\bar{a}(t,\Delta t)=\frac{v(t+\Delta t)-v(t)}{\Delta t}=\frac{\Delta v}{\Delta t},$$

令 $\Delta t\to 0$,得瞬时加速度为

$$a(t)=\lim_{\Delta t\to 0}\bar{a}(t,\Delta t)=\lim_{\Delta t\to 0}\frac{v(t+\Delta t)-v(t)}{\Delta t}=\lim_{\Delta t\to 0}\frac{\Delta v}{\Delta t}.$$

以上引出的两个极限 $\lim\limits_{\Delta t\to 0}\dfrac{\Delta s}{\Delta t},\lim\limits_{\Delta t\to 0}\dfrac{\Delta v}{\Delta t}$,就是下面要讲的导数.

定义(导数)　设 $f(x)$ 在 x_0 的某一邻域 U 内有定义,x 是 U 内任一点,记 $\Delta x=x-x_0,\Delta f(x_0)=f(x)-f(x_0)$. 若当 $\Delta x\to 0$ 时,$\dfrac{\Delta f(x_0)}{\Delta x}$ 有有限极限 A,则说 $f(x)$ 在 x_0 点**可导**,并称 A 为 $f(x)$ 在 x_0 点的**导数**,并将 A 记为 $f'(x_0)$ 或 $\dfrac{\mathrm{d}f}{\mathrm{d}x}(x_0)$,或记为 $\dfrac{\mathrm{d}f(x_0)}{\mathrm{d}x}$;如果 $\Delta x\to 0$ 时,$\dfrac{\Delta f(x_0)}{\Delta x}$ 有无穷极限,则称 $f(x)$ 在 x_0 点有**无穷导数**(为了方便起见,有时也写 $f'(x_0)=\infty$).$f(x)$ 在 x_0 点有正(负)无穷导数的情况可类似定义.

如果当 $\Delta x\to 0$ 时,$\dfrac{\Delta f(x_0)}{\Delta x}$ 不存在有限极限,则称 $f(x)$ 在 x_0 点**不可导**.

当 $f(x)$ 在区间 I 上点点可导时,就称 $f(x)$ **在 I 上可导**. $f'(x)$ 称为 $f(x)$ 的**导函数**,有时也写成 $f',f'(x),\dfrac{\mathrm{d}f}{\mathrm{d}x},\dfrac{\mathrm{d}f}{\mathrm{d}x}(x)$,习惯上,也常常写成 $[f(x)]',\dfrac{\mathrm{d}f(x)}{\mathrm{d}x}$.

利用上述记号,立即可得瞬时速度 $v(t)=s'(t)$,瞬时加速度 $a(t)=v'(t)$.

下面给出一些简单的初等函数的导数.

例1 若 $y=c$（常数），则
$$y'=0. \tag{3.1}$$

证 因为 $\Delta y=c-c=0$，从而 $\dfrac{\Delta y}{\Delta x}=0$，即 $y'=0$.

例2 若 $y=x^\mu$，其中 $\mu\in\mathbf{R}$，x 属于 x^μ 的定义域，且 $x\neq0$，则
$$y'=\mu x^{\mu-1}. \tag{3.2}$$

证

$$\Delta y=(x+\Delta x)^\mu-x^\mu=x^\mu\left[\left(1+\frac{\Delta x}{x}\right)^\mu-1\right]. \tag{3.3}$$

利用(2.10)式

$$\lim_{\alpha\to0}\frac{(1+\alpha)^\mu-1}{\alpha}=\mu.$$

取 $\alpha=\dfrac{\Delta x}{x}$，则当 $\Delta x\to0$ 时 $\alpha\to0$，且 $\Delta x\neq0$ 时 $\alpha\neq0$，于是由(3.3)式得($\Delta x\to0$ 时)

$$\frac{\Delta y}{\Delta x}=x^{\mu-1}\frac{\left(1+\dfrac{\Delta x}{x}\right)^\mu-1}{\dfrac{\Delta x}{x}}\to\mu x^{\mu-1},$$

即

$$y'=\mu x^{\mu-1}.$$

在 $x=0$ 时，若 $\mu>1$，则 $y'(0)=0$；若 $\mu=1$，则 $y'(0)=1$；若 $\mu<1$ 且 $\mu\neq0$ 时，在 $x=0$ 处导数不存在；在 $\mu=0$ 时，$y'(0)=0$.

最后特别有

$$(x^n)'=nx^{n-1}(n\in\mathbf{N}), \tag{3.4}$$

$$\left(\frac{1}{x}\right)'=-\frac{1}{x^2}, \tag{3.5}$$

$$(\sqrt{x})'=\frac{1}{2\sqrt{x}}. \tag{3.6}$$

例3　若 $y = a^x (a > 0)$，则对 $x \in \mathbf{R}$ 有

$$y' = a^x \ln a. \tag{3.7}$$

证

$$\Delta y = a^{x+\Delta x} - a^x = a^x (a^{\Delta x} - 1). \tag{3.8}$$

利用(2.8)式

$$\lim_{\alpha \to 0} \frac{a^\alpha - 1}{\alpha} = \ln a.$$

当 $\Delta x \to 0 (\alpha = \Delta x)$ 时，由(3.8)式得

$$\frac{\Delta y}{\Delta x} = a^x \frac{a^{\Delta x} - 1}{\Delta x} \to a^x \ln a,$$

即

$$y' = a^x \ln a.$$

特别有

$$(e^x)' = e^x. \tag{3.9}$$

例4　若 $y = \log_a x$，其中 $a > 0, a \neq 1$，则当 $x > 0$ 时，有

$$y' = \frac{1}{x} \log_a e. \tag{3.10}$$

证

$$\Delta y = \log_a (x + \Delta x) - \log_a x$$
$$= \log_a \left(1 + \frac{\Delta x}{x}\right). \tag{3.11}$$

利用(2.6)式

$$\lim_{\alpha \to 0} \frac{\log_a (1 + \alpha)}{\alpha} = \log_a e.$$

当 $\Delta x \to 0$ 时，$\alpha = \dfrac{\Delta x}{x} \to 0$，由(3.11)式得

$$\frac{\Delta y}{\Delta x} = \frac{1}{x} \frac{\log_a \left(1 + \dfrac{\Delta x}{x}\right)}{\dfrac{\Delta x}{x}} \to \frac{1}{x} \log_a e,$$

即

$$y' = \frac{1}{x} \log_a e.$$

特别当 $a = e$ 时,有

$$(\ln x)' = \frac{1}{x}. \tag{3.12}$$

例5 若 $y = \sin x$,则 $y' = \cos x$. $\tag{3.13}$

证

$$\Delta y = \sin(x + \Delta x) - \sin x$$
$$= 2 \sin \frac{\Delta x}{2} \cos \left(x + \frac{\Delta a}{2} \right). \tag{3.14}$$

利用已知的极限(1.40)及(1.43)

$$\frac{\sin \alpha}{\alpha} \to 1(\alpha \to 0) \quad 及 \quad \cos \beta \to \cos \alpha (\beta \to \alpha),$$

当 $\Delta x \to 0$ 时,$\alpha = \frac{\Delta x}{2} \to 0$,$\beta = x + \frac{\Delta x}{2} \to x$,由(3.14)得

$$\frac{\Delta y}{\Delta x} = \frac{\sin \frac{\Delta x}{2}}{\frac{\Delta x}{2}} \cos \left(x + \frac{\Delta x}{2} \right) \to \cos x,$$

即

$$y' = \cos x.$$

同理,若 $y = \cos x$,则

$$y' = -\sin x. \tag{3.15}$$

在介绍导数的几何意义之前,先介绍一个非常有用的事实,即 $f(x)$ 在 x_0 点可导的话,则 $f(x)$ 在 x_0 点必连续.

因为 $f(x)$ 在 x_0 点可导,就是说 $\frac{\Delta f(x_0)}{\Delta x} \to f'(x_0)$,即

$$\frac{\Delta f(x_0) - f'(x_0) \Delta x}{\Delta x} \to 0.$$

引用记号"o",及 $x = x_0 + \Delta x$ 后,得

$$f(x) - f(x_0) = f'(x_0)\Delta x + o(\Delta x). \tag{3.16}$$

即

$$f(x) = f(x_0) + f'(x_0)\Delta x + o(\Delta x). \tag{3.17}$$

令 $\Delta x \to 0$(即 $x \to x_0$),得

$$f(x) \to f(x_0),$$

即 $f(x)$ 在 x_0 点可导,必定有 $f(x)$ 在 x_0 点连续,同样,若 $f(x)$ 在区间 I 上可导,则 $f(x)$ 在 I 上连续.

　　下面介绍导数的几何意义,在 $f(x)$ 的定义域中取定一个 x_0,对应地得到平面上一个点 $M_0(x_0, f(x_0))$(图 3-1),另外再取一个数 Δx,又对应到一个数 $x = x_0 + \Delta x$,及一个点 $M(x, f(x))$,而自变量的改变量 Δx 在图中表示 AB 的(有向)长度,它也等于 $M_0 N$ 的(有向)长度. 对应的函数改变量

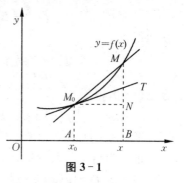

图 3-1

$\Delta f(x_0) = f(x) - f(x_0)$,表示 NM 的(有向)长度. 因此有

$$\frac{\Delta f(x_0)}{\Delta x} = \frac{NM}{M_0 N}.$$

这表示割线 $M_0 M$ 的斜率. 当 $\Delta x \to 0$ 时,有 $M \to M_0$,而割线 $M_0 M$ 趋向于切线 $M_0 T$,割线的斜率 $\dfrac{\Delta f(x_0)}{\Delta x}$ 趋向于切线 $M_0 T$ 的斜率,它等于 $f'(x_0)$,即导数 $f'(x_0)$ 表示曲线 $y = f(x)$ 在 x_0 点的切线斜率.

3.1.2　导数的运算

　　有了基本初等函数的导数公式后,利用四则运算及其复合就

可以得到初等函数的导数公式,为此首先介绍导数的四则运算,其次介绍复合函数的导数及反函数的导数,最后得出常用初等函数导数表.

本段总假设 $f(x),g(x)$ 在 x 点有有限导数.

1° $\qquad [f(x)\pm g(x)]'=f'(x)\pm g'(x).$ (3.18)

证 当给 x 一改变量 Δx 时,对应的改变量

$$\Delta[f(x)\pm g(x)]=[f(x+\Delta x)\pm g(x+\Delta x)]-$$
$$[f(x)\pm g(x)]$$
$$=\Delta f(x)\pm \Delta g(x),$$

从而得

$$\frac{\Delta[f(x)\pm g(x)]}{\Delta x}=\frac{\Delta f(x)}{\Delta x}\pm\frac{\Delta g(x)}{\Delta x}.$$

令 $\Delta x\to 0$,得

$$[f(x)\pm g(x)]'=f'(x)\pm g'(x).$$

2° $\qquad [f(x)g(x)]'=f'(x)g(x)+f(x)g'(x).$ (3.19)

证 当给 x 一改变量 Δx 时,对应的改变量

$$\Delta[f(x)g(x)]=f(x+\Delta x)g(x+\Delta x)-f(x)g(x)$$
$$=[f(x+\Delta x)-f(x)]g(x+\Delta x)+$$
$$f(x)[g(x+\Delta x)-g(x)],$$

从而

$$\frac{\Delta[f(x)g(x)]}{\Delta x}=\frac{\Delta f(x)}{\Delta x}g(x+\Delta x)+f(x)\frac{\Delta g(x)}{\Delta x}.$$ (3.20)

又因为 $g(x)$ 在 x 点可导,得出 $g(x)$ 在该点连续,于是当 $\Delta x\to 0$ 时,有

$$g(x+\Delta x)\to g(x),$$

对(3.20)取极限,就得

$$[f(x)g(x)]'=f'(x)g(x)+f(x)g'(x).$$

3° 若 $g(x) \neq 0$ 时,则有

$$\left[\frac{f(x)}{g(x)}\right]' = \frac{f'(x)g(x) - f(x)g'(x)}{g^2(x)}. \qquad (3.21)$$

证 因为 $g(x)$ 在 x 点可导,从而 $g(x)$ 在 x 点连续,又 $g(x) \neq 0$,所以在 x 的某个 δ-邻域 $U(x, \delta)$ 内,$g \neq 0$. 今给 x 一改变量 Δx(使得 $|\Delta x| < \delta$),相应地得改变量

$$\begin{aligned}
\Delta\left[\frac{f(x)}{g(x)}\right] &= \frac{f(x+\Delta x)}{g(x+\Delta x)} - \frac{f(x)}{g(x)} \\
&= \frac{f(x+\Delta x)g(x) - f(x)g(x+\Delta x)}{g(x+\Delta x)g(x)} \\
&= \frac{\Delta f(x) \cdot g(x) - f(x) \cdot \Delta g(x)}{g(x+\Delta x)g(x)}.
\end{aligned}$$

同样,因 $g(x)$ 在 x 点连续,所以当 $\Delta x \to 0$ 时,有

$$g(x+\Delta x) \to g(x),$$

最后得

$$\begin{aligned}
\frac{\Delta\left[\dfrac{f(x)}{g(x)}\right]}{\Delta x} &= \frac{\dfrac{\Delta f(x)}{\Delta x}g(x) - f(x)\dfrac{\Delta g(x)}{\Delta x}}{g(x+\Delta x)g(x)} \\
&\to \frac{f'(x)g(x) - f(x)g'(x)}{g^2(x)},
\end{aligned}$$

即

$$\left[\frac{f(x)}{g(x)}\right]' = \frac{f'(x)g(x) - f(x)g'(x)}{g^2(x)}.$$

例 1 若 $y = cf(x)$,则

$$y' = cf'(x). \qquad (3.22)$$

证 由乘积求导规则 (3.19) 及 (3.1) 得

$$y' = c'f(x) + cf'(x) = cf'(x).$$

例 2 求 $P_n(x) = a_0 x^n + a_1 x^{n-1} + \cdots + a_n$ 的导数.

解 $P_n'(x) = (a_0 x^n)' + (a_1 x^{n-1})' + \cdots + (a_n)'.$

利用 (3.22) 及 (3.4),得

$$P'_n(x) = na_0 x^{n-1} + (n-1)a_1 x^{n-2} + \cdots + a_{n-1}.$$

例 3 求 $y = \tan x$ 的导数.

解 因为 $y = \dfrac{\sin x}{\cos x}$,按照 3°,有

$$y' = \frac{1}{\cos^2 x}[(\sin x)' \cos x - \sin x (\cos x)']$$

$$= \frac{1}{\cos^2 x}[\cos^2 x + \sin^2 x]$$

$$= \frac{1}{\cos^2 x}(=\sec^2 x),$$

即

$$(\tan x)' = \frac{1}{\cos^2 x}(=\sec^2 x). \tag{3.23}$$

同样

$$(\cot x)' = -\frac{1}{\sin^2 x}(=-\csc^2 x). \tag{3.24}$$

下面介绍一个很重要的求导数规则,称为复合函数的求导规则,也称为**链锁法则**.(为简便起见,常将"求导数"简称为"求导")因为复合函数 $f(g(x))$ 可以直接将其看成 x 的函数(等于 $f(g(x))$),也可以将其看成为 u 的函数(等于 $f(u)$),其中的 u 看成是 x 的函数($u=g(x)$).我们将 $[f(g(x))]'$,$\dfrac{\mathrm{d}f}{\mathrm{d}x}$,$f'_x$ 看成是同一个求导过程,即对 x 求导.而 $f'(u)$,$\dfrac{\mathrm{d}f}{\mathrm{d}u}$,$f'_u$,$f'$ 看成是另一个求导过程,即对 u 求导.记号 f'_x,f'_u 的足码是为了指出对哪一个变量求导,在不会混淆时常常不写,比如 $f'(u)$ 就不必再写足码了.

定理 3.1 设 $u=g(x)$ 在 x 点可导,$y=f(u)$ 在点 $u=g(x)$ 也可导,则 $f(g(x))$ 在 x 点可导,而且

$$[f(g(x))]' = f'(g(x)) \cdot g'(x). \tag{3.25}$$

公式(3.25)显然可以改写成

$$\frac{\mathrm{d}y}{\mathrm{d}x} = \frac{\mathrm{d}y}{\mathrm{d}u}\frac{\mathrm{d}u}{\mathrm{d}x}. \tag{3.26}$$

其中 $u=g(x)$. 如果用 $f\circ g(x)$ 记复合函数 $f(g(x))$，则 (3.25) 还可改写成

$$[f\circ g]'(x) = (f'\circ g)(x) \cdot g'(x). \tag{3.27}$$

证法 1 给 u 以一个改变量 Δu，相应地得到 $f(u)$ 的改变量 $\Delta f(u)$，因为 $f(u)$ 在 u 点可导，所以

$$\lim_{\Delta u \to 0} \frac{\Delta f(u)}{\Delta u} = f'(u). \tag{3.28}$$

在 $\Delta u \neq 0$ 时，记 $\alpha = \dfrac{\Delta f(u)}{\Delta u} - f'(u)$，则当 $\Delta u \to 0$ 时，α 是一个无穷小量，于是对于 $\Delta u \neq 0$ 时可得

$$\Delta f(u) = f'(u)\Delta u + \alpha \Delta u. \tag{3.29}$$

但是，当 $\Delta u = 0$ 时，显然有 $\Delta f(u) = 0$，今约定当 $\Delta u = 0$ 时，$\alpha = 0$，这样 (3.29) 对 $\Delta u = 0$ 也成立.

今给 x 以一个改变量 Δx，相应地得 $u = g(x)$ 的改变量为

$$g(x+\Delta x) - g(x),$$

今若给 u 以改变量

$$\Delta u(x) = g(x+\Delta x) - g(x),$$

这时有 $u = g(x)$，$u + \Delta u(x) = g(x+\Delta x)$，因而与该 Δu 对应的 $f(u)$ 改变量为

$$\begin{aligned}
\Delta f(u) &= f(u+\Delta u(x)) - f(u) \\
&= f(g(x+\Delta x)) - f(g(x)) \\
&= \Delta f(g(x)).
\end{aligned}$$

也就是它与 Δx 对应的 $f(g(x))$ 改变量相同，这样，由 (3.29) 式得

$$\frac{\Delta[f(g(x))]}{\Delta x} = f'(u)\frac{\Delta u(x)}{\Delta x} + \alpha \frac{\Delta u(x)}{\Delta x}.$$

因为 $u = g(x)$ 连续，当 $\Delta x \to 0$ 时，得 $\Delta u(x) \to 0$，从而又有 $\alpha \to 0$，最后得到

$$\frac{\mathrm{d}\big[f(g(x))\big]}{\mathrm{d}x}=f'(u)\frac{\mathrm{d}u}{\mathrm{d}x}.$$

用 $u=g(x)$ 代入,得

$$\big[f(g(x))\big]'=f'(g(x))g'(x).$$

证法 2　作辅助函数

$$F(k)=\begin{cases}\dfrac{f(u+k)-f(u)}{k},&\text{当 } k\neq 0,\\[3mm] f'(u),&\text{当 } k=0.\end{cases}$$

它是 k 的函数,其中 $u=g(x)$ 看成是固定的. 由 $f(u)$ 在 u 点可导,所以(当 $k\neq 0$ 且 $k\to 0$ 时)有

$$\lim_{k\to 0}F(k)=f'(u).$$

这表明 $F(k)$ 在 $k=0$ 处连续. 今给 x 以改变量 Δx,取

$$k=g(x+\Delta x)-g(x),$$

得 $u+k=g(x+\Delta x)$,所以当 $k\neq 0$ 时,有

$$\frac{f(g(x+\Delta x))-f(g(x))}{\Delta x}$$

$$=\frac{f(g(x+\Delta x))-f(g(x))}{k}\,\frac{g(x+\Delta x)-g(x)}{\Delta x},$$

即

$$\frac{f(g(x+\Delta x))-f(g(x))}{\Delta x}=F(k)\frac{g(x+\Delta x)-g(x)}{\Delta x}.$$

但当 $k=0$ 时,有 $g(x+\Delta x)=g(x)$,从而上式两边都为零,即上式对任意 $k=\Delta g(x)$ 都成立.

令 $\Delta x\to 0$,由 $g(x)$ 在 x 点可导,得出

$$k=\Delta g(x)\to 0,$$

于是

$$F(k)\to f'(u).$$

最后得到

$$\big[f(g(x))\big]'=f'(u)g'(x)=f'(g(x))g'(x).$$

最后(3.26),(3.27)是(3.25)的另一种写法而已.

注 1 初看起来,定理 3.1 不必用上面这样证明,可以用更简单的方法,比如,由

$$\frac{\Delta f}{\Delta x} = \frac{\Delta f}{\Delta u} \frac{\Delta u}{\Delta x}, \tag{3.30}$$

当 $\Delta x \to 0$ 时,利用 $u = g(x)$ 的连续性,得 $\Delta u \to 0$,对(3.30)取极限,得

$$[f(g(x))]' = f'_u(g(x))g'(x).$$

但上述证明是有问题的,因为 $\Delta x \to 0$ 时虽然有 $\Delta u \to 0$,但并不保证 $\Delta u \neq 0$,而当 $\Delta u = 0$ 时,(3.30)就无意义,从而更谈不上对它取极限,不过(3.30)式可以帮助我们记住复合函数求导的公式.

注 2 初学者对于 $f'(g(x))$ 和 $[f(g(x))]'$ 的理解往往会混淆. $f'(g(x))$ 表示 $f(u)$ 对 u 求导,再用 $u = g(x)$ 代入(即先求导,再和 $g(x)$ 复合,记为 $f' \circ g(x)$),而 $[f(g(x))]'$ 表示先用 $u = g(x)$ 代入,再求导(即先复合再求导,记为 $(f \circ g)'(x)$). 比如:

$$f(x) = x^3, \quad f'(2x) = 3 \times (2x)^2 = 12x^2,$$

而

$$[f(2x)]' = (8x^3)' = 24x^2.$$

利用复合函数求导规则,很快可得幂指函数的导数. 若 $y = u(x)^{v(x)}(u > 0)$,则

$$y' = vu^{v-1}u' + u^v \cdot \ln u \cdot v'. \tag{3.31}$$

证

$$y = u^v = e^{v \ln u},$$

令 $w = v \ln u$,得 $y = e^w$. 所以,

$$y'(x) = (e^w)'_w \cdot w'_x = e^w (v \ln u)'_x$$

$$= e^w [v' \cdot \ln u + v \cdot (\ln u)'_x]$$

$$= e^w \left(v' \cdot \ln u + v \cdot \frac{1}{u} \cdot u' \right)$$

$$= u^v \cdot \ln u \cdot v' + v \cdot u^{v-1} \cdot u'.$$

上面公式等于先将 v 看成常数(即 u^v 看成幂函数)求导,得 $v \cdot u^{v-1} \cdot u'$,再加上将 u 看成常数(即将 u^v 看成指数函数)求导,得 $u^v \cdot \ln u \cdot v'$.

定理 3.2 设 $f(x)$ 在 $x=x_0$ 点有不等于零的导数 $f'(x_0)$,且 $y=f(x)$ 有单值的反函数 $x=f^{-1}(y)$,该反函数在 $y_0=f(x_0)$ 点是连续的,则反函数在 y_0 处的导数亦存在,且等于 $\dfrac{1}{f'(x_0)}$.

证 对函数 $x=f^{-1}(y)$ 来说,给 y_0 一个改变量 Δy,得到 $f^{-1}(y)$ 的一个相应的改变量为

$$\Delta f^{-1}(y_0) = f^{-1}(y_0+\Delta y) - f^{-1}(y_0). \tag{3.32}$$

今考虑函数 $y=f(x)$,给 x_0 以改变量 Δx,相应地得 $f(x)$ 的改变量为

$$\Delta f(x_0) = f(x_0+\Delta x) - f(x_0). \tag{3.33}$$

若取 $\Delta x = \Delta f^{-1}(y_0) = f^{-1}(y_0+\Delta y) - f^{-1}(y_0)$,由于 $x_0 = f^{-1}(y_0)$,$x_0+\Delta x = f^{-1}(y_0+\Delta y)$,从而与该 $\Delta x(\Delta f^{-1}(y_0))$ 相对应的

$$\Delta f(x_0) = f(f^{-1}(y_0+\Delta y)) - f(f^{-1}(y_0))$$
$$= y_0+\Delta y - y_0 = \Delta y,$$

即对 $x=f^{-1}(y)$ 来说,任给 y_0 以一个改变量 Δy,得 $f^{-1}(y)$ 的改变量为 $\Delta f^{-1}(y_0)$;另外若给 x_0 以改变量 $\Delta x = \Delta f^{-1}(y_0)$,就相应地得函数改变量 $\Delta f(x_0) = \Delta y$.

因为 $y=f(x)$ 与 $x=f^{-1}(y)$ 都是单值的,这样 x 与 y 之间建立了一一对应关系,当 $\Delta y \neq 0$ 时必有 $\Delta f^{-1}(y_0) \neq 0$,从而有

$$\frac{\Delta f^{-1}(y_0)}{\Delta y} = \frac{1}{\dfrac{\Delta f(x_0)}{\Delta x}}.$$

又因为 $x=f^{-1}(y)$ 的连续性,当 $\Delta y \to 0$ 时,必有 $\Delta x \to 0$,所以当

$\Delta y \to 0$ 时,对上式求极限,并在等式右端作代换($\Delta x = f^{-1}(y_0 + \Delta y) - f^{-1}(y_0)$)得

$$\lim_{\Delta y \to 0} \frac{\Delta f^{-1}(y_0)}{\Delta y} = \frac{1}{\lim\limits_{\Delta x \to 0} \dfrac{\Delta f(x_0)}{\Delta x}},$$

即

$$\frac{\mathrm{d} f^{-1}}{\mathrm{d} y}(y_0) = \frac{1}{\dfrac{\mathrm{d} f(x_0)}{\mathrm{d} x}}.$$

例 4   若 $y = \mathrm{sh}\, x = \dfrac{\mathrm{e}^x - \mathrm{e}^{-x}}{2}$(双曲正弦),则

$$y' = \mathrm{ch}\, x = \frac{\mathrm{e}^x + \mathrm{e}^{-x}}{2} \text{(双曲余弦)}. \tag{3.34}$$

证   由复合函数求导法则,在 e^{-x} 中令 $u = -x$,得

$$(\mathrm{e}^{-x})'_x = (\mathrm{e}^u)'_u u'_x = \mathrm{e}^u(-1) = -\mathrm{e}^{-x},$$

所以

$$y' = \frac{1}{2}(\mathrm{e}^x - \mathrm{e}^{-x})' = \frac{1}{2}(\mathrm{e}^x + \mathrm{e}^{-x}) = \mathrm{ch}\, x.$$

同理,若 $y = \mathrm{ch}\, x$,则

$$y' = \mathrm{sh}\, x. \tag{3.35}$$

例 5   若 $y = \mathrm{th}\, x = \dfrac{\mathrm{sh}\, x}{\mathrm{ch}\, x}$,则

$$y' = \frac{1}{\mathrm{ch}^2 x}. \tag{3.36}$$

证

$$y' = \frac{(\mathrm{sh}\, x)' \mathrm{ch}\, x - \mathrm{sh}\, x (\mathrm{ch}\, x)'}{\mathrm{ch}^2 x}$$

$$= \frac{\mathrm{ch}^2 x - \mathrm{sh}^2 x}{\mathrm{ch}^2 x} = \frac{1}{\mathrm{ch}^2 x}.$$

类似地,对于

$$y = \operatorname{cth} x = \frac{\operatorname{ch} x}{\operatorname{sh} x},$$

得

$$y' = -\frac{1}{\operatorname{sh}^2 x}. \tag{3.37}$$

例 6　$[f(ax+b)]' = af'(ax+b).$

证　令 $ax+b=u$,则

$$[f(ax+b)]' = f'(u)u'(x) = af'(u) = af'(ax+b).$$

例 7　若 $y = \arcsin x$,则

$$y' = \frac{1}{\sqrt{1-x^2}}. \tag{3.38}$$

证　从 $y = \arcsin x$ 得 $x = \sin y$,利用反函数的求导规则,得

$$y'(x) = \frac{1}{x'(y)} = \frac{1}{\cos y} = \frac{1}{\sqrt{1-\sin^2 y}} = \frac{1}{\sqrt{1-x^2}}.$$

类似地,对于 $y = \arccos x$,得

$$y' = -\frac{1}{\sqrt{1-x^2}}. \tag{3.39}$$

例 8　若 $y = \arctan x$,则

$$y' = \frac{1}{1+x^2}. \tag{3.40}$$

证　由 $y = \arctan x$ 得 $x = \tan y$,利用反函数求导规则,得

$$y'(x) = \frac{1}{x'(y)} = \frac{1}{\dfrac{1}{\cos^2 y}} = \frac{1}{1+\tan^2 y} = \frac{1}{1+x^2}.$$

类似地,对于 $y = \operatorname{arccot} x$,得

$$y' = -\frac{1}{1+x^2}. \tag{3.41}$$

例 9　若 $y = \sin f(x)$,求 y'.

解　令 $u(x) = f(x)$,得

$$y' = (\sin u)' \cdot u'(x) = f'(x) \cos f(x).$$

类似地，若 $y = e^{f(x)}$，则 $y' = f'(x) e^{f(x)}$.

若 $y = \ln f(x)$，则 $y' = \dfrac{f'(x)}{f(x)}$.

例 10　$y = x^{\sin x}$，求 y'.

解法 1　利用幂指函数的求导规则，得

$$y' = \sin x \cdot x^{\sin x - 1} + x^{\sin x} \ln x (\sin x)'$$
$$= \sin x \cdot x^{\sin x - 1} + \cos x \cdot \ln x \cdot x^{\sin x}.$$

解法 2　两边取对数，得

$$\ln y = \sin x \cdot \ln x.$$

再两边对 x 求导数，得

$$\frac{y'(x)}{y(x)} = (\sin x)' \ln x + \sin x (\ln x)'$$

$$= \cos x \ln x + \frac{1}{x} \sin x.$$

所以

$$y'(x) = \cos x \cdot \ln x \cdot x^{\sin x} + \sin x \cdot x^{\sin x - 1}.$$

解法 2 称为"对数求导法"，这方法以后经常用到.

导数公式一览

1. $y = c$,　　　　　　　　　$y' = 0$.

2. $y = x^{\mu}$,　　　　　　　　$y' = \mu x^{\mu - 1}$.

$y = x$,　　　　　　　　　$y' = 1$.

$y = \dfrac{1}{x}$,　　　　　　　　$y' = -\dfrac{1}{x^2}$.

$y = \sqrt{x}$,　　　　　　　$y' = \dfrac{1}{2\sqrt{x}}$.

3. $y = a^x$,　　　　　　　　$y' = a^x \ln a$.

$$y = \mathrm{e}^x, \qquad\qquad\quad y' = \mathrm{e}^x.$$

4. $y = \log_a x,$ $\qquad\qquad y' = \dfrac{1}{x} \log_a \mathrm{e}.$

$y = \ln x,$ $\qquad\qquad\quad y' = \dfrac{1}{x}.$

5. $y = \sin x,$ $\qquad\qquad\quad y' = \cos x.$

6. $y = \cos x,$ $\qquad\qquad\quad y' = -\sin x.$

7. $y = \tan x,$ $\qquad\qquad\quad y' = \sec^2 x = \dfrac{1}{\cos^2 x}.$

8. $y = \cot x,$ $\qquad\qquad\quad y' = -\csc^2 x = -\dfrac{1}{\sin^2 x}.$

9. $y = \arcsin x,$ $\qquad\qquad y' = \dfrac{1}{\sqrt{1-x^2}}.$

10. $y = \arccos x,$ $\qquad\qquad y' = -\dfrac{1}{\sqrt{1-x^2}}.$

11. $y = \arctan x,$ $\qquad\qquad y' = \dfrac{1}{1+x^2}.$

12. $y = \operatorname{arc\,cot} x,$ $\qquad\qquad y' = -\dfrac{1}{1+x^2}.$

13. $y = \operatorname{sh} x,$ $\qquad\qquad\quad y' = \operatorname{ch} x.$

14. $y = \operatorname{ch} x,$ $\qquad\qquad\quad y' = \operatorname{sh} x.$

15. $y = \operatorname{th} x,$ $\qquad\qquad\quad y' = \dfrac{1}{\operatorname{ch}^2 x}.$

16. $y = \operatorname{cth} x,$ $\qquad\qquad\quad y' = -\dfrac{1}{\operatorname{sh}^2 x}.$

3.1.3 求导数之例

例 1 $y = \dfrac{x \sin x + \cos x}{x \cos x - \sin x}, 求 y'.$

解 $y' = \dfrac{(x \sin x + \cos x)' (x \cos x - \sin x)}{(x \cos x - \sin x)^2}$

$$-\frac{(x\sin x+\cos x)(x\cos x-\sin x)'}{(x\cos x-\sin x)^2}$$

$$=\frac{x\cos x(x\cos x-\sin x)+(x\sin x+\cos x)x\sin x}{(x\cos x-\sin x)^2}$$

$$=\frac{x^2}{(x\cos x-\sin x)^2}.$$

例 2　$y=\ln(x+\sqrt{x^2+1})$，求 y'.

解　$y'=\dfrac{1}{x+\sqrt{x^2+1}}(x+\sqrt{x^2+1})'$

$$=\frac{1}{x+\sqrt{x^2+1}}\left[1+\frac{1}{2}\frac{1}{\sqrt{x^2+1}}(x^2+1)'\right]$$

$$=\frac{1}{x+\sqrt{x^2+1}}\left[1+\frac{x}{\sqrt{x^2+1}}\right]$$

$$=\frac{1}{\sqrt{x^2+1}}. \tag{3.42}$$

例 3　$y=\ln|x|$，求 y'.

解　当 $x>0$ 时，在 x 的某一邻域内 $y=\ln x$，从而得 $y'=\dfrac{1}{x}$；而当 $x<0$ 时，在 x 的某一邻域内有 $y=\ln(-x)$，从而得

$$y'=\frac{1}{-x}(-x)'=\frac{1}{x}.$$

总之，对一切 $x\neq0$ 时，有

$$y'=(\ln|x|)'=\frac{1}{x}. \tag{3.43}$$

例 4　求 $y=\sqrt{\dfrac{(x-1)(x-2)}{(x-3)(x-4)}}$ 的导数.

解　y 的定义域为 $(-\infty,1]\bigcup[2,3)\bigcup(4,+\infty)$，今在 $(-\infty,1)\bigcup(2,3)\bigcup(4,+\infty)$ 内求导数，这时有

$$y=\sqrt{\frac{|x-1|\cdot|x-2|}{|x-3|\cdot|x-4|}}.$$

两边取对数

$$\ln y = \frac{1}{2}(\ln|x-1|+\ln|x-2|-\ln|x-3|-\ln|x-4|).$$ 利

用(3.43)式,对上式两边求导数,得

$$\frac{y'}{y}=\frac{1}{2}\left(\frac{1}{x-1}+\frac{1}{x-2}-\frac{1}{x-3}-\frac{1}{x-4}\right)$$

$$=-\frac{2x^2-10x+11}{(x-1)(x-2)(x-3)(x-4)},$$

从而得

$$y'=-\frac{2x^2-10x+11}{(x-1)(x-2)(x-3)(x-4)}\sqrt{\frac{(x-1)(x-2)}{(x-3)(x-4)}}.$$

例5 求 $y=\sqrt{x+\sqrt{x+\sqrt{x}}}$ 的导数.

解 $y'=\dfrac{1}{2\sqrt{x+\sqrt{x+\sqrt{x}}}}(x+\sqrt{x+\sqrt{x}})'$

$$=\frac{1}{2\sqrt{x+\sqrt{x+\sqrt{x}}}}\left[1+\frac{1}{2\sqrt{x+\sqrt{x}}}(x+\sqrt{x})'\right]$$

$$=\frac{1+2\sqrt{x}+4\sqrt{x}\sqrt{x+\sqrt{x}}}{8\sqrt{x}\sqrt{x+\sqrt{x}}\sqrt{x+\sqrt{x+\sqrt{x}}}}.$$

例6 求 $y=\sin[\cos^2(\tan^3 x)]$ 的导数.

解 $y'=\cos[\cos^2(\tan^3 x)]\cdot[\cos^2(\tan^3 x)]'$

$$=\cos[\cos^2(\tan^3 x)]\cdot 2\cos(\tan^3 x)[\cos(\tan^3 x)]'$$

$$=-2\cos[\cos^2(\tan^3 x)]\cos(\tan^3 x)\sin(\tan^3 x)(\tan^3 x)'$$

$$=-2\cos[\cos^2(\tan^3 x)]\cos(\tan^3 x)\sin(\tan^3 x)3\tan^2 x$$

$$(\tan x)'$$

$$=-6\cos[\cos^2(\tan^3 x)]\cos(\tan^3 x)\sin(\tan^3 x)\tan^2 x\cdot$$

$$(\cos^2 x)^{-1}.$$

例 7 求 $y=\left(\dfrac{a}{b}\right)^{x}\left(\dfrac{b}{x}\right)^{a}\left(\dfrac{x}{a}\right)^{b}$ 的导数 $(a,b,x>0)$.

解 $\ln y=x\ln\dfrac{a}{b}+a(\ln b-\ln x)+b(\ln x-\ln a)$. 两边求导,得

$$\frac{y'}{y}=\ln\frac{a}{b}-a\,\frac{1}{x}+b\,\frac{1}{x}=\frac{b-a}{x}+\ln\frac{a}{b}.$$

从而得

$$y'=\left(\frac{a}{b}\right)^{x}\left(\frac{b}{x}\right)^{a}\left(\frac{x}{a}\right)^{b}\left(\frac{b-a}{x}+\ln\frac{a}{b}\right).$$

例 8 求 $y=x^{a^{a}}+a^{x^{a}}+a^{a^{x}}$ 的导数.

解 令 $y_{1}=x^{a^{a}}$,$y_{2}=a^{x^{a}}$,$y_{3}=a^{a^{x}}$,则

$y_{1}'=a^{a}x^{a^{a}-1}$,

$y_{2}'=a^{x^{a}}\ln a(x^{a})'=a^{x^{a}}\ln a\cdot ax^{a-1}=a\ln a\cdot x^{a-1}a^{x^{a}}$,

$y_{3}'=a^{a^{x}}\ln a(a^{x})'=a^{a^{x}}\ln a\cdot a^{x}\ln a=\ln^{2}a\cdot a^{x}\cdot a^{a^{x}}$,

从而得

$$y'=a^{a}x^{a^{a}-1}+a\ln a\cdot x^{a-1}\cdot a^{x^{a}}+\ln^{2}a\cdot a^{x}a^{a^{x}}.$$

例 9 求 $y=x^{x}$ 的导数 $(x>0)$.

解 $$\ln y=x\ln x.$$

两边求导,得

$$\frac{y'}{y}=\ln x+1,$$

所以

$$y'=x^{x}(\ln x+1). \tag{3.44}$$

例 10 求 $y=x^{x^{x}}$ 的导数.

解 $\ln y=x^{x}\ln x$,

两边求导,并利用例 9,得

$$\frac{y'}{y}=(x^{x})'\ln x+x^{x}(\ln x)'$$

$$=x^{x}(\ln x+1)\ln x+x^{x-1}$$

$$= x^x \left(\frac{1}{x} + \ln x + \ln^2 x \right),$$

所以

$$y' = \left(\frac{1}{x} + \ln x + \ln^2 x \right) \cdot x^x \cdot x^{x^x}.$$

例 11 求 $y = \ln(1 + \sin^2 x) - 2\sin x \cdot \arctan(\sin x)$ 的导数.

解 $y' = \dfrac{1}{1 + \sin^2 x}(1 + \sin^2 x)' - 2\{(\sin x)' \arctan(\sin x)$

$$+ \sin x [\arctan(\sin x)]'\}$$

$$= \frac{1}{1 + \sin^2 x} 2\sin x (\sin x)' - 2\cos x \cdot \arctan(\sin x) -$$

$$2\sin x \frac{1}{1 + \sin^2 x}(\sin x)'$$

$$= -2\cos x \cdot \arctan(\sin x).$$

3.1.4 单方导数·间断的导函数

对于 x_0 附近有定义的函数 $f(x)$，给 x_0 以改变量 Δx，对应得函数的改变量 Δf.

（ⅰ）如果当 $\Delta x \to 0$ 时，$\dfrac{\Delta f}{\Delta x}$ 有极限，就称这个极限为 $f(x)$ 在 x_0 的导数.

（ⅱ）如果当 $\Delta x \to 0_+$ 时，$\dfrac{\Delta f}{\Delta x}$ 有极限，就称这个极限为 $f(x)$ 在 x_0 的**右导数**，记为 $f'_+(x_0)$；如果 $\Delta x \to 0_-$ 时，$\dfrac{\Delta f}{\Delta x}$ 有极限，就称这个极限为 $f(x)$ 在 x_0 的**左导数**，记为 $f'_-(x_0)$.

显然 $f(x)$ 在 x_0 的导数存在的充要条件是，$f(x)$ 在 x_0 点的左、右导数都存在而且相等.

函数的左、右导数统称为函数的**单方导数**，显然在单方导数有一个不存在，或者两个单方导数都存在但不相等时，函数在该点就不存在导数.

前面我们已经指出导数存在(有限)时,函数必定是连续的,所以在不连续点必定不存在导数.同样,单方导数存在可以得出单方连续.但是在不连续点单方导数可以存在,当然不能两个单方导数都存在(有限),否则该点函数连续.

单方导数存在(有限),而导数不存在的最典型的例子是 $y=|x|$(在 $x=0$ 点),当给原点以改变量 Δx 时,对应函数的改变量 $\Delta y=|\Delta x|$,所以当 $\Delta x>0$ 时,得 $\Delta y=\Delta x$.从而

$$f'_+(0)=\lim_{\Delta x \to 0_+}\frac{\Delta y}{\Delta x}=1,$$

即 $y=|x|$ 在原点的右导数是 1.

而当 $\Delta x<0$ 时,得 $\Delta y=-\Delta x$,从而

$$f'_-(0)=\lim_{\Delta x \to 0_-}\frac{\Delta y}{\Delta x}=-1,$$

即 $y=|x|$ 在原点的左导数是 -1.

对于连续函数 $y=f(x)$ 而言,它在 x_0 的右导数存在表示它的图像在该点存在右方切线;在 x_0 的左导数存在表示它的图像在该点存在左方切线.如果这时函数在 x_0 点导数不存在,则左、右切线不在一直线上,它表示曲线在该点处并不"光滑",而是出现"折曲",好像曲线在这里有一个"尖点"(如图 3-2).

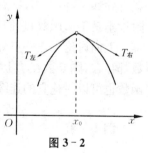

图 3-2

在求左、右导数及导数时,如果出现 $\dfrac{\Delta y}{\Delta x} \to \infty$,就分别称它为**无穷左、右导数及无穷导数**,这时也分别叫它为左、右导数不存在及导数不存在(见图 3-3).

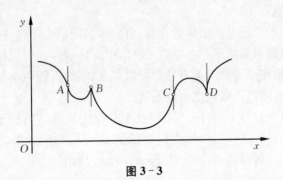

图 3-3

从图上看到,对应于这种情况,左、右切线及切线都是铅直的,从切线的角度来看,说 A,C 点切线不存在是并不合理的. 但从极限的角度来说,这又是合理的. 这种矛盾产生于坐标系的选取,如果将 x 轴和 y 轴交换一下,这样图 3-3 的曲线表示的函数在 A,C 就有导数了,但对 B,D 点问题没有解决,(在上述交换下,B,D 点附近不是单值函数)它们对应曲线上的尖点.

上面讨论了在一点导数的存在与否,如果在区间 I 上各点导数都存在,则导数在 I 上又成为一个函数,它称为导函数,对于导函数也可以讨论它的连续与间断.

例 1 求 $y = \begin{cases} \mathrm{e}^{-\frac{1}{x^2}}, & \text{当 } x \neq 0, \\ 0, & \text{当 } x = 0 \end{cases}$ 的导函数,并讨论导函数的连续性.

解 由复合函数求导规则,在 $x \neq 0$ 时,有

$$y'(x) = \mathrm{e}^{-\frac{1}{x^2}} \left(-\frac{1}{x^2} \right)' = \frac{2}{x^3} \mathrm{e}^{-\frac{1}{x^2}}.$$

而对于原点($\Delta x = x$)有

$$y'(0) = \lim_{x \to 0} \frac{y(x) - y(0)}{x} = \lim_{x \to 0} \frac{\dfrac{1}{x}}{\mathrm{e}^{\frac{1}{x^2}}}.$$

令 $t = \dfrac{1}{x^2}$,则

$$y'(0) = \lim_{x \to 0} x \lim_{t \to +\infty} \frac{t}{e^t}.$$

利用极限(1.50),得 $y'(0) = 0$. 即

$$y'(x) = \begin{cases} \dfrac{2}{x^3} e^{-\frac{1}{x^2}}, & \text{当 } x \neq 0, \\ 0, & \text{当 } x = 0. \end{cases}$$

下面讨论 $y'(x)$ 的连续性. 显然在 $x \neq 0$ 处 $y'(x)$ 是连续的. 对于 $x = 0$ 处,因为

$$\lim_{x \to 0} y'(x) = \lim_{t \to +\infty} \frac{2t^{\frac{3}{2}}}{e^t},$$

再利用极限(1.60),得

$$\lim_{x \to 0} y'(x) = 0.$$

即

$$\lim_{x \to 0} y'(x) = y'(0).$$

这表示 $y'(x)$ 在 $x = 0$ 处也是连续的. 即 $y'(x)$ 对所有 x 都连续.

例 2 求 $y = |\ln|x||$ 的左、右导数.

解 $y = \mathrm{sgn}(\ln|x|) \cdot \ln|x|$,即

$$y = \begin{cases} \ln|x|, & \text{当 } |x| > 1, \\ 0, & \text{当 } |x| = 1, \\ -\ln|x|, & \text{当 } |x| < 1. \end{cases}$$

所以当 $x \neq \pm 1$ 时,在 x 附近的某一邻域 U 内,恒有 $|x| > 1$(或 $|x| < 1$),从而在 U 内 $\mathrm{sgn}(\ln|x|)$ 为常数,故利用(3.43)式,当 $x \neq \pm 1$时,有

$$y' = \mathrm{sgn}(\ln|x|) \frac{1}{x}.$$

即

$$y' = \begin{cases} \dfrac{1}{x}, & \text{当} |x| > 1, \\ -\dfrac{1}{x}, & \text{当} |x| < 1, \end{cases}$$

从而左、右导数也等于它.

当 $x = 1$ 时,有

$$y'_+(1) = \lim_{\Delta x \to 0_+} \frac{y(1+\Delta x) - y(1)}{\Delta x}$$

$$= \lim_{\Delta x \to 0_+} \frac{\ln(1+\Delta x)}{\Delta x} = 1,$$

$$y'_-(1) = \lim_{\Delta x \to 0_-} \frac{y(1+\Delta x) - y(1)}{\Delta x}$$

$$= \lim_{\Delta x \to 0_-} \frac{-\ln(1+\Delta x)}{\Delta x} = -1.$$

当 $x = -1$ 时,有

$$y'_+(-1) = \lim_{\Delta x \to 0_+} \frac{-\ln(1-\Delta x)}{\Delta x} = 1,$$

$$y'_-(-1) = \lim_{\Delta x \to 0_-} \frac{\ln(1-\Delta x)}{\Delta x} = -1.$$

综合得

$$y'_+(x) = \begin{cases} \dfrac{1}{x}, & \text{当} |x| > 1 \text{ 或 } x = 1, \\ -\dfrac{1}{x}, & \text{当} -1 \leqslant x < 1, \end{cases}$$

$$y'_-(x) = \begin{cases} \dfrac{1}{x}, & \text{当} |x| > 1 \text{ 或 } x = -1, \\ -\dfrac{1}{x}, & \text{当} -1 < x \leqslant 1. \end{cases}$$

例 3 求 $y = [x]\sin \pi x$ 的左、右导数.

解 若 x 不是整数,则设 $x \in (n, n+1)$,从而在 x 的某邻域内有 $[x] \equiv n$,所以当 $x \in \mathbf{Z}$ 时,有

$$y' = [x](\sin \pi x)' = \pi[x]\cos \pi x,$$

因此左、右导数也等于它.

当 $x = n \in \mathbf{Z}$ 时,有

$$
\begin{aligned}
y'_+(n) &= \lim_{\Delta x \to 0_+} \frac{[n + \Delta x]\sin(n + \Delta x)\pi}{\Delta x}\\
&= \lim_{\Delta x \to 0_+} \frac{n(-1)^n \sin \Delta x \pi}{\Delta x} = (-1)^n n\pi,\\
y'_-(n) &= \lim_{\Delta x \to 0_-} \frac{[n + \Delta x]\sin(n + \Delta x)\pi}{\Delta x}\\
&= \lim_{\Delta x \to 0_-} \frac{(n-1)(-1)^n \sin \Delta x \pi}{\Delta x} = (-1)^n(n-1)\pi.
\end{aligned}
$$

当 $x \in \mathbf{Z}$ 时,有

$$y'_+(x) = (-1)^x x\pi = \pi[x]\cos \pi x,$$
$$y'_-(x) = (-1)^x(x-1)\pi.$$

综上所述,对所有 $x \in \mathbf{R}$,得右导数

$$y'_+(x) = \pi[x]\cos \pi x,$$

而左导数为

$$y'_-(x) = \begin{cases} \pi[x]\cos \pi x, & \text{当 } x \overline{\in} \mathbf{Z}, \\ (-1)^x(x-1)\pi, & \text{当 } x \in \mathbf{Z}. \end{cases}$$

例 4　讨论 $y = x^{\frac{2}{3}}$ 的导数的连续性.

解　显见函数 $y = x^{\frac{2}{3}}$ 是连续的,定义域为 $\mathbf{R}$,所以由初等函数导数表,有

$$y'(x) = \frac{2}{3} x^{-\frac{1}{3}} \ (x \neq 0).$$

当 $x \neq 0$ 时,它显然是连续的. 对于 $x = 0$ 时,有

$$y'(0_+) = +\infty, \ y'(0_-) = -\infty.$$

所以 $x = 0$ 时导数有第二类间断点,可以证明右、左导数为

$$y'_+(0) = +\infty, \ y'_-(0) = -\infty.$$

即在 $x = 0$ 处有无穷导数(也可以说该点导数不存在).

例 5 讨论

$$y=\begin{cases} x^2\sin\dfrac{1}{x}, & \text{当 } x\neq 0 \\ 0, & \text{当 } x=0. \end{cases}$$

的导数的连续性.

解 当 $x\neq 0$ 时,在 x 的附近有

$$y=x^2\sin\frac{1}{x},$$

从而得

$$y'=2x\sin\frac{1}{x}-\cos\frac{1}{x}.$$

因此在 $x\neq 0$ 时,y' 是连续函数. 当 $x\to 0$ 时,显见上式中的第一项以零为极限,而第二项极限不存在. 从而当 $x\to 0$ 时,$y'(x)$ 的极限不存在,即 $x=0$ 是 $y'(x)$ 的第二类间断点.

不难证明,这时 $y'(0)=0$ 是存在(有限)的.

例 4、例 5 中导数的间断点都是第二类的,是否可能出现第一类的间断呢? 前面我们已经介绍:$y=|x|$ 在 $x=0$ 点,$y'_+(0)=1$,$y'_-(0)=-1$,从而 $y'(0)$ 不存在. 但显见 $y'(0_+)=1$,$y'(0_-)=-1$,这样在 $x=0$ 处是 $y'(x)$ 的第一类间断点. 如果要求函数在各点的导数都存在,则导函数没有第一类间断点. 这个结论将在下一章讲了微分学中值定理后给于证明(见第 4 章 4.1.2 段例 1).

从上面的几个例子可以看出,连续函数可能在有些点上不能求导. 还可以构造这样的函数,它在各点都连续,但是点点都不可导. 因为它需要用到后面章节的知识,在这里就不介绍了. 等讲了级数理论后,再介绍这个例子(见第 11 章 11.1.2 末尾).

3.1.5 微分的概念

对于一个定义在区间 I 上的函数 $y=f(x)$,任意给自变量以改变量 Δx,就可得到相应的函数值的改变量 Δy,这样得到的 Δy

是既依赖于 x 也依赖于 Δx 的,一般说来,依赖关系相当复杂,下面介绍一类函数 $y = f(x)$,它们 Δy 和 Δx 的依赖关系可以表示得比较简单.

定义(微分) 设 $y = f(x)$ 定义在区间 I 上,对应于 I 上的 x_0 点的改变量 Δx,得到对应的因变量的改变量 Δy,如果当 $\Delta x \to 0$ 时,有

$$\Delta y = A\Delta x + o(\Delta x). \tag{3.45}$$

其中 A 不依赖于 Δx(可能依赖于 x_0),则称 $y = f(x)$ 在 x_0 点可微,而且称 $A\Delta x$ 为 y 在 x_0 点的**微分**,记为

$$\mathrm{d}y = A\Delta x.$$

从而(3.45)变为

$$\Delta y = \mathrm{d}y + o(\Delta x).$$

从上述定义中可以看出,微分 $A\Delta x$ 实际上是 Δy 关于无穷小量 Δx 的主部,而且这个主部关于 Δx 成线性形式,即 $\mathrm{d}y$ 是 Δy 关于 Δx 的线性主部.

这里有必要重新提一下:在等式 $\mathrm{d}y = A\Delta x$ 中,A 实际上可以和 x_0 有关,它可以随 x_0 的变化而变化. 而 $\Delta x = x - x_0$ 这个量,表面上看来虽然也和 x_0 有关,但它表示的是自变量 x 在 x_0 点(任意)的改变量,因为它是自变量,所以它的变化不依赖于 x_0,这样一来,微分 $\mathrm{d}y$ 实际上是以 x_0,Δx 两个为自变量的函数.

如若 $y = x$,则 $\Delta y = \Delta x$,这时在对应的(3.45)式中,$A = 1$,$o(\Delta x) = 0$,所以有

$$\mathrm{d}x = \Delta x,$$

即自变量的微分等于它的改变量. 于是微分式可改写成

$$\mathrm{d}y = A(x_0)\mathrm{d}x,$$

而

$$\Delta y = \mathrm{d}y + o(\Delta x) = A(x_0)\mathrm{d}x + o(\Delta x).$$

定理 3.3 设 $f(x)$ 定义于开区间 I 内,x_0 是 I 内的一点,则

$f(x)$在x_0点可微的充要条件是,$f(x)$在x_0点存在(有限)导数,这时可微分条件(3.45)中$A=f'(x_0)$.

证 （必要性） 已知 $f(x)$在x_0点可微,即(3.45)成立,从而

$$\frac{\Delta f}{\Delta x}=A+\frac{o(\Delta x)}{\Delta x},$$

取极限$(\Delta x\to 0)$,得

$$\frac{\mathrm{d}f}{\mathrm{d}x}(x_0)=A.$$

（充分性）已知

$$\lim_{\Delta x\to 0}\frac{\Delta f}{\Delta x}=f'(x_0)（有限），$$

即

$$\lim_{\Delta x\to 0}\frac{\Delta f-f'(x_0)\Delta x}{\Delta x}=0,$$

从而得

$$\Delta f-f'(x_0)\Delta x=o(\Delta x).$$

即(3.45)式成立,由此得出 $f(x)$在x_0点可微,并且 $A=f'(x_0)$.

这样,对一元函数而言,可微性和可导性是等价的,以后我们将指出,对于多元函数这种等价性不再成立.

我们已经知道可导性和连续性的关系,从而可得可微(导)函数必为连续函数,而连续函数不一定是可微(导)函数.

按定理 3.3,

$$\mathrm{d}y(x_0)=y'(x_0)\mathrm{d}x,$$

从而

$$y'(x_0)=\frac{\mathrm{d}y(x_0)}{\mathrm{d}x}.$$

这个等式左、右两边原来是导数的两个记号,现在,右边$\dfrac{\mathrm{d}y(x_0)}{\mathrm{d}x}$可以理解为两个微分的商,所以有时也称导数为微商.

利用定理 3.3,可以很容易将 1.2 段中的导数表变成微分表,比如,

$$y=\ln x, \quad y'=\frac{1}{x}, \quad \mathrm{d}y=\frac{1}{x}\mathrm{d}x.$$

$$y=\sin x, \quad y'=\cos x, \quad \mathrm{d}y=\cos x\,\mathrm{d}x.$$

等等.

同时,导数的四则运算规则就很容易地变为微分的四则运算规则:

$$1° \quad \mathrm{d}(u\pm v)=\mathrm{d}u\pm\mathrm{d}v, \tag{3.46}$$

$$2° \quad \mathrm{d}(uv)=u\mathrm{d}v+v\mathrm{d}u, \tag{3.47}$$

$$3° \quad \mathrm{d}\Big(\frac{u}{v}\Big)=\frac{v\mathrm{d}u-u\mathrm{d}v}{v^2}(v\neq 0). \tag{3.48}$$

现在只对(3.48)给予证明.

$$\mathrm{d}\Big(\frac{u}{v}\Big)=\Big(\frac{u}{v}\Big)'\mathrm{d}x=\frac{vu'-uv'}{v^2}\mathrm{d}x$$

$$=\frac{v(u'\mathrm{d}x)-u(v'\mathrm{d}x)}{v^2}=\frac{v\mathrm{d}u-u\mathrm{d}v}{v^2}.$$

利用复合函数求导数公式,可以得到微分的一个很好的性质,即若 $y=f(u),u=g(x)$,也就是 $y=f(g(x))$,则

$$\mathrm{d}y=f'_x\mathrm{d}x \tag{3.49}$$

$$=[f(g(x))]'\mathrm{d}x=f'_u(g(x))g'(x)\mathrm{d}x$$

$$=f'_u(u)\mathrm{d}u. \tag{3.50}$$

从上看出,微分 $\mathrm{d}y$ 等于 $f'_x\mathrm{d}x$,也等于 $f'_u\mathrm{d}u$,其中 x 是自变量,而 u 是中间变量. 也就是说,微分等于对变量求导数再乘上该变量的微分,不论所取的变量是自变量还是中间变量,都是如此. 一阶微分所具有的这种不变形式,对以后要讲到的高阶微分不再成立,这是一阶微分所特有的性质. 但是,以后会看到,高阶微分的计算实际上归纳为逐次求一阶微分,因而,一阶微分形式的不变性对于计算高阶微分是很有用的.

从导数的几何意义很容易得到微分的几何意义. 如图 3 - 4, M_0 点坐标为 $(x_0, f(x_0))$, 由

$$\mathrm{d}y = f'(x_0)\Delta x = \tan\alpha \cdot \Delta x.$$

$M_0 T$ 为曲线 $y = f(x)$ 在 M_0 点的切线, $M_0 N$(有向)长为 Δx, 对应的函数改变量 Δy 为 NM 之(有向)长, 而微分 $\mathrm{d}y$ 为 NK 之(有向)长, 它表示当自变量改变 Δx 时, M_0 点切线的纵坐标改变的大小. 它和曲线上纵坐标的改变量 Δy 之差就是 KM, 它关于 Δx 为高阶的无穷小量.

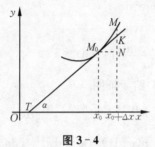

图 3 - 4

因为 Δy 和 $\mathrm{d}y$ 之差是一个关于 Δx 为高阶的无穷小量, 所以常常可以用 $\mathrm{d}y$ 来近似地代替 Δy, 从而得到简单的近似公式.

*3.1.6 上半连续·下半连续·霍尔德连续

将函数分为间断、连续以及可导、不可导是比较粗略的分类. 下面介绍两类函数, 一类叫半连续函数, 它具有连续函数的部分性质; 一类叫霍尔德(Hölder)连续函数, 它具有的性质介于连续函数与可导函数之间.

定义(半连续) $f(x)$ 在 $[a,b]$ 上有定义, 而 $x_0 \in [a,b]$, 如果对任给的 $\varepsilon > 0$, 存在 $\delta > 0$, 当 $x \in [a,b]$ 且 $|x - x_0| < \delta$ 时, 就有

$$f(x) < f(x_0) + \varepsilon, \tag{3.51}$$

则称 $f(x)$ 在 x_0 **点上半连续**. 如果 $f(x)$ 在 $[a,b]$ 上每一点都上半连

续,就称它在$[a,b]$上上半连续.

如果(3.51)式改为

$$f(x_0)-\varepsilon < f(x),\qquad(3.52)$$

则称为**下半连续**.

例 1 阶梯函数

$$f(x)=\begin{cases}1, & \text{当 } x\geqslant 0,\\0, & \text{当 } x<0\end{cases}$$

在 $x=0$ 处是上半连续的,而非下半连续的. 而阶梯函数

$$g(x)=\begin{cases}1, & \text{当 } x>0,\\0, & \text{当 } x\leqslant 0\end{cases}$$

在 $x=0$ 处是下半连续的,而非上半连续的. $f(x)$ 和 $g(x)$ 在 $x=0$ 处都不连续.

例 2

$$h(x)=\begin{cases}0, & \text{当 } x\neq 0,\\1, & \text{当 } x=0\end{cases}$$

是上半连续的,而在 $x=0$ 处不是下半连续的. 而

$$I(x)=\begin{cases}1, & \text{当 } x\neq 0,\\0, & \text{当 } x=0\end{cases}$$

正好相反,它是下半连续的,而在 $x=0$ 处不是上半连续的.

例 3 对狄利克雷函数

$$\chi(x)=\begin{cases}1, & \text{当 } x \text{ 为有理数},\\0, & \text{当 } x \text{ 为无理数}\end{cases}$$

在所有有理点是上半连续而非下半连续的,在所有无理点是下半连续而非上半连续的.

在半连续函数类中包括了连续函数类,也包含有部分间断函数. 下面以上半连续函数为例来介绍半连续函数的一些性质.

定理 3.4 $f(x)$ 在 $[a,b]$ 上为上半连续,则 $f(x)$ 在 $[a,b]$ 上有上界.

证 (反证法)若 $f(x)$ 在 $[a,b]$ 上无上界,则存在数列 $\{x_n\}\subset[a,b]$,使得

$$f(x_n)>n \quad (n=1,2,\cdots).$$

今在 $\{x_n\}$ 中选出收敛的子例 $\{x_{n_k}\}$,设 $\lim\limits_{k\to\infty}x_{n_k}=c$.

显然 $c\in[a,b]$,由于 $f(x)$ 在 c 点上半连续,所以对取定的 $\varepsilon=1$,必存在 $\delta>0$,当 $|x-c|<\delta$ 且 $x\in[a,b]$ 时,有

$$f(x)<f(c)+1.$$

由于

$$\lim_{k\to\infty}x_{n_k}=c,$$

则对于 $\delta>0$,总存在 $K\in\mathbf{N}$,当 $k>K$ 时,有

$$|x_{n_k}-c|<\delta$$

从而有

$$n_k<f(x_{n_k})<f(c)+1.$$

这和 $n_k\to\infty$ 发生矛盾,从而定理得证.

本定理也可有多种证法,请读者自己换几种证法.

定理 3.5 $f(x)$ 在 $[a,b]$ 上上半连续,则 $f(x)$ 在 $[a,b]$ 上达到它的上确界(最大值).

证 (反证法)由定理 3.4,$\{f(x)\}_{x\in[a,b]}$ 是有上界的非空数集,从而有(有限的)上确界 A 存在,因此对所有 $x\in[a,b]$,有

$$A-f(x)>0.$$

在任一点 x_0,因为 $f(x)$ 在 x_0 点为上半连续,所以,对于 $\varepsilon=\dfrac{A-f(x_0)}{2}>0$,存在 $\delta(x_0)>0$,当 $x\in[a,b]$ 且 $|x-x_0|<\delta(x_0)$ 时,有

$$f(x)<f(x_0)+\varepsilon=\frac{A+f(x_0)}{2}<A.$$

这样,当 x_0 取遍 $[a,b]$ 时,邻域族 $\{U(x_0)\}_{x_0\in[a,b]}$ 就覆盖了 $[a,b]$,由有限覆盖定理 1.23,可以选出有限个邻域

$$U(x_1),\cdots,U(x_n),$$

它覆盖了$[a,b]$,从而有

$$f(x)<\max\left(\frac{A+f(x_1)}{2},\cdots,\frac{A+f(x_n)}{2}\right)<A,$$

即 A 不是$\{f(x)\}_{x\in[a,b]}$的上确界,这个矛盾就证明了本定理.

定理 3.6　若 $f_1(x),\cdots,f_n(x)$ 都是上半连续的,则 $\sup\{f_1(x),\cdots,f_n(x)\}$和$\inf\{f_1(x),\cdots,f_n(x)\}$也是上半连续的.证明是很显然的.

上面讲了上半连续函数具有连续函数的一部分性质,下半连续函数也有相对应的性质,又连续函数一定是既上半连续又下半连续的函数,反之亦然.然而连续函数的有些性质半连续函数不一定具有,例如,上半连续函数不一定有下界,零点定理及介值定理也不一定成立.

下面介绍一种特殊的连续函数.

定义(霍尔德连续)　对于定义在区间 I 上的函数 $f(x)$,如果对任意 $x,y\in I$,都有

$$|f(x)-f(y)|<M|x-y|^{\alpha}, \tag{3.53}$$

其中 M,α 为与 x,y 无关的常数,则称 $f(x)$ 在 I 上满足 **α 阶的霍尔德条件**,也称 $f(x)$ 在 I 上为 **α 阶霍尔德连续**.

一般只讨论 $1\geqslant\alpha>0$,这时由(3.53)式得 $f(x)$ 是连续函数.当 $\alpha=1$ 时,特别称(3.53)为李普西兹(Lipschitz)条件.

由定义立即可以得到两个结论,其一为若导函数有界,则它一定满足李普西兹条件,反之不然.其二为霍尔德连续函数一定是一致连续函数.

习　题

1. 若变量 x 得到改变量 Δx，求对应的 y 的改变量：

(1) $y=ax+b$；　　　　　(2) $y=ax^2+bx+c$；

(3) $y=a^x$；　　　　　　(4) $y=\ln x$.

2. 过曲线 $y=x^2$ 上两点 $A(2,4)$ 和 $B(2+\Delta x,4+\Delta y)$，引割线 AB，求 AB 的斜率，其中

(1) $\Delta x=1$；　　　　　(2) $\Delta x=0.1$；

(3) $\Delta x=0.01$；　　　　(4) $\Delta x\to 0$ 时.

3. 按定义求下列函数的导数：

(1) $y=\dfrac{1}{x}$；　　　　　(2) $y=\cos x$；

(3) $y=\tan x$；　　　　　(4) $y=\arctan x$；

(5) $y=\arcsin x$.

4. 求下列函数在 x_0 点的导数 $f'(x_0)$：

(1) $y=(x-1)(x-2)^2(x-3)^3$，$x_0=1,2,3$；

(2) $y=x+(x-1)\arcsin\sqrt{\dfrac{x}{x+1}}$，$x_0=1$；

(3) $y=\sqrt{1+x}$，$x_0=0,1$；

(4) $y=\dfrac{1}{1+x}$，$x_0=0,1$.

5. 已知 $f(x)=(x-a)\varphi(x)$，且 $\varphi(x)$ 是连续函数，求 $f'(a)$.

6. 证明函数

$$f(x)=\begin{cases} x^2, & \text{当 } x \text{ 为有理数.} \\ 0, & \text{当 } x \text{ 为无理数} \end{cases}$$

仅在 $x=0$ 有导数.

7. 若 $f(x)$ 在 x_0 点有导数，$g(x)$ 在 x_0 点没有导数，问 $F(x)$

在 x_0 点有没有导数?

(1) $F(x) = f(x) + g(x)$; (2) $F(x) = f(x)g(x)$.

8. 若 $f(x), g(x)$ 在 x_0 点都没有导数,问 $F(x)$ 在 x_0 点是否一定没有导数?

(1) $F(x) = f(x) + g(x)$; (2) $F(x) = f(x)g(x)$.

9. 求下列函数的导数:

(1) $y = a^5 + 5a^3 x^2 - x^5$;

(2) $y = (x+1)(x+2)^2(x+3)^3$;

(3) $y = (1 + nx^m)(1 + mx^n)$;

(4) $y = (ax^m + b)^n (cx^n + d)^m$;

(5) $y = \dfrac{2x}{1 - x^2}$;

(6) $y = \dfrac{x}{(1-x)^2(1+x)^3}$;

(7) $y = \dfrac{(1-x)^p}{(1+x)^q}$;

(8) $y = \dfrac{x^p(1-x)^q}{1+x}$;

(9) $y = x\sqrt{1+x^2}$;

(10) $y = (1+x)\sqrt{2+x^2}\sqrt[3]{3+x^3}$;

(11) $y = \sqrt[m+n]{(1-x)^m(1+x)^n}$;

(12) $y = \sqrt[3]{1 + \sqrt[3]{1 + \sqrt[3]{x}}}$;

(13) $y = \sqrt[3]{\dfrac{1+x^3}{1-x^3}}$;

(14) $y = \dfrac{1}{\sqrt{1+x^2}(x + \sqrt{1+x^2})}$;

(15) $y = \sin(\cos^2 x)\cos(\sin^2 x)$;

(16) $y = \sin(\sin(\sin x))$;

(17) $y=4\sqrt[3]{\cot^2 x}+\sqrt[3]{\cot^8 x}$;

(18) $y=\sec^2\dfrac{x}{a}+\csc^2\dfrac{x}{a}$;

(19) $y=\text{arc cos}\dfrac{1-x}{\sqrt{2}}$;

(20) $y=\text{arc cos}(\cos^2 x)$;

(21) $y=x\,\text{arc sin}\sqrt{\dfrac{x}{1+x}}+\text{arc tan}\sqrt{x}-\sqrt{x}$;

(22) $y=\text{arc cot}\left(\dfrac{\sin x+\cos x}{\sin x-\cos x}\right)$;

(23) $y=\dfrac{2}{\sqrt{a^2-b^2}}\,\text{arc tan}\left(\sqrt{\dfrac{a-b}{a+b}}\tan\dfrac{x}{2}\right)$ $(a>b\geqslant 0)$;

(24) $y=\text{arc sin}\dfrac{1-x+x^2}{1+x+x^2}$ $(x>0)$;

(25) $y=\dfrac{1}{\text{arc cos}^2(x^2)}$;

(26) $y=\ln(\ln(\ln x))$;

(27) $y=\dfrac{1}{4}\ln\dfrac{x^2-1}{x^2+1}$;

(28) $y=\sqrt{x+1}-\ln(1+\sqrt{x+1})$;

(29) $y=\ln\left(\tan\dfrac{x}{2}\right)$;

(30) $y=\ln\left[\dfrac{1}{x}+\ln\left(\dfrac{1}{x}+\ln\dfrac{1}{x}\right)\right]$;

(31) $y=\ln\sqrt{\dfrac{1-\sin x}{1+\sin x}}$;

(32) $y=\mathrm{e}^{-x^2}$;

(33) $y=2^{\tan\frac{1}{x}}$;

(34) $y=\mathrm{e}^x+\mathrm{e}^{\mathrm{e}^x}+\mathrm{e}^{\mathrm{e}^{\mathrm{e}^x}}$;

(35) $y=(\sin x)^{\cos x}+(\cos x)^{\sin x}$;

(36) $y=\ln(\operatorname{ch} x)+\dfrac{1}{2\operatorname{ch}^2 x}$;

(37) $y=\arccos\left(\dfrac{1}{\operatorname{ch} x}\right)$;

(38) $y=\dfrac{b}{a}x+\dfrac{2\sqrt{a^2-b^2}}{a}\arctan\left(\sqrt{\dfrac{a-b}{a+b}}\operatorname{th}\dfrac{x}{2}\right)$ $(0\leqslant|b|<a)$;

(39) $y=\ln(\cos^2 x+\sqrt{1+\cos^4 x})$;

(40) $y=(\arccos x)^2\left[\ln^2(\arccos x)-\ln(\arccos x)+\dfrac{1}{2}\right]$.

10. 已知 u,v 是 x 的可导函数,试用 u,v 及其导数表示 y 的导数.

(1) $y=\sqrt[v]{u}$ $(v\neq 0,u>1)$;

(2) $y=\log_v u$ $(v>0,u>0)$;

(3) $y=\sqrt{u^2+v^2}$;

(4) $y=\dfrac{u}{v^2}$;

(5) $y=\arctan\dfrac{v}{u}$;

(6) $y=\dfrac{1}{\sqrt{u^2+v^2}}$.

11. $y=\dfrac{1}{3}x^3+\dfrac{1}{2}x^2-2x$,问 x 为何值时,

(1) $y'(x)=0$;   (2) $y'(x)=-2$.

12. 若 $\dfrac{\mathrm{d}}{\mathrm{d}x}(f(x^2))=\dfrac{\mathrm{d}}{\mathrm{d}x}(f(x))^2$,求证 $f'(1)=0$,或有 $f(1)=1$.

13. 证明:

(1)偶函数的导数是奇函数;

(2) 奇函数的导数是偶函数；

(3) 周期函数的导数仍为周期函数.

14. 求下列函数反函数的导数：

(1) $y = x + \ln x \quad (x > 0)$; (2) $y = x + e^x$;

(3) $y = \text{sh} x$;   (4) $y = \text{th} x$.

15. 求下列函数的左、右导函数：

(1) $y = \sqrt{\sin x^2}$;

(2) $y = \sqrt{1 - e^{-x^2}}$;

(3) $y = \begin{cases} x \left| \cos \dfrac{\pi}{x} \right|, & \text{当 } x \neq 0, \\ 0, & \text{当 } x = 0; \end{cases}$

(4) $y = \begin{cases} (x-2) \arctan \dfrac{1}{x-2}, & \text{当 } x \neq 2, \\ 0, & \text{当 } x = 2. \end{cases}$

16. 讨论下列函数的导函数的连续性：

(1) $y = |(x-1)^2 (x+1)^3|$;   (2) $y = [x] \sin^2 \pi x$;

(3) $y = \arccos \dfrac{1}{|x|}$;   (4) $y = |\sin^3 x|$.

17. 讨论下列函数的连续性,可导性及导数的连续性：

(1) $y = \begin{cases} x^n \sin \dfrac{1}{x}, & \text{当 } x \neq 0, \\ 0, & \text{当 } x = 0; \end{cases}$

(2) $y = \begin{cases} \dfrac{x-1}{4}(x+1)^2, & \text{当 } |x| \leqslant 1, \\ |x| - 1, & \text{当 } |x| > 1; \end{cases}$

(3) $y = \arcsin(\cos x)$;

(4) $y = |\pi^2 - x^2| \sin^2 x$.

18. 求下列函数的微分：

(1) $y=\dfrac{1}{2a}\ln\left|\dfrac{x-a}{x+a}\right|$;

(2) $y=\ln|x+\sqrt{x^2+a}|$;

(3) $y=\arcsin\dfrac{x}{a}\,(a\neq0)$;

(4) $y=\dfrac{\sin x}{2\cos^2 x}+\dfrac{1}{2}\ln\left|\tan\left(\dfrac{x}{2}+\dfrac{\pi}{4}\right)\right|$.

19. 求下列微分之商:

(1) $y=\dfrac{\mathrm{d}(\tan x)}{\mathrm{d}(\cot x)}$;　　　　(2) $y=\dfrac{\mathrm{d}(\arcsin x)}{\mathrm{d}(\arccos x)}$;

(3) $y=\dfrac{\mathrm{d}(x^3-2x^6-x^9)}{\mathrm{d}(x^3)}$; (4) $y=\dfrac{\mathrm{d}\,\dfrac{\sin x}{x}}{\mathrm{d}(x^2)}$.

20. 用函数的微分代替函数的改变量,求下列各数的近似值.

(1) $\sqrt[3]{1.02}$;　　　　　(2) $\sin 29°$;

(3) $\arctan 1.05$.

3.2 高阶导数・高阶微分

3.2.1 高阶导数

在上节中,我们讨论过导函数的连续性,当然还可以讨论它的可导性,这就是求导函数的导数,也称**二阶导数**,记为 y'' 或 $\dfrac{\mathrm{d}^2 y}{\mathrm{d}x^2}$. 当然原来的导函数就称为一阶导数,对二阶导函数继续求导数得三阶导数,如此类推,对任意的正整数 n,可以定义 n 阶导数,记为 $y^{(n)}$ 或 $\dfrac{\mathrm{d}^n y}{\mathrm{d}x^n}$. 比如,已知速度 $v(t)$ 是路程 $s(t)$ 的导数,即

$$v(t)=s'(t),$$

加速度 $a(t)$ 是速度的导数,即

$$a(t) = v'(t),$$

这样,

$$a(t) = v'(t) = (s'(t))' = s''(t).$$

由上所述,求高阶导数实际上归结为重复求一阶导数. 但求 n 阶导数的一般表达式是一个比较困难的问题,下面通过例子来求各初等函数的 n 阶导数.

例 1 $y = x^{\mu}$.

$$y' = \mu x^{\mu-1}, \quad y'' = \mu(\mu-1)x^{\mu-2},$$

利用数学归纳法,立即就可证明

$$y^{(n)} = \mu(\mu-1)\cdots(\mu-n+1)x^{\mu-n}. \tag{3.54}$$

特别地,

1° $\mu = m \in \mathbf{N}$ 时,$k \in \mathbf{N}$ 时,有

$$(x^m)^{(m)} = m!, \quad (x^m)^{(m+k)} = 0;$$

2° $\left(\dfrac{1}{x}\right)^{(n)} = (-1)(-2)\cdots(-1-n+1)\dfrac{1}{x^{n+1}}$

$$= (-1)^n \frac{n!}{x^{n+1}}. \tag{3.55}$$

3° $\left(\dfrac{1}{\sqrt{x}}\right)^{(n)} = \left(-\dfrac{1}{2}\right)\left(-\dfrac{3}{2}\right)\cdots\left(-\dfrac{2n-1}{2}\right)x^{-\frac{1}{2}-n}$

$$= (-1)^n \frac{(2n-1)!!}{(2x)^n \sqrt{x}}. \tag{3.56}$$

例 2 $y = \ln x$.

因为 $y' = \dfrac{1}{x}$,所以利用 (3.55) 式,有

$$y^{(n)} = \left(\frac{1}{x}\right)^{(n-1)} = (-1)^{n-1}\frac{(n-1)!}{x^n}. \tag{3.57}$$

例 3 $y = a^x$.

$$y' = a^x \ln a, \quad y'' = a^x \ln^2 a,$$

容易用数学归纳法证明

$$y^{(n)} = a^x \ln^n a. \tag{3.58}$$

特别地，

$$(e^x)^{(n)} = e^x. \tag{3.59}$$

例 4　$y = \sin x.$

$$y' = \cos x = \sin\left(x + \frac{\pi}{2}\right),$$

$$y'' = \cos\left(x + \frac{\pi}{2}\right) = \sin\left(x + 2 \cdot \frac{\pi}{2}\right).$$

用数学归纳法，可证

$$y^{(n)} = \sin\left(x + n\,\frac{\pi}{2}\right). \tag{3.60}$$

类似地，有

$$(\cos x)^{(n)} = \cos\left(x + n\,\frac{\pi}{2}\right). \tag{3.61}$$

例 5　$y = \dfrac{1}{x^2 - a^2}.$

$$y = \frac{1}{2a}\left(\frac{1}{x-a} - \frac{1}{x+a}\right).$$

$$y^{(n)} = \frac{1}{2a}(-1)^n n!\left[\frac{1}{(x-a)^{n+1}} - \frac{1}{(x+a)^{n+1}}\right]. \tag{3.62}$$

例 6　$y = \arctan x.$

$$y' = \frac{1}{1+x^2} = \cos^2 y = \cos y \sin\left(y + \frac{\pi}{2}\right),$$

$$y'' = \left[-\sin y \sin\left(y + \frac{\pi}{2}\right) + \cos y \cos\left(y + \frac{\pi}{2}\right)\right]y'$$

$$= \cos^2 y \cos\left(2y + \frac{\pi}{2}\right) = \cos^2 y \sin 2\left(y + \frac{\pi}{2}\right),$$

$$y''' = \left[-2\cos y \sin y \sin 2\left(y + \frac{\pi}{2}\right) + \cos^2 y\, 2\cos 2\left(y + \frac{\pi}{2}\right)\right]y'$$

$$= 2\cos^3 y \cos\left(3y + 2 \cdot \frac{\pi}{2}\right) = 2\cos^3 y \sin 3\left(y + \frac{\pi}{2}\right),$$

利用数学归纳法,可证

$$y^{(n)} = (n-1)! \ \cos^n y \sin n\left(y + \frac{\pi}{2}\right). \tag{3.63}$$

和一阶导数一样,也可以讨论 n 阶导数的运算问题. 因为商的 n 阶导数过于复杂,所以这里只讨论加、减及乘法运算后的求导问题. 对于加、减运算后的求导是很简单的,利用数学归纳法,很容易证明

$$(u \pm v)^{(n)} = u^{(n)} \pm v^{(n)}. \tag{3.64}$$

至于乘积的导数,有著名的莱布尼兹(Leibnitz)公式,即若 $y = u(x) \cdot v(x)$,则

$$y^{(n)} = (uv)^{(n)} = \sum_{i=0}^{n} C_n^i u^{(n-i)} v^{(i)}, \tag{3.65}$$

其中 C_n^i 为 n 个元素中取 i 个的组合数.

证 $n=1$ 时,有

$$(uv)' = u'v + uv' = \sum_{i=0}^{1} C_1^i u^{(1-i)} v^{(i)}.$$

假设 $n=k$ 时成立,即

$$(uv)^{(k)} = \sum_{i=0}^{k} C_k^i u^{(k-i)} v^{(i)},$$

则

$$(uv)^{(k+1)} = \left(\sum_{i=0}^{k} C_k^i u^{(k-i)} v^{(i)}\right)' = \sum_{i=0}^{k} C_k^i \left(u^{(k-i)} v^{(i)}\right)'$$

$$= \sum_{i=0}^{k} C_k^i u^{(k+1-i)} v^{(i)} + \sum_{i=0}^{k} C_k^i u^{(k-i)} v^{(i+1)},$$

在最后的和式中,令 $i+1=j$ 后,再将 j 仍记为 i,得

$$\sum_{i=0}^{k} C_k^i u^{(k-i)} v^{(i+1)} = \sum_{j=1}^{k+1} C_k^{j-1} u^{(k+1-j)} v^{(j)}$$

$$= \sum_{i=1}^{k+1} \mathrm{C}_k^{i-1} u^{(k+1-i)} v^{(i)},$$

从而得

$$(uv)^{(k+1)} = u^{(k+1)} v + \sum_{i=1}^{k} (\mathrm{C}_k^i + \mathrm{C}_k^{i-1}) u^{(k+1-i)} v^{(i)} + uv^{(k+1)}$$

$$= \sum_{i=0}^{k+1} \mathrm{C}_{k+1}^i u^{(k+1-i)} v^{(i)}.$$

其中利用了

$$\mathrm{C}_k^i + \mathrm{C}_k^{i-1} = \mathrm{C}_{k+1}^i.$$

由数学归纳法,莱布尼兹公式就得证了.

例 7　$y = x(2x-1)^2(x+3)^3$,求 $y^{(6)}, y^{(7)}$.

解　$y = 4x^6 + P_5(x)$,

其中 $P_5(x)$ 是一个 5 次多项式.

$$y^{(6)} = (4x^6)^{(6)} + (P_5)^{(6)} = 4 \cdot 6! = 2880.$$

$$y^{(7)} = 0.$$

例 8　$y = \dfrac{x^2}{1-x}$,求 $y^{(8)}$.

解
$$y = \frac{1}{1-x} - (1+x),$$

$$y^{(8)} = \left(\frac{1}{1-x}\right)^{(8)} = \frac{8!}{(1-x)^9}.$$

例 9　$y = \sin x \sin 2x \sin 3x$,求 $y^{(10)}$.

解　$y = \dfrac{1}{2}(\cos 2x - \cos 4x)\sin 2x$

$$= \frac{1}{4}\sin 4x - \frac{1}{4}(\sin 6x - \sin 2x).$$

$$y^{(10)} = \frac{1}{4}\left[4^{10}\sin\left(4x + 10 \cdot \frac{\pi}{2}\right) - 6^{10}\sin\left(6x + 10 \cdot \frac{\pi}{2}\right) + \right.$$

$$\left. 2^{10}\sin\left(2x + 10 \cdot \frac{\pi}{2}\right)\right]$$

$$=2^8 \cdot 3^{10} \sin 6x - 4^9 \sin 4x - 2^8 \sin 2x.$$

例 10 $y = x^2 e^x$，求 $y^{(10)}$.

解 $y^{(10)} = \sum_{i=0}^{10} C_{10}^i (x^2)^{(i)} (e^x)^{(10-i)}$

$$= C_{10}^0 x^2 e^x + C_{10}^1 2x e^x + C_{10}^2 2 e^x$$

$$= (x^2 + 20x + 90) e^x.$$

例 11 $y = \arcsin x$，求 $y^{(n+1)}$.

解

$$y' = \frac{1}{\sqrt{1-x^2}} = \frac{1}{\sqrt{1-x}} \cdot \frac{1}{\sqrt{1+x}}.$$

$$y^{(n+1)} = \left(\frac{1}{\sqrt{1-x}} \cdot \frac{1}{\sqrt{1+x}} \right)^{(n)}$$

$$= \sum_{i=0}^{n} C_n^i \left(\frac{1}{\sqrt{1-x}} \right)^{(n-i)} \left(\frac{1}{\sqrt{1+x}} \right)^{(i)}$$

$$= \sum_{i=0}^{n} C_n^i \left[\frac{1}{2} \frac{3}{2} \cdots \frac{2(n-i)-1}{2} \frac{1}{(1-x)^{\frac{1}{2}+n-i}} \right]$$

$$\times \left[(-1)^i \frac{1}{2} \frac{3}{2} \cdots \frac{2i-1}{2} \frac{1}{(1+x)^{\frac{1}{2}+i}} \right]$$

$$= \frac{1}{2^n \sqrt{1-x^2}} \sum_{i=0}^{n} (-1)^i C_n^i \frac{[2(n-i)-1]!! \ (2i-1)!!}{(1-x)^{n-i}(1+x)^i}. \qquad (3.66)$$

例 12 $y = \arctan x$，求 $y^{(n)}(0)$.

解法 1 利用(3.63)式

$$y^{(n)}(x) = (n-1)! \ \cos^n(y(x)) \sin n\left(y(x) + \frac{\pi}{2} \right).$$

以 $y(0)=0$ 代入，得

$$y^{(n)}(0) = (n-1)! \ \sin \frac{n}{2}\pi = \begin{cases} 0, & \text{当 } n=2k, \\ (-1)^k \cdot 2k!, & \text{当 } n=2k+1. \end{cases}$$

$$(3.67)$$

解法 2
$$y' = \frac{1}{1+x^2},$$

故
$$(1+x^2)y' = 1.$$

两边关于 x 求 n 阶导数,得
$$(1+x^2)y^{(n+1)} + 2nxy^{(n)} + n(n-1)y^{(n-1)} = 0.$$

令 $x=0$,得
$$y^{(n+1)}(0) = -n(n-1)y^{(n-1)}(0).$$

由 $y'(0)=1$ 及 $y''(0)=0$,得(3.67)式
$$y^{(n)}(0) = \begin{cases} 0 & , \quad \text{当 } n=2k, \\ (-1)^k \cdot 2k! , & \quad \text{当 } n=2k+1. \end{cases}$$

3.2.2 高阶微分

和高阶导数一样,称一阶微分的微分为**二阶微分**,$y(x)$ 的二阶微分记为 $\mathrm{d}^2 y$,从而有
$$\mathrm{d}^2 y = \mathrm{d}(\mathrm{d}y),$$

以此类推可定义各阶微分. 回想在 x_0 点处 $y = f(x)$ 的一阶微分
$$\mathrm{d}y(x_0) = f'(x_0)\mathrm{d}x.$$

对任意点 x 有
$$\mathrm{d}y(x) = f'(x)\mathrm{d}x.$$

所以 $\mathrm{d}y$ 是依赖于 $f(x)$ 的,从而依赖于 x,另外它也依赖于 $\mathrm{d}x$,当 x 为自变量时 $\mathrm{d}x = \Delta x$,我们曾特别提醒注意:此时自变量 x 的改变量是可以任意变化而不依赖于 x,从而在求导数、微分时它可以看成和 x 无关的量,即作常量看待,这样,
$$\mathrm{d}^2 y = (f'(x)\mathrm{d}x)'\mathrm{d}x = f''(x)(\mathrm{d}x)^2.$$

为了书写方便,$(\mathrm{d}x)^2$ 常记为 $\mathrm{d}x^2$(请勿误认为这是 $\mathrm{d}(x^2)$).
于是
$$\mathrm{d}^2 y = f''(x)\mathrm{d}x^2,$$

同样

$$d^3 y = f'''(x) dx^3.$$

用数学归纳法,很容易得到

$$d^n y = f^{(n)}(x) dx^n. \tag{3.68}$$

上述(3.68)式也可以作为 x 为自变量时 n 阶微分的定义,从(3.68)式还可以得到

$$y^{(n)}(x) = \frac{d^n y}{dx^n},$$

上述左、右两端原来是 y 的 n 阶导数的两种记法,现在 $\dfrac{d^n y}{dx^n}$ 可以看成 y 的 n 阶微分和自变量 x 的一阶微分的 n 次方之比.

n 阶微分的公式(3.68)使我们能很快将导数的运算规则变为微分的运算规则:

$$d^n(u \pm v) = d^n u \pm d^n v, \tag{3.69}$$

$$d^n(uv) = \left(\sum_{i=0}^{n} C_n^i u^{(n-i)} v^{(i)} \right) dx^n = \sum_{i=0}^{n} C_n^i d^{n-i} u \, d^i v, \tag{3.70}$$

这后一式也称为**莱布尼兹公式**.

例1 $y = \cos x \operatorname{ch} x, x$ 为自变量,求 $d^6 y$.

解 $d^6 y = [-\cos x \operatorname{ch} x + C_6^1 (-\sin x) \operatorname{sh} x$
$\qquad\quad + C_6^2 \cos x \operatorname{ch} x + C_6^3 \sin x \operatorname{sh} x + C_6^4 (-\cos x) \operatorname{ch} x$
$\qquad\quad + C_6^5 (-\sin x) \operatorname{sh} x + \cos x \operatorname{ch} x] dx^6$
$\qquad = 8 \sin x \operatorname{sh} x \, dx^6.$

在前面求高阶微分时,我们一直指出 x 是自变量,而在求一阶微分时却没有这样做,这是因为一阶微分形式具有不变性:

$$dy = y'(x) dx = y'(u) du.$$

即不论 x 是不是自变量,一阶微分都保持相同的形式,但到了二阶微分,这种不变性就不再保持了.下面的例子说明了这一点.

例2 $y = x^4, u = x^2$ （x 是自变量）.

$$\mathrm{d}y = y'_x \mathrm{d}x = 4x^3 \mathrm{d}x.$$

由于一阶微分形式的不变性，从 $y = u^2$ 及 $u = x^2$，得这个微分也可以用如下方式求得.

$$\mathrm{d}y = y'_u \mathrm{d}u = 2u\mathrm{d}u = 2x^2(2x\mathrm{d}x) = 4x^3\mathrm{d}x.$$

对于二阶微分

$$\mathrm{d}^2 y = y''_{x^2} \mathrm{d}x^2 = 12x^2 \mathrm{d}x^2.$$

但这时

$$y''_{u^2} \mathrm{d}u^2 = 2\mathrm{d}u^2 = 2(2x\mathrm{d}x)^2 = 8x^2 \mathrm{d}x^2 \neq \mathrm{d}^2 y.$$

在求 $y = y(u)$（其中 $u = u(x)$）的二阶微分时，因为 $\mathrm{d}u$ 不是可以任意变的（$\mathrm{d}u = u'(x)\mathrm{d}x$），即 $\mathrm{d}u$ 和 $x,\mathrm{d}x$ 都有关，所以应该有

$$\mathrm{d}y = y'_u \mathrm{d}u,$$

$$\begin{aligned} \mathrm{d}^2 y = \mathrm{d}(\mathrm{d}y) = \mathrm{d}(y'_u \mathrm{d}u) &= \mathrm{d}(y'_u) \cdot \mathrm{d}u + y'_u \mathrm{d}(\mathrm{d}u) \\ &= y''_{u^2} \mathrm{d}u^2 + y'_u \mathrm{d}^2 u. \end{aligned} \tag{3.71}$$

当 u 为中间变量时，往往有可能 $\mathrm{d}^2 u \neq 0$，从而

$$\mathrm{d}^2 y \neq y''_{u^2} \mathrm{d}u^2.$$

但当 $u = x$ 为自变量时，$\mathrm{d}^2 u = \mathrm{d}^2 x = 0$，所以

$$\mathrm{d}^2 y = y'' \mathrm{d}x^2.$$

求高阶微分的规则要随 x 为自变量和中间变量而异，所以我们需要随时指出 x 是自变量还是因变量. 但因为一阶微分形式是不变的，所以可以一阶一阶地对中间变量求微分来过渡到所要的结果.

3.2.3　参变量方程所定义的函数·隐函数的导数及微分

如果函数关系由参变量方程 $y = y(t), x = x(t)$ 给出. 又从 $x = x(t)$（或 $y = y(t)$），可以得到反函数 $t = t(x)$（或 $t = t(y)$），这样函数关系就变为 $y = y(t(x)) = y(x)$（或 $x = x(t(y)) = x(y)$），上面的记号在合理性上是有一点问题的，即从 $y = y(t)$ 得到 $y = y(x)$ 并不是将 t 直接换成 x，而是将 t 换成 $t(x)$. 这样，$y(t)$ 和 $y(x)$ 中关

于 t,x 的变化规律虽然都用字母"y"来表示，但它们是不同的，当然写成 $y=y(t)$ 及 $y=y(t(x))=y_1(x)$ 更合理一点，但是这种写法引入了新的函数关系 y_1，我们需要记住 y 与 y_1 的对应关系，这样反而会给我们造成不少麻烦. 如果我们只要知道变量间的依赖性，不必深究它们之间的具体依赖关系的话，本段开始所采用的记号有它的优越性，而且已经被大家所认可. 这样，利用微分法很快就可求用参变量方程所定义的函数导数. 若 $x'(t)\neq 0$ 时，有

$$y'_x=\frac{\mathrm{d}y}{\mathrm{d}x}=\frac{y'(t)\,\mathrm{d}t}{x'(t)\,\mathrm{d}t}=\frac{y'(t)}{x'(t)}.$$

其中的 $x'(t)\neq 0$ 保证反函数 $t=t(x)$ 存在、可导.（这在第九章中将详细讲解）若 $x'(t)=0$，但 $y'(t)\neq 0$，则

$$x'_y=\frac{\mathrm{d}x}{\mathrm{d}y}=\frac{x'(t)}{y'(t)}.$$

对于 $x'(t)=0$ 且 $y'(t)=0$ 的点，上述求导法则不成立，这样点称为曲线的**奇点**（它一般对应于曲线的尖点或重点）. 对于高阶导数也可以逐阶求导来求得.

$$y''_{x^2}=\frac{\mathrm{d}\left(\frac{\mathrm{d}y}{\mathrm{d}x}\right)}{\mathrm{d}x}=\frac{\frac{\mathrm{d}^2y\mathrm{d}x-\mathrm{d}y\mathrm{d}^2x}{\mathrm{d}x^2}}{\mathrm{d}x}=\frac{\mathrm{d}^2y\mathrm{d}x-\mathrm{d}y\mathrm{d}^2x}{\mathrm{d}x^3},$$

即

$$y''_{x^2}=\frac{y''(t)x'(t)-y'(t)x''(t)}{[x'(t)]^3}. \tag{3.72}$$

$$y'''_{x^3}=\frac{\mathrm{d}\left(\frac{\mathrm{d}^2y\mathrm{d}x-\mathrm{d}y\mathrm{d}^2x}{\mathrm{d}x^3}\right)}{\mathrm{d}x}=\frac{\frac{(\mathrm{d}^3y\mathrm{d}x-\mathrm{d}y\mathrm{d}^3x)\mathrm{d}x^3-(\mathrm{d}^2y\mathrm{d}x-\mathrm{d}y\mathrm{d}^2x)3\mathrm{d}x^2\mathrm{d}^2x}{\mathrm{d}x^6}}{\mathrm{d}x}$$

$$= \frac{(\mathrm{d}x\mathrm{d}^3 y - \mathrm{d}^3 x\mathrm{d}y)\mathrm{d}x - 3(\mathrm{d}x\mathrm{d}^2 y - \mathrm{d}^2 x\mathrm{d}y)\mathrm{d}^2 x}{\mathrm{d}x^5},$$

即

$$y'''_{x^3} = \frac{[x'(t)y'''(t) - x'''(t)y'(t)]x'(t)}{[x'(t)]^5}$$

$$- \frac{3[x'(t)y''(t) - x''(t)y'(t)]x''(t)}{[x'(t)]^5}. \tag{3.73}$$

关于隐函数的理论,我们将在第 9 章 9.1.4 中介绍,这里只在隐函数存在而且可导的假定下,介绍用复合函数求导法则来求隐函数的导数.

例 1 求由

$$\arctan\frac{y}{x} = \ln\sqrt{x^2 + y^2}$$

所确定的隐函数 $y = y(x)$ 的二阶导数.

解 将 y 用隐函数 $y(x)$ 代入所给的等式后,它就成一恒等式,两边对 x 求导数,得

$$\frac{1}{1 + \left(\frac{y}{x}\right)^2}\left(\frac{y}{x}\right)' = \frac{1}{2}\frac{1}{x^2 + y^2}(x^2 + y^2)',$$

$$\frac{1}{1 + \frac{y^2}{x^2}}\frac{y'x - y}{x^2} = \frac{1}{2}\frac{1}{x^2 + y^2}(2x + 2yy'),$$

即

$$xy' - y = x + yy', \tag{3.74}$$

所以

$$y' = \frac{x + y}{x - y} \quad (x - y \neq 0).$$

注意到 y 和 y' 都是 x 的函数,对(3.74)式两边再求导,得

$$(y' + xy'') - y' = 1 + (y'^2 + yy''),$$

所以

$$y'' = \frac{1+y'^2}{x-y} = 2\frac{x^2+y^2}{(x-y)^3} \quad (x-y\neq 0).$$

习　题

1. 已知 $f(x)=x^3+x^2+x+1$，求 $f'(0),f''(0),f'''(0),f^{(4)}(0)$.

2. 对下列函数求指定的导数：

(1) $y=\sin^3 x$，求 $y^{(4)}$；　　　　(2) $y=e^{ax}$，求 $y^{(4)}$；

(3) $y=xe^x$，求 $y^{(4)}$；　　　　(4) $y=x^2\sin x$，求 $y^{(4)}$；

(5) $y=x\,\mathrm{sh}\,x$，求 $y^{(100)}$；　　　(6) $y=\dfrac{ax+b}{cx+d}$，求 $y^{(n)}$；

(7) $y=\dfrac{e^x}{x}$，求 $y^{(n)}$；　　　　　(8) $y=\sin ax\sin bx$，求 $y^{(n)}$；

(9) $y=e^x\sin x$，求 $y^{(n)}$；　　　(10) $y=\ln\dfrac{a+bx}{a-bx}$，求 $y^{(n)}$.

3. 设 $f(x)$ 为三阶可导函数，求 y'',y'''：

(1) $y=f(x^2)$；　　　　　　(2) $y=f\left(\dfrac{1}{x}\right)$；

(3) $y=f(\ln x)$；

(4) $y=f(\varphi(x))$，其中 $\varphi(x)$ 是已知三阶可导函数.

4. 证明 $y=C_1\sin\omega t+C_2\cos\omega t$ 满足振动方程

$$y''+\omega^2 y=0,$$

其中 C_1,C_2,ω 为常数.

5. 证明勒让德(Legendre)多项式

$$P_m(x)=\frac{1}{2^m m!}\left[(x^2-1)^m\right]^{(m)},$$

满足

$$(1-x^2)P''_m(x)-2xP'_m(x)+m(m+1)P_m(x)=0.$$

6. 求下列指定阶的微分，其中 x 是自变量，$u=u(x),v=v(x)$

是 x 的足够多次可导函数.

(1) $y=\dfrac{1}{\sqrt{x}}$, 求 $\mathrm{d}^3 y$；　　　　(2) $y=\mathrm{e}^x \ln x$, 求 $\mathrm{d}^4 y$；

(3) $y=\mathrm{e}^u$, 求 $\mathrm{d}^4 y$；　　　　　(4) $y=\ln u$, 求 $\mathrm{d}^3 y$；

(5) $y=u^m v^n$, 求 $\mathrm{d}^2 y$；　　　　(6) $y=\dfrac{u}{v}$, 求 $\mathrm{d}^2 y$；

(7) $y=x^n \mathrm{e}^x$, 求 $\mathrm{d}^n y$；　　　　(8) $y=\dfrac{\ln x}{x}$, 求 $\mathrm{d}^n y$.

7. 对下列函数求 $\dfrac{\mathrm{d}y}{\mathrm{d}x}$：

(1) $x=\sqrt[3]{1-\sqrt{t}}$, $y=\sqrt{1-\sqrt[3]{t}}$；

(2) $x=a(t-\sin t)$, $y=a(1-\cos t)$.

8. 对下列函数求 $\dfrac{\mathrm{d}^3 y}{\mathrm{d}x^3}$：

(1) $x=1-t^2$, $y=t-t^3$；

(2) $x=\ln(1+t^2)$, $y=1-\arctan t$.

9. 求下列隐函数的导数 $\dfrac{\mathrm{d}y}{\mathrm{d}x}$：

(1) $x^2+2xy-y^2=2x$；　　(2) $\sqrt{x}+\sqrt{y}=\sqrt{a}$；

(3) $r=a\mathrm{e}^{m\varphi}$　（(r,φ) 为点的极坐标）.

第 3 章总习题

1. 举出在 $a_1, a_2, \cdots, a_n$ 处没有导数的连续函数的例子.

2. 若 $f(x)$ 是可微函数, 证明

$$\lim_{n\to\infty}\left[f\left(x+\frac{1}{n}\right)-f(x)\right]n=f'(x).$$

又若所述极限存在（有限）, 问 $f(x)$ 是否可微?

3. $f(x)\in C_{[a,+\infty]}$, 并在 $f(x)=0$ 的点 x 处可导, 且 $f(x)\neq 0$,

若 $\{x_n\}$ 是 $f(x)$ 的不同零点所组成的数列,试证

$$\lim_{n \to \infty} x_n = +\infty.$$

4. 求 $y = |x|^p$ 的导数.

5. 已知 $\varphi(x) \in C, f(x) = |x-a| \varphi(x)$,求 $f'_+(a), f'_-(a)$;并指出什么时候 $f'(a)$ 存在.

*6. 设 $f(x)$ 在 $x = x_0$ 处可导,$\alpha_n < x_0 < \beta_n$,且 $\alpha_n \to x_0$ 及 $\beta_n \to x_0$,证明

$$\lim_{n \to \infty} \frac{f(\beta_n) - f(\alpha_n)}{\beta_n - \alpha_n} = f'(x_0).$$

7. 向口径为 10 cm,高为 15 cm 的直圆锥容器注水,若水的流量为每秒 8 cm^3,求容器中水面上升的速度.

8. 已知 $g(x)$ 是二次连续可导函数,且 $g(0) = 1$,

$$f(x) = \begin{cases} \dfrac{g(x) - \cos x}{x}, & \text{当 } x \neq 0, \\ A, & \text{当 } x = 0. \end{cases}$$

(1) 确定 A 使得 $f(x)$ 在 $x = 0$ 处连续;

(2) 求 $f'(x)$;

(3) 讨论 $f'(x)$ 在 $x = 0$ 处的连续性.

9. $f(x) = \begin{cases} \mathrm{e}^{-\frac{1}{x^2}}, & \text{当 } x \neq 0, \\ 0, & \text{当 } x = 0, \end{cases}$ 证明 $f(x)$ 在任意阶导数都连续,而且 $f^{(n)}(0) = 0$.

10. 证明 $y = \begin{cases} x^{2n} \sin \dfrac{1}{x}, & \text{当 } x \neq 0, \\ 0, & \text{当 } x = 0, \end{cases}$ 在 $x = 0$ 处有直到 n 阶的导数,而无 $n+1$ 阶导数.

第4章 利用导数研究函数

微分学在现代科技领域有非常广泛的应用,例如利用导数的性质来研究函数的性质有很多方便的地方.本章介绍微分学基本定理、泰勒(Tayler)公式、函数的局部性质及整体性质.

4.1 微分学基本定理

4.1.1 费马定理·罗尔定理

定理 4.1(费马(Fermat)定理) 如果存在 x_0 的邻域 U,使得在 x_0 点 $f(x)$ 达到它在 U 内的最大值或最小值,而且 $f'(x_0)$ 存在(有限),则

$$f'(x_0) = 0. \tag{4.1}$$

证 设 $f(x)$ 在 x_0 点达到它在 U 内的最大值,则对 $x \in U$,有

$$f(x) - f(x_0) \leqslant 0. \tag{4.2}$$

当 $x > x_0$ 时,得右导数

$$f'_+(x_0) = \lim_{x \to x_{0_+}} \frac{f(x) - f(x_0)}{x - x_0} \leqslant 0, \tag{4.3}$$

当 $x < x_0$ 时,得左导数

$$f'_-(x_0) = \lim_{x \to x_{0_-}} \frac{f(x) - f(x_0)}{x - x_0} \geqslant 0, \tag{4.4}$$

由 $f'(x_0)$ 存在(有限),知

$$f'_+(x_0) = f'_-(x_0) = f'(x_0),$$

即

$$f'(x_0) = 0.$$

当 $f(x)$ 在 x_0 点达到它在 U 内的最小值时,只是(4.2),(4.3),(4.4)式改变为相反的不等式,没有本质的差别.

本定理可推广为:若在 (a,b) 内的 x_0 处达到它在 (a,b) 内的最大(小)值,且 $f'(x_0)$ 存在(有限),则 $f'(x_0)=0$. 特别要指出的是,上述定理只对内部的点成立,对边界上的点不适用,所以它不能推广到闭区间或半开半闭区间.

因为 $f'(x_0)=0$,表示曲线在 $(x_0,f(x_0))$ 点的切线斜率为零,即切线是水平的,所以费马定理的几何意义是很明显的,即对于一条在 $(x_0,f(x_0))$ 处有切线的连续曲线来说,如果曲线在 $(x_0,f(x_0))$ 点成为 x_0 的邻域 U 内的最高点(或最低点),则这点的切线是水平的(图 4-1).

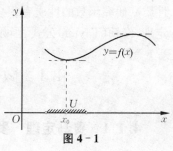

图 4-1

定理 4.2(罗尔(Rolle)定理) 若 $f(x)\in C_{[a,b]}$,且在 (a,b) 内可导,又 $f(a)=f(b)$,则在 (a,b) 内存在点 c,使得 $f'(c)=0$.

证 因为 $f(x)\in C_{[a,b]}$,故 $f(x)$ 在 $[a,b]$ 上达到最大值 M 及最小值 m,若

(1) $M=m$,则在 $[a,b]$ 上 $f(x)$ 为常数,从而 (a,b) 内的每一点都有 $f'=0$.

(2) $M\neq m$,则 M 和 m 中必有一个不等于 $f(a)$ 及 $f(b)$,设 $M\neq f(a)(f(b))$,于是 $f(x)$ 在 (a,b) 内的某点 c 达到最大值,由费马定理的推广得 $f'(c)=0$.

罗尔定理的三个条件虽然不是必要条件,但却是重要的.下面三个例子表明这些条件缺一就可能不成立.

$$f_1(x)=x-[x] \qquad (0\leqslant x\leqslant 1),$$

$$f_2(x) = \begin{cases} x, & \text{当} 0 \leqslant x \leqslant \dfrac{1}{2}, \\ 1-x, & \text{当} \dfrac{1}{2} < x \leqslant 1, \end{cases}$$

$$f_3(x) = x \quad (0 \leqslant x \leqslant 1),$$

其中 $f_1(x)$ 不满足 $[0,1]$ 上连续的条件, $f_2(x)$ 不满足 $(0,1)$ 内可导的条件, $f_3(x)$ 不满足 $f(0) = f(1)$. 这三个函数在 $(0,1)$ 内都没有使导数为零的点.

罗尔定理的几何意义是很明显的:对于一条处处有切线的连续曲线来说,如果两端在同一水平线上,则内部一定有一点的切线是水平的(图 4 - 2).

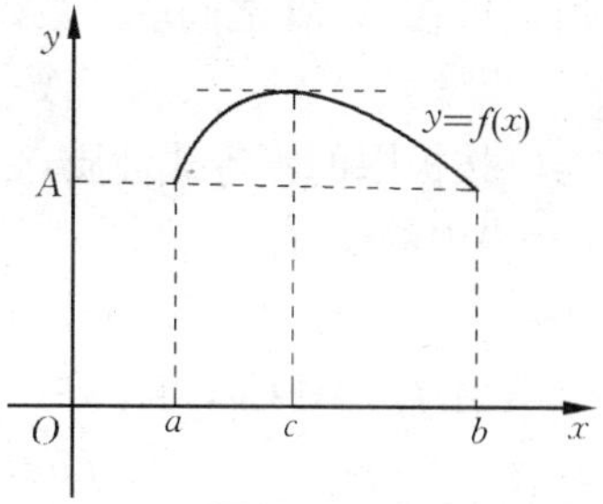

图 4 - 2

例 1 (推广的罗尔定理) 若 $f(x)$ 在 (a,b) 内可导,且

$$\lim_{x \to a_+} f(x) = \lim_{x \to b_-} f(x)(\text{有限}),$$

则在 (a,b) 内存在点 c,使得 $f'(c)=0$. (其中 a,b 可以是有限数也可以是 $-\infty$, $+\infty$)

证 记

$$\lim_{x \to a_+} f(x) = \lim_{x \to b_-} f(x) = A.$$

若 a,b 为有限数,定义

$$F(x) = \begin{cases} f(x), & \text{当} x \in (a,b), \\ A, & \text{当} x = a,b, \end{cases}$$

则 $F(x) \in C_{[a,b]}$,在 (a,b) 内 $F(x) = f(x)$,从而 $F(x)$ 可导,又 $F(a)=F(b)=A$,由罗尔定理得,存在 $c \in (a,b)$,使得 $F'(c) = 0$,即 $f'(c) = 0$.

若 a,b 之一或全部为无穷(即 $a = -\infty$,或 $b = +\infty$,或 $a = -\infty$ 且 $b = +\infty$). 以 M,m 记 $f(x)$ 在 (a,b) 内的上、下确界,又可分

两种情况,

第一种情况:$m = M$,则 $f(x)$ 在 (a,b) 内为常数,从而对于任一个 $x \in (a,b)$ 都有 $f'(x) = 0$.

第二种情况:$m \neq M$,则必有 $A \neq M$ 或 $A \neq m$,为确定起见,设 $A \neq M$ 及 $a = -\infty, b = +\infty$. 因为

$$\lim_{x \to -\infty} f(x) = \lim_{x \to +\infty} f(x) = A < M,$$

所以可在 A, M 之间取一数 M_1,使得

$$A < M_1 < M.$$

按极限的不等式性质,必存在 $K > 0$,对于 $(-\infty, -K)$ 及 $(K, +\infty)$ 内的 x,有

$$f(x) < M_1.$$

由 $f(x) \in C_{\mathbf{R}}$,得 x 在 $(-\infty, -K] \cup [K, +\infty)$ 上有

$$f(x) \leqslant M_1 < M.$$

从而 $f(x)$ 在 $\mathbf{R}$ 内的上确界等于 $f(x)$ 在 $[-K, K]$ 上的上确界,再因为 $f(x) \in C_{[-K,K]}$,所以 $f(x)$ 在 $[-K, K]$ 上达到最大值(即上确界 M),设它在 c 点达到,则 $c \neq -K, K$(因为 $f(-K) < M$,$f(K) < M$). 从而它在 $(-K, K)$ 内达到,由费马定理 4.1 的推广得 $f'(c) = 0$(图 4-3).

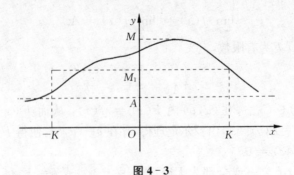

图 4-3

例 2 $f(x)$ 在包含 $[0,1]$ 的开区间 I 内有三阶导数,且 $f(0)=f(1)=0$,设 $F(x)=x^2 f(x)$,则在 $(0,1)$ 内存在点 c,使得 $F'''(c)=0$.

证 首先,$F(x)\in C_{[0,1]}$,在 $(0,1)$ 内可导,$F(0)=F(1)=0$. 所以罗尔定理条件满足,从而存在 $a\in(0,1)$,使得 $F'(a)=0$.

其次,$F'(x)\in C_{[0,a]}$,在 $(0,a)$ 内可导,$F'(a)=0$ 及 $F'(0)=0$. 所以 $F'(x)$ 在 $[0,a]$ 上满足罗尔定理,从而存在 $b\in(0,a)$,使得 $F''(b)=0$.

又因为 $F''(x)\in C_{[0,b]}$,$F''(x)$ 在 $(0,b)$ 内可导,$F''(b)=0$,及 $F''(0)=0$. 这样对 $F''(x)$ 来说,它在 $[0,b]$ 上满足罗尔定理的条件,从而存在着 $c\in(0,b)\subset(0,1)$,使得 $F'''(c)=0$.

例 3 设 $f(x)$ 为可微函数,证明 $f(x)$ 任意两个零点之间必有 $f(x)+f'(x)$ 的零点.

证 $f(x)+f'(x)$ 的零点,即 $\mathrm{e}^x(f(x)+f'(x))$ 的零点,也即 $(\mathrm{e}^x f(x))'$ 的零点. 今设 a,b 是 $f(x)$ 的任意两个零点,则 a,b 必为 $F(x)=\mathrm{e}^x f(x)$ 的零点,即

$$F(a)=F(b)=0.$$

又 $f(x)$ 可微得 $F(x)$ 也可微,从而 $F(x)$ 必在 $[a,b]$ 上连续. 利用罗尔定理可知,在 (a,b) 内 $F'(x)$ 有零点,也即 $f(x)+f'(x)$ 有零点.

4.1.2 中值定理

定理 4.3(拉格朗日(Lagrange)定理) 如果 $f(x)\in C_{[a,b]}$,在 (a,b) 内可导,则至少存在一点 $\xi\in(a,b)$,使得

$$f'(\xi)=\frac{f(b)-f(a)}{b-a}. \tag{4.5}$$

在证明以前,让我们先来看看拉格朗日定理的几何意义,从而从中得出证明的思路. (4.5)式左端的 $f'(\xi)$ 表示曲线在 $M(\xi,$

$f(\xi)$ 点的切线 MT 的斜率(图 4 - 4),而(4.5)式右端 $\dfrac{f(b)-f(a)}{b-a}$ 表示 $A(a,f(a))$,$B(b,f(b))$ 的连线之斜率.定理 4.3 断言:这两个斜率是相等的,因而 MT 和 AB 是平行的.这样本定理的证明思路是:由于 AB 的斜率为

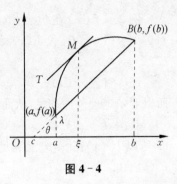

图 4 - 4

$$\tan\theta = \frac{f(b)-f(a)}{b-a},$$

将坐标系旋转 θ 角后,在新坐标系 Ox_1y_1 下,AB 就平行于 Ox_1 轴.而寻找 M 点,就是寻找切线平行于 Ox_1 轴的点.这可以利用罗尔定理来求得.

为了简单起见,对坐标轴先作平移(以 $(a,f(a))$ 为原点),再旋转 θ 角,变换公式(仍以 Ox_1y_1 记新坐标系)为

$$\begin{cases} x_1 = (x-a)\cos\theta + (y-f(a))\sin\theta, & (4.6) \\ y_1 = -(x-a)\sin\theta + (y-f(a))\cos\theta, & (4.7) \end{cases}$$

用 $y = f(x)$ 代入(4.7)式,得

$$\begin{aligned} y_1(x) &= -(x-a)\sin\theta + (f(x)-f(a))\cos\theta \\ &= \cos\theta[f(x)-f(a)-\tan\theta(x-a)] \\ &= \cos\theta\left[f(x)-f(a)-\frac{f(b)-f(a)}{b-a}(x-a)\right]. \end{aligned}$$

问题就化为去证明存在 $\xi\in(a,b)$,使得 $y_1'(\xi)=0$.

定理 4.3 的证明

作函数

$$F(x) = f(x)-f(a)-\frac{f(b)-f(a)}{b-a}(x-a).$$

因为 $f(x)\in C_{[a,b]}$,从而 $F(x)\in C_{[a,b]}$,由 $f(x)$ 在 (a,b) 内可导,得 $F(x)$ 在 (a,b) 内可导,又 $F(a)=F(b)=0$. 所以 $F(x)$ 满足罗尔定

理的三个条件,于是存在 $\xi \in (a,b)$,使得

$$F'(\xi) = 0,$$

即　$f'(\xi) = \dfrac{f(b) - f(a)}{b - a}.$

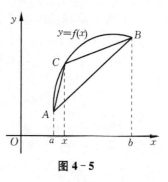

图 4 - 5

定理证明中辅助函数 $F(x)$ 的另一个直观意义如下:见图 4-5,设 A,B 是曲线 $y = f(x)$ 上的两端点,而 C 是其上的动点,它们的坐标分别为 A $(a, f(a)), B(b, f(b)), C(x, f(x))$. 则 $\triangle ABC$ 的面积的 2 倍为

$$\begin{vmatrix} 1 & a & f(a) \\ 1 & b & f(b) \\ 1 & x & f(x) \end{vmatrix} = \begin{vmatrix} 1 & a & f(a) \\ 0 & b-a & f(b)-f(a) \\ 0 & x-a & f(x)-f(a) \end{vmatrix}$$

$$= [f(x) - f(a)](b-a) - [f(b) - f(a)] \cdot$$
$$(x - a)$$
$$= (b - a)F(x),$$

即　　　　　　$$F(x) = \dfrac{2}{b-a} S_{\triangle ABC}.$$

定理中找 ξ,使得

$$F'(\xi) = 0,$$

表示在曲线 $y = f(x)$ 上找 C 点,使得 $\triangle ABC$ 的面积为最大.

拉格朗日定理也称为**微分学中值定理**,它和罗尔定理一起是微分学中主要的基本定理. 公式(4.5)也可改写成

$$f(b) - f(a) = f'(\xi)(b - a), \xi \in (a, b). \tag{4.8}$$

又若记 $a = x_0, b = x_0 + \Delta x,$ 则

$$\Delta f(x_0) = f(x_0 + \Delta x) - f(x_0) = f'(\xi)\Delta x$$
$$= f'(x_0 + \theta \Delta x)\Delta x, \theta \in (0, 1). \tag{4.9}$$

上式有时称为**有限增量公式**.

定理 4.4(柯西中值定理) 设 $f(x),g(x)\in C_{[a,b]}$,在 (a,b) 内 $f(x),g(x)$ 可导,且 $g'(x)\neq 0$,则存在 $\xi\in(a,b)$,使得

$$\frac{f(b)-f(a)}{g(b)-g(a)}=\frac{f'(\xi)}{g'(\xi)}. \tag{4.10}$$

证 方法和思路都和定理 4.3 类似. 作

$$F(x)=f(x)-f(a)-\frac{f(b)-f(a)}{g(b)-g(a)}(g(x)-g(a)).$$

$$\tag{4.11}$$

因为在 (a,b) 内 $g'(x)\neq 0$,则由罗尔定理可以反推得 $g(b)\neq g(a)$,所以(4.11)是有意义的.

同样由 $f(x),g(x)\in C_{[a,b]}$,得 $F(x)\in C_{[a,b]}$,再由 $f(x),g(x)$ 在 (a,b) 内可导,得 $F(x)$ 在 (a,b) 内可导,最后 $F(b)=F(a)=0$,这表示 $F(x)$ 满足罗尔定理的条件,因而存在 $\xi\in(a,b)$,使得

$$F'(\xi)=0.$$

即

$$\frac{f'(\xi)}{g'(\xi)}=\frac{f(b)-f(a)}{f(b)-g(a)}. \tag{4.12}$$

柯西中值定理和拉格朗日中值定理有同样的几何意义,如果将曲线表示为参变量方程 $y=f(t),x=g(t)$,柯西公式(4.12)的右端表示曲线两端连线的斜率,它等于((4.12)左端)曲线上某一点的切线斜率,即该两线平行.

例 1 $f(x)\in C_{[x_0,x_0+\Delta]}(\Delta>0)$,且在 $(x_0,x_0+\Delta)$ 内可导,同时在 x_0 点导数的右极限 $f'(x_{0+})=K$(有限或无穷),则在 x_0 点右导数 $f'_+(x_0)=K$.

证 取 $\Delta x>0$ 且 $\Delta x<\Delta$,$f(x)$ 在 $[x_0,x_0+\Delta x]$ 上满足拉格朗日定理,则

$$\frac{f(x_0+\Delta x)-f(x_0)}{\Delta x}=f'(\xi),\quad x_0<\xi<x_0+\Delta x.$$

当 $\Delta x\to 0_+$ 时,显见 $\xi\to x_{0+}$,这样有

$$f'_+(x_0) = \lim_{\Delta x \to 0_+} \frac{f(x_0 + \Delta x) - f(x_0)}{\Delta x} = \lim_{\xi \to x_{0+}} f'(\xi)$$
$$= f'(x_{0+}) = K.$$

例 1 说明了对导数来说,若导数的右极限为有限或无穷,则右导数也等于所述的极限. 很明显,导数的左极限与左导数之间也有类似的关系. 如果在该点导数存在,于是左、右导数存在而且相同,由此得知导数的左、右极限若存在,则它们必定相等. 这样,在导数点点存在的前提下,它不可能有第一类间断点,而只可能有第二类间断点. 这一事实我们在第 3 章 3.1.4 段提到过,但未给予证明.

例 2 $f(x) \in C_{[a,b]}$,在 (a,b) 内二阶可导,又连接 $(a, f(a))$,$(b, f(b))$ 两点的直线和曲线 $y = f(x)$ 相交于 $(c, f(c))$ $(a < c < b)$,证明存在 $\xi \in (a, b)$,使 $f''(\xi) = 0$.

证 记 $A(a, f(a))$,$B(b, f(b))$,$C(c, f(c))$,则 A, B, C 在同一直线上,因而 CA 和 BC 斜率相同,即

$$\frac{f(c) - f(a)}{c - a} = \frac{f(b) - f(c)}{b - c}. \tag{4.13}$$

因为 $f(x) \in C_{[a,b]}$,且在 (a,b) 内 $f(x)$ 可导,今分别对 (4.13) 式左、右端应用拉格朗日中值定理,得

$$f'(\xi_1) = f'(\xi_2), \quad a < \xi_1 < c < \xi_2 < b. \tag{4.14}$$

又因为 $f''(x)$ 在 (a,b) 内存在,所以 $f'(x) \in C_{[\xi_1, \xi_2]}$,而且 $f'(x)$ 在 (ξ_1, ξ_2) 内可导,并且满足 (4.14),即 $f'(x)$ 在 $[\xi_1, \xi_2]$ 上满足罗尔定理的条件,从而存在 $\xi \in (\xi_1, \xi_2) \subset (a, b)$,使得

$$f''(\xi) = 0.$$

4.1.3 不定式的定值

在第 1 章 1.1,1.2 中,我们不时地遇到不定式的求极限的问题,即当 $x \to a$ 时,求 $\frac{f(x)}{g(x)}$,$f(x) \cdot g(x)$,$f(x) - g(x)$,$f(x)^{g(x)}$ 的极限时出现的

$$\frac{0}{0}, \frac{\infty}{\infty}, 0 \cdot \infty, \infty - \infty, 0^0, \infty^0, 1^\infty$$

等特殊形式的极限,因为所求的也可以是单边极限,而 a 可能为有限,也可能为$\infty, +\infty, -\infty$,这样就可能出现很多情况,下面就主要的有代表性的情况介绍不定式定值的一般方法.

(一) $x \to a$(有限)时,$\frac{0}{0}$ 型极限

定理 4.5(洛比达(L'Hospitale)法则) 设 $f(x), g(x)$ 在 a 点附近可导(a 点可以例外),且 $g'(x) \neq 0$. 又

$$\lim_{x \to a} f(x) = \lim_{x \to a} g(x) = 0, \qquad (4.15)$$

且

$$\lim_{x \to a} \frac{f'(x)}{g'(x)} = K(\text{有限或无穷}), \qquad (4.16)$$

则

$$\lim_{x \to a} \frac{f(x)}{g(x)} = K. \qquad (4.17)$$

证 设 $f(x), g(x)$ 在 a 的去心 δ — 邻域 $U_\delta \backslash \{a\}$ 内可导,今补充或修改定义,$f(a) = g(a) = 0$,于是 $f(x), g(x)$ 在 a 点连续,显然 $f(x), g(x) \in C_{[a, a+\frac{\delta}{2}]}$,在 $\left(a, a+\frac{\delta}{2}\right)$ 内可导,而且 $g'(x) \neq 0$. 利用柯西中值定理,对于 $x \in \left(a, a+\frac{\delta}{2}\right)$,就有

$$\frac{f(x)}{g(x)} = \frac{f(x) - f(a)}{g(x) - g(a)} = \frac{f'(c)}{g'(c)}, \ a < c < x. \qquad (4.18)$$

因为其中 c 实际上是 x 的函数,当 $x \to a_+$ 时,$c(x) \to a_+$,且 $c(x) \neq a$. 由复合函数的极限公式(1.57),得

$$\lim_{x \to a_+} \frac{f(x)}{g(x)} = \lim_{c \to a_+} \frac{f'(c)}{g'(c)} = K.$$

按同样的理由,对于 $\left(a-\frac{\delta}{2}, a\right)$ 中的 x,也有

$$\frac{f(x)}{g(x)} = \frac{f'(c)}{g'(c)}, x < c < a, \tag{4.19}$$

所以

$$\lim_{x \to a_-} \frac{f(x)}{g(x)} = \lim_{c \to a_-} \frac{f'(c)}{g'(c)} = K,$$

即

$$\lim_{x \to a} \frac{f(x)}{g(x)} = K.$$

对定理 4.5 有必要作进一步的说明：

1° 由证明可知,对于单边极限,定理仍成立.

2° 在定理条件成立时,由

$$\lim_{x \to a} \frac{f'(x)}{g'(x)} = K \tag{4.20}$$

可断定

$$\lim_{x \to a} \frac{f(x)}{g(x)} = K.$$

但如果(4.20)中的极限不存在,就不能断言当 $x \to a$ 时,函数 $\dfrac{f(x)}{g(x)}$ 的极限一定不存在,下面例 1 给出了这方面的一个例子.

例 1　在 $x=0$ 附近, $f(x) = x^2 \sin \dfrac{1}{x}$ 和 $g(x) = x$ 都可导, $g'(x) \equiv 1 \neq 0$, 但

$$\frac{f'(x)}{g'(x)} = 2x\sin\frac{1}{x} - \cos\frac{1}{x},$$

当 $x \to 0$ 时它的极限不存在,可是

$$\lim_{x \to 0} \frac{f(x)}{g(x)} = \lim_{x \to 0} x\sin\frac{1}{x} = 0.$$

3° 当 $f(x), g(x)$ 在 $U_\delta \backslash \{a\}$ 内有高阶导数,而且 $g(x)$ 的各阶导数都不等于零时,则可以多次应用定理 4.5,得

$$\lim_{x \to a} \frac{f(x)}{g(x)} = \lim_{x \to a} \frac{f'(x)}{g'(x)} = \lim_{x \to a} \frac{f''(x)}{g''(x)} = \cdots$$

直到最后的极限不是不定式而可以求出时为止.

4° 在多次应用洛比达法则时,所得到的比式可能会越来越繁,这时每用一次都要检查一下,是否有些因子的极限可先求出,从而将整个式子化简.

例 2 求

$$I = \lim_{x \to 1} \frac{x^x - x}{\ln x - x + 1}.$$

解 利用洛比达法则,则

$$
\begin{aligned}
I &= \lim_{x \to 1} \frac{x^x - x}{\ln x - x + 1} \\
&= \lim_{x \to 1} \frac{x^x(\ln x + 1) - 1}{\dfrac{1}{x} - 1} \\
&= \lim_{x \to 1} x \frac{x^x(\ln x + 1) - 1}{1 - x} \\
&= \lim_{x \to 1} \frac{x^x(\ln x + 1) - 1}{1 - x}.
\end{aligned}
$$

再利用洛比达法则,得

$$I = \lim_{x \to 1} \frac{x^x(\ln x + 1)^2 + x^x \dfrac{1}{x}}{-1} = -2.$$

(二) $x \to \pm\infty$(或 ∞)时的 $\dfrac{0}{0}$ 型极限

定理 4.6(洛比达法则) 若 $f(x), g(x)$ 在 $(R, +\infty)$ 内可导 $(R > 0), g'(x) \neq 0,$

$$\lim_{x \to +\infty} f(x) = \lim_{x \to +\infty} g(x) = 0.$$

且

$$\lim_{x \to +\infty} \frac{f'(x)}{g'(x)} = K(\text{有限或无穷}),$$

则

$$\lim_{x \to +\infty} \frac{f(x)}{g(x)} = K.$$

只要作变换 $t = \dfrac{1}{x}$，就化为定理 4.5 的情况，请读者自己给予证明.

对于 $x \to -\infty, x \to \infty$ 的情况也可得相应的洛比达法则.

（三）$x \to a$（有限）时，$\dfrac{\infty}{\infty}$ 型的极限

定理 4.7（洛比达法则）　设 $f(x), g(x)$ 在 a 点的去心 δ-邻域 $U_{\delta} \backslash \{a\}$ 内可导，$g'(x) \neq 0$.

$$\lim_{x \to a} f(x) = \lim_{x \to a} g(x) = \infty,$$

且

$$\lim_{x \to a} \frac{f'(x)}{g'(x)} = K（有限或无穷），$$

则

$$\lim_{x \to a} \frac{f(x)}{g(x)} = K.$$

证　第一种情况：K 为有限数. 由于

$$\lim_{x \to a} \frac{f'(x)}{g'(x)} = K,$$

所以，任给 $\varepsilon > 0$，存在 a 点去心 δ_1-邻域 $U_{\delta_1} \backslash \{a\}$（$\delta_1 < \delta$），使得当 $x \in U_{\delta_1} \backslash \{a\}$ 时，有

$$\left| \frac{f'(x)}{g'(x)} - K \right| < \varepsilon. \tag{4.21}$$

如果 $x \in (a - \delta_1, a)$，取 $x_0 = a - \delta_1$；如果 $x \in (a, a + \delta_1)$，取 $x_0 = a + \delta_1$. 并在 $[x_0, x]$（或 $[x, x_0]$）上应用柯西中值定理，得

$$\frac{f(x) - f(x_0)}{g(x) - g(x_0)} = \frac{f'(c)}{g'(c)}, c \in U_{\delta_1} \backslash \{a\}.$$

再利用（4.21），得

$$\left|\frac{f(x)-f(x_0)}{g(x)-g(x_0)}-K\right|=\left|\frac{f'(c)}{g'(c)}-K\right|<\varepsilon, \qquad (4.22)$$

从而

$$\left|\frac{f(x)}{g(x)}-K\right|=\left|\frac{f(x)-Kg(x)}{g(x)}\right|$$

$$\leqslant\left|\frac{f(x)-f(x_0)-K[g(x)-g(x_0)]}{g(x)}\right|$$

$$+\left|\frac{f(x_0)-Kg(x_0)}{g(x)}\right|$$

$$\leqslant\left|\frac{f(x)-f(x_0)}{g(x)-g(x_0)}-K\right|\cdot\left|\frac{g(x)-g(x_0)}{g(x)}\right|$$

$$+\left|\frac{f(x_0)-Kg(x_0)}{g(x)}\right|$$

$$\leqslant\varepsilon\left(1+\left|\frac{g(x_0)}{g(x)}\right|\right)+\left|\frac{f(x_0)-Kg(x_0)}{g(x)}\right|.$$

$$(4.23)$$

注意到当 δ_1 取定后，x_0 或者等于 $a-\delta_1$，或者等于 $a+\delta_1$，也随之取定，因为

$$\lim_{x\to a}g(x)=\infty,$$

所以可取 δ_2 适当小，使得对所有 $x\in U_{\delta_1}\setminus\{a\}$，有

$$\left|\frac{g(x_0)}{g(x)}\right|<1,\ \left|\frac{f(x_0)-Kg(x_0)}{g(x)}\right|<\varepsilon.$$

代入 (4.23) 式，就有

$$\left|\frac{f(x)}{g(x)}-K\right|\leqslant 2\varepsilon+\varepsilon=3\varepsilon.$$

从而当 $0<|x-a|<\min(\delta_1,\delta_2)$ 时，有

$$\left|\frac{f(x)}{g(x)}-K\right|<3\varepsilon,$$

即

$$\lim_{x\to a}\frac{f(x)}{g(x)}=K.$$

第一种情况（K 为有限）得证. 在证明中可以看出，对 K 为有限时，条件

$$\lim_{x \to a} f(x) = \infty$$

是多余的.

第二种情况：K 为无穷.

将 $\dfrac{f(x)}{g(x)}$ 改写为 $\dfrac{1}{\dfrac{g(x)}{f(x)}}$ 后，变为求 $\dfrac{g(x)}{f(x)}$ 的极限. 这时对充分大的 x 所要求的条件 $f'(x) \neq 0$，可由

$$\lim_{x \to a} \frac{f'(x)}{g'(x)} = \infty$$

得出.

对于 $x \to +\infty (x \to -\infty, x \to \infty)$ 的情况只要作变换 $t = \dfrac{1}{x}$，就化为定理 4.7 的情况，请读者自己给予证明.

（四）$0 \cdot \infty, \infty - \infty, 0^0, \infty^0, 1^\infty$ 型

$0 \cdot \infty, \infty - \infty, 0^0, \infty^0, 1^\infty$ 都可化为 $\dfrac{0}{0}$ 或 $\dfrac{\infty}{\infty}$ 型来求极限. 例如，若 $f(x) \cdot g(x)$ 的极限为 $0 \cdot \infty$ 型，将它改写为 $\dfrac{f}{\dfrac{1}{g}}$ 就成了 $\dfrac{0}{0}$ 型；若 $f(x)^{g(x)}$ 的极限为 0^0 型，注意到 $f(x)^{g(x)} = \mathrm{e}^{g(x) \ln f(x)}$，其中 $g(x) \ln f(x)$ 就是 $0 \cdot \infty$ 型，从而又可化为 $\dfrac{0}{0}$ 型等等.

例 3　对于任意小的正数 ε，及任意大的整数 n，当 $x \to +\infty$ 时，x^ε 都比 $(\ln x)^n$ 更快地趋向 ∞（即 x^ε 是 $(\ln x)^n$ 的高阶无穷大）.

证　n 次利用洛比达法则，得

$$
\begin{aligned}
\lim_{x \to +\infty} \frac{(\ln x)^n}{x^\varepsilon} &= \lim_{x \to +\infty} \frac{n(\ln x)^{n-1}}{\varepsilon x^\varepsilon} \\
&= \lim_{x \to +\infty} \frac{n(n-1)(\ln x)^{n-2}}{\varepsilon^2 x^\varepsilon}
\end{aligned}
$$

$$\cdots$$
$$= \lim_{x \to +\infty} \frac{n!}{\varepsilon^n x^\varepsilon} = 0.$$

例 4 求 $\lim\limits_{x \to 0} \left(\cot^2 x - \dfrac{1}{x^2} \right)$.

解 $I = \lim\limits_{x \to 0} \left(\cot^2 x - \dfrac{1}{x^2} \right) = \lim\limits_{x \to 0} \dfrac{\cos^2 x \cdot x^2 - \sin^2 x}{x^2 \sin^2 x}$

$$= \lim_{x \to 0} \frac{x\cos x + \sin x}{x} \frac{x^2}{\sin^2 x} \frac{x\cos x - \sin x}{x^3}$$

$$= 2 \cdot \lim_{x \to 0} \frac{x\cos x - \sin x}{x^3},$$

利用洛比达法则,得

$$I = 2 \cdot \lim_{x \to 0} \frac{\cos x - x\sin x - \cos x}{3x^2} = -\frac{2}{3}.$$

例 5 求 $I = \lim\limits_{x \to 0} \left(\dfrac{\sin x}{x} \right)^{\frac{1}{1-\cos x}}$.

解 $I = \lim\limits_{x \to 0} \exp\left(\dfrac{\ln |\sin x| - \ln |x|}{1 - \cos x} \right)$

$$= \exp\left(\lim_{x \to 0} \frac{\ln |\sin x| - \ln |x|}{1 - \cos x} \right)$$

$$= \exp\left(\lim_{x \to 0} \frac{\ln |\sin x| - \ln |x|}{\frac{1}{2} x^2} \right).$$

两次利用洛比达法则,得

$$I = \exp\left(\lim_{x \to 0} \frac{\frac{\cos x}{\sin x} - \frac{1}{x}}{x} \right) = \exp\left(\lim_{x \to 0} \frac{x\cos x - \sin x}{x^3} \right)$$

$$= \exp\left(\lim_{x \to 0} \frac{\cos x - x\sin x - \cos x}{3x^2} \right)$$

$$= \exp\left(\lim_{x \to 0} -\frac{x\sin x}{3x^2} \right) = e^{-\frac{1}{3}}.$$

例 6　求 $I = \lim\limits_{x \to 0} \dfrac{\mathrm{e}^{-\frac{1}{x^2}}}{x^{100}}$.

解　令 $y = \dfrac{1}{x^2}$ 后，50 次运用洛比达法则，得

$$I = \lim_{y \to +\infty} \frac{y^{50}}{\mathrm{e}^y} = \lim_{y \to +\infty} \frac{50!}{\mathrm{e}^y} = 0.$$

对于 1^∞ 型的不定型，可以用两种方法来求极限，其一是用

$$u^v = \mathrm{e}^{v \ln u},$$

变为求 $v \ln u$ 的极限. 其二是用

$$u^v = [1 + (u-1)]^{\frac{1}{u-1} v(u-1)}.$$

两边取极限，即

$$\lim u^v = \mathrm{e}^{\lim v(u-1)},$$

变为求 $v(u-1)$ 的极限. 应根据 $v \ln u$ 和 $v(u-1)$ 的具体情况，来选择较简单的一种. 这一点在讲幂指函数的连续性时已经提过，这里重提一下.

习　　题

1. 设 $f(x) \in C_{(a,b)}^{n-1}$，在 (a,b) 内 $f^{(n)}(x)$ 存在，$x_0, \cdots, x_n$ $(x_0 < x_1 < \cdots < x_n)$ 为 $f(x)$ 在 (a,b) 内的 $n+1$ 个零点，证明在 (x_0, x_n) 内，$f^{(n)}(x)$ 至少有一个零点.

2. 设 (ⅰ) $f(x) \in C_{(a,b)}^{p+q}$；(ⅱ) $a_1, b_1 \in (a,b)$，在 (a_1, b_1) 内 $f(x)$ 有 $p+q+1$ 阶导数，(ⅲ) $f(a_1) = f'(a_1) = \cdots = f^{(p)}(a_1) = 0, f(b_1) = f'(b_1) = \cdots = f^{(q)}(b_1) = 0$，证明存在 $c \in (a_1, b_1)$，使得 $f^{(p+q+1)}(c) = 0$.

3. 证明勒让德多项式 $P_n(x) = \dfrac{1}{2^n n!} \dfrac{\mathrm{d}^n}{\mathrm{d}x^n}((x^2-1)^n)$ 的一切

根都是实根,且包含在区间$(-1,1)$中.

4. 若在区间 I 上,$f(x)$ 有有界导函数,则 $f(x)$ 在 I 上一致连续.

5. 证明不等式:

(1) $|\sin x - \sin y| \leqslant |x - y|$;

(2) $\dfrac{b-a}{b} < \ln \dfrac{b}{a} < \dfrac{b-a}{a}$,其中 $0 < a < b$;

(3) $\dfrac{b-a}{1+b^2} < \arctan b - \arctan a < \dfrac{b-a}{1+a^2}$,其中 $0 < a < b$;

(4) $py^{p-1}(x-y) \leqslant x^p - y^p \leqslant px^{p-1}(x-y)$,其中 $p > 1$,$0 < y \leqslant x$.

6. 已知 $f(x) \in C^1_{(a,b)}$,是否对于 (a,b) 中的每一个 t,都存在有两点 $x_1, x_2 (x_1 < x_2)$,使得

$$\frac{f(x_2) - f(x_1)}{x_2 - x_1} = f'(t)?$$

7. $f(x)$ 在有限区间 (a,b) 内可导,且 $\lim\limits_{x \to b_-} f(x) = +\infty$,则当 $x \to b_-$ 时,$f'(x)$ 或者没有极限或者极限为 $+\infty$.

8. 设 $f(x)$ 在包含 $[0,1]$ 的开区间内有一阶连续导数,在 $(0,1)$ 内 $f(x)$ 有二阶导数,且 $|f''(x)| < M$,另外 $f(x)$ 在 $(0,1)$ 内达到最大值,试证 $|f'(0)| + |f'(1)| \leqslant M$.

9. $f(x)$ 在 $(0,1)$ 内可导,且 $|f'(x)| < 1$,今取 $a_n = f\left(\dfrac{1}{n}\right)(n \geqslant 2)$,证明 $\lim\limits_{n \to \infty} a_n$ 存在.

10. 求下列极限

(1) $\lim\limits_{x \to 0} \dfrac{x \cot x - 1}{x^2}$;

(2) $\lim\limits_{x \to \frac{\pi}{4}} \dfrac{\sqrt[3]{\tan x} - 1}{2\sin^2 x - 1}$;

(3) $\lim\limits_{x\to 0}\dfrac{a^x-a^{\sin x}}{x^3}\,(a>0)$；　　　(4) $\lim\limits_{x\to 0_+}x^{x^x-1}$；

(5) $\lim\limits_{x\to 1}(2-x)^{\tan\frac{\pi x}{2}}$；　　　(6) $\lim\limits_{x\to 1}\left(\dfrac{1}{\ln x}-\dfrac{1}{x-1}\right)$；

(7) $\lim\limits_{x\to 0_+}\left(\ln\dfrac{1}{x}\right)^x$；　　　(8) $\lim\limits_{x\to 0}\left(\dfrac{a^x-x\ln a}{b^x-x\ln b}\right)^{\frac{1}{x^2}}$；

(9) $\lim\limits_{x\to+\infty}\left[(x+a)^{1+\frac{1}{x}}-x^{1+\frac{1}{x+a}}\right]$；

(10) $\lim\limits_{x\to 1_-}\ln x\cdot\ln(1-x)$；　　(11) $\lim\limits_{x\to 0_+}x^{\frac{1}{\ln(e^x-1)}}$；

(12) $\lim\limits_{x\to 0_+}\left(\dfrac{\sin x}{x}\right)^{\frac{1}{x}}$；　　　　(13) $\lim\limits_{x\to 0}(1+x^2e^x)^{\frac{1}{1-\cos x}}$；

(14) $\lim\limits_{x\to 0}\left[\dfrac{(1+x)^{\frac{1}{x}}}{e}\right]^{\frac{1}{x}}$；

(15) $\lim\limits_{x\to 0}\left(\dfrac{a_1^x+\cdots+a_n^x}{n}\right)^{\frac{n}{x}}\,(a_1,\cdots,a_n>0)$.

11. 研究运用洛比达法则于下列各例的可能性：

(1) $\lim\limits_{x\to 0}\dfrac{x^2\sin\dfrac{1}{x}}{\sin x}$；　　　　　(2) $\lim\limits_{x\to\infty}\dfrac{x-\sin x}{x+\sin x}$；

(3) $\lim\limits_{x\to+\infty}\dfrac{e^{-2x}(\cos x+2\sin x)+e^{-x^2}\sin^2 x}{e^{-x}(\cos x+\sin x)}$；

(4) $\lim\limits_{x\to+\infty}\dfrac{1+x+\sin x\cdot\cos x}{(x+\sin x\cos x)e^{\sin x}}$.

12. 连续曲线 $y=f(x)$ 通过原点，且当 $0<x<\varepsilon$ 时，此曲线完全在由两直线 $y=\pm kx$ (k 为有限数) 所组成的包含 x 轴的夹角内，证明

$$\lim\limits_{x\to 0_+}x^{f(x)}=1.$$

4.2 泰 勒 公 式

4.2.1 泰勒公式及其余项

由多项式定义的函数 $P_n(x)$ 有很多简单性质,使用起来很方便. 对于一个任意函数,用怎样的多项式代替它比较好;作了这种替代后两者相差多少. 这两个问题可以从泰勒公式及其余项中得到结果,为此首先考虑怎样才能确定一个 n 次多项式.

对于一个 n 次多项式 $P_n(x)$,如果知道它在原点附近的函数值,则整个多项式可以完全确定,事实上,只要知道 $P_n(x)$ 在原点的值,以及从一阶到 n 阶的导数的值后,$P_n(x)$ 就完全确定,这个事实可以由下面的方法来得到.

假设

$$P_n(x) = a_0 x^n + a_1 x^{n-1} + \cdots + a_{n-1} x + a_n, \qquad (4.24)$$

其中 $a_0, \cdots, a_n$ 待定,则

$$P_n(0) = a_n, \quad P'_n(0) = 1 \cdot a_{n-1}, \quad P''_n(0) = 2 \cdot 1 \cdot a_{n-2}, \cdots,$$

$$P_n^{(n)}(0) = n! a_0. \qquad (4.25)$$

即

$$a_n = P_n(0), \quad a_{n-1} = \frac{1}{1!} P'_n(0), \quad a_{n-2} = \frac{1}{2!} P''_n(0), \cdots,$$

$$a_0 = \frac{1}{n!} P_n^{(n)}(0). \qquad (4.26)$$

从而

$$P_n(x) = P_n(0) + \frac{1}{1!} P'_n(0) x + \frac{1}{2!} P''_n(0) x^2 + \cdots +$$

$$\frac{1}{n!} P_n^{(n)}(0) x^n. \qquad (4.27)$$

以上事实可以推广为:如果知道 $P_n(x)$ 及它的一阶到 n 阶导

数在 a 点的值,则多项式 $P_n(x)$ 完全确定,为此只要先假设

$$P_n(x) = a_0(x-a)^n + a_1(x-a)^{n-1} + \cdots + a_{n-1}(x-a) + a_n,$$

$$(4.28)$$

于是和上面一样,可得

$$a_n = P_n(a), a_{n-k} = \frac{1}{k!} P_n^{(k)}(a) \quad (k = 1, 2, \cdots, n-1).$$

$$(4.29)$$

若已知 $f(x)$ 在 x_0 的导数 $f'(x_0)$ 后,在 x_0 附近要用一直线来表示曲线 $y = f(x)$,使得它和已知函数 $f(x)$ 在 x_0 点有同样的函数值及导数值. 该直线应该是 $y = f(x)$ 在 x_0 点的切线

$$y = f(x_0) + f'(x_0)(x-x_0).$$

若已知 $f(x)$ 在 x_0 点的一直到 n 阶的导数的值

$$f(x_0), f'(x_0), \cdots, f^{(n)}(x_0).$$

(由导数的定义,这意味着在 x_0 邻域内有直到 $n-1$ 阶导数,且在 x_0 点有 n 阶导数)今作 n 阶多项式 $P_n(x)$,使得它和 $f(x)$ 在 x_0 点有相同的函数值及 $1 \sim n$ 阶导数值,由上面所述,应该有

$$P_n(x) = f(x_0) + \frac{1}{1!} f'(x_0)(x-x_0) + \frac{1}{2!} f''(x_0)(x-x_0)^2 + \cdots +$$

$$\frac{1}{n!} f^{(n)}(x_0)(x-x_0)^n. \tag{4.30}$$

$f(x)$ 和 $P_n(x)$ 的差为

$$r_n = f(x) - P_n(x)$$

$$= f(x) - f(x_0) - \frac{1}{1!} f'(x_0)(x-x_0) -$$

$$\frac{1}{2!} f''(x_0)(x-x_0)^2 - \cdots - \frac{1}{n!} f^{(n)}(x_0)(x-x_0)^n.$$

$$(4.31)$$

这样就得到

$$f(x) = f(x_0) + \frac{1}{1!} f'(x_0)(x-x_0) + \frac{1}{2!} f''(x_0)(x-x_0)^2 + \cdots +$$

$$\frac{1}{n!}f^{(n)}(x_0)(x-x_0)^n + r_n(x). \tag{4.32}$$

这公式称为**泰勒公式**，其中 $r_n(x)$ 称为它的**余项**. 下面来求余项的各种表达形式，为此假定：在包含 x_0, x 的开区间内，有 $f(x)$ 的直到 $n+1$ 阶导数.

今作辅助函数

$$\varphi(z) = f(x) - f(z) - \frac{1}{1!}f'(z)(x-z) - \frac{1}{2!}f''(z)(x-z)^2$$

$$- \cdots - \frac{1}{n!}f^{(n)}(z)(x-z)^n, \tag{4.33}$$

其中 x 看成固定的，而 z 在 x_0, x 之间变动. 为确定起见，设 $x > x_0$. 显然有 $\varphi(z) \in C_{[x_0, x]}, \varphi(x_0) = r_n(x), \varphi(x) = 0$, 及

$$\varphi'(z) = -\frac{f^{(n+1)}(z)}{n!}(x-z)^n. \tag{4.34}$$

再作一待定的辅助函数 $\psi(z)$，使得

（ⅰ）$\psi(z) \in C_{[x_0, x]}$；

（ⅱ）$\psi(z)$ 在 (x_0, x) 内可导；

（ⅲ）$\psi'(z) \neq 0$.

则利用柯西中值定理，得

$$\frac{\varphi(x_0) - \varphi(x)}{\psi(x_0) - \psi(x)} = \frac{\varphi'(\xi)}{\psi'(\xi)} = -\frac{f^{(n+1)}(\xi)}{n!\psi'(\xi)}(x-\xi)^n, \tag{4.35}$$

其中 $\xi \in (x_0, x)$. 因为 $\varphi(x) = 0, \varphi(x_0) = r_n(x)$，所以

$$r_n(x) = -\frac{\psi(x_0) - \psi(x)}{\psi'(\xi)}\frac{1}{n!}f^{(n+1)}(\xi)(x-\xi)^n. \tag{4.36}$$

（1）取 $\psi(z) = (x-z)^{n+1}$，则它满足关于 ψ 的三条件，而且有

$$\psi(x_0) = (x-x_0)^{n+1}, \psi(x) = 0,$$

$$\psi'(\xi) = -(n+1)(x-\xi)^n.$$

代入 (4.36)，得

$$r_n(x) = \frac{1}{(n+1)!}f^{(n+1)}(\xi)(x-x_0)^{n+1}, \tag{4.37}$$

其中 ξ 在 x_0, x 之间. 它称为**拉格朗日余项**. 具有拉格朗日余项的泰勒公式为

$$f(x) = f(x_0) + \frac{1}{1!} f'(x_0)(x - x_0) + \frac{1}{2!} f''(x_0)(x - x_0)^2 + \cdots +$$

$$\frac{1}{n!} f^{(n)}(x_0)(x - x_0)^n + \frac{1}{(n+1)!} f^{(n+1)}(\xi)(x - x_0)^{n+1},$$

$$(4.38)$$

其中 ξ 在 x_0, x 之间.

具有拉格朗日余项的泰勒公式成立的条件为在包含 x_0, x 的开区间内, $f(x)$ 存在直到 $n+1$ 阶的导数.

(2) 取 $\psi(z) = x - z$, 则它也满足 $\psi(z)$ 的三个条件, 而且

$$\psi(x_0) = x - x_0, \psi(x) = 0, \psi'(\xi) = -1.$$

代入(4.36), 得

$$r_n(x) = (x - x_0) \frac{1}{n!} f^{(n+1)}(\xi)(x - \xi)^n, \qquad (4.39)$$

其中 ξ 在 x_0, x 之间, 故令 $\theta = \dfrac{\xi - x_0}{x - x_0}$, 则有 $0 < \theta < 1$, 且

$$\xi = x_0 + \theta(x - x_0), x - \xi = (1 - \theta)(x - x_0).$$

代入(4.39)式, 得

$$r_n(x) = \frac{1}{n!} f^{(n+1)}(x_0 + \theta(x - x_0))(1 - \theta)^n(x - x_0)^{n+1}$$

$$\theta \in (0, 1), \qquad (4.40)$$

这称为**柯西余项**. 具有柯西余项的泰勒公式为

$$f(x) = f(x_0) + \frac{1}{1!} f'(x_0)(x - x_0) + \frac{1}{2!} f''(x_0)(x - x_0)^2 + \cdots +$$

$$\frac{1}{n!} f^{(n)}(x_0)(x - x_0)^n +$$

$$\frac{1}{n!} f^{(n+1)}(x_0 + \theta(x - x_0))(1 - \theta)^n(x - x_0)^{n+1}$$

$$\theta \in (0, 1). \qquad (4.41)$$

具有柯西余项的泰勒公式成立的条件,也是在包含 x_0, x 的开区间内 $f(x)$ 存在直到 $n+1$ 阶导数.

将上述结论写成定理,得

定理 4.8 若 $f(x)$ 在包含 x_0 的某一开区间 I 内存在直到 $n+1$ 阶导数,则在 I 内有

$$f(x) = f(x_0) + \frac{1}{1!}f'(x_0)(x-x_0) + \frac{1}{2!}f''(x_0)(x-x_0)^2 + \cdots +$$

$$\frac{1}{n!}f^{(n)}(x_0)(x-x_0)^n + \frac{1}{(n+1)!}f^{(n+1)}(\xi)\cdot(x-x_0)^{n+1}$$

$$(\xi \text{ 在 } x_0, x \text{ 之间}), \tag{4.42}$$

以及

$$f(x) = f(x_0) + \frac{1}{1!}f'(x_0)(x-x_0) + \frac{1}{2!}f''(x_0)(x-x_0)^2 + \cdots +$$

$$\frac{1}{n!}f^{(n)}(x_0)(x-x_0)^n +$$

$$\frac{1}{n!}f^{(n+1)}(x_0+\theta(x-x_0))(1-\theta)^n(x-x_0)^{n+1}$$

$$\theta \in (0,1), \tag{4.43}$$

定理 4.9 若 $f(x)$ 在 x_0 的某一邻域 U 内存在直到 $n-1$ 阶导数,而且在 x_0 点存在 n 阶导数,则

$$r_n(x) = o((x-x_0)^n). \tag{4.44}$$

(4.44)称为泰勒公式的**皮亚诺(Peano)余项**.

证

$$r_n(x) = f(x) - f(x_0) - \frac{1}{1!}f'(x_0)(x-x_0) -$$

$$\frac{1}{2!}f''(x_0)(x-x_0)^2 - \cdots - \frac{1}{n!}f^{(n)}(x_0)(x-x_0)^n.$$

显见有

$$r_n(x_0) = r'_n(x_0) = \cdots = r_n^{(n)}(x_0) = 0. \tag{4.45}$$

因为 $r_n(x)$ 是 $f(x)$ 和 n 阶多项式之差,所以 $r_n(x)$ 和 $f(x)$ 有同样

阶数的可微性,也即在 U 内 $r_n(x)$ 有直到 $n-1$ 阶导数,在 x_0 点还有 n 阶导数,下面用数学归纳法证明下述结论.

若 $r(x)$ 在 U 内有直到 $n-1$ 阶导数,及在 x_0 点有 n 阶导数,而且有

$$r(x_0) = r'(x_0) = \cdots = r^{(n)}(x_0) = 0, \qquad (4.46)$$

则

$$r(x) = o((x-x_0)^n).$$

首先,对应于 $k=1$,先证明 $r(x) = o(x-x_0)$. 利用 $r(x)$ 在 x_0 点有导数,而且

$$r(x_0) = r'(x_0) = 0,$$

有

$$\lim_{x \to x_0} \frac{r(x)}{x-x_0} = \lim_{x \to x_0} \frac{r(x) - r(x_0)}{x-x_0} = r'(x_0) = 0,$$

即

$$r(x) = o(x-x_0).$$

其次,归纳假设:如果在 U 内 $r(x)$ 存在直到 $k-1$ 阶导数及在 x_0 有 k 阶导数,而且有

$$r(x_0) = r'(x_0) = \cdots = r^{(k)}(x_0) = 0,$$

则必有

$$r(x) = o((x-x_0)^k), (k < n).$$

最后,证明如果 $r(x)$ 在 U 内存在直到 k 阶导数,在 x_0 有 $k+1$ 阶导数,且有

$$r(x_0) = r'(x_0) = \cdots = r^{(k+1)}(x_0) = 0,$$

则有
$$r(x) = o((x-x_0)^{k+1}).$$

将 $r'(x)$ 看成一个新函数 $R(x)$,则 $R(x)$ 在 U 内有直到 $k-1$ 阶导数,在 x_0 点有 k 阶导数,而且

$$R(x_0) = R'(x_0) = \cdots = R^{(k)}(x_0) = 0,$$

由归纳假设,立即得到

$$R(x) = o((x-x_0)^k).$$

利用拉格朗日中值定理,及 $r'(x) = R(x)$,得

$$r(x) = r(x) - r(x_0) = r'(\xi)(x-x_0)$$
$$= R(\xi)(x-x_0) = o((\xi-x_0)^k) \cdot (x-x_0).$$

因为 ξ 在 x_0, x 之间,所以有

$$|\xi-x_0| < |x-x_0|,$$

而一个函数若属于 $o((\xi-x_0)^k)$,则必属于 $o((x-x_0)^k)$,最后就得到

$$r(x) = o((x-x_0)^{k+1}).$$

即归纳证明了

$$r_n(x) = o((x-x_0)^n).$$

注 1　定理 4.9 中,要求在点 x_0 存在 n 阶导数,而在 x_0 的邻域内存在前 $n-1$ 阶导数,这是因为我们论及 $f^{(n)}(x_0)$ 时总要求 x_0 是定义域的内部的点的缘故. 当 x_0 是定义域的边点(即区间的端点)时,在 x_0 点的导数没有定义,不过可以在论证过程中用 x_0 的左、右导数来代替导数,及定义高阶的单边导数来代替高阶导数,这时,当 x_0 是区间端点时,泰勒公式也成立,只要将公式中出现的各阶导数代之以相应的单边导数就可. 不过这种方法不能推广到以后要讲到的多元函数中去.

注 2　设 $f(x)$ 满足定理 4.9 的条件,而且 $f(x)$ 有表达式

$$f(x) = a_n + a_{n-1}(x-x_0) + \cdots + a_0(x-x_0)^n$$
$$+ o((x-x_0)^n),$$

则这表达式一定是泰勒展开式,即其中 $(x-x_0)^k$ 的系数 a_{n-k} 必等于 $\dfrac{1}{k!}f^{(k)}(x_0)$.

注 3　泰勒公式的皮亚诺余项可以看成无穷小的(线性)主部概念的进一步更细致的推广,即先将 $f(x)$ 写成

$$f(x) = f(x_0) + o(1).$$

再将余项 $r_0(x) = o(1)$ 分出线性主部,而写成

$$r_0(x) = \frac{1}{1!} f'(x_0)(x - x_0) + o(x - x_0),$$

再将新的余项 $r_1(x) = o(x - x_0)$ 分出二次主部 $\frac{1}{2!} f''(x_0)(x - x_0)^2$,如此类推,最后得到皮亚诺形式的泰勒展开式

$$f(x) = f(x_0) + \frac{1}{1!} f'(x_0)(x - x_0) + \frac{1}{2!} f''(x_0)(x - x_0)^2$$
$$+ \cdots + \frac{1}{n!} f^{(n)}(x_0)(x - x_0)^n + o((x - x_0)^n).$$

泰勒公式的皮亚诺余项使用起来非常方便,但是它只是一个局部的公式,它给出当 $x \to x_0$ 时,余项属于 $o((x - x_0)^n)$. 而拉格朗日余项及柯西余项给出了余项的具体表达式,所以对于估计函数与泰勒多项式之间的误差很有用,而且不要求 x 与 x_0 充分接近,因而已不是局部的公式. 这三种余项形式各有利弊,要按不同情况选用不同形式,由拉格朗日余项的形式

$$r(x) = \frac{f^{(n)}(\xi)}{n!}(x - x_0)^n \quad (\xi \text{ 在 } x, x_0 \text{ 之间})$$

可知,当 $f(x)$ 在 x_0 点附近 n 阶导数有界时,只能得出余项

$$r(x) = O((x - x_0)^n).$$

而皮亚诺余项只要求 $f(x)$ 在 x_0 点 n 阶导数存在,就能得出余项

$$r(x) = o((x - x_0)^n).$$

所以,在 $x \to x_0$ 时,从阶的估计为出发点,显然用皮亚诺余项比较有利. 但如果不知道 x 是否趋向于 x_0,而要估计余项时,皮亚诺余项就无能为力了,这时利用拉格朗日余项及柯西余项显然比较有利.

当学了积分以后,还将介绍一种积分余项的泰勒公式(见第 7 章 7.4.3(7.41)式),它的优点是不再是局部的,而且没有拉格朗日余项以及柯西余项中关于 ξ 点的不确定性.

4.2.2 初等函数的泰勒公式

利用第 3 章关于高阶导数的公式，立刻可以得到很多初等函数的泰勒展开式（即泰勒公式）.

由(3.59)式

$$(e^x)^{(k)} = e^x,$$

得

$$e^x = 1 + \frac{1}{1!}x + \frac{1}{2!}x^2 + \cdots + \frac{1}{n!}x^n + o(x^n). \tag{4.47}$$

由(3.60)式

$$(\sin x)^{(k)} = \sin\left(x + k\frac{\pi}{2}\right),$$

得到

$$\sin x = x - \frac{1}{3!}x^3 + \frac{1}{5!}x^5 - \cdots + (-1)^{m-1}\frac{1}{(2m-1)!}x^{2m-1} + o(x^{2m}). \tag{4.48}$$

由(3.61)式

$$(\cos x)^{(k)} = \cos\left(x + k\frac{\pi}{2}\right),$$

得到

$$\cos x = 1 - \frac{1}{2!}x^2 + \frac{1}{4!}x^4 - \cdots + (-1)^m \frac{1}{(2m)!}x^{2m} + o(x^{2m+1}). \tag{4.49}$$

利用(3.54)式

$$[(1+x)^\mu]^{(k)} = \mu(\mu-1)\cdots(\mu-k+1)(1+x)^{\mu-k},$$

得

$$(1+x)^\mu = 1 + \mu x + \frac{\mu(\mu-1)}{2!}x^2 + \cdots +$$

$$\frac{\mu(\mu-1)\cdots(\mu-n+1)}{n!}x^n + o(x^n). \tag{4.50}$$

特别地，

$$\frac{1}{1-x} = 1 + x + x^2 + \cdots + x^n + o(x^n). \qquad (4.51)$$

由(3.67)式

$$\arctan^{(k)}(0) = \begin{cases} 0, & k = 2m, \\ (-1)^m 2m!, & k = 2m+1, \end{cases}$$

得

$$\arctan x = x - \frac{1}{3}x^3 + \frac{1}{5}x^5 - \cdots + (-1)^{m-1}\frac{1}{2m-1}x^{2m-1} + o(x^{2m}). \qquad (4.52)$$

由(3.57)式

$$(\ln x)^{(k)} = (-1)^{k-1}\frac{(k-1)!}{x^k},$$

得

$$\ln(1+x) = x - \frac{1}{2}x^2 + \frac{1}{3}x^3 - \cdots + (-1)^{n-1}\frac{1}{n}x^n + o(x^n). \qquad (4.53)$$

利用已知的泰勒公式可以求出其他的泰勒公式.

例 1　在 $x = 0$ 附近，求 $y = \dfrac{1}{1+\sin x}$ 的泰勒公式的前六项.

解　泰勒公式的前六项即指从常数项起一直到 x^5 项止. 由 (4.48)

$$\sin x = x - \frac{1}{3!}x^3 + \frac{1}{5!}x^5 + o(x^6),$$

令 $u = \sin x$，利用(4.51)式，得

$$y = \frac{1}{1+u} = 1 - u + u^2 - u^3 + u^4 - u^5 + o(u^5)$$

$$= 1 - \left[x - \frac{1}{3!}x^3 + \frac{1}{5!}x^5 + o(x^6)\right] + \left[x - \frac{1}{3!}x^3 + o(x^4)\right]^2$$

$$-\left[x-\frac{1}{3!}x^3+o(x^4)\right]^3+\left[x+o(x^2)\right]^4-\left[x+o(x^2)\right]^5$$
$$+o(x^5)$$

$$=1-\left[x-\frac{1}{3!}x^3+\frac{1}{5!}x^5+o(x^6)\right]+\left[x^2-\frac{2}{3!}x^4+o(x^5)\right]-$$

$$\left[x^3-\frac{3}{3!}x^5+o(x^5)\right]+\left[x^4+o(x^5)\right]-\left[x^5+o(x^6)\right]+$$

$$o(x^5)$$

$$=1-x+x^2-\frac{5}{6}x^3+\frac{2}{3}x^4-\frac{61}{120}x^5+o(x^5).$$

例 2 写出 $e^{\sin x}$ 的泰勒展开式到 x^3 项.

解 由(4.48)式

$$\sin x=x-\frac{1}{3!}x^3+o(x^4).$$

令 $u=\sin x$,利用(4.47)式,得

$$e^{\sin x}=e^u=1+u+\frac{1}{2!}u^2+\frac{1}{3!}u^3+o(u^3)$$

$$=1+\left[x-\frac{1}{6}x^3+o(x^4)\right]+\frac{1}{2}\left[x+o(x^2)\right]^2$$

$$+\frac{1}{6}\left[x+o(x^2)\right]^3+o(x^3)$$

$$=1+\left[x-\frac{1}{6}x^3+o(x^4)\right]+\frac{1}{2}\left[x^2+o(x^3)\right]$$

$$+\frac{1}{6}\left[x^3+o(x^4)\right]+o(x^3)$$

$$=1+x+\frac{1}{2}x^2+o(x^3).$$

利用泰勒公式来作各种函数的阶的估计是很方便的,利用它来求极限也有它的方便之处.

例3 用泰勒公式求

$$\lim_{x \to 0} \frac{e^x \sin x - x(1+x)}{x^3}.$$

解 因为分母为 x^3，所以将 $e^x \sin x$ 用泰勒公式展开到三次项，利用(4.47)及(4.48)得

$$e^x \sin x = \left[1 + \frac{1}{1!}x + \frac{1}{2!}x^2 + o(x^2)\right] \cdot \left[x - \frac{1}{3!}x^3 + o(x^4)\right]$$

$$= x + x^2 + \left(\frac{1}{2!} - \frac{1}{3!}\right)x^3 + o(x^3)$$

$$= x + x^2 + \frac{1}{3}x^3 + o(x^3),$$

所以

$$\lim_{x \to 0} \frac{e^x \sin x - x(1+x)}{x^3} = \lim_{x \to 0} \frac{\frac{1}{3}x^3 + o(x^3)}{x^3} = \frac{1}{3}.$$

例4 用泰勒公式，求

$$\lim_{x \to 0} \left[\left(\frac{1}{x} - \frac{1}{\sin x}\right)\Big/ x\right].$$

解

$$\lim_{x \to 0} \left[\left(\frac{1}{x} - \frac{1}{\sin x}\right)\Big/ x\right] = \lim_{x \to 0} \frac{\sin x - x}{x^2 \sin x}$$

$$= \lim_{x \to 0} \frac{\sin x - x}{x^3}.$$

由(4.48)式，得

$$\lim_{x \to 0} \left[\left(\frac{1}{x} - \frac{1}{\sin x}\right)\Big/ x\right] = \lim_{x \to 0} \frac{-\frac{1}{3!}x^3 + o(x^4)}{x^3} = -\frac{1}{6}.$$

例5 当 $n \to \infty$ 时，$x_n = 1 + \frac{\alpha}{n} + O\left(\frac{1}{n^{1+\lambda}}\right), 0 < \lambda \leqslant 1$，则

$$(x_n)^r = 1 + \frac{r\alpha}{n} + O\left(\frac{1}{n^{1+\lambda}}\right).$$

证 令 $y_n = x_n - 1 = \dfrac{\alpha}{n} + O\left(\dfrac{1}{n^{1+\lambda}}\right)$.

则利用 $(1+y_n)^r$ 的泰勒公式(4.50),得

$$
\begin{aligned}
(x_n)^r &= (1+y_n)^r = 1 + ry_n + O(y_n^2) \\
&= 1 + r\left[\frac{\alpha}{n} + O\left(\frac{1}{n^{1+\lambda}}\right)\right] + O\left(\frac{1}{n^2}\right) \\
&= 1 + \frac{r\alpha}{n} + O\left(\frac{1}{n^{1+\lambda}}\right).
\end{aligned}
$$

例 6 已知 $f(x)$ 在包含 $[a,b]$ 的开区间内二阶可导,$f'(a) = f'(b) = 0$,则存在 $c \in (a,b)$,使得

$$
|f''(c)| \geqslant \frac{4}{(b-a)^2} |f(b) - f(a)|.
$$

证 对 $f\left(\dfrac{a+b}{2}\right)$ 分别在 a,b 点应用带有拉格朗日余项的泰勒公式,得

$$
f\left(\frac{a+b}{2}\right) = f(a) + \frac{1}{2}f''(c_1)\left(\frac{b-a}{2}\right)^2. \tag{4.54}
$$

$$
f\left(\frac{a+b}{2}\right) = f(b) + \frac{1}{2}f''(c_2)\left(\frac{b-a}{2}\right)^2. \tag{4.55}
$$

将上两式相减,得

$$
f(b) - f(a) = \frac{1}{8}(b-a)^2(f''(c_1) - f''(c_2)),
$$

即

$$
|f(b) - f(a)| \leqslant \frac{1}{8}(b-a)^2(|f''(c_1)| + |f''(c_2)|).
$$

取 c 为 c_1, c_2 两者之一,使得

$$
|f''(c)| = \max(|f''(c_1)|, |f''(c_2)|),
$$

从而得

$$
|f''(c)| \geqslant \frac{4}{(b-a)^2} |f(b) - f(a)|.
$$

习 题

1. 将下列函数写成泰勒展开式,到指定的项.

(1) $y = \dfrac{1 + x + x^2}{1 - x + x^2}$,展开到 x^4 项;

(2) $y = \sqrt[m]{a^m + x}$ $(a > 0)$,展开到 x^2 项;

(3) $y = e^{2x - x^2}$,展开到 x^5 项;

(4) $y = \sqrt[3]{\sin x^3}$,展开到 x^{13} 项;

(5) $y = \ln(\cos x)$,展开到 x^6 项;

(6) $y = x^x - 1$,展开到 $(x - 1)^3$ 项;

(7) $y = \sin x$,展开到 $\left(x - \dfrac{\pi}{2}\right)^{2n}$ 项;

(8) $y = \ln x$,展开到 $(x - 2)^n$ 项.

2. 利用泰勒公式作近似计算,使结果精确到小数点后第三位.

(1) $\sqrt[5]{250}$;　　　　　　(2) $\ln 1.2$;

(3) $\arcsin 0.45$;　　　　　(4) $(1.1)^{1.2}$.

3. 利用泰勒公式求极限:

(1) $\lim\limits_{x \to 0} \dfrac{\cos x - e^{-x^2/2}}{x^4}$;

(2) $\lim\limits_{x \to +\infty} x^{\frac{3}{2}}(\sqrt{x+1} + \sqrt{x-1} - 2\sqrt{x})$;

(3) $\lim\limits_{x \to 0} \dfrac{1}{x}\left(\dfrac{1}{x} - \cot x\right)$;

(4) $\lim\limits_{x \to \infty}\left[x - x^2 \ln\left(1 + \dfrac{1}{x}\right)\right]$.

4. 已知 A 为异于 0 的实数,α 为实数,a 为确定常数,又

$$\lim_{n \to \infty} \frac{n^a}{n^a - (n-1)^a} = A,$$

求 A, α 之值.

5. 已知 $f''(x_0)$ 存在,证明

$$\lim_{h \to 0} \frac{f(x_0 + h) + f(x_0 - h) - 2f(x_0)}{h^2} = f''(x_0).$$

4.3 函数的局部性质·整体性质

4.3.1 函数上升、下降的判别法

在第 3 章(3.1)式,我们已经指出常数的导数等于零,下面介绍更进一步的结果.

定理 4.10 $f(x)$ 在区间 I 上连续,且在 I 的内部 $\overset{\circ}{I}$ 内可导,则 $f(x)$ 在 I 上为常数的充要条件是在 $\overset{\circ}{I}$ 内 $f'(x) = 0$.

证 （必要性）由(3.1)式得.

（充分性）利用拉格朗日中值定理,在 I 内固定一点 x_0,则对任一点 $x \in I$,有

$$f(x) - f(x_0) = f'(\xi)(x - x_0),$$

其中 ξ 在 x_0, x 之间(即 $\xi \in \overset{\circ}{I}$),由已知条件得 $f'(\xi) = 0$,所以

$$f(x) = f(x_0) \quad （常数）.$$

注 1 定理是对区间 I 立论的,如果区间 I 改成集合 X,则定理不成立. 比如:X 是两个不相交的区间的并集,这时只能得到在各区间上 $f(x)$ 是常数,但在整个集合上它未必为常数.

注 2 本定理对导数的要求是对区间内部 $\overset{\circ}{I}$ 提出的,而结论是在区间 I 上成立. 这个区间 I 可以是开区间,也可以是闭区间,也可以是半开半闭区间.

推论 设 $f(x), g(x)$ 都在区间 I 上连续,在 I 的内部 $\overset{\circ}{I}$ 内它们

可导,且 $f'(x) = g'(x)$, 则在 I 上有 $f(x) = g(x) + c$.

只要对 $F(x) = f(x) - g(x)$ 利用定理 4.10 即可.

例 1 证明 $x \in \left[-\dfrac{1}{2}, \dfrac{1}{2} \right]$ 时,有

$$3\arccos x - \arccos(3x - 4x^3) = \pi.$$

证 对上式左端求导,得

$$\frac{\mathrm{d}}{\mathrm{d}x}\left[3\arccos x - \arccos(3x - 4x^3) \right]$$

$$= -3\,\frac{1}{\sqrt{1-x^2}} + \frac{3(1-4x^2)}{\sqrt{1-(3x-4x^3)^2}}$$

$$= -\frac{3}{\sqrt{1-x^2}} + \frac{3(1-4x^2)}{\sqrt{(1-x^2)(1-4x^2)^2}} = 0,$$

其中 $x \in \left(-\dfrac{1}{2}, \dfrac{1}{2} \right)$.

利用定理 4.10,得在 $x \in \left[-\dfrac{1}{2}, \dfrac{1}{2} \right]$ 时,有

$$3\arccos x - \arccos(3x - 4x^3) = C.$$

令 $x = 0$, 得 $C = \pi$, 即

$$3\arccos x - \arccos(3x - 4x^3) = \pi.$$

例 2 已知 $f'(x) = x^2 (x \in \mathbf{R})$, 证明

$$f(x) = \frac{1}{3}x^3 + C,$$

其中 C 为常数.

证 令 $g(x) = \dfrac{1}{3}x^3$, 则 $f'(x) \equiv g'(x)$. 由定理 4.10 得

$$f(x) = g(x) + C,$$

即

$$f(x) = \frac{1}{3}x^3 + C.$$

例3 令 $f(x) = \arctan x, g(x) = \dfrac{1}{2}\arctan\dfrac{2x}{1-x^2}(x \neq \pm 1)$，求 $f(x)$ 和 $g(x)$ 的关系.

解
$$f'(x) = \frac{1}{1+x^2}.$$

当 $x \neq \pm 1$ 时，有

$$g'(x) = \frac{1}{2}\frac{1}{1+\left(\dfrac{2x}{1-x^2}\right)^2}\frac{2(1-x^2)-2x(-2x)}{(1-x^2)^2} = \frac{1}{1+x^2}.$$

所以当 $x \neq \pm 1$ 时，有 $f'(x) = g'(x)$，从而有

当 $x \in (-\infty, -1)$ 时，$f(x) = g(x) + C_1$. 令 $x \to -\infty$，得 $C_1 = -\dfrac{\pi}{2}$；

当 $x \in (-1, 1)$ 时，$f(x) = g(x) + C_2$. 令 $x = 0$，得 $C_2 = 0$；

当 $x \in (1, +\infty)$ 时，$f(x) = g(x) + C_3$. 令 $x \to +\infty$，得 $C_3 = \dfrac{\pi}{2}$.

即 $f(x) - g(x) = \arctan x - \dfrac{1}{2}\arctan\dfrac{2x}{1-x^2}$

$$= \begin{cases} -\dfrac{\pi}{2}, & \text{当 } x \in (-\infty, -1), \\ 0, & \text{当 } x \in (-1, 1), \\ \dfrac{\pi}{2}, & \text{当 } x \in (1, +\infty). \end{cases}$$

定理 4.11 $f(x)$ 在区间 I 上连续，在 I 的内部 $\mathring{I}$ 内可导，且 $f'(x) > 0 (< 0)$，则 $f(x)$ 在 I 上严格单调上升(下降).

证 设 x_1, x_2 是 I 上任意两点，利用拉格朗日中值定理，得

$$f(x_1) - f(x_2) = f'(\xi)(x_1 - x_2),$$

其中 ξ 在 x_1, x_2 之间(显然 $\xi \in \mathring{I}$)，因为 $f'(\xi) > 0 (< 0)$，所以当

$x_1 > x_2$ 时,得
$$f(x_1) > f(x_2) \quad (f(x_1) < f(x_2)),$$
即 $f(x)$ 严格单调上升(下降).

注　$f'(x) > 0$ 并不是可微函数严格单调上升的必要条件. 比如,在 $\overset{\circ}{I}$ 内 $f'(x) \geqslant 0$,而等号只在一点 x_0 成立,其他点都大于零,此时在 I 内 x_0 右边和 x_0 左边的两区间上 $f(x)$ 都严格上升,从而在 I 上也严格上升,但 $f'(x) > 0$ 在整个 $\overset{\circ}{I}$ 内不成立.

定理 4.12　$f(x)$ 在区间 I 上连续,在 I 的内部 $\overset{\circ}{I}$ 内可导,则 $f(x)$ 在 I 上广义单调上升(下降)的充要条件是,对所有的 $x \in \overset{\circ}{I}$ 有 $f'(x) \geqslant 0 (\leqslant 0)$.

请读者自证本定理.

例 4　$f(x)$ 在区间 I 上连续,在 I 的内部 $\overset{\circ}{I}$ 内可导,则 $f(x)$ 在 I 上严格单调上升(下降)的充要条件是:

(ⅰ) 在 $\overset{\circ}{I}$ 内 $f'(x) \geqslant 0 (\leqslant 0)$.

(ⅱ) 在 $\overset{\circ}{I}$ 内 $f'(x)$ 的零点集合不包含一个区间.

证　(必要性)　因为严格单调必定广义单调,从而由定理 4.12 得出 (ⅰ) 成立.

其次,假设 (ⅱ) 不成立,即在某一个区间 J 的内部 $f'(x) = 0$,且 $J \subset I$,则由定理 4.10,得在 J 上 $f(x) =$ 常数,即 $f(x)$ 不是严格单调的.

(充分性)　利用定理 4.12,由条件 (ⅰ) 得出在 I 上 $f(x)$ 广义单调上升(下降). 即若 $x_1 > x_2$,必有
$$f(x_1) \geqslant f(x_2) \quad (f(x_1) \leqslant f(x_2)). \tag{4.56}$$
若 $f(x_1) = f(x_2)$,利用广义单调性,在 $[x_2, x_1]$ 上恒有 $f(x) = C (C = f(x_1))$. 从而在 (x_2, x_1) 内 $f'(x) = 0$,这和条件 (ⅱ) 发生矛盾,即 (4.56) 式中等号不成立.

例5 讨论 $y=x^3$ 的单调性.

解 在 **R** 内 y 可导,且 $y' = 3x^2 \geqslant 0$,等号仅对 $x=0$ 成立,利用例4,即知 y 在 **R** 内严格单调上升.

例6 证明当 $x \in \left(0, \dfrac{\pi}{2}\right)$ 时,有

$$\frac{2}{\pi} < \frac{\sin x}{x} < 1. \tag{4.57}$$

证 令 $y = \dfrac{\sin x}{x}$,

$$y' = \frac{1}{x^2}[x \cos x - \sin x] = \frac{\cos x}{x^2}[x - \tan x],$$

显然在 $\left(0, \dfrac{\pi}{2}\right)$ 内有 $y' < 0$,即 y 为严格下降函数. 从而有

$$y\left(\frac{\pi}{2}\right) < \frac{\sin x}{x} < y(0_+),$$

即

$$\frac{2}{\pi} < \frac{\sin x}{x} < 1.$$

4.3.2 函数的极值、最大值、最小值

定义 (极值) 对于点 x_0,如果存在邻域 $U(x_0)$,使得 $f(x)$ 在 $U(x_0)$ 内有定义,而且对于属于 $U(x_0)$ 的任何 x 都有

$$f(x) \leqslant f(x_0), \quad (f(x) \geqslant f(x_0))$$

则称 x_0 是 $f(x)$ 的**极大点(极小点)**. 也说 $f(x)$ 在 x_0 点达到**极大(极小)值**. 极大值、极小值统称为**极值**.

显然函数在区间内部的最大值必定是极大值,最小值必定是极小值.

对于在区间上定义的连续函数来说,离散的极大点、极小点必定是相间而排列,因为在以两个相邻极小点为端点的闭区间上,函数必

定达到最大值,该最大值所在的点必在区间内部,它就是极大点.

按定理 4.1(费马定理),可导函数在极值点有 $f'(x) = 0$. 但是,$f'(x) = 0$ 的点不一定都是极值点,例如上段中例 5,$y = x^3$ 有 $y'(0) = 0$,但 $y(x)$ 是严格单调上升的,它没有极值点.

以后称使 $f'(x) = 0$ 的点 x 为 $f(x)$ 的**静止点**,这样 $f(x)$ 在 x_0 达到极值的必要条件是,若 $f(x)$ 在 x_0 点可导,则 x_0 为静止点,或者 x_0 为导数不存在的点.

根据极值的定义,如果在 x_0 的左方附近函数是广义上升的,而右方附近是广义下降的,则 x_0 是函数的极大点,将上升和下降交换一下就得到 x_0 为极小点.

如果函数在 x_0 点的附近是可导的,而且在 x_0 的左方附近有 $f'(x) \geqslant 0$,在右方附近有 $f'(x) \leqslant 0$. 利用导数和单调性的关系,立刻得出 x_0 为 $f(x)$ 的极大点.如果两不等号改向,就得到 x_0 为极小点. 总之,若 $f'(x)$ 在通过 x_0 时(广义地)改号,则 x_0 就是极值点.

如果函数在 x_0 点有二阶导数 $f''(x_0)$,且 $f'(x_0) = 0$,$f''(x_0) > 0$,则在 x_0 左方附近 $f'(x) < 0$,在右方附近 $f'(x) > 0$,从而 x_0 是极小点.类似地,若 $f'(x_0) = 0$,$f''(x_0) < 0$,则 x_0 是 $f(x)$ 的极大点,综合上述结果可得下面两条定理.

定理 4.13　若 $f(x)$ 在 x_0 的某一邻域 $U(x_0, \delta)$ 内可导,且在 $(x_0 - \delta, x_0)$ 内 $f'(x) \geqslant 0$,而在 $(x_0, x_0 + \delta)$ 内 $f'(x) \leqslant 0$,则 x_0 为 $f(x)$ 的极大点,当不等号反向时为 $f(x)$ 的极小点.

定理 4.14　$f(x)$ 在 x_0 点二阶可导(即在 x_0 的某一邻域内一阶可导,在 x_0 点二阶导数存在),若 $f'(x_0) = 0$ 且 $f''(x_0) > 0$,则 x_0 为 $f(x)$ 的极小点,若 $f'(x_0) = 0$ 且 $f''(x_0) < 0$,则 x_0 为 $f(x)$ 的极大点.

定理 4.15　设

$$f'(x_0) = f''(x_0) = \cdots = f^{(n-1)}(x_0) = 0,$$
$$f^{(n)}(x_0) \neq 0,$$

若 n 为奇数,则 $f(x_0)$ 非极值;若 n 为偶数,则当 $f^{(n)}(x_0) > 0$ 时 $f(x_0)$ 为极小值;当 $f^{(n)}(x_0) < 0$ 时 $f(x_0)$ 为极大值.

证 利用带有皮亚诺余项的泰勒公式:

$$f(x) = f(x_0) + \frac{1}{n!}f^{(n)}(x_0)(x - x_0)^n + r_n(x),$$

$$r_n(x) = o((x - x_0)^n).$$

记

$$\alpha(x) = \frac{r_n(x)}{(x - x_0)^n},$$

则当 $x \to x_0$ 时, $\alpha(x) \to 0$ 即 $\alpha(x)$ 为无穷小量. 因此,

$$f(x) - f(x_0) = \left[\frac{1}{n!}f^{(n)}(x_0) + \alpha(x)\right](x - x_0)^n.$$

由于 $f^{(n)}(x_0) \neq 0$,所以,在 x_0 的某一邻域 U 内 $\left[\frac{1}{n!}f^{(n)}(x_0) + \alpha(x)\right]$ 和 $f^{(n)}(x_0)$ 同号. 当 n 为奇数时,在 x_0 的左、右邻域内 $(x - x_0)^n$ 异号,从而 $f(x) - f(x_0)$ 异号,即 x_0 不是 $f(x)$ 的极值点. 当 n 为偶数时,$(x - x_0)^n > 0$,从而 $f(x) - f(x_0)$ 与 $f^{(n)}(x_0)$ 同号. 当 $f^{(n)}(x_0) > 0$ 时,在 U 内 $f(x) > f(x_0)$,即 $f(x_0)$ 是 $f(x)$ 的极小值. 当 $f^{(n)}(x_0) < 0$ 时,在 U 内 $f(x) < f(x_0)$,即 $f(x_0)$ 是 $f(x)$ 的极大值.

因为函数的最大(小)值在区间 $[a, b]$ 的内部达到时,它一定是函数的极值,所以求最大(小)值的方法为:对函数 $f(x)$ 求出静止点 $c_1, c_2, \cdots, c_k$ 及导数不存在点 $d_1, d_2, \cdots, d_l$,另外再添上边界点 a, b,比较所有这些点上的函数值

$$f(c_1), \cdots, f(c_k), f(d_1), \cdots, f(d_l), f(a), f(b),$$

其中最大者为最大值,最小者为最小值.

例 1 求 $f(x) = \sin^3 x + \cos^3 x$,在 $[0, 2\pi]$ 上的极值.

解 $f'(x) = 3\sin^2 x \cos x - 3\cos^2 x \sin x$
$$= 3\sin x \cos x(\sin x - \cos x).$$

$$f''(x) = 6\sin x \cos x(\sin x + \cos x) - 3(\sin^3 x + \cos^3 x).$$

由 $f'(x) = 0$，求出全部静止点为

$$x = 0, \pi, 2\pi; \frac{\pi}{2}, \frac{3}{2}\pi; \frac{\pi}{4}, \frac{5}{4}\pi.$$

列表如下

静止点 x	0	$\frac{\pi}{4}$	$\frac{\pi}{2}$	π	$\frac{5}{4}\pi$	$\frac{3}{2}\pi$	2π
$f''(x)$符号	$-$	$+$	$-$	$+$	$-$	$+$	$-$
$f(x)$	1	$\frac{\sqrt{2}}{2}$	1	-1	$-\frac{\sqrt{2}}{2}$	-1	1
极　值		极小	极大	极小	极大	极小	

所以，极大值为 $f\left(\dfrac{\pi}{2}\right) = 1, f\left(\dfrac{5}{4}\pi\right) = -\dfrac{\sqrt{2}}{2}$. 极小值为 $f\left(\dfrac{\pi}{4}\right) = \dfrac{\sqrt{2}}{2}, f(\pi) = -1, f\left(\dfrac{3}{2}\pi\right) = -1$.

例 2　求 $f(x) = (x-1)(x-2)^2$，在 $[0,3]$ 上的最小值.

解　　　　　$f'(x) = (x-2)(3x-4).$

得静止点为 $x = 2, \dfrac{4}{3}$. 最小值的可疑点为

$$x = 0, \frac{4}{3}, 2, 3.$$

对应函数值为

$$f(0) = -4, f\left(\frac{4}{3}\right) = \frac{4}{27},$$

$$f(2) = 0, f(3) = 2.$$

所以最小值为 $f(0) = -4$.

例 3　在边长为 1.5 米的正方形铁皮的四角分别截去一个边长相等的小正方形（图 4 - 6），然后把四边翻转 $90°$

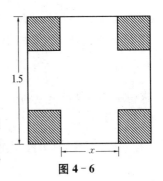

图 4 - 6

再焊接而成无盖水箱,问水箱底边长取多少时才能使水箱容积最大? 最大容积是多少?

解 设水箱底边长度为 x(米),则水箱高

$$h = \frac{1.5 - x}{2} = \frac{3 - 2x}{4}.$$

水箱体积

$$V = V(x) = x^2 h = \frac{1}{4}(3x^2 - 2x^3) \quad (0 < x < 1.5).$$

令 $V'(x) = 0$ 得静止点 $x = 1$.

因为按问题的实际意义得 V 的最大值是一定存在的,而且由于 $x \to 0$ 及 $x \to 1.5$ 时,$V \to 0$. 因而 V 的最大值只能在 $(0, 1.5)$ 内达到. 于是在边长为 1(米)时水箱的容积为最大,最大值 $V(1) = 0.25$(米^3).

例 4 已知电源电压为 E,内电阻为 r,电路图见图 $4-7$,问外电路负载电阻 R 取什么值时,输出功率最大.

解 由欧姆(Ohm)定律得电流强度为

$$I = \frac{E}{R + r}.$$

在负载 R 上输出的功率为

$$P = I^2 R = \frac{E^2 R}{(R + r)^2}.$$

当 E, r 一定时,P 是 R 的函数. 由

$$P'(R) = E^2 \frac{r - R}{(R + r)^3},$$

求得 $P(R)$ 的静止点为 $R = r$,因为当 $R \to 0$ 及 $R \to +\infty$ 时 $P \to 0$,所以 $R = r$ 时,$P(r) = \frac{E^2}{4r}$ 为最大输出功率.

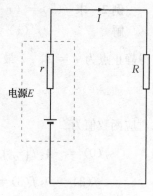

图 $4-7$

4.3.3 凸函数·函数的拐点

定义 （凸函数） 设 $f(x)$ 在区间 I 上定义,如果对满足 $\alpha + \beta = 1$ 的所有正数 α, β,及所有属于 I 的 x_1, x_2,都有

$$f(\alpha x_1 + \beta x_2) \leqslant \alpha f(x_1) + \beta f(x_2), \qquad (4.58)$$

则称 $f(x)$ 在 I 上为**下凸**的函数,(4.58)式中不等号反向则称 $f(x)$ 在 I 上为**上凸**的函数,(4.58)式中的不等号为严格不等号时,称 $f(x)$ 为**严格下(上)凸函数**.

(4.58)式还可以写成另一种形式,令 $\alpha = t$,则 $\beta = 1 - t$,从而

$$\alpha x_1 + \beta x_2 = t x_1 + (1-t) x_2,$$

代入(4.58)式,得

$$f(t x_1 + (1-t) x_2) \leqslant t f(x_1) + (1-t) f(x_2) \quad (0 < t < 1). \qquad (4.59)$$

下面研究(4.58)式的几何意义.首先可以将 x_1, x_2 之间的任一点 x 与 $(0,1)$ 上的 α 建立一一对应,它们的对应关系为

$$\alpha = \frac{x - x_2}{x_1 - x_2}, \qquad (4.60)$$

今设 $x_1 < x_2$. 因为 $x = \alpha x_1 + \beta x_2$,则当 $\alpha \in (0,1)$ 时 $x \in (x_1, x_2)$,如图 $4-8$,在曲线 $y = f(x)$ 上,对应于 $x = \alpha x_1 + \beta x_2$ 处的点 M 的纵坐标为

$$y_M = f(\alpha x_1 + \beta x_2). \qquad (4.61)$$

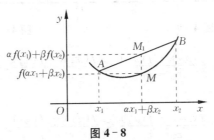

图 4-8

另一方面，A 点坐标为 $(x_1, f(x_1))$，B 点坐标为 $(x_2, f(x_2))$，则直线 AB 的方程为

$$y = \frac{f(x_2) - f(x_1)}{x_2 - x_1}(x - x_1) + f(x_1). \tag{4.62}$$

AB 上对应于 $x = \alpha x_1 + \beta x_2$ 的点为 M_1，它的纵坐标为

$$\begin{aligned}
y_{M_1} &= \frac{f(x_2) - f(x_1)}{x_2 - x_1}(\alpha x_1 + \beta x_2 - x_1) + f(x_1) \\
&= \alpha f(x_1) + \beta f(x_2), \tag{4.63}
\end{aligned}$$

所以 (4.58) 式表示，在 (x_1, x_2) 内任一点 $x = \alpha x_1 + \beta x_2$ 处，曲线 $y = f(x)$ 上点 M 的纵坐标 y_M 小于割线 AB 上对应点 M_1 的纵坐标，即在 (x_1, x_2) 内曲线 $y = f(x)$ 位于割线 AB 的下方.

至于 (4.59) 式只是将 α 记为 t，β 记为 $(1-t)$ 而已.

凸函数有很多较好的性质，今以下凸函数为例给出.

性质 1　在下凸函数所定义的曲线上，作两条首尾相连的割线(图 4-9、图 4-10)，则割线斜率是增加的，即当 $x_1 < x_2 < x_3$ 时，有

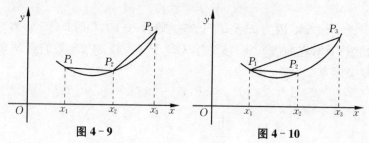

图 4-9　　　　　　　　　图 4-10

$$\frac{f(x_2) - f(x_1)}{x_2 - x_1} \leqslant \frac{f(x_3) - f(x_2)}{x_3 - x_2}, \tag{4.64}$$

及

$$\frac{f(x_2) - f(x_1)}{x_2 - x_1} \leqslant \frac{f(x_3) - f(x_1)}{x_3 - x_1}. \tag{4.65}$$

证　取

$$t = \frac{x_2 - x_1}{x_3 - x_1}, \tag{4.66}$$

从而 $0 < t < 1$，且

$$x_2 = tx_3 + (1-t)x_1, \tag{4.67}$$

利用(4.59)式,得

$$f(x_2) \leqslant tf(x_3) + (1-t)f(x_1), \tag{4.68}$$

即

$$f(x_2) - f(x_1) \leqslant t[f(x_3) - f(x_1)],$$

将(4.66)代入就得(4.65).

另外,(4.68)式也可改写成

$$(1-t)f(x_2) \leqslant t[f(x_3) - f(x_2)] + (1-t)f(x_1),$$

$$(1-t)[f(x_2) - f(x_1)] \leqslant t[f(x_3) - f(x_2)],$$

$$f(x_2) - f(x_1) \leqslant \frac{t}{1-t}[f(x_3) - f(x_2)]. \tag{4.69}$$

由(4.66)得

$$\frac{t}{1-t} = \frac{x_2 - x_1}{x_3 - x_2},$$

代入(4.69)得(4.64).从而性质 1 得证.

上述步骤逆推也成立,从而这条性质也可作为下凸函数的等价定义.

性质 2　区间 I 上的凸函数 $f(x)$ 在 I 的内部 $\mathring{I}$ 内存在左、右导数.

证　令 $h_2 > h_1 > 0, x_1 = x_0, x_2 = x_0 + h_1, x_3 = x_0 + h_2$，则有 $x_1 < x_2 < x_3$. 假设 $f(x)$ 在 I 上为下凸函数. 由(4.65)式,得

$$\frac{f(x_0 + h_1) - f(x_0)}{h_1} \leqslant \frac{f(x_0 + h_2) - f(x_0)}{h_2}. \tag{4.70}$$

若记

$$F(h) = \frac{f(x_0 + h) - f(x_0)}{h}.$$

$$(4.71)$$

则有 $F(h_1) \leqslant F(h_2)$，

即 $F(h)$ 是 h 的广义单调上升函数.

当 $x_0 \in \mathring{I}$ 时，可取一点 $x_4 < x_0$

且 $x_4 \in \mathring{I}$. 由

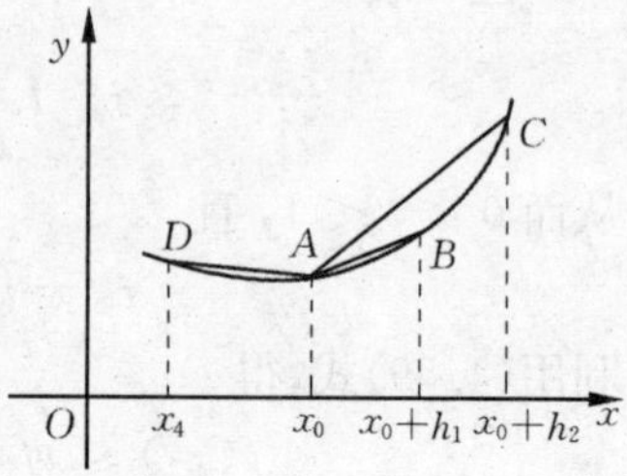

$$x_4 < x_0 < x_0 + h \quad (h > 0)$$

及（4.64）式，得

$$\frac{f(x_4) - f(x_0)}{x_4 - x_1} \leqslant \frac{f(x_0 + h) - f(x_0)}{h} = F(h),$$

即 $F(h)$ 不但是广义单调上升函数，而且有下界. 从而右极限 $F(0_+)$ 存在（有限），由（4.71）式，也即 $f'_+(x)$ 存在（有限）（图 4-11）.

同理可以证明 $f'_-(x_0)$ 存在（有限）.

若 x_0 是 I 的左端点时，由 $F(h)$ 是广义单调上升函数，得右极限 $F(0_+)$ 或者存在（有限）或者为 $-\infty$，从而 $f'_+(x_0)$ 或者存在（有限）或者为 $-\infty$.

虽然在区间内部凸函数有左导数、右导数，但它不一定可导. 例如 $y = |x|$ 在 $x = 0$ 不可导，但它是一个下凸函数.

性质 3 区间 I 上的凸函数 $f(x)$ 必定在 I 的内部 $\mathring{I}$ 内连续.

它是性质 2 的一个显见的推论.

凸函数 $f(x)$ 在 I 的端点不一定连续. 例如在 $I = [0,1]$ 上定义

$$f(x) = \begin{cases} 0, & x \in \mathring{I} \\ 1, & x = 0, 1, \end{cases}$$

则 $f(x)$ 在 I 上为下凸函数，但在端点不连续.

性质 4 若 $f(x)$ 可导，则 $f(x)$ 下凸的充要条件为 $f'(x)$ 是广

图 4-11

义单调上升.

证　（必要性）　对于任意 $x_1 < x_2 < x_3 < x_4$，利用(4.64)式有

$$\frac{f(x_2) - f(x_1)}{x_2 - x_1} \leqslant \frac{f(x_3) - f(x_2)}{x_3 - x_2} \leqslant \frac{f(x_4) - f(x_3)}{x_4 - x_3}.$$

令 $x_2 \to x_{1+}$，及 $x_4 \to x_{3+}$，得

$$f'(x_1) \leqslant f'(x_3) \quad (x_1 < x_3).$$

（充分性）　对(4.64)两端分别用拉格朗日中值定理，再利用 $f'(x)$ 的广义单调上升即知不等式(4.64)成立，即 $f(x)$ 为下凸函数.

由性质 4 立即可得.

性质 5　若 $f(x)$ 二阶可导，则 $f(x)$ 为下凸的充要条件是 $f''(x) \geqslant 0$.

性质 6　函数 $f(x)$ 可导，则 $f(x)$ 为下凸的充要条件是，$f(x)$ 的图形在它的各点的切线上方.

证　（必要性）　由性质 4 知 $f'(x)$ 为广义单调上升，再利用拉格朗日中值定理，对于任意的 $x_0 \in I$，当 $x > x_0$ 时有

$$\frac{f(x) - f(x_0)}{x - x_0} = f'(\xi) \geqslant f'(x_0) \quad \xi \in (x_0, x), \quad (4.72)$$

即

$$f(x) \geqslant f(x_0) + f'(x_0)(x - x_0). \quad (4.73)$$

换句话说，即函数图形在 x_0 点切线的上方.

当 $x < x_0$ 时，(4.72)式变号. 但 $x - x_0$ 是负的，所以(4.73)式不变，从而必要性得证.

（充分性）　在 $f(x)$ 所定义的区间 I 上，任意取三点，$x_1 < x_2 < x_3$，因为曲线在 x_2 点切线的上方，从而得

$$f(x_1) \geqslant f(x_2) + f'(x_2)(x_1 - x_2);$$
$$f(x_3) \geqslant f(x_2) + f'(x_2)(x_3 - x_2).$$

由此得

$$\frac{f(x_2) - f(x_1)}{x_2 - x_1} \leqslant f'(x_2) \leqslant \frac{f(x_3) - f(x_2)}{x_3 - x_2}.$$

这就是说(4.64)式成立,从而 $f(x)$ 为下凸的.

性质6证明了对于可导函数来说,函数图形在各点切线的上(下)方就可断定它是下(上)凸函数,反过来也是如此. 所以有时也以图形在各点切线的上(下)方来定义可微函数的下(上)凸,这是在 $f(x)$ 可导的假定下的等价的定义. 对于二次可导函数来说,它又等价于 $f''(x) \geqslant 0(\leqslant 0)$. 它对我们判定函数下(上)凸提供了一个方便的工具.

定义(拐点)   如果曲线 $y = f(x)$ 在 $M_0(x_0, f(x_0))$ 处有切线,若在 M_0 的充分小邻域内,曲线上其横坐标小于 x_0 的点在切线的一方,而横坐标大于 x_0 的点在切线的另一方,且在 M_0 两边曲线的凸向相反则称 M_0 是曲线的**拐点**. 有时也叫**变曲点**或**反曲点**.

显然对于二次可导函数来说,拐点 x_0 处必有 $f''(x_0) = 0$,而且在 x_0 的左、右方附近 $f''(x)$ 符号不同.

利用凸函数的性质可以得到很多不等式,下面给出最常用的几个,它们用初等方法也可证明.

例1   设 $p_1, p_2, \cdots, p_n$ 为正实数,且 $p_1 + p_2 + \cdots + p_n = 1$,则对于 (a, b) 内二次可导的下凸函数 $f(x)$,有

$$f\left(\sum_{k=1}^{n} p_k x_k\right) \leqslant \sum_{k=1}^{n} p_k f(x_k), \tag{4.74}$$

其中 $x_k \in (a, b)$ $(k = 1, 2, \cdots, n)$.

证   由 $x_k \in (a, b)$,则显然

$$X = \sum_{k=1}^{n} p_k x_k \in (a, b).$$

在 X 点用泰勒展开式展开,得

$$f(x_k) = f(X) + f'(X)(x_k - X) + \frac{1}{2!} f''(\xi_k)(x_k - X)^2$$

$$(\xi_k \in (a,b)). \tag{4.75}$$

因为 $f(x)$ 下凸且二次可微,所以有 $f''(x) \geqslant 0$. 舍去(4.75)中最后一项,以 p_k 乘后再关于 k 求和,得

$$\sum_{k=1}^{n} p_k f(x_k) \geqslant f(X) + f'(X) \sum_{k=1}^{n} p_k x_k - f'(X)X,$$

即

$$\sum_{k=1}^{n} p_k f(x_k) \geqslant f(X).$$

也就是

$$f\Big(\sum_{k=1}^{n} p_k x_k\Big) \leqslant \sum_{k=1}^{n} p_k f(x_k).$$

例 2 一组正数的几何平均值总不超过它的算术平均值. 即当 $x_1, x_2, \cdots, x_n > 0$ 时,有

$$(x_1 \cdot x_2 \cdot \cdots \cdot x_n)^{\frac{1}{n}} \leqslant \frac{1}{n}(x_1 + x_2 + \cdots + x_n). \tag{4.76}$$

证 在例 1 中取 $p_k = \dfrac{1}{n}, f(x) = -\ln x$ 即可.

例 3 当 $a_k > 0, b_k > 0 (k = 1, \cdots, n)$,且 $\dfrac{1}{p} + \dfrac{1}{q} = 1$ 时,有

霍尔德不等式

$$\sum_{k=1}^{n} a_k b_k \leqslant \Big(\sum_{k=1}^{n} a_k^p\Big)^{\frac{1}{p}} \Big(\sum_{k=1}^{n} b_k^q\Big)^{\frac{1}{q}} \quad p > 1, \tag{4.77}$$

$$\sum_{k=1}^{n} a_k b_k \geqslant \Big(\sum_{k=1}^{n} a_k^p\Big)^{\frac{1}{p}} \Big(\sum_{k=1}^{n} b_k^q\Big)^{\frac{1}{q}} \quad p < 1. \tag{4.78}$$

特别地,取 $p = q = 2$ 时得**柯西不等式**

$$\sum_{k=1}^{n} a_k b_k \leqslant \Big(\sum_{k=1}^{n} a_k^2\Big)^{\frac{1}{2}} \Big(\sum_{k=1}^{n} b_k^2\Big)^{\frac{1}{2}}. \tag{4.79}$$

证 对(4.77)式两端 p 次方后,即

$$\Big(\sum_{k=1}^{n} a_k b_k\Big)^p \leqslant \Big(\sum_{k=1}^{n} a_k^p\Big) \cdot \Big(\sum_{k=1}^{n} b_k^q\Big)^{\frac{p}{q}}. \tag{4.80}$$

令

$$q_k = b_k^q, \quad a_k b_k = q_k x_k,$$

从而

$$a_k = q_k^{\frac{1}{p}} x_k.$$

(4.80)式就变为

$$\left(\sum_{k=1}^n q_k x_k \right)^p \leqslant \left(\sum_{k=1}^n q_k x_k^p \right) \left(\sum_{k=1}^n q_k \right)^{\frac{p}{q}}.$$

因为 $\dfrac{p}{q} = p - 1$，所以问题归结为证明

$$\left[\sum_{k=1}^n \frac{q_k}{\sum\limits_{i=1}^n q_i} x_k \right]^p \leqslant \sum_{k=1}^n \frac{q_k}{\sum\limits_{i=1}^n q_i} x_k^p.$$

取 $p_k = \dfrac{q_k}{\sum\limits_{i=1}^n q_i}$，则又归结为证明

$$\left(\sum_{k=1}^n p_k x_k \right)^p \leqslant \sum_{k=1}^n p_k x_k^p, \tag{4.81}$$

今取 $f(x) = x^p (x > 0)$，则当 $p > 1$ 时，有

$$f''(x) = p(p-1) x^{p-2} > 0,$$

因而 $f(x)$ 是下凸函数，而 $p_k > 0$，且

$$p_1 + p_2 + \cdots + p_n = \frac{q_1}{\sum\limits_{i=1}^n q_i} + \frac{q_2}{\sum\limits_{i=1}^n q_i} + \cdots + \frac{q_n}{\sum\limits_{i=1}^n q_i} = 1.$$

所以由(4.74)知(4.81)式成立，从而(4.77)式也成立.

当 $p < 1$ 时，有 $f''(x) < 0$，$f(x)$ 是上凸函数，从而(4.81)式不等号反向，这就推出(4.78)式成立.

4.3.4　函数的图形

在作一个函数 $y = f(x)$ 的图形时，下述各基本要点必须

注意：

　　1° 定义域：在定义域外没有图形．

　　2° 对称性：如果 $f(x)$ 是奇函数，则它关于原点对称；如果它是偶函数，则它关于 y 轴对称；如果它是周期函数，则只要作出一个周期内的图形，然后作周期延拓就可．

　　3° 与两轴的交点．

　　4° 不连续的点．

　　5° 求导数

　　（ⅰ）导数不存在的点（包括导数为 ∞ 的点）．

　　（ⅱ）$y' = 0$ 的点（静止点）．

　　（ⅲ）单调区间．

　　6° 求二阶导数

　　（ⅰ）求上、下凸区间：$f''(x) > 0$ 为下凸，$f''(x) < 0$ 为上凸．

　　（ⅱ）求拐点：即使得 $f''(x) = 0$ 且 x 通过该点时 $f''(x)$ 变号的点．

　　（ⅲ）判定静止点是否是极大、极小点．

　　7° 求渐近线

　　（ⅰ）x_0 处的导数的单方极限为 ∞，则 $x = x_0$ 为垂直渐近线，或者有垂直的切线．

　　（ⅱ）求斜渐近线：如果下述两极限存在（有限）

$$a = \lim_{x \to \pm \infty} \frac{f(x)}{x}, b = \lim_{x \to \pm \infty} [f(x) - ax],$$

则 $y = ax + b$ 为 $y = f(x)$ 的斜渐近线．

　　例 1　作 $y = \sin x + \sin 2x$ 的图形．

　　1° 定义域为 **R**．

　　2° $y(x)$ 是周期函数，只要画出一个周期 $[-\pi, \pi]$ 就可延拓成全图形．$y(x)$ 又是奇函数，它关于原点对称，所以只要画半周期 $[0, \pi]$ 即可．

3° 和 y 轴交点为 $(0,0)$；与 x 轴交点是 $x=0,\dfrac{2}{3}\pi,\pi$.

4° $y\in C_{\mathbf{R}}$.

5° $y'=\cos x+2\cos 2x=4\cos^2 x+\cos x-2$，令 $y'=0$ 得静止点有 $\cos x=\dfrac{-1\pm\sqrt{33}}{8}$，即 $x_1\approx 0.94,x_2\approx 2.57$.

6° $y''=-\sin x-4\sin 2x=-\sin x(1+8\cos x)$，令 $y''=0$ 得拐点处 $x=0,1.70,\pi$.

7° 无渐近线.

8° 列表.

x	0	0.94	1.70	$\dfrac{2}{3}\pi$	2.57	π	
y'		+	0		−	0	+
y''	+	0	−	0		+	0	−
y	0	1.76	0.74		0	−0.37	0
单调性、极值	上升	→	极大	→	下降	→	极小	→	上升
拐点、凸性	拐点	→	上凸	→	拐点	→	下凸	→	拐点

9° 作图(图 4-12).

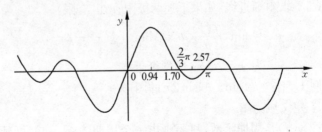

图 4-12

例 2　作 $y = \dfrac{(x-3)^2}{4(x-1)}$ 的图形.

$1°$ 定义域为 $(-\infty, 1) \bigcup (1, +\infty)$.

$2°$ 无奇偶性及轴对称性.

$3°$ 与 x 轴交点 $(3,0)$, 与 y 轴交点 $\left(0, -\dfrac{9}{4}\right)$.

$4°$ $x=1$ 无定义, 其他点都是连续点.

$5°$ $y' = \dfrac{(x-3)(x+1)}{4(x-1)^2}$, 静止点为 $x = 3, -1$, 对应于图上的点为 $(3,0), (-1,-2)$.

$6°$ $y'' = \dfrac{2}{(x-1)^3}$.

$7°$ 有垂直渐近线 $x=1$ 及斜渐近线 $y = \dfrac{1}{4}x - \dfrac{5}{4}$ $(x \to \pm\infty)$.

$8°$ 列表.

x		-1		0	1		3	
y'	$+$	0	$-$		不存在	$-$	0	$+$
y''		$-$			不存在		$+$	
y		-2		$-\dfrac{9}{4}$	∞		0	
单调性、极值	上升	极大		下降			极小	上升
拐点、凸性			上凸			下凸		

9° 作图(图 4-13).

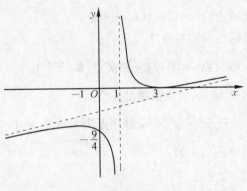

图 4-13

例 3 作 $s = \mathrm{e}^{-t}\sin 2\pi t$ 的图像 $(t \geqslant 0)$.

(若 t 是时间,s 是关于平衡位置的位移,则上式表示一种运动规律,该运动是描述有一定阻力的振动现象.)

1° 定义域为 $[0, +\infty)$.

2° 无奇偶性,也无对称性.

3° 与 s 轴只交于 $(0,0)$ 点,与 t 轴交点为 $\left(\dfrac{n}{2}, 0\right)$ $\quad n = 0, 1, 2, \cdots$.

4° 曲线处处连续.

5° $s' = \mathrm{e}^{-t}(2\pi \cos 2\pi t - \sin 2\pi t)$

$\qquad = \sqrt{1 + 4\pi^2}\, \mathrm{e}^{-t}\left(\dfrac{2\pi}{\sqrt{1 + 4\pi^2}}\cos 2\pi t - \dfrac{1}{\sqrt{1 + 4\pi^2}}\sin 2\pi t\right)$

$\qquad = \sqrt{1 + 4\pi^2}\, \mathrm{e}^{-t}\cos(2\pi t + \varphi)$.

其中 φ 满足

$$\cos \varphi = \frac{2\pi}{\sqrt{1 + 4\pi^2}}, \quad \sin \varphi = \frac{1}{\sqrt{1 + 4\pi^2}}.$$

所以静止点为 $t_n = \dfrac{1}{2}\left(n + \dfrac{1}{2}\right) - \dfrac{\varphi}{2\pi} \approx \dfrac{n}{2} + 0.23.$

$6°\ s'' = -\sqrt{1 + 4\pi^2}\,\mathrm{e}^{-t}\big[2\pi\sin(2\pi t + \varphi) + \cos(2\pi t + \varphi)\big]$

$\qquad = -(1 + 4\pi^2)\mathrm{e}^{-t}\sin(2\pi t + 2\varphi),$

$s'' = 0$ 的点为

$$\tau_n = \frac{n}{2} - \frac{\varphi}{\pi} \approx \frac{n}{2} - 0.05.$$

当 n 取值为 $1, 2, 3, \cdots$ 时得 t_n 为交迭地有极大及极小,而 τ_n 为拐点.

$7°$ 有渐近线 $s = 0$.

$8°$ 列表:记 $t_0 = \dfrac{\varphi}{2\pi} \approx 0.03, m \in \mathbf{N}.$

t	0 (m)	0.22 $\left(m + \dfrac{1}{4} - t_0\right)$	0.45 $\left(m + \dfrac{1}{2} - 2t_0\right)$	0.5 $\left(m + \dfrac{1}{2}\right)$	0.72	0.95	1 $\cdots$
s'	$+$	0		$-$		0	$+$ $\cdots$
s''		$-$	0	$+$		0	$-$ $\cdots$
s	0	0.79	0.20	0	-0.48	-0.12	0 $\cdots$
极值、单调性	上升 →	极大 →	下降		极小	上升 →	
拐点、凸性	← 上凸		拐点 ←		下凸	拐点 →	上凸

曲线在每一区间 $[m, m+1]$ 上的极值点、单调性、拐点、凸性是 $[0, 1]$ 上情况的一种平移,只是对应点函数值之比为

$$\frac{s(m + t_0)}{s(t_0)} = \mathrm{e}^{-m},$$

即曲线是将 $[0, 1]$ 上图形上、下向 t 轴压缩了 $\dfrac{1}{\mathrm{e}^m}$.

9° 作图(图 4-14).

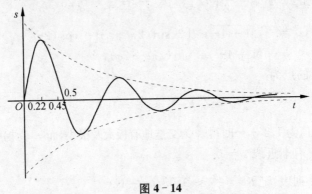

图 4-14

例 4 作旋轮线

$$\begin{cases} x = a(t - \sin t) \\ y = a(1 - \cos t), \end{cases}$$

的图形. 上述函数作为 x 的函数 $y = f(x)$ 来说

1° 定义域为 **R**.

2° 是周期函数,当 t 增加 2π 时,x 增加 $2\pi a$,但 y 不变. 另外 y 关于 x 是偶函数,即当 t 取值为 $-t$ 时,x 变号但 y 不变. 所以只要画出 x 在 $[0, \pi a]$ 上的图形就可.

3° $y \geqslant 0$;与 x 轴交点对应于 $t = 2n\pi$;与 y 轴交点为 $(0,0)$,对应于 $t = 0$.

4° 曲线连续.

5° $\quad x'(t) = a(1 - \cos t), \ y'(t) = a \sin t.$

$$\frac{\mathrm{d}y}{\mathrm{d}x} = \frac{\sin t}{1 - \cos t} = \frac{\cos \dfrac{t}{2}}{\sin \dfrac{t}{2}} = \cot \frac{t}{2}.$$

静止点对应于 $t = \pi$,导数不存在点对应于 $t = 0$.

6°
$$\frac{\mathrm{d}^2 y}{\mathrm{d}x^2} = -\frac{1}{4a\sin^4\dfrac{t}{2}} < 0.$$

7° 无渐近线.

8° 列表.

t	$x(t)$	$y(t)$	$\dfrac{\mathrm{d}y}{\mathrm{d}x}$	$\dfrac{\mathrm{d}^2 y}{\mathrm{d}x^2}$	x	y	极　值 单调性	拐　点 凸　性
0	0	0	无	无	0	0	上升	↕
		+	+				↓	
π	+	0	0	—	πa	$2a$	极大	上凸
		—	—				下降	

9° 作图(图 4 - 15).

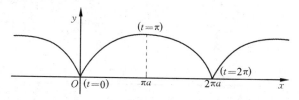

图 4 - 15

例 5　作 $\begin{cases} x = 2t - t^2, \\ y = 3t - t^3 \end{cases}$ $(t \in \mathbf{R})$ 的图形.

1° $x = 2t - t^2 = 1 - (1-t)^2$, 所以在 $x > 1$ 时无图形. 而且一个 x 可对应于两个 t 值.

2° 无对称性.

3° 与 x 轴交点处有 $t = 0, \pm\sqrt{3}$; 与 y 轴交点处有 $t = 0, 2$.

4° 曲线连续.

5° $x'(t) = 2(1-t)$; $y'(t) = 3(1-t^2)$.

$$\frac{\mathrm{d}y}{\mathrm{d}x} = \frac{3}{2}(1+t) \quad (t \neq 1).$$

静止点为 $t=-1$ 处,导数不存在的点(尖点)为 $t=1$ 处.

6° $x''(t)=-2$,$y''(t)=-6t$,

$$\frac{\mathrm{d}^2 y}{\mathrm{d}x^2}=\frac{3}{4}\,\frac{1}{1-t}\quad(t\neq 1).$$

7° 无渐近线.

8° 列表.

t	$-\infty$	$-\sqrt{3}$	-1	0	1	$\sqrt{3}$	2	$+\infty$
$x'(t)$			$+$		0		$-$	
$y'(t)$		$-$		0	$+$		0	$-$
$\dfrac{\mathrm{d}y}{\mathrm{d}x}$		$-$		0	$+$	无		$+$
$\dfrac{\mathrm{d}^2 y}{\mathrm{d}x^2}$			$+$			无		$-$
x	$-\infty$	-6.4	-3	0	1	0.4	0	$-\infty$
y	$+\infty$	0	-2	0	2	2	-2	$-\infty$
极值、单调性	←————— 下降 —————	极小	上升	极大	————— 下降 —————→		
拐点、凸性	←——————— 下凸 ———————			上凸 —————————→			

9° 作图(图 4-16).

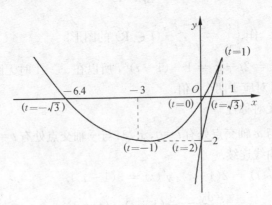

图 4-16

习 题

1. 求下列函数严格单调的区间：

(1) $y = 3x - x^3$；

(2) $y = \dfrac{\sqrt{x}}{x + 100}(x \geqslant 0)$；

(3) $y = x + |\sin 2x|$；

(4) $y = \dfrac{x^2}{2^x}$；

(5) $y = x^n \mathrm{e}^{-x}(n > 0, x \geqslant 0)$.

2. 单调函数的导数是否一定单调？

3. $\varphi(t)$ 是 $[a, b]$ 上单调上升函数，$f(x)$ 是 $[A, B]$ 上的单调函数，其中 $A = \varphi(a)$，$B = \varphi(b)$，问 $f(\varphi(t))$ 是否是单调函数？

4. 证明下列不等式：

(1) 当 $x \neq 0$ 时，有 $\mathrm{e}^x > 1 + x$；

(2) 当 $x > 0$ 时，有 $x - \dfrac{x^2}{2} < \ln(1 + x) < x$；

(3) 当 $x > 0, y > 0$，且 $0 < \alpha < \beta$ 时，有

$$(x^\alpha + y^\alpha)^{\frac{1}{\alpha}} > (x^\beta + y^\beta)^{\frac{1}{\beta}}.$$

5. 求数列 $\{\sqrt[n]{n}\}$ 的最大项.

6. $f(x) \in C_{[a, +\infty)}$，$f(a) < 0$，且当 $x > a$ 时，有 $f'(x) > k > 0$，则在 $\left(a, a - \dfrac{f(a)}{k}\right)$ 内 $f(x) = 0$ 存在唯一实根.

7. $f(x) \in C_{[a, b]}$，在 (a, b) 内 $f(x)$ 二次可导，$f(a) = f(b) = 0$，且存在 $c \in (a, b)$，使得 $f(c) > 0$，证明存在 $\xi \in (a, b)$ 使得 $f''(\xi) < 0$.

8. 确定下列各方程实根的个数及各根的范围：

(1) $x^3 - 6x^2 + 9x - 10 = 0$；

(2) $x^5 - 5x = a$；

(3) $\ln x = ax$.

9. 研究下列函数的极值：

(1) $y = 2 + x - x^2$；　　　　　　　(2) $y = \cos x + \mathrm{ch}\, x$；

(3) $y = x^m (1-x)^n$　$(m, n \in \mathbf{N})$；

(4) $y = |x|$；　　　　　　　(5) $y = x^{\frac{1}{3}} (1-x)^{\frac{2}{3}}$.

10. $f(x) \in C^2$ 且 $f(x)$ 为偶函数，又 $f''(0) \neq 0$，问 $x = 0$ 是不是 $f(x)$ 的极值点？为什么？

11. 在什么条件下，方程 $x^3 + px + q = 0$ 有唯一实根，及有三个相异的实根？

12. 当有怎样的尺寸时，容积为 V 的圆柱形闭合罐子有最小的表面积？

13. 从半径为 R 的圆中应切去怎样的扇形，才能使余下的部分卷成的漏斗容积为最大？

14. 甲、乙两厂和输电线路位置如图 $4-17$，今两厂合用一变压器 M，问 M 设在输电线离 A 多远处最省电线？

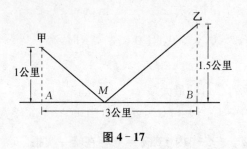

图 4-17

15. 今对同一个量做了 n 次重复测量，得出数据为 $x_1, x_2, \cdots, x_n$. 试求一数 x，使得它和各数误差的平方和为最小.

16. 点光源位于半径为 R, r 两球之连心线上，两球相离，且光源在两球外面，问光源的位置如何才能使两球表面照明部分之和为最大？

17. 证明三次多项式不是凸函数.

18. $f(x)$ 在 **R** 内为有界的可微凸函数,则 $f(x) \equiv c$(常数).

19. 求 $y = \dfrac{x^3}{x^2 + 2x - 3}$ 的渐近线.

20. 作下列函数的图形:

(1) $y = 3x - x^3$;　　　　　　(2) $y = \dfrac{\ln x}{x}$;

(3) $y = (x+1)(x-2)^2$;　　(4) $y = \dfrac{x}{1+x^2}$;

(5) $y = \mathrm{e}^{-x^2}$;　　　　　　　(6) $y = \sin^4 x + \cos^4 x$;

(7) $y = x^x$;

(8) $x = a\cos 2t, y = a\cos 3t \quad (a > 0)$;

(9) $x^3 + y^3 = 3axy \quad (a > 0)$;

(10) $r = a\sin 3\theta$.

第 4 章总习题

1. 证明达布(Darbonx)定理:若 $f(x)$ 在 (a,b) 内可微,则 $f'(x)$ 的值域必成一区间. 即任意 $\alpha, \beta \in (a,b)$,若 l 在 $f'(\alpha), f'(\beta)$ 之间,则必存在 $x_0 \in (a,b)$,使得 $f'(x_0) = l$.

2. $f(x)$ 在 $[0, +\infty)$ 上可导,且 $0 \leqslant f(x) \leqslant \dfrac{x^n}{\mathrm{e}^x}$,证明存在 $\xi > 0$,使得 $f'(\xi) = \xi^{n-1}(n - \xi)/\mathrm{e}^\xi$.

3. $f(x), g(x)$ 在包含 $[a,b]$ 的开区间内二次可微,$g''(x) \neq 0$,则存在 $\xi \in (a,b)$,使

$$\frac{f(b) - f(a) - (b-a)f'(a)}{g(b) - g(a) - (b-a)g'(a)} = \frac{f''(\xi)}{g''(\xi)}.$$

4. $f(x)$ 在 (a,b) 内可微,$x_1, x_2 \in (a,b)$,并且 $x_1 x_2 > 0$,证明

$$\frac{1}{x_1 - x_2} \begin{vmatrix} x_1 & x_2 \\ f(x_1) & f(x_2) \end{vmatrix} = f(\xi) - \xi f'(\xi) \quad \xi \in (x_1, x_2).$$

5. $f(x) \in C^1$，且 $\lim\limits_{x \to -\infty} f'(x) = 0$，证明

$$\lim_{x \to -\infty} \frac{f(x)}{x} = 0.$$

*6. 已知 $f(x)$ 可导，$f(x) + f'(x) \to a(x \to +\infty)$，则 $x \to +\infty$ 时有 $f(x) \to a$ 及 $f'(x) \to 0$.

*7. $f(x) \in C_{[a,b]}$，$f(a) = f(b) = 0$，$f(x)$ 在 (a,b) 内有二阶导数，又右导数 $f'_+(a) > 0$，则存在 $c \in (a,b)$ 使得 $f''(c) < 0$.

8. 已知 $f(0) = 0$，$f(x)$ 在 $[0, +\infty)$ 上连续，在 $(0, +\infty)$ 内导数单调上升，证明 $g(x) = \dfrac{f(x)}{x}$ 也单调上升.

*9. $f(x) \in C_{(0,a)}$，在 $(0,a)$ 内 $f(x)$ 可导，且 $\lim\limits_{x \to 0_+} \sqrt{x} f'(x) = K$（有限），求证 $f(x)$ 在 $(0,a]$ 上一致连续.

10. $f(x)$ 在包含 $[0,1]$ 的开区间内二阶可导，$f(0) = f(1)$，$|f''(x)| \leqslant 1$，则对所有 $x \in [0,1]$ 有 $|f'(x)| \leqslant \dfrac{1}{2}$.

11. 比较 $(\sqrt{n})^{\sqrt{n+1}}$ 与 $(\sqrt{n+1})^{\sqrt{n}}$ 的大小 $(n > 8)$.

*12. 确定 $e^x = ax^2 (a > 0)$ 的实根数目及范围.

13. $f(x)$ 在 $(a, +\infty)$ 内可导，$\lim\limits_{x \to +\infty} f'(x) = A$（非零），则

(1) $\lim\limits_{x \to +\infty} f(x) = \infty$;　　　　(2) $\lim\limits_{x \to +\infty} \dfrac{f(x)}{x} = A$.

14. 已知 $f(x) \in C^2$，$\lim\limits_{x \to 0} \dfrac{f(x)}{x} = 0$，$f''(0) = 4$，求

$$\lim_{x \to 0} \left(1 + \frac{f(x)}{x}\right)^{\frac{1}{x}}.$$

15. 设 $f(x) \in C^1_{(0, +\infty)}$，且 $f(x)$ 为上凸函数，又 $\lim\limits_{x \to +\infty} f(x)$ 存在（有限），则 $\lim\limits_{x \to +\infty} f'(x) = 0$.

第 5 章　实 数 理 论

本章介绍实数公理,以及从有理数系扩展到实数系的各种数学模型.重点介绍康托尔的有理数列等价类的方法,简单介绍 p 进制法、狄德金(Dedekind)分划法、连分数法.

5.1　实数的公理系统

5.1.1　数的发展过程

一个人从刚懂得一点事情开始,就不断地在学习关于数的知识.先是自然数,再是分数、负数、有理数、无理数与实数,以至后来的复数,这时,人们实际上是用十进制的方法来学习各种数的.因为这些数太熟悉了,所以人们很少提出什么是自然数,什么是实数之类的问题.自从电脑发展以后,渐渐地对二进制、八进制的数的表示法熟悉起来,人们自然联想到实数有多少种表示方法呢?构造这种表示法的依据是什么呢?对这些问题,数学家们很早就提出了,但能够比较正确地回答这些问题还只是上个世纪的事情.

从数的发展历史看,在远古时代,人们已经有自然数和分数的概念,但还没有负数和无理数的概念,因为那时人们只会加法和乘法,所以自然数就够用了.后来由于量度线段的长度,引入了正的分数,直到公元前 500 多年,古希腊的数学家发现边长为 1 的正方形的对角线长度竟不能用当时人们所知道的数来表示(即对角线与边长为不可公度的线段).用现代的话说,即 $\sqrt{2}$ 不是有理数.这一事实可以证明如下:

例 $\sqrt{2} \bar{\in} \mathbf{Q}$（$\mathbf{Q}$ 为有理数集合）.

证 （反证法） 若 $\sqrt{2} \in \mathbf{Q}$，则 $\sqrt{2}$ 可以写成既约分数 $\dfrac{n}{m}$，其中 n，$m \in \mathbf{Z}$，从而得

$$n^2 = 2m^2,$$

即 n 为偶数. 设 $n = 2r$，代入上式得

$$m^2 = 2r^2,$$

即 m 也为偶数. 这样 $\dfrac{n}{m}$ 就不是既约分数了. 这个矛盾就证明了 $\sqrt{2} \bar{\in} \mathbf{Q}$.

但是古希腊数学家的发现在当时得不到承认，而事实却这样千真万确地存在着. 后来不断有数学家发现这种"不是数"的数，而且多得不可胜数，从这些数的发现到被人们所承认拖了很长一个时期，大约到 15 世纪开始有人称它为"无理的数". 负数的出现和无理数的出现有相似的遭遇，一直到 17 世纪还有人称负数为"谬数". 一直到 19 世纪，大家对实数已经应用自如了，数学家才对实数提出了一个完整的理论，这就是下面要介绍的公理系统.

5.1.2 实数的公理系统

当人们把十进制数作为实数来运算已经得心应手后，再来归纳数的理论，这样就要在有关数的规律中找出哪些是最基本的，我们称它们为公理. 用这些公理可以刻画出数的性质.

首先，自然数的公理系统在 1889 年由意大利数学家皮亚诺完成.

皮亚诺公理 自然数集 $\mathbf{N}$ 是满足下述五条公理的集合.

P_1：$1 \in \mathbf{N}$（即 $\mathbf{N}$ 中可以定义一个元素为 1）.

P_2：对 $\mathbf{N}$ 中任一个元素 x，必存在一个称为 x 的后继者的元素 x'，它也属于 $\mathbf{N}$（以后用"$'$"表示该元素的后继元素）.

$P_3: x \in \mathbf{N}$ 则 $x' \neq 1$.

$P_4: x' = y'$ 则 $x = y$.

$P_5:$若 $1 \in M$,且从 $x \in M$ 可推出 $x' \in M$,则 $\mathbf{N} \subset M$.

皮亚诺公理写得很简洁,但它不易为初学者所接受,人们会问为什么这五条公理刻画了自然数? 为此介绍自然数的另一种等价公理系统,它罗列了自然数的各主要性质.

自然数公理

$N_1:$在 $\mathbf{N}$ 中有"+""·"运算,即对于任意 $x, y, z \in \mathbf{N}$,可以定义 $x + y \in \mathbf{N}$ 及 $x \cdot y \in \mathbf{N}$.(也称 $\mathbf{N}$ 关于"+""·"运算是封闭的,有时为了简便起见,"·"号常常略去不写)它们满足

  $1°$ $x + y = y + x$ (加法交换律).

  $2°$ $(x + y) + z = x + (y + z)$ (加法结合律).

  $3°$ $x \cdot y = y \cdot x$ (乘法交换律).

  $4°$ $(x \cdot y) \cdot z = x \cdot (y \cdot z)$ (乘法结合律).

  $5°$ $\mathbf{N}$ 中存在一元素,记为 1,它满足

        $x \cdot 1 = x$ (乘法有单位元).

  $6°$ $x \cdot (y + z) = x \cdot y + x \cdot z$ (加法乘法分配律).

$N_2:$对于 $x, y \in \mathbf{N}$,有且仅有下述三者之一成立.

  $1°$ $x = y$.

  $2°$ $x + z = y$ 有一解 $z \in \mathbf{N}$.

  $3°$ $x = y + z$ 有一解 $z \in \mathbf{N}$.

$N_3:$同 P_5(其中 x' 定义为 $x + 1$).

这个公理系统中,N_1 表示自然数中间的加法、乘法的运算规则.N_2 表示在 $\mathbf{N}$ 中可以定义"=","<",">"关系,即 $1°$ 表示 $x = y$,$2°$ 表示 $x < y$,$3°$ 表示 $y < x$(或 $x > y$). 也就是在 $\mathbf{N}$ 中规定了"次序".N_3 就是 P_5,称为**数学归纳法公理**. 它是数学归纳法的理论基础.

这组自然数公理和皮亚诺公理可以是等价的,因为这方面内

容并非本章主旨,所以不详述了,有兴趣读者可查阅兰道(Landan)著,刘绂堂译《分析基础》.

利用这个公理系统,可以给自然数以各种表示方法. 例如十进制表示开始的一个自然数为1(即乘法的单位元),其次的一个自然数是1的后继数1+1称为2,再接下去的一个自然数是2的后继数2+1称为3,…而用二进制表示,开始的一个自然数为1,其次的一个自然数为1的后继数1+1称为10,接下去的一个自然数为10的后继数10+1称为11,再继续下去的一个自然数为11的后继数11+1称为100,…(这里$x+1$就是皮亚诺公理中x')当然除了十进制和二进制外,还有其他的表示法,它们都可以作为自然数的一种表示,这里不再仔细介绍了.

在自然数系内进行加法、乘法运算不会超出自然数系,这称为自然数系关于加法、乘法是封闭的,但自然数系有很多缺陷,比如公理 N_2,并不是任意两个 $x,y\in\mathbf{N}$, $x+z=y$ 都有解 $z\in\mathbf{N}$ 的,有时有解(当 $x<y$ 时),有时没有解(当 $x=y$ 及 $x>y$ 时),为了克服这种缺陷,在没有解的情况补充一个数进去(这个数就是它的解). 这种扩充后的数系称为**整数系**,记为 **Z**. 同样对任意 $x,y\in\mathbf{Z}$,并不是 $x\cdot z=y$ 都有解 $z\in\mathbf{Z}$ 的,如果在没有解存在的情况,再补充数到 **Z** 中去,这样又扩充了 **Z**,变为有理数系 **Q**,和自然数系一样,我们也可以建立整数系及有理数系的公理系统. 因为同样不是本章的主旨,也不在这里一一叙述了.

有理数系对于四则运算可以说是完美无缺了,也就是说,有理数系关于四则运算是封闭的. 但是正如前面所说,有理数系仍有缺陷. 第一,单位边长的正方形的对角线长虽然知道它介于1与2之间,但却不能用有理数来表示. 这表示有理数之间还有很多"空隙". 第二,有理数基本数列的极限(在有理数系内)可能不存在,等等. 现在希望再将有理数系进行扩张,使得有理数作为新的数系的一部分仍满足它原来的规则,而且要扩张后的数系也满足有理数系的规则,最后新数系没有上面提到的哪些缺陷,这个新的数系就是我们这章要讨论的实数系.

　　以有理数的各种缺陷作为出发点,可以扩充有理数系,并得到实数的各种不同表示法,这种表示法称为实数的结构,如果证明了它们满足下面列出的实数公理,则它成为实数系的一个模型.

　　实数公理分为两部分,第一部分是有理数所满足的公理(即下面的公理 I,II,III),第二部分是有理数系所不满足的,是对有理数系的一种扩充(即下面的 IV).

实数系 R 的公理系统

　　I:R 是一个域　即对于任意 $x,y \in \mathbf{R}$,称为它们的和 $x+y$ 的元素 $u \in \mathbf{R}$ 是唯一确定的,其中从 (x,y) 到 u 的对应关系称为加法.另外对任意 $x,y \in \mathbf{R}$ 称为它们的积 $x \cdot y$ 的元素 $v \in \mathbf{R}$ 也是唯一确定的,其中的对应关系称为乘法,并且对于任意的 $x,y,z \in \mathbf{R}$,有

　　I_1　$x+y=y+x$　(加法交换律).

　　I_2　$(x+y)+z=x+(y+z)$　(加法结合律).

　　I_3　**R** 中存在元素 0,称它为零元,使得 $x+0=x$.也称 0 为加法的单位元.(加法单位元的存在性).

　　I_4　对任意 $x \in \mathbf{R}$,在 **R** 中存在元素 $-x$,称为 x 的反对数,使得 $x+(-x)=0$.从而可以定义减法(加法逆元的存在性).

　　I_5　$x \cdot y=y \cdot x$　(乘法交换律).

　　I_6　$(x \cdot y) \cdot z=x \cdot (y \cdot z)$　(乘法结合律).

　　I_7　**R** 中存在元素 1,使得 $x \cdot 1=x$,且 $1 \neq 0$. 1 称为乘法的单位元(在 $\mathbf{R} \backslash \{0\}$ 中乘法单位元的存在性).

　　I_8　每个 $x \in \mathbf{R}$,且 $x \neq 0$ 都存在唯一的一元 $\dfrac{1}{x} \in \mathbf{R}$,使得 $x \cdot \left(\dfrac{1}{x}\right)=1$,从而可以定义除法:$\dfrac{1}{x}$ 有时也记为 x^{-1}.(在 $\mathbf{R} \backslash \{0\}$ 中

乘法逆元的存在性)

$\text{I}_9 \quad x \cdot (y+z) = x \cdot y + x \cdot z$ （加法,乘法分配律).

Ⅱ:R 中有"次序" 即定义了">"(从而定义了"<"). 它满足:对任意 $x, y, z \in \mathbf{R}$.

$\text{II}_1 \quad x > y, x = y, y > x$ 三者必居其一,而且只居其一.

$\text{II}_2 \quad$ 若 $x > y$ 且 $y > z$,则 $x > z$ （传递性）.

$\text{II}_3 \quad$ 若 $x > y$,则 $x + z > y + z$ （加法保序性）.

$\text{II}_4 \quad$ 若 $x > y$ 且 $z > 0$,则 $x \cdot z > y \cdot z$ （乘正数的保序性）.

如果从 1 出发,对其不断进行加法运算得一集合. 容易证明该集合与加法、乘法运算满足自然数公理,故称它为自然数集合,记为 **N**,显见 $\mathbf{N} \subset \mathbf{R}$ 且关于加法、乘法为封闭的.

Ⅲ 阿基米德(Archimedes)公理 对任意 $x, y \in \mathbf{R}$,且 $x > 0$, $y > 0$,则存在 $n \in \mathbf{N}$,使得

$$n \cdot x \geqslant y, \tag{5.1}$$

也可以说,x 不断加上自己以后,经过有限次的这种加法运算,它就可大于等于 y.

Ⅳ 完备性公理 （柯西数列有极限）设 $\{x_n\}$ 是实数集合中的一个数列(即它是一个 **N→R** 的映射). 若任给一个实数 $\varepsilon > 0$,存在 $N \in \mathbf{N}$,当 **N** 中 $n, m > N$ 时,就有

$$-\varepsilon < x_n - x_m < \varepsilon, \tag{5.2}$$

则必存在实数 a,及自然数 N',当 $n \in \mathbf{N}$ 且 $n > N'$ 时,有

$$-\varepsilon < x_n - a < \varepsilon. \tag{5.3}$$

以上这组公理中,第Ⅰ条表示集合 **R** 和加法、乘法构成域,即 **R** 上的四则运算规律. 第Ⅱ条表示 **R** 中有次序. 第Ⅲ条是阿基米德公理,由它可以得出实数集合中无最大者,也无最小者,无无穷大也无无穷小的元素. 满足这三条公理的集合称为阿基米德有序域,这是有理数所满足的公理. 第Ⅳ条是为了修补有理数的"缺陷"的,在第 1 章里证明了它与其他的实数系基本定理是等价的,也即它

可以用其他实数系的基本定理来代替. 说得严格一点,公理Ⅲ与Ⅳ或公理Ⅲ与区间套定理,它们与实数系的其他基本定理是等价的.

为弥补有理数系的种种缺陷,可以得到实数的各种构造法. 首先,用十进小数来表示有理数时,每一个有理数可以表示成有限小数或无限循环小数. 但没有有理数可以表示成为无限不循环小数. 于是就称无限不循环小数为"**无理数**",从而得到实数系. 从有理数系中有"空隙"存在这个观点出发,狄德金构造了一种"分划"来表示实数. 而康托尔根据有理数列极限的方法,用基本序列类来表示实数. 这些是最主要的表示法. 因为十进制小数法已为大家所熟知,而分划法虽然逻辑性很强,而且所用基础知识少,但它运算复杂又不易推广,所以在这里介绍的康托尔法有些概念(比如等价类)虽然比较难接受,但便于推广到以后的各种空间的扩张上去,所以下面一节重点介绍康托尔的实数构造法.

习 题

1. 从皮亚诺公理出发定义加法运算如下
$$x+1 = x', \quad x+y' = (x+y)'.$$
证明(1) 自然数公理 $\mathbf{N}_1$ 的 $2°$ 成立;

(2) 自然数公理 $\mathbf{N}_1$ 的 $1°$ 成立.

2. 从自然数公理出发,定义 $x' = x+1$,推出皮亚诺公理.

3. 若 $a,b,c \in \mathbf{N}$,证明若 $a+b = b+c$,则 $a=c$.

4. 由自然数公理可以证明: $x \cdot z = y \cdot z$ 的充要条件是 $x=y$ (乘法消去律).

5. 证明 $\mathbf{R}$ 中下列元素是唯一的:

(1) 零元;   (2) 加法的逆元;

(3) 乘法的单位元 1;   (4) 乘法的逆元.

6. 证明实数公理中将 II_4 换成:对任意 $x,y \in \mathbf{R}$,若 $x>0$ 且

$y>0$,则 $x \cdot y>0$. 这时实数系统不变.

7. 设 A 是一个有序域,证明 A 是阿基米德域的充要条件是

$$\lim_{n \to \infty} \frac{1}{n} = 0.$$

5.2 康托尔的实数模型

5.2.1 实数的定义

康托尔法的基本思想是,任一个实数(有理数或无理数)都可以看为一个有理数列的极限. 例如,$\sqrt{2}$可看作

$$1, 1.4, 1.41, 1.414, 1.4142, 1.41421, 1.414213, \cdots$$

的极限. 虽然为了定义有理数列的极限,首先想到的是用 $\varepsilon - N$ 法,但由于这时要用到极限值本身,因而不可避免地发生了概念的自身循环(即用无理数自己来定义无理数). 康托尔用有理数的柯西数列(它有极限)来定义一个实数,克服了这个困难. 但因为不同的有理数柯西数列可以有同一个极限,这些数列都代表同一个实数,于是就得用一类有理数柯西数列来代表一个实数,这就是我们一开始要讲等价关系和等价类的原因.

定义(等价关系) 一个关系"$\sim$"若满足

$1°$ $a \sim a$ (自反性);

$2°$ 若 $a \sim b$,则 $b \sim a$ (对称性);

$3°$ 若 $a \sim b$ 且 $b \sim c$,则 $a \sim c$ (传递性).

则称这种关系为**等价关系**.

定义(有理数的基本数列) 若

(i) $r_n \in \mathbf{Q}$;

(ii) 任给有理数 $\varepsilon > 0$,存在 $N \in \mathbf{N}$,当 $n, m \in \mathbf{N}$,且 $n, m \geqslant N$ 时,有

$$| r_n - r_m | < \varepsilon, \tag{5.4}$$

则称$\{r_n\}$为**有理数的基本数列**,或**有理数的柯西数列**.

（ⅱ）的另一种等价定义是,任给有理数 $\varepsilon > 0$,存在 $N \in \mathbf{N}$,当 $n \in \mathbf{N}, p \in \mathbf{N}$ 且 $n > N$ 时,有

$$| r_{n+p} - r_n | < \varepsilon. \tag{5.5}$$

定义(*以 0 为极限*) 若$\{r_n\}$为有理数列,且任给有理数 $\varepsilon > 0$,存在 $N \in \mathbf{N}$,当 $n \in \mathbf{N}$ 且 $n > N$ 时,有

$$| r_n | < \varepsilon, \tag{5.6}$$

则称$\{r_n\}$**以 0 为极限**,记为

$$\lim_{n \to \infty} r_n = 0, \tag{5.7}$$

定义(*以有理数 r 为极限*) 若$\{r_n\}$为有理数列,且有

$$\lim_{n \to \infty} (r_n - r) = 0,$$

则称$\{r_n\}$**以有理数 r 为极限**,记为

$$\lim_{n \to \infty} r_n = r, \tag{5.8}$$

或

$$r_n \to r \quad (n \to \infty). \tag{5.9}$$

今后以$\{r_{(n)}\}$记有理数基本数列

$$r, r, \cdots, r, \cdots,$$

其中 $r \in \mathbf{Q}$.

定义(*等价的有理数基本序列*)

（ⅰ）$\{r_n\}, \{s_n\}$为有理数基本数列.

（ⅱ）$\lim\limits_{n \to \infty} (r_n - s_n) = 0$. $\tag{5.10}$

则称$\{r_n\}$**等价于**$\{s_n\}$,记为$\{r_n\} \sim \{s_n\}$.

这种关系确实是等价关系（请读者自证）,所以用等价记号"$\sim$"是合理的.

例如,$\left\{\dfrac{1}{n}\right\} \sim \left\{\dfrac{1}{2^n}\right\} \sim \{0_{(n)}\}$.

引理 5.1 若 $\{r_n\} \sim \{s_n\}$，且

$$\lim_{n \to \infty} r_n = r \quad (r \in \mathbf{Q}), \tag{5.11}$$

则

$$\lim_{n \to \infty} s_n = r.$$

证 因为

$$|s_n - r| \leqslant |s_n - r_n| + |r_n - r|.$$

由(5.11)，对于任给有理数 $\varepsilon > 0$，存在 $N_1 \in \mathbf{N}$，当 $n \in \mathbf{N}$ 且 $n > N_1$ 时，有

$$|r_n - r| < \frac{\varepsilon}{2}.$$

由 $\{r_n\} \sim \{s_n\}$，所以存在 $N_2 \in \mathbf{N}$，当 $n \in \mathbf{N}$ 且 $n > N_2$ 时，有

$$|r_n - s_n| < \frac{\varepsilon}{2}.$$

取 $N = \max(N_1, N_2) \in \mathbf{N}$，当 $n \in \mathbf{N}$ 且 $n > N$ 时，就有

$$|s_n - r| \leqslant |s_n - r_n| + |r_n - r| < \varepsilon.$$

即

$$\lim_{n \to \infty} s_n = r.$$

引理 5.2 若

$$\lim_{n \to \infty} r_n = r \quad (r \in \mathbf{Q}),$$

则 $\{r_n\} \sim \{r_{(n)}\}$.

证明是显见的.

定义（等价类） 等价类是一些元素的集合，首先它是非空的，其次它的各元素之间都是等价的，最后若 x 属于它，则与 x 等价的其他元素也属于它.

定义（实数） 有理数基本数列 $\{r_n\}$ 的集合 $\mu = \{\{r_n\}\}$ 按等价关系"$\sim$"划分成等价类，每一个类定义一个**实数**，该类中的任一个有理数基本数列称为该实数的一个**代表**，本节中如无特别声明，则用 $\alpha, \beta, \gamma, \xi, \eta, \cdots$ 等希腊字母表示实数（ε 除外），用 $\mathbf{R}_c$ 表示康托尔

法构造的实数的集合.

按上述定义，$\{r_n\}\in\alpha$ 及 $\{r'_n\}\in\alpha$ 表示 $\{r_n\}$、$\{r'_n\}$ 都是有理数的基本数列，而且都属于实数 α 这一个类，从而 $\{r_n\}\sim\{r'_n\}$.

在 $\{r_{(n)}\}\in\alpha$ 时，很自然地把 α 看成由有理数 r 产生的**有理实数**，因此，将 α 记为 $\bar{r}$，即 r 类内的任一有理数列都以 r 为极限. 同样很自然地把不以有理数为极限的有理数基本数列 $\{r_n\}$ 所代表的实数称为**无理实数**.

例　若
$$r_n = 1 + \frac{1}{1!} + \cdots + \frac{1}{n!} \quad (n=1,2,\cdots).$$
则 $\{r_n\}$ 为无理实数的代表.

证　首先证明 $\{r_n\}$ 是有理数的基本数列.

r_n 是有理数是无须多说的，下面证明它是基本数列，因为
$$\begin{aligned}
|r_{n+p} - r_n| &= \frac{1}{(n+1)!} + \frac{1}{(n+2)!} + \cdots + \frac{1}{(n+p)!} \\
&= \frac{1}{(n+1)!}\left[1 + \frac{1}{n+2} + \cdots + \frac{1}{(n+2)\cdots(n+p)}\right] \\
&\leqslant \frac{1}{(n+1)!}\left[1 + \frac{1}{n+2} + \cdots + \frac{1}{(n+2)^{p-1}}\right] \\
&< \frac{1}{(n+1)!}\ \frac{1}{1-\dfrac{1}{n+2}} < \frac{1}{n}.
\end{aligned}$$

任给有理数 $\varepsilon>0$，取 $N=\left[\dfrac{1}{\varepsilon}\right]$，则 $N\in\mathbf{N}$，当 $n\in\mathbf{N}$，$p\in\mathbf{N}$ 且 $n>N$ 时，就有
$$|r_{n+p} - r_n| < \varepsilon,$$
即 $\{r_n\}$ 是有理数的基本数列.

其次证明 $\{r_n\}$ 是无理实数的代表，即它不以有理数为它的极限，下面用反证法来证明.

设 $p,q\in\mathbf{Z},q>0$,且

$$\lim_{n\to\infty}r_n=\frac{p}{q},$$

因为 $\{r_n\}$ 是严格单调上升的有理数列,所以对所有 $n\in\mathbf{N}$,利用第 1 章的证法有

$$r_n<\frac{p}{q}. \tag{5.12}$$

今取定一个 $m\in\mathbf{N}$,则对于 $n\geqslant m$ 时,有

$$r_n=r_m+\frac{1}{(m+1)!}+\frac{1}{(m+2)!}+\cdots+\frac{1}{n!}$$
$$<r_m+\frac{1}{(m+1)!}\Big[1+\frac{1}{(m+2)}+\frac{1}{(m+2)^2}+\cdots\Big]$$
$$=r_m+\frac{1}{(m+1)!}\cdot\frac{1}{1-\dfrac{1}{m+2}}$$
$$<r_m+\frac{1}{m!},$$

即

$$r_n<r_m+\frac{1}{m!}. \tag{5.13}$$

令 $n\to\infty$,则对所有 $m\in\mathbf{N}$,有

$$\frac{p}{q}\leqslant r_m+\frac{1}{m!}. \tag{5.14}$$

今考察有理数列 $\Big\{r_m+\dfrac{1}{m!}\Big\}$,因为

$$\Big[r_{m+1}+\frac{1}{(m+1)!}\Big]-\Big[r_m+\frac{1}{m!}\Big]$$
$$=\frac{2}{(m+1)!}-\frac{1}{m!}$$
$$=\frac{1}{m!}\Big[\frac{2}{m+1}-1\Big], \tag{5.15}$$

当 $m > 1$ 时,(5.15)右端严格小于 0,即 $\left\{ r_m + \dfrac{1}{m!} \right\}$ 是严格下降的,从而(5.14)可改成对所有 $m \in \mathbf{N}$ 但 $m \neq 1$ 时,有

$$\frac{p}{q} < r_m + \frac{1}{m!}. \tag{5.16}$$

联合(5.12)和(5.16)两式,得当 $n, m \in \mathbf{N}$ 且 $m \neq 1$ 时,有

$$r_n < \frac{p}{q} < r_m + \frac{1}{m!}. \tag{5.17}$$

当 $q \neq 1$ 时,取 $n = m = q$,从而得

$$r_q < \frac{p}{q} < r_q + \frac{1}{q!},$$

即

$$0 < (p - q r_q)(q - 1)! < 1. \tag{5.18}$$

而 $(p - q r_q)(q - 1)!$ 是整数,所以(5.18)式不能成立.

当 $q = 1$ 时,取 $n = 1, m = 2$,则(5.17)式变成

$$2 < p < 2 + \frac{1}{2}.$$

而 p 是整数这同样也不能成立.

5.2.2　$\mathbf{R}_c$ 上的四则运算

为了证明 $\mathbf{R}_c$ 满足公理 I,首先在集合 $\mathbf{R}_c$ 上引入加法. 设 α, β 为 $\mathbf{R}_c$ 上任意两实数,它们的代表是有理数的基本数列 $\{r_n\}, \{s_n\}$,很自然地可以定义 $\alpha + \beta$ 的代表为 $\{r_n + s_n\}$,但这里发生两个问题,第一,$\{r_n + s_n\}$ 有没有资格作为实数的代表,即 $\{r_n + s_n\}$ 是不是有理数基本数列. 第二,它和 α, β 中代表 $\{r_n\}, \{s_n\}$ 的选取是否有关(否则 $\alpha + \beta$ 就不是唯一确定的),为此建立下面两个引理.

引理 5.3　$\{r_n\}, \{s_n\}$ 是有理数的基本数列,则 $\{r_n + s_n\}$ 亦然.

证明由

$$| (r_n + s_n) - (r_m + s_m) | \leqslant | r_n - r_m | + | s_n - s_m |$$

立即可得.

引理 5.4　若 $\{r_n\} \sim \{r_n'\}$，且 $\{s_n\} \sim \{s_n'\}$，则 $\{r_n + s_n\} \sim \{r_n' + s_n'\}$.

证明是显见的.

定义 $(\alpha + \beta)$　设 $\alpha, \beta \in \mathbf{R}_c$ 且 $\{r_n\} \in \alpha, \{s_n\} \in \beta$，则 $\alpha + \beta$ 定义为由 $\{r_n + s_n\}$ 所代表的实数. 而称 (α, β) 到 $\alpha + \beta$ 的对应关系为**加法**.

为方便起见，以后总将"$\{r_n\}$ 所在的等价类"或"$\{r_n\}$ 所代表的实数"记为"$\overline{\{r_n\}}$". 特别有 $\overline{\{r_{(n)}\}} = \bar{r}$. 而且没有特别声明，总认为 $\{r_n\} \in \alpha, \{s_n\} \in \beta, \{t_n\} \in \gamma$.

引理 5.4 表明，所定义的 $\alpha + \beta$ 和在 α 中选 $\{r_n\}$ 还是选 $\{r_n'\}$ 为代表，在 β 中选 $\{s_n\}$ 还是选 $\{s_n'\}$ 为代表没有关系，因为 $\{r_n + s_n\}$ 和 $\{r_n' + s_n'\}$ 在同一等价类内，代表同一实数.

例 1　$\bar{r} + \bar{s} = \overline{r + s}$.

证

$$\bar{r} + \bar{s} = \overline{\{r_{(n)}\}} + \overline{\{s_{(n)}\}}$$
$$= \overline{\{(r+s)_{(n)}\}} = \overline{r+s}.$$

定理 5.5　$\mathbf{R}_c$ 满足加法交换律(公理 I_1)及加法结合律(公理 I_2).

证　公理 I_1：$\alpha + \beta = \beta + \alpha$.

即

$$\overline{\{r_n + s_n\}} = \overline{\{s_n + r_n\}}.$$

因为有理数系满足加法交换律，所以上式显然成立.

公理 I_2：$(\alpha + \beta) + \gamma = \alpha + (\beta + \gamma)$.

$$(\alpha + \beta) + \gamma = \overline{\{r_n + s_n\}} + \overline{\{t_n\}}$$
$$= \overline{\{(r_n + s_n) + t_n\}} = \overline{\{r_n + (s_n + t_n)\}}$$
$$= \overline{\{r_n\}} + \overline{\{s_n + t_n\}} = \alpha + (\beta + \gamma).$$

定理 5.6 $\mathbf{R}_c$ 满足公理 I_3，其中零元为 $\bar{0}$.

证 $\alpha + \bar{0} = \overline{\{r_n\}} + \overline{\{0_{(n)}\}}$

$\qquad = \overline{\{r_n + 0_{(n)}\}} = \overline{\{r_n\}} = \alpha.$

定义($-\alpha$) 若 α 的代表为 $\{r_n\}$，则定义 $-\alpha$ 为 $\overline{\{-r_n\}}$.

显然当 $\{r_n\}$ 是有理数的基本数列时，$\{-r_n\}$ 也是，而且 $-\alpha$ 的定义和 $\{r_n\}$ 的选取无关. 此时从定义出发显然有

定理 5.7 $\alpha + (-\alpha) = \bar{0}$ （即 $\mathbf{R}_c$ 满足公理 I_4）.

例 2 $\qquad\qquad -(-\alpha) = \alpha.$ (5.19)

证 $-(-\alpha) = -\overline{\{-r_n\}} = \overline{\{-(-r_n)\}}$

$\qquad = \overline{\{r_n\}} = \alpha.$

例 3 若 $\alpha + \beta = \bar{0}$，则 $\beta = -\alpha$.

证 $\beta = \beta + \bar{0} = \bar{0} + \beta = (-\alpha + \alpha) + \beta$

$\qquad = (-\alpha) + (\alpha + \beta) = -\alpha + \bar{0} = -\alpha.$

这一串等式的每一步都是有依据的，第一个等号成立是因为利用了定理 5.6(I_3)，第二个等号成立是利用了定理 5.5 中交换律(I_1)，第三个等号成立是利用了定理 5.7(I_4)及定理 5.5(I_1)，第四个等号成立是利用了定理 5.5 中结合律(I_2)，第五个等号成立是已知条件，最后一个等号成立是利用定理 5.6(I_3)，所以每做一步都是有前面所证得的结果为依据的，以后不再一一指出了，请读者自己去想一想它们的依据是什么.

定义($\alpha-\beta$)

$$\boldsymbol{\alpha - \beta} = \alpha + (-\beta).$$ (5.20)

例 4

$$\alpha - (-\beta) = \alpha + \beta.$$ (5.21)

证 利用(5.19)式，得

$$\alpha - (-\beta) = \alpha + [-(-\beta)] = \alpha + \beta.$$

例 5 $\qquad\qquad -(\alpha + \beta) = -\alpha - \beta.$ (5.22)

请读者自证.

接下去在集合 $\mathbf{R}_c$ 上定义乘法. 在定义乘积时, 很自然地想到用 $\{r_n \cdot s_n\}$ 来代表实数 $\alpha \cdot \beta$, 但这就得先证明 $\{r_n \cdot s_n\}$ 是一个有理数的基本数列, 而且它所代表的实数和 α, β 中所选的代表无关, 这两件事由下面引理 5.8~5.10 来解决.

定义（有界的有理数列） 设 $\{r_n\}$ 是有理数列, 若存在着正的有理数 M, 使得

$$|r_n| \leqslant M, \tag{5.23}$$

则称 $\{r_n\}$ 为**有界的有理数列**, M 称为 $\{r_n\}$ 的**界**.

引理 5.8 有理数的基本数列 $\{r_n\}$ 是有界的.

证 因为 $\{r_n\}$ 是有理数的基本数列, 所以, 对于任意有理数 $\varepsilon > 0$, 存在着 $N \in \mathbf{N}$, 当自然数 $n, m > N$ 时, 有

$$|r_n - r_m| < \varepsilon.$$

今取 ε 为 1, 并固定 m, 则当 $n > N$ 时, 有

$$|r_n| < |r_m| + 1.$$

从而, 对所有 $n \in \mathbf{N}$, 有

$$|r_n| \leqslant \max(|r_m| + 1, |r_1|, |r_2|, \cdots, |r_N|).$$

即 $\{r_n\}$ 是有界的.

引理 5.9 若 $\{r_n\}, \{s_n\}$ 是有理数的基本数列, 则 $\{r_n \cdot s_n\}$ 亦然.

证 由引理 5.8, 设 M_1, M_2 为 $\{r_n\}, \{s_n\}$ 的界, 则

$$|r_n s_n - r_m s_m| \leqslant |r_n| \cdot |s_n - s_m| + |s_m| \cdot |r_n - r_m|$$
$$\leqslant M_1 |s_n - s_m| + M_2 |r_n - r_m|.$$

从 $\{r_n\}, \{s_n\}$ 是有理数的基本数列, 立即得知 $\{r_n \cdot s_n\}$ 也是.

这样, $\{r_n \cdot s_n\}$ 可以作为某一实数的代表.

引理 5.10 若 $\{r_n\} \sim \{r'_n\}, \{s_n\} \sim \{s'_n\}$, 则 $\{r_n \cdot s_n\} \sim \{r'_n \cdot s'_n\}$.

证 因为 $\{r_n\}, \{s'_n\}$ 都是有理数的基本数列. 由引理 5.8, 设 M_1, M_2 分别是 $\{r_n\}, \{s'_n\}$ 的界, 并记 $M = \max(M_1, M_2)$, 则

$$| r_n s_n - r_n' s_n' | \leqslant | r_n | \cdot | s_n - s_n' | + | s_n' | \cdot | r_n - r_n' |$$
$$\leqslant M(| s_n - s_n' | + | r_n - r_n' |).$$

当 $n \to \infty$ 时,上式右端在有理数中趋向于 0,即 $\{r_n \cdot s_n\} \sim \{r_n' \cdot s_n'\}$.

定义 $(\alpha \cdot \beta)$ $\quad \boldsymbol{\alpha \cdot \beta} = \overline{\{r_n \cdot s_n\}}$. 而且称从 (α, β) 到 $\alpha \cdot \beta$ 的对应关系为**乘法**.

引理 5.9 保证了 $\{r_n \cdot s_n\}$ 是有理数的基本数列,从而可以作为一个实数的代表. 引理 5.10 又保证了 $\alpha \cdot \beta$ 的定义和 α, β 中代表 $\{r_n\}, \{s_n\}$ 的选取无关,从而 $\alpha \cdot \beta$ 是唯一确定的.

从定义出发,立即得出下面两个结果.

例 6 $\qquad\qquad (-\alpha) \cdot (-\beta) = \alpha \cdot \beta.$ $\qquad\qquad$ (5.24)

例 7 $\qquad\qquad \overline{0} \cdot \beta = \overline{0}.$ $\qquad\qquad\qquad$ (5.25)

定理 5.11 $\mathbf{R}_c$ 满足乘法交换律(公理 I_5)和乘法的结合律(公理 I_6).

证明是很简单的,以结合律为例,即证

$$(\alpha \cdot \beta) \cdot \gamma = \alpha \cdot (\beta \cdot \gamma).$$

事实上,

$$(\alpha \cdot \beta) \cdot \gamma = \overline{\{r_n \cdot s_n\}} \cdot \overline{\{t_n\}}$$
$$= \overline{\{(r_n \cdot s_n) \cdot t_n\}} = \overline{\{r_n \cdot (s_n \cdot t_n)\}}$$
$$= \overline{\{r_n\}} \cdot \overline{\{s_n \cdot t_n\}} = \alpha \cdot (\beta \cdot \gamma).$$

从乘积的定义出发,立即可得.

定理 5.12 $\overline{1}$ 是乘法的单位元,即 $\alpha \cdot \overline{1} = \alpha$(也就是说,$\mathbf{R}_c$ 满足公理 I_7).

为了证明 $\mathbf{R}_c$ 满足 I_8,就得对 $\alpha(\neq \overline{0})$ 来定义 $\dfrac{1}{\alpha}$,从直观上来看,$\dfrac{1}{\alpha}$ 应该定义为 $\overline{\left\{\dfrac{1}{r_n}\right\}}$,这样必须 $r_n \neq 0$ 才有意义,为此我们来证明下面两条引理.

引理 5.13 若 $\alpha \in \mathbf{R}_c$ 且 $\alpha \neq \overline{0}$,则存在有理数基本数列 $\{r_n\} \in$

α,其中 $r_n \neq 0$,且

$$\lim_{n\to\infty} r_n \neq 0.$$

证　任取 α 的一个代表 $\{r_n'\}$,由 $\alpha \neq \bar{0}$,则

$$\lim_{n\to\infty} r_n' \neq 0.$$

即存在有理数 $\varepsilon_1 > 0$,对任一个 $N \in \mathbf{N}$,都存在 $n_N \in \mathbf{N}$,虽然 $n_N \geqslant N$,但是

$$|r_{n_N}'| > \varepsilon_1.$$

又 $\{r_n'\}$ 是有理数的基本数列,所以对于 $\dfrac{\varepsilon_1}{2} > 0$,存在 $N_1 \in \mathbf{N}$,当 $\mathbf{N}$ 中的 $n, m \geqslant N_1$ 时,有

$$|r_n' - r_m'| < \frac{\varepsilon_1}{2}.$$

今取 $N = N_1, m = n_{N_1}$,则当 $n > N_1$ 时,就有

$$|r_n'| \geqslant |r_{n_{N_1}}'| - |r_n' - r_{n_{N_1}}'| \geqslant \varepsilon_1 - \frac{\varepsilon_1}{2} = \frac{\varepsilon_1}{2}. \tag{5.26}$$

今取 r_n 如下:当 $n < N_1$ 时,$r_n = r \neq 0$(r 为任意选定的非零有理数);当 $n \geqslant N_1$ 时,$r = r_n'$,则 $\{r_n\}$ 即为所求(略).

引理 5.14　设 $\{r_n\}$ 是有理数基本数列,若 $r_n \neq 0$ 且

$$\lim_{n\to\infty} r_n \neq 0.$$

则

$1°$　存在 $\varepsilon_0 \in \mathbf{Q}$ 且 $\varepsilon_0 > 0$,使得对所有 $n \in \mathbf{N}$,有

$$|r_n| \geqslant \varepsilon_0.$$

$2°$　$\left\{\dfrac{1}{r_n}\right\}$ 是有理数基本数列.

证　$1°$ 由

$$\lim_{n\to\infty} r_n \neq 0,$$

利用 (5.26) 式,即存在有理数 $\varepsilon_1 > 0$,存在 $N_1 \in \mathbf{N}$,当 $n \geqslant N_1$ 时,就有

$$| r_n | \geqslant \frac{\varepsilon_1}{2}.$$

取 $\varepsilon_0 = \min\left(| r_1 |, \cdots, | r_{n_{N_1-1}} |, \frac{\varepsilon_1}{2} \right)$，则对所有 $n \in \mathbf{N}$，有

$$| r_n | \geqslant \varepsilon_0.$$

　　$2°$　由

$$\left| \frac{1}{r_n} - \frac{1}{r_m} \right| = \frac{| r_m - r_n |}{| r_n | \cdot | r_m |} \leqslant \frac{1}{\varepsilon_0^2} | r_m - r_n |$$

立即可得.

　　定理 5.15　对于 $\alpha \in \mathbf{R}_c$ 且 $\alpha \neq \overline{0}$，则存在唯一的 $\xi \in \mathbf{R}_c$，使得 $\alpha \cdot \xi = \overline{1}$（即 $\mathbf{R}_c$ 满足公理 I_8）.

　　证　对 $\alpha \neq \overline{0}$，按引理 5.13，存在 $\{r_n\} \in \alpha$，且有 $r_n \neq 0$ 及

$$\lim_{n \to \infty} r_n \neq 0.$$

再由引理 5.14 和 $\left\{ \frac{1}{r_n} \right\}$ 为有理数的基本数列，取 $\xi = \overline{\left\{ \frac{1}{r_n} \right\}}$，则显见 $\alpha \cdot \xi = \overline{1}$.

　　再证唯一性. 设 $\xi, \xi' \in \mathbf{R}_c$，同时有

$$\alpha \cdot \xi = \overline{1} \ \text{及} \ \alpha \cdot \xi' = \overline{1},$$

则

$$\xi' = \xi' \cdot \overline{1} = \xi' \cdot (\alpha \cdot \xi) = (\xi' \cdot \alpha) \cdot \xi = (\alpha \cdot \xi') \cdot \xi$$
$$= \overline{1} \cdot \xi = \xi \cdot \overline{1} = \xi.$$

　　当 $\alpha \in \mathbf{R}_c$ 且 $\alpha \neq \overline{0}$ 时，由引理 5.13 必定存在 $\{r_n\} \in \alpha$，它具有 $r_n \neq 0$ 及

$$\lim_{n \to \infty} r_n \neq 0,$$

从而 $\frac{1}{r_n}$ 有意义. 引理 5.14 又指出 $\left\{ \frac{1}{r_n} \right\}$ 为有理数基本数列，从而 $\overline{\left\{ \frac{1}{r_n} \right\}}$ 为实数.

定义 $\left(\dfrac{1}{\alpha}\right)$　当 $\alpha\in\mathbf{R}_c$ 且 $\alpha\neq\bar{0}$ 时，$\dfrac{1}{\alpha}$ 定义为上述 $\overline{\left\{\dfrac{1}{r_n}\right\}}$，$\dfrac{1}{\alpha}$ 也可记为 α^{-1}.

定理 5.15 中唯一性表明，上述 $\dfrac{1}{\alpha}$ 和 α 的这种特殊代表与 $\{r_n\}$ 的选取无关.

定理 5.16　$\mathbf{R}_c$ 满足加法和乘法分配律（公理 I_9）.

请读者自证.

将定理 5.5～5.7，5.11，5.12，5.15，5.16 综合起来，得到

定理 5.17　$\mathbf{R}_c$ 满足公理 I.

5.2.3　$\mathbf{R}_c$ 上的次序

定义（正的有理数基本数列）　若在有理数中存在 $\varepsilon_0>0$，在 $\mathbf{N}$ 中存在 N，使得当 $n\in\mathbf{N}$ 且 $n\geqslant N$ 时，有
$$r_n>\varepsilon_0,$$
则称 $\{r_n\}$ 是正的有理数基本数列，或简称 $\{r_n\}$ 为正的.

引理 5.18　若 $\{r_n\}\sim\{r_n'\}$，且 $\{r_n\}$ 为正的，则 $\{r_n'\}$ 也为正的.

证明从
$$r_n'\geqslant r_n-|r_n-r_n'|$$
立即可得.

定义（$\mathbf{R}_c^+$、$\mathbf{R}_c^-$）　若 α 中有一代表 $\{r_n\}$ 为正的，则记为 $\boldsymbol{\alpha>\bar{0}}$. 同时记
$$\mathbf{R}_c^+=\{\alpha\mid\alpha\in\mathbf{R}_c,\alpha>\bar{0}\},\tag{5.27}$$
$$\mathbf{R}_c^-=\{\alpha\mid-\alpha\in\mathbf{R}_c^+\}.\tag{5.28}$$

按引理 5.18，若 α 中有一代表 $\{r_n\}$ 为正的，则 α 中每一代表都是正的. 另外从定义出发还可以得下面两个结果.

例 1　若 $\alpha\in\mathbf{R}_c^+$，则 $-\alpha\in\mathbf{R}_c^-$；若 $\alpha\in\mathbf{R}_c^-$，则 $-\alpha\in\mathbf{R}_c^+$.

例 2　若 $\alpha,\beta\in\mathbf{R}_c^+$，则 $\alpha+\beta\in\mathbf{R}_c^+$，$\alpha\cdot\beta\in\mathbf{R}_c^+$.

证　由 $\alpha\in\mathbf{R}_c^+$，若 $\{r_n\}\in\alpha$，即存在 $\mathbf{Q}$ 中 $\varepsilon_1>0$，及 $\mathbf{N}$ 中 N_1，对

所有的 $n \in \mathbf{N}$ 且 $n > N_1$,有
$$r_n > \varepsilon_1.$$

由 $\beta \in \mathbf{R}_c^+$,若 $\{s_n\} \in \beta$,即存在 $\mathbf{Q}$ 中 $\varepsilon_2 > 0$,及 $\mathbf{N}$ 中 N_2,对所有的 $n \in \mathbf{N}$ 且 $n > N_2$ 有
$$s_n > \varepsilon_2,$$

从而在 $\alpha + \beta$ 中存在着代表 $\{r_n + s_n\}$,使得对所有的 $n \in \mathbf{N}$,且 $n > \max(N_1, N_2)$,有
$$r_n + s_n > \varepsilon_1 + \varepsilon_2,$$
其中 $\varepsilon_1 + \varepsilon_2$ 是正的有理数,从而 $\alpha + \beta \in \mathbf{R}_c^+$.

同理,$\alpha \cdot \beta$ 中存在着代表 $\{r_n \cdot s_n\}$,使得对所有的 $n \in \mathbf{N}$,且 $n > \max(N_1, N_2)$,有
$$r_n \cdot s_n > \varepsilon_1 \cdot \varepsilon_2,$$
其中 $\varepsilon_1 \cdot \varepsilon_2$ 也是正的有理数,从而 $\alpha \cdot \beta \in \mathbf{R}_c^+$.

定理 5.19　下列两式成立
1° $\mathbf{R}_c^+ \cap \mathbf{R}_c^- = \varnothing$. $\qquad\qquad$ (5.29)
2° $\mathbf{R}_c = \mathbf{R}_c^+ \cup \{\overline{0}\} \cup \mathbf{R}_c^-$. $\qquad\qquad$ (5.30)

证　1°（反证法）　设
$$\alpha \in \mathbf{R}_c^+ \cap \mathbf{R}_c^-,$$
即 $\alpha, -\alpha$ 都属于 $\mathbf{R}_c^+$,也就是它们的代表 $\{r_n\}, \{-r_n\}$ 都是正的,这和正的有理数列的定义发生矛盾.

2° 设 $\alpha \in \mathbf{R}_c$ 且 $\alpha \neq 0$,按引理 5.13,α 有一代表 $\{r_n\}$,满足 $r_n \neq 0$ 及
$$\lim_{n \to \infty} r_n \neq 0.$$
再由引理 5.14,在有理数中存在 $\varepsilon_0 > 0$,使得对所有的 $n \in \mathbf{N}$,有
$$|r_n| > \varepsilon_0.$$

由 $\{r_n\}$ 是有理数的基本数列,所以,对 $\dfrac{\varepsilon_0}{2} > 0$,存在 $N \in \mathbf{N}$,当自然数中 $n \geqslant N$ 时,就有

$$|r_n - r_N| < \frac{\varepsilon_0}{2}.$$

如果 $r_N > 0$，则 $n \geqslant N$ 时，有

$$r_n \geqslant r_N - |r_n - r_N| > \frac{\varepsilon_0}{2},$$

即 $\{r_n\}$ 为正的，换句话说，$\alpha \in \mathbf{R}_c^+$。

如果 $r_N < 0$，则 $n \geqslant N$ 时，有

$$-r_n \geqslant |r_n| - |r_n - r_N| > \frac{\varepsilon_0}{2},$$

即 $\{-r_n\}$ 为正的，也就是说 $-\alpha \in \mathbf{R}_c^+$，即 $\alpha \in \mathbf{R}_c^-$。

以上证明说明了

$$\mathbf{R}_c \subset \mathbf{R}_c^+ \bigcup \{\overline{0}\} \bigcup \mathbf{R}_c^-.$$

反之，因为 $\mathbf{R}_c^+, \{\overline{0}\}, \mathbf{R}_c^-$ 中的元素都是 $\mathbf{R}_c$ 中的元素，所以包含号反向也成立，从而

$$\mathbf{R}_c = \mathbf{R}_c^+ \bigcup \{\overline{0}\} \bigcup \mathbf{R}_c^-.$$

定义（$\mathbf{R}_c$ 中的次序） 设 $\alpha, \beta \in \mathbf{R}_c$，若 $\alpha - \beta \in \mathbf{R}_c^+$，则称 $\boldsymbol{\alpha} > \boldsymbol{\beta}$（$\alpha$ 大于 β）或 $\boldsymbol{\beta} < \boldsymbol{\alpha}$（$\beta$ 小于 α）。若 $\alpha > \beta$ 或 $\alpha = \beta$，则记为 $\alpha \geqslant \beta$；若 $\alpha < \beta$ 或 $\alpha = \beta$，则记为 $\alpha \leqslant \beta$。

$\alpha > \overline{0}$ 表示

$$\alpha = \alpha - \overline{0} \in \mathbf{R}_c^+,$$

即 α 的代表都是正的，反之亦然。所以，"$\alpha > \overline{0}$" 和 "α 是正的" 是等价的。即有

例3 $\alpha \in \mathbf{R}_c^+$ 的充要条件是 $\alpha > \overline{0}$；$\alpha \in \mathbf{R}_c^-$ 的充要条件是 $\alpha < \overline{0}$。这说明正实数记号和大于 $\overline{0}$ 的一致性。

显然上述定义的实数次序所引导出来的有理实数的次序和原来 $\mathbf{Q}$ 中次序是一致的。

例4 $\alpha > \overline{0}$ 的充要条件是 $-\alpha < \overline{0}$；$\alpha > \beta$ 的充要条件是 $-\alpha < -\beta$。

只要注意到例 1 的结果就能很快证明本例题.

定理 5.20　$\mathbf{R}_c$ 满足公理 II$_1$,即任意 $\alpha,\beta\in\mathbf{R}_c$,则 $\alpha>\beta,\alpha=\beta$,$\beta>\alpha$,三者必居其一且只居其一.

证　由(5.30)得

$$\alpha-\beta\in\mathbf{R}_c=\mathbf{R}_c^+\bigcup\{\overline{0}\}\bigcup\mathbf{R}_c^-.$$

若 $\alpha-\beta\in\mathbf{R}_c^+$,则 $\alpha>\beta$;若 $\alpha-\beta=\overline{0}$,则 $\alpha=\beta$;若 $\alpha-\beta\in\mathbf{R}_c^-$,则 $-(\alpha-\beta)\in\mathbf{R}_c^+$,利用(5.22)及(5.19)得

$$-(\alpha-\beta)=-\alpha-(-\beta)=-\alpha+\beta=\beta-\alpha\in\mathbf{R}_c^+,$$

即 $\beta>\alpha$,从而 $\alpha>\beta,\alpha=\beta,\beta>\alpha$,三者必居其一.

因为 $\mathbf{R}_c^+,\{\overline{0}\},\mathbf{R}_c^-$ 三者不相交,所以三者只居其一.

定理 5.21　$\mathbf{R}_c$ 满足次序的传递性(公理 II$_2$).

证　已知 $\alpha>\beta,\beta>\gamma$.证明有 $\alpha>\gamma$.

利用例 2 的结果,有

$$\alpha-\gamma=[\alpha+(-\beta+\beta)]-\gamma=[(\alpha-\beta)+\beta]-\gamma$$
$$=(\alpha-\beta)+(\beta-\gamma)\in\mathbf{R}_c^+.$$

即 $\alpha>\gamma$.

定理 5.22(加法保序性)　若 $\alpha,\beta,\gamma\in\mathbf{R}_c$ 且 $\alpha>\beta$,则 $\alpha+\gamma>\beta+\gamma$($\mathbf{R}_c$ 满足公理 II$_3$).

证　
$$(\alpha+\gamma)-(\beta+\gamma)=\alpha+[\gamma-(\beta+\gamma)]$$
$$=\alpha+[\gamma+(-\gamma-\beta)]$$
$$=\alpha+[(\gamma-\gamma)-\beta]$$
$$=\alpha-\beta.$$

由 $\alpha-\beta\in\mathbf{R}_c^+$,得

$$(\alpha+\gamma)-(\beta+\gamma)\in\mathbf{R}_c^+.$$

即 $\alpha+\gamma>\beta+\gamma$.

定理 5.23(乘正数的保序性)　若 $\alpha>\beta,\gamma>\overline{0}$,则 $\alpha\cdot\gamma>\beta\cdot\gamma$($\mathbf{R}_c$ 满足公理 II$_4$).

证　利用例 2 的结果,有

$$\alpha \cdot \gamma - \beta \cdot \gamma = (\alpha - \beta) \cdot \gamma \in \mathbf{R}_c^+,$$

即 $\alpha \cdot \gamma > \beta \cdot \gamma$.

由定理 5.20~5.23 得

定理 5.24　$\mathbf{R}_c$ 满足次序公理 Ⅱ.

5.2.4　$\mathbf{R}_c$ 上的绝对值与不等式

引理 5.25　若 $\alpha_1 \leqslant \beta_1, \alpha_2 \leqslant \beta_2$，则 $\alpha_1 + \alpha_2 \leqslant \beta_1 + \beta_2$，等号成立的充要条件是 $\alpha_1 = \beta_1$ 且 $\alpha_2 = \beta_2$.

证　由加法的保序性（公理 Ⅱ$_3$）得

$$\alpha_1 + \alpha_2 \leqslant \beta_1 + \alpha_2, \tag{5.31}$$

而且等号成立的充要条件是 $\alpha_1 = \beta_1$. 同理

$$\beta_1 + \alpha_2 \leqslant \beta_1 + \beta_2, \tag{5.32}$$

而且等号成立的充要条件是 $\alpha_2 = \beta_2$.

由(5.31),(5.32)两式及"$\leqslant$"的传递性得

$$\alpha_1 + \alpha_2 \leqslant \beta_1 + \beta_2,$$

而且等号成立的充要条件是 $\alpha_1 = \beta_1$，且 $\alpha_2 = \beta_2$.

定义（$|\alpha|$）

$$|\boldsymbol{\alpha}| = \begin{cases} \alpha, & \text{当 } \alpha \in \mathbf{R}_c^+, \\ \overline{0}, & \text{当 } \alpha = \overline{0}, \\ -\alpha, & \text{当 } \alpha \in \mathbf{R}_c^-, \end{cases}$$

$|\alpha|$ 称为 α 的**绝对值**.

引理 5.26　设 $\{r_n\} \in \alpha$，则 $|\alpha| = \overline{\{|r_n|\}}$.

证　若 $\alpha \in \mathbf{R}_c^+$，由引理 5.13 及引理 5.14 得 α 中有一代表 $\{r_n'\}$ 满足 $r_n' \geqslant \varepsilon_0$（$\varepsilon_0$ 是某一正的有理数）. 因为 $\{r_n\} \sim \{r_n'\}$，则显见有 $\{|r_n|\} \sim \{|r_n'|\}$，所以

$$|\alpha| = \alpha = \overline{\{r_n'\}} = \overline{\{|r_n'|\}} = \overline{\{|r_n|\}}. \tag{5.33}$$

若 $\alpha \in \mathbf{R}_c^-$，则 $-\alpha \in \mathbf{R}_c^+$，则由(5.33)式，得

$$|\alpha| = |-\alpha| = \overline{\{|-r_n|\}} = \overline{\{|r_n|\}}.$$

最后若 $\alpha = \bar{0}$ 时,因为

$$\lim_{n \to \infty} r_n = 0,$$

从而

$$\lim_{n \to \infty} |r_n| = 0,$$

即 $\{|r_n|\} \sim \{0_{(n)}\}$,从而

$$|\alpha| = \bar{0} = \overline{\{0_{(n)}\}} = \overline{\{|r_n|\}}.$$

$\mathbf{R}_c$ 中实数的绝对值有下列性质:

$1°$ $|\alpha| \geqslant \bar{0}$; $|\alpha| \geqslant \alpha$.

$2°$ $|-\alpha| = |\alpha|$. $\hfill (5.34)$

$3°$ 若 $\alpha > \bar{0}$,则 $|\beta| < \alpha$ 的充要条件是

$$-\alpha < \beta < \alpha.$$

$\hfill (5.35)$

$4°$ $|\alpha \cdot \beta| = |\alpha| \cdot |\beta|$. $\hfill (5.36)$

$5°$ $|\alpha + \beta| \leqslant |\alpha| + |\beta|$. $\hfill (5.37)$

$6°$ $||\alpha| - |\beta|| \leqslant |\alpha - \beta|$.

$7°$ 若 $\alpha \leqslant \beta \leqslant \gamma$,则

$$|\gamma - \alpha| \geqslant |\beta - \alpha| \ \text{且} \ |\gamma - \alpha| \geqslant |\gamma - \beta|.$$

其中 $1°, 2°, 4°$ 从绝对值的定义出发立即可得.

性质 $3°$ 的证明 （必要性） 若 $\beta \in \mathbf{R}_c^+$,则

$$-\alpha < \bar{0} < \beta = |\beta| < \alpha,$$

即

$$-\alpha < \beta < \alpha.$$

若 $\beta \in \mathbf{R}_c^-$,则从 $|\beta| < \alpha$,得 $-\beta < \alpha$,即 $-\alpha < \beta$. 从而有

$$-\alpha < \beta < \bar{0} < \alpha.$$

即

$$-\alpha < \beta < \alpha.$$

若 $\beta = \bar{0}$,则结论是显见的.

（充分性） 当$\beta\in\mathbf{R}_c^+$,或$\beta=\bar{0}$,则证明是明显的;若$\beta\in\mathbf{R}_c^-$,则从$-\alpha<\beta$得$-\beta<\alpha$,即$|\beta|<\alpha$.

性质5°的证明 由1°可得

$$-|\alpha|\leqslant\alpha\leqslant|\alpha|;-|\beta|\leqslant\beta\leqslant|\beta|.$$

利用引理5.25,得

$$-|\alpha|-|\beta|\leqslant\alpha+\beta\leqslant|\alpha|+|\beta|.$$

再利用3°,得

$$|\alpha+\beta|\leqslant|\alpha|+|\beta|.$$

性质6°,7°的证明作为习题,请读者自己完成.

定理5.27(阿基米德公理) 若$\alpha>\bar{0}$且$\beta>\bar{0}$,则存在$N\in\mathbf{N}$,使$\overline{N}\cdot\alpha>\beta(\mathbf{R}_c$满足公理Ⅲ).

证 因为$\alpha>\bar{0}$,所以α的代表$\{r_n\}$为正的. 即存在正的有理数ε_0及自然数N_0,当$n>N_0$时有$r_n>\varepsilon_0$.另外又设$\{s_n\}\in\beta$,则$\{s_n\}$是有界的,用正有理数M记$\{s_n\}$的界.

由于有理数系满足阿基米德公理,所以对上述有理数ε_0及M存在着$N\in\mathbf{N}$,使

$$N\varepsilon_0>M.$$

从而有

$$Nr_n>N\varepsilon_0>M\geqslant s_n,$$
$$Nr_n-s_n>N\varepsilon_0-M.$$

因为$N\varepsilon_0-M$是正的有理数,所以$\{N_{(n)}r_n-s_n\}$为正的有理数基本序列,而$\{N_{(n)}r_n-s_n\}$是$\overline{N}\cdot\alpha-\beta$的一个代表,所以有

$$\overline{N}\cdot\alpha-\beta>\bar{0},$$

即

$$\overline{N}\alpha>\beta.$$

5.2.5 $\mathbf{R}_c$上的极限

引理5.28 设$\{r_n\}\in\alpha,\{s_n\}\in\beta$,且$r_n\leqslant s_n$,则$\alpha\leqslant\beta$.

证　（反证法）　若 $\alpha > \beta$，则 $\alpha - \beta > \bar{0}$，即 $\{r_n - s_n\}$ 为正的. 换句话说,存在有理数 $\varepsilon_0 > 0$ 及自然数 N,当 $n > N$ 时,有

$$r_n - s_n > \varepsilon_0 > 0,$$

从而得出

$$r_n > s_n.$$

这就和已知条件发生矛盾. 引理证毕.

注　引理中只要对充分大的 n 有 $r_n \leqslant s_n$,就可得出 $\alpha \leqslant \beta$. 当然从 $r_n < s_n$ 并不能得到 $\alpha < \beta$,仍只能有 $\alpha \leqslant \beta$.

定理 5.29（有理数在实数中的稠密性）　任意两个不同实数之间必定有有理实数存在.

证　设 $\alpha, \beta \in \mathbf{R}_c$,因为 $\alpha \neq \beta$,不妨设 $\alpha < \beta$,因为 $\beta - \alpha > \bar{0}$,故 $\{s_n - r_n\}$ 是正的有理数基本数列,即存在有理数 $\varepsilon_0 > 0$,在 $\mathbf{N}$ 中存在 N_1,当 $n \in \mathbf{N}$ 且 $n > N_1$ 时,有

$$s_n - r_n > \varepsilon_0,$$

即

$$s_n > r_n + \varepsilon_0.$$

再由于 $\{r_n\}, \{s_n\}$ 是有理数的基本数列,$\left(\text{对于}\dfrac{\varepsilon_0}{3}\right)$ 存在 $N_2 \in \mathbf{N}$,当 $\mathbf{N}$ 中 $n, m > N_2$ 时,有

$$|r_n - r_m| < \frac{\varepsilon_0}{3}.$$

同样存在 $N_3 \in \mathbf{N}$,当 $\mathbf{N}$ 中 $n, m > N_3$ 时,有

$$|s_n - s_m| < \frac{\varepsilon_0}{3}.$$

今取 $N = \max(N_1, N_2, N_3), n_0 > N, m = n_0$. 当 $n > n_0$ 时,有

$$r_n = r_{n_0} + (r_n - r_{n_0}) < r_{n_0} + \frac{\varepsilon_0}{3}$$

$$= s_{n_0} + (r_{n_0} - s_{n_0}) + \frac{\varepsilon_0}{3}$$

$$< s_{n_0} - \varepsilon_0 + \frac{\varepsilon_0}{3} = s_{n_0} - \frac{2}{3}\varepsilon_0$$

$$< s_{n_0} - \frac{1}{3}\varepsilon_0 < s_n,$$

即

$$r_n < r_{n_0} + \frac{1}{3}\varepsilon_0 < s_{n_0} - \frac{2}{3}\varepsilon_0 < s_{n_0} - \frac{1}{3}\varepsilon_0 < s_n.$$

由引理 5.28,得

$$\alpha \leqslant \overline{r_{n_0} + \frac{1}{3}\varepsilon_0} < \overline{s_{n_0} - \frac{2}{3}\varepsilon_0} < \overline{s_{n_0} - \frac{1}{3}\varepsilon_0} \leqslant \beta,$$

即

$$\alpha < \overline{s_{n_1} - \frac{2}{3}\varepsilon_0} < \beta.$$

定理 5.30(无理实数在实数中的稠密性) 任何两个不同实数之间必定有无理实数.

证 设 α,β 为 $\mathbf{R}_c$ 中任意两个实数,不失一般性,假设 $\alpha<\beta$,按定理 5.29,在 α,β 之间有一有理实数 $\overline{a}$,使得

$$\alpha < \overline{a} < \beta.$$

同理,在 $\overline{a},\beta$ 之间又有一有理实数 $\overline{b}$,使得

$$\alpha < \overline{a} < \overline{b} < \beta.$$

于是问题可变为证明在两有理实数 $\overline{a},\overline{b}$ 之间,必有一无理实数存在.

取 $c=b-a>0$,令 $c' = \begin{cases} c, & \text当 $c \leqslant 1$, \\ 1, & \text当 $c > 1$, \end{cases}$ 则 $0 < c' \leqslant c.$

再取 $r_n = 1/10^{1+2+\cdots+n}$,即

$$r_1 = 0.1, \ r_2 = 0.001, \ r_3 = 0.000\,001, \cdots.$$

今归纳定义

$$u_0 = 0; \ u_n = u_{n-1} + r_n,$$

显见 $u_n \in \mathbf{Q}$,且

$$u_1 = 0.1, \ u_2 = 0.101, \ u_3 = 0.101\,001, \cdots.$$

最后令

$$v_n = a + c'u_n \in \mathbf{Q},$$

且有

$$a < v_n < a + c = b.$$

如果 $\{v_n\}$ 是一个无理实数的代表,则定理得证,这时有

$$\alpha < \bar{a} < \overline{\{v_n\}} < \bar{b} < \beta.$$

这样留下的问题是证明 $\{v_n\}$ 是基本数列,并且它代表无理实数.

先证 $\{v_n\}$ 是基本数列. 因为当 $n > m$ 时,有

$$0 < u_n - u_m = (1/10^{1+2+\cdots+(m+1)}) + \cdots + (1/10^{1+2+\cdots+n})$$

$$= \frac{1}{10^{1+2+\cdots+(m+1)}} \left(1 + \frac{1}{10^{m+2}} + \cdots + \frac{1}{10^{(m+2)+\cdots+n}} \right)$$

$$< \frac{2}{10^{1+2+\cdots+(m+1)}} < \frac{1}{m}. \tag{5.38}$$

显然,$\{u_n\}$ 是基本数列,从而 $\{v_n\}$ 也是

下面证明 $\overline{\{u_n\}}$ 不是有理实数(反证法). 设 $\overline{\{u_n\}}$ 为有理实数 $\overline{p/q}$,其中 p/q 为既约分数,则 $\{u_n\} \sim \{(p/q)_{(n)}\}$,也即

$$\lim_{n \to \infty} u_n = \frac{p}{q}.$$

由于 $\{u_n\}$ 严格单调上升,得

$$u_n < \frac{p}{q}.$$

由(5.38)式,得

$$u_n < u_m + 2/10^{1+2+\cdots+(m+1)},$$

当 $n \to \infty$ 时,在有理数系中取极限,得

$$\frac{p}{q} \leqslant u_m + 2/10^{1+2+\cdots+(m+1)},$$

从而有

$$u_n < \frac{p}{q} \leqslant u_m + 2/10^{1+2+\cdots+(m+1)}.$$

今取 $m=n=q$，得

$$0 < (p-qu_q)10^{1+2+\cdots+q} \leqslant \frac{2q}{10^{q+1}} < 1.$$

而 $(p-qu_q)10^{1+2+\cdots+q}$ 是整数，由此就得出矛盾，从而得 $\overline{\{u_n\}}$ 为无理实数，又因为

$$\overline{\{u_n\}} = \frac{1}{c'}[\overline{\{v_n\}} - \overline{a}],$$

得 $\overline{\{v_n\}}$ 也是无理实数（否则 $\overline{\{u_n\}}$ 也不是）. 这样就完成了定理的证明.

推论（实数的稠密性）　在任何两个不同的实数之间必定有实数存在.

最后来定义 $\mathbf{R}_c$ 中的极限.

定义（实数列的极限）　若任给 $\varepsilon \in \mathbf{R}_c^+$，存在 $N \in \mathbf{N}$，当 $n \in \mathbf{N}$ 且 $n > N$ 时，有

$$|\alpha_n - \alpha| < \varepsilon.$$

就说实数列 $\{\alpha_n\}$ 以 α 为**极限**，记为

$$\lim_{\substack{n \to \infty \\ \mathbf{R}_c}} \alpha_n = \alpha \text{ 或 } \alpha_n \to \alpha(\mathbf{R}_c \text{ 上}) \quad (n \to \infty).$$

有时为了方便，也省去 $\mathbf{R}_c$，记为

$$\lim_{n \to \infty} \alpha_n = \alpha \text{ 或 } \alpha_n \to \alpha \quad (n \to \infty).$$

定理 5.31　若 $\alpha \in \mathbf{R}_c, \{r_n\} \in \alpha$，则

$$\lim_{n \to \infty} \overline{r_n} = \alpha.$$

证　任给 $\varepsilon \in \mathbf{R}_c^+$，设 $\{\varepsilon_m\}$ 是 ε 的一个代表，则 $\{\varepsilon_m\}$ 是正的，即存在有理数 $\varepsilon_0 > 0$，及 $M \in \mathbf{N}$，当 $m \in \mathbf{N}$ 且 $m \geqslant M$ 时，有 $\varepsilon_m > \varepsilon_0$.

另外，因为 $\{r_n\}$ 是有理数的基本数列，$\left(\text{对} \dfrac{\varepsilon_0}{2}\right)$ 可找到 $N \in \mathbf{N}$，

当 **N** 中的 $n, m > N$ 时,有

$$|r_n - r_m| < \frac{\varepsilon_0}{2}.$$

综合之,当 $n > N, m > \max(M, N)$ 时,有

$$\varepsilon_m - |r_n - r_m| > \frac{\varepsilon_0}{2}. \tag{5.39}$$

今将 n 固定(它大于 N),而将 m 看成变动足码,得到有理数列

$$\{\varepsilon_m - |r_{n(m)} - r_m|\},$$

由(5.39)式得,它是正的有理数基本数列,而 $\{\varepsilon_m - |r_{n(m)} - r_m|\}$ 是 $\varepsilon - |\overline{r_n} - \alpha|$ 的一个代表,所以有

$$\varepsilon - |\overline{r_n} - \alpha| \in \mathbf{R}_c^+.$$

即

$$\varepsilon - |\overline{r_n} - \alpha| > \overline{0},$$

从而

$$|\overline{r_n} - \alpha| < \varepsilon.$$

定义(柯西数列) 若 $\{a_n\}$ 是 **R**$_c$ 中实数组成的数列,且对任给 $\varepsilon \in \mathbf{R}_c^+$,存在 $N \in \mathbf{N}$,当自然数 $n, m > N$ 时,有

$$|\alpha_n - \alpha_m| < \varepsilon,$$

则称 $\{\alpha_n\}$ 为**实数基本数列**或**实的柯西数列**,简称**柯西数列**.

定理 5.32(完备性公理) 在 **R**$_c$ 中,$\{\alpha_n\}$ 有极限的充要条件是 $\{\alpha_n\}$ 为柯西数列(即 **R**$_c$ 满足公理 Ⅳ).

证 (必要性) 由

$$|\alpha_n - \alpha_m| \leqslant |\alpha_n - \alpha| + |\alpha_m - \alpha|$$

立即得到.

(充分性) 若对于充分大的 n(即存在 $N \in \mathbf{N}$,当 $n > N$ 时),有

$$\alpha_n \equiv \alpha_N,$$

则显然有

$$\lim_{n \to \infty} \alpha_n = \alpha_N,$$

定理得证.

所以,可以假设对于任一个 n_i 后,都存在 $n_{i+1} \in \mathbf{N}$,使得

$$\alpha_{n_i} \neq \alpha_{n_{i+1}}.$$

开始时任取一个 n_1,这样就归纳地定义了一个实的子数列 $\{\alpha_{n_i}\}$,由 $\{\alpha_n\}$ 是实的柯西数列,立即可得 $\{\alpha_{n_i}\}$ 也是实的柯西数列.

由定理 5.29 得,在 α_{n_i} 和 $\alpha_{n_{i+1}}$ 之间一定有一个有理实数 $\bar{r}_i$,这样又构造了一个实数数列 $\{\bar{r}_i\}$. 利用绝对值的性质 7°,得

$$|\bar{r}_i - \bar{r}_j| \leqslant |\bar{r}_i - \alpha_{n_i}| + |\alpha_{n_i} - \alpha_{n_j}| + |\alpha_{n_j} - \bar{r}_j|$$
$$\leqslant |\alpha_{n_{i+1}} - \alpha_{n_i}| + |\alpha_{n_i} - \alpha_{n_j}| + |\alpha_{n_j} - \alpha_{n_{j+1}}|.$$

从而得到 $\{\bar{r}_i\}$ 是实的柯西数列.

由 $\{\bar{r}_i\}$ 对应构造出有理数列 $\{r_i\}$.下面证明 $\{r_i\}$ 还是有理数基本数列.

因为 $\{\bar{r}_i\}$ 是实数柯西数列,故特别对任给的正的有理实数 $\bar{\varepsilon}$,存在 $N \in \mathbf{N}$,当 $i,j > N$ 时,有

$$|\bar{r}_i - \bar{r}_j| < \bar{\varepsilon},$$

即

$$\bar{\varepsilon} - |\bar{r}_i - \bar{r}_j| \in \mathbf{R}_c^+,$$

换句话说,就是 $\bar{\varepsilon} - |\bar{r}_i - \bar{r}_j|$ 的代表 $\{(\varepsilon - |r_i - r_j|)_{(m)}\}$ 为正的. 也就是说,存在有理数 $\varepsilon_0 > 0$,使得

$$\varepsilon - |r_i - r_j| > \varepsilon_0 > 0,$$

即

$$|r_i - r_j| < \varepsilon. \tag{5.40}$$

这就说明了 $\{r_i\}$ 还是一个有理数的基本数列.

设 $\overline{\{r_i\}}$ 为 α,由定理 5.31,得

$$\lim_{i \to \infty} \bar{r}_i = \alpha.$$

即对于任给 $\varepsilon \in \mathbf{R}_c^+$,存在 $N_1 \in \mathbf{N}$,当 $n \in \mathbf{N}$ 且 $n \geqslant N_1$ 时,有

$$|\bar{r}_n - \alpha| < \frac{\varepsilon}{3}.$$

又 $\{\alpha_n\}$ 为实的柯西数列,故存在 $N_2 \in \mathbf{N}$,当 $n, m \in \mathbf{N}$ 且 $n, m \geqslant N_2$ 时,有

$$|\alpha_n - \alpha_m| < \frac{\varepsilon}{3}.$$

这样,当 $n > N = \max(N_0, N_1, N_2)$ 时,就有

$$|\alpha_n - \alpha| \leqslant |\alpha_n - \alpha_{n_N}| + |\alpha_{n_N} - \bar{r}_N| + |\bar{r}_N - \alpha|$$
$$< \frac{\varepsilon}{3} + |\alpha_{n_N} - \alpha_{n_{N+1}}| + \frac{\varepsilon}{3} < \varepsilon,$$

即

$$\lim_{n \to \infty} \alpha_n = \alpha.$$

综合定理 5.17,5.24,5.27,5.32 后,得出康托尔法所构造的实数系 $\mathbf{R}_c$ 是满足实数公理 I ～ IV 的,也就是它成为一个完备的阿基米德有序域.它既满足有理数的各条规则(即公理 I ～ III,及由它们所导出的性质),而且克服了有理数基本数列在有理数系中可能没有极限的缺陷,使得实的柯西数列在实数系中都有极限.

读者在中学所学习的用十进制小数法来记实数,并且规定了实数中的一些"基本概念",例如加和减、乘和除、=、> 和 <,等等,而且指出它们满足实数公理,这样我们就把十进制小数的集合加上它上面规定的"基本概念",称为实数公理的一个模型.

同样康托尔法将实数看成有理数基本数列的等价类的集合,在其上也规定了"基本概念".例如加和减、乘和除、=、> 和 <,等等,而且证明了它也满足实数公理,所以也可以把有理数基本数列的等价类的集合,加上它上面规定的"基本概念",称为实数公理的另一个数学模型.

可以证明,十进制小数的集合与有理数基本数列的等价类的

集合之间可以建立一一对应(比如,将十进制中的有理数 r 和 $\bar{r} = \overline{\{r_{(n)}\}}$ 对应,将十进制中无限不循环小数的各级不足近似值所组成的有理数基本数列所代表的类和该无限不循环小数对应),而且可以证明它们对应数经过对应的运算后,得出的结果仍旧对应,并且次序也对应. 如果将这种对应的元素看成是一样的,这样 $\mathbf{R}$ 和 $\mathbf{R}_c$ 就完全等同起来了,在数学上称这种对应为**"同构"**. 这样十进制小数法的实数 $\mathbf{R}$ 和康托尔法的实数 $\mathbf{R}_c$ 是同构的,它们都是实数公理的同构数学模型. 可以不加区别地说,这两种实数是同一个实数系.

下一节将介绍实数系的其他同构数学模型.

习　题

1. 用 $\varepsilon - N$ 语言叙述 $\{r_n\}$ 和 $\{s_n\}$ 不是等价的有理数基本数列.

2. $\alpha \cdot \xi = \beta \, (\alpha \neq \bar{0})$ 的解 ξ 是唯一的.

3. $\alpha \in \mathbf{R}_c$ 且 $\alpha \neq \bar{0}$,则 $\alpha^2 \in \mathbf{R}_c^+$.

4. $\alpha, \beta \in \mathbf{R}_c^-$,则 $\alpha \cdot \beta \in \mathbf{R}_c^+$.

5. 证明任意有限多个实数 $\alpha_1, \cdots, \alpha_n$ 中一定有最大者,也有最小者.

6. 证明当 $\alpha, \beta \in \mathbf{R}_c$ 时,有
$$|\,|\,\alpha\,| - |\,\beta\,|\,| \leqslant |\,\alpha - \beta\,|.$$

7. 证明当 $\alpha, \beta, \gamma \in \mathbf{R}_c$ 且 $\alpha < \beta < \gamma$ 时,有
$$|\,\gamma - \alpha\,| > |\,\beta - \alpha\,| \ \text{及} \ |\,\gamma - \alpha\,| > |\,\gamma - \beta\,|.$$

8. 证明任何实数都是某一个有理数集合的上确界.

5.3 实数的其他模型

实数系的模型,除了十进制数和康托尔的有理数基本数列表示法外,还有 p 进制法(包括二进制、八进制法)、狄德金分划法、连分数法等等.

5.3.1 p 进制法简介

p 进制的实数 $\mathbf{R}_p$ 和十进制实数系有完全类同的情况. $\mathbf{R}_p$ 中任一数也可表示为

$$ed_n\cdots d_1d_0.\,c_1c_2\cdots c_m\cdots.$$

只是各 d,c 只在 $\{0,1,2,\cdots,p-1\}$ 中取值,其中第一个 e 记正负号"$\pm$",当取正号时有时不写,加法、乘法都可仿照十进制来定义,只是当超过 $p-1$ 时就进一位(如在十进制中超过 9 进一位一样),这样十进制中的规则可以毫无困难地搬到这里来.

p 进制实数与十进制实数的对应关系如下,若 x 用 p 进制表示为

$$x_p = ed_n\cdots d_1d_0.\,c_1c_2\cdots c_m\cdots, \qquad (5.41)$$

则它的十进制数(用第 10 章级数的记号)表示为

$$\begin{aligned} x_+ = e(d_np^n + \cdots + d_1p^1 + d_0p^0 + c_1p^{-1} + \\ c_2p^{-2} + \cdots + c_mp^{-m} + \cdots). \end{aligned} \qquad (5.42)$$

反之,若已知数的十进制表示为 x_+,设它的整数部分为 x_0,小数部分为 y_0,则 x_0 除 p 后,得 x_1 余 d_0,将 x_1 再除 p 后,得整数 x_2 余 d_1,继续之得 d_n 后结束. 对于小数部分 y_0 乘 p 后取整得 c_1,而将留下的小数再乘 p 后取整得 c_2,继续之……得 y_0 的 p 进制表示法的各位数值,将诸 d,c 再添上"$\pm$"号写成(5.41)的形式,它就是 x_+ 的 p 进制表示.

将 p 进制数与十进制数建立一一对应后,很快可以证明它们

满足实数公理. 从而它也是实数公理的一种数学模型, 而且和 $\mathbf{R}$, $\mathbf{R}_c$ 同构.

5.3.2　狄德金分划法简介

分划法也是将有理数系扩张到实数的方法, 它利用了有理数系中有"空隙"这个缺陷, 将有理数集的全体分成 A_1, A_2 两部分, 它们满足

（ⅰ）$A_1 \neq \varnothing, A_2 \neq \varnothing$.

（ⅱ）$\mathbf{Q} = A_1 \bigcup A_2$.

（ⅲ）若 $a_1 \in A_1, a_2 \in A_2$, 则 $a_1 < a_2$.

当 A_1, A_2 满足上述三条件时, 称 A_1, A_2 构成一个**分划**, 记为 (A_1, A_2).

对于一个分划 (A_1, A_2) 有三种可能:

1° A_1 无最大数, A_2 无最小数.

2° A_1 有最大数, A_2 无最小数.

3° A_1 无最大数, A_2 有最小数.

A_1 有最大数且 A_2 有最小数是不可能发生的. 今约定 3° 成立时, 将 A_2 中最小数放到 A_1 中去, 于是 3° 就成为 2°, 这样, 就只有 1°, 2° 两种情况了. 分划法定义前一种分划 (A_1, A_2) 为无理实数; 后一种分划为有理实数, 它对应于 A_1 中的最大数.

加法　$\alpha = (A_1, A_2), \beta = (B_1, B_2)$, 定义 $\alpha + \beta = (C_1, C_2)$, 其中 $C_2 = \{a + b \mid a \in A_2, b \in B_2\}, C_1 = \mathbf{Q} \backslash C_2$. 显然 C_1, C_2 满足分划的三条件.

可以证明这样定义的加法满足公理 $\mathrm{I}_1 \sim \mathrm{I}_4$.

乘法定义比较复杂, 它得先定义次序.

若 $\alpha = (A_1, A_2), \beta = (B_1, B_2)$, 若 $A_1 \subset B_1$, 则称 $\alpha \leqslant \beta$, 若又有 $B_1 \subset A_1$, 则称 $\alpha = \beta$, 否则称 $\alpha < \beta$. 另外定义 $0 = (\mathbf{Q}_- \bigcup \{0\}, \mathbf{Q}_+)$, 其中 $\mathbf{Q}_-, \mathbf{Q}_+$ 分别记负的、正的有理数的全体. 定义 $-\alpha =$

$(-A_2,-A_1)$,其中$-A$记$\{a\mid -a\in A\}$.

乘法 若 $\alpha=(A_1,A_2),\beta=(B_1,B_2)$,

（ⅰ）当$0\leqslant\alpha,0\leqslant\beta$时,定义$\alpha\cdot\beta=(C_1,C_2)$,其中$C_2=\{a\cdot b\mid a\in A_2,b\in B_2\},C_1=\mathbf{Q}\backslash C_2$.

（ⅱ）$\alpha<0$且$0\leqslant\beta$时,$\alpha\cdot\beta=-[(-\alpha)\cdot\beta]$.

（ⅲ）$\alpha<0$且$\beta<0$时,$\alpha\cdot\beta=(-\alpha)\cdot(-\beta)$.

（ⅳ）$0\leqslant\alpha$且$\beta<0$时,$\alpha\cdot\beta=-[\alpha\cdot(-\beta)]$.

由上面的定义可得分划法定义的实数满足公理Ⅰ、Ⅱ.满足公理Ⅲ的证明也不困难,同样方法可定义绝对值和极限,这里就不一一叙述了.最后可以证明确界存在定理:非空有上界的数集 X 一定有上确界,其中上界、上确界的定义可仿照第 1 章中定义给出.显然只要对 X 无最大数情况来证明就可.证明的方法是建立一个实数系的分划:将实数中是 X 的上界的数的集合记为$\overline{A_2}$,再令$\overline{A_1}=\mathbf{R}\backslash\overline{A_2}$,若$\overline{A_2}$有最小值,则它就是 X 的最小上界,也即为 X 的上确界,证明结束.若$\overline{A_2}$无最小值,则$\overline{A_1}$必无最大数(否则该最大数一定也是 X 的上界,它必须属于$\overline{A_2}$),今作一个有理数的分划,其中 A_1,A_2 分别为$\overline{A_1},\overline{A_2}$ 中的有理实数所对应的有理数的集合,容易验证 A_1,A_2 满足有理数分划的三条件.从而可构成分划(A_1,A_2),最后它定义实数 α,而且可以证明 α 就是 X 的上确界(证略).

由确界存在定理成立,可以得到第 1 章所介绍的实数系各基本定理成立.从而证明了实数公理Ⅳ.事实上,由确界存在定理还可以得出它必满足阿基米德公理.

但是狄德金关于实数公理Ⅲ、Ⅳ并不是以阿基米德公理及完备性公理形式给出的,而是用下述定理给出.它称为**连续性公理**.

将实数系分成两部分$\overline{A_1},\overline{A_2}$,使得每一个实数在其中一个之中,且仅在一个之中,并且$\overline{A_1}$ 中每一个数都小于$\overline{A_2}$ 中的每一个数,则称$(\overline{A}_1,\overline{A}_2)$为实数系的一个分划.

定理 5.33(实数系基本定理 10) （狄德金）（实数的连续性）$(\overline{A}_1,\overline{A}_2)$是实数系的任一分划,则或者$\overline{A}_1$有最大数,或者$\overline{A}_2$有最小数.

不难证明狄德金定理与确界存在定理是等价的,从而与公理 Ⅲ、Ⅳ等价.

最后还可证明实数公理的狄德金模型与前面几个模型是同构的.

5.3.3　连分数法简介

今用十进制数对照着来讲连分数,任一个十进制数 $x,[x]$为 x 的取整,所以$[x]\in\mathbf{Z}$,且
$$0\leqslant x-[x]<1.$$
当 $x\overline{\in}\mathbf{Z}$ 时,$x-[x]>0$,记
$$x_1=\frac{1}{x-[x]},$$
则 $x_1>1$,且
$$x=[x]+\frac{1}{x_1}.$$

如果 x_1 还不是整数,则同样有
$$x_1=[x_1]+\frac{1}{x_2},$$
其中
$$x_2=\frac{1}{x_1-[x_1]}>1.$$
一直继续下去,直到 x_n 为整数为止,否则无限继续下去,得
$$x=[x]+\frac{1}{x_1},\ x_1=[x_1]+\frac{1}{x_2},$$
$$\cdots,x_{n-1}=[x_{n-1}]+\frac{1}{x_n},$$

因此有

$$x = [x] + \cfrac{1}{[x_1] + \cfrac{1}{[x_2] + \cfrac{1}{[x_3] + \cdots \cfrac{1}{[x_{n-1}] + \cfrac{1}{x_n}}}}}. \quad (5.43)$$

到某一个 x_n 为整数时,上式为有限形式,它就代表有理实数,否则上式还可以继续分解下去,成为一个无限形式,它就代表无理实数.

对于实数的这种表示同样可以定义加法、乘法、次序……同样可以证明它满足实数公理. 这里不一一叙述了.

5.3.4　实数系是最大的阿基米德有序域

在前几段中我们介绍了实数系的几种模型,而且提到在各模型之间可以建立起一一对应,并且指出对应的各数进行对应的运算后还是对应的,这种关系称为这类模型是"同构的". 我们将它们不加区别,把它们看成一回事.

有理数系和实数系不能一一对应,它们不可能是同构的.

是否还可以用实数的基本数列的等价类的方法再来扩张实数系呢? 定理 5.32 指出,这一点是做不到的,因为实数的基本数列在实数系内都有极限.

是否还可以用其他的方法来扩张实数系呢? 结论是如果扩张后仍要求满足公理Ⅰ～Ⅲ,则这种扩张是不存在的,这一点的证明并不困难,事实上,若有一数 α 可以加到 **R** 中去,由于 **R** 中满足"次序"公理Ⅱ,所以只有三种可能

1° 存在 $a, b \in \mathbf{R}$,使 $a < \alpha < b$;

2° 对所有 $x \in \mathbf{R}$,都有 $x < \alpha$;

3° 对所有 $x \in \mathbf{R}$,都有 $x > \alpha$.

如果 $1°$ 成立，取 $y = \dfrac{1}{2}(a+b)$，将 y 与 α 比较，若 $y < \alpha$，则记 y 为 a_1，记 b 为 b_2；若 $y > \alpha$，则记 a 为 a_1，记 y 为 b_1，从而得

$$a_1 < \alpha < b_1.$$

当然 $y = \alpha$ 是不可能的，否则新增加进来的 α 就是原来的实数 y. 将 $a_1 < \alpha < b_1$ 继续用上法得

$$a_2 < \alpha < b_2, \cdots, a_n < \alpha < b_n.$$

显然 $\{a_n\}$ 是实数的基本数列，且有

$$\mid a_n - \alpha \mid < \mid b_n - a_n \mid \to 0.$$

则 $a_n \to \alpha$，但由 **R** 的完备性，$\{a_n\}$ 的极限 α 属于 **R**，从而 $1°$ 是不可能的.

同样 $2°$ 也不可能成立，因为若所有 $x \in \mathbf{R}$，都有 $x < \alpha$，则阿基米德公理就不能成立，即不存在 $N \in \mathbf{N}$，使 $N \cdot x > \alpha$.

$3°$ 和 $2°$ 类似，只要用反对数来证明就可.

这样在保持阿基米德有序域的条件下，实数系是有理数系的最大扩张.

习　题

1. 将十进制数 6.375 写成二进制数.

2. 将八进制数 144.01 写成十进制数.

3. $\alpha = (A_1, A_2)$，其中 $A_1 = \{r \mid r \in \mathbf{Q}, r < 0 \text{ 或 } r^2 < 3\}$，$A_2 = \mathbf{Q} \backslash A_1$，则 α 表示无理实数.

4. 将 $\sqrt{2}$ 写成连分数.

第 5 章总习题

1. 从皮亚诺公理出发,定义加法 $x+1=x', x+y'=(x+y)'$, 证明自然数公理 N_2 成立.

2. 从皮亚诺公里出发,证明自然数公理 N.

3. 证明实数系是不可数的.

4. 由狄德金定理成立,证明确界存在定理.

5. 从有理数系出发,利用区间套过程构造一个实数模型.

第6章 不定积分

在第 3 章,我们详细研究了函数的导数和微分,即一元函数的微分学.本章将研究微分的逆运算.首先引进原函数和不定积分的概念,然后阐述寻求原函数的种种方法.这些方法对于第 7 章以及第 12~16 章都是极为重要的.

6.1 不定积分·原函数

我们知道,求曲线的切线的斜率以及变速直线运动的速度都归结为求已知函数的变化率(第 3 章 3.1),从而导致求导运算——由 $f(x)$ 求 $f'(x)$.反之,当知道曲线在每一点的切线的斜率而要确定曲线本身,或是知道运动质点在每一时刻的速度而要确定路程随时间变化的规律时,将导致相反的分析运算——由 $f'(x)$ 求 $f(x)$.这就是这章所要研究的不定积分.

定义(原函数)　如果函数 $F(x)$ 与 $f(x)$ 在区间 I 上满足
$$F'(x) = f(x), \quad \mathrm{d}F(x) = f(x)\mathrm{d}x,$$
则说 $F(x)$ 是 $f(x)$ 在区间 I 上的一个**原函数**.

在下一章将证明,若 $f(x)$ 在区间 I 上连续,则原函数 $F(x)$ 是一定存在的.

如果 $F(x)$ 是 $f(x)$ 的一个原函数,即 $F'(x) = f(x)$,则对任何常数 C 都有 $\left[F(x)+C\right]' = f(x)$,可见 $F(x)+C$ 也是 $f(x)$ 的原函数.反之,如果 $\widetilde{F}(x)$ 是 $f(x)$ 的不同于 $F(x)$ 的另一个原函数,因此有 $\widetilde{F}'(x) = F'(x)$,从而 $\widetilde{F}(x) = F(x)+\widetilde{C}$,$\widetilde{C}$ 为某个确定常

数,即 $f(x)$ 的每一个原函数都可表为 $F(x)+C$ 的形式. 这样,我们证明了:

定理 6.1　如果 $F(x)$ 是 $f(x)$ 的一个原函数,则 $F(x)+C$ 是 $f(x)$ 的全体原函数,其中 C 是任意常数.

$f(x)$ 的全体原函数称为它的**不定积分**,记为 $\int f(x)\mathrm{d}x$,于是定理 6.1 可表示为

$$\int f(x)\mathrm{d}x = F(x)+C, \ C\in \mathbf{R}. \tag{6.1}$$

在等式(6.1)中,$\int$ 称为积分符号,$f(x)$ 称为被积函数,$f(x)\mathrm{d}x$ 称为被积表达式,C 称为积分常数.

由不定积分的定义直接可得下列关系:

$$\left(\int f(x)\mathrm{d}x\right)' = f(x), \quad \mathrm{d}\int f(x)\mathrm{d}x = f(x)\mathrm{d}x,$$

$$\int F'(x)\mathrm{d}x = F(x)+C, \quad \int \mathrm{d}F(x) = F(x)+C.$$

需要指出的是,等式(6.1)与通常的函数恒等式不同,它所表示的不是两个具体函数之间的恒等关系. (6.1)两端都含有无穷多个函数,等号表示作为两个函数集合,它们由共同的元素组成. 左边集合中的每一个函数对应于右边一个确定的常数,反之亦然.

求函数 $f(x)$ 的全体原函数称为"积分",它与求导或微分是互逆的运算,于是由导数公式表立刻可得下面的积分公式表:

1. $\int 0\mathrm{d}x = C.$

2. $\int 1\mathrm{d}x = x+C.$

3. $\int x^{\mu}\mathrm{d}x = \dfrac{x^{\mu+1}}{\mu+1}+C \quad (\mu\neq -1).$

4. $\int \dfrac{1}{x}\mathrm{d}x = \int \dfrac{\mathrm{d}x}{x} = \ln|x| = C \quad (x\neq 0).$

5. $\displaystyle\int \frac{1}{1+x^2}\mathrm{d}x = \int \frac{\mathrm{d}x}{1+x^2} = \operatorname{arc\,tan}x + C = -\operatorname{arc\,cot}x + C_1.$

6. $\displaystyle\int \frac{1}{\sqrt{1-x^2}}\mathrm{d}x = \int \frac{\mathrm{d}x}{\sqrt{1-x^2}} = \operatorname{arc\,sin}x + C$

$\qquad\qquad = -\operatorname{arc\,cos}x + C_1.$

7. $\displaystyle\int a^x\mathrm{d}x = \frac{a^x}{\ln a} + C \quad (a > 0, a \neq 1).$

$\displaystyle\int \mathrm{e}^x\mathrm{d}x = \mathrm{e}^x + C.$

8. $\displaystyle\int \sin x\,\mathrm{d}x = -\cos x + C.$

9. $\displaystyle\int \cos x\,\mathrm{d}x = \sin x + C.$

10. $\displaystyle\int \frac{1}{\sin^2 x}\mathrm{d}x = \int \frac{\mathrm{d}x}{\sin^2 x} = -\cot x + C.$

11. $\displaystyle\int \frac{1}{\cos^2 x}\mathrm{d}x = \int \frac{\mathrm{d}x}{\cos^2 x} = \tan x + C.$

12. $\displaystyle\int \operatorname{sh}x\,\mathrm{d}x = \operatorname{ch}x + C.$

13. $\displaystyle\int \operatorname{ch}x\,\mathrm{d}x = \operatorname{sh}x + C.$

14. $\displaystyle\int \frac{1}{\operatorname{ch}^2 x}\mathrm{d}x = \int \frac{\mathrm{d}x}{\operatorname{ch}^2 x} = \operatorname{th}x + C.$

15. $\displaystyle\int \frac{1}{\operatorname{sh}^2 x}\mathrm{d}x = \int \frac{\mathrm{d}x}{\operatorname{sh}^2 x} = -\operatorname{cth}x + C.$

关于公式 4 需作一点说明：它适用于不包含零的任何区间. 事实上：

若 $x > 0$，由 $(\ln|x|)' = (\ln x)' = \dfrac{1}{x}$ 知

$$\int \frac{1}{x}\mathrm{d}x = \ln x + C.$$

若 $x < 0$，由 $(\ln |x|)' = [\ln(-x)]' = \dfrac{1}{x}$ 知

$$\int \frac{1}{x}\mathrm{d}x = \ln |x| + C,$$

合并此两式即得公式 4.

例1 求平面曲线 $y = y(x)$，使其在横坐标为 x 处的切线的斜率为 $\cos x$.

解 按导数的几何意义及不定积分的定义，所求曲线的方程为

$$y = \int \cos x \, \mathrm{d}x = \sin x + C,$$

这是正弦曲线 $y = \sin x$ 沿 Oy 轴方向平行移动所得到的无数多条曲线.

如果还要求曲线通过已知点 (x_0, y_0)，亦即满足条件

$$y(x_0) = y_0,$$

则由 $y_0 = \sin x_0 + C$ 知 $C = y_0 - \sin x_0$，于是所求曲线为

$$y = \sin x - \sin x_0 + y_0.$$

定理 6.2 若在区间 I 上 $f(x)$ 和 $g(x)$ 都有原函数，则下面两式在 I 上成立.

$1°$ $\displaystyle\int [f(x) \pm g(x)]\mathrm{d}x = \int f(x)\mathrm{d}x \pm \int g(x)\mathrm{d}x$；

$2°$ $\displaystyle\int \alpha f(x)\mathrm{d}x = \alpha \int f(x)\mathrm{d}x.$ (α 为常数)

证 设 $F(x)$ 与 $G(x)$ 依次是 $f(x), g(x)$ 的一个原函数，即 $F'(x) = f(x), G'(x) = g(x)$，于是，

$$[F(x) \pm G(x)]' = f(x) \pm g(x),$$

按不定积分的定义并注意任意常数的和或差仍为任意常数，即得：

$$\int f(x)\mathrm{d}x \pm \int g(x)\mathrm{d}x = [F(x) + C_1] \pm [G(x) + C_2]$$

$$= [F(x) \pm G(x)] + (C_1 \pm C_2)$$

$$= \int [f(x) \pm g(x)] \mathrm{d}x.$$

此即证明了 1°, 类似地可以证明 2°.

例 2　求在真空中自由下落的单位质量的质点的速度及所经过的路程(设向下为正)与时间 t 的关系.

解　以 v 记质点下降的速度, s 记所经过的路程, 则

$$\frac{\mathrm{d}s}{\mathrm{d}t} = v, \qquad \frac{\mathrm{d}v}{\mathrm{d}t} = g.$$

其中 g 为重力加速度. 利用定理 6.2 及公式 2,3 将此两式积分得

$$v = \int g \mathrm{d}t = g \cdot (t + C) = gt + C_1, \tag{6.2}$$

$$s = \int v \mathrm{d}t = \int (gt + C_1) \mathrm{d}t = \frac{gt^2}{2} + C_1 t + C_2. \tag{6.3}$$

其中 C_1, C_2 为任意常数.

与例 1 一样, 如果知道 $t = 0$ 时的速度 v_0 及路程 s_0, 则由 (6.2),(6.3)得

$$v_0 = C_1, \quad s_0 = C_2.$$

亦即 $C_1 = v_0, C_2 = s_0$, 代回(6.2),(6.3)即得

$$v = v_0 + gt, \quad s = s_0 + v_0 t + \frac{gt^2}{2}.$$

这些公式是大家所熟知的.

利用定理 6.2 所指出的不定积分的加减与数乘的运算法则, 从基本积分表出发, 可以求出更多的初等函数的不定积分.

例 3　$\displaystyle\int (1 - \sqrt{x})^3 \mathrm{d}x = \int (1 - 3\sqrt{x} + 3x - x^{\frac{3}{2}}) \mathrm{d}x$

$$= \int \mathrm{d}x - 3 \int \sqrt{x} \mathrm{d}x + 3 \int x \mathrm{d}x - \int x^{\frac{3}{2}} \mathrm{d}x$$

$$= x - 2x^{\frac{3}{2}} + \frac{3}{2} x^2 - \frac{2}{5} x^{\frac{5}{2}} + C.$$

例 4
$$\int \frac{(x-\sqrt{x})(1+\sqrt{x})}{\sqrt[3]{x}}\,\mathrm{d}x = \int \frac{x\sqrt{x}-\sqrt{x}}{\sqrt[3]{x}}\,\mathrm{d}x$$
$$= \int x^{\frac{7}{6}}\,\mathrm{d}x - \int x^{\frac{1}{6}}\,\mathrm{d}x$$
$$= \frac{6}{13}x^{\frac{13}{6}} - \frac{6}{7}x^{\frac{7}{6}} + C.$$

例 5
$$\int \left(\tan^2 x + \frac{x^2}{1+x^2}\right)\mathrm{d}x = \int \left(\sec^2 x - 1 + \frac{x^2}{1+x^2}\right)\mathrm{d}x$$
$$= \int \left(\frac{1}{\cos^2 x} - \frac{1}{1+x^2}\right)\mathrm{d}x$$
$$= \tan x - \operatorname{arc\,tan} x + C.$$

习　　题

1.（1）一曲线经过原点,且在每一点(x,y)的切线的斜率等于 $2x$,求这曲线的方程.

（2）在曲线族 $y = \int 5x^2\,\mathrm{d}x$ 中,求通过定点$(\sqrt{3},5\sqrt{3})$的曲线.

2. 验证下列各组中的两个函数是同一函数的原函数.

（1）$y = \ln ax$ 与 $y = \ln x$ $(a>0,x>0)$;

（2）$y = (\mathrm{e}^x + \mathrm{e}^{-x})^2$ 与 $y = (\mathrm{e}^x - \mathrm{e}^{-x})^2$;

（3）$y = \left(x + \dfrac{1}{x}\right)^2 + \cos^2 x$ 与 $y = \left(x - \dfrac{1}{x}\right)^2 - \sin^2 x$.

3. 求下列不定积分:

（1）$\displaystyle\int (3x^2 + 2)\,\mathrm{d}x$;　　　　　　（2）$\displaystyle\int \left(x + \frac{1}{\sqrt{x}}\right)\mathrm{d}x$;

（3）$\displaystyle\int (2^x + 3^x)^2\,\mathrm{d}x$;　　　　　（4）$\displaystyle\int \tan^2 x\,\mathrm{d}x$;

（5）$\displaystyle\int (a^x - 2\sin x)\,\mathrm{d}x$;　　　　（6）$\displaystyle\int \frac{(1-x)^3}{\sqrt[3]{x}}\,\mathrm{d}x$;

(7) $\int (a_0 x^n + a_1 x^{n-1} + \cdots + a_{n-1} x + a_n)\mathrm{d}x$;

(8) $\int \left(1 - \dfrac{1}{x^2}\right)\sqrt{x\sqrt{x}}\,\mathrm{d}x$;   (9) $\int \dfrac{\mathrm{e}^{2x}-1}{\mathrm{e}^x+1}\mathrm{d}x$.

6.2 换元积分法·分部积分法

上一节介绍了最简单的求不定积分的方法,但是,单凭这种方法,能够求出不定积分的函数是很少的. 为扩大求积分的能力,下面介绍两种极其有效的积分法——换元积分法和分部积分法.

6.2.1 换元积分法

换元积分法即在积分过程中施行变量代换,因而也称为变量置换法. 其根据是下面的定理 6.3,它实质上来源于复合函数的微分法.

定理 6.3(换元积分法) 若函数 $f(x)$ 在区间 I 上连续,而函数 $\varphi(t)$ 在区间 J 上可微,$\varphi(J) \subset I$,则

$$\int f(\varphi(t))\varphi'(t)\mathrm{d}t = \int f(x)\mathrm{d}x, \qquad (6.4)$$

其中 $x = \varphi(t), t \in J$.

证 由于 $f(x)$ 连续,因而它在 I 上有原函数,任取其一,记为 $F(x)$,于是 $F'(x) = f(x)$,按复合函数的微分法,

$$\mathrm{d}[F(\varphi(t))] = F'(\varphi(t))\varphi'(t)\mathrm{d}t = f(\varphi(t))\varphi'(t)\mathrm{d}t,$$

由不定积分的定义,并注意 $x = \varphi(t)$ 可知

$$\int f(\varphi(t))\varphi'(t)\mathrm{d}t = F(\varphi(t)) + C = F(x) + C = \int f(x)\mathrm{d}x,$$

此即(6.4)式.

注意,在不定积分的定义中,$\mathrm{d}x$ 是作为积分记号的一部分,即函数 $f(x)$ 经过"$\int \mathrm{d}x$"这种运算后得到原函数族 $F(x) + C$. 而公

式(6.4)表明,积分记号中的 $\mathrm{d}x$ 可以如同微分学中一样理解为微分,而(6.4)式可重新写为

$$\int f(x)\mathrm{d}x = \int f(\varphi(t))\varphi'(t)\mathrm{d}t,$$

形式上就是把 $\mathrm{d}x$ 换成了 $\varphi(t)$ 的微分 $\varphi'(t)\mathrm{d}t$. 用这样一种方式来理解和书写(6.4),对于选择变换公式以及实际运算会有方便之处.

定理 6.3 表示,借助于变数 x 和 t 之间的变换,可以把一个函数的积分化为对另一个函数施行积分. 因此,应用定理 6.3 就是要选择适当的变数变换,把困难的积分变成容易的积分. 为了能迅速而有效地选择变数变换,需要有熟练的技巧和丰富的经验,这只有在做题的过程中不断培养和积累.

可以采用两种不同的途径应用公式(6.4). 第一种途径是将(6.4)左端的积分化为右端的积分,通常称之为**第一换元法**. 此时要在被积函数中分出一个因子,它与 $\mathrm{d}t$ 的乘积是某个函数 $\varphi(t)$ 的微分,并且其余部分能写成复合函数 $F(\varphi(t))$ 的形式. 如果(6.4)右端的积分易于算出,则算出这个积分并以 $x = \varphi(t)$ 代入,左端的积分也就得到了.

例如,要计算 $\int f(at+b)\mathrm{d}t\ (a\neq 0)$,显然它等于 $\int \dfrac{f(at+b)}{a}a\,\mathrm{d}t$,而 $a\mathrm{d}t = \mathrm{d}(at+b)$,取 $\varphi(t) = at+b$,并令 $x = \varphi(t)$,由(6.4)得

$$\int f(at+b)\mathrm{d}t = \frac{1}{a}\int f(at+b)\mathrm{d}(at+b) = \frac{1}{a}\int f(x)\mathrm{d}x,$$

若易于得到 $f(x)$ 的一个原函数 $F(x)$,则

$$\int f(x)\mathrm{d}x = F(x)+C_1,$$

以 $x = \varphi(t)$ 代入即得

$$\int f(at+b)\mathrm{d}t = \frac{1}{a}F(at+b)+C,$$

其中 $C = \dfrac{C_1}{a}$ 仍然是任意常数.

作为特例, 有

$$\int f(at)\mathrm{d}t = \frac{1}{a}\int f(at)\mathrm{d}(at) = \frac{1}{a}F(at) + C,$$

$$\int f(t+b)\mathrm{d}t = \int f(t+b)\mathrm{d}(t+b) = F(t+b) + C.$$

在运算熟练以后, 比较简单的变换公式及明显的微分等式均可省去, 而不必详细写出.

例 1 $\displaystyle\int \frac{1}{a^2 + t^2}\mathrm{d}t = \frac{1}{a}\int \frac{\mathrm{d}\left(\dfrac{t}{a}\right)}{1 + \left(\dfrac{t}{a}\right)^2} = \frac{1}{a}\arctan\frac{t}{a} + C.$

例 2 $\displaystyle\int \frac{1}{a^2 - t^2}\mathrm{d}t = \frac{1}{2a}\int\left(\frac{1}{a+t} + \frac{1}{a-t}\right)\mathrm{d}t$

$$= \frac{1}{2a}\left[\int \frac{1}{a+t}\mathrm{d}(a+t) - \int \frac{1}{a-t}\mathrm{d}(a-t)\right]$$

$$= \frac{1}{2a}[\ln|a+t| - \ln|a-t|] + C$$

$$= \frac{1}{2a}\ln\left|\frac{a+t}{a-t}\right| + C.$$

例 3 $\displaystyle\int \frac{\mathrm{e}^{\sqrt{t}}}{\sqrt{t}}\mathrm{d}t = 2\int \mathrm{e}^{\sqrt{t}}\mathrm{d}\sqrt{t} = 2\mathrm{e}^{\sqrt{t}} + C.$

一般地, 如果被积函数可表为 $\mathrm{e}^{\varphi(t)}\varphi'(t)$ 的形式, 令 $x = \varphi(t)$ 是适宜的.

例 4 $\displaystyle\int \tan t\,\mathrm{d}t = \int \frac{\sin t}{\cos t}\mathrm{d}t = -\int \frac{\mathrm{d}\cos t}{\cos t} = -\ln|\cos t| + C.$

一般地, 如果被积函数可表为 $f(\sin t)\cos t$ 或 $f(\cos t)\sin t$ 的形式, 则可分别作变换 $x = \sin t$ 或 $x = \cos t$.

例 5　$\displaystyle\int \frac{1}{\sin t}\mathrm{d}t = \frac{1}{2}\int \frac{\mathrm{d}t}{\sin \frac{t}{2}\cos \frac{t}{2}} = \int \frac{\sec^2 \frac{t}{2}\mathrm{d}\left(\frac{t}{2}\right)}{\tan \frac{t}{2}}$

$$= \int \frac{\mathrm{d}\left(\tan \frac{t}{2}\right)}{\tan \frac{t}{2}} = \ln \left| \tan \frac{t}{2} \right| + C.$$

一般地,如果被积函数可表为 $\dfrac{\varphi'(t)}{\varphi(t)}$ 的形式,则可作变换 $x = \varphi(t)$.

例 6　$\displaystyle\int \frac{t^2}{\sqrt{1+t^3}}\mathrm{d}t = \frac{1}{3}\int \frac{1}{\sqrt{1+t^3}}\mathrm{d}(1+t^3) = \frac{2}{3}\sqrt{1+t^3} + C.$

一般地,如果被积函数具有 $f(t^n)t^{n-1}$ 的形状,作变换 $x = t^n$ 是适宜的.

应用公式(6.4)的第二种途径是将右端的积分化为左端的积分,通常称之为**第二换元法**. 此时需选取可微函数 $\varphi(t)$,它有反函数(充分条件为 $\varphi'(t) \neq 0$),且使(6.4)式左端的积分易于算出,算出这个积分后再以反函数 $t = \varphi^{-1}(x)$ 代入,(6.4)右端的积分也就得到了.

例 7　计算积分 $\displaystyle\int \sqrt{a^2 - x^2}\,\mathrm{d}x$　$(a > 0)$.

解　为了在被积函数中消除根号,可以令 $x = a\sin t$,$|t| \leqslant \dfrac{\pi}{2}$,于是 $t = \arcsin \dfrac{x}{a}$.

$$\int \sqrt{a^2 - x^2}\,\mathrm{d}x = a^2\int \cos^2 t\,\mathrm{d}t = \frac{a^2}{2}\int (1 + \cos 2t)\,\mathrm{d}t$$

$$= \frac{a^2 t}{2} + \frac{a^2}{4}\int \cos 2t\,\mathrm{d}(2t)$$

$$= \frac{a^2 t}{2} + \frac{a^2}{4}\sin 2t + C$$

$$= \frac{a^2}{2}(t + \sin t \cos t) + C$$

$$= \frac{a^2}{2}\left(\arcsin \frac{x}{a} + \frac{x}{a}\sqrt{1 - \frac{x^2}{a^2}}\right) + C$$

$$= \frac{a^2}{2}\arcsin \frac{x}{a} + \frac{x}{2}\sqrt{a^2 - x^2} + C.$$

例 8 计算积分 $\displaystyle\int \frac{\mathrm{d}x}{(a^2 + x^2)^2}$ $(a > 0)$.

解 三角恒等式 $1 + \tan^2 t = \dfrac{1}{\cos^2 t}$ 启发我们作变数变换 $x = a\tan t$, $|t| < \dfrac{\pi}{2}$. 于是 $\mathrm{d}x = \dfrac{a}{\cos^2 t}\mathrm{d}t$, 由例 7 得

$$\int \frac{\mathrm{d}x}{(a^2 + x^2)^2} = \frac{1}{a^3}\int \cos^2 t \mathrm{d}t = \frac{1}{2a^3}\left(t + \frac{1}{2}\sin 2t\right) + C$$

$$= \frac{1}{2a^3}\left(t + \frac{\tan t}{1 + \tan^2 t}\right) + C$$

$$= \frac{1}{2a^3}\left(\arctan \frac{x}{a} + \frac{\dfrac{x}{a}}{1 + \left(\dfrac{x}{a}\right)^2}\right) + C$$

$$= \frac{1}{2a^3}\arctan \frac{x}{a} + \frac{1}{2a^2}\cdot\frac{x}{a^2 + x^2} + C.$$

例 9 求积分 $\displaystyle\int \frac{\mathrm{d}x}{\sqrt{x^2 + \alpha}}$. $(\alpha \neq 0)$

解 令 $\sqrt{x^2 + \alpha} = t - x$, 两边平方, 消去 x^2 后得

$$x = \frac{t^2 - \alpha}{2t},$$

于是

$$\mathrm{d}x = \frac{t^2 + \alpha}{2t^2}\mathrm{d}t,$$

$$\sqrt{x^2+\alpha} = t-x = t-\frac{t^2-\alpha}{2t} = \frac{t^2+\alpha}{2t},$$

从而

$$\int \frac{\mathrm{d}x}{\sqrt{x^2+\alpha}} = \int \frac{\mathrm{d}t}{t} = \ln|t|+C$$

$$= \ln|x+\sqrt{x^2+\alpha}|+C.$$

例 10 求 $\displaystyle\int \frac{\mathrm{d}x}{x^2\sqrt{1+x^2}}$.

解 对于 $x>0$, 作变换 $x=\dfrac{1}{t}$, $\mathrm{d}x=-\dfrac{\mathrm{d}t}{t^2}$, 则

$$\int \frac{\mathrm{d}x}{x^2\sqrt{1+x^2}} = -\int \frac{t\mathrm{d}t}{\sqrt{1+t^2}} = -\frac{1}{2}\int \frac{\mathrm{d}(1+t^2)}{\sqrt{1+t^2}}$$

$$= -\sqrt{1+t^2}+C = -\sqrt{1+\frac{1}{x^2}}+C$$

$$= -\frac{\sqrt{1+x^2}}{x}+C.$$

读者易于验证, 对于 $x<0, t<0$, 得到的是同一结果.

6.2.2 分部积分法

分部积分法是另一个重要的积分方法, 它本质上来源于乘积的求导法则, 我们把它表述为

定理 6.4(分部积分法) 设函数 $u(x)$ 和 $v(x)$ 在区间 I 上都有连续导数, 则在 I 上成立

$$\int u(x)\mathrm{d}v(x) = u(x)v(x) - \int v(x)\mathrm{d}u(x). \qquad (6.5)$$

证 按乘积的求导法则, 在 I 上有

$$(uv)' = u'v + uv'$$

亦即

$$uv' = (uv)' - u'v,$$

由于 uv' 及 $u'v$ 都在 I 上连续,它们的不定积分是存在的,又 $(uv)'$ 的不定积分显然存在,将上式积分得

$$\int uv' \mathrm{d}x = uv - \int vu' \mathrm{d}x,$$

由此立刻得到公式(6.5):

$$\int u\mathrm{d}v = uv - \int v\mathrm{d}u.$$

成功地运用分部积分法的关键在于适当选择函数 $u(x)$ 及 $v(x)$,使乘积 $v(x)u'(x)$ 的积分容易得到.

例 1 求 $\int x^k \ln x \, \mathrm{d}x \ (k \neq -1)$.

解 令 $u = \ln x, v' = x^k, \left(\text{即取 } v = \dfrac{x^{k+1}}{k+1}\right)$

于是,

$$\int x^k \ln x \, \mathrm{d}x = \int \ln x \, \mathrm{d}\frac{x^{k+1}}{k+1} = \frac{x^{k+1}\ln x}{k+1} - \int \frac{x^{k+1}}{k+1} \cdot \frac{1}{x} \mathrm{d}x$$

$$= \frac{x^{k+1}\ln x}{k+1} - \frac{1}{k+1}\int x^k \mathrm{d}x = \frac{x^{k+1}\ln x}{k+1} - \frac{x^{k+1}}{(k+1)^2} + C.$$

在运算熟练后,$u(x)$ 和 $v(x)$ 的选取均不必写出.

例 2 求 $\int \arctan x \, \mathrm{d}x$.

解 $\int \arctan x \, \mathrm{d}x = x \arctan x - \int \dfrac{x}{1+x^2}\mathrm{d}x$

$$= x \arctan x - \frac{1}{2}\int \frac{\mathrm{d}(1+x^2)}{1+x^2}$$

$$= x \arctan x - \frac{1}{2}\ln(1+x^2) + C.$$

这里首先使用了分部积分法,接着又施行变数变换. 在这个例子里,虽然被积函数并非两个因子的乘积,但是我们把系数 1 看作 u',即取函数 u 为 x,于是得以施行分部积分.

$\int \ln x \, dx$ 也是这种类型的例子.

例 3   求 $\int x \sin 2x \, dx$.

解 $\int x \sin 2x \, dx = \dfrac{1}{2} \int x \sin 2x \, d(2x)$

$$= -\dfrac{1}{2} \int x \, d\cos 2x$$

$$= -\dfrac{1}{2} x \cos 2x + \dfrac{1}{2} \int \cos 2x \, dx$$

$$= -\dfrac{1}{2} x \cos 2x + \dfrac{1}{4} \sin 2x + C.$$

有时,分部积分需要施行多次.

例 4   求 $\int x^2 e^x \, dx$.

解 $\int x^2 e^x \, dx = \int x^2 \, de^x = x^2 e^x - \int 2x e^x \, dx$

$$= x^2 e^x - 2 \int x \, de^x = x^2 e^x - 2x e^x + 2 \int e^x \, dx$$

$$= (x^2 - 2x + 2) e^x + C.$$

显然,如果被积函数中的因子 e^x 改为 e^{ax},例 4 的方法仍然是有效的.

在例 1 中,分部积分降低了 $\ln x$ 的幂次,在例 3 和例 4 中,分部积分降低了 x 的幂次,由此可见只要重复施行分部积分

$$\int x^k \ln^m x \, dx \qquad \int x^k e^{ax} \, dx$$

$$\int x^k \sin bx \, dx \qquad \int x^k \cos bx \, dx$$

(k,m 为正整数,a,b 为实数) 总是可以积出的. 又由定理 6.2 易知,当以多项式 $P(x)$ 代替上述诸式中的 x^k 时,分部积分仍然是有效的.

对某些积分,经过一次或几次分部积分,会重新出现所求的那个积分,于是得到一个含有所求积分的方程式,这称为**循环公式**,

把所求积分视为未知量,它就可以从这个方程中解出.

例 5 求 $I = \int \sqrt{x^2 + a^2} \, \mathrm{d}x$.

解 $I = \int \sqrt{x^2 + a^2} \, \mathrm{d}x = x \sqrt{x^2 + a^2} - \int \dfrac{x^2}{\sqrt{x^2 + a^2}} \mathrm{d}x$

$\qquad = x \sqrt{x^2 + a^2} - \int \dfrac{x^2 + a^2 - a^2}{\sqrt{x^2 + a^2}} \mathrm{d}x$

$\qquad = x \sqrt{x^2 + a^2} - I + \int \dfrac{a^2 \mathrm{d}x}{\sqrt{x^2 + a^2}},$

最后的积分在 6.2.1 段例 9 已经求出,于是

$$2I = x \sqrt{x^2 + a^2} + a^2 \ln (x + \sqrt{x^2 + a^2}) + C_1,$$

所以

$$I = \frac{x \sqrt{x^2 + a^2}}{2} + \frac{a^2 \ln (x + \sqrt{x^2 + a^2})}{2} + C.$$

循环公式也出现于求积分

$$\int \mathrm{e}^{ax} \sin bx \, \mathrm{d}x \ \text{及} \int \mathrm{e}^{ax} \cos bx \, \mathrm{d}x$$

的过程中,类似的情形在换元积分中也会出现.

对于含有自然数指数的某些积分,采用分部积分法可以导出递推公式.

例 6 求 $I_n = \int \dfrac{\mathrm{d}x}{(x^2 + a^2)^n}$ $(n = 1, 2, \cdots)$ 的递推公式.

解 分部积分得

$I_n = \int \dfrac{\mathrm{d}x}{(x^2 + a^2)^n} = \dfrac{x}{(x^2 + a^2)^n} + n \int \dfrac{2x^2 \mathrm{d}x}{(x^2 + a^2)^{n+1}}$

$\qquad = \dfrac{x}{(x^2 + a^2)^n} + 2n \int \dfrac{x^2 + a^2 - a^2}{(x^2 + a^2)^{n+1}} \mathrm{d}x$

$\qquad = \dfrac{x}{(x^2 + a^2)^n} + 2n I_n - 2n a^2 I_{n+1},$

由此得

$$I_{n+1} = \frac{1}{2na^2} \cdot \frac{x}{(x^2+a^2)^n} + \frac{2n-1}{2na^2} I_n \quad (n=1,2,\cdots).$$

$$(6.6)$$

公式(6.6)把计算 I_{n+1} 归结为计算 I_n,即指标从 $n+1$ 降低为 n. 这就是所要求的**递推公式**.

我们已经知道(6.2.1 段例 1)

$$I_1 = \frac{1}{a} \operatorname{arc} \tan \frac{x}{a} + C_1,$$

在公式(6.6)中令 $n=1$ 得

$$I_2 = \frac{1}{2a^2} \cdot \frac{x}{x^2+a^2} + \frac{1}{2a^3} \operatorname{arc} \tan \frac{x}{a} + C_2,$$

其中 $C_2 = \dfrac{C_1}{2a^2}$ 仍为任意常数. 在公式(6.6)中令 $n=2$,又可得

$$I_3 = \frac{1}{4a^2} \frac{x}{(x^2+a^2)^2} + \frac{3}{4a^2} I_2$$

$$= \frac{1}{4a^2} \frac{x}{(x^2+a^2)^2} + \frac{3}{8a^4} \frac{x}{x^2+a^2} + \frac{3}{8a^5} \operatorname{arc} \tan \frac{x}{a} + C_3.$$

如此类推,可对任意自然数 n 得出积分 I_n.

习　　题

1. 用心算的方法求下列不定积分:

(1) $\displaystyle\int \frac{1}{x-a} \mathrm{d}x$;　　　　　　(2) $\displaystyle\int \sin mx \, \mathrm{d}x$;

(3) $\displaystyle\int \mathrm{e}^{-3x} \mathrm{d}x$;　　　　　　(4) $\displaystyle\int \frac{1}{\sqrt{a^2-x^2}} \mathrm{d}x$;

(5) $\displaystyle\int (x+a)^6 \mathrm{d}x$;　　　　　　(6) $\displaystyle\int \frac{\mathrm{d}x}{(2-x)^4}$;

(7) $\displaystyle\int \frac{\ln^2 x}{x}\mathrm{d}x.$

2. 求下列不定积分：

(1) $\displaystyle\int \frac{1+x}{1-x}\mathrm{d}x;$ (2) $\displaystyle\int \frac{x^2}{x+1}\mathrm{d}x;$

(3) $\displaystyle\int \frac{1}{x^2+x-2}\mathrm{d}x;$

(4) $\displaystyle\int \frac{\mathrm{d}x}{ax^2+2bx+c}$ $(b^2-ac \neq 0, a>0).$

3. 求下列不定积分：$(m \pm n \neq 0)$

(1) $\displaystyle\int \sin mx \cos nx\, \mathrm{d}x;$ (2) $\displaystyle\int \sin mx \sin nx\, \mathrm{d}x;$

(3) $\displaystyle\int \cos mx \cos nx\, \mathrm{d}x;$ (4) $\displaystyle\int \sin^2 mx\, \mathrm{d}x;$

(5) $\displaystyle\int \cos^2 mx\, \mathrm{d}x;$ (6) $\displaystyle\int \sin x \sin(x+\alpha)\, \mathrm{d}x;$

(7) $\displaystyle\int \frac{\mathrm{d}x}{1+\cos x};$ (8) $\displaystyle\int \frac{\mathrm{d}x}{1+\sin x};$

(9) $\displaystyle\int \cot 2x\, \mathrm{d}x;$ (10) $\displaystyle\int \frac{\mathrm{d}x}{\cos^4 x};$

(11) $\displaystyle\int \frac{1}{\sin^2 x \cos^2 x}\mathrm{d}x.$

4. 求下列不定积分：

(1) $\displaystyle\int \frac{1}{\sqrt{x+1}+\sqrt{x-1}}\mathrm{d}x;$ (2) $\displaystyle\int x\sqrt{2-5x}\, \mathrm{d}x;$

(3) $\displaystyle\int \frac{1}{x^3}\sqrt{x^4+\frac{1}{x^4}+2}\, \mathrm{d}x.$

5. 求下列不定积分：

(1) $\displaystyle\int \frac{(\mathrm{e}^x-1)(\mathrm{e}^{2x}+1)}{\mathrm{e}^x}\mathrm{d}x;$ (2) $\displaystyle\int x^2 \mathrm{e}^{x^2}\mathrm{d}x;$

(3) $\displaystyle\int \frac{\mathrm{e}^{3x}+1}{\mathrm{e}^x+1}\mathrm{d}x;$ (4) $\displaystyle\int \frac{1}{1+\mathrm{e}^x}\mathrm{d}x;$

(5) $\int [\mathrm{sh}(2x+1)+\mathrm{ch}(2x-1)]\mathrm{d}x$;

(6) $\int \mathrm{sh}\,x\,\mathrm{sh}\,2x\mathrm{d}x$;   (7) $\int \dfrac{\mathrm{d}x}{\mathrm{ch}^2\dfrac{x}{2}}$;

(8) $\int \dfrac{\mathrm{d}x}{\mathrm{sh}^2 x\mathrm{ch}^2 x}$.

6. 用适当的代换，求下列积分：

(1) $\int \dfrac{x}{\sqrt{1-x^2}}\mathrm{d}x$;   (2) $\int \dfrac{\mathrm{d}x}{\sqrt{x}(1+x)}$;

(3) $\int \dfrac{1}{\sqrt{x(1+x)}}\mathrm{d}x$;   (4) $\int \dfrac{\sin x\cos x}{\sqrt{a^2\sin^2 x+b^2\cos^2 x}}\mathrm{d}x$;

(5) $\int \dfrac{\sin x\cos x}{\sin^4 x+\cos^4 x}\mathrm{d}x$;   (6) $\int \dfrac{1}{\mathrm{ch}^2 x\sqrt[3]{\mathrm{th}^2 x}}\mathrm{d}x$;

(7) $\int \dfrac{\ln x}{x\sqrt{1+\ln x}}\mathrm{d}x$;   (8) $\int \dfrac{x^2+1}{x^4+1}\mathrm{d}x$;

(9) $\int \dfrac{x^5}{\sqrt{1-x^2}}\mathrm{d}x$;

(10) $\int \dfrac{\mathrm{d}x}{\sqrt{(x-a)(b-x)}}\quad (b>a)$;

(11) $\int \dfrac{1}{\sqrt{(x+a)(b+x)}}\mathrm{d}x$.

7. 用分部积分法求下列积分：

(1) $\int \ln^2 x\,\mathrm{d}x$;   (2) $\int x^2 \mathrm{e}^{-2x}\,\mathrm{d}x$;

(3) $\int x^2\sin 2x\,\mathrm{d}x$;   (4) $\int \ln(x+\sqrt{1+x^2})\mathrm{d}x$;

(5) $\int \mathrm{arc}\sin x\,\mathrm{d}x$;   (6) $\int \sin x\ln(\tan x)\mathrm{d}x$;

(7) $\int x\ln\dfrac{1+x}{1-x}\mathrm{d}x$.

8. 求下列不定积分：

(1) $\displaystyle\int \frac{x^2}{\sqrt{x^2-2}}\mathrm{d}x$；

(2) $\displaystyle\int \frac{\arcsin x}{x^2}\mathrm{d}x$；

(3) $\displaystyle\int x^2 \arccos x \,\mathrm{d}x$；

(4) $\displaystyle\int \arctan\sqrt{x}\,\mathrm{d}x$.

9. 设 $P(x)$ 是 n 次多项式，试求 $\displaystyle\int P(x)\mathrm{e}^{\alpha x}\mathrm{d}x$.

10. 证明：(n 为自然数)

(1) $\displaystyle\int \sin^n x \,\mathrm{d}x = -\frac{\sin^{n-1}x\cos x}{n} + \frac{n-1}{n}\int \sin^{n-2}x \,\mathrm{d}x \quad (n\neq 0)$,

$\displaystyle\int \frac{\mathrm{d}x}{\sin^n x} = -\frac{\cos x}{(n-1)\sin^{n-1}x} + \frac{n-2}{n-1}\int \frac{\mathrm{d}x}{\sin^{n-2}x} \quad (n\neq 1)$；

(2) $\displaystyle\int \cos^n x \,\mathrm{d}x = \frac{\cos^{n-1}x\sin x}{n} + \frac{n-1}{n}\int \cos^{n-2}x \,\mathrm{d}x \quad (n\neq 0)$,

$\displaystyle\int \frac{\mathrm{d}x}{\cos^n x} = \frac{\sin x}{(n-1)\cos^{n-1}x} + \frac{n-2}{n-1}\int \frac{\mathrm{d}x}{\cos^{n-2}x} \quad (n\neq 1)$；

(3) $\displaystyle\int (\arcsin x)^n \mathrm{d}x = x(\arcsin x)^n + n\sqrt{1-x^2}(\arcsin x)^{n-1} - $

$n(n-1)\displaystyle\int (\arcsin x)^{n-2}\mathrm{d}x$.

11. 推导下列不定积分的递推公式：

(1) $I_n = \displaystyle\int (\ln x)^n \mathrm{d}x$；

(2) $I_n = \displaystyle\int x^n \mathrm{e}^x \mathrm{d}x$.

6.3 有理函数的积分

　　分部积分法和换元积分法大多带有很强的技巧，虽然通过大量解题可以得到某些规律性的启示，但终究没有一定的步骤可循。从这一节开始，我们分述几种特殊类型的积分，按照一定的步骤，原则上总是可以将它们算出的.

　　两个(实系数)多项式之商称为**有理函数**,亦称之为**有理分式**.若分子的次数低于分母的次数则称为**真分式**,否则称为**假分式**.通过综合除法总可以将假分式化为一个多项式与一个真分式之和,而多项式是容易积分的,因此在研究有理分式的积分时只需研究真分式的积分.代数学中证明了的下述定理是我们的出发点.

　　定理 6.5　设有既约真分式
$$R(x) = \frac{P(x)}{Q(x)},$$
$$Q(x) = (x-a)^\alpha \cdots (x-b)^\beta (x^2+px+q)^\mu \cdots (x^2+rx+s)^\nu, \tag{6.7}$$

其中 $a,\cdots,b,p,q,\cdots,r,s$ 均为实数; $p^2-4q<0,\cdots,r^2-4s<0$; $\alpha,\cdots,\beta,\mu,\cdots,\nu$ 为正整数.则 $R(x)$ 可分解为

$$
\begin{aligned}
R(x) =& \frac{A_\alpha}{(x-a)^\alpha} + \frac{A_{\alpha-1}}{(x-a)^{\alpha-1}} + \cdots + \frac{A_1}{x-a} \\
&+ \cdots + \\
&\frac{B_\beta}{(x-b)^\beta} + \frac{B_{\beta-1}}{(x-b)^{\beta-1}} + \cdots + \frac{B_1}{x-b} + \\
&\frac{K_\mu x + L_\mu}{(x^2+px+q)^\mu} + \frac{K_{\mu-1}x+L_{\mu-1}}{(x^2+px+q)^{\mu-1}} + \cdots + \\
&\frac{K_1 x + L_1}{x^2+px+q} \\
&+ \cdots + \\
&\frac{M_\nu x + N_\nu}{(x^2+rx+s)^\nu} + \frac{M_{\nu-1}x+N_{\nu-1}}{(x^2+rx+s)^{\nu-1}} + \cdots + \\
&\frac{M_1 x + N_1}{x^2+rx+s}. \tag{6.8}
\end{aligned}
$$

其中 $A_i,\cdots,B_i,K_i,L_i,\cdots,M_i,N_i$ 都是实数.并且分解式(6.8)是唯一的.

在代数学中,称

$1°\ \dfrac{A}{(x-a)^k}\quad(k=1,2,\cdots);$

$2°\ \dfrac{Ax+B}{(x^2+px+q)^k}\quad(p^2-4q<0,k=1,2,\cdots)$

为**最简分式**或**部分分式**,于是由定理 6.5 可知,每个既约真分式都可分解为有限个最简分式之和. 6.2.1 段的例 2 是这种分解的最简单的例子. 在一般情形可采用待定系数法实现这种分解.

例 1　将 $\dfrac{1}{x^3+x^2+x}$ 分解为最简分式之和.

解　首先将分母分解为不可约因式的乘积:

$$x^3+x^2+x=x(x^2+x+1).$$

按定理 6.5,令

$$\frac{1}{x^3+x^2+x}=\frac{A}{x}+\frac{Bx+C}{x^2+x+1}.\tag{6.9}$$

去分母并合并同类项得

$$1=(A+B)x^2+(A+C)x+A,$$

比较同类项的系数得出 A,B,C 所满足的方程组

$$\begin{cases}A+B=0,\\A+C=0,\\\quad\ A=1.\end{cases}$$

从而解得 $A=1,B=C=-1$,代入(6.9)得

$$\frac{1}{x^3+x^2+x}=\frac{1}{x}-\frac{x+1}{x^2+x+1}.\tag{6.10}$$

例 2　将 $\dfrac{x^2+1}{(x-1)(x+1)^2}$ 分解为最简分式之和.

解　按定理 6.5

$$\frac{x^2+1}{(x-1)(x+1)^2}=\frac{A}{x-1}+\frac{B}{x+1}+\frac{C}{(x+1)^2},$$

去分母得

$$x^2 + 1 = A(x+1)^2 + B(x+1)(x-1) + C(x-1).$$

当然可以像在例1中所做的那样,整理、比较同类项的系数,解 A, B, C 所应满足的方程组而确定它们. 不过,我们现在换一种方法, 在所写出的恒等式中,令 $x = -1$, 于是,以 A, B 为系数的两项成为零,立刻得到 $2 = -2C$ 即 $C = -1$. 同样,令 $x = 1$ 可得 $A = \dfrac{1}{2}$. 最后,令 $x = 0$ 并注意 $A = \dfrac{1}{2}$, $C = -1$ 又得 $1 = \dfrac{3}{2} - B$, 即 $B = \dfrac{1}{2}$. 故所求结果为

$$\frac{x^2 + 1}{(x-1)(x+1)^2} = \frac{1}{2(x-1)} + \frac{1}{2(x+1)} - \frac{1}{(x+1)^2}.$$

$$\tag{6.11}$$

读者容易明了,当所给分式的分母是互不相同的一次因式的乘积时,这种方法尤为简便.

定理 6.5 表明,真分式的积分可归结为 1° 和 2° 中所出现的最简分式的积分. 1° 是极其简单的:

$$\int \frac{\mathrm{d}x}{x-a} = \ln|x-a| + C,$$

$$\int \frac{\mathrm{d}x}{(x-a)^k} = -\frac{1}{k-1} \cdot \frac{1}{(x-a)^{k-1}} + C, \quad (k = 2, 3, \cdots)$$

$$\tag{6.12}$$

剩下的是研究 2°. 将分母配方得

$$x^2 + px + q = \left(x + \frac{p}{2}\right)^2 + q - \frac{p^2}{4},$$

按假设, $q - \dfrac{p^2}{4} > 0$, 于是可以记 $a^2 = q - \dfrac{p^2}{4}$, 作代换 $x + \dfrac{p}{2} = t$ 便得

$$\int \frac{Ax+B}{(x^2+px+q)^k}dx = \int \frac{At+B-\frac{1}{2}Ap}{(t^2+a^2)^k}dt$$

$$= A\int \frac{tdt}{(t^2+a^2)^k} + \left(B-\frac{1}{2}Ap\right)\int \frac{dt}{(t^2+a^2)^k}. \quad (6.13)$$

等式右端的第一个积分是容易积出的:(省去了积分常数)

$$\int \frac{tdt}{(t^2+a^2)} = \frac{1}{2}\ln|t^2+a^2|,$$

$$\int \frac{tdt}{(t^2+a^2)^k} = -\frac{1}{2(k-1)}\frac{1}{(t^2+a^2)^{k-1}} \quad (k=2,3,\cdots).$$

$$(6.14)$$

而第二个积分见于 6.2.1 段例 1 及 6.2.2 段例 6. 在算出所有这些积分后,以

$$t = x + \frac{p}{2}, \quad t^2+a^2 = x^2+px+q$$

代入,就得了所要求的积分. 综上所述,从原则上说,有理函数的积分问题已经彻底解决,并且在有理函数的积分中只出现有理函数、对数函数与反正切函数以及它们的复合.

例 3 求 $\int \frac{1}{x^3+x^2+x}dx$.

解 由(6.10)式得

$$\int \frac{1}{x^3+x^2+x}dx = \int \frac{1}{x}dx - \int \frac{x+1}{x^2+x+1}dx$$

$$= \ln|x| - \int \frac{x+\frac{1}{2}+\frac{1}{2}}{x^2+x+1}dx$$

$$= \ln|x| - \int \frac{x+\frac{1}{2}}{x^2+x+1}dx - \frac{1}{2}\int \frac{1}{x^2+x+1}dx$$

$$= \ln|x| - \frac{1}{2}\ln|x^2+x+1| -$$

$$\frac{1}{2}\int \frac{1}{\left(x+\frac{1}{2}\right)^2 + \frac{3}{4}}\,\mathrm{d}x$$

$$= \ln|x| - \frac{1}{2}\ln|x^2+x+1| -$$

$$\frac{1}{\sqrt{3}}\arctan\frac{2x+1}{\sqrt{3}} + C.$$

例 4　求 $\displaystyle\int \frac{x^2+1}{(x-1)(x+1)^2}\,\mathrm{d}x$.

解　由 (6.11) 式得

$$\int \frac{x^2+1}{(x-1)(x+1)^2}\,\mathrm{d}x = \frac{1}{2}\int \frac{\mathrm{d}x}{x-1} + \frac{1}{2}\int \frac{\mathrm{d}x}{x+1} - \int \frac{\mathrm{d}x}{(x+1)^2}$$

$$= \frac{1}{2}\ln|x^2-1| + \frac{1}{x+1} + C.$$

对于真分式的积分, 奥斯特罗格拉德斯基 (M. B. Остроградски n) 提出了一种积分方法, 按照这一方法, 可以用代数运算及微分运算把积分的有理部分分离出来, 从而使积分过程大为简化. 我们就来介绍这种方法, 但不细究推导过程中的某些细节.

按分解为最简分式然后积分的方法, 当且仅当 $k>1$ 时, 分式 $1°$ 和 $2°$ 积分后会出现有理部分. 对于 $1°$, 积分后的有理部分见于 (6.12), 现在考察 $2°$ 积分后的有理部分具有什么形式.

利用递推公式 (6.6), 由 (6.13), (6.14) 并注意 $t^2 + a^2 = x^2 + px + q$, 可得

$$\int \frac{Ax+B}{(x^2+px+q)^k}\,\mathrm{d}x = \frac{A'x+B'}{(x^2+px+q)^{k-1}} +$$

$$h\int \frac{\mathrm{d}x}{(x^2+px+q)^{k-1}},$$

这里 A', B' 及 h 均为常数. 如果 $k>2$, 则对右端的积分同样可得

$$\int \frac{h\,\mathrm{d}x}{(x^2+px+q)^{k-1}} = \frac{A''x+B''}{(x^2+px+q)^{k-2}} + l\int \frac{\mathrm{d}x}{(x^2+px+q)^{k-2}},$$

依此类推，直到右边积分中三项式 x^2+px+q 指数降低为 1. 由于真分式之和仍为真分式，合并所得诸式乃得

$$\int \frac{Ax+B}{(x^2+px+q)^k}\mathrm{d}x = \frac{R(x)}{(x^2+px+q)^{k-1}} + \lambda\int \frac{\mathrm{d}x}{x^2+px+q},$$
(6.15)

右端第一项是一个真分式，而 λ 为常数.

设 $\dfrac{P}{Q}$ 是既约真分式，按定理 6.5 分解成最简分式后，对于 $k>1$ 的分式 1° 和 2°，分别应用 (6.12) 和 (6.15)，最后可得

$$\int \frac{P(x)}{Q(x)}\mathrm{d}x = \frac{P_1(x)}{Q_1(x)} + \int \frac{P_2(x)}{Q_2(x)}\mathrm{d}x.$$
(6.16)

这个公式称为**奥斯特罗格拉德斯基公式**. 其中 $\dfrac{P_1}{Q_1}$ 作为真分式的和仍然是真分式. 由 (6.8)，(6.12) 和 (6.15) 知

$$Q_1(x) = (x-a)^{\alpha-1}\cdots(x-b)^{\beta-1}(x^2+px+q)^{\mu-1}\cdots \times$$
$$(x^2+rx+s)^{\nu-1}.$$

$\dfrac{P_2}{Q_2}$ 是 $k=1$ 的分式 1° 与分式 2° 之和，故也是一个真分式，且

$$Q_2(x) = (x-a)\cdots(x-b)(x^2+px+q)\cdots(x^2+rx+s).$$

由 (6.7)，显然 $Q=Q_1Q_2$. 如果知道了分解式 (6.7)，则立即可以写出 Q_1，Q_2.

现在来确定公式 (6.16) 中的 P_1 及 P_2，为此，在 (6.16) 两端求导数得

$$\frac{P}{Q} = \left[\frac{P_1}{Q_1}\right]' + \frac{P_2}{Q_2},$$
(6.17)

亦即

$$\frac{P_1'Q_1 - Q_1'P_1}{Q_1^2} + \frac{P_2}{Q_2} = \frac{P}{Q}.$$
(6.18)

改写左端第一分式为

$$\frac{P_1'Q_1 - Q_1'P_1}{Q_1^2} = \frac{P_1'Q_2 - P_1 \cdot \dfrac{Q_1'Q_2}{Q_1}}{Q_1 Q_2} = \frac{P_1'Q_2 - P_1 H}{Q},$$

这里 $H = \dfrac{Q_1'Q_2}{Q_1}$. 由乘积的求导法则可知,如果 Q_1 含有因子 $(x - a)^k, k \geqslant 1$,则 Q_1' 含有因子 $(x - a)^{k-1}$,但 Q_2 含有因子 $(x - a)$. 对于因子 $(x^2 + px + q)^m$ 也是如此,由此可知,商 $\dfrac{Q_1'Q_2}{Q_1}$ 实际上是一个多项式. 因此,(6.18)左端第一个分式的分母恒可化为 Q,而分子仍为多项式. 将(6.18)改写为

$$\frac{P_1'Q_2 - P_1 H}{Q} + \frac{P_2}{Q_2} = \frac{P}{Q},$$

去分母得到

$$P_1'Q_2 - P_1 H + P_2 Q_1 = P.$$

在这个恒等式中,Q_1, Q_2, H, P 都是已知的多项式. 以 n_1, n_2 依次记 Q_1, Q_2 的次数,注意 $\dfrac{P_1}{Q_1}, \dfrac{P_2}{Q_2}$ 都是真分式,即可令 P_1, P_2 分别为 $n_1 - 1$ 和 $n_2 - 1$ 次的待定多项式,用比较系数的方法确定 P_1 和 P_2. 从而在(6.16)中将有理部分 $\dfrac{P_1}{Q_1}$ 分离出来. 在实际计算时比较系数是将(6.17)去分母以后进行的.

例 5　求积分 $\displaystyle\int \frac{x^2 + 3x - 2}{(x-1)(x^2 + x + 1)^2} dx$.

解　按公式(6.16)有

$$\int \frac{x^2 + 3x - 2}{(x-1)(x^2 + x + 1)^2} dx$$
$$= \frac{Ax + B}{x^2 + x + 1} + \int \frac{Cx^2 + Dx + E}{(x-1)(x^2 + x + 1)} dx,$$

两边求导并去分母得

$$x^2 + 3x - 2 = A(x^3 - 1) - (2x + 1)(x - 1)(Ax + B)$$

$$+ (Cx^2 + Dx + E)(x^2 + x + 1),$$

令 x 的同次幂的系数相等得

$$C = 0,$$
$$-A + D = 0,$$
$$A - 2B + D + E = 1,$$
$$A + B + D + E = 3,$$
$$-A + B + E = -2.$$

由这组方程解得

$$A = \frac{5}{3}, B = \frac{2}{3}, C = 0, D = \frac{5}{3}, E = -1.$$

于是

$$\int \frac{x^2 + 3x - 2}{(x-1)(x^2+x+1)^2} \mathrm{d}x$$

$$= \frac{5x+2}{3(x^2+x+1)} + \frac{1}{3} \int \frac{5x-3}{(x-1)(x^2+x+1)} \mathrm{d}x,$$

再将最后的积分中的被积函数分解为最简分式,得

$$\int \frac{5x-3}{(x-1)(x^2+x+1)} \mathrm{d}x = \frac{1}{3} \int \left(\frac{2}{x-1} - \frac{2x-11}{x^2+x+1} \right) \mathrm{d}x,$$

算出右端的积分,代入上式,最后得到:

$$\int \frac{x^2 + 3x - 2}{(x-1)(x^2+x+1)^2} \mathrm{d}x$$

$$= \frac{5x+2}{3(x^2+x+1)} + \frac{2}{9} \ln | x-1 | - \frac{1}{9} \ln (x^2+x+1) +$$

$$\frac{8}{3\sqrt{3}} \arctan \frac{2x+1}{\sqrt{3}} + C$$

$$= \frac{5x+2}{3(x^2+x+1)} + \frac{1}{9} \ln \frac{(x-1)^2}{x^2+x+1} + \frac{8\sqrt{3}}{9} \arctan \frac{2x+1}{\sqrt{3}} + C.$$

读者一定会注意到,如果一开始就令

$$\int \frac{x^2 + 3x - 2}{(x-1)(x^2+x+1)^2} \mathrm{d}x$$

$$= \frac{Ax+B}{x^2+x+1} + \int \left(\frac{C}{x-1} + \frac{Dx+E}{x^2+x+1} \right) dx,$$

即可将分离积分的有理部分与后来的分解成最简分式结合起来一次完成.

习　题

1. 求下列积分:

(1) $\int \frac{2x+3}{(x-2)(x+5)} dx$;　　(2) $\int \frac{x^2+1}{(x+1)^2(x-1)} dx$;

(3) $\int \frac{1}{x^4+x^2+1} dx$;　　　(4) $\int \frac{1}{(1+x)(1+x^2)} dx$;

(5) $\int \frac{1}{(x+1)(x^2+1)(x^3+1)} dx$;

(6) $\int \frac{1}{x^4+3x^3+\frac{9}{2}x^2+3x+1} dx$.

2. 分出下列积分的有理部分:

(1) $\int \frac{x^2+1}{(x^4+x^2+1)^2} dx$;　　(2) $\int \frac{4x^5-1}{(x^5+x+1)^2} dx$.

3. 利用奥斯特罗格拉德斯基方法计算:

(1) $\int \frac{dx}{(x^2+1)^3}$;　　　　(2) $\int \frac{x^2}{(x^2+2x+2)^2} dx$.

4. 对积分 $I_n = \int \frac{dx}{(ax^2+bx+c)^n}$ $(a \neq 0)$ 导出递推公式,并利用它求 $\int \frac{dx}{(x^2+x+1)^3}$.

5. 利用代换 $t = \frac{x+a}{x+b}$ 将积分 $I = \int \frac{dx}{(x+a)^m(x+b)^n}$ $(m, n$ 为自然数,$a \neq b)$ 化为对 t 的积分,并由此计算

$$\int \frac{\mathrm{d}x}{(x-2)^2(x+3)^3}.$$

6. 若 $P_n(x)$ 是 x 的 n 次多项式,计算

$$\int \frac{P_n(x)}{(x-a)^{n+1}}\mathrm{d}x.$$

7. 计算积分:

(1) $\displaystyle\int \frac{1}{\mathrm{e}^{2x}+\mathrm{e}^x-2}\mathrm{d}x$;　　(2) $\displaystyle\int \frac{1+\mathrm{e}^{\frac{x}{2}}}{(1+\mathrm{e}^{\frac{x}{4}})^2}\mathrm{d}x$;

(3) $\displaystyle\int \frac{1}{\sqrt{\mathrm{e}^x-1}}\mathrm{d}x$.

6.4　三角函数有理式的积分

由于 $\tan x, \cot x, \sec x, \csc x$ 都可以用 $\sin x, \cos x$ 的有理式表示,因而以这些函数为变量所成有理式的积分都可以归结为 $R(\sin x, \cos x)$ 的积分,其中 $R(u,v)$ 是变数 u, v 的有理函数,即两个二元多项式的商.

借助于万能变换 $t=\tan\dfrac{x}{2}$, $\displaystyle\int R(\sin x, \cos x)\mathrm{d}x$ 总可以化为 t 的有理函数积分. 事实上,

$$t=\tan\frac{x}{2}, \quad x=2\operatorname{arc\,tan}t,$$

$$\mathrm{d}x=\frac{2\mathrm{d}t}{1+t^2}, \quad \sin x=\frac{2t}{1+t^2},$$

$$\cos x=\frac{1-t^2}{1+t^2},$$

所以

$$\int R(\sin x, \cos x)\mathrm{d}x=\int R\Big(\frac{2t}{1+t^2}, \frac{1-t^2}{1+t^2}\Big)\frac{2\mathrm{d}t}{1+t^2}$$

$$= \int \widetilde{R}(t)\mathrm{d}t,$$

其中 $\widetilde{R}(t)$ 是 t 的有理函数.

虽然万能变换总能将上述积分有理化,但有时会导致复杂的运算. 在下列特殊情形,其他变换同样可达到有理化的目的.

$1°$ $R(-\sin x,\cos x)=-R(\sin x,\cos x)$ 的情形. 此时,在函数 $\dfrac{R(\sin x,\cos x)}{\sin x}$ 中以 $-\sin x$ 代替 $\sin x$ 时函数不变,因而

$$\frac{R(\sin x,\cos x)}{\sin x} = R_0(\sin^2 x,\cos x),$$

其中 $R_0(u,v)$ 是 u,v 的有理函数,由此

$$R(\sin x,\cos x) = R_0(\sin^2 x,\cos x)\sin x,$$

$$\int R(\sin x,\cos x)\mathrm{d}x = \int R_0(\sin^2 x,\cos x)\sin x\,\mathrm{d}x$$

$$= -\int R_0(1-\cos^2 x,\cos x)\mathrm{d}\cos x,$$

令 $t=\cos x$ 即可导向有理函数的积分. 类似地,

$2°$ $R(\sin x,-\cos x)=-R(\sin x,\cos x)$ 的情形,令 $t=\sin x$ 即可有理化.

$3°$ $R(-\sin x,-\cos x)=R(\sin x,\cos x)$ 的情形. 此时,由于

$$R(\sin x,\cos x) = R(\tan x\cos x,\cos x)$$
$$= R_1(\tan x,\cos x),$$
$$R(-\sin x,-\cos x) = R(-\tan x\cos x,-\cos x)$$
$$= R(\tan x(-\cos x),-\cos x)$$
$$= R_1(\tan x,-\cos x),$$

故有理函数 $R_1(u,v)$ 满足

$$R_1(\tan x,\cos x) = R_1(\tan x,-\cos x),$$

因而

$$R_1(\tan x,\cos x) = R_0(\tan x,\cos^2 x)$$

$$= R_0\left(\tan x, \frac{1}{1+\tan^2 x}\right),$$

其中 $R_0(u,v)$ 是 u,v 的有理函数. 令 $t = \tan x$，则

$$\int R(\sin x, \cos x)\,\mathrm{d}x = \int R_0\left(\tan x, \frac{1}{1+\tan^2 x}\right)\mathrm{d}x$$

$$= \int R_0\left(t, \frac{1}{1+t^2}\right)\frac{\mathrm{d}t}{1+t^2},$$

化为有理函数的积分.

容易看出，在三角函数有理式的积分结果中只会出现有理函数、对数函数、反正切函数、三角函数以及它们的复合.

例 1 求 $\displaystyle\int \frac{\mathrm{d}x}{\sin x \cos 2x}$.

解 因为

$$\int \frac{\mathrm{d}x}{\sin x \cos 2x} = \int \frac{\mathrm{d}x}{\sin x(2\cos^2 x - 1)},$$

故所求积分属于情形 $1°$，令 $t = \cos x$ 得

$$\int \frac{\mathrm{d}x}{\sin x \cos 2x} = \int \frac{\mathrm{d}t}{(1-t^2)(1-2t^2)}$$

$$= \frac{1}{\sqrt{2}}\ln\left|\frac{1+\sqrt{2}t}{1-\sqrt{2}t}\right| + \frac{1}{2}\ln\left|\frac{1-t}{1+t}\right| + C$$

$$= \frac{1}{\sqrt{2}}\ln\left|\frac{1+\sqrt{2}\cos x}{1-\sqrt{2}\cos x}\right| + \ln\left|\tan\frac{x}{2}\right| + C.$$

例 2 求 $\displaystyle\int \sin^4 x \cos^5 x\,\mathrm{d}x$.

解 这个积分属于类型 $2°$，令 $t = \sin x$，

$$\int \sin^4 x \cos^5 x\,\mathrm{d}x = \int \sin^4 x(1-\sin^2 x)^2 \cos x\,\mathrm{d}x$$

$$= \int t^4(1-t^2)^2\,\mathrm{d}t = \int (t^8 - 2t^6 + t^4)\,\mathrm{d}t$$

$$= \frac{1}{9}t^9 - \frac{2}{7}t^7 + \frac{t^5}{5} + C$$

$$= \frac{1}{9}\sin^9 x - \frac{2}{7}\sin^7 x + \frac{1}{5}\sin^5 x + C.$$

例 3 求 $\displaystyle\int \frac{\sin^4 x}{\cos^2 x}\mathrm{d}x.$

解 这个积分属于类型 $3°$,令 $t = \tan x,$

$$\int \frac{\sin^4 x}{\cos^2 x}\mathrm{d}x = \int \frac{t^4}{(1+t^2)^2}\mathrm{d}t = \int \Big[1 - \frac{2}{1+t^2} + \frac{1}{(1+t^2)^2}\Big]\mathrm{d}t$$

$$= t - \frac{3}{2}\arctan t + \frac{1}{2}\frac{t}{1+t^2} + C$$

$$= \tan x - \frac{3}{2}x + \frac{1}{4}\sin 2x + C.$$

(参阅 6.2.1 段例 8 或 6.2.2 段例 6)

例 4 求 $\displaystyle\int \frac{1-r^2}{1-2r\cos x + r^2}\mathrm{d}x \quad (0 < r < 1, \ |x| < \pi).$

解 所求积分不属于 $1°,2°,3°$的任何一种,令 $t = \tan\dfrac{x}{2},$

$$\int \frac{1-r^2}{1-2r\cos x + r^2}\mathrm{d}x = 2(1-r^2)\int \frac{\mathrm{d}t}{(1-r)^2 + (1+r)^2 t^2}$$

$$= 2\arctan\Big(\frac{1+r}{1-r}t\Big) + C$$

$$= 2\arctan\Big(\frac{1+r}{1-r}\tan\frac{x}{2}\Big) + C.$$

习 题

1. 计算积分:

(1) $\displaystyle\int \frac{\sin^2 x \cos x}{1 + 4\cos^2 x}\mathrm{d}x;$ 　　　(2) $\displaystyle\int \frac{1}{\sin 2x - \sin x}\mathrm{d}x;$

(3) $\displaystyle\int \frac{1}{1 - \tan x}\mathrm{d}x;$

(4) $\displaystyle\int \frac{\mathrm{d}x}{a+b\tan^2 x}$ $(a>0, b>0, a\neq b)$;

(5) $\displaystyle\int \frac{\sin^2 x}{1+\cos^2 x}\mathrm{d}x$;   (6) $\displaystyle\int \frac{(a+2\sin x)\cos x}{\cos^2 x-a\sin x}\mathrm{d}x$;

(7) $\displaystyle\int \frac{\mathrm{d}x}{(a\sin x+b\cos x)^2}$;   (8) $\displaystyle\int \frac{a-\tan x}{a+\tan x}\mathrm{d}x$;

(9) $\displaystyle\int \cos^5 x\,\mathrm{d}x$;   (10) $\displaystyle\int \frac{\mathrm{d}x}{\sin x\cos^4 x}$.

2. 计算积分:

(1) $\displaystyle\int \frac{\sin x}{1+\sin x}\mathrm{d}x$;   (2) $\displaystyle\int \frac{1}{5+4\sin x}\mathrm{d}x$;

(3) $\displaystyle\int \frac{\sin^2 x}{(1+\cos x)^2}\mathrm{d}x$;   (4) $\displaystyle\int \frac{1+\sin x}{(1+\cos x)\sin x}\mathrm{d}x$;

(5) $\displaystyle\int \frac{\mathrm{d}x}{a+\cos x}$ $(|a|>1)$.

3. 计算积分:

(1) $\displaystyle\int \frac{1}{\sqrt{\sin^3 x\cos^5 x}}\mathrm{d}x$;   (2) $\displaystyle\int \frac{1}{\sqrt{\tan x}}\mathrm{d}x$;

(3) $\displaystyle\int \frac{\sin x}{\cos x\sqrt{1+\sin^2 x}}\mathrm{d}x$.

4. 利用恒等式

$$\cos(a-b)=\cos[(x+a)-(x+b)]$$

计算积分

$$\int \frac{\mathrm{d}x}{\sin(x+a)\cos(x+b)}.$$

并进而计算

$$\int \frac{\mathrm{d}x}{\sin x-\sin\alpha}.$$

6.5 某些无理函数的积分

当被积函数是 x 的无理函数时,需要寻求适当的变换消除根式. 下面三种情形是有"标准"的变换的.

6.5.1 $\displaystyle\int R\left(x,\left(\frac{ax+b}{cx+d}\right)^r,\cdots,\left(\frac{ax+b}{cx+d}\right)^s\right)\mathrm{d}x \quad (ad-bc\neq 0)$

其中 $R(x,u,\cdots,v)$ 是变元 $x,u,\cdots,v$ 的有理函数,而指数 $r,\cdots,s$ 是有理数. 设它们的分母的最小公倍数为 n,则变换

$$t=\sqrt[n]{\frac{ax+b}{cx+d}},\quad x=\frac{\mathrm{d}t^n-b}{a-ct^n}$$

显然可将所求积分有理化.

例 1 求 $\displaystyle\int\frac{\mathrm{d}x}{\sqrt{x}(1+\sqrt[4]{x})^3}$.

解 令 $t=\sqrt[4]{x}$,$x=t^4$,则

$$\int\frac{\mathrm{d}x}{\sqrt{x}(1+\sqrt[4]{x})^3}=\int\frac{4t}{(1+t)^3}\mathrm{d}t=4\int\left(\frac{1}{(1+t)^2}-\frac{1}{(1+t)^3}\right)\mathrm{d}t$$

$$=\frac{-4}{1+t}+\frac{2}{(1+t)^2}+C$$

$$=-\frac{4}{1+\sqrt[4]{x}}+\frac{2}{(1+\sqrt[4]{x})^2}+C.$$

例 2 计算 $\displaystyle I=\int\frac{\mathrm{d}x}{\sqrt[n]{(x-a)^{n+1}(x-b)^{n-1}}}$. ($n$ 为自然数,$a\neq b$)

解 $\displaystyle I=\int\frac{\mathrm{d}x}{(x-a)(x-b)\sqrt[n]{\dfrac{x-a}{x-b}}}$

$$=\int\frac{1}{(x-a)(x-b)}\sqrt[n]{\frac{x-b}{x-a}}\mathrm{d}x,$$

 令

$$t = \sqrt[n]{\frac{x-b}{x-a}}$$

则

$$x = \frac{at^n - b}{t^n - 1},$$

$$\mathrm{d}x = \frac{nt^{n-1}(b-a)}{(t^n-1)^2}\mathrm{d}t,$$

$$x - a = \frac{a-b}{t^n - 1}, \quad x - b = \frac{(a-b)t^n}{t^n - 1},$$

于是

$$I = \frac{n}{b-a}\int \mathrm{d}t = \frac{nt}{b-a} + C = \frac{n}{b-a}\sqrt[n]{\frac{x-b}{x-a}} + C.$$

6.5.2 $\int x^r(a+bx^s)^p\,\mathrm{d}x$

其中 a,b 为非零实数,而 r,s,p 是有理数. 这里的被积表达式通常称为二项式微分或二项微分式. 作代换

$$t = x^s,$$

则

$$x = t^{\frac{1}{s}}, \quad \mathrm{d}x = \frac{1}{s}t^{\frac{1}{s}-1}\mathrm{d}t,$$

于是

$$\int x^r(a+bx^s)^p\mathrm{d}x = \frac{1}{s}\int t^{\frac{r+1}{s}-1}(a+bt)^p\mathrm{d}t$$

$$= \frac{1}{s}\int t^q(a+bt)^p\mathrm{d}t, \tag{6.19}$$

其中 $q = \dfrac{r+1}{s} - 1$ 仍然是有理数.

如果 p 是整数,则上式右端的积分可写为 $\int R(t,t^q)\mathrm{d}t$; 如果 q 是整数,则所述积分可写成 $\int R(t,(a+bt)^p)\mathrm{d}t$; 如果 $p+q$ 是整数,

那么它可以写成 $\int t^{p+q}\left(\dfrac{a+bt}{t}\right)^{p}\mathrm{d}t$ 即 $\int R\left(t,\left(\dfrac{a+bt}{t}\right)^{p}\right)\mathrm{d}t$ 的形式.
所有这三种类型的积分都是 6.5.1 段所研究过的那种类型,可以用适当的变换化为有理函数的积分. 由此,我们得到结论:

如果 $p,q,p+q$ 或等价地 $p,\dfrac{r+1}{s},\dfrac{r+1}{s}+p$ 诸数中有一个是整数(正整数、负整数或零),则 (6.19) 式中的两个积分都是初等函数.

契比雪夫 (П. Д. Чебищев) 证明了除上述三种情形外,(6.19) 中的积分不可能是初等函数. 也就是说,如果 $p,q,p+q$ 都不是整数,则二项微分式的积分是不可能用基本初等函数以及它们的有限次四则运算与复合来表示的.

例 1　求 $I=\displaystyle\int\dfrac{1}{x^{3}\cdot\sqrt[5]{1+\dfrac{1}{x}}}\mathrm{d}x.$

解　显然,

$$I=\int x^{-3}\left(1+\frac{1}{x}\right)^{-\frac{1}{5}}\mathrm{d}x,$$

这是二项微分式的积分. 令 $\dfrac{1}{x}=t$,则 $x=\dfrac{1}{t},\mathrm{d}x=-\dfrac{1}{t^{2}}\mathrm{d}t$, 于是

$$I=-\int t(1+t)^{-\frac{1}{5}}\mathrm{d}t.$$

再令 $(1+t)^{\frac{1}{5}}=u$,即 $t=u^{5}-1,\mathrm{d}t=5u^{4}\mathrm{d}u$,因而

$$I=-5\int(u^{8}-u^{3})\mathrm{d}u=-\frac{5}{9}u^{9}+\frac{5}{4}u^{4}+C.$$

但　　　　　　　$u=(1+t)^{\frac{1}{5}}=\left(1+\dfrac{1}{x}\right)^{\frac{1}{5}},$

回到原变数得

$$I=5u^{4}\left(-\frac{1}{9}u^{5}+\frac{1}{4}\right)+C=\frac{5(5x-4)}{36x}\left(1+\frac{1}{x}\right)^{\frac{4}{5}}+C.$$

例 2　求出使 $\displaystyle\int \sqrt{1+x^m}\,\mathrm{d}x$ 为初等函数的全部有理数 m.

解　按契比雪夫所证明的,当且仅当 $\dfrac{1}{m}$ 或 $\dfrac{1}{m}+\dfrac{1}{2}$ 是整数时,所给积分为初等函数. 而 $\dfrac{1}{m}=k$ 等价于 $m=\dfrac{1}{k}=\dfrac{2}{2k}$,$\dfrac{1}{m}+\dfrac{1}{2}=k$ 等价于 $m=\dfrac{2}{2k-1}$,将这两种情形合并起来,可知当且仅当 $m=\dfrac{2}{k}$ ($k=\pm 1,\pm 2,\cdots$)时积分 $\displaystyle\int \sqrt{1+x^m}\,\mathrm{d}x$ 为初等函数.

6.5.3　$\displaystyle\int R(x,\sqrt{ax^2+bx+c})\,\mathrm{d}x$

其中 $R(u,v)$ 是 u,v 的有理函数,而 $b^2-4ac\neq 0$. 下列三种代换可以将所给积分化为有理函数的积分.

若 $a>0$,令

$$\sqrt{ax^2+bx+c}=t-\sqrt{a}\,x, \qquad (6.20)$$

两边平方得 $bx+c=t^2-2\sqrt{a}\,tx$,从而

$$x=\frac{t^2-c}{2\sqrt{a}\,t+b}, \quad \mathrm{d}x=\frac{2(\sqrt{a}\,t^2+bt+c\sqrt{a})}{(2\sqrt{a}\,t+b)^2}\,\mathrm{d}t,$$

$$\sqrt{ax^2+bx+c}=\frac{\sqrt{a}\,t^2+bt+c\sqrt{a}}{2\sqrt{a}\,t+b}.$$

利用此诸式,所求的积分即化为 t 的有理函数的积分. 积分后令

$$t=\sqrt{ax^2+bx+c}+\sqrt{a}\,x,$$

回到变数 x. 类似地,若 $c>0$,则令

$$\sqrt{ax^2+bx+c}=tx+\sqrt{c}. \qquad (6.21)$$

若三项式 ax^2+bx+c 有相异实根 λ,μ,即 $ax^2+bx+c=a(x-\lambda)(x-\mu)$,则令

$$\sqrt{ax^2+bx+c}=t(x-\lambda). \qquad (6.22)$$

人们称这三种代换为**欧拉（Euler）代换**. 初看起来, 欧拉代换简直令人不可思议. 为弄清楚它的来龙去脉, 下面看一看它的几何意义.

为了将积分 $\int R(x, \sqrt{ax^2+bx+c})\mathrm{d}x$ 化为有理函数的积分, 关键在于寻找参数 t, 将 x 及 $\sqrt{ax^2+bx+c}$ 同时用 t 的有理函数表示. 而为了做到这一点, 只需将二次曲线

$$y^2 = ax^2 + bx + c \tag{6.23}$$

上的点的坐标 x 和 y 表示为 t 的有理函数.

若三项式 ax^2+bx+c 有相异实根 λ, μ, 则曲线 (6.23) 与 Ox 轴交于两点 $(\lambda, 0)$ 和 $(\mu, 0)$. 过其中一点例如 $(\lambda, 0)$ 的割线为

$$y = t(x-\lambda). \tag{6.24}$$

对于斜率 t 的每个取定值, 曲线 (6.23) 与它的割线 (6.24) 有另一个交点. 显然, 当 t 连续变动时, 这些交点 (x, y) 描出整个曲线 (6.23). 为借助参数 t 表示坐标 x 和 y, 将 (6.23), (6.24) 联立得到

$$t^2(x-\lambda)^2 = ax^2 + bx + c, \tag{6.25}$$

但点 $(\lambda, 0)$ 在曲线 (6.23) 上, 因而

$$a\lambda^2 + b\lambda + c = 0. \tag{6.26}$$

由 (6.25), (6.26) 消去 c 得

$$t^2(x-\lambda)^2 = a(x-\lambda)(x+\lambda) + b(x-\lambda),$$

约去非零因式 $x-\lambda$, 得

$$t^2(x-\lambda) = a(x+\lambda) + b.$$

这关于 x 是一次方程, 因而 x 可表示为 t 的有理函数; 再由 (6.24), y 也成为 t 的有理函数, 这正是所期望的. 由 (6.23) 可知, (6.24) 所表示的就是代换 (6.22). 于是, 代换 (6.22) 实际上就是选择过 $(\lambda, 0)$ 的割线的斜率作为参数, 而将 x, y 有理地表示出来.

显然, 将 (6.22) 改为 $\sqrt{ax^2+bx+c} = t(x-\mu)$ 可达到同样的目的.

类似地，若 $c>0$，则曲线(6.23)与 Oy 轴有两个交点$(0,\pm\sqrt{c})$，代换(6.21)中的 t 实际上是过点$(0,\sqrt{c})$的割线的斜率. 并且，令 $\sqrt{ax^2+bx+c}=tx-\sqrt{c}$ 也可达到目的.

最后，若 $a>0$，此时曲线(6.23)是双曲线，其渐近线是 $y=\pm\sqrt{a}\left(x+\dfrac{b}{2a}\right)$. 而(6.20)中的 t 是一条渐近线的平行线 $y=t-\sqrt{ax}$ 在 Oy 轴上的截距. 并且变换 $\sqrt{ax^2+bx+c}=t+\sqrt{ax}$ 与(6.20)同样有效.

现在，举例说明欧拉代换的应用.

例 1 求 $I=\displaystyle\int\frac{x-\sqrt{x^2+3x+2}}{x+\sqrt{x^2+3x+2}}\mathrm{d}x$.

解 显然，所述三种代换都是有效的. 例如采用第三种代换，令

$$\sqrt{x^2+3x+2}=t(x+1),$$

两边平方后得

$$x+2=t^2(x+1),\quad x=\frac{t^2-2}{1-t^2},$$

$$x+1=\frac{1}{t^2-1},\quad \mathrm{d}x=-\frac{2t\mathrm{d}t}{(t^2-1)^2},$$

于是

$$I=-2\int\frac{t(t+2)}{(t-1)(t-2)(t+1)^3}\mathrm{d}t$$

$$=\int\left[\frac{3}{4(t-1)}-\frac{16}{27(t-2)}-\frac{17}{108(t+1)}\right.$$

$$\left.+\frac{5}{18(t+1)^2}+\frac{1}{3(t+1)^3}\right]\mathrm{d}t$$

$$=\frac{3}{4}\ln|t-1|-\frac{16}{27}\ln|t-2|-\frac{17}{108}\ln|t+1|$$

$$-\frac{5}{18(t+1)}-\frac{1}{6(t+1)^2}+C,$$

其中 $t=\dfrac{\sqrt{x^2+3x+2}}{x+1}$.

如果采用前两种变换,积分结果将取不同形式. 同一个积分,可以采用不同的方法去计算,并且由于积分方法的不同而得出不同形式的结果,这种现象在求不定积分时是常会遇到的. 欧拉代换往往伴有复杂的计算,在能寻求更简便的积分方法时,应尽量避免使用欧拉代换. 对于有理函数及三角函数的积分,有时也会出现类似的情形;适当的技巧会避免按标准方法积分所引起的复杂的运算. 在本章的总习题中,读者将会遇到这种例子.

习　题

1. 求下列不定积分:

(1) $\displaystyle\int \frac{x\sqrt[3]{2+x}}{x+\sqrt[3]{2+x}}\mathrm{d}x$;

(2) $\displaystyle\int \frac{\sqrt{x}}{(1+\sqrt[3]{x})^2}\mathrm{d}x$;

(3) $\displaystyle\int \frac{\mathrm{d}x}{\sqrt[3]{(x+1)^2(x-1)^4}}$.

2. 证明:若存在整数 k,使整数 p,q,n 满足关系 $p+q=kn$,则对于任何有理函数 $R(u,v)$,积分 $\displaystyle\int R(x,(x-a)^{p/n}(x-b)^{q/n})\mathrm{d}x$ 是初等函数.

3. 求下列不定积分:

(1) $\displaystyle\int \frac{x}{\sqrt{1+\sqrt[3]{x^2}}}\mathrm{d}x$;　　(2) $\displaystyle\int \sqrt[3]{3x-x^3}\mathrm{d}x$;

(3) $\displaystyle\int \frac{1}{\sqrt[4]{1+x^4}}\mathrm{d}x.$

4. 求下列不定积分：

(1) $\displaystyle\int \frac{1}{x^2 \cdot \sqrt{1+x^2}}\mathrm{d}x;$ (2) $\displaystyle\int \frac{x^2}{\sqrt{x^2+x+1}}\mathrm{d}x;$

(3) $\displaystyle\int \frac{1-x+x^2}{\sqrt{1+x-x^2}}\mathrm{d}x;$ (4) $\displaystyle\int \frac{\mathrm{d}x}{(1+x^2)\sqrt{1-x^2}};$

(5) $\displaystyle\int \frac{\mathrm{d}x}{(1-x^2)\sqrt{1+x^2}};$

(6) $\displaystyle\int \frac{\mathrm{d}x}{\sqrt{ax^2+bx+c}}$ $(b^2-4ac>0).$

5. 设 $R(x,y,z)$ 是有理函数，证明积分

$$\int R(x,\sqrt{ax+b},\sqrt{cx+d})\mathrm{d}x$$

可归结为有理函数的积分.

6.6 几种不能表示成初等函数的积分

虽然区间上的连续函数一定存在原函数，因而其不定积分一定存在，但是要想求出它们，或更准确地说要用初等函数去表示原函数却并非是一定可以办到的. 例如，在 6.5.2 段已经指出：如果不满足适当的条件，二项微分式的积分就不能表示为初等函数. 不仅如此，数学上已经证明：

$$\int \sin x^2\,\mathrm{d}x,\int \frac{\sin x}{x}\mathrm{d}x,\int \frac{\mathrm{e}^x}{x}\mathrm{d}x,\int \mathrm{e}^{-x^2}\,\mathrm{d}x$$

也都不属于初等函数的范围.

有这样的积分，虽然不能表示为初等函数，但在应用中却又非常重要. 我们介绍所谓**椭圆积分**：

$$\int \frac{\mathrm{d}x}{\sqrt{(1-x^2)(1-k^2x^2)}}, \tag{6.27}$$

$$\int \frac{x^2\,\mathrm{d}x}{\sqrt{(1-x^2)(1-k^2x^2)}}, \tag{6.28}$$

$$\int \frac{\mathrm{d}x}{(1+hx^2)\sqrt{(1-x^2)(1-k^2x^2)}}, \tag{6.29}$$

其中 k 和 h 是参数，$0<k<1$，h 还允许是复数. (6.27),(6.28) 依次称为**第一类椭圆积分**、**第二类椭圆积分**，它们依赖于一个参数 k，而 (6.29) 称为**第三类椭圆积分**，它依赖于两个参数 k 和 h.

作代换 $x=\sin\varphi\left(0\leqslant\varphi\leqslant\dfrac{\pi}{2}\right)$，(6.27),(6.28),(6.29) 依次化为

$$\int \frac{\mathrm{d}\varphi}{\sqrt{1-k^2\sin^2\varphi}}, \tag{6.30}$$

$$\frac{1}{k^2}\int \frac{\mathrm{d}\varphi}{\sqrt{1-k^2\sin^2\varphi}} - \frac{1}{k^2}\int \sqrt{1-k^2\sin^2\varphi}\,\mathrm{d}\varphi, \tag{6.31}$$

$$\int \frac{\mathrm{d}\varphi}{(1+h\sin^2\varphi)\sqrt{1-k^2\sin^2\varphi}}. \tag{6.32}$$

我们注意，(6.31) 式中除含有 (6.30) 式所示的积分外，还含有积分

$$\int \sqrt{1-k^2\sin^2\varphi}\,\mathrm{d}\varphi. \tag{6.33}$$

积分 (6.30),(6.33),(6.32) 依次称为第一类、第二类、第三类**勒让德形式的椭圆积分**. 所有这些积分，都不能表示成初等函数.

当上述积分所含有的任意常数取确定数值时，它们就成为 x 或 φ 的确定的函数. 在实际应用中，可以选择任意常数使得 $\varphi=0$ 时积分的值为零. 在这种情形下，(6.30),(6.33) 依次记为 $F(k,\varphi)$ 和 $E(k,\varphi)$，并称之为**勒让德函数**. 这里 φ 是自变量，k 是参数，称之为模. 函数 $F(k,\varphi)$ 和 $E(k,\varphi)$ 都不是初等函数，但在实用中又经常碰到. 例如在求单摆的运动周期时，会遇到 $F(k,\varphi)$，求椭圆的弧

长时会遇到 $E(k,\varphi)$.

法国数学家勒让德以及其他学者深入地研究了这些函数的性质，建立了一整套的理论，这是 19 世纪数学发展的一个重要方面.

下一章将用另一种方法给出 $F(k,\varphi)$ 和 $E(k,\varphi)$ 的函数表示式.（见第 7 章 7.4.1 段）

如果 $R(u,v)$ 是有理函数，则可以证明，积分

$$\int R(x,\sqrt{ax^3+bx^2+cx+d})\mathrm{d}x, \qquad (6.34)$$

$$\int R(x,\sqrt{ax^4+bx^3+cx^2+dx+e})\mathrm{d}x \qquad (6.35)$$

除了可积出为初等函数的个别情形外，都可以通过"标准"的变换化为椭圆积分，因此形如 (6.34)，(6.35) 的积分也称为椭圆积分（而可以积出为初等函数的那些情形则称为伪椭圆积分）. 不过，详细论述这一切将超出了本书的范围.

6.7 简单的微分方程

6.7.1 基本概念

我们已经看到，求已知函数 $f(x)$ 的原函数，就是要寻求函数 $y(x)$，它满足 $y'=f(x)$，而这也就是满足方程 $y'-f(x)=0$. 一般地，称未知函数及其导数（或微分）所满足的方程为**微分方程**. 例如

$$(x^2+1)y'+(x+1)y=0, \qquad (6.36)$$

$$\frac{\mathrm{d}^2y}{\mathrm{d}t^2}+2\frac{\mathrm{d}y}{\mathrm{d}t}+y=\sin t, \qquad (6.37)$$

$$y'''-y'=0, \qquad (6.38)$$

都是微分方程的例子. 在这些方程中，y 是未知函数，而自变数是 x 或 t，出现于微分方程中的未知函数的导数的最高阶数称为该方程

的**阶**. 于是,(6.36)、(6.37)、(6.38)分别为一阶、二阶、三阶微分方程. 注意,在微分方程中,可以不显含自变数,也可以不显含未知函数,甚至可以既不显含自变数也不显含未知函数(方程(6.38)就是如此),但是不能不显含未知函数的导数,否则,就不成其为微分方程了. 若函数 y 使得所给方程关于自变数成为恒等式,则称 y 为微分方程的**解**. 我们已经知道,如果已知函数有原函数,则必定有无穷多个. 这对于一般的微分方程也是对的:如果微分方程有解,则有无穷多个解. 每一个解 $y = y(x)$ 在 Oxy 平面上表示一条曲线,称之为所给方程的**积分曲线**. 而全部的积分曲线称为方程的积分曲线族.

　　求解微分方程就是要寻求它的一切解. 一般说来,这是一个相当困难的问题. 在这一节要给出几种简单的微分方程的求解方法,这些解法最后都归结为求不定积分,习惯上称之为化为求积.

6.7.2　可分离变量的一阶方程

　　考虑一阶微分方程

$$\frac{\mathrm{d}y}{\mathrm{d}x} = f(x)g(y), \tag{6.39}$$

其中 $f(x)$ 和 $g(y)$ 是 x,y 的连续函数. 如果 $g(y) \neq 0$,以 $\dfrac{1}{g(y)}\mathrm{d}x$ 乘(6.39)之两端,得

$$\frac{\mathrm{d}y}{g(y)} = f(x)\mathrm{d}x. \tag{6.40}$$

在方程(6.40)中,微分 $\mathrm{d}y$ 的系数只是 y 的函数,而微分 $\mathrm{d}x$ 的系数只是 x 函数——变量分离了. 以 $G(y)$ 记 $\dfrac{1}{g(y)}$ 的任一个确定的原函数,以 $F(x)$ 记 $f(x)$ 的任一个确定的原函数,按一阶微分的不变性,在(6.40)两端分别关于 y,x 积分,并将两个积分常数之差记为一个新的任意常数乃得

$$G(y) = F(x) + C. \tag{6.41}$$

(6.41)习惯上也写为

$$\int \frac{1}{g(y)}\mathrm{d}y = \int f(x)\mathrm{d}x + C,$$

不过此时出现于等式两端的不定积分不是表示原函数的全体,而是表示某个确定的原函数. 这与本章以前各节略有不同.

如上所述,方程(6.40)的解 $y = y(x)$ 必须对某个确定的常数 C 满足(6.41). 反之,由(6.41)两端微分立刻得到(6.40). 由此可见,微分方程(6.40)的一切解恰恰就是所有那些满足(6.41)的函数 $y = y(x)$.

但需注意,方程(6.39)和(6.40)只有在 $g(y) \neq 0$ 时才是等价的. 如果 $g(y) = 0$ 有实根,则对每个实根 k,函数 $y = k$ 显然满足(6.39),因而也是它的解,这些解是在分离变量时失去的. 它们和(6.41)一起,给出了方程(6.39)的全部解.

(6.41)是方程(6.39)的解 $y(x)$ 与自变数 x 所应满足的且含有一个任意常数的关系式,称之为(6.39)的**通积分**. 一般可记为 $\varphi(x,y) = C$ 或 $\Phi(x,y,C) = 0$ 的形式. 如果(6.41)可以就 y 解出而表示为

$$y = h(x,C). \tag{6.42}$$

则称(6.42)为(6.39)的**通解**. 当需要从(6.42)中确定满足条件

$$y(x_0) = y_0 \tag{6.43}$$

的那个解时,可以将(6.43)代入(6.42)以确定常数的值 C_0,从而得到所求的解

$$y = h(x,C_0). \tag{6.44}$$

称(6.44)为方程(6.39)满足初始条件(6.43)的**特解**.

例1 求解微分方程

$$\frac{\mathrm{d}y}{\mathrm{d}x} = \frac{y}{x}. \tag{6.45}$$

解　分离变量得

$$\frac{\mathrm{d}y}{y} = \frac{\mathrm{d}x}{x}, \tag{6.46}$$

积分得

$$\ln |y| = \ln |x| + C_1.$$

记 $C_1 = \ln C_2 \quad (C_2 > 0)$，去对数，上式成为

$$|y| = C_2 |x|,$$

于是(6.45)的通解为

$$y = Cx. \tag{6.47}$$

其中 $C = \pm C_2 (\neq 0)$ 仍然是任意常数. 在分离变量时失去了特解 $y = 0$. 不过它可以包含在通解(6.47)内，只要允许常数 C 等于零.

注意，如果一开始考虑的不是方程(6.45)，而是

$$x\mathrm{d}y - y\mathrm{d}x = 0 \tag{6.48}$$

分离变量后得到的仍然是(6.46). 此时，不但失去了特解 $y = 0$，而且还失去了特解 $x = 0$. 并且无论 C 如何取值，特解 $x = 0$ 都不能从(6.47)得到，除非允许 C 取值 ∞.

方程(6.48)的积分曲线族由经过原点的一切直线组成(图6-1). 而对方程(6.45)而言，不包括 Oy 轴.

例 2　求解微分方程

$$(1 + x^2)y' + (1 + y^2) = 0.$$

解　上式即

$$\frac{\mathrm{d}y}{\mathrm{d}x} = -\frac{1 + y^2}{1 + x^2},$$

分离变量得

$$\frac{\mathrm{d}y}{1 + y^2} = -\frac{\mathrm{d}x}{1 + x^2},$$

于是通积分为

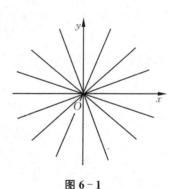

图 6 - 1

$$\arctan y + \arctan x = C.$$

如果将 y 解出:

$$y = \tan(C - \arctan x) = \frac{\tan C - x}{1 + x\tan C},$$

记 $\tan C$ 为新的任意常数 C_1,则得通解

$$y = \frac{C_1 - x}{1 + C_1 x}.$$

例3 一个质量为 m 的质点受重力作用从静止状态开始在液体中缓慢下沉,设所受的阻力与速度成正比,求质点的运动规律.

解 取运动的路线为 x 轴,向下为正,运动起点为原点,按牛顿第二定律,运动的微分方程为

$$m\frac{\mathrm{d}^2 x}{\mathrm{d}t^2} = mg - k\frac{\mathrm{d}x}{\mathrm{d}t} \quad (k > 0).$$

这是一个二阶方程. 不过,注意到

$$v = \frac{\mathrm{d}x}{\mathrm{d}t}, \tag{6.49}$$

即知(6.49)可降低一阶而成为一阶方程

$$m\frac{\mathrm{d}v}{\mathrm{d}t} = mg - kv. \tag{6.50}$$

两端除以 m,记 $\lambda = \dfrac{k}{m}$,将上式分离变量得

$$\frac{\mathrm{d}v}{g - \lambda v} = \mathrm{d}t,$$

注意 $g - \lambda v = \dfrac{\mathrm{d}v}{\mathrm{d}t} > 0$,将上式积分得

$$-\frac{1}{\lambda}\ln(g - \lambda v) = t + C_1,$$

以初始条件 $t = 0$ 时 $v = 0$ 代入,可得 $C_1 = -\dfrac{1}{\lambda}\ln g$,从而

$$v = \frac{g}{\lambda}(1 - \mathrm{e}^{-\lambda t}). \tag{6.51}$$

(6.51)给出了质点的速度随时间的变化规律.代入(6.49)再行积分又得

$$x = \frac{g}{\lambda}\Big(t + \frac{1}{\lambda}\mathrm{e}^{-\lambda t} + C_2\Big).$$

而由初始条件 $t=0$ 时 $x=0$ 可确定 $C_2 = -\dfrac{1}{\lambda}$. 于是质点的运动规律为

$$x = \frac{gt}{\lambda} + \frac{g}{\lambda^2}(\mathrm{e}^{-\lambda t} - 1). \tag{6.52}$$

在这里为了得到满足初始条件的特解,采用的方法是由这些条件确定任意常数.在下一章将指出另一种常用的方法.

读者容易明了,分离变量的方法对于形如

$$p(x)q(y)\mathrm{d}y + f(x)g(y)\mathrm{d}x = 0$$

的方程也是适用的.

6.7.3　可化为变量分离的一阶方程

有些微分方程,虽然不具有可分离变量的形式,但经适当的变量代换,即可将变量分离.这里列举几种主要类型.

1. $\dfrac{\mathrm{d}y}{\mathrm{d}x} = f(ax + by + c)$

其中 a,b,c 是常数.令 $z=ax+by+c$,记住 y 是 x 的函数,则

$$\frac{\mathrm{d}z}{\mathrm{d}x} = a + b\frac{\mathrm{d}y}{\mathrm{d}x} = a + bf(ax + by + c) = a + bf(z),$$

于是可将变量分离而后积分:

$$\frac{\mathrm{d}z}{a + bf(z)} = \mathrm{d}x,$$

$$\int \frac{\mathrm{d}z}{a + bf(z)} = x + C.$$

积分以后以 $ax+by+c$ 代替 z,即得原方程的通积分.

例 1 解微分方程

$$\frac{\mathrm{d}y}{\mathrm{d}x} = \frac{1}{x-y} + 1.$$

解 令 $x-y=z$,则

$$\frac{\mathrm{d}z}{\mathrm{d}x} = 1 - \frac{\mathrm{d}y}{\mathrm{d}x} = 1 - \frac{1}{x-y} - 1 = -\frac{1}{z},$$

得变量分离的方程

$$z\mathrm{d}z = -\mathrm{d}x.$$

积分得

$$\frac{z^2}{2} = -x + C_1,$$

以 $z = x-y$ 代入即得原方程的通积分

$$(x-y)^2 + 2x = C,$$

其中 $C = 2C_1$ 为任意常数.

$$2. \qquad\qquad \frac{\mathrm{d}y}{\mathrm{d}x} = f\left(\frac{y}{x}\right) \qquad\qquad (6.53)$$

这里,出现于方程右端的是变数 x, y 的零次齐次函数(参阅第 9 章 9.1.3 段). 令 $z = \frac{y}{x}$,即 $y = xz$,

则

$$\frac{\mathrm{d}y}{\mathrm{d}x} = z + x\frac{\mathrm{d}z}{\mathrm{d}x},$$

方程(6.53)化为

$$z + x\frac{\mathrm{d}z}{\mathrm{d}x} = f(z).$$

分离变量并积分:

$$\frac{\mathrm{d}z}{f(z)-z} = \frac{\mathrm{d}x}{x}, \quad \int \frac{\mathrm{d}z}{f(z)-z} = \ln|x| + \ln C_1,$$

于是

$$x = C \exp \int \frac{\mathrm{d}z}{f(z) - z}.$$

积分以后以 $z = \dfrac{y}{x}$ 代入,即得(6.53)的通积分. 在分离变量时,曾以 $f(z) - z$ 除方程两端. 如果 $f(z) - z = 0$ 有实根,显然,对每个实根 k,$y = kx$ 也是方程(6.53)的解.

在几何学中,如果两条平面曲线在交点的切线相互正交,则说此两条曲线是正交的. 现在研究一个所谓正交轨线问题.

例 2 求与经过原点圆心在 Oy 轴上的所有圆都正交的曲线.

解 为了解决这个问题,首先需要列出所求曲线所满足的微分方程,然后再解这个方程. 经过原点且圆心在 Oy 轴上的圆的一般方程为

$$x^2 + y^2 + cy = 0, \tag{6.54}$$

其中 c 为任意常数. 为了求出圆周上点 (x, y) 处的切线的斜率 k,可按隐函数微分法(第 3 章 3.2.3 段)将(6.54)对 x 求导而得

$$2x + 2yy' + cy' = 0,$$

所以

$$k = -\frac{2x}{2y + c}.$$

设所求曲线的方程为 $y = y(x)$,由于它与(6.54)正交,故

$$\frac{\mathrm{d}y}{\mathrm{d}x} \cdot \left(\frac{-2x}{2y + c} \right) = -1. \tag{6.55}$$

注意点 (x, y) 也在圆(6.54)上,由(6.54),(6.55)消去常数 c 即得所求的微分方程

$$\frac{\mathrm{d}y}{\mathrm{d}x} = \frac{y^2 - x^2}{2xy}. \tag{6.56}$$

(6.56)的右端是 x, y 的零次齐次函数. 以 $y = zx$ 代入并分离变量得

$$\frac{2z}{1+z^2}dz = -\frac{dx}{x},$$

积分并化简可得

$$(1+z^2)x = C.$$

回到变量 y,得(6.56)的通积分为

$$x^2 + y^2 = Cx.$$

积分曲线族由经过原点且圆心在 Ox 轴上的一切圆周组成(图6-2)这就是所求的曲线.

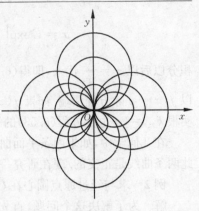

图 6-2

3. $$\frac{dy}{dx} = f\left(\frac{a_1 x + b_1 y + c_1}{a_2 x + b_2 y + c_2}\right) \tag{6.57}$$

视行列式 $\Delta = \begin{vmatrix} a_1 & b_1 \\ a_2 & b_2 \end{vmatrix}$ 是否为零,可采用不同方法将(6.57)化为变量分离的方程.

如果 $\Delta \neq 0$,则

$$\begin{cases} a_1 x + b_1 y + c_1 = 0, \\ a_2 x + b_2 y + c_2 = 0 \end{cases}$$

有唯一解 (x_0, y_0),令

$$u = x - x_0, \quad v = y - y_0,$$

则(6.57)成为

$$\frac{dv}{du} = f\left(\frac{a_1 u + b_1 v}{a_2 u + b_2 v}\right) = f\left(\frac{a_1 + b_1 \dfrac{v}{u}}{a_2 + b_2 \dfrac{v}{u}}\right),$$

可按 $2°$ 中的方法实现变量分离.

如果 $\Delta = 0$,则 $a_2 = ka_1, b_2 = kb_1$,(6.57)可写为

$$\frac{\mathrm{d}y}{\mathrm{d}x} = f\left(\frac{a_1 x + b_1 y + c_1}{k(a_1 x + b_1 y) + c_2}\right) = \varphi(a_1 x + b_1 y),$$

可按 1°中的方法实现变量分离.

所有这些特殊类型的方程都可按指定的变换化为求积. 为了提高求解微分方程的能力,不但要熟记这些特殊类型方程的解法,并且还要能按所给方程的形式去尝试寻找适当的变换,将方程化为能求解的类型.

例 3 求解微分方程 $\mathrm{e}^{-y}(y' + 1) = \dfrac{\mathrm{e}^x}{\sqrt{1 - x^2}}$.

解 将方程改写为

$$y' + 1 = \frac{1}{\sqrt{1 - x^2}}\mathrm{e}^{x+y},$$

这启发我们采用变换 $z = x + y$. 在这个变换下,变量果然分离了:

$$\frac{\mathrm{d}z}{\mathrm{d}x} = \frac{\mathrm{e}^z}{\sqrt{1 - x^2}}, \quad \mathrm{e}^{-z}\mathrm{d}z = \frac{\mathrm{d}x}{\sqrt{1 - x^2}},$$

积分得

$$\arcsin x + \mathrm{e}^{-z} = C.$$

故原方程的通积分为

$$\arcsin x + \mathrm{e}^{-x-y} = C.$$

6.7.4 一阶线性方程

形如

$$a(x)y' + b(x)y = f(x) \tag{6.58}$$

的方程称为一阶线性方程,其中 $a(x), b(x), f(x)$ 都是连续函数. 在 $a(x) \neq 0$ 时,(6.58)可写为

$$y' + \frac{b(x)}{a(x)}y = \frac{f(x)}{a(x)},$$

或令 $P(x) = \dfrac{b(x)}{a(x)}, Q(x) = \dfrac{f(x)}{a(x)}$,(6.58)改写为

$$y' + P(x)y = Q(x). \tag{6.59}$$

方程(6.58),(6.59)称为**一阶线性非齐次方程**,而当 $f(x) \equiv 0$,$Q(x) \equiv 0$ 时,称之为**一阶线性齐次方程**.

1° 线性齐次方程

$$y' + P(x)y = 0 \tag{6.60}$$

显然是可以分离变量的,容易求得它的通解

$$y = Ce^{-\int P(x)dx} \tag{6.61}$$

在分离变量时失去了特解 $y=0$,它可以在(6.61)中取 $C=0$ 而得到.

2° 对于线性非齐次方程(6.59),函数(6.61)当 C 是常数时不可能是它的解.那么,是否能选择函数 $C=C(x)$,使(6.61)满足方程(6.59)呢? 为此,将

$$y = C(x)e^{-\int P(x)dx} \tag{6.62}$$

对 x 求导数得

$$y' = C'(x)e^{-\int P(x)dx} - P(x)C(x)e^{-\int P(x)dx},$$

代入(6.59)得知函数 $C(x)$ 应满足微分方程

$$C'(x) = Q(x)e^{\int P(x)dx},$$

从而

$$C(x) = \int e^{\int P(x)dx}Q(x)dx + C_1.$$

将如此确定的 $C(x)$ 代入(6.62),即得方程(6.59)的通解

$$y = e^{-\int P(x)dx}\left\{C_1 + \int e^{\int P(x)dx}Q(x)dx\right\}. \tag{6.63}$$

这种解法称为**常数变易法**.

例 1 设 λ、μ 为常数,求微分方程

$$\frac{dy}{dt} + \lambda y = \mu$$

满足初始条件 $y(t_0) = y_0$ 的特解.

解 按公式(6.63),所给方程的通解为

$$y = e^{-\lambda t}\left\{C + \int \mu e^{\lambda t}\,dt\right\} = e^{-\lambda t}\left\{C + \frac{\mu}{\lambda}e^{\lambda t}\right\},$$

以 $y(t_0) = y_0$ 代入得

$$y_0 = e^{-\lambda t_0}\left\{C + \frac{\mu}{\lambda}e^{\lambda t_0}\right\},$$

由此得到

$$C = y_0 e^{\lambda t_0} - \frac{\mu}{\lambda}e^{\lambda t_0},$$

从而,所求的特解为

$$y = y_0 e^{-\lambda(t-t_0)} + \frac{\mu}{\lambda}(1 - e^{-\lambda(t-t_0)}).$$

下一章,将指出由初始条件确定一阶线性方程的特解的另一方法(参阅第 7 章 7.4).

例 2 求解微分方程

$$(1+x^2)y' + xy = (1+x^2)^{\frac{5}{2}}.$$

解 以 $1+x^2$ 除方程两端得

$$y' + \frac{x}{1+x^2}y = (1+x^2)^{\frac{3}{2}},$$

利用公式(6.63)立即得到

$$\begin{aligned}
y &= e^{-\int \frac{x}{1+x^2}dx}\left\{C + \int e^{\int \frac{x}{1+x^2}dx}(1+x^2)^{\frac{3}{2}}\,dx\right\}\\
&= e^{-\frac{1}{2}\ln(1+x^2)}\left\{C + \int e^{\frac{1}{2}\ln(1+x^2)}(1+x^2)^{\frac{3}{2}}\,dx\right\}\\
&= \frac{1}{\sqrt{1+x^2}}\left\{C + \int (1+x^2)^2\,dx\right\}\\
&= \frac{1}{\sqrt{1+x^2}}\left\{\frac{1}{5}x^5 + \frac{2}{3}x^3 + x + C\right\}.
\end{aligned}$$

当然,我们也可以不利用公式(6.63)而直接按常数变易法求出这个通解.

例3 解微分方程

$$y' = xy + 1, \tag{6.64}$$

并画出积分曲线图.

解 这是一个线性方程,按公式(6.63),

$$y = e^{\int x dx} \left\{ C + \int e^{-\int x dx} dx \right\} = e^{\frac{x^2}{2}} \left\{ C + \int e^{-\frac{x^2}{2}} dx \right\} \tag{6.65}$$

已化为求积. 括弧内的积分虽然无法用初等函数表示(见 6.6),但在下一章将会看到,对于任何特解,都可借助于近似计算算出它在指定点的值,因此方程(6.64)的求解问题认为已经是解决了.

由于(6.65)没有表示成初等函数,我们不能通过它作出积分曲线族的图形. 不过,可以从方程(6.64)本身获得有关积分曲线的特征的种种信息,并按照这些信息画出大致图形.

（ⅰ）**等倾线** 如果每条积分曲线在与曲线 l 的交点处的切线有相同的斜率 k,则称 l 为所述方程的 k-**等倾线**.方程(6.64)的 k-等倾线是双曲线 $xy = k - 1$,特别 0-等倾线是双曲线 $xy = -1$,而 Ox 轴和 Oy 轴是 1-等倾线.

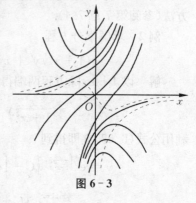

图 6-3

（ⅱ）**升降**和**极值点** 由 (6.64)知,$xy > -1$ 时,$y' > 0$,$y(x)$单调增加,因而积分曲线上升;反之,$xy < -1$ 时下降. 双曲线 $xy = -1$ 上的点是积分曲线的最高或最低点.

（ⅲ）**凸向**和**变曲点** 在(6.64)两端再求导数:

$$y'' = y + xy' = y + x(xy + 1) = x + (x^2 + 1)y,$$

因此,在曲线(参阅第 4 章 4.3 习题 20(4))

$$y = -\frac{x}{1+x^2} \qquad (6.66)$$

两侧 y'' 异号,积分曲线有相反的凸向.而曲线(6.66)上的每一点是积分曲线的变曲点.

所有这些,提供了积分曲线的基本特征,积分曲线族的大致图形画在图 6-3 中.

例 4 设 $a>0, c>0, b$ 是实数,证明当 $t \to +\infty$ 时方程

$$\frac{\mathrm{d}y}{\mathrm{d}t} + ay = be^{-ct}$$

的每个解都趋于零.

证 按公式(6.63),所给方程的通解为

$$y = e^{-at}\left\{C + \int be^{(a-c)t}\mathrm{d}t\right\},$$

若 $a-c \neq 0$,则

$$y = Ce^{-at} + \frac{b}{a-c}e^{-ct};$$

若 $a-c = 0$,则

$$y = e^{-at}\{C+bt\}.$$

由于 $a>0, c>0$,显然,对常数 C 的每个确定值,$\lim\limits_{t \to +\infty} y(t) = 0$ 在两种情形都成立.

6.7.5 二阶常系数线性方程

关于高阶线性微分方程已经建立起一套完整的理论,非本书讨论范围之内.这里仅就简单的情形介绍求解的方法.

二阶常系数线性方程可写为

$$y'' + by' + cy = f(x), \qquad (6.67)$$

其中 b,c 为实常数,$f(x)$ 为已知函数,若 $f(x) \not\equiv 0$,(6.67)是非齐次的.若在非齐次方程(6.67)的右端以 0 代替 $f(x)$ 则得与(6.67)相应的齐次方程

$$y'' + by' + cy = 0. \tag{6.68}$$

我们首先考虑(6.68)的求解问题.如果函数 $y_1(x)$ 与 $y_2(x)$ 都满足方程(6.68),而 C_1,C_2 是任意常数,则易于验证

$$y = C_1 y_1(x) + C_2 y_2(x) \tag{6.69}$$

也满足(6.68).若 $y_1(x)$ 与 $y_2(x)$ 之比不是常数,则称(6.69)为(6.68)的**通解**.由(6.68)可见,如果 $y(x)$ 是它的解,则 y, y', y'' 各自乘以 $c, b, 1$ 以后相加应恒等于零,因而函数 $y(x), y'(x), y''(x)$ 在形式上应该是相同的.于是,首先想到的是指数函数 e^{rx},以 $y = e^{rx}$ 代入(6.68)得

$$(r^2 + br + c)e^{rx} = 0,$$

由此可见,要 e^{rx} 是(6.68)的解,必须也只需数 r 满足代数方程

$$r^2 + br + c = 0. \tag{6.70}$$

(6.70)称为(6.68)的**特征方程**,特征方程的根称为(6.68)的**特征根**.按特征方程的根的不同情况,容易写出(6.68)的通解.

1° 若(6.70)有相异实根 r_1, r_2,显然 $y_1 = e^{r_1 x}$ 与 $y_2 = e^{r_2 x}$ 之比不为常数,故由(6.69)得(6.68)的通解

$$y = C_1 e^{r_1 x} + C_2 e^{r_2 x}.$$

2° 若(6.70)有等根 r,除 $y_1 = e^{rx}$,易于验证 $y_2 = xe^{rx}$ 也满足(6.68),且 xe^{rx} 与 e^{rx} 之比不为常数,故(6.68)的通解为

$$y = (C_1 + C_2 x)e^{rx}.$$

3° 若(6.70)有一对共轭复根 $\alpha \pm \beta i (\beta \neq 0)$,此时 $e^{(\alpha+\beta i)x}, e^{(\alpha-\beta i)x}$ 不是实值函数,但可以验证两个函数 $y_1 = e^{\alpha x}\cos\beta x, y_2 = e^{\alpha x}\sin\beta x$ 都满足(6.68),且它们的比不是常数,于是(6.68)的通解为

$$y = e^{\alpha x}(C_1 \cos\beta x + C_2 \sin\beta x).$$

为了求非齐次方程(6.67)的通解,可以仿照一阶线性方程,利用常数变易法,即寻求适当的函数 $C_1(x), C_2(x)$ 以代替 C_1, C_2,使(6.69)是(6.67)的解.也就是说,以

$$y = C_1(x)y_1(x) + C_2(x)y_2(x) \tag{6.71}$$

代入(6.67),将得到关于 x 的恒等式. 这里,两个未知函数 $C_1(x)$, $C_2(x)$ 只要满足一个条件,因此还可以随意补充一个条件,为了简化下面的求解过程,可以令

$$C_1'y_1 + C_2'y_2 = 0. \tag{6.72}$$

在这一条件下,函数(6.71)的一阶及二阶导数为:

$$y' = C_1 y_1' + C_2 y_2', \tag{6.73}$$

$$y'' = C_1 y_1'' + C_2 y_2'' + C_1' y_1' + C_2' y_2'. \tag{6.74}$$

以(6.71),(6.73),(6.74)代入(6.67)并注意 y_1, y_2 是(6.68)的解,得

$$C_1'y_1' + C_2'y_2' = f(x). \tag{6.75}$$

将(6.72)(6.75)联立,解出 C_1' 及 C_2',如果记

$$C_1' = \varphi_1(x), C_2' = \varphi_2(x),$$

则

$$C_1 = \int \varphi_1(x)\mathrm{d}x + C_1^*, \quad C_2 = \int \varphi_2(x)\mathrm{d}x + C_2^*.$$

将如此求得的 $C_1(x)$ 及 $C_2(x)$ 代入(6.71),得

$$y = C_1^* y_1(x) + C_2^* y_2(x) + y_1(x)\int \varphi_1(x)\mathrm{d}x + y_2(x)\int \varphi_2(x)\mathrm{d}x. \tag{6.76}$$

这就是非齐次方程(6.67)的通解,其中 C_1^*, C_2^* 是任意常数.

(6.76)由两部分组成:$C_1^* y_1(x) + C_2^* y_2(x)$ 是对应齐次方程(6.68)的通解,而 $y_1(x)\int \varphi_1(x)\mathrm{d}x + y_2(x)\int \varphi_2(x)\mathrm{d}x$ 是非齐次方程的一个特解 $(C_1^* = C_2^* = 0)$.

方程(6.67),(6.68)的通解都含有两个任意常数,它们也可以由初始条件决定. 不过,与一阶方程不同,二阶方程的初始条件不但包括 $x=x_0$ 时的函数值 $y(x_0)$. 而且还包括导数值 $y'(x_0)$.

例1 求微分方程

$$y'' - 2y' + 5y = 0$$

满足初始条 $y(0)=0, y'(0)=2$ 的特解.

解 特征方程

$$r^2 - 2r + 5 = 0$$

有一对共轭复根 $r=1\pm 2\mathrm{i}$, 故通解为

$$y = \mathrm{e}^x(C_1\cos 2x + C_2\sin 2x).$$

按初始条件, 常数 C_1, C_2 应满足代数方程

$$C_1 = 0, \quad C_1 + 2C_2 = 2.$$

由此, $C_1 = 0, C_2 = 1$, 故所求特解为

$$y = \mathrm{e}^x\sin 2x.$$

例 2 求解微分方程

$$y'' + 4y' + 4y = \mathrm{e}^{-x} + 2x.$$

解 对应的齐次方程为

$$y'' + 4y' + 4y = 0,$$

其特征方程 $r^2 + 4r + 4 = 0$ 有重根 $r=-2$, 故齐次方程的通解为

$$(C_1 + C_2 x)\mathrm{e}^{-2x}. \tag{6.77}$$

按常数变易法, 方程 (6.72), (6.75) 为

$$\begin{cases} C_1'\mathrm{e}^{-2x} + C_2'x\mathrm{e}^{-2x} = 0, \\ -2C_1'\mathrm{e}^{-2x} + C_2'(1-2x)\mathrm{e}^{-2x} = \mathrm{e}^{-x} + 2x. \end{cases}$$

由此可得

$$C_1' = -x\mathrm{e}^x - 2x^2\mathrm{e}^{2x},$$
$$C_2' = \mathrm{e}^x + 2x\mathrm{e}^{2x}$$

积分得

$$C_1 = (1-x)\mathrm{e}^x + \left(-\frac{1}{2} + x - x^2\right)\mathrm{e}^{2x} + C_1^*,$$

$$C_2 = \mathrm{e}^x + \left(-\frac{1}{2} + x\right)\mathrm{e}^{2x} + C_2^*.$$

代入 (6.77) 并化简, 即得通解

$$y = (C_1^* + C_2^* x)\mathrm{e}^{-2x} + \mathrm{e}^{-x} + \frac{x-1}{2}.$$

习 题

解下列微分方程:

1. $\cos y \sin t \dfrac{\mathrm{d}y}{\mathrm{d}t} = \sin y \cos t$.

2. $x(1+y^2)\mathrm{d}x - y(1+x^2)\mathrm{d}y = 0$,并作出积分曲线图.

3. $\mathrm{e}^y \dfrac{\mathrm{d}y}{\mathrm{d}t} - (t+t^3) = 0$, $y(1) = 1$.

4. $\dfrac{\mathrm{d}y}{\mathrm{d}x} = \dfrac{2x}{y+yx^2}$, $y(2) = 3$.

5. $\dfrac{\mathrm{d}y}{\mathrm{d}x} = 2x + y$.

6. $\dfrac{\mathrm{d}y}{\mathrm{d}x} = \dfrac{y}{x} + \tan \dfrac{y}{x}$.

7. $x^2 + y^2 - 2xy \dfrac{\mathrm{d}y}{\mathrm{d}x} = 0$,并作出积分曲线图.

8. $(x+y)\mathrm{d}x - (y-x)\mathrm{d}y = 0$.

9. $\dfrac{\mathrm{d}y}{\mathrm{d}x} = \dfrac{x-y+1}{x+y+3}$.

10. $\dfrac{\mathrm{d}y}{\mathrm{d}x} = \dfrac{x-y+5}{x-y+2}$.

11. $y' + y + \sin x = 0$.

12. $y' + 2ty = t$, $y(1) = 2$.

13. $y' - y \cot x = 2x \sin x$.

14. $(x+1)y' - ny = \mathrm{e}^x (x+1)^{n+1}$, n 为常数.

15. $\dfrac{\mathrm{d}y}{\mathrm{d}x} = \dfrac{y}{2x-y^2}$.

16. (1) $y'' + 3y' + 2y = 0$;　　(2) $y'' + y' + y = 0$;

　　(3) $9y'' + 6y' + y = 0$, $y(0) = 1$, $y'(0) = 0$.

17. (1) $y'' - y = \sin^2 x$；　(2) $2y'' - 3y' + y = (x^2 + 1)e^x$；

(3) $y'' + y = \dfrac{1}{\cos x}$.

18. 细菌增长速度与其数量成正比,若经过 4 小时细菌总量增长了一倍,问 7 小时后是原来的几倍?

19. 求与抛物线族 $x = cy^2$ 正交的一切曲线,并作图.

20. 在由电阻 R 及电感 L 组成的串联电路中,于时刻 $t = 0$ 加入电动势 E,试求电路中电流的变化规律,设(1) $E = E_0$ 为常数; (2) $E = E_0 \sin\omega t$.

第 6 章总习题

1. 计算

$$I_1 = \int (3x - 1)\sqrt{3x^2 - 2x + 7}\,\mathrm{d}x;$$

$$I_2 = \int \frac{x - 1}{\sqrt{2 - 2x - x^2}}\,\mathrm{d}x.$$

2. 对 $I_n = \int \tan^n x\,\mathrm{d}x\,(n \geqslant 2)$ 求递推公式,并计算 $\int \tan^4 x\,\mathrm{d}x$.

3. 计算

(1) $\displaystyle\int \frac{x^2 - 1}{x^4 + 1}\mathrm{d}x$;　　　　　　(2) $\displaystyle\int \frac{1 + \sin x}{1 + \cos x}e^x\mathrm{d}x$;

(3) $\displaystyle\int \frac{1}{x(x^3 + 1)^2}\mathrm{d}x$.

4. 求 $\displaystyle\int \frac{1}{\sqrt{x^{14} - x^2}}\mathrm{d}x$.

5. 用不少于五种方法计算 $\displaystyle\int \frac{\mathrm{d}x}{x\sqrt{4 - x^2}}$.

6. 若 R 为有理函数,而 $a_1, a_2, \cdots, a_n$ 为可通约的常数,证明

积分

$$\int R(e^{a_1 x}, e^{a_2 x}, \cdots, e^{a_n x}) \mathrm{d}x$$

是初等函数.

7. 计算

$$I = \int x e^{ax} \cos bx \, \mathrm{d}x; \qquad\qquad J = \int x e^{ax} \sin bx \, \mathrm{d}x.$$

8. 设 $I_n = \int e^{ax} \cos^n bx \, \mathrm{d}x$，证明

$(a^2 + b^2 n^2) I_n = (a \cos bx + bn \sin bx) e^{ax} \cos^{n-1} bx + n(n-1) b^2 I_{n-2}$，并由此求

$$I = \int \frac{e^{a \arctan x}}{(1+x^2)^2} \mathrm{d}x.$$

9. 在什么条件下，积分

$$\int \left(a_0 + \frac{a_1}{x} + \cdots + \frac{a_n}{x^n} \right) e^x \mathrm{d}x$$

为初等函数?

10. 建立 $I_n = \int \dfrac{\mathrm{d}x}{(x^3 + a^3)^n}$ 的递推公式并求 I_1.

11. 设 $I_{n,m} = \int \dfrac{x^m}{(x^3 + a)^n} \mathrm{d}x$，证明

$$I_{n+1,m} = \frac{x^{m+1}}{3na(x^3+a)^n} + \frac{3n-m-1}{3na} I_{n,m} \quad (n \neq 0, m \neq -1).$$

并由此求

$(1) \int \dfrac{x}{(x^3+1)^2} \mathrm{d}x; \qquad\qquad (2) \int \dfrac{1}{x^3(x^3+1)^2} \mathrm{d}x.$

12. 设 $I_{m,n} = \int \sin^m x \cos nx \, \mathrm{d}x$，$J_{m,n} = \int \sin^m x \sin nx \, \mathrm{d}x$，证明下列递推公式(1)及(2)并由此导出(3)及(4).

$(1)\ (n^2 - m^2) I_{m,n} = \sin^{m-1} x (m \cos nx \cos x + n \sin nx \sin x) -$

$$m(m-1)I_{m-2,n},$$
$$(n^2-m^2)J_{m,n}=\sin^{m-1}x(m\sin nx\cos x-n\cos nx\sin x)-$$
$$m(m-1)J_{m-2,n};$$

(2) $(m+n)I_{m,n}=\sin^m x\sin nx-mJ_{m-1,n-1}$,

$\quad\ (m+n)J_{m,n}=-\sin^m x\cos nx+mI_{m-1,n-1}$;

(3) $\displaystyle\int\sin^{n-2}x\cos nx\,\mathrm{d}x=\frac{1}{n-1}\sin^{n-1}x\cos(n-1)x,\quad(n\neq1)$

$\displaystyle\int\sin^{n-2}x\sin nx\,\mathrm{d}x=\frac{1}{n-1}\sin^{n-1}x\sin(n-1)x;\quad(n\neq1)$

(4) $2nI_n=\sin^n x\sin nx-nJ_{n-1}$, $\qquad 2nJ_n=-\sin^n x\cos nx+$

nI_{n-1},其中 $I_n=\displaystyle\int\sin^n x\cos nx\,\mathrm{d}x$, $J_n=\displaystyle\int\sin^n x\sin nx\,\mathrm{d}x$.

13. 求 $I_1=\displaystyle\int\frac{\mathrm{d}x}{y^2}$, $I_2=\displaystyle\int\frac{\mathrm{d}x}{x-3y}$,其中,对 I_1,y 由 $y^2(x-y)=x^2$ 确定,对 I_2,y 由 $y(x-y)^2=x$ 确定.

14. 求 $\displaystyle\int\max(1,x^2)\mathrm{d}x$.

15. 求 $\displaystyle\int f(x)\mathrm{d}x$. 其中 $f(x)=\begin{cases}1-x^2, & \text{当}\ |x|\leqslant1,\\ 1-|x|, & \text{当}\ |x|>1.\end{cases}$

16. 设 $f'(\ln x)=\begin{cases}1, & \text{当}\ 0<x\leqslant1,\\ x, & \text{当}\ 1<x<+\infty.\end{cases}$ 且 $f(0)=0$,求 $f(x)$.

17. 设 $\varphi(t)$ 是已知的可微函数,求解微分方程
$$\frac{\mathrm{d}y}{\mathrm{d}t}+y\frac{\mathrm{d}\varphi}{\mathrm{d}t}=\varphi(t)\frac{\mathrm{d}\varphi}{\mathrm{d}t}.$$

18. 设函数 $\varphi(x)$ 在 $(-\infty,+\infty)$ 连续并满足关系 $\varphi(x+y)=\varphi(x)\varphi(y)$,又 $\varphi'(0)=3$,求此函数.

19. 容器内盛有 200 毫升盐水,含盐 m_0 毫克,于时刻 $t=0$ 开始,以每秒 4 毫升的速率注入每毫升含盐 0.5 毫克的盐水,同时充分搅拌并以相同速率流出容器,试求容器内盐的浓度随 t 的变化规律.

第7章　定积分

导数是函数的改变量与自变量的改变量之比的极限,而定积分(黎曼积分)则是一种和数的极限,它在数学以及许多科学技术领域中有着广泛的应用.本章将逐一介绍定积分的概念、性质及计算方法,把定积分与原函数联系起来.最后,给出定积分在几何、力学上的若干应用.

7.1　定积分及其存在条件

7.1.1　定积分的概念

我们已经知道(第 3 章 3.1),质点运动的速度和曲线切线的斜率等等都归结为函数的改变量 Δy 与自变量的改变量 Δx 之比当 Δx 趋于零时的极限,这一极限引出了导数的概念.现在指出,曲边图形的面积、变力所做的功等许多问题将归结为另一种极限,而这一极限引出了定积分的概念.

考虑由 Ox 轴与位于上半平面的曲线 $y=f(x)$ 以及铅垂线 $x=a,x=b$ 所围成的所谓曲边梯形 $ABCD$(图 7 - 1),我们的问题是求出它的面积 S.为此,用任意一组自左至右相继的分点将线段 AB 分为 n 个小的线段,这些分点的横坐标依次记为 $x_1,x_2,\cdots,x_{n-1}$,并

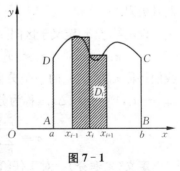

图 7 - 1

记 a 为 x_0, b 为 x_n, 即

$$a = x_0 < x_1 < x_2 < \cdots < x_{n-1} < x_n = b,$$

过每个分点作 Oy 轴的平行线, 于是图形 $ABCD$ 被分为 n 个小的曲边梯形. 如图 7-1 所示, 对于 $i = 0, 1, \cdots, n-1$, 过点 $(x_i, f(x_i))$ 向右作水平线段, 于是得到矩形 $D_i : x_i \leqslant x \leqslant x_{i+1}, 0 \leqslant y \leqslant f(x_i)$, 若以 D_i 的面积作为曲边梯形 $S_i : x_i \leqslant x \leqslant x_{i+1}, 0 \leqslant y \leqslant f(x)$ 的面积的近似值, 并记 $\Delta x_i = x_{i+1} - x_i$, 则

$$S \approx \sum_{i=0}^{n-1} f(x_i) \Delta x_i. \tag{7.1}$$

直观上容易相信, 当每个 Δx_i 充分小时, (7.1)式右端的和数将充分接近 S. 因此, 把(7.1)式右端的和在某种意义下的极限视为 S 的值是十分自然的.

类似于此, 单位质量在变力 $F = f(x)$ 作用下沿 Ox 轴自 $x = a$ 运动至 $x = b (a < b)$ 力所做的功 W 可近似地表为

$$W \approx \sum_{i=0}^{n-1} f(x_i) \Delta x_i, \tag{7.2}$$

其中 $f(x_i)$ 是力 F 在 x_i 处的值. 而 W 的精确值归结为(7.2)式右端的和的极限. 舍去几何的以及物理的具体意义, (7.1)(7.2)右端的和数在数学结构上是完全相同的. 现在, 我们就来研究这种和数及其极限.

设函数 $f(x)$ 定义于区间 $[a, b]$, 以任意方式插入分点得

$$\pi : a = x_0 < x_1 < x_2 < \cdots < x_{n-1} < x_n = b,$$

我们将称 π 为 $[a, b]$ 的一个**分割**. 任取 $\xi_1 \in [x_i, x_{i+1}]$ 并记 $\Delta x_i = x_{i+1} - x_i$, $\lambda = \max_i \Delta x_i$ (称为分割 π 的**模**)作成和数

$$\sigma = \sum_{i=0}^{n-1} f(\xi_i) \Delta x_i. \tag{7.3}$$

定义（定积分） 对于任给的 $\varepsilon > 0$, 如果存在 $\delta > 0$, 使得不论

如何分割区间 $[a,b]$,也不论 $\xi_i \in [x_i, x_{i+1}]$ 如何选取,只要 $\lambda < \delta$ 就有

$$|\sigma - I| < \varepsilon,$$

则说 $\lambda \to 0$ 时 σ 以 I 为极限,记为

$$\lim_{\lambda \to 0} \sigma = I, \tag{7.4}$$

并说 $f(x)$ 在 $[a,b]$ 上**可积**,而称 I 为 $f(x)$ 在 $[a,b]$ 上的**定积分**(也简称为积分),记为

$$I = \int_a^b f(x)\mathrm{d}x. \tag{7.5}$$

这里,σ 称为积分和,常数 a,b 分别称为积分的下限和上限,$f(x)$ 称为被积函数,x 称为积分变量,记号“$\int$”或“$\int \mathrm{d}x$”称为积分符号.对于给定的函数 $f(x)$ 以及确定的下限和上限,积分值 I 是一个确定的常数.显然,它与积分变量的记法无关,即

$$\int_a^b f(x)\mathrm{d}x = \int_a^b f(t)\mathrm{d}t.$$

如果积分上限 b 小于积分下限 a,我们约定

$$\int_a^b f(x)\mathrm{d}x = -\int_b^a f(x)\mathrm{d}x.$$

特别需要注意的是,虽然极限等式(7.4)的定义与函数极限的定义在表述形式上几乎毫无差别,可是,究其实质,前者却是一种完全新型的复杂得多的极限过程.首先,当分割的模 λ 取确定值 λ_0 时,分割 $[a,b]$ 的方式仍然是多种多样的,因而积分和 σ 不能由 λ_0 唯一确定.这就是说,等式(7.4)所表示的不是通常的函数的极限.其次,即使采用确定的分割方式(例如等分)将 $[a,b]$ 分为 n 个小区间,由于在每个小区间上 ξ_i 的选取仍然是任意的,因而积分和 σ 也不能由 n 唯一确定.这就是说,等式(7.4)所表示的也不是通常的

数列的极限.①

　　引进了定积分,曲边梯形的面积以及变力所做的功就都可表示为定积分(7.5). 如果曲边梯形的右边是变动的,即在图 7 - 1 中,设想坐标 b 是变量,并记为 $x(>a)$,则其面积显然可表示为

$$S(x) = \int_a^x f(t)\mathrm{d}t,$$

右端出现的是有变动上限的定积分.

　　定积分的上述定义由黎曼(B. Riemann)给出,因此相应地有黎曼积分、黎曼可积、黎曼和等术语. 注意,这里积分限 a,b 均为有限数,无限区间的情形将在第 12 章讨论.

　　定理 7.1　若 $f(x)$ 在 $[a,b]$ 上可积,则它在 $[a,b]$ 上有界.

　　证　设 $f(x)$ 在 $[a,b]$ 上无界,无论正数 K 取得多么大,也不论正数 δ 取得多么小,对于模小于 δ 的任一分割而言,$f(x)$ 至少在一个小区间 $[x_{i_0}, x_{i_0+1}]$ 上无界. 对 $i\neq i_0$,选取 $\xi_i = x_i$,于是总可以选取 ξ_{i_0},使

$$|f(\xi_{i_0})\Delta x_{i_0}| > K + |\sum_{i\neq i_0} f(x_i)\Delta x_i|,$$

从而

$$|\sigma| = \left|\sum_{i=0}^{n-1} f(\xi_i)\Delta x_i\right| = |f(\xi_{i_0})\Delta x_{i_0} + \sum_{i\neq i_0} f(x_i)\Delta x_i|$$

$$\geqslant |f(\xi_{i_0})\Delta x_{i_0}| - |\sum_{i\neq i_0} f(x_i)\Delta x_i| > K,$$

因而按定义 σ 不可能存在有限极限,即 $f(x)$ 在区间 $[a,b]$ 上不

---

① 设 $f(x)$ 在 $[a,b]$ 上有界,则当 $\lambda \to 0$ 时,(7.3)式右端和式中的每一项都是无穷小量,(7.4)所表示的极限过程实际上是无穷多个无穷小量求和,并且当用 $n+1$ 代替 n 时,和式中不单是项数增加了,而且每一项的数值也都发生变化. 由此可见,(7.4)所表示的极限过程与通常的级数求和(参阅第 10 章 10.1)也是完全不同的.

可积.

定理 7.1 表明,有界性是可积的必要条件.下面的例子表明它并非充分条件.

例 1 在区间 $[0,1]$ 上定义的狄利克雷函数是不可积的.

证 对任意分割而言,每个小区间 $[x_i, x_{i+1}]$ 上既有有理数也有无理数,若取所有 ξ_i 为无理数,则 $\sigma = 0$,若取所有 ξ_i 为有理数,则 $\sigma = 1$.可见 σ 没有极限,因而狄利克雷函数不可积.

7.1.2 定积分的存在条件

为了研究有界函数在什么条件下是可积的,在考察积分和的同时,再引进另一种和数作为辅助工具.

以 m_i 与 M_i 记 $f(x)$ 在 $[x_i, x_{i+1}]$ 上的下确界与上确界,在和数 (7.3) 中以 m_i 与 M_i 代替 $f(\xi_i)$,得到两个新的和数:

$$s = \sum_{i=0}^{n-1} m_i \Delta x_i, \quad S = \sum_{i=0}^{n-1} M_i \Delta x_i.$$

注意到 $m_i \leqslant f(\xi_i) \leqslant M_i$ 及 $\Delta x_i > 0$,立即可知,对于一个确定的分割,任何积分和都满足不等式

$$s \leqslant \sigma \leqslant S. \tag{7.6}$$

s 与 S 依次称为**达布下和**与**达布上和**,或简称为下和、上和.注意当分割确定以后,上和、下和都是确定的常数,但积分和却并非如此,它还依赖于 ξ_i 的选取.

引理 7.2 对于一个确定的分割而言,

$$S = \sup \Big\{ \sum_{i=0}^{n-1} f(\xi_i) \Delta x_i \mid \xi_i \in [x_i, x_{i+1}], 0 \leqslant i \leqslant n-1 \Big\},$$

$$s = \inf \Big\{ \sum_{i=0}^{n-1} f(\xi_i) \Delta x_i \mid \xi_i \in [x_i, x_{i+1}], 0 \leqslant i \leqslant n-1 \Big\}.$$

证 不等式 (7.6) 表明,S 是 σ 的一个上界.注意到 M_i 是 $f(x)$ 在 $[x_i, x_{i+1}]$ 上的上确界,对任意给定的正数 ε,可选取 $\xi_i \in [x_i,$

x_{i+1}],使得

$$f(\xi_i) > M_i - \frac{\varepsilon}{b-a}, (i = 0, 1, \cdots, n-1).$$

于是

$$\sigma = \sum_{i=0}^{n-1} f(\xi_i)\Delta x_i > \sum_{i=0}^{n-1}\left(M_i - \frac{\varepsilon}{b-a}\right)\Delta x_i = S - \varepsilon.$$

按上确界的定义,这就证明了引理中的第一个等式. 第二个可类似地证明.

引理 7.2 所考虑的是同一分割,对于不同分割,则有

引理 7.3 对于给定的分割增加新的分点,则下和不减而上和不增.

证 显然,只要对增加一个分点的情形进行证明即可. 设对于给定的分割增加一个分点 $\overline{x}$,它落在某个区间 (x_k, x_{k+1}) 内,以 S' 记新的上和,则

$$S = \sum_{i=0}^{n-1} M_i\Delta x_i = M_k\Delta x_k + \sum_{i\neq k}M_i\Delta x_i,$$
$$S' = M_k'(\overline{x} - x_k) + M_k''(x_{k+1} - \overline{x}) + \sum_{i\neq k}M_i\Delta x_i,$$

其中 M_k' 及 M_k'' 依次为 $f(x)$ 在 $[x_k, \overline{x}]$,$[\overline{x}, x_{k+1}]$ 上的上确界. 因为 $M_k' \leqslant M_k, M_k'' \leqslant M_k$,所以

$$M_k'(\overline{x} - x_k) + M_k''(x_{k+1} - \overline{x}) \leqslant M_k(x_{k+1} - x_k) = M_k\Delta x_k,$$

从而 $S' \leqslant S$. 对于下和可类似地证明.

引理 7.4 无论对于相同分割还是不同分割,恒有 $s \leqslant S$.

证 按(7.6),结论对于同一分割显然是对的. 设有两个不同分割 π_1 及 π_2,以 s_1 记相应于 π_1 的下和,S_2 记相应于 π_2 的上和,我们要求证明 $s_1 \leqslant S_2$. 为此,考虑合并 π_1 及 π_2 的全部分点所得到的分割 π_3,则由引理 7.3 可知 $s_1 \leqslant s_3, S_3 \leqslant S_2$,于是由 $s_3 \leqslant S_3$,即知 $s_1 \leqslant S_2$.

现在,可以借助于达布和建立定积分存在的条件,即证明下面

的定理.

定理 7.5 有界函数 $f(x)$ 在 $[a,b]$ 上可积的充分必要条件是

$$\lim_{\lambda \to 0} (S-s) = 0. \tag{7.7}$$

证 （必要性） 设积分 I 存在,则对任给的 $\varepsilon > 0$,存在 $\delta > 0$,使得不论如何分割区间 $[a,b]$,也不论如何选取 $\xi_i \in [x_i, x_{i+1}]$,只要 $\lambda < \delta$,就有 $|\sigma - I| < \varepsilon$,亦即

$$I - \varepsilon < \sigma < I + \varepsilon. \tag{7.8}$$

对于每个确定的分割,记一切积分和 σ 所成之集为 $\{\sigma\}$,则由引理 7.2 知

$$s = \inf\{\sigma\}, \quad S = \sup\{\sigma\},$$

从而由 (7.8) 得

$$I - \varepsilon \leqslant s \leqslant S \leqslant I + \varepsilon,$$

而这就表示 $\lim_{\lambda \to 0} s = I, \lim_{\lambda \to 0} S = I$, 于是 (7.7) 成立.

（充分性） 按引理 7.4,对于所有可能的分割,全体下和所成之集 $\{s\}$ 是有上界的,事实上任何上和 S 都是它的上界. 于是集合 $\{s\}$ 有上确界,记为 I_*,则对任何上和 S 都成立 $I_* \leqslant S$,而由此又推知上和所成之集 $\{S\}$ 有下确界 I^*,并且 $I_* \leqslant I^*$. 总之,对任何下和及上和,有

$$s \leqslant I_* \leqslant I^* \leqslant S. \tag{7.9}$$

现在设 (7.7) 成立,则由 (7.9) 可知 $I_* = I^*$,记这一公共值为 I,(7.9) 可写为

$$s \leqslant I \leqslant S, \tag{7.10}$$

于此,取 s、S 对应于同一分割,则对由这一分割所得的任一积分和 σ 都有

$$s \leqslant \sigma \leqslant S. \tag{7.11}$$

按条件 (7.7),只要分割的模 λ 充分小,$S-s$ 将小于任意给定的正数 ε,从而由 (7.10),(7.11) 知道,此时亦将有

$$|\sigma - I| < \varepsilon.$$

即 σ 有极限 I, 这就证明了定积分是存在的.

称 $\omega_i = M_i - m_i$ 为函数在相应小区间 $[x_i, x_{i+1}]$ 上的**振幅**[1]. 则

$$S - s = \sum_{i=0}^{n-1}(M_i - m_i)\Delta x_i = \sum_{i=0}^{n-1}\omega_i\Delta x_i,$$

于是定理 7.5 可写成便于应用的形式:

定理 7.6 有界函数 $f(x)$ 在 $[a,b]$ 上可积的充分必要条件是

$$\lim_{\lambda \to 0}\sum_{i=0}^{n-1}\omega_i\Delta x_i = 0. \tag{7.12}$$

由此又可得到

推论 若 $f(x)$ 在 $[a,b]$ 上可积, 而 $[c,d]\subset[a,b]$, 则 $f(x)$ 在 $[c,d]$ 上也可积.

证 对 $[c,d]$ 的任何分割, 以它的全部分点作为 $[a,b]$ 的分点的一部分, 并对区间 $[a,c]$ 和 $[d,b]$ 随意插入分点, 就产生了 $[a,b]$ 的一个分割. 注意 $\omega_i \geq 0, \Delta x_i > 0$, 即知若条件 (7.12) 在 $[a,b]$ 上满足, 则它在 $[c,d]$ 上也满足.

定理 7.7 有界函数 $f(x)$ 在 $[a,b]$ 上可积的充分必要条件是: 对于任给的两个正数 ε 和 σ, 存在正数 δ, 使得模 λ 小于 δ 的每个分割, 振幅不小于 ε 的那些小区间的长度之和小于 σ.

证 (必要性) 对每个分割, 记不小于 ε 的那些振幅为 $\omega_{i'}$, 相应的小区间的长度记为 $\Delta x_{i'}$, 而将小于 ε 的那些振幅及相应区间之长记为 $\omega_{i''}$ 及 $\Delta x_{i''}$. 因为 $f(x)$ 在 $[a,b]$ 上可积, 按定理 7.6, 对于 ε、$\sigma > 0$, 存在 $\delta > 0$, 当 $\lambda < \delta$ 时成立

$$\sum_{i'}\omega_{i'}\Delta x_{i'} + \sum_{i''}\omega_{i''}\Delta x_{i''} < \varepsilon\sigma,$$

---

[1] 振幅还可定义为 $\omega_i = \sup\{|f(x') - f(x'')| \mid x', x'' \in [x_i, x_{i+1}]\}$, 容易证明这两种定义是等价的, 这后一种定义我们以后常会用到.

于是
$$\varepsilon \sum_{i'} \Delta x_{i'} \leqslant \sum_{i'} \omega_{i'} \Delta x_{i'} \leqslant \sum_{i'} \omega_{i'} \Delta x_{i'} + \sum_{i''} \omega_{i''} \Delta x_{i''} < \varepsilon \sigma.$$
所以
$$\sum_{i'} \Delta x_{i'} < \sigma.$$

（充分性）　记 $f(x)$ 在 $[a,b]$ 上的振幅为 Ω. 对于使得 $\lambda < \delta$ 的每个分割，
$$\sum_{i=0}^{n-1} \omega_i \Delta x_i = \sum_{i'} \omega_{i'} \Delta x_{i'} + \sum_{i''} \omega_{i''} \Delta x_{i''}$$
$$\leqslant \Omega \sum_{i'} \Delta x_{i'} + \varepsilon \sum_{i''} \Delta x_{i''} \leqslant \Omega \sigma + \varepsilon(b-a).$$
由于 ε 和 σ 可任意小，而 Ω 和 $b-a$ 都是常数，上式表明条件 (7.12) 是满足的.

习　　题

1. 把区间 $[-1,4]$ 等分为 n 个子区间，取 ξ_i 为每个子区间的中点，计算函数 $1+x$ 在这个区间上的积分和 σ_n.

2. 把所给区间分为 n 等分，求下列函数的达布上和及达布下和.

(1) $f(x) = x^3$, 　$-2 \leqslant x \leqslant 3$;

(2) $f(x) = 2^x$, 　$0 \leqslant x \leqslant 10$.

3. (1) 证明：如果对应于任何分割的上和都等于下和，则对应于不同分割的上和下和也相等.

(2) 若存在 $[a,b]$ 的一个分割
$$a = x_0 < x_1 < \cdots < x_{n-1} < x_n = b$$
使在每个 (x_i, x_{i+1}) 上 $f(x)$ 为常数，则称 $f(x)$ 为 $[a,b]$ 上的阶梯函数. 证明 $[a,b]$ 上的阶梯函数是可积的.

(3) 证明:如果[a,b]上的连续函数 f(x) 的所有下和都相等,则在区间[a,b]上 f(x) 恒等于常数.

7.2 几类可积函数

利用 7.1 所得到的可积条件,可以证明几类函数的可积性.

定理 7.8 区间[a,b]上的连续函数是可积的.

证 设 f(x) 在[a,b]上连续,因而一致连续. 任给 ε>0,按一致连续性确定 δ,于是对于模 λ<δ 的每个分割,只要 x',x'' 位于同一小区间[x_i,x_{i+1}],就有 $|f(x')-f(x'')|<\varepsilon$. 由 7.1 关于振幅所作的注,即知 ω_i≤ε,从而

$$\sum_{i=0}^{n-1} \omega_i \Delta x_i \leqslant \varepsilon \sum_{i=0}^{n-1} \Delta x_i = (b-a)\varepsilon.$$

由于 b−a 是常数,而 ε 可任意小,上式表明 7.1 的条件(7.12)是满足的. 由定理 7.6 即得结论.

定理 7.9 在[a,b]上只有有限个间断点的有界函数是可积的.

证 以 $\bar{x}_k(k=1,2,\cdots,m)$ 记 f(x) 的全部间断点,任意给定 ε>0 及 σ>0,以每个点 $\bar{x}_k$ 为中心,作区间 $(\bar{x}_k-2\rho,\bar{x}_k+2\rho)$,取 ρ 适当小,使得这些区间互不相交且长度之和小于 σ,即

$$4m\rho < \sigma. \tag{7.13}$$

考虑在[a,b]内除去所有区间 $(\bar{x}_k-\rho,\bar{x}_k+\rho)$ 以后所得的集合 E,它是有限个闭区间的和. 函数 f(x) 在每个这样的闭区间上是连续的,因而一致连续. 对于已给的 ε>0,按一致连续性确定对所有这些闭区间都适用的 δ(不妨限制 δ<ρ),使对 E 中任意点 x' 及 x'',只要 $|x'-x''|<\delta$ 就有

$$|f(x')-f(x'')|<\varepsilon. \tag{7.14}$$

现在考虑 λ<δ 的任何分割,由于(7.14),在完全落在 E 中的那些

小区间上, $f(x)$ 的振幅将小于 ε, 因而使振幅不小于 ε 的每个小区间不能整个地位于 E, 于是必落在某个区间 $(\bar{x}_k - 2\rho, \bar{x}_k + 2\rho)$ 内 (因为 $\delta < \rho$), 而由于(7.13), 这些使振幅不小于 ε 的小区间的长度之和必小于 σ. 利用定理 7.7 即得定理 7.9.

定理 7.10 区间 $[a,b]$ 上的单调有界函数是可积的.

证 为确定起见, 设 $f(x)$ 在 $[a,b]$ 上单调不减, 于是它在 $[x_i, x_{i+1}]$ 上的振幅 $\omega_i = f(x_{i+1}) - f(x_i)$ 并且 $f(b) \geqslant f(a)$. 任给 $\varepsilon > 0$, 在 $f(b) > f(a)$ 的情形, 取 $\delta = \dfrac{\varepsilon}{f(b) - f(a)}$, 对于 $\lambda < \delta$ 的任何分割将有

$$\sum_{i=0}^{n-1} \omega_i \Delta x_i < \delta \sum_{i=0}^{n-1} \omega_i = \delta[f(b) - f(a)] = \varepsilon.$$

在 $f(b) = f(a)$ 的情形, 由于一切 ω_i 都等于零, 不等式显然成立. 亦即条件(7.12)满足, 由定理 7.6 知 $f(x)$ 在 $[a,b]$ 上是可积的.

注 1 改变可积函数在有限个点上的值, 既不改变可积性, 也不改变积分的值. 事实上, 如果在 $\lambda < \delta$ 时 $\sum\limits_{i=0}^{n-1} \omega_i \Delta x_i < \varepsilon$, 而在 k 个点上修改函数值后, $\sum\limits_{i=0}^{n-1} \omega_i \Delta x_i$ 中最多只有 $2k$ 项发生变化. 如果认定 $\delta < \varepsilon$, 则在修改后将有

$$\sum_{i=0}^{n-1} \omega_i' \Delta x_i < \sum_{i=0}^{n-1} \omega_i \Delta x_i + 2k\delta\Omega < (1 + 2k\Omega)\varepsilon,$$

其中 Ω 为函数修改后在 $[a,b]$ 上的振幅, ω_i' 为函数修改后在 $[x_i, x_{i+1}]$ 上的振幅. 由于 k 和 Ω 是不依赖于 ε 的常数, 上式表明修改后的函数仍然满足条件(7.12), 因而可积性不会发生变化. 至于不改变积分的值, 只要在构造积分和时不取修改了函数值的那些自变数作为 ξ_i, 即知结论是正确的.

注 2 若 $f(x)$ 在 $[a,c]$ 及 $[c,b]$ 上都可积, 则在 $[a,b]$ 上也可积. 事实上, 由于 $f(x)$ 在 $[a,c]$ 及 $[c,b]$ 上可积, 首先, 按定理 7.1,

它在这两个区间是有界的,因而在$[a,b]$上也有界,以Ω记它在区间$[a,b]$上的振幅. 其次,按定理7.6,当$\lambda<\delta$时将有

$$\sum_{[a,c]}\omega_i\Delta x_i<\varepsilon \text{ 及 } \sum_{[c,b]}\omega_i\Delta x_i<\varepsilon,$$

这里不妨认为$\delta<\varepsilon$. 对于$[a,b]$的任一分割,只要$\lambda<\delta$,于是在c是分点的情形有

$$\sum_{[a,b]}\omega_i\Delta x_i=\sum_{[a,c]}\omega_i\Delta x_i+\sum_{[c,b]}\omega_i\Delta x_i<2\varepsilon,$$

在c不是分点的情形有

$$\sum_{[a,b]}\omega_i\Delta x_i<\sum_{[a,c]}\omega_i\Delta x_i+\sum_{[c,b]}\omega_i\Delta x_i+\delta\Omega<(2+\Omega)\varepsilon,$$

即条件(7.12)在$[a,b]$上成立,因而函数$f(x)$在$[a,b]$上是可积的.

定理7.7~7.10指出了数学分析中最重要的三类可积函数. 当函数$f(x)$的可积性确认以后,则不论如何分割所给区间$[a,b]$,也不论在每个小区间上如何选取ξ_i,当$\max\Delta x_i\to 0$时,积分和都应以$\int_a^b f(x)\mathrm{d}x$为极限. 于是,为了计算这个积分,可以适当选取分割方式以及ξ_i,使得积分和的极限容易计算.

例1 计算积分$\int_0^1 a^x\mathrm{d}x,(a>0)$.

解 由于a^x在$[0,1]$上连续,所求积分是存在的. 将区间$[0,1]$分为n个相等的小区间,则$\Delta x_i=\frac{1}{n}$,在每个小区间上取左端点作为ξ_i,即$\xi_i=\frac{i}{n}$. 于是对于$a\neq 1$,

$$\int_0^1 a^x\mathrm{d}x=\lim_{\lambda\to 0}\sum_{i=0}^{n-1}a^{\xi_i}\Delta x_i=\lim_{n\to\infty}\sum_{i=0}^{n-1}\frac{1}{n}a^{\frac{i}{n}}$$

$$=\lim_{n\to\infty}\frac{1}{n}\cdot\frac{a-1}{a^{\frac{1}{n}}-1}$$

$$= (a-1) \lim_{n \to \infty} \frac{1}{\dfrac{a^{\frac{1}{n}}-1}{\dfrac{1}{n}}} = \frac{a-1}{\ln a}.$$

而对于 $a=1$, 由于 $a^{\xi_i} = a^{\frac{i}{n}} = 1, (i=0,1,\cdots,n-1)$, 故

$$\int_0^1 1 \mathrm{d}x = \lim_{\lambda \to 0} \sum_{i=0}^{n-1} \Delta x_i = 1.$$

显然, 如果积分区间不是 $[0,1]$, 而是 $[a,b]$, 则 $\int_a^b 1 \mathrm{d}x = b-a$.

例 2 计算 $\int_a^b \dfrac{\mathrm{d}x}{x^2}$ $(0 < a < b)$.

解 因为 $\dfrac{1}{x^2}$ 在 $[a,b]$ 上连续, 故所求积分是存在的. 这次, 我们不限制分割方式, 而是对 ξ_i 作巧妙地选择. 取 $\xi_i = \sqrt{x_i x_{i+1}}, (i = 0,1,\cdots,n-1)$, 于是

$$\int_a^b \frac{\mathrm{d}x}{x^2} = \lim_{\lambda \to 0} \sum_{i=0}^{n-1} \frac{1}{\xi_i^2} \Delta x_i = \lim_{\lambda \to 0} \sum_{i=0}^{n-1} \frac{x_{i+1} - x_i}{x_i x_{i+1}}$$

$$= \lim_{\lambda \to 0} \sum_{i=0}^{n-1} \left(\frac{1}{x_i} - \frac{1}{x_{i+1}} \right) = \frac{1}{a} - \frac{1}{b}.$$

例 3 计算 $\int_a^b x^\mu \mathrm{d}x, (0 < a < b, \mu$ 为实数).

解 和前两个例子一样, 被积函数的连续保证了积分的存在性. 这次, 对区间的分割有更高的技巧. 按等比数列的规律在 a,b 之间插入 $n-1$ 个数, 即采用分割:

$$\pi_n : a < aq < aq^2 < \cdots < aq^{n-1} < aq^n = b,$$

其中 $q = \sqrt[n]{\dfrac{b}{a}} > 1$. 由于 $n \to \infty$ 时 $q \to 1$, 故由

$$\Delta x_i = aq^{i+1} - aq^i = aq^i(q-1) < b(q-1), (i=0,1,\cdots,n-1)$$

知 $\Delta x_i \to 0$. 取 $\xi_i = x_i$, 问题归结为在 $n \to \infty$ 时求

$$\sigma_n = \sum_{i=0}^{n-1}(aq^i)^\mu(aq^{i+1}-aq^i) = a^{\mu+1}(q-1)\sum_{i=0}^{n-1}(q^{\mu+1})^i$$

的极限. 现在分两种情形:

若 $\mu \neq -1$, 由于

$$\sigma_n = a^{\mu+1}(q-1)\cdot\frac{\left(\frac{b}{a}\right)^{\mu+1}-1}{q^{\mu+1}-1} = (b^{\mu+1}-a^{\mu+1})\frac{q-1}{q^{\mu+1}-1},$$

故

$$\lim_{n\to\infty}\sigma_n = (b^{\mu+1}-a^{\mu+1})\lim_{q\to1}\frac{q-1}{q^{\mu+1}-1} = \frac{b^{\mu+1}-a^{\mu+1}}{\mu+1}.$$

若 $\mu = -1$, 由于

$$\sigma_n = n(q-1) = n\left(\sqrt[n]{\frac{b}{a}}-1\right),$$

$$\lim_{n\to\infty}\sigma_n = \lim_{n\to\infty}\frac{\left(\frac{b}{a}\right)^{\frac{1}{n}}-1}{\frac{1}{n}} = \ln b - \ln a.$$

于是

$$\int_a^b x^{-\mu}\mathrm{d}x = \begin{cases}\dfrac{b^{\mu+1}-a^{\mu+1}}{\mu+1}, & \text{当}\ \mu\neq-1,\\[2mm] \ln b-\ln a, & \text{当}\ \mu=-1\end{cases} \quad (b>a>0).$$

习　题

1. 证明下列函数的可积性:

(1) $f(x) = \begin{cases}\dfrac{1}{n}, & \text{若}\ x=\dfrac{m}{n}, \dfrac{m}{n}\ \text{是既约真分数},\\[2mm] 0, & \text{若}\ x\ \text{是}[0,1]\ \text{中的其他数};\end{cases}$

(这个函数称为黎曼函数)

(2) $f(x) = \begin{cases} 0, & \text{若 } x = 0, \\ \dfrac{1}{x} - \left[\dfrac{1}{x}\right], & \text{若 } 0 < x \leqslant 1; \end{cases}$

(3) $f(x) = \text{sgn}\left(\sin \dfrac{\pi}{x}\right), 0 \leqslant x \leqslant 1.$

2. 判定下列函数在区间 $[0,2]$ 上可积与否：

(1) $f(x) = \begin{cases} x, & \text{当 } 0 \leqslant x < 1, \\ x-2, & \text{当 } 1 \leqslant x \leqslant 2; \end{cases}$

(2) $f(x) = x + [x];$

(3) $f(x) = \begin{cases} x + [x], & \text{若 } x \text{ 为有理数,} \\ 0, & \text{若 } x \text{ 为无理数.} \end{cases}$

3. 证明：若有界函数 $f(x)$ 在 $[a,b]$ 上可积，则 $f^2(x)$ 也可积. 举例说明其逆不真.

4. 设函数 $\varphi(x)$ 在 $[A,B]$ 上连续，函数 $f(x)$ 在 $[a,b]$ 上可积，并且 $f([a,b]) \subset [A,B]$，证明 $\varphi[f(x)]$ 在 $[a,b]$ 上可积. 若取消 $\varphi(x)$ 的连续性，而只假定它可积，$\varphi[f(x)]$ 是否一定可积? 研究例子：$f(x)$ 为黎曼函数（第 1 题 (1)），而

$$\varphi(x) = \begin{cases} 0, & \text{当 } x = 0, \\ 1, & \text{当 } x \neq 0. \end{cases}$$

5. 证明：若 $f(x)$ 在 $[a,b]$ 上有界，即使它有无穷多个间断点，但只要这些间断点只有有限个聚点，则 $f(x)$ 在 $[a,b]$ 上是可积的.

6. 利用定积分的定义计算下列积分：

(1) $\displaystyle\int_0^{\frac{\pi}{2}} \sin x \, \mathrm{d}x;$

(2) $\displaystyle\int_0^T (v_0 + gt) \, \mathrm{d}t$，$v_0$ 及 g 为常数.

7.3 定积分的性质

在 7.1 已经指出,出现于(7.4)式的极限既非通常的函数极限,亦非通常的数列极限. 因此,为证明 $f(x)$ 的可积性,不能利用函数存在极限以及数列存在极限的有关定理,而要求助于 7.1 所建立的可积性条件. 不过,如果已经证明 $f(x)$ 在 $[a,b]$ 上是可积的,对于 $n=1,2,3,\cdots$,将 $[a,b]$ 分为 n 等分,记

$$x_i = a + \frac{i}{n}(b-a),(i=0,1,2,\cdots,n-1)$$

则

$$\sigma_n = \sum_{i=0}^{n-1} f(x_i) \cdot \frac{b-a}{n}$$

就是通常的数列,并且按定积分的定义可知

$$\int_a^b f(x)\mathrm{d}x = \lim_{n\to\infty} \sigma_n.$$

于是可以应用数列极限的性质来研究 $\int_a^b f(x)\mathrm{d}x$ 的性质.

性质 1 如果 $f(x)$ 在区间 I 上可积,则不论 I 上三点 a,b,c 的相对位置如何,都有

$$\int_a^b f(x)\mathrm{d}x = \int_a^c f(x)\mathrm{d}x + \int_c^b f(x)\mathrm{d}x. \tag{7.15}$$

证 在 $a<c<b$ 的情形,由定理 7.6 的推论,(7.15)两端的三个积分都是存在的. 既然如此,若记

$$\sigma_n' = \sum_{i=0}^{n-1} f(x_i') \cdot \frac{c-a}{n}, \quad \text{其中 } x_i' = a + \frac{i}{n}(c-a),$$

$$\sigma_n'' = \sum_{i=0}^{n-1} f(x_i'') \cdot \frac{b-c}{n}, \quad \text{其中 } x_i'' = c + \frac{i}{n}(b-c).$$

并令 $\sigma_n = \sigma_n' + \sigma_n''$,则对每个 n,σ_n 是 $f(x)$ 在 $[a,b]$ 上的一个积分和

（虽然所对应的分割不是将$[a,b]$等分），对应的模

$$\lambda_n = \max\left(\frac{c-a}{n}, \frac{b-c}{n}\right),$$

显然，当 $n \to \infty$ 时 $\lambda_n \to 0$. 令 $n \to \infty$，注意 $\sigma_n, \sigma_n', \sigma_n''$ 分别以

$$\int_a^b f(x)\mathrm{d}x, \quad \int_a^c f(x)\mathrm{d}x, \quad \int_c^b f(x)\mathrm{d}x$$

为极限，即知（7.15）成立.

a, b, c 的其他分布情形可化为所述的情形，例如 $a < b < c$，则按已经证明的，有

$$\int_a^c f(x)\mathrm{d}x = \int_a^b f(x)\mathrm{d}x + \int_b^c f(x)\mathrm{d}x,$$

移项并交换 $\int_b^c f(x)\mathrm{d}x$ 的上下限得

$$\int_a^b f(x)\mathrm{d}x = \int_a^c f(x)\mathrm{d}x - \int_b^c f(x)\mathrm{d}x$$

$$= \int_a^c f(x)\mathrm{d}x + \int_c^b f(x)\mathrm{d}x,$$

即在所述情形（7.15）也成立.

性质 2　如果 $f(x)$ 和 $g(x)$ 在 $[a,b]$ 可积，而 c 为常数，则 $cf(x), f(x) \pm g(x), f(x) \cdot g(x)$ 在 $[a,b]$ 上都可积，且

$$\int_a^b cf(x)\mathrm{d}x = c\int_a^b f(x)\mathrm{d}x, \tag{7.16}$$

$$\int_a^b [f(x) \pm g(x)]\mathrm{d}x = \int_a^b f(x)\mathrm{d}x \pm \int_a^b g(x)\mathrm{d}x. \tag{7.17}$$

证　除乘积 $f(x) \cdot g(x)$ 的可积性外，其他结论都是显然的. 为证明 $f(x) \cdot g(x)$ 的可积性，注意可积函数是有界的，故存在正数 M 使在 $[a,b]$ 上成立 $|f(x)| \leqslant M, |g(x)| \leqslant M$，以 $\Omega_i, \omega_i', \omega_i''$ 分别记 $f(x) \cdot g(x), f(x)$ 及 $g(x)$ 在 $[x_i, x_{i+1}]$ 上的振幅，由于

$$|f(x')g(x') - f(x'')g(x'')|$$

$$\leqslant |[f(x') - f(x'')]g(x')| + |[g(x') - g(x'')]f(x'')|$$

$$\leqslant M\omega_i' + M\omega_i'',$$

所以

$$\Omega_i \leqslant M(\omega_i' + \omega_i''),$$

从而对每一分割都有

$$\sum_{i=0}^{n-1} \Omega_i \Delta x_i \leqslant M\left(\sum_{i=0}^{n-1} \omega_i' \Delta x_i + \sum_{i=0}^{n-1} \omega_i'' \Delta x_i \right).$$

由于 $f(x)$ 与 $g(x)$ 可积,当 $\max \Delta x_i \to 0$ 时,右端的两个和式都趋于零,而 M 是常数,故左端的和式也趋于零. 按定理 7.6 知乘积 $f(x) \cdot g(x)$ 是可积的.

性质3 若 $f(x)$ 与 $g(x)$ 在 $[a,b]$ 上可积,且 $f(x) \geqslant g(x)$,则

$$\int_a^b f(x)\mathrm{d}x \geqslant \int_a^b g(x)\mathrm{d}x.$$

特别地,$[a,b]$ 上非负可积函数的积分是非负的.

证 由 $\displaystyle\sum_{i=0}^{n-1} f(x_i) \cdot \frac{b-a}{n} \geqslant \sum_{i=0}^{n-1} g(x_i) \cdot \frac{b-a}{n}$ 立即可得.

注 如果 $f(x)$ 在 $[a,b]$ 连续、非负且不恒等于零,则可以进一步证明 $\displaystyle\int_a^b f(x)\mathrm{d}x > 0$. (习题 1)

性质4 如果在 $[a,b]$ 上 $f(x)$ 可积,则 $|f(x)|$ 也可积,且

$$\left| \int_a^b f(x)\mathrm{d}x \right| \leqslant \int_a^b |f(x)| \,\mathrm{d}x. \tag{7.18}$$

证 以 ω_i^* 及 ω_i 表示 $|f(x)|$ 及 $f(x)$ 在 $[x_i, x_{i+1}]$ 上的振幅,由于对 $[x_i, x_{i+1}]$ 上的任意两点 x', x'' 都有

$$| \,|f(x')| - |f(x'')| \,| \leqslant |f(x') - f(x'')|,$$

因而由振幅的定义知 $\omega_i^* \leqslant \omega_i$,于是

$$0 \leqslant \sum_{i=0}^{n-1} \omega_i^* \Delta x_i \leqslant \sum_{i=0}^{n-1} \omega_i \Delta x_i.$$

若右边的和式趋于零,则左边的和式也必趋于零,亦即由 $f(x)$ 的可积性得到 $|f(x)|$ 的可积性. 而 (7.18) 式可在不等式

$$\left| \sum_{i=0}^{n-1} f(x_i) \cdot \frac{b-a}{n} \right| \leqslant \sum_{i=0}^{n-1} |f(x_i)| \frac{b-a}{n}$$

两端令 $n \to \infty$ 取极限得到.

性质5 （**积分第一中值定理**） 设在 $[a,b]$ 上（ⅰ） $f(x)$ 与 $g(x)$ 可积；（ⅱ） $m \leqslant f(x) \leqslant M$；（ⅲ） $g(x)$ 不变号，则存在常数 μ，$m \leqslant \mu \leqslant M$，使

$$\int_a^b f(x)g(x)\mathrm{d}x = \mu \int_a^b g(x)\mathrm{d}x. \tag{7.19}$$

特别地，若 $g(x) \equiv 1$，则

$$\int_a^b f(x)\mathrm{d}x = \mu(b-a). \tag{7.20}$$

证 首先，按性质2，条件（ⅰ）保证了（7.19）左端积分的存在性. 在证明等式（7.19）时，为确定起见，设 $g(x) \geqslant 0$，则

$$\int_a^b g(x)\mathrm{d}x \geqslant 0,$$

$$mg(x) \leqslant f(x)g(x) \leqslant Mg(x),$$

由性质2及性质3得

$$m\int_a^b g(x)\mathrm{d}x \leqslant \int_a^b f(x)g(x)\mathrm{d}x \leqslant M\int_a^b g(x)\mathrm{d}x. \tag{7.21}$$

若 $\int_a^b g(x)\mathrm{d}x = 0$，则由（7.21）知 $\int_a^b f(x)g(x)\mathrm{d}x = 0$，此时（7.19）显然成立；若 $\int_a^b g(x)\mathrm{d}x > 0$，则用这个积分除（7.21），并记

$$\frac{\int_a^b f(x)g(x)\mathrm{d}x}{\int_a^b g(x)\mathrm{d}x} = \mu,$$

即得（7.19）且 $m \leqslant \mu \leqslant M$. 最后，如果 $g(x) \equiv 1$，则由 $\int_a^b \mathrm{d}x = b-a$ （参阅 7.2 例1），（7.19）成为（7.20）.

如果 $f(x)$ 在 $[a,b]$ 连续，则可分别取 $f(x)$ 在 $[a,b]$ 上的最小

值与最大值作为 m 与 M. 而按连续函数的介值定理,必定存在 $\xi\in$ $[a,b]$,使 $\mu=f(\xi)$,于是(7.19)和(7.20)成为

$$\int_a^b f(x)g(x)\mathrm{d}x = f(\xi)\int_a^b g(x)\mathrm{d}x, \qquad (7.22)$$

$$\int_a^b f(x)\mathrm{d}x = f(\xi)(b-a). \qquad (7.23)$$

(7.19),(7.20),(7.22),(7.23)都称为**积分第一中值定理**,而称

$\dfrac{1}{b-a}\displaystyle\int_a^b f(x)\mathrm{d}x$ 为 $f(x)$ 在 $[a,b]$ 上的**平均值**.

若 $f(x)\geqslant 0$,则(7.23)有明显的几何意义. 它表示曲线 $y= f(x)$,Ox 轴以及两条直线 $x=a$, $x=b$ 所围的曲边图形 $ABCD$ 的面积等于有同一底边而以曲线上某点 F 的纵坐标为高的矩形的面积(图 7-2),显然,(7.23)中的 ξ 未必是唯一的.

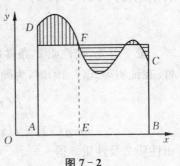

图 7-2

性质 6 若 $f(x)$ 在 $[a,b]$ 可积,则 $\Phi(x)=\displaystyle\int_a^x f(t)\mathrm{d}t$ 是 $[a,b]$ 上的连续函数.

证 由定理 7.6 的推论,函数 $\Phi(x)$ 在 $[a,b]$ 上有定义. 给 x 以改变量 h,使 $x+h$ 仍属于 $[a,b]$,则由性质 1 得

$$\Phi(x+h)=\int_a^{x+h} f(t)\mathrm{d}t = \int_a^x f(t)\mathrm{d}t + \int_x^{x+h} f(t)\mathrm{d}t$$

$$= \Phi(x)+\int_x^{x+h} f(t)\mathrm{d}t,$$

移项并应用(7.20)得

$$\Phi(x+h)-\Phi(x)=\int_x^{x+h} f(t)\mathrm{d}t = \mu h, \qquad (7.24)$$

其中 μ 介于 $f(t)$ 在 $[x,x+h]$ 上的下确界 m' 与上确界 M' 之间,当

然也介于 $f(x)$ 在 $[a,b]$ 上的下确界 m 与上确界 M 之间,令 $h \to 0$ 得

$$\Phi(x+h) - \Phi(x) \to 0,$$

即 $\Phi(x)$ 是连续的.

由于 $\int_a^b f(x)\mathrm{d}x = -\int_b^a f(x)\mathrm{d}x$,容易看出,可积函数与定积分的上述诸性质,除表示积分之间的不等关系的性质 3 和性质 4 以外,其余性质在 $b < a$ 时仍然是保持的.

所有这些性质,虽然没有给出计算定积分的切实可行的方法,但它们可以简化积分的计算,也可以估计积分的值. 在关于积分的运算以及理论性讨论中都是十分有用的.

例 1 比较

$$I_1 = \int_{-1}^0 \mathrm{e}^{-x^2}\mathrm{d}x \ \text{与} \ I_2 = \int_{-1}^{\frac{1}{2}} \mathrm{e}^{-x^2}\mathrm{d}x$$

的大小.

解 由性质 1,

$$I_2 = \int_{-1}^0 \mathrm{e}^{-x^2}\mathrm{d}x + \int_0^{\frac{1}{2}} \mathrm{e}^{-x^2}\mathrm{d}x = I_1 + \int_0^{\frac{1}{2}} \mathrm{e}^{-x^2}\mathrm{d}x,$$

而由性质 3 的注,知最后的积分是正的,因此 $I_2 > I_1$.

例 2 估计积分

$$I = \int_0^1 \frac{x^9}{\sqrt{1+x}}\mathrm{d}x.$$

解 按积分第一中值定理,

$$\int_0^1 \frac{x^9}{\sqrt{1+x}}\mathrm{d}x = \frac{1}{\sqrt{1+\xi}}\int_0^1 x^9 \mathrm{d}x,$$

其中 $0 \leqslant \xi \leqslant 1$,从而 $\frac{1}{\sqrt{2}} \leqslant \frac{1}{\sqrt{1+\xi}} \leqslant 1$. 又由 7.2 例 3 知 $\int_0^1 x^9 \mathrm{d}x = \frac{1}{10}$,所以 $\frac{1}{10\sqrt{2}} \leqslant I \leqslant \frac{1}{10}$.

例 3 证明

$$\lim_{n \to \infty} \int_0^1 \frac{x^n}{1+x} dx = 0.$$

证 因为对于 $0 \leqslant x \leqslant 1$，$\frac{1}{2} \leqslant \frac{1}{1+x} \leqslant 1$ 成立，所以，由积分第一中值定理及 7.2 例 3 得

$$\int_0^1 \frac{x^n}{1+x} dx = \mu_n \int_0^1 x^n dx = \frac{\mu_n}{n+1},$$

其中 $\frac{1}{2} \leqslant \mu_n \leqslant 1$，在上式中令 $n \to \infty$ 即得结论.

例 4 设 p 为正的常数，证明

$$\lim_{n \to \infty} \int_n^{n+p} \frac{\cos x}{x} dx = 0.$$

证 由积分第一中值定理及 7.2 例 3，

$$\lim_{n \to \infty} \int_n^{n+p} \frac{\cos x}{x} dx = \lim_{n \to \infty} \cos \xi_n \int_n^{n+p} \frac{dx}{x}$$

$$= \lim_{n \to \infty} \ln \frac{n+p}{n} \cdot \cos \xi_n = 0.$$

习 题

1. 设 $f(x)$ 在 $[a,b]$ 上连续非负且不恒等于零，证明 $\int_a^b f(x) dx > 0$. 举例说明，若将 $f(x)$ 的连续性假设改为可积，则结论未必成立.

2. 证明：若 $f(x)$ 在 $[a,b]$ 连续且 $\int_a^b f^2(x) dx = 0$，则在 $[a,b]$ 上 $f(x)$ 恒等于零.

3. 设 $f(x), g(x)$ 都在 $[a,b]$ 上可积，证明柯西-许瓦尔兹不等式：

$$\left(\int_a^b f(x) g(x) dx \right)^2 \leqslant \int_a^b [f(x)]^2 dx \int_a^b [g(x)]^2 dx,$$

并在 $f(x), g(x)$ 为连续的情形下给出等号成立的条件.

4. 设 $f(x)$ 在 $[A,B]$ 可积,而 $[a,b] \subset (A,B)$,证明:

$$\lim_{h \to 0} \int_a^b |f(x+h) - f(x)| \, dx = 0.$$

5. 设 $f(x)$ 在 $[a,b]$ 可积,证明存在 $x \in [a,b]$,使

$$\int_a^x f(t) \, dt = \int_x^b f(t) \, dt.$$

6. 比较下列各题中积分的大小:

(1) $\int_0^{\frac{\pi}{2}} \sin^4 x \, dx$ 与 $\int_0^{\frac{\pi}{2}} \sin^3 x \, dx$; (2) $\int_0^1 e^{-x} \, dx$ 与 $\int_0^1 e^{-x^2} \, dx$;

(3) $\int_0^{\frac{\pi}{2}} x \, dx$ 与 $\int_0^{\frac{\pi}{2}} \sin x \, dx$.

7. 证明不等式 $\dfrac{2\pi^2}{9} < \int_{\frac{\pi}{6}}^{\frac{\pi}{2}} \dfrac{2x}{\sin x} \, dx < \dfrac{\pi^2}{3}$.

8. 证明:

(1) $\lim_{n \to \infty} \int_0^{\frac{\pi}{2}} \sin^n x \, dx = 0$;

(2) $\lim_{n \to \infty} \int_n^{n+p} \dfrac{\sin x}{x} \, dx = 0 \quad (p > 0)$;

9. 利用积分第一中值定理,估计积分:

(1) $\int_0^{2\pi} \dfrac{dx}{1 + 0.5\cos x}$; (2) $\int_{-\frac{1}{\sqrt{2}}}^{\frac{1}{\sqrt{2}}} e^{-x^2} \, dx$.

7.4 定积分的计算

7.4.1 微积分基本公式

由 7.2 可见,通过求积分和的极限计算定积分是十分困难的. 这一节将把定积分与原函数联系起来,从而得到计算定积分的简

便而统一的方法. 上一节的性质 6 断言, 如果 $f(x)$ 在某个区间上可积, 则 $\Phi(x) = \int_a^x f(t)\mathrm{d}t$ 是这个区间上的连续函数. 现在要证明, 对于 $f(t)$ 在这个区间上的连续点 x, 函数 $\Phi(x)$ 还是可微的. 下面的定理就给出这一结果.

定理 7. 11　如果 $f(t)$ 在 $[a,b]$ 可积, 而在点 $x_0 \in [a,b]$ 连续, 则 $\Phi(x) = \int_a^x f(t)\mathrm{d}t$ 在 x_0 有导数, 且

$$\Phi'(x_0) = f(x_0). \tag{7.25}$$

证　对于 $[a,b]$ 中的 x 及 x_0, 由 7.3 性质 1

$$\Phi(x) - \Phi(x_0) = \int_{x_0}^x f(t)\mathrm{d}t.$$

由于 $f(t)$ 在 x_0 连续, 对任意给定的 $\varepsilon > 0$, 存在 $\delta > 0$, 使当 $|t - x_0| < \delta$ 时有

$$f(x_0) - \varepsilon < f(t) < f(x_0) + \varepsilon,$$

由此, 注意 $\int_{x_0}^x \mathrm{d}t = x - x_0$ 并利用 7.3 性质 3, 可以得知无论 $x > x_0$ 还是 $x < x_0$, 只要 $|x - x_0| < \delta$ (此时必定有 $|t - x_0| < \delta$) 就有

$$f(x_0) - \varepsilon \leqslant \frac{\Phi(x) - \Phi(x_0)}{x - x_0} \leqslant f(x_0) + \varepsilon,$$

按导数的定义, 这就证明了 (7.25).

如果 x_0 是端点 a 或 b, 上述证明在表述上需作适当修改, 建议读者自己去完成.

如果 $[a,b]$ 的每一点都是 $f(t)$ 的连续点, 则 (7.25) 在 $[a,b]$ 上的每一点都成立, 于是得

推论　如果 $f(t)$ 在 $[a,b]$ 上连续, 则在这个区间上 $\int_a^x f(t)\mathrm{d}t$ 可微, 且下式成立.

$$\frac{\mathrm{d}}{\mathrm{d}x} \int_a^x f(t)\mathrm{d}t = f(x). \tag{7.26}$$

这个推论表明,$f(x)$ 的变上限的定积分是它的一个原函数.
于是,我们证明了第 6 章 6.1 所提到过的重要结论:区间上的连续
函数必定存在原函数.

特别地,

$$\int_0^\varphi \frac{\mathrm{d}\theta}{\sqrt{1-k^2\sin^2\theta}}, \quad \int_0^\varphi \sqrt{1-k^2\sin^2\theta}\,\mathrm{d}\theta,$$

依次是

$$\frac{1}{\sqrt{1-k^2\sin^2\varphi}}, \quad \sqrt{1-k^2\sin^2\varphi},$$

的原函数,并且在 $\varphi = 0$ 时等于零. 于是勒让德函数 F 和 E(见
6.6)可表示为定积分:

$$F(k,\varphi) = \int_0^\varphi \frac{\mathrm{d}\theta}{\sqrt{1-k^2\sin^2\theta}},$$

$$E(k,\varphi) = \int_0^\varphi \sqrt{1-k^2\sin^2\theta}\,\mathrm{d}\theta.$$

对于确定的 φ 和 k,这些函数的近似值可以在椭圆积分表中查到.

公式(7.26)中的积分下限是区间 $[a,b]$ 的左端点(因而 $x > a$),现在代之以右端点(因而 $x<b$)而考虑 $\int_b^x f(t)\mathrm{d}t$,令 $\Psi(x) = \int_b^x f(t)\mathrm{d}t$,则由于

$$\Phi(x) - \Psi(x) = \int_a^x f(t)\mathrm{d}t - \int_b^x f(t)\mathrm{d}t$$

$$= \int_a^x f(t)\mathrm{d}t + \int_x^b f(t)\mathrm{d}t = \int_a^b f(t)\mathrm{d}t,$$

我们断定 $\Psi'(x) = \Phi'(x)$,亦即

$$\frac{\mathrm{d}}{\mathrm{d}x}\int_b^x f(t)\mathrm{d}t = f(x).$$

由此可见,公式(7.26)的变上限 x 是大于下限还是小于下限是无关紧要的.

对于变下限的情形,由(7.26)易得

$$\frac{\mathrm{d}}{\mathrm{d}x}\int_x^a f(t)\mathrm{d}t = \frac{\mathrm{d}}{\mathrm{d}x}\Big[-\int_a^x f(t)\mathrm{d}t\Big] = -f(x). \qquad (7.27)$$

例 1　设 $F(x) = \int_{-x}^{2x} \frac{\sin t}{t}\mathrm{d}t$, 求 $F'(x)$ 及 $F'(0)$.

解　我们知道, $f(t) = \frac{\sin t}{t}$ 在补充定义 $f(0) = 1$ 以后就成

为 $(-\infty, +\infty)$ 内的连续函数. 令

$$F_1(x) = \int_{-x}^0 \frac{\sin t}{t}\mathrm{d}t, \quad F_2(x) = \int_0^{2x} \frac{\sin t}{t}\mathrm{d}t,$$

则

$$F(x) = F_1(x) + F_2(x).$$

在求 $F_1'(x)$ 时,令 $u = -x$,并记

$$\widetilde{F}_1(u) = \int_u^0 \frac{\sin t}{t}\mathrm{d}t,$$

按复合函数的求导法则及公式(7.27)得

$$F_1'(x) = \widetilde{F}_1'(u)u'(x) = \frac{\mathrm{d}}{\mathrm{d}u}\int_u^0 \frac{\sin t}{t}\mathrm{d}t \cdot (-1)$$

$$= \frac{\sin u}{u} = \frac{\sin(-x)}{-x} = \frac{\sin x}{x} \quad (x \neq 0).$$

同样,令 $u = 2x$,则得

$$F_2'(x) = \frac{\mathrm{d}}{\mathrm{d}u}\int_0^u \frac{\sin t}{t}\mathrm{d}t \cdot \frac{\mathrm{d}u}{\mathrm{d}x} = \frac{2\sin u}{u}$$

$$= \frac{\sin 2x}{x} \quad (x \neq 0).$$

所以,对于 $x \neq 0$,

$$F'(x) = F_1'(x) + F_2'(x) = \frac{1}{x}(\sin x + \sin 2x).$$

由于

$$F'(0_+) = F'(0_-) = \lim_{x \to 0} \frac{\sin x + \sin 2x}{x} = 3,$$

由第 4 章 1.2 段例 1 得知，$F(x)$ 在 $x = 0$ 的左右导数相等：$F'_-(0) = F'_+(0) = 3$，故 $F'(0) = 3$.

例 2 证明

$$\lim_{x \to 0} \frac{\int_0^x \sin t^2 \, \mathrm{d}t}{x^3} = \frac{1}{3}.$$

证 这里遇到的是 $\frac{0}{0}$ 的不定型，利用洛必达法则得

$$\lim_{x \to 0} \frac{\int_0^x \sin t^2 \, \mathrm{d}t}{x^3} = \lim_{x \to 0} \frac{\sin x^2}{3x^2} = \frac{1}{3}.$$

定理 7.12 （**牛顿-莱布尼兹公式**） 如果 $f(x)$ 在 $[a, b]$ 上连续，则

$$\int_a^b f(x) \, \mathrm{d}x = F(b) - F(a), \tag{7.28}$$

其中 $F(x)$ 是 $f(x)$ 的任何一个确定的原函数.

证 由定理 7.11 的推论，$\varPhi(x) = \int_a^x f(t) \, \mathrm{d}t$ 是 $f(x)$ 的一个原函数，因而

$$F(x) = \int_a^x f(t) \, \mathrm{d}t + C,$$

其中 C 为某个确定的常数. 在上式中以 $x = a$ 代入得 $C = F(a)$，再以 $x = b$ 代入得

$$F(b) = \int_a^b f(t) \, \mathrm{d}t + F(a),$$

于是

$$\int_a^b f(t) \, \mathrm{d}t = F(b) - F(a).$$

我们知道，求定积分是求积分和的极限，而求不定积分则是微分的逆运算，这是两种完全不同的运算. 公式 (7.28) 把它们联系起

来了，建立了定积分与不定积分之间的联系，从而把计算定积分归结为求原函数. 由于这一公式的重要性，人们称之为**积分学的基本公式**，甚至还称为**微积分的基本公式**. 为简洁起见，可写为

$$\int_a^b f(x)\mathrm{d}x = F(x)\Big|_a^b.$$

按照这一公式，立刻可以得到在 $b > 0, a > 0$ 时

$$\int_a^b x^\mu \mathrm{d}x = \frac{x^{\mu+1}}{\mu+1}\Big|_a^b = \frac{b^{\mu+1} - a^{\mu+1}}{\mu+1} \quad (\mu \neq -1),$$

$$\int_a^b \frac{\mathrm{d}x}{x} = \ln x\Big|_a^b = \ln b - \ln a.$$

而在 7.2 曾经过复杂的计算才得到这些结果.

在第 6 章 6.7，为求出满足初始条件的特解，是在通解公式中以条件 $y(x_0) = y_0$ 代入以确定常数 C 的. 按这一方法，由 (6.41) 可得 $C = G(y_0) - F(x_0)$，从而 (6.39) 的满足条件 $y(x_0) = y_0$ 的积分可表示为 $G(y) - G(y_0) = F(x) - F(x_0)$，而按牛顿-莱布尼兹公式，此即

$$\int_{y_0}^y \frac{1}{g(y)}\mathrm{d}y = \int_{x_0}^x f(x)\mathrm{d}x.$$

算出两端的定积分然后就变量 y 解出，即得 (6.39) 的满足初始条件 $y(x_0) = y_0$ 的特解. 读者自己去验证，将所述的方法用于方程 (6.50) 和 (6.49)，同样可以求得特解 (6.51) 和 (6.52).

完全类似于此，线性微分方程 (6.60)，(6.59) 由初始条件 $y(x_0) = y_0$ 确定的特解依次可表示为

$$y = y_0 \mathrm{e}^{-\int_{x_0}^x P(t)\mathrm{d}t},$$

$$y = \mathrm{e}^{-\int_{x_0}^x P(t)\mathrm{d}t}\left\{ y_0 + \int_{x_0}^x Q(t)\mathrm{e}^{\int_{x_0}^t P(s)\mathrm{d}s}\mathrm{d}t \right\}.$$

由 (7.28)，可把换元积分法和分部积分法搬到定积分里来.

7.4.2 定积分的换元法

定理 7. 13(定积分的换元法) 设 $f(x)$ 在区间 I 上连续,而 $x = \varphi(t)$ 满足条件:

(ⅰ) $\varphi(t)$ 在 $[\alpha, \beta]$ 上连续且有连续导数,又 $\varphi([\alpha, \beta]) \subset I$;

(ⅱ) $\varphi(\alpha) = a, \varphi(\beta) = b$.

则成立公式

$$\int_a^b f(x)\mathrm{d}x = \int_\alpha^\beta f(\varphi(t))\varphi'(t)\mathrm{d}t. \tag{7.29}$$

证 因为 $f(x)$ 在 I 上连续,所以有原函数 $F(x)$,即 $F'(x) = f(x)$,但此时 $[F(\varphi(t))]' = f(\varphi(t))\varphi'(t)$,因而 $F(\varphi(t))$ 是 $f(\varphi(t))\varphi'(t)$ 的原函数. 按牛顿-莱布兹公式,

$$\int_a^b f(x)\mathrm{d}x = F(b) - F(a) = F(\varphi(\beta)) - F(\varphi(\alpha))$$

$$= \int_\alpha^\beta f(\varphi(t))\varphi'(t)\mathrm{d}t.$$

此即公式(7.29).

和不定积分的情形一样,也可按两种不同的方向应用公式(7.29).不过,在计算定积分时,所要得到的最后结果是数而不是函数.而在求出(7.29)的一端时,另一端也就得到了,因此无论按哪一个方向应用(7.29),在求出原函数后都不必变回原来的变数,而只需按条件(ⅱ)以相应的积分限代入即可.

例1 求

$$\int_0^{\sqrt{\frac{\pi}{2}}} \frac{t \sin 2t^2}{1 + \sin t^2}\mathrm{d}t.$$

解 因为

$$\frac{t \sin 2t^2}{1 + \sin t^2}\mathrm{d}t = \frac{2t \sin t^2 \cos t^2}{1 + \sin t^2}\mathrm{d}t = \frac{\sin t^2}{1 + \sin t^2}\mathrm{d}\sin t^2,$$

我们可以从右向左应用(7.29)即令 $\sin t^2 = x, \alpha = 0, \beta = \sqrt{\dfrac{\pi}{2}}$,

$a = 0, b = \sin \dfrac{\pi}{2} = 1$，于是

$$\int_0^{\sqrt{\frac{\pi}{2}}} \frac{t \sin 2t^2}{1 + \sin t^2} dt = \int_0^1 \frac{x}{1+x} dx = \left[x - \ln(1+x) \right] \Big|_0^1$$

$$= 1 - \ln 2.$$

例 2 求

$$\int_a^{2a} \frac{\sqrt{x^2 - a^2}}{x^4} dx \quad (a > 0).$$

解 $\sqrt{x^2 - a^2}$ 启发我们令 $x = a \sec t, x = a, x = 2a$ 分别对应于 $t = 0, t = \dfrac{\pi}{3}$。从左向右应用(7.29)得

$$\int_a^{2a} \frac{\sqrt{x^2 - a^2}}{x^4} dx = \frac{1}{a^2} \int_0^{\frac{\pi}{3}} \sin^2 t \cos t \, dt$$

$$= \frac{1}{a^2} \cdot \frac{\sin^3 t}{3} \Big|_0^{\frac{\pi}{3}} = \frac{\sqrt{3}}{8a^2}.$$

例 3 计算积分

$$I = \int_0^{\pi} \frac{x \sin x}{1 + \cos^2 x} dx.$$

解 $I = \displaystyle\int_0^{\frac{\pi}{2}} \frac{x \sin x}{1 + \cos^2 x} dx + \int_{\frac{\pi}{2}}^{\pi} \frac{x \sin x}{1 + \cos^2 x} dx$，

对后一积分令 $x = \pi - t$，则

$$\int_{\frac{\pi}{2}}^{\pi} \frac{x \sin x}{1 + \cos^2 x} dx = \int_{\frac{\pi}{2}}^0 \frac{-(\pi - t) \sin t}{1 + \cos^2 t} dt$$

$$= \pi \int_0^{\frac{\pi}{2}} \frac{\sin t}{1 + \cos^2 t} dt - \int_0^{\frac{\pi}{2}} \frac{t \sin t}{1 + \cos^2 t} dt,$$

代入 I，消去相同的项后得：

$$I = \pi \int_0^{\frac{\pi}{2}} \frac{\sin t}{1 + \cos^2 t} dt = \pi(- \arctan(\cos t)) \Big|_0^{\frac{\pi}{2}} = \frac{\pi^2}{4}.$$

例 4 设 $f(x)$ 是在 $(-\infty, +\infty)$ 连续的周期函数,周期为 T,证明对任何常数 a 成立.

$$\int_a^{a+T} f(x)\,\mathrm{d}x = \int_0^T f(x)\,\mathrm{d}x.$$

证 $\int_a^{a+T} f(x)\,\mathrm{d}x = \int_a^0 f(x)\,\mathrm{d}x + \int_0^T f(x)\,\mathrm{d}x + \int_T^{a+T} f(x)\,\mathrm{d}x,$

$$(7.30)$$

在第三个积分中令 $x - T = t$,则由于 $f(t+T) = f(t)$,

$$\int_T^{a+T} f(x)\,\mathrm{d}x = \int_0^a f(t+T)\,\mathrm{d}t = \int_0^a f(t)\,\mathrm{d}t,$$

代入 (7.30),消去右端第一、第三两个积分,即得所求的公式.

注 1 在公式 (7.29) 两端的积分中,积分上限是大于下限还是小于下限是无关紧要的(当然,在 $\beta < \alpha$ 时,条件(ⅰ)中的 $[\alpha, \beta]$ 应改写成 $[\beta, \alpha]$),重要的是它们要满足条件(ⅱ)所指出的对应关系.

注 2 当 $x = \varphi(t)$ 的反函数不是单值函数时,条件(ⅱ)中的 α, β 未必是唯一的. 此时,可以通过满足定理 7.13 的条件的任一个单值支 $t = \varphi^{-1}(x)$ 来计算积分. 为了弄明白这一点,建议读者以变换 $x = t^2$ 计算积分 $\int_1^4 \sqrt{x}\,\mathrm{d}x$,而关于 t 的积分依次取为 $\int_1^2$ 及 $\int_{-1}^{-2}$.

7.4.3 定积分的分部积分法

定理 7.14(定积分的分部积分) 设 $u(x)$ 和 $v(x)$ 在区间 I 上连续且有连续的一阶导数. 则对 I 上的任意两点 a, b 成立

$$\int_a^b u(x)\,\mathrm{d}v(x) = \left[u(x)v(x)\right]\Big|_a^b - \int_a^b v(x)\,\mathrm{d}u(x). \quad (7.31)$$

证 按不定积分的分部积分公式,有

$$\int uv'\mathrm{d}x = uv - \int vu'\mathrm{d}x, \tag{7.32}$$

以 $\varphi(x)$ 表示 vu' 的任一个确定的原函数,则上式表示 $uv - \varphi(x)$ 又是 uv' 的原函数. 于是由定理 7.12 同时有

$$\int_a^b vu'\mathrm{d}x = \varphi(x)\Big|_a^b,$$

$$\int_a^b uv'\mathrm{d}x = (uv)\Big|_a^b - \varphi(x)\Big|_a^b.$$

由此两式中消去 $\varphi(x)\Big|_a^b$ 即得:

$$\int_a^b uv'\mathrm{d}x = (uv)\Big|_a^b - \int_a^b vu'\mathrm{d}x,$$

此即公式(7.31).

例1 计算积分

$$I_m = \int_0^{\frac{\pi}{2}} \sin^m x\,\mathrm{d}x, \quad J_m = \int_0^{\frac{\pi}{2}} \cos^m x\,\mathrm{d}x.$$

其中 m 为自然数.

解 我们用分部积分法计算 I_m:

$$I_m = \int_0^{\frac{\pi}{2}} \sin^m x\,\mathrm{d}x = -\int_0^{\frac{\pi}{2}} \sin^{m-1} x\,\mathrm{d}\cos x$$

$$= (-\sin^{m-1}x\cos x)\Big|_0^{\frac{\pi}{2}} + \int_0^{\frac{\pi}{2}} (m-1)\sin^{m-2}x\cos^2 x\,\mathrm{d}x$$

$$= \int_0^{\frac{\pi}{2}} (m-1)\sin^{m-2}x(1-\sin^2 x)\,\mathrm{d}x$$

$$= (m-1)I_{m-2} - (m-1)I_m \quad (m \geqslant 2),$$

移项后得递推公式:

$$I_m = \frac{m-1}{m}I_{m-2}.$$

逐次应用这个公式, I_m 总可以用 I_0 或 I_1 表示出来. 于是,随着 m 是偶数或是奇数,有

$$I_{2n} = \frac{2n-1}{2n} I_{2n-2} = \frac{2n-1}{2n} \cdot \frac{2n-3}{2n-2} I_{2n-4} = \cdots$$

$$\left. \begin{aligned} & = \frac{2n-1}{2n} \cdot \frac{2n-3}{2n-2} \cdots \frac{1}{2} I_0 = \frac{(2n-1)!!}{(2n)!!} \cdot \frac{\pi}{2}. \\ I_{2n+1} & = \frac{2n}{2n+1} I_{2n-1} = \frac{2n}{2n+1} \cdot \frac{2n-2}{2n-1} I_{2n-3} = \cdots \\ & = \frac{2n}{2n+1} \cdot \frac{2n-2}{2n-1} \cdots \frac{2}{3} I_1 = \frac{(2n)!!}{(2n+1)!!}. \end{aligned} \right\} \quad (7.33)$$

其中 $m!!$ 表示不超过 m 的且与 m 有相同奇偶性的所有自然数之积.

J_m 可以完全同样地计算,不过,更简单的方法是令 $x = \frac{\pi}{2} - t$,则

$$J_m = \int_0^{\frac{\pi}{2}} \cos^m x \, dx = -\int_{\frac{\pi}{2}}^0 \sin^m t \, dt = \int_0^{\frac{\pi}{2}} \sin^m t \, dt = I_m,$$

即 J_m 和 I_m 实际上是相等的.

更一般地,容易证明

$$\int_0^{\frac{\pi}{2}} F(\sin x) \, dx = \int_0^{\frac{\pi}{2}} F(\cos x) \, dx,$$

只要 $F(u)$ 是连续函数. (习题 7(5))

例 2　计算积分

$$H_{k,m} = \int_0^1 x^k \ln^m x \, dx,$$

其中 $k > 0$,而 m 是正整数.

解　容易看出,通过分部积分降低次数 m,如果最后可以使被积函数中不出现对数函数,从而化为一个易于计算的积分.

$$\int_0^1 x^k \ln^m x \, dx = \frac{1}{k+1} \int_0^1 \ln^m x \, dx^{k+1}$$

$$= \frac{x^{k+1}}{k+1} \ln^m x \Big|_{0_+}^1 - \frac{1}{k+1} \int_0^1 m x^k \ln^{m-1} x \, dx,$$

即

$$H_{k,m} = -\frac{m}{k+1} H_{k,m-1},$$

但

$$H_{k,0} = \int_0^1 x^k \mathrm{d}x = \frac{1}{k+1},$$

于是

$$H_{k,m} = (-1)^m \frac{m!}{(k+1)^{m+1}}.$$

注意,在例 2 中,被积函数及原函数在 $x=0$ 都没有定义,它们的值是令 $x \to 0_+$ 取极限而确定的. 这里,略微推广了公式(7.28),按照定理 4.10 的推论,读者易于明了这样做是可以的.

作为例 1 的结果的应用,我们来证明所谓瓦里斯(J. Wallis)公式. 这个公式第一次把无理数 π 表示为有理数列的极限.

对于 $0 < x < \dfrac{\pi}{2}$,显然有

$$\sin^{2n+1} x < \sin^{2n} x < \sin^{2n-1} x,$$

从而

$$\int_0^{\frac{\pi}{2}} \sin^{2n+1} x \mathrm{d}x < \int_0^{\frac{\pi}{2}} \sin^{2n} x \mathrm{d}x < \int_0^{\frac{\pi}{2}} \sin^{2n-1} x \mathrm{d}x.$$

利用公式(7.33)得

$$\frac{(2n)!!}{(2n+1)!!} < \frac{(2n-1)!!}{(2n)!!} \cdot \frac{\pi}{2} < \frac{(2n-2)!!}{(2n-1)!!},$$

亦即

$$\frac{1}{2n+1} \left[\frac{(2n)!!}{(2n-1)!!} \right]^2 < \frac{\pi}{2} < \left[\frac{(2n)!!}{(2n-1)!!} \right]^2 \frac{1}{2n}.$$

容易算出上式两端之差为

$$\frac{1}{2n(2n+1)} \left[\frac{(2n)!!}{(2n-1)!!} \right]^2,$$

再利用同一不等式的左半边可知这个差小于 $\frac{1}{2n}\cdot\frac{\pi}{2}$，在 $n\to+\infty$

时它趋于零，因而两端的数列都以 $\frac{\pi}{2}$ 为极限，亦即

$$\frac{\pi}{2}=\lim_{n\to\infty}\left[\frac{(2n)!!}{(2n-1)!!}\right]^2\cdot\frac{1}{2n+1}$$

$$=\lim_{n\to\infty}\frac{2\cdot2\cdot4\cdot4\cdot\cdots\cdot2n\cdot2n}{1\cdot3\cdot3\cdot5\cdot5\cdot\cdots\cdot(2n-1)(2n-1)}\cdot\frac{1}{2n+1}.$$

这就是所要求的公式.

作为分部积分法的应用，下面证明积分第二中值定理和带有积分余项的泰勒公式.

定理 7.15 如果在区间 $[a,b]$ 上

（ⅰ）$g(x)$ 连续；

（ⅱ）非负函数 $f(x)$ 及其导数 $f'(x)$ 都连续且 $f'(x)\leqslant0(\geqslant 0)$. 则存在 $\xi\in[a,b]$，使

$$\int_a^b f(x)g(x)\mathrm{d}x=f(a)\int_a^\xi g(x)\mathrm{d}x. \tag{7.34}$$

$$\left(\int_a^b f(x)g(x)\mathrm{d}x=f(b)\int_\xi^b g(x)\mathrm{d}x\right) \tag{7.35}$$

证 由于证明是类似的，仅对 (7.34) 给出详细证明. 因为 $g(x)$ 连续，对于 $a\leqslant x\leqslant b$，

$$G(x)=\int_a^x g(t)\mathrm{d}t$$

是可微函数，并且 $G(a)=0,\mathrm{d}G(x)=g(x)\mathrm{d}x$. 分部积分得

$$\int_a^b f(x)g(x)\mathrm{d}x=\int_a^b f(x)\mathrm{d}G(x)$$

$$=\left[f(x)G(x)\right]\Big|_a^b-\int_a^b G(x)f'(x)\mathrm{d}x$$

$$=f(b)G(b)-\int_a^b G(x)f'(x)\mathrm{d}x. \tag{7.36}$$

以 m 及 M 表示连续函数 $G(x)$ 在 $[a,b]$ 上的最小值与最大值，注意

$-f'(x) \geqslant 0$ 以及 $b > a$，便有

$$-\int_a^b G(x) f'(x) \mathrm{d}x \geqslant -m \int_a^b f'(x) \mathrm{d}x = -m[f(b) - f(a)],$$

$$-\int_a^b G(x) f'(x) \mathrm{d}x \leqslant -M \int_a^b f'(x) \mathrm{d}x = -M[f(b) - f(a)].$$

由于 $f(x) \geqslant 0$，特别 $f(b) \geqslant 0$，从而

$$f(b)G(b) - \int_a^b G(x) f'(x) \mathrm{d}x$$
$$\leqslant f(b)M - M[f(b) - f(a)] = Mf(a),$$

同理

$$f(b)G(b) - \int_a^b G(x) f'(x) \mathrm{d}x$$
$$\geqslant f(b)m - m[f(b) - f(a)] = mf(a).$$

将此两式代入(7.36)得

$$mf(a) \leqslant \int_a^b f(x)g(x) \mathrm{d}x \leqslant Mf(a). \tag{7.37}$$

如果 $f(a) > 0$，则(7.37)可写为

$$m \leqslant \frac{1}{f(a)} \int_a^b f(x)g(x) \mathrm{d}x \leqslant M,$$

而按连续函数的介值定理，存在 $\xi \in [a,b]$ 使

$$\frac{1}{f(a)} \int_a^b f(x)g(x) \mathrm{d}x = G(\xi) = \int_a^\xi g(x) \mathrm{d}x,$$

以 $f(a)$ 乘两端即得(7.34).

如果 $f(a) = 0$，则(7.37)表明 $\int_a^b f(x)g(x) \mathrm{d}x = 0$，于是区间 $[a,b]$ 的任何数都可作为(7.34)中的 ξ. 由于假定了 $f(x) \geqslant 0$，$f(a) < 0$ 是不可能的，于是，在一切情形下证明了(7.34).

如果取 $G(x) = \int_x^b g(t) \mathrm{d}t$，则可类似地证明(7.35).

推论 如果在定理 7.15 中允许 $f(x)$ 变号，而保留其余假设，则存在 $\xi \in [a,b]$ 使

$$\int_a^b f(x)g(x)\mathrm{d}x = f(a)\int_a^\xi g(x)\mathrm{d}x + f(b)\int_\xi^b g(x)\mathrm{d}x.$$

$$(7.38)$$

证 为确定起见,考虑 $f'(x) \leqslant 0$ 的情形. 此时 $f(x)$ 单调不增. 故 $f(x)-f(b) \geqslant 0$,在(7.34)中用函数 $f(x)-f(b)$ 代替 $f(x)$ 乃得:

$$\int_a^b [f(x)-f(b)]g(x)\mathrm{d}x = [f(a)-f(b)]\int_a^\xi g(x)\mathrm{d}x$$

$$= f(a)\int_a^\xi g(x)\mathrm{d}x - f(b)\int_a^\xi g(x)\mathrm{d}x.$$

将等式左端的 $\int_a^b f(b)g(x)\mathrm{d}x$ 移至右端得

$$\int_a^b f(x)g(x)\mathrm{d}x$$

$$= f(a)\int_a^\xi g(x)\mathrm{d}x + f(b)\left[\int_a^b g(x)\mathrm{d}x - \int_a^\xi g(x)\mathrm{d}x\right]$$

$$= f(a)\int_a^\xi g(x)\mathrm{d}x + f(b)\int_\xi^b g(x)\mathrm{d}x.$$

此即(7.38).

定理 7.15 及其推论统称为积分第二中值定理.

注 1 公式(7.38)和公式(7.34),(7.35)不同,它既适用于 $f'(x) \leqslant 0$,也适用于 $f'(x) \geqslant 0$.

注 2 为保证公式(7.34),(7.35),(7.38)成立,条件还可以放宽一些. 即在定理 7.15 的条件(i)中,将 $g(x)$ 的连续性改为可积性,在条件(ii)中不要求 $f'(x)$ 存在,而将 $f'(x) \leqslant 0 (\geqslant 0)$ 改为 $f(x)$ 单调不增(不减),并将 $f(x)$ 的连续性改为有界性. 可以证明,在这较弱的条件下,定理 7.15 及其推论还是正确的(参阅菲赫金哥茨著《微积分学教程》中译本第二卷第一分册第 110~112 页).

例3 设 $\beta > 0, b > a > 0$，证明

$$\left| \int_a^b \frac{e^{-\beta x}}{x} \sin x \, dx \right| < \frac{2}{a}.$$

证 取 $f(x) = \dfrac{e^{-\beta x}}{x}, g(x) = \sin x$，容易验证定理 7.15 的条件是满足的. 因而存在 $\xi \in [a, b]$ 使

$$\int_a^b \frac{e^{-\beta x}}{x} \sin x \, dx = \frac{e^{-\beta a}}{a} \int_a^\xi \sin x \, dx$$

$$= \frac{e^{-\beta a}}{a} (\cos a - \cos \xi).$$

于是

$$\left| \int_a^b \frac{e^{-\beta x}}{x} \sin x \, dx \right| \leqslant \frac{e^{-\beta a}}{a} (|\cos a| + |\cos \xi|) < \frac{2}{a}.$$

最后，我们给出带有积分余项的泰勒公式. 设 $f(x)$ 在 x_0 的邻域内有直到 $n+1$ 阶的连续导数，令

$$r(x) = f(x) - \left[f(x_0) + \frac{f'(x_0)}{1!}(x - x_0) + \frac{f''(x_0)}{2!}(x - x_0)^2 \right.$$

$$\left. + \cdots + \frac{f^{(n)}(x_0)}{n!}(x - x_0)^n \right], \tag{7.39}$$

于是 $r(x)$ 在此邻域内也有直到 $n+1$ 阶的连续导数，且

$$\left. \begin{aligned} r(x_0) = r'(x_0) = r''(x_0) = \cdots = r^{(n)}(x_0) = 0, \\ r^{(n+1)}(x) = f^{(n+1)}(x). \end{aligned} \right\} \tag{7.40}$$

注意 $r(x_0) = 0$，按牛顿-莱布尼兹公式，得

$$r(x) = \int_{x_0}^x r'(t) \, dt.$$

对上式右端施行分部积分，并注意 $r'(x_0) = 0$ 得

$$r(x) = \int_{x_0}^x r'(t) \, d(t - x)$$

$$= r'(t)(t - x) \Big|_{t=x_0}^{t=x} - \int_{x_0}^x r''(t)(t - x) \, dt$$

$$=-\int_{x_0}^{x} r''(t)(t-x)\mathrm{d}t.$$

继续进行分部积分,并利用(7.40)可得

$$r(x) = -\int_{x_0}^{x} r''(t)(t-x)\mathrm{d}x = -\frac{1}{2!}\int_{x_0}^{x} r''(t)\mathrm{d}(t-x)^2$$

$$= -\frac{1}{2!}r''(t)(t-x)^2 \Big|_{t=x_0}^{t=x} + \frac{1}{2!}\int_{x_0}^{x} r'''(t)(t-x)^2 \mathrm{d}t$$

$$= \frac{1}{3!}\int_{x_0}^{x} r(t)\mathrm{d}(t-x)^3 = \cdots$$

$$= \frac{(-1)^n}{n!}\int_{x_0}^{x} r^{(n+1)}(t)(t-x)^n \mathrm{d}t$$

$$= \frac{1}{n!}\int_{x_0}^{x} f^{(n+1)}(t)(x-t)^n \mathrm{d}t.$$

最后,代入(7.39)即得出的要求的结果:

$$f(x) = f(x_0) + \frac{f'(x_0)}{1!}(x-x_0) + \cdots + \frac{f^{(n)}(x_0)}{n!}(x-x_0)^n$$

$$+ \frac{1}{n!}\int_{x_0}^{x} f^{(n+1)}(t)(x-t)^n \mathrm{d}t. \tag{7.41}$$

这个公式把余项用一个完全确定的定积分表示出来,与拉格朗日余项不同,它不含有任何不确定的成分.

注意函数$(x-t)^n$在$t \in [x_0, x]$时不变号,将积分第一中值定理(7.22)式用于(7.41)中的积分,就回到了带有拉格朗日余项的泰勒公式

$$f(x) = f(x_0) + \frac{f'(x_0)}{1!}(x-x_0) + \cdots + \frac{f^{(n)}(x_0)}{n!}(x-x_0)^n$$

$$+ \frac{f^{(n+1)}(c)}{(n+1)!}(x-x_0)^{n+1}.$$

公式(7.41)虽然没有表达为定理的形式,但千万不要因此低估了它的重要性. 在级数理论中它有重要的应用.

习　题

1. 若 $f(x)$ 连续，求

(1) $\dfrac{\mathrm{d}}{\mathrm{d}x}\left(\displaystyle\int_0^{\cos^2 x} f(t)\,\mathrm{d}t\right)$;　　　　(2) $\dfrac{\mathrm{d}}{\mathrm{d}x}\displaystyle\int_a^b f(x+y)\,\mathrm{d}y$;

(3) $\displaystyle\lim_{x\to 0_+}\left[\int_0^{\sin x}\sqrt{\tan t}\,\mathrm{d}t \Big/ \int_0^{\tan x}\sqrt{\sin t}\,\mathrm{d}t\right]$.

2. 设 $f(x)$ 为连续正值函数，证明当 $x>0$ 时函数

$$\varphi(x)=\frac{\displaystyle\int_0^x t f(t)\,\mathrm{d}t}{\displaystyle\int_0^x f(t)\,\mathrm{d}t}$$

是递增的.

3. 求下列极限

(1) $\displaystyle\lim_{n\to\infty}\left(\dfrac{1}{n^2}+\dfrac{2}{n^2}+\cdots+\dfrac{n-1}{n^2}\right)$;

(2) $\displaystyle\lim_{n\to\infty}\dfrac{1}{n}\left(\sin\dfrac{\pi}{n}+\sin\dfrac{2\pi}{n}+\cdots+\sin\dfrac{n-1}{n}\pi\right)$;

(3) $\displaystyle\lim_{n\to\infty}\dfrac{1}{n}\sum_{k=1}^n\left[a+\dfrac{k}{n}(b-a)\right]^3$.

4. 设 $a>0$, $f(x)\in C^1_{[0,a]}$, 试证

$$|f(0)|\leqslant\frac{1}{a}\int_0^a|f(x)|\,\mathrm{d}x+\int_0^a|f'(x)|\,\mathrm{d}x.$$

5. 计算下列积分：

(1) $\displaystyle\int_0^{\frac{\pi}{2}}(a\sin x+b\cos x)\,\mathrm{d}x$;　　　(2) $\displaystyle\int_1^4\dfrac{x+1}{\sqrt{x}}\,\mathrm{d}x$;

(3) $\displaystyle\int_0^{\frac{\pi}{2}}\sin mx\cos nx\,\mathrm{d}x$;　　　(4) $\displaystyle\int_0^{\pi}\sin^3 x\,\mathrm{d}x$;

(5) $\displaystyle\int_0^1 x(2-x^2)^{12}\,\mathrm{d}x$;　　　(6) $\displaystyle\int_0^{\sqrt{\ln 2}}x^3 e^{-x^2}\,\mathrm{d}x$;

(7) $\int_{-\pi}^{\pi} x^2 \cos x \, \mathrm{d}x$; (8) $\int_0^3 \dfrac{x}{1+\sqrt{1+x}} \mathrm{d}x$;

(9) $\int_{-1}^0 (2x+1) \sqrt{1-x-x^2} \, \mathrm{d}x$;

(10) $\int_1^e (\ln x)^2 \, \mathrm{d}x$;

(11) $\int_0^{\sqrt{3}} x \arctan x \, \mathrm{d}x$;

(12) $\int_{-1}^1 \dfrac{\mathrm{d}x}{x^2-2x\cos\alpha+1}$ $(0<\alpha<\pi)$;

(13) $\int_0^2 |1-x| \, \mathrm{d}x$; (14) $\int_{-1}^1 \dfrac{\mathrm{d}x}{\sqrt{5-4x}}$;

(15) $\int_0^a x^2 \sqrt{a^2-x^2} \, \mathrm{d}x$; (16) $\int_0^1 \dfrac{\ln(1+x)}{1+x^2} \mathrm{d}x$;

(17) $\int_0^{\frac{1}{4}} \dfrac{\arcsin\sqrt{x}}{\sqrt{x(1-x)}} \mathrm{d}x$.

6. 建立递推公式以计算下列积分:

(1) $\int_0^{\frac{\pi}{4}} \tan^{2n} x \, \mathrm{d}x$; (2) $\int_0^{\frac{\pi}{2}} \cos^n x \cos nx \, \mathrm{d}x$;

(3) $\int_0^1 (1-x^2)^n \, \mathrm{d}x$.

7. 设 $f(x)$ 为连续函数,证明:

(1) 当 $f(x)$ 为偶数时,有

$$\int_{-l}^l f(x)\mathrm{d}x = 2\int_0^l f(x)\mathrm{d}x.$$

当 $f(x)$ 为奇函数时,有

$$\int_{-l}^l f(x)\mathrm{d}x = 0;$$

(2) $\int_a^b f(x)\mathrm{d}x = (b-a)\int_0^1 f(a+(b-a)x)\mathrm{d}x$;

(3) $\int_a^b f(x)\mathrm{d}x = \int_{-b}^{-a} f(-x)\mathrm{d}x;$

(4) $\int_0^\pi xf(\sin x)\mathrm{d}x = \dfrac{\pi}{2}\int_0^\pi f(\sin x)\mathrm{d}x;$

(5) $\int_0^{\frac{\pi}{2}} f(\sin x)\mathrm{d}x = \int_0^{\frac{\pi}{2}} f(\cos x)\mathrm{d}x.$

8. 若 $f(u) \in C_{[0,x]}$，用分部积分法证明

$$\int_0^x f(u)(x-u)\mathrm{d}u = \int_0^x \left[\int_0^u f(x)\mathrm{d}x\right]\mathrm{d}u.$$

9. 若连续函数 $f(x)$ 的图形关于直线 $x=T$ 对称，且 $a<T<b$，则

$$\int_a^b f(x)\mathrm{d}x = 2\int_T^b f(x)\mathrm{d}x + \int_a^{2T-b} f(x)\mathrm{d}x.$$

10. 计算下列非连续函数的积分：

(1) $\int_0^3 \mathrm{sgn}(x-x^3)\mathrm{d}x;$ (2) $\int_0^2 [e^x]\mathrm{d}x;$

(3) $\int_0^6 [x]\sin\dfrac{\pi x}{6}\mathrm{d}x;$ (4) $\int_1^{n+1} \ln[x]\mathrm{d}x.$

11. 利用积分第二中值定理，估计积分：

(1) $\int_{100\pi}^{200\pi} \dfrac{\sin x}{x}\mathrm{d}x;$ (2) $\int_a^b \sin x^2\mathrm{d}x \quad (0<a<b).$

7.5 定积分的近似计算

虽然牛顿-莱布尼兹公式给出了定积分的计算方法，它把计算定积分归结为寻求原函数. 但是能求出原函数的连续函数毕竟是很少的，在不能求得原函数的情况，就只能通过近似计算的方法求积分的近似值了. 这里我们介绍两种求积分近似值的方法.

7.5.1 梯形公式

由于定积分 $\int_a^b f(x)\mathrm{d}x$ 在几何上表示曲边梯形 $ABCD$ 的面积 S（图 7-3），因此，求 $\int_a^b f(x)\mathrm{d}x$ 的近似值也就是求面积 S 的近似值. 所谓梯形公式就是用梯形近似地代替曲边梯形所得到的近似公式.

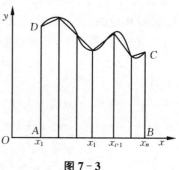

图 7-3

将区间 $[a,b]$ 分为 n 等份，其分点的横坐标自小到大记为 $x_1, x_2, \cdots, x_{n-1}$，并记 $x_0 = a, x_n = b$，即

$$a = x_0 < x_1 < x_2 < \cdots < x_n = b.$$

过每个分点作铅直线与曲线 CD 相交，于是图形 $ABCD$ 被分为 n 个小的曲边梯形. 记 $y_i = f(x_i)$，则以这些小曲边梯形的顶点为顶点的小梯形的面积依次为

$$\frac{b-a}{n} \cdot \frac{y_0 + y_1}{2}, \; \frac{b-a}{n} \cdot \frac{y_1 + y_2}{2}, \; \cdots, \; \frac{b-a}{n} \cdot \frac{y_{n-1} + y_n}{2},$$

以它们作为小曲边梯形的面积的近似值，相加后即得 $\int_a^b f(x)\mathrm{d}x$ 的近似值：

$$\int_a^b f(x)\mathrm{d}x \approx \frac{b-a}{n}\left(\frac{y_0 + y_n}{2} + y_1 + \cdots + y_{n-1}\right). \quad (7.42)$$

公式(7.42)称为**梯形公式**.

7.5.2 抛物线公式

以 $x_{i+\frac{1}{2}}$ 表示区间 $[x_i, x_{i+1}]$ 的中点，将曲线 $y = f(x)$ 上以 $x_{i+\frac{1}{2}}$

为横坐标的点的纵坐标记为 $y_{i+\frac{1}{2}}$. 在梯形公式中, 是以连接 $(x_i,$ $y_i)$ 与 (x_{i+1}, y_{i+1}) 的线段代替相应的曲线弧的. 而这一次以由 $(x_i,$ $y_i), (x_{i+\frac{1}{2}}, y_{i+\frac{1}{2}}), (x_{i+1}, y_{i+1})$ 三点所决定的具有铅垂轴的抛物线弧代替相应的曲线弧. 首先我们指出有且只有一条这样的抛物线通过这三点. 事实上, 具有铅垂轴的抛物线的一般方程为

$$y = ax^2 + bx + c.$$

于是

$$\left.\begin{array}{l} ax_i^2 + bx_i + c = y_i, \\ ax_{i+\frac{1}{2}}^2 + bx_{i+\frac{1}{2}} + c = y_{i+\frac{1}{2}}, \\ ax_{i+1}^2 + bx_{i+1} + c = y_{i+1}, \end{array}\right\} \tag{7.43}$$

由于 $x_i, x_{i+\frac{1}{2}}, x_{i+1}$ 互不相等, 所以行列式

$$\begin{vmatrix} x_i^2 & x_i & 1 \\ x_{i+\frac{1}{2}}^2 & x_{i+\frac{1}{2}} & 1 \\ x_{i+1}^2 & x_{i+1} & 1 \end{vmatrix} \neq 0,$$

因而 a, b, c 可由方程组 (7.43) 唯一确定.

现在我们来考察以这样的抛物线弧为曲边的曲边梯形的面积. 例如, 可以验证对于第一个这样的图形, 其面积可表为

$$P = \frac{h}{6}(y_0 + 4y_{\frac{1}{2}} + y_1), \tag{7.44}$$

其中 $h = \dfrac{b-a}{n}$, 事实上, 不失一般性可以设 $x_0 = 0$, 于是由方程组 (7.43) 得:

$$y_0 = c, \quad y_{\frac{1}{2}} = \frac{ah^2}{4} + \frac{bh}{2} + c, \quad y_1 = ah^2 + bh + c.$$ 将这些结果代入 (7.44) 得

$$P = \frac{h}{6}(2ah^2 + 3bh + 6c).$$

而另一方面, 通过计算积分 $\displaystyle\int_0^h (ax^2 + bx + c)\mathrm{d}x$ 所得面积恰恰也是

这一结果.

将公式(7.44)用到每个窄条上去,以抛物线下面的那块面积的精确值

$$\frac{b-a}{6n}\left(y_0+4y_{\frac{1}{2}}+y_1\right),\frac{b-a}{6n}\left(y_1+4b_{\frac{3}{2}}+y_2\right),$$

$$\cdots,\frac{b-a}{6n}\left(y_{n-1}+4y_{n-\frac{1}{2}}+y_n\right),$$

作为相应的小曲边梯形的面积的近似值,加在一起乃得

$$\int_a^b f(x)\mathrm{d}x\approx\frac{b-a}{6n}\big[(y_0+y_n)+2(y_1+\cdots+y_{n-1})$$

$$+4(y_{\frac{1}{2}}+\cdots+y_{n-\frac{1}{2}})\big]\qquad(7.45)$$

这称为**抛物线公式**或**辛卜生(Simpson)公式**.

公式(7.42)和(7.45)是常用的两个近似公式. 不过,由于在大致相同的计算量之下,抛物线公式比梯形公式更为精确,因此,也就尤为常用.

例 1　计算 $I=\int_1^2\dfrac{\mathrm{d}x}{x}$ 的近似值.

我们将区间$[1,2]$分为 10 等分,并分别利用梯形公式与抛物线公式计算这个积分. 对于梯形公式$(n=10)$

$x_1=1.1$	$y_1=0.9091$	$x_0=1.0$	$y_0=1.0000$
$x_2=1.2$	$y_2=0.8333$	$x_{10}=2.0$	$y_{10}=0.5000$
$x_3=1.3$	$y_3=0.7692$		和数 1.5000
$x_4=1.4$	$y_4=0.7143$		
$x_5=1.5$	$y_5=0.6667$		
$x_6=1.6$	$y_6=0.6250$		
$x_7=1.7$	$y_7=0.5882$		
$x_8=1.8$	$y_8=0.5556$		
$x_9=1.9$	$y_9=0.5263$		
	和数 6.1877		

由公式(7.42)

$$I \approx \frac{1}{10}\left(\frac{1.5000}{2} + 6.1877\right) = 0.6938.$$

而对于抛物线公式($n=5$)

$x_1 = 1.2$　$y_1 = 0.8333$　　　$x_{\frac{1}{2}} = 1.1$　$y_{\frac{1}{2}} = 0.9091$

$x_2 = 1.4$　$y_2 = 0.7143$　　　$x_{\frac{3}{2}} = 1.3$　$y_{\frac{3}{2}} = 0.7692$

$x_3 = 1.6$　$y_3 = 0.6250$　　　$x_{\frac{5}{2}} = 1.5$　$y_{\frac{5}{2}} = 0.6667$

$\underline{x_4 = 1.8\quad y_4 = 0.5556}$　　　$x_{\frac{7}{2}} = 1.7$　$y_{\frac{7}{2}} = 0.5882$

　　　和数　2.7282　　　　　$\underline{x_{\frac{9}{2}} = 1.9\quad y_{\frac{9}{2}} = 0.5263}$

$x_0 = 1.0$　$y_0 = 1.0000$　　　　　和数　3.4595

$\underline{x_5 = 2.0\quad y_5 = 0.5000}$

　　　和数　1.5000

由公式(7.45)

$$I \approx \frac{1}{30}(1.5000 + 2 \times 2.7282 + 4 \times 3.4595) \approx 0.6932$$

由于 $\int_1^2 \frac{dx}{x} = \ln 2$，实际上有

$$\ln 2 = 0.693147\cdots$$

可见公式(7.45)确实比公式(7.42)更准确.

习　题

1. 取 $n=12$，利用梯形公式计算 $\int_0^1 \frac{dx}{1+x^3}$，计算到小数点后 4 位.

2. 取 $n=4$，利用抛物线公式计算 $\int_1^9 \sqrt{x}\,dx$，计算到小数点后 3 位.

7.6　定积分的应用

7.6.1　平面图形的面积

平面上界于一条或几条封闭折线之间的图形称为多边形（如图 7-4）. 每一个多边形都可以分解为若干个三角形，求出这些三角形的面积之和就得到了多边形的面积，因此每一个多边形都是可以求面积的. 我们以此为出发点讨论任意图形的面积.

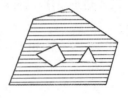

图 7-4

考虑以一条或几条封闭曲线为边界的平面图形 (P)（图 7-5）.

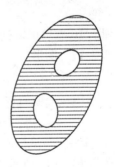

图 7-5

作包含 (P) 的以及为 (P) 所包含的多边形 (B) 及 (A)，并依次以 B 及 A 表示它们的面积，显然有 $A \leqslant B$. 对于一切可能的多边形 (A)，记它们的面积所成的数集为$\{A\}$,则数集$\{A\}$有上界B,从而有上确界P_*,并且$P_*\leqslant B$. 而由此又知数集$\{B\}$有下界P_*,于是有下确界P^*,并且$P_*\leqslant P^*$,从而

$$A\leqslant P_*\leqslant P^*\leqslant B. \tag{7.46}$$

如果$P_*=P^*$,则它们的公共值P称为图形(P)的**面积**,并且说(P)的面积是存在的或者说(P)**可求积**.

面积的这种定义是符合于人们的直觉的,为了能从这个定义出发,讨论平面图形的面积的存在性,首先建立几条引理.

引理 7.16 (P)可求积的充分必要条件是,任给$\varepsilon>0$,总存在包含(P)的多边形(B),以及被(P)所包含的多边形(A),使

$$B-A<\varepsilon.$$

证 如果(P)有面积P,则

$$P=\sup\{A\}=\inf\{B\}.$$

于是存在多边形(A)及(B),前者被(P)包含而后者包含(P)使得

$$0\leqslant P-A<\frac{\varepsilon}{2},\quad 0\leqslant B-P<\frac{\varepsilon}{2},$$

由此即得$B-A<\varepsilon$,即条件是必要的. 反之,由(7.46)立即得知条件是充分的.

引理 7.16 显然可以改述为如下形式.

引理 7.17 图形(P)可求积的充要条件是:存在两个多边形序列$\{(A_n)\}$及$\{(B_n)\}$,每个(A_n)都被(P)所包含,而每个(B_n)都包含(P),并且它们的面积有公共的极限

$$\lim_{n\to\infty}A_n=\lim_{n\to\infty}B_n=P.$$

在所述条件成立时,这极限值P就是(P)的面积.

引理 7.18 (P)可求积的充分必要条件是:存在两个可求积的图形序列$\{(Q_n)\}$及$\{(R_n)\}$,前者均包含于(P),后者均包含(P),而它们的面积有公共的极限

$$\lim_{n\to\infty}Q_n=\lim_{n\to\infty}R_n=P.$$

在所述条件成立时,这个极限值 P 也就是(P)的面积.

证 由引理 7.17,必要性是显然的. 对于充分性,由于(Q_n)及(R_n)都是可积的,故存在含于(Q_n)的多边形(A_n),以及包含(R_n)的多边形(B_n),使得它们的面积满足不等式

$$Q_n - \frac{1}{n} < A_n < Q_n,$$

$$R_n < B_n < R_n + \frac{1}{n}.$$

令 $n \to \infty$,即知引理 7.17 的条件满足,因而(P)是可积的.

现在重新考虑曲边梯形 $MNPQ: 0 \leqslant y \leqslant f(x), a \leqslant x \leqslant b$,其中 $f(x)$ 是$[a,b]$上的连续函数(图 7-6). 我们要证明图形 $MNPQ$ 可求积,并且

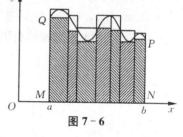

图 7-6

$$S = \int_a^b f(x) \mathrm{d}x. \quad (7.47)$$

为此,以 π 记$[a,b]$的一个分割,以 m_i 及 M_i 记 $f(x)$ 在$[x_i, x_{i+1}]$上的最小值及最大值,并以每个小区间$[x_i, x_{i+1}]$为底分别作高为 m_i 及 M_i 的矩形,就得到了包含于 $MNPQ$ 的多边形(A)及包含 $MNPQ$ 的多边形(B),并且它们的面积

$$A = \sum_{i=0}^{n-1} m_i \Delta x_i, \quad B = \sum_{i=0}^{n-1} M_i \Delta x_i$$

正是 $f(x)$ 与这一分割所对应的达布下和与上和,对于任意取定的一系列分割 π_k,相应地得到数列$\{A_k\}$和$\{B_k\}$,如我们所知,只要分割的模 λ_k 随 k 趋于无穷而趋于零,则必有

$$\lim_{k \to \infty} A_k = \lim_{k \to \infty} B_k = \int_a^b f(x) \mathrm{d}x,$$

于是,由引理 7.17,曲边梯形 $MNPQ$ 是可求积的,并且其面积 S

可由公式(7.47)算出.

如果在$[a,b]$上$f(x) \leqslant 0$，则对于如上作出的每个多边形，其面积($\geqslant 0$)将等于对应的达布和($\leqslant 0$)与-1的乘积，由此，代替公式(7.47)的显然应该是

$$S = -\int_a^b f(x)\mathrm{d}x,$$

如果将它改写成

$$S = \int_a^b |y|\,\mathrm{d}x = \int_a^b |f(x)|\,\mathrm{d}x, \tag{7.48}$$

则显然适用于$f(x) \geqslant 0, f(x) \leqslant 0$及$f(x)$变号的种种情况.

以$x = a$，$x = b$及曲线$y = f_1(x), y = f_2(x)(a < b, f_1(x) \leqslant f_2(x))$为边界的曲边图形的面积显然是(图7-7)

$$S = \int_a^b [f_2(x) - f_1(x)]\mathrm{d}x, \tag{7.49}$$

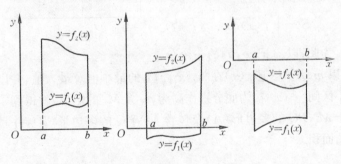

图7-7

当曲线方程以连续函数$x = g(y)$给出，而曲边梯形表示为

$$0 \leqslant x \leqslant g(y), \quad c \leqslant y \leqslant d;$$
$$g(y) \leqslant x \leqslant 0, \quad c \leqslant y \leqslant d;$$
$$g_1(y) \leqslant x \leqslant g_2(y), c \leqslant y \leqslant d;$$

或其他形式时，不难写出相应的面积公式.

例 1　求抛物线 $y^2 = 2x$ 与直线 $x - y = 4$ 所围成的图形的面积 S(图 7 - 8).

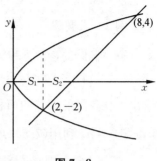

解　抛物线与直线交于两点$(2, -2)$及$(8, 4)$. 直线 $x=2$ 将 S 分为左右两部分,分别以 S_1 与 S_2 表示它们的面积. 而 S_1 又被 Ox 轴分成上下相等的两部分,于是由公式(7.47)与(7.49)得

图 7 - 8

$$S_1 = 2\int_0^2 \sqrt{2x}\,\mathrm{d}x = \frac{16}{3},$$

$$S_2 = \int_2^8 (\sqrt{2x} - x + 4)\,\mathrm{d}x = \frac{38}{3}.$$

最后,

$$S = S_1 + S_2 = 18.$$

我们指出,如果将抛物线及直线的方程写成 $x = g(y)$ 的形式,则可以更简单地得到所求面积:

$$S = \int_{-2}^4 \left(y + 4 - \frac{y^2}{2}\right)\mathrm{d}y = \left(\frac{y^2}{2} + 4y - \frac{y^3}{6}\right)\Big|_{-2}^4 = 18.$$

由此可见,视具体情况而选择合适的公式对于简化计算过程是有好处的.

如果曲边梯形的曲边 l 表示为参数方程

$$x = \varphi(t), y = \psi(t) \quad \alpha \leqslant t \leqslant \beta(或 \beta \leqslant t \leqslant \alpha)$$

这里 $\varphi(\alpha) = a < b = \varphi(\beta)$, $\psi(t), \varphi(t)$ 及它们的导数在$[\alpha, \beta]$(或$[\beta, \alpha]$)上连续且在(α, β)(或(β, α))内 $\varphi'(t) \neq 0$. 在公式(7.48)中作变数变换 $x = \varphi(t)$,则由曲线 l, Ox 轴以及直线 $x = a, x = b$ 所围图形的面积为

$$S = \int_\alpha^\beta |y(t)| x'(t)\mathrm{d}t = \int_\alpha^\beta |\psi(t)| \varphi'(t)\mathrm{d}t. \qquad (7.50)$$

例 2　求椭圆 $\dfrac{x^2}{a^2} + \dfrac{y^2}{b^2} = 1$ 的面积 $(a>0, b>0)$.

解　椭圆的参数方程为

$$x = a\cos t, \quad y = b\sin t \quad (0 \leqslant t \leqslant 2\pi),$$

求出第一象限的部分的面积 4 倍之即得全部面积,注意 $x\left(\dfrac{\pi}{2}\right) = 0, x(0) = a$,利用(7.50)乃得

$$S = 4\int_{\frac{\pi}{2}}^{0} y(t)x'(t)\mathrm{d}t = 4ab\int_{\frac{\pi}{2}}^{0}(-\sin^2 t)\mathrm{d}t$$

$$= 4ab\int_{0}^{\frac{\pi}{2}}\sin^2 t\mathrm{d}t = \pi ab.$$

若 $a=b=r$,则得圆的面积为 $S=\pi r^2$. 当然,这个面积也可以利用直角坐标下的公式(7.48)直接算出.

例 3　求旋轮线的一拱(图 7-9)

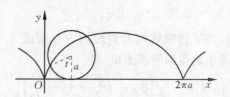

图 7-9

$$x = a(t-\sin t), y = a(1-\cos t), (0 \leqslant t \leqslant 2\pi)$$

与 Ox 轴所围成图形的面积.

解　按公式(7.50),

$$S = \int_{0}^{2\pi} a^2(1-\cos t)^2\mathrm{d}t$$

$$= a^2\int_{0}^{2\pi}(1-2\cos t+\cos^2 t)\mathrm{d}t$$

$$= a^2\int_{0}^{2\pi}\left(1-2\cos t+\frac{1+\cos 2t}{2}\right)\mathrm{d}t$$

$$= a^2 \left(\frac{3}{2}t - 2\sin t + \frac{1}{4}\sin 2t \right) \Big|_0^{2\pi}$$

$$= 3\pi a^2.$$

最后考虑图形(P)的边界曲线由极坐标方程$r = r(\theta)$以及$\theta = \alpha, \theta = \beta$给出的情况,即考虑曲边扇形$0 \leqslant r \leqslant r(\theta), \alpha \leqslant \theta \leqslant \beta$(图7-10)的面积,设$r(\theta) \geqslant 0$且在$\alpha \leqslant \theta \leqslant \beta$时$r(\theta)$是连续的,我们要证明由$\theta = \alpha, \theta = \beta$以及$r = r(\theta)$所围成的图形是可求积的,并且其面积为

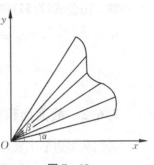

图 7-10

$$S = \frac{1}{2}\int_\alpha^\beta r^2(\theta)\mathrm{d}\theta. \qquad (7.51)$$

为此目的,以任意指定的方式分割区间$[\alpha, \beta]$:

$$\alpha = \theta_0 < \theta_1 < \theta_2 < \cdots < \theta_{n-1} < \theta_n = \beta$$

亦即以$\theta_1, \theta_2, \cdots, \theta_{n-1}$为极角作相应的矢径,记$r(\theta)$在$[\theta_i, \theta_{i+1}]$上的最小值为$m_i$,最大值为$M_i$,所有的圆扇形$\theta_i \leqslant \theta \leqslant \theta_{i+1}, 0 \leqslant r \leqslant m_i, i = 0, 1, 2, \cdots, n-1$构成一个图形$(Q)$,它被$(S)$所包含. 而以$M_i$代替$m_i$,则得包含$(P)$的图形$(R)$,图形$(Q)$和$(R)$的面积

$$Q = \frac{1}{2}\sum_{i=0}^{n-1} m_i^2 \Delta\theta_i, \quad R = \frac{1}{2}\sum_{i=0}^{n-1} M_i^2 \Delta\theta_i$$

恰恰是积分$\frac{1}{2}\int_\alpha^\beta r^2(\theta)\mathrm{d}\theta$的达布和,于是当$\lambda = \max\limits_i\{\Delta\theta_i\} \to 0$时,这两个和数有共同极限

$$\frac{1}{2}\int_\alpha^\beta r^2(\theta)\mathrm{d}\theta.$$

于是由引理7.18,知(P)可求积,且其面积S由(7.51)表出.

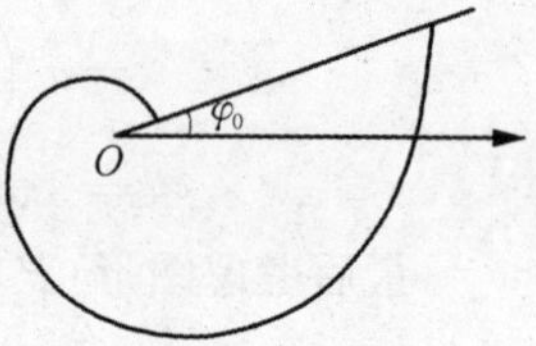

例4 求对数螺线的一段弧 $r = \mathrm{e}^{k\varphi}$
$(k > 0, \varphi_0 \leqslant \varphi \leqslant \varphi_0 + 2\pi)$ 与射线 $\varphi = \varphi_0$
所围成的面积 S(图 7-11).

解 由公式(7.51)得

$$S = \frac{1}{2}\int_{\varphi_0}^{\varphi_0+2\pi} \mathrm{e}^{2k\varphi}\,\mathrm{d}\varphi = \frac{1}{4k}\mathrm{e}^{2k\varphi}\Big|_{\varphi_0}^{\varphi_0+2\pi}$$

图 7-11

$$= \frac{1}{4k}(\mathrm{e}^{2k(\varphi_0+2\pi)} - \mathrm{e}^{2k\varphi_0}) = \frac{\mathrm{e}^{2k\varphi_0}}{4k}(\mathrm{e}^{4k\pi} - 1).$$

7.6.2 截面面积为已知的立体的体积

我们从多边形出发,建立了任意的平面图形的面积概念.同样地,从多面体出发,可以建立起一般立体的体积概念.

设由一个或几个闭曲面围成了立体(V),考虑含于(V)的多面体(X)以及包含(V)的多面体(Y),则

$$V_* = \sup\{X\} \ \text{及} \ V^* = \inf\{Y\}$$

是存在的.如果 $V_* = V^*$,则称它们的公共值 V 为(V)的**体积**,并说(V)是**可求积的**.于是读者可以立即写出与引理 7.16~7.18 所对应的引理.而由此,又可建立如下简单事实:如果正柱体的高为H,而底是面积为 P 的可求积图形(P),则此柱体(V)的体积为PH.事实上,取多边形(A_n)及(B_n),使(A_n)含于(P),而(B_n)包含(P),并且

$$\lim_{n\to\infty} A_n = \lim_{n\to\infty} B_n = P.$$

以(A_n)及(B_n)为底作高为 H 的正棱柱(X_n)及(Y_n),则(X_n)含于(V),而(Y_n)包含(V),

$$X_n = A_nH, \quad Y_n = B_nH.$$

并且当 $n \to \infty$ 时 X_n 及 Y_n 都以 PH 为极限.因而 $V = PH$.

现在考虑一个立体(V),它介于平面 $x = a$ 与 $x = b(a < b)$ 之间.如果

（ⅰ）垂直于 Ox 轴的每一平面截割 (V)，所得的截面图形是可求积的，其面积 $P(x)$ 是 x 的连续函数；

（ⅱ）每两个截面在与 Ox 轴垂直的平面上的正投影必定是一个包含另一个.

则 (V) 必定可积，且

$$V = \int_a^b P(x)\mathrm{d}x. \tag{7.52}$$

为了证明，以任意指定的方式分割 $[a,b]$：

$$a = x_0 < x_1 < \cdots < x_{n-1} < x_n = b,$$

过每个分点 x_i 作垂直于 Ox 轴的平面与 (V) 相交得截面 (P_i)，而立体 (V) 则分为 n 个小的立体 (V_i) $(i=0,1,2,\cdots,n-1)$，记 $P(x)$ 在 $[x_i, x_{i+1}]$ 上的最小值为 m_i，最大值为 M_i，将相应的最小截面与最大截面投影到平面 $x=x_i$ 上，并以这两个投影为底面在平面 $x=x_i$ 与 $x=x_{i+1}$ 之间作高为 Δx_i 的正柱体，则由条件（ⅱ），知前者含于 (V_i) 而后者包含 (V_i)，而它们的体积依次为 $m_i \Delta x_i$ 及 $M_i \Delta x_i$.

这些在 (V_i) 内的正柱体组成立体 (X)，这些包含 (V_i) 的正柱体组成立体 (Y)，于是 (X) 含于 (V)，(Y) 包含 (V)，并且 (X) 及 (Y) 的体积

$$X = \sum_{i=0}^{n-1} m_i \Delta x_i, \quad Y = \sum_{i=0}^{n-1} M_i \Delta x_i$$

就是 $\int_a^b P(x)\mathrm{d}x$ 的达布和. 由已知条件（ⅰ），当 $\lambda = \max_i \{\Delta x_i\} \to 0$ 时，它们有共同极限 $\int_a^b P(x)\mathrm{d}x$，而这就证明了 (V) 可求积，且 (7.52) 成立.

有时会遇到一种立体，它们不满足条件（ⅱ），但只要满足条件（ⅰ）并有体积，则其体积就可以借助公式 (7.52) 算出.

例1 求椭球体 $\dfrac{x^2}{a^2}+\dfrac{y^2}{b^2}+\dfrac{z^2}{c^2}=1$ $(a>0,b>0,c>0)$ 的体积.

解 以垂直于 x 轴的平面截此椭球得一截面,其边界曲线在 Oyz 平面上的投影为

$$\frac{y^2}{b^2\left(1-\dfrac{x^2}{a^2}\right)}+\frac{z^2}{c^2\left(1-\dfrac{x^2}{a^2}\right)}=1,$$

这是半轴为 $\dfrac{b}{a}\sqrt{a^2-x^2}$, $\dfrac{c}{a}\sqrt{a^2-x^2}$ 的椭圆,其面积为

$$P(x)=\frac{\pi bc}{a^2}(a^2-x^2),$$

按公式(7.52),所求体积为

$$V=\int_{-a}^{a}\frac{\pi bc}{a^2}(a^2-x^2)\mathrm{d}x=\frac{2\pi bc}{a^2}\int_{0}^{a}(a^2-x^2)\mathrm{d}x=\frac{4\pi abc}{3}.$$

如果 $a=b=c=r$,则得半径为 r 的球体体积为 $\dfrac{4}{3}\pi r^3$.

例2 求椭圆柱面 $\dfrac{x^2}{a^2}+\dfrac{y^2}{b^2}=1$

及两个平面 $z=\dfrac{c}{a}x, z=0$ $(a>0,$ $b>0,c>0)$ 所围成的立体的体积 (图7-12).

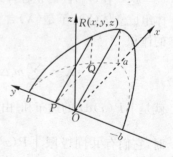

图7-12

解 所围立体由两个部分组成, 分别位于 Oxy 平面两侧,我们来求上侧那块的体积 V. 用垂直于 Oy 轴的平面截所给立体,所得截面为直角三角形 PQR ,其面积为 $\dfrac{1}{2}\mid PQ\mid\cdot\mid QR\mid=\dfrac{1}{2}xz$(这里记点 R 的

坐标为 (x,y,z)),注意点 Q 在 Oxy 平面内的椭圆 $\dfrac{x^2}{a^2}+\dfrac{y^2}{b^2}=1$ 上,

而点 R 在平面 $z=\dfrac{c}{a}x$ 内,即得

$$\begin{aligned}
P(y) &= \frac{1}{2}xz = \frac{c}{2a}x^2 \\
&= \frac{c}{2a}a^2\left(1-\frac{y^2}{b^2}\right) \\
&= \frac{ac}{2b^2}(b^2-y^2),
\end{aligned}$$

于是

$$\begin{aligned}
V &= \int_{-b}^{b}P(y)\mathrm{d}y = \int_{-b}^{b}\frac{ac}{2b^2}(b^2-y^2)\mathrm{d}y \\
&= \frac{ac}{b^2}\int_{0}^{b}(b^2-y^2)\mathrm{d}y = \frac{2abc}{3}.
\end{aligned}$$

按对称性,整个立体体积为 $2V$,即 $\dfrac{4abc}{3}$.

建议用与 Ox 轴垂直的平面去截而计算同一体积.

我们所研究的立体的一种特例,即所谓旋转体. 位于 Oxy 平面内 Ox 轴上方的一条连续曲线 $y=f(x)(a\leqslant x\leqslant b)$ 绕 Ox 轴旋转而得一个曲面,这个曲面与两个平面 $x=a,x=b$ 包围了立体 (V). 显然,以垂直 x 轴的每一平面去截这一立体时得到的截面都是圆,其面积为 $P(x)=\pi f^2(x)$. 于是公式(7.52)取形式

$$V = \int_{a}^{b}\pi y^2\mathrm{d}x = \int_{a}^{b}\pi f^2(x)\mathrm{d}x. \tag{7.53}$$

而当以曲边梯形 $a\leqslant x\leqslant b,0\leqslant f_1(x)\leqslant y\leqslant f_2(x)$ 绕 x 轴旋转时,所得体积为

$$V = \int_{a}^{b}\pi[f_2^2(x)-f_1^2(x)]\mathrm{d}x. \tag{7.54}$$

例 3 将旋轮线 $x = a(t - \sin t), y = a(1 - \cos t)$ 的一拱 $(0 \leqslant t \leqslant 2\pi)$ (图 7-9)绕 Ox 轴旋转,求所得曲面所围的旋转体的体积.

解 在公式(7.53)中作变数变换 $x = a(t - \sin t)$,于是
$$y = a(1 - \cos t), \mathrm{d}x = a(1 - \cos t)\mathrm{d}t.$$

$$V = \int_0^{2\pi} \pi a^3 (1 - \cos t)^3 \mathrm{d}t$$

$$= \pi a^3 \int_0^{2\pi} (1 - 3\cos t + 3\cos^2 t - \cos^3 t)\mathrm{d}t$$

$$= \pi a^3 \left(\frac{5}{2}t - 4\sin t + \frac{3}{4}\sin 2t + \frac{1}{3}\sin^3 t \right) \Big|_0^{2\pi}$$

$$= 5\pi^2 a^3.$$

例 4 求 $x^2 + (y - b)^2 \leqslant a^2 (0 < a \leqslant b)$ 绕 Ox 轴旋转所得的体积.

解 在公式(7.54)中,$f_2(x) = b + \sqrt{a^2 - x^2}, f_1(x) = b - \sqrt{a^2 - x^2}$ (图 7-13),故

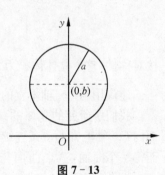

图 7-13

$$V = \pi \int_{-a}^a \big[(b + \sqrt{a^2 - x^2})^2 - (b - \sqrt{a^2 - x^2})^2 \big] \mathrm{d}x$$

$$= \pi \int_{-a}^a 4b \sqrt{a^2 - x^2} \mathrm{d}x$$

$$= 8b\pi \int_0^a \sqrt{a^2 - x^2} \mathrm{d}x$$

$$= 2\pi^2 a^2 b.$$

7.6.3　曲线的弧长

曲线弧与直线段不同,不能用直尺度量它的长度. 现在我们从直线段可以求长这一事实出发定义曲线弧的长度,并给出计算

公式.

　　考虑平面上一条自身不相交的非闭曲线$\overset{\frown}{AB}$,在$\overset{\frown}{AB}$上从A到B任意取分点$M_0 = A$, M_1, M_2, $\cdots$, M_{n-1}, $M_n = B$,依次连接这些分点,则得一折线(图7-14),我们知道这折线的长度l是可以度量的. 记$d = \max\limits_i |M_i M_{i+1}|$,如果$d \to 0$时$l$有有限极限,则称这个极限是$\overset{\frown}{AB}$的**弧长**,并且说$\overset{\frown}{AB}$是**可以求长的**. 显然,在$\overset{\frown}{AB}$可求长时,$\overset{\frown}{BA}$也是可求长的,并且$\overset{\frown}{AB}$与$\overset{\frown}{BA}$有相同的弧长.

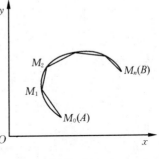

图 7 - 14

　　设$\overset{\frown}{AB}$的参数方程为

$$x = x(t), y = y(t), \alpha \leqslant t \leqslant \beta, \tag{7.55}$$

这里$x(t)$,$y(t)$连续且有连续导数,$t = \alpha$对应于端点A,$t = \beta$对应于端点B,则$\overset{\frown}{AB}$的弧长为

$$s = \int_\alpha^\beta \sqrt{x'^2(t) + y'^2(t)}\,\mathrm{d}t. \tag{7.56}$$

　　为了证明这一公式,记M_i的坐标为(x_i, y_i),设它们相应于参数t_i,即$x_i = x(t_i)$,$y_i = y(t_i)$,并且根据M_i在$\overset{\frown}{AB}$上的排列次序,有

$$\alpha = t_0 < t_1 < t_2 < \cdots < t_{n-1} < t_n = \beta.$$

记$\Delta t_i = t_{i+1} - t_i$,$\lambda = \max\limits_i\{\Delta t_i\}$,首先建立一条引理.

　　引理7.19　$d \to 0$的充要条件是$\lambda \to 0$.

　　证　(充分性)　任给$\varepsilon > 0$,按$x(t)$,$y(t)$在$[\alpha, \beta]$上的一致连续性,可以确定$\delta > 0$,使得只要$\lambda < \delta$,就有

$$|x(t_{i+1}) - x(t_i)| < \varepsilon, \ |y(t_{i+1}) - y(t_i)| < \varepsilon.$$
$$(i = 0, 1, \cdots, n-1)$$

于是

$$|M_i M_{i+1}| = \sqrt{[x(t_{i+1}) - x(t_i)]^2 + [y(t_{i+1}) - y(t_i)]^2}$$
$$< \sqrt{2}\varepsilon,$$

从而 $\max\limits_{i}\{|M_i, M_{i+1}|\} < \sqrt{2}\varepsilon$. 这表明条件是充分的.

（必要性）　采用反证法证明,设对于某个 $\varepsilon_0 > 0$, 不论 $\delta > 0$ 多么小,都存在相继的某两点 M_k, M_{k+1} 使 $|M_k M_{k+1}| < \delta$, 但却有

$$|t_{k+1} - t_k| \geqslant \varepsilon_0.$$

为简化记号,避免过多的足码,把这两个不等式依次记为 $|M'M''| < \delta$ 及 $|t'' - t'| \geqslant \varepsilon_0$. 取 $\delta_n \to 0 (n \to \infty)$, 则得

$$|M'_n M''_n| < \delta_n, \quad |t''_n - t'_n| \geqslant \varepsilon_0. \tag{7.57}$$

这里 M'_n, M''_n 是相继的两点 M_k, M_{k+1}, 它们可以因 n 的不同而不同. 对有界数列 $\{t'_n\}, \{t''_n\}$ 应用收敛子列定理(定理 1.19), 选出收敛子列,并仍用 $\{t'_n\}, \{t''_n\}$ 记之,则

$$t'_n \to t^*, t''_n \to t^{**} \quad (n \to \infty).$$

相应地,由 $x(t), y(t)$ 的连续性

$$\begin{cases} x(t'_n) \to x(t^*), \\ y(t'_n) \to y(t^*), \end{cases} \quad \begin{cases} x(t''_n) \to x(t^{**}), \\ y(t''_n) \to y(t^{**}). \end{cases}$$

亦即

$$M'_n \to M^* = M(t^*), \quad M''_n \to M^{**} = M(t^{**}).$$

由(7.57)知 $|M^* M^{**}| = 0$, 而 $|t^* - t^{**}| \geqslant \varepsilon_0$ 即参数 t^*, t^{**} 对应于同一点 $M^* = M^{**}$, 且 $t^* \neq t^{**}$, 而这与 $\overset{\frown}{AB}$ 非闭且自身不相交矛盾,可见条件也是必要的.

按照这一引理,在本段开头定义自身不相交的非闭曲线的弧长时,可以用 $\lambda \to 0$ 代替 $d \to 0$.

现在我们来证明公式(7.56). 因为

$$|M_i M_{i+1}| = \sqrt{(x_{i+1} - x_i)^2 + (y_{i+1} - y_i)^2}$$

$$= \sqrt{[x(t_{i+1}) - x(t_i)]^2 - [y(t_{i+1}) - y(t_i)]^2},$$

关于 i 自 0 到 $n-1$ 求和,并利用微分中值定理得折线 $M_0 M_1 \cdots M_n$ 的总长为

$$l = \sum_{i=0}^{n-1} |M_i M_{i+1}|$$

$$= \sum_{i=0}^{n-1} \sqrt{[x(t_{i+1}) - x(t_i)]^2 + [y(t_{i+1}) - y(t_i)]^2}$$

$$= \sum_{i=0}^{n-1} \sqrt{x'^2(\xi_i) + y'^2(\eta_i)} \Delta t_i,$$

其中 $\xi_i, \eta_i \in (t_i, t_{i+1})$. 于是 $\overset{\frown}{AB}$ 的弧长为

$$s = \lim_{\lambda \to 0} \sum_{i=0}^{n-1} \sqrt{x'^2(\xi_i) + y'^2(\eta_i)} \Delta t_i$$

$$= \lim_{\lambda \to 0} \sum_{i=0}^{n-1} (\sqrt{x'^2(\xi_i) + y'^2(\xi_i)} \Delta t_i + \theta_i \Delta t_i),$$

其中

$$\theta_i = \sqrt{x'^2(\xi_i) + y'^2(\eta_i)} - \sqrt{x'^2(\xi_i) + y'^2(\xi_i)}.$$

注意极限号下第一部分的和数是 $\displaystyle\int_\alpha^\beta \sqrt{x'^2(t) + y'^2(t)} \, \mathrm{d}t$ 的积分和,$\lambda \to 0$ 时它以这个积分为极限,因此为证明(7.56),只需证明 $\displaystyle\lim_{\lambda \to 0} \sum_{i=0}^{n-1} \theta_i \Delta t_i = 0$, 亦即证明

$$\lim_{\lambda \to 0} \sum_{i=0}^{n-1} (\sqrt{x'^2(\xi_i) + y'^2(\eta_i)} - \sqrt{x'^2(\xi_i) + y'^2(\xi_i)}) \Delta t_i = 0.$$

事实上,若 $x'(\xi_i) \neq 0$, 则

$$|\sqrt{x'^2(\xi_i) + y'^2(\eta_i)} - \sqrt{x'^2(\xi_i) + y'^2(\xi_i)}|$$

$$= \left| \frac{y'(\xi_i) + y'(\eta_i)}{\sqrt{x'^2(\xi_i) + y'^2(\eta_i)} + \sqrt{x'^2(\xi_i) + y'^2(\xi_i)}} \right| \cdot |y'(\xi_i) - y'(\eta_i)|$$

$$\leqslant |y'(\xi_i) - y'(\eta_i)|.$$

而在 $x'(\xi_i) = 0$ 时这个不等式显然也是对的. 由 $y'(t)$ 在 $[\alpha,\beta]$ 上一致连续性,任给 $\varepsilon > 0$, 存在 $\delta > 0$, 当 $|t' - t''| < \delta$ 时有 $|y'(t') - y'(t'')| < \varepsilon$, 对于如此确定的 δ,注意 $|\xi_i - \eta_i| < \Delta t_i$, 于是当 $\lambda = \max_i \{\Delta t_i\} < \delta$ 时,必定 $|\xi_i - \eta_i| < \delta$, 从而 $|y'(\xi_i) - y'(\eta_i)| < \varepsilon$, 这样一来,

$$\left| \sum_{i=0}^{n-1} \theta_i \Delta t_i \right| \leqslant \sum_{i=0}^{n-1} |\theta_i| \Delta t_i \leqslant \varepsilon \sum_{i=0}^{n-1} \Delta t_i = \varepsilon(\beta - \alpha),$$

这就证明了

$$\lim_{\lambda \to 0} \sum_{i=0}^{n-1} \theta_i \Delta t_i = 0,$$

从而公式(7.56)得证.

如果 $x(\alpha) = x(\beta), y(\alpha) = y(\beta)$, 亦即 $A = B$, 于是 $\overset{\frown}{AB}$ 成为自身不相交的闭曲线(图 7-15),任取 $\bar{t} \in (\alpha, \beta)$, 设它对应于点 $\overline{M}$, 如果 $\overset{\frown}{A\overline{M}}$ 和 $\overset{\frown}{\overline{M}B}$ 都可求长,则说闭曲线 $A\overline{M}B$ 可求长,并定义它的长度为 $\overset{\frown}{A\overline{M}}$ 与 $\overset{\frown}{\overline{M}B}$ 的长度之和. 于是

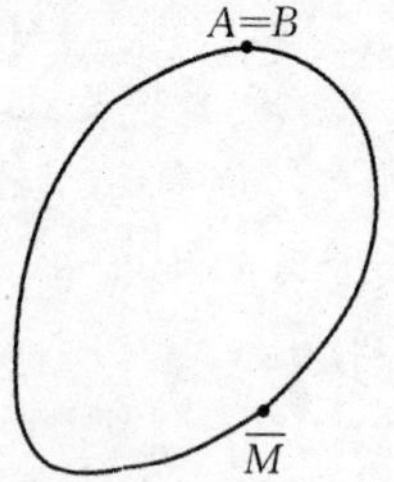

图 7-15

$$s = \int_\alpha^{\bar{t}} \sqrt{x'^2(t) + y'^2(t)}\,\mathrm{d}t + \int_{\bar{t}}^\beta \sqrt{x'^2(t) + y'^2(t)}\,\mathrm{d}t$$
$$= \int_\alpha^\beta \sqrt{x'^2(t) + y'^2(t)}\,\mathrm{d}t.$$

可见(7.56)式对于闭曲线也是对的,并且由此还可得知如上定义的闭曲线的弧长是与 $\overline{M}$ 的选取无关的.

如果曲线的方程由直角坐标 $y = y(x), a \leqslant x \leqslant b$ 给出,视 x 为参数,则由公式(7.56)可得:

$$s = \int_a^b \sqrt{1 + y'^2(x)}\,\mathrm{d}x. \tag{7.58}$$

若曲线由极坐标 $r = r(\theta), \alpha \leqslant \theta \leqslant \beta$ 给出,则其参数方程为

$$x = r(\theta)\cos\theta, \quad y = r(\theta)\sin\theta.$$

而公式(7.56)成为

$$s = \int_\alpha^\beta \sqrt{r'^2_\theta + r^2}\, d\theta. \tag{7.59}$$

注 在推导 $\overset{\frown}{AB}$ 的弧长公式(7.56)时,曾假定 $\alpha < \beta$. 如果 $\beta < \alpha$, A 对应于 $t = \alpha$, B 对应于 $t = \beta$. 由于此时 $\overset{\frown}{BA}$ 的弧长为 $\int_\beta^\alpha \sqrt{x'^2(t) + y'^2(t)}\, dt$, 而 $\overset{\frown}{AB}$ 与 $\overset{\frown}{BA}$ 有相同的弧长,故 $\overset{\frown}{AB}$ 的弧长为

$$s = \int_\beta^\alpha \sqrt{x'^2(t) + y'^2(t)}\, dt,$$

即在应用弧长公式(7.56)时总是取积分上限大于积分下限的,对公式(7.58),(7.59)亦可作类似的说明.

例1 求星形线 $x = a\cos^3 t, y = a\sin^3 t$ 的弧长(图7-16).

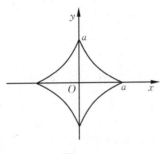

图 7 - 16

解 按对称性,只需求出位于第一象限的弧长而 4 倍之. 由(7.56)

$$s = 4\int_0^{\frac{\pi}{2}} \sqrt{(-3a\cos^2 t\sin t)^2 + (3a\sin^2 t\cos t)^2}\, dt$$

$$= 12a\int_0^{\frac{\pi}{2}} \sqrt{\cos^4 t\sin^2 t + \sin^4 t\cos^2 t}\, dt$$

$$= 12a \int_0^{\frac{\pi}{2}} \cos t \sin t \, dt = 6a \sin^2 t \Big|_0^{\frac{\pi}{2}} = 6a.$$

例 2 求悬链线 $y = \dfrac{a}{2}(e^{\frac{x}{a}} + e^{-\frac{x}{a}})$, $-l \leqslant x \leqslant l$ 的长度.

解 $y' = \dfrac{1}{2}(e^{\frac{x}{a}} - e^{-\frac{x}{a}})$,

$$\sqrt{1 + y'^2} = \sqrt{1 + \frac{1}{4}(e^{\frac{2x}{a}} - 2 + e^{-\frac{2x}{a}})}$$

$$= \frac{1}{2}\sqrt{e^{\frac{2x}{a}} + e^{-\frac{2x}{a}} + 2} = \frac{1}{2}(e^{\frac{x}{a}} + e^{-\frac{x}{a}}).$$

由(7.58),

$$s = \int_{-l}^{l} \frac{1}{2}(e^{\frac{x}{a}} + e^{-\frac{x}{a}}) dx = \int_0^l (e^{\frac{x}{a}} + e^{-\frac{x}{a}}) dx$$

$$= a(e^{\frac{x}{a}} - e^{-\frac{x}{a}}) \Big|_0^l = a(e^{\frac{l}{a}} - e^{-\frac{l}{a}}).$$

例 3 求阿基米德螺线 $r = a\theta$, $a > 0$, $0 \leqslant \theta \leqslant \theta_0$ 的弧长.

解 由(7.59)

$$s = \int_0^{\theta_0} \sqrt{a^2 + a^2\theta^2} \, d\theta = \int_0^{\theta_0} a\sqrt{1 + \theta^2} \, d\theta$$

$$= \frac{a}{2}\left[\theta_0 \sqrt{1 + \theta_0^2} + \ln(\theta_0 + \sqrt{1 + \theta_0^2})\right].$$

为以后的需要,我们在这里给出变弧的微分. 设想点 $M(t)$ 沿着 $\overparen{AB}$ 自 A 向 B 移动,则得到一个变动的弧 $\overparen{AM}$(图 7-17),按 (7.56),$\overparen{AM}$ 之长为

$$s = s(t)$$

$$= \int_a^t \sqrt{x'^2(t) + y'^2(t)} \cdot dt,$$

$$t \in [\alpha, \beta]. \tag{7.60}$$

按假定,被积函数是连续的,于是 $s(t)$ 有导数,且

$$\frac{ds}{dt} = \sqrt{x'^2(t) + y'^2(t)}. \tag{7.61}$$

如果曲线由直角坐标方程给出,则变数 x 起作参数 t 的作用,于是(7.61)成为

$$\frac{\mathrm{d}s}{\mathrm{d}x} = \sqrt{1 + y'^2(x)}, \tag{7.62}$$

而当曲线由极坐标给出时,参数为 θ,则(7.61)成为

$$\frac{\mathrm{d}s}{\mathrm{d}\theta} = \sqrt{r'^2_\theta + r^2}. \tag{7.63}$$

为说明公式(7.61)的几何意义,在它的两端乘以 $\mathrm{d}t$,并平方得

$$\mathrm{d}s^2 = \mathrm{d}x^2 + \mathrm{d}y^2, \tag{7.64}$$

或

$$\left(\frac{\mathrm{d}x}{\mathrm{d}s}\right)^2 + \left(\frac{\mathrm{d}y}{\mathrm{d}s}\right)^2 = 1. \tag{7.65}$$

当点自 M 沿曲线移动到 M_1 时(图 7-17),坐标 x,y 及弧长 s 各自取得改变量 $\Delta x, \Delta y, \Delta s$,(7.64)表明这些改变量的主部满足勾股定理.

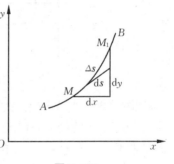

图 7-17

　　最后,我们指出,对于自身不相交(闭的或非闭的)空间曲线

$$x = x(t), \quad y = y(t), \quad z = z(t), (\alpha \leqslant t \leqslant \beta).$$

　　如果所有这些函数以及它们的导数都是连续的,则成立与(7.56),(7.60),(7.61)类似的公式:

$$s = \int_\alpha^\beta \sqrt{x'^2(t) + y'^2(t) + z'^2(t)}\,\mathrm{d}t \quad (\alpha < \beta),$$

$$s(t) = \int_a^t \sqrt{x'^2(t) + y'^2(t) + z'^2(t)}\,\mathrm{d}t, \quad t \in [\alpha, \beta].$$

$$\frac{\mathrm{d}s}{\mathrm{d}t} = \sqrt{x'^2(t) + y'^2(t) + z'^2(t)}, \quad t \in (\alpha, \beta). \tag{7.66}$$

7.6.4 旋转面的面积

作为定积分在几何上的另一个应用,我们考虑一种特殊的曲面——旋转面的面积.至于一般曲面的面积问题,留待以后讨论.

将 Oxy 平面内位于 Ox 轴上方的一段非闭的自身不相交的曲线弧 $\overset{\frown}{AB}$ 绕 Ox 轴旋转,于是得到一个旋转面 $\sum$(图 7-18).在 $\overset{\frown}{AB}$ 上按从 A 到 B 的方向随意取点

$$A = A_0, A_1, A_2, \cdots, A_{n-1}, A_n = B,$$

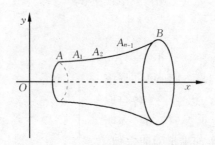

图 7-18

并考虑折线 $A_0 A_1 A_2 \cdots A_n$,线段 $A_i A_{i+1}$ 绕 Ox 轴旋转得到的是一个圆台(或圆柱)的侧面,在个别情形成为圆锥的侧面或垂直于 Ox 轴的圆环.所有这些图形的面积都是可以计算的,于是折线 $A_0 A_1 \cdots A_n$ 绕 Ox 轴旋转所得的面积也是可以计算的,记之为 Q.当然,Q 依赖于点 $A_1, A_2, \cdots, A_n$ 的选取.如果当 $\max_{i}\{\overset{\frown}{A_i A_{i+1}}\}$(弧 $\overset{\frown}{A_i A_{i+1}}$ 之长仍用 $\overset{\frown}{A_i A_{i+1}}$ 表示)趋于零时,Q 有极限 P,则说 $\sum$ 的面积为 P,现在我们要在一定条件下确定极限值 P.

设 $\overset{\frown}{AB}$ 的参数方程为

$$x = x(t), y = y(t) \quad (t_0 \leqslant t \leqslant T). \tag{7.67}$$

点 A, B 依次对应于参数 t_0 与 T.假定 $x(t), y(t)$ 有连续导数且 $x'^2(t) + y'^2(t) \neq 0$,则由(7.61)知

$$\frac{\mathrm{d}s}{\mathrm{d}t} = \sqrt{x'^{2}(t) + y'^{2}(t)} > 0,$$

这里 $s = s(t)$ 是从 A 点开始计算的弧长. $s(t_0) = 0, s(T) = l$, 于是 $s(t)$ 存在可微的反函数 $t = \omega(s)$, 在(7.67)中设想 $t = \omega(s)$, 得到曲线 $\overset{\frown}{AB}$ 以弧长为参数的方程

$$x = x(\omega(s)) = \varphi(s), \quad y = y(\omega(s)) = \psi(s), \quad (0 \leqslant s \leqslant l) \tag{7.68}$$

这样一来, 与点列 $A_0, A_1, \cdots, A_n$ 相应的参数

$$0 = s_0 < s_1 < s_2 < \cdots < s_{n-1} < s_n = l,$$

将是区间 $[0, l]$ 的一个分割. 以 $y_i = y(s_i)$ 表示 A_i 的纵坐标, 并以 d_i 表示线段 $A_i A_{i+1}$ 之长, 则 $A_i A_{i+1}$ 绕 Ox 轴转所得的面积为

$$\pi(y_i + y_{i+1}) d_i$$

从而

$$Q = \pi \sum_{i=0}^{n-1} (y_i + y_{i+1}) d_i.$$

为了求出 Q 的极限, 我们将这个和式变形:

$$\begin{aligned} Q &= 2\pi \sum_{i=0}^{n-1} y_i d_i + \pi \sum_{i=0}^{n-1} (y_{i+1} - y_i) d_i \\ &= 2\pi \sum_{i=0}^{n-1} y_i \Delta s_i + 2\pi \sum_{i=0}^{n-1} (d_i - \Delta s_i) y_i + \pi \sum_{i=0}^{n-1} (y_{i+1} - y_i) d_i. \end{aligned} \tag{7.69}$$

将右端出现的三个和数依次记为 $\sum_1, \sum_2$ 及 $\sum_3$, 下面分别研究这三个和数. 由于 $y = \psi(s)$ 作为连续函数的复合在 $[0, l]$ 上连续, 因而一致连续, 故对于任给的 $\varepsilon > 0$, 存在 $\delta > 0$, 当 $\max_i \{\overset{\frown}{A_i A_{i+1}}\} < \delta$, 亦即 $\max_i \{s_{i+1} - s_i\} < \delta$ 时, 所有的 $|y_{i+1} - y_i|$ 都小于 ε. 又注意到

$$d_i = |A_i A_{i+1}| \leqslant \overset{\frown}{A_i A_{i+1}},$$

故

$$|\Sigma_3| \leqslant \pi\varepsilon \sum_{i=0}^{n-1} d_i \leqslant \pi\varepsilon l.$$

由 ε 的任意性知,当 $\max_i\{\widehat{A_iA_{i+1}}\} \to 0$ 时,$\Sigma_3 \to 0$. 又由于连续函数 $\psi(s)$ 的有界性,存在 M,使所有 $|y_i| \leqslant M$,于是

$$|\Sigma_2| \leqslant 2\pi M \Big| \sum_{i=0}^{n-1}(d_i - \Delta s_i) \Big|$$

$$= 2\pi M \Big(\sum_{i=0}^{n-1} \Delta s_i - \sum_{i=0}^{n-1} d_i \Big)$$

$$= 2\pi M \Big(l - \sum_{i=0}^{n-1} d_i \Big).$$

注意到随着 $\max_i\{\widehat{A_iA_{i+1}}\}$ 趋于零,必定 $\max_i\{d_i\}$ 趋于零,按弧长的定义,此时 $\sum_{i=0}^{n-1} d_i$ 以 l 为极限,由此得知 $\Sigma_2 \to 0$. 最后注意 $\sum_{i=0}^{n-1} y_i \Delta s_i$ 是 $\int_0^l y \mathrm{d}s$ 的积分和,由(7.69)即知 Q 的极限是存在的,它可以表示为积分

$$P = 2\pi \int_0^l y\mathrm{d}s = 2\pi \int_0^l \psi(s)\mathrm{d}s, \qquad (7.70)$$

按定义,这就是所求的旋转面的面积.

为了回到参数方程(7.67),只需对(7.70)右端的积分进行变数变换 $s = s(t)$,注意此时 $\psi(s) = y(t)$,并利用(7.61)乃得

$$P = 2\pi \int_{t_0}^T y(t) \sqrt{x'^2(t) + y'^2(t)}\mathrm{d}t. \qquad (7.71)$$

而当曲线以直角坐标的形式 $y = y(x)$,$a \leqslant x \leqslant b$ 给出时,视 x 为参数,则(7.71)成为

$$P = 2\pi \int_a^b y(x) \sqrt{1 + y'^2(x)}\mathrm{d}x. \qquad (7.72)$$

若曲线以极坐标 $r = r(\theta)$,$\alpha \leqslant \theta \leqslant \beta$ 的形式给出,则(7.70)所

表示的是该曲线绕极轴旋转所得的旋转面的面积,利用(7.63),这个面积可以表示为

$$P = 2\pi \int_\alpha^\beta r\sin\theta \sqrt{r^2 + r'^2_\theta}\,\mathrm{d}\theta. \tag{7.73}$$

例 1 求将 $x^2 + (y-b)^2 = a^2 (0 < a \leqslant b)$ 绕 Ox 轴旋转所成曲面的面积.

解法 1 $y = b \pm \sqrt{a^2 - x^2}, y' = \mp \dfrac{x}{\sqrt{a^2 - x^2}}$,利用公式(7.72)得

$$P = 2\pi \int_{-a}^a \left[(b + \sqrt{a^2 - x^2}) + (b - \sqrt{a^2 - x^2}) \right] \sqrt{1 + \frac{x^2}{a^2 - x^2}}\,\mathrm{d}x$$

$$= 2\pi \int_{-a}^a 2b \frac{a}{\sqrt{a^2 - x^2}}\mathrm{d}x = 8\pi ab \int_0^a \frac{\mathrm{d}x}{\sqrt{a^2 - x^2}} = 4\pi^2 ab.$$

解法 2 将所给圆改写成参数方程

$$x = a\cos t, \quad y = b + a\sin t.$$

则由公式(7.71)

$$P = 2\pi \int_0^{2\pi} (b + a\sin t) \sqrt{a^2(\sin^2 t + \cos^2 t)}\,\mathrm{d}t$$

$$= 2\pi a \int_0^{2\pi} (b + a\sin t)\mathrm{d}t = 4\pi^2 ab.$$

在推导公式(7.71)时,曾假设 $\overset{\frown}{AB}$ 为非闭曲线,读者应该能解释为什么它能应用于闭曲线.

例 2 求心脏线 $r = a(1 + \cos\theta)$ (图 7-19)绕极轴旋转所成曲面的面积.

解 由于所述曲面可以由心脏线的上半枝旋转而成,在公式(7.73)中应取 $\alpha = 0, \beta = \pi$,于是

$$P = 2\pi \int_0^\pi r\sin\theta \sqrt{r^2 + r'^2_\theta}\,\mathrm{d}\theta$$

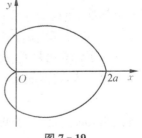

图 7-19

$$= 2\pi \int_0^\pi a(1+\cos\theta)\sin\theta \sqrt{a^2[(1+\cos\theta)^2 + \sin^2\theta]}\,\mathrm{d}\theta$$

$$= 2\pi \int_0^\pi a(1+\cos\theta)\sin\theta \sqrt{2a^2(1+\cos\theta)}\,\mathrm{d}\theta$$

$$= 16\pi a^2 \int_0^\pi \cos^4\frac{\theta}{2}\sin\frac{\theta}{2}\,\mathrm{d}\theta = \frac{32}{5}\pi a^2.$$

7.6.5　力学量和物理量的计算

我们已经利用定积分计算了面积、体积、弧长等许多几何量, 现在来分析一下这些量的共性以及为计算它们所采用的一般程式.

所有这些量 Q 都是在知道了某个区间 $[a,b]$ 上的连续函数 $f(x)$ 以后而要求计算的. 这里 x 表示自变量, 它可能是点的横坐标, 也可能是极角、弧长或曲线上的其他参数. 而函数 $y = f(x)$ 可能表示平面曲线的方程, 也可能是立体截面的面积等等, 对于给定的连续函数 $f(x)$, 量 Q 有两个特点:

$1°$ 一方面, Q 是由区间 $[a,b]$ 所决定的常量, 不妨记之为 $Q([a,b])$. 另一方面, 当考虑右端点变动的区间 $[a,x]$ $(a<x\leqslant b)$ 时, $Q([a,x])$ 又依赖于 x 而成为变量, 也就是说, 它又是 x 的函数而简记为 $Q(x)$.

$2°$ 对于 $[a,b]$ 的每个子区间, Q 都有确定的值, 并且关于区间有可加性, 即若 $[\alpha,\beta]\subset[a,b]$, $[\beta,\gamma]\subset[a,b]$, 则

$$Q([\alpha,\gamma]) = Q([\alpha,\beta]) + Q([\beta,\gamma]).$$

为了计算出量 Q, 我们采取了两个步骤:

第一步, 将区间 $[a,b]$ 进行分割, 而得到

$$a = x_0 < x_1 < \cdots < x_{n-1} < x_n = b,$$

并求出 $Q([x_i,x_{i+1}])$ (即 ΔQ_i) 的近似值 $f(\xi_i)\Delta x_i$.

第二步, 将 $f(\xi_i)\Delta x_i$ 关于 i 从 0 到 $n-1$ 求和得到

$$Q([a,b]) = \sum_{i=0}^{n-1} Q([x_i, x_{i+1}]) \approx \sum_{i=0}^{n-1} f(\xi_i)\Delta x_i$$

令 $\max_{i}\{\Delta x_i\} \to 0$ 取极限,由于连续函数 $f(x)$ 的可积性,最后得

$$Q([a,b]) = \int_a^b f(x)\mathrm{d}x.$$

如果略去足码 i,而将任意的小区间记为 $[x, x+\mathrm{d}x]$,并取 $Q([x, x+\mathrm{d}x])$ 的近似值为 $f(x)\mathrm{d}x$,由(7.26)式可知,它恰恰是 $Q(x)$ 的微分,于是,上述两步骤可以简述为

第一,在区间 $[x, x+\mathrm{d}x]$ 上计算 Q 的微分 $\mathrm{d}Q = f(x)\mathrm{d}x$.

第二,在 $[a,b]$ 上求和(积分)得

$$Q = \int_a^b f(x)\mathrm{d}x.$$

不论是几何的、物理的还是其他科学技术的量,只要它具有所述的两个性质,我们就可以用这个一般的程式求出它. 这种方法通常称为**无穷小元素的求和法**或**微元法**. 而 $\mathrm{d}x$ 及 $\mathrm{d}Q$ 则称为**无穷小元素**或**微元**.

除已经研究过的几何量以外,我们一开始就指出过,在质点的直线运动中力所做的功可以用一个定积分表示,下面将再举两个物理量的例子——静力矩和重心.

首先考虑平面上的一段长为 l 的曲线弧 $\overset{\frown}{AB}$(图 7-20). 要求出 $\overset{\frown}{AB}$ 对于 Ox 轴的力矩 J_x 及对 Oy 轴的力矩 J_y,为简单起见,设 $\overset{\frown}{AB}$ 的线密

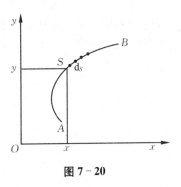

图 7-20

度(单位长曲线的质量)为 1. 于是每一弧段的质量与长度在数值上是相同的.

我们知道平面上质量为 m 纵坐标为 y 的质点对 Ox 轴的力矩

为 my,在 $\overset{\frown}{AB}$ 上弧长为 s 处(相应的点记作 S)取一段长为 ds 的弧,设想其质量集中分布于点 S,若 S 的纵坐标为 y,则

$$\mathrm{d}J_x = y\mathrm{d}s,$$

在 $[0,l]$ 上积分乃得

$$J_x = \int_0^l y\mathrm{d}s,$$

同理可得对 y 轴的力矩

$$J_y = \int_0^l x\mathrm{d}s.$$

设 $\overset{\frown}{AB}$ 的重心为 (ξ,η),注意到 $\overset{\frown}{AB}$ 的全部质量为 l,则由 $l\eta = J_x$,$l\xi = J_y$ 立刻可得重心的坐标

$$\xi = \frac{J_y}{l} = \frac{1}{l}\int_0^l x\mathrm{d}s, \quad \eta = \frac{J_x}{l} = \frac{1}{l}\int_0^l y\mathrm{d}s.$$

当 $\overset{\frown}{AB}$ 由参数方程、直角坐标下的显式方程或极坐标方程给出时,不难写出所有这些公式的相应形式.

例 1 求半径为 r,长为 l 的圆弧 $\overset{\frown}{AB}$ 的重心.

解 取 Ox 轴垂直于弦 AB,令 $OB = r$(图 7-21)建立坐标系,设重心坐标为 (ξ,η),则由于对称性,$\eta = 0$,注意 $2\theta_0 = \frac{l}{r}$,即 $\theta_0 = \frac{l}{2r}$,利用圆的参数方程,将参数记为 θ,得

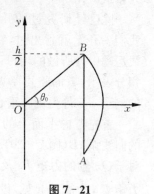

图 7-21

$$\begin{aligned}
\xi &= \frac{1}{l}\int_0^l x\mathrm{d}s \\
&= \frac{1}{l}\int_{-\theta_0}^{\theta_0} x\sqrt{x'^2 + y'^2}\,\mathrm{d}\theta \\
&= \frac{1}{l}\int_{-\theta_0}^{\theta_0} r^2\cos\theta\mathrm{d}\theta = \frac{2r^2}{l}\int_0^{\theta_0}\cos\theta\mathrm{d}\theta
\end{aligned}$$

$$= \frac{2r^2}{l}\cos\theta_0 = \frac{rh}{l},$$

其中 h 为弦 AB 之长.

特别地,若 $\overset{\frown}{AB}$ 为半圆周,则 $h = 2r, l = \pi r$,故 $\xi = \frac{2r}{\pi}$.

类似于曲线的情况,我们可以同样处理平面图形的静力矩和重心. 设有曲边梯形 $ABCD$(图 7 - 22):$a \leqslant x \leqslant b, 0 \leqslant y \leqslant f(x)$,其面密度(单位面积的质量)为 1. 因而质量与面积在数值上是相等的. 取小区间 $[x, x + \mathrm{d}x]$,将相应的曲边梯形(图中的阴影部分)近似地看作为高为 y,底长为 $\mathrm{d}x$ 的矩形. 则其质量为 $y\mathrm{d}x$. 视质量微元

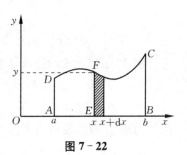

图 7 - 22

$y\mathrm{d}x$ 均匀分布于线段 EF,则其重心为 $\left(x, \frac{y}{2}\right)$,于是

$$\mathrm{d}J_x = \frac{1}{2}y^2\mathrm{d}x,$$

$$\mathrm{d}J_y = xy\mathrm{d}x.$$

在 $[a, b]$ 上积分得

$$J_x = \frac{1}{2}\int_a^b y^2\mathrm{d}x, \quad J_y = \int_a^b xy\mathrm{d}x.$$

若以 P 表示曲边梯形 $ABCD$ 的面积,则其重心为

$$\xi = \frac{J_y}{P} = \frac{1}{P}\int_a^b xy\mathrm{d}x,$$

$$\eta = \frac{J_x}{P} = \frac{1}{2P}\int_a^b y^2\mathrm{d}x.$$

当曲边梯形由

$$a \leqslant x \leqslant b, \quad 0 \leqslant y_1(x) \leqslant y \leqslant y_2(x)$$

给出时,显然这些公式应该是:

$$J_x = \frac{1}{2}\int_a^b (y_2^2 - y_1^2)\,\mathrm{d}x,$$

$$J_y = \int_a^b x(y_2 - y_1)\,\mathrm{d}x,$$

$$\xi = \frac{1}{P}\int_a^b x(y_2 - y_1)\,\mathrm{d}x,$$

$$\eta = \frac{1}{2P}\int_a^b (y_2^2 - y_1^2)\,\mathrm{d}x.$$

例 2　试求曲边三角形(图 7－23)

$$0 \leqslant x \leqslant 4,$$
$$0 \leqslant y \leqslant 2\sqrt{x}$$

的静力矩 J_x, J_y, 及重心坐标 (ξ, η).

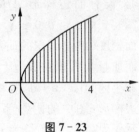

图 7－23

解　$J_x = \dfrac{1}{2}\int_0^4 4x\,\mathrm{d}x = x^2\,\Big|_0^4 = 16,$

$J_y = \int_0^4 2x^{\frac{3}{2}}\,\mathrm{d}x = \dfrac{4}{5}x^{\frac{5}{2}}\,\Big|_0^4 = \dfrac{2^7}{5}.$

又

$$P = \int_0^4 2\sqrt{x}\,\mathrm{d}x = \frac{4}{3}x^{\frac{3}{2}}\,\Big|_0^4 = \frac{2^5}{3},$$

最后,

$$\xi = \frac{J_y}{P} = \frac{12}{5}, \quad \eta = \frac{J_x}{P} = \frac{3}{2}.$$

定积分在物理学、力学中的应用远不止于此. 解决问题的共同途径就在于熟练地运用无穷小元素的求和法. 下面再举一个引力问题的例子作为本节的结束.

例 3　长为 l 的细直棒 AB 上分布有质量,其密度与自 A 量起的长度的平方成正比. 在过 A 点的延长线和 A 相距 a 处有质量为 m 的质点. 求质点和棒之间的引力.

解　取质点所在位置为原点,以 AB 所在的直线为坐标轴,取

从 A 到 B 的方向为正向. 在 $[x, x+\mathrm{d}x]$ 上的质量近似地等于 $r(x-a)^2\mathrm{d}x$, 其中 r 为比例常数, 设想这一质量集中于点 x, 于是,

$$\mathrm{d}F = \frac{krm(x-a)^2}{x^2}\mathrm{d}x,$$

其中 k 为万有引力系数. 在 AB 上将这些无穷小元素"求和"得

$$F = \int_a^{a+l} \frac{krm(x-a)^2}{x^2}\mathrm{d}x = krm\int_a^{a+l}\left(1-\frac{2a}{x}+\frac{a^2}{x^2}\right)\mathrm{d}x$$

$$= krm\left[l - 2a\ln\left(1+\frac{l}{a}\right)+a^2\left(\frac{1}{a}-\frac{1}{a+l}\right)\right]$$

$$= krm\left[l - 2a\ln\left(1+\frac{l}{a}\right)+\frac{al}{(a+l)}\right].$$

习　题

（在下列诸题中, 设参数都是正的）

1. 求下列曲线所围成的图形的面积:

(1) $ax = y^2$, $ay = x^2$;

(2) $y = |\lg x|$, $y = 0$, $x = 0.1$, $x = 10$;

(3) $y = x$, $y = x + \sin^2 x$　$(0 \leqslant x \leqslant \pi)$;

(4) $y^2 = x^2(a^2 - x^2)$;

(5) $x^{\frac{2}{3}} + y^{\frac{2}{3}} = a^{\frac{2}{3}}$（内摆线）;

(6) $x^3 + y^3 = 3axy$（笛卡尔叶形线）;

(7) $r^2 = a^2\cos 2\varphi$（双纽线）;

(8) $r = a\sin 3\varphi$（三叶线）.

2. 圆 $x^2 + y^2 = 8$ 的面积被抛物线 $y^2 = 2x$ 分为两部分, 求这两部分的比值.

3. 求下列曲面所围成的体积:

(1) $x + y + z^2 = 1$, $x = 0$, $y = 0$;

(2) $x^2 + z^2 = a^2$, $y^2 + z^2 = a^2$;

(3) $z^2 = b(a-x)$, $x^2 + y^2 = ax$;

(4) $x^2 + y^2 + z^2 + xy + yz + zx = a^2$.

4. 求下列曲线旋转所成曲面所包围的体积:

(1) $y = \sin x$, $y = 0$ $(0 \leqslant x \leqslant \pi)$

　　(a) 绕 Ox 轴;　　　　　　(b) 绕 Oy 轴.

(2) $x = a(t - \sin t)$, $y = a(1 - \cos t)(0 \leqslant t \leqslant 2\pi)$ 与 $y = 0$

　　(a) 绕 Oy 轴;　　　　　　(b) 绕直线 $y = 2a$.

5. 证明将平面图形 $a \leqslant x \leqslant b$, $0 \leqslant y \leqslant y(x)$ (其中 $y(x)$ 是连续函数)绕 Oy 轴旋转所成旋转体的体积为

$$V_y = 2\pi \int_a^b xy(x)\,\mathrm{d}x.$$

6. 证明把平面图形 $0 \leqslant \alpha \leqslant \varphi \leqslant \beta \leqslant \pi$, $0 \leqslant r \leqslant r(\varphi)$ (φ 与 r 为极坐标)绕极轴旋转所得体积为

$$V = \frac{2}{3}\pi \int_\alpha^\beta r^3(\varphi)\sin\varphi\,\mathrm{d}\varphi.$$

7. 求下列曲线的弧长:

(1) $y = x^{\frac{3}{2}}$ $(0 \leqslant x \leqslant 4)$;

(2) $x = \frac{1}{4}y^2 - \frac{1}{2}\ln y$ $(1 \leqslant y \leqslant \mathrm{e})$;

(3) $y = a\ln\dfrac{a^2}{a^2 - x^2}$ $(0 \leqslant x \leqslant b < a)$;

(4) $x = \dfrac{c^2}{a}\cos^3 t$, $y = \dfrac{c^2}{b}\sin^3 t$ $(c^2 = a^2 - b^2)$;

(5) $x = a\cos^4 t$, $y = a\sin^4 t$;

(6) $r = a(1 + \cos\varphi)$ $(0 \leqslant \varphi \leqslant 2\pi)$;

(7) $r = \dfrac{p}{1 + \cos\varphi}$ $\left(|\varphi| \leqslant \dfrac{\pi}{2}\right)$;

(8) $\varphi = \dfrac{1}{2}\left(r + \dfrac{1}{r}\right)$ $(1 \leqslant r \leqslant 3)$.

8. 平面曲线 C 由参数方程

$$x = 2t - t^2,\ y = 3t - t^3 \quad (0 \leqslant t \leqslant 2)$$

给定,证明 C 从 $t = 0$ 到 $t = 1$ 的弧比从 $t = 1$ 到 $t = 2$ 的弧短.

9. 证明椭圆 $\dfrac{x^2}{a^2} + \dfrac{y^2}{b^2} = 1$ 的周长介于 $\pi(a+b)$ 与 $\pi\sqrt{2a^2 + 2b^2}$ 之间.

10. 求旋转下列曲线所成曲面的面积:

(1) $y = \tan x\ \left(0 \leqslant x \leqslant \dfrac{\pi}{4}\right)$,绕 Ox 轴.

(2) $(x - a)^2 + y^2 = b^2\ (0 < b \leqslant a)$,绕 Oy 轴.

(3) $x = a(t - \sin t),\ y = a(1 - \cos t)\ (0 \leqslant t \leqslant 2\pi)$ (a) 绕 Ox 轴;(b) 绕 Oy 轴;(c) 绕直线 $y = 2a$.

(4) $r^2 = a^2 \cos 2\varphi$ (a) 绕极轴;(b) 绕射线 $\varphi = \dfrac{\pi}{2}$;(c) 绕射线 $\varphi = \dfrac{\pi}{4}$.

11. 求半径为 a 的半圆弧对过此弧两端点的直径的静力矩.

12. 求两抛物线 $ax = y^2,\ ay = x^2\ (a > 0)$ 所围成的平面图形的重心.

13. 把质量为 m 的物体从地球(设其半径为 R)表面升高到高度为 h 的位置,需花多大的功? 若欲使该物体远离至无穷远,则功最少等于多少?

14. 若 1 千克重的力能使弹簧伸长 1 厘米,欲使弹簧伸长 10 厘米,需花多大的功?

第7章总习题

1. 求实数 a,b，使 $a \leqslant \int_0^1 \sqrt{1+x^4}\,\mathrm{d}x \leqslant b$，且 $b-a \leqslant 0.1$.

2. 设 $f(x)$ 在 $[0,1]$ 上可积，证明

$$\lim_{n \to \infty} \sum_{i=0}^{n-1} \ln\left[1 + \frac{1}{n}f\left(\frac{i}{n}\right)\right] = \int_0^1 f(x)\,\mathrm{d}x.$$

3. 设 $f(x)$ 在 $[a,b]$ 上可积，且间断点不构成区间，则当且仅当 $f(x)$ 在 $[a,b]$ 上的一切连续点取值为零时，$\int_a^b |f(x)|\,\mathrm{d}x = 0$.

4. 设 $f(x)$ 在 $[0,1]$ 上有界，且在 $(0,1)$ 内的每个闭子区间上可积，则它在 $[0,1]$ 上也可积.

5. 设 $f(x)$ 在 $[0,1]$ 上连续且恒正，证明

$$\log\int_0^1 f(x)\,\mathrm{d}x \geqslant \int_0^1 \log f(x)\,\mathrm{d}x.$$

6. 设 $f(x)$ 连续且严格递增，证明

$$\int_a^b f(x)\,\mathrm{d}x = bf(b) - af(a) - \int_{f(a)}^{f(b)} f^{-1}(x)\,\mathrm{d}x,$$

并在 $f(x) > 0, b > a > 0$ 的情形时解释其几何意义.

7. (1) 在 $f'(x)$ 连续且大于零的条件下证明第 6 题中的等式；

(2) 若 $f(x)$ 对于 $x \geqslant 0$ 连续且严格递增，$a > 0, b > 0$，且 $f(0) = 0, f(a) \neq b$，证明

$$ab < \int_0^a f(x)\,\mathrm{d}x + \int_0^b f^{-1}(x)\,\mathrm{d}x.$$

若取消限制 $f(a) \neq b$，则应如何修改结论？

(3) 证明 $ab \leqslant \dfrac{a^p}{p} + \dfrac{b^q}{q}$，其中 $a > 0, b > 0$，$\dfrac{1}{p} + \dfrac{1}{q} = 1$，$p > 1, q > 1$.

8. 设 $f(x)$ 在 $[0,+\infty)$ 上不减,且 $\lim\limits_{x \to +\infty} \dfrac{1}{x}\displaystyle\int_0^x f(t)\mathrm{d}t = b$,证明无论 b 为有限数还是 $+\infty$,都有

$$\lim_{x \to +\infty} f(x) = b.$$

9. (1) 设 $f(x)$ 在 $[a,b]$ 上连续, $\min\limits_{[a,b]} f(x) = 1$,证明

$$\lim_{n \to \infty} \left(\int_a^b \frac{\mathrm{d}x}{[f(x)]^n} \right)^{\frac{1}{n}} = 1;$$

(2) 若 $f(x), g(x)$ 在 $[a,b]$ 上连续, $g(x)$ 有正的下界,证明

$$\lim_{n \to \infty} \left(\int_a^b |f(x)|^n g(x)\mathrm{d}x \right)^{\frac{1}{n}} = \max_{[a,b]} |f(x)|.$$

10. 设(i) $f(x), g(x)$ 在 $[a,b]$ 上连续, (ii) $f(x)$ 在 $[a,b]$ 上不增, (iii) 在 (a,b) 内恰有一点 c,使 $g(x)$ 在 $[a,c]$ 上非正,而在 $[c,b]$ 上非负,则

$$\int_a^b f(x)g(x)\mathrm{d}x \leqslant f(c)\int_a^b g(x)\mathrm{d}x.$$

并由此证明

$$\int_0^{\frac{\pi}{2}} \sqrt{1-(1-\cos x)^2}\,[4(1-\cos x)^2 - 1]\mathrm{d}x < 0. \text{①}$$

11. 证明(7.23)中的 ξ 可取在开区间 (a,b) 内. ②

12. 若 $f(x)$ 在 $[0,1]$ 上连续,且对这个区间上的一切 x 成立

$$\int_0^x f(u)\mathrm{d}u \geqslant f(x) \geqslant 0,$$

证明 $f(x)$ 在此区间上恒为零.

13. 设 $f(x) = \displaystyle\int_x^{x^2} \left(1 + \frac{1}{2t}\right)^t \sin\frac{1}{\sqrt{t}}\mathrm{d}t \quad (x > 0)$,

求

---

①田景黄. 环面上 VAN DER POL 方程的研究[J]. 南京大学学报,1982(3).
②黄炳生. 关于积分中值定理的一点说明与推广[J]. 工程数学,1985(2).

$$\lim_{n \to \infty} f(n) \sin \frac{1}{n}.$$

14. 若 $[a,b]$ 上的可微函数 $f(x)$ 满足 $f(a) = 0$，证明

$$\max_{[a,b]} | f'(x) | \geqslant \frac{2}{(b-a)^2} \int_a^b | f(x) | \, dx.$$

15. 若 $f(x)$ 在 $[a,b]$ 上连续，且存在常数 M 使得对一切 x_1，$x_2 \in [a,b]$，有

$$\left| \int_{x_1}^{x_2} f(x) dx \right| \leqslant M | x_2 - x_1 |^2,$$

证明 $f(x)$ 在 $[a,b]$ 上恒为零.

16. 设 $f(x)$ 在 $\left(0, \frac{\pi}{2}\right)$ 内连续，$f(x) > 0$，且

$$[f(x)]^2 = \int_0^x f(t) \frac{\tan t}{\sqrt{1 + 2\tan^2 t}} dt,$$

求 $f(x)$ 的初等函数表达式.

17. 设 $f(x)$ 在 $[a,b]$ 上连续，且

$$\int_a^b f(x) dx = \int_a^b f(x) x dx = \cdots = \int_a^b f(x) x^{n-1} dx = 0,$$

试证 $f(x)$ 或者恒等于零，或者在 (a,b) 内至少变号 n 次.

18. 设 $f(x)$ 在 $[a,b]$ 上连续，且

$$\int_a^b f(x) dx = \int_a^b f(x) x dx = \cdots = \int_a^b f(x) x^{n-2} dx = 0$$

而

$$\int_a^b f(x) x^{n-1} dx = 1,$$

则在 $[a,b]$ 的某子区间上 $| f(x) | \geqslant \frac{n2^{n-1}}{(b-a)^n}$ 成立.

19. 设正的连续函数 $f(x)$ 以 $\frac{\pi}{2}$ 为周期，且两个积分

$$\int_0^{\frac{\pi}{2}} F(x) \sin x \, dx, \quad \int_0^{\frac{\pi}{2}} F(x) \cos x \, dx$$

至少有一个为零,其中 $F(x) = \mathrm{e}^{f(x)}\ln[f(x)]$. 证明 $f(x) = 1$ 在 $[0,\pi]$ 上至少有四个相异实根.

20. 设 $f(x)$ 在 $[-1,1]$ 上可积,在 $x=0$ 连续,记

$$\varphi_n(x) = \begin{cases} (1-x)^n, & \text{当 } 0 \leqslant x \leqslant 1, \\ \mathrm{e}^{nx}, & \text{当 } -1 \leqslant x < 0, \end{cases}$$

证明 $f(x)\varphi_n(x)$ 在 $[-1,1]$ 上可积,且

$$\lim_{n \to \infty} \frac{n}{2} \int_{-1}^{1} f(x)\varphi_n(x)\mathrm{d}x = f(0).$$

21. 记满足 $f(0) = 0, f(1) = 1$,且在 $[0,1]$ 上连续、非负的所有函数 $f(x)$ 所成集合为 F,证明

$$\inf_{f \in F} \int_{0}^{1} f(x)\mathrm{d}x = 0,$$

但不存在 $\varphi \in F$,使 $\int_{0}^{1} \varphi(x)\mathrm{d}x = 0$.

22. 一个瓷质容器,外高为 10 厘米,内壁和外壁的形状分别为抛物线 $y = \dfrac{x^2}{10} + 1$ 和 $y = \dfrac{x^2}{10}$ 绕 y 轴旋转所得的旋转面,瓷质材料的比重为 $1\dfrac{6}{19}$. 将此容器铅直地浮在水中,再注入比重为 3 的溶液,为保持容器不沉没,注入溶液的最大深度是多少?

23. 什么曲线绕铅垂线旋转所得的旋转体,能使液体自其底端的小孔中流出时液面均匀地下降?

24. 设抛物线 $y = px^2 (p > 0)$ 在直线 $y > 1$ 下方之长为 l,

(1) 求当 $p \to +\infty$ 时,l 的极限;

(2) 证明当 $p \to 0_+$ 时,$l \to +\infty$.

第8章 多元函数

前几章所研究的函数,其自变量和因变量都只有一个.但是,自然界中事物的变化往往依赖于多种因素,这就需要用含有多个自变量的函数来表示.不仅如此,有时因变量也必须是多个.所有这些,就是本章所要讨论的多元函数以及多元向量值函数.

8.1 欧几里得空间

8.1.1 基本概念

我们已经知道,实数轴是一维空间,Oxy 平面是二维空间,$Oxyz$ 空间是三维空间,现在我们来建立一般的 n 维空间的概念.所谓 n 维空间,是指 n 个有序实数组 $(x_1, x_2, \cdots, x_n)$ 的全体所成的集合.这个集合中的元素 $(x_1, x_2, \cdots, x_n)$ 称为 n 维空间中的点,记为 x,即 $x = (x_1, x_2, \cdots, x_n)$. n 维空间记为 $\mathbf{R}^n$,当 $n=1$ 时简记为 $\mathbf{R}$.显然,若 $n=1, 2, 3$,则分别得到通常的数轴、平面和空间. n 维空间中的点 x 有时也称为向量.当视 x 为点时,称 x_i 为它的第 i 个坐标;当视 x 为向量时,称 x_i 为它的第 i 个分量,可写为 $x = (x_1, x_2, \cdots, x_n)$,也可写为

$$x = \begin{bmatrix} x_1 \\ x_2 \\ \vdots \\ x_n \end{bmatrix}.$$

如果两个点(或向量)的对应坐标(或分量)分别相等,则说这两个

点(或向量)是相同(或相等)的.

定义(距离) 对于 $\mathbf{R}^n$ 中的任意两点 $\boldsymbol{x} = (x_1, x_2, \cdots, x_n)$ 及 $\boldsymbol{y} = (y_1, y_2, \cdots, y_n)$, 称

$$\rho(\boldsymbol{x}, \boldsymbol{y}) = \sqrt{\sum_{i=1}^{n}(x_i - y_i)^2} \tag{8.1}$$

为 $\boldsymbol{x}, \boldsymbol{y}$ 之间的**距离**.

于是, 在 $n=1$ 的情形下, $\rho(x,y) = |x-y|$, 而当 $n=2$ 及 $n=3$ 时, 得到的是通常平面和空间中的距离.

距离 $\rho(\boldsymbol{x}, \boldsymbol{y})$ 有如下的三个性质:

$1°$ $\rho(\boldsymbol{x}, \boldsymbol{y}) \geqslant 0$, 当且仅当 $\boldsymbol{x} = \boldsymbol{y}$ 时, $\rho(\boldsymbol{x}, \boldsymbol{y}) = 0$;

$2°$ $\rho(\boldsymbol{x}, \boldsymbol{y}) = \rho(\boldsymbol{y}, \boldsymbol{x})$;

$3°$ $\rho(\boldsymbol{x}, \boldsymbol{y}) \leqslant \rho(\boldsymbol{x}, \boldsymbol{z}) + \rho(\boldsymbol{z}, \boldsymbol{y})$.

通常, 分别称这些性质为距离的正定性、对称性与三角不等式. 在 $n=1$ 时, 它们显然就是绝对值的相应性质. 对于 $n \geqslant 2$, 正定性和对称性是显然的. 为证明三角不等式, 我们建立所谓**柯西不等式**:

$$\sum_{i=1}^{n} a_i b_i \leqslant \sqrt{\sum_{i=1}^{n} a_i^2} \cdot \sqrt{\sum_{i=1}^{n} b_i^2}. \tag{8.2}$$

在第 4 章 4.3 曾经证明在 $a_i > 0, b_i > 0$ 时, 不等式(8.2)是成立的 (见(4.79)式). 由此, 容易知道, 在 a_i, b_i 不全为正数时, (8.2)也是正确的. 这里, 再给出一个证明.

对任何实数 t, 显然有

$$0 \leqslant \sum_{i=1}^{n}(a_i t + b_i)^2 = t^2 \sum_{i=1}^{n} a_i^2 + 2t \sum_{i=1}^{n} a_i b_i + \sum_{i=1}^{n} b_i^2.$$

若 $\sum_{i=1}^{n} a_i^2 \neq 0$, 则上式是变数 t 的二次三项式, 由于它不取负值, 因而不可能有相异实根, 故判别式不能为正, 从而

$$\left(\sum_{i=1}^{n} a_i b_i\right)^2 \leqslant \sum_{i=1}^{n} a_i^2 \cdot \sum_{i=1}^{n} b_i^2.$$

两边开平方即得(8.2)式. 若 $\sum\limits_{i=1}^{n} a_i^2 = 0$, 则一切 a_i 均为零,(8.2)式显然成立. 可见,对任何实数 a_i 与 b_i, 柯西不等式是正确的. 按照这一不等式,

$$\sum_{i=1}^{n} (a_i + b_i)^2 = \sum_{i=1}^{n} a_i^2 + 2 \sum_{i=1}^{n} a_i b_i + \sum_{i=1}^{n} b_i^2$$

$$\leqslant \sum_{i=1}^{n} a_i^2 + 2 \sqrt{\sum_{i=1}^{n} a_i^2} \cdot \sqrt{\sum_{i=1}^{n} b_i^2} + \sum_{i=1}^{n} b_i^2$$

$$= \left(\sqrt{\sum_{i=1}^{n} a_i^2} + \sqrt{\sum_{i=1}^{n} b_i^2} \right)^2,$$

所以

$$\sqrt{\sum_{i=1}^{n} (a_i + b_i)^2} \leqslant \sqrt{\sum_{i=1}^{n} a_i^2} + \sqrt{\sum_{i=1}^{n} b_i^2}.$$

于此,取 $a_i = x_i - z_i, b_i = z_i - y_i, (i = 1, 2, \cdots, n)$ 得

$$\sqrt{\sum_{i=1}^{n} (x_i - y_i)^2} \leqslant \sqrt{\sum_{i=1}^{n} (x_i - z_i)^2} + \sqrt{\sum_{i=1}^{n} (z_i - y_i)^2},$$

亦即

$$\rho(\boldsymbol{x}, \boldsymbol{y}) \leqslant \rho(\boldsymbol{x}, \boldsymbol{z}) + \rho(\boldsymbol{z}, \boldsymbol{y}).$$

定义了距离的 n 维空间称为 n 维**度量空间**. 注意,(8.1)式并非定义距离的唯一方式. 只要 $\rho(\boldsymbol{x}, \boldsymbol{y})$ 具有性质 $1°, 2°, 3°$ 就可称之为距离. 按(8.1)式定义距离的度量空间通常称为**欧几里得(Euclid)空间**.

当把 $\mathbf{R}^n$ 内的点视为向量时,它的**长度**或**范数**指的是点 $\boldsymbol{x}$ 与原点 $\boldsymbol{o} = (0, 0, \cdots, 0)$ 的距离并记为 $\| \boldsymbol{x} \|$. 当把 $\mathbf{R}^n$ 的原点 $\boldsymbol{o}$ 视为向量(零向量)时,通常记为 θ. 对于 $\mathbf{R}^n$ 内的向量

$$\boldsymbol{x} = (x_1, x_2, \cdots, x_n), \quad \boldsymbol{y} = (y_1, y_2, \cdots, y_n),$$

它们的和以及与数的乘积定义为:

$$\boldsymbol{x} + \boldsymbol{y} = (x_1 + y_1, x_2 + y_2, \cdots, x_n + y_n),$$

$$\lambda\boldsymbol{x} = (\lambda x_1, \lambda x_2, \cdots, \lambda x_n).$$

因为,在平面 Ox_1x_2 与空间 $Ox_1x_2x_3$ 内,直线的方程依次为

$$\frac{x_1 - x_1^0}{\alpha_1} = \frac{x_2 - x_2^0}{\alpha_2}$$

和

$$\frac{x_1 - x_1^0}{\alpha_1} = \frac{x_2 - x_2^0}{\alpha_2} = \frac{x_3 - x_3^0}{\alpha_3},$$

其中 α_i 不全为零(当某 α_i 为零时,我们约定 $x_i = x_i^0$)类似于此,称满足

$$\frac{x_1 - x_1^0}{\alpha_1} = \frac{x_2 - x_2^0}{\alpha_2} = \cdots = \frac{x_n - x_n^0}{\alpha_n}$$

的点 $(x_1, x_2, \cdots, x_n)$ 的全体为 $\mathbf{R}^n$ 中的直线,将上式的公共比值记为 t,可将直线方程写成参数形式

$$x_1 = x_1^0 + \alpha_1 t,\ x_2 = x_2^0 + \alpha_2 t,\ \cdots,\ x_n = x_n^0 + \alpha_n t,$$

其中参数 t 从 $-\infty$ 变到 $+\infty$. 这里,我们约定,若参数 t', t, t'' 满足不等式 $t' < t < t''$,则 t 所对应的点 M 位于 t', t'' 所对应的点 M' 与 M'' 之间. 在这一约定之下,可以验证通常直线的特性 $|M'M''| = |M'M| + |MM''|$ 在 $\mathbf{R}^n$ 中也是成立的.

直线

$$\begin{cases} x_1 = x_1' + t(x_1'' - x_1'), \\ x_2 = x_2' + t(x_2'' - x_2'), \\ \quad\cdots \\ x_n = x_n' + t(x_n'' - x_n'), \end{cases}$$

显然通过点 $M' = (x_1', x_2', \cdots, x_n')$ 及 $M'' = (x_1'', x_2'', \cdots, x_n'')$,并且 M' 对应于参数 $t = 0$,而 M'' 对应于参数 $t = 1$. 于是若限制 $0 \leqslant t \leqslant 1$,则得到线段 $M'M''$. 线段 $M'M_1, M_1M_2, \cdots, M_{k-1}M_k, M_kM''$ 相继连接起来则得 $\mathbf{R}^n$ 中的折线.

定义(球和正方体) 称满足 $\rho(\boldsymbol{x}, \boldsymbol{x}^0) < r$ 的点的全体为 $\mathbf{R}^n$ 中

的**开球**,点 x^0 称为球心或中心,r 称为半径. 称满足 $|x_i - x_i^0| < r$,$(i=1,2,\cdots,n)$ 的点的全体为 $\mathbf{R}^n$ 中的**开的正方体**,它的边长为 $2r$,对称中心为 $x^0(x_1^0, x_2^0, \cdots, x_n^0)$. 而当以 $\rho(x,x^0) \leqslant r$ 及 $|x_i - x_i^0| \leqslant r$ 代替相应的不等式时,则得到**闭球**与**闭正方体**. 在下一段将会看到这里所提到的开和闭的含义.

在 $\mathbf{R}$ 内,开球和开的正方体就是开的区间 (x^0-r, x^0+r),而闭球和闭的正方体就是闭区间 $[x_0-r, x_0+r]$. 在 $\mathbf{R}^2$ 内,开球是平面上不包括圆周的圆,开的正方体是平面上不包括四边的正方形. 分别添上圆周和四边,则得 $\mathbf{R}^2$ 内的闭球和闭的正方体. 而在 $\mathbf{R}^3$ 内,球以及正方体和我们通常的理解是完全一致的.

注意,这一段所引进的一切几何概念在 $n>3$ 的情形已没有任何具体的几何形象,只不过是用简洁的语言代替冗繁的分析表示式而已. 这种几何语言不但对于研究多元函数有极大的方便,而且对于深入研究更抽象的数学也是不可缺少的.

8.1.2 基本性质

为了以后的需要,这一段要引进欧几里得空间中的点集的一些最基本的概念和性质.

定义(邻域) 称以 x^0 为中心 δ 为半径的开球为点 x^0 的**球形 δ-邻域**,而称以 x^0 为中心 2δ 为边长的开正方体为点 x^0 的**方形δ-邻域**. 在不会发生混淆时都用 $U(x_0,\delta)$ 表示,并统称为 x^0 的 δ-邻域.

读者容易证明:x^0 的任何球邻域内都存在方邻域,任何方邻域内也存在球邻域. 正是因为如此,在下面给出的以邻域为出发点的点列极限定义中,邻域指的是球邻域还是方邻域是不必深究的.

定义(点列的极限) 对任给的正数 ε,如果存在正整数 K,使对一切大于或等于 K 的整数 k 成立 $x^{(k)} \in U(x^0,\varepsilon)$,则说 $k\to\infty$ 时 $x^{(k)}$ 以 x^0 为**极限**,也说点列 $\{x^{(k)}\}$ 收敛于 x^0,记为 $\lim\limits_{k\to\infty} x^{(k)} = x^0$,或

当 $k \to \infty$ 时 $\boldsymbol{x}^{(k)} \to \boldsymbol{x}^0$.

这里,为了与坐标 x_i 相区别,将点列中点的序码写在右上角并加上圆括号.

显然, $\lim\limits_{k \to \infty} \boldsymbol{x}^{(k)} = \boldsymbol{x}^0$ 的充分必要条件是 $\lim\limits_{k \to \infty} \rho(\boldsymbol{x}^{(k)}, \boldsymbol{x}^0) = 0$.

定理 8.1　如果点列 $\{\boldsymbol{x}^{(k)}\}$ 收敛,则极限是唯一的.

证　设 $\boldsymbol{x}'$ 及 $\boldsymbol{x}''$ 都是 $\{\boldsymbol{x}^{(k)}\}$ 的极限,且 $\boldsymbol{x}' \neq \boldsymbol{x}''$. 取定 ε,使 $\varepsilon < \dfrac{1}{2}\rho(\boldsymbol{x}', \boldsymbol{x}'')$,则存在 K,使得 $k \geqslant K$ 时成立

$$\rho(\boldsymbol{x}^{(k)}, \boldsymbol{x}') < \varepsilon, \quad \rho(\boldsymbol{x}^{(k)}, \boldsymbol{x}'') < \varepsilon.$$

于是,由三角不等式得

$$\rho(\boldsymbol{x}', \boldsymbol{x}'') \leqslant \rho(\boldsymbol{x}', \boldsymbol{x}^{(k)}) + \rho(\boldsymbol{x}^{(k)}, \boldsymbol{x}'') < 2\varepsilon,$$

这与 $\varepsilon < \dfrac{1}{2}\rho(\boldsymbol{x}', \boldsymbol{x}'')$ 是矛盾的.

定理 8.2　$\lim\limits_{k \to \infty} \boldsymbol{x}^{(k)} = \boldsymbol{x}^0$ 的充分必要条件是 $\lim\limits_{k \to \infty} x_i^{(k)} = x_i^0$ 对于 $i = 1, 2, \cdots, n$ 成立.

按照方形邻域和数列极限的定义,定理的正确性是极其显然的.

定理 8.2 表明点列的收敛等价于按坐标收敛.

注意　在证明定理 8.1 时采用的是球邻域,而对于定理 8.2 则采用方邻域,以后,我们仍将按论证的方便选择它们.

定义(内点・外点・边界点)　考虑 $\boldsymbol{R}^n$ 中的点集 S 以及点 $\boldsymbol{x}^0$,如果存在 $\boldsymbol{x}^0$ 的某个邻域,它包含于 S 内,则说 $\boldsymbol{x}^0$ 是 S 的**内点**;如果存在 $\boldsymbol{x}^0$ 的某个邻域,它与 S 无公共点,则称 $\boldsymbol{x}^0$ 是 S 的**外点**;如果 $\boldsymbol{x}^0$ 的任何邻域内既有点属于 S 也有点不属于 S,则称 $\boldsymbol{x}^0$ 为 S 的**边界点**. S 的全体边界点所成之集称为 S 的边界,记为 ∂S. S 的全体内点所成之集称为 S 的**内部**,记为 $\mathrm{int} S$ 或 $\overset{\circ}{S}$.

显然,对于给定的点集 S 而言,任何一点 $\boldsymbol{x}^0$,必然是也只能是内点、外点或边界点三种情形之一. 内点必定属于 S,外点必定不

属于 S,而边界点则可能属于 S 也可能不属于 S.

例 1 考虑 $\mathbf{R}^2$ 内由 $0 < x_1^2 + x_2^2 \leqslant 1$ 所定义的点集 S,这是平面上包括圆周但不包括圆心的单位圆. 容易验证,满足 $0 < x_1^2 + x_2^2 < 1$ 的点 (x_1, x_2) 都是 S 的内点,满足 $x_1^2 + x_2^2 > 1$ 的点 (x_1, x_2) 都是 S 的外点,而 S 的边界由单位圆周 $x_1^2 + x_2^2 = 1$ 及原点 $(0,0)$ 组成,边界点 $(0,0)$ 不属于 S,位于圆周上的边界点都属于 S.

例 2 设 x^0 是 $\mathbf{R}^n$ 中的任意一点,则 x^0 的 δ -邻域 $U(x_0, \delta)$ 的每一点都是这个邻域的内点.

证 我们就球形邻域的情形进行证明(图 8-1)而把方形邻域的情形留给读者,于是设 $x \in U(x^0, \delta)$,则 $\rho(x, x^0) < \delta$,取 $\eta = \delta - \rho(x, x^0)$,按三角不等式,对于 $U(x, \eta)$ 内的任一点 y 都有

图 8-1

$$\rho(y, x^0) \leqslant \rho(y, x) + \rho(x, x^0) < \eta + \rho(x, x^0) = \delta,$$

即 $y \in U(x^0, \delta)$,由于 y 的任意性,这就表明 $U(x, \eta) \subset U(x^0, \delta)$,即 x 是 $U(x^0, \delta)$ 的内点.

类似地,可以证明满足 $\rho(x, x^0) > \delta$ 的每一点 x 都是 $U(x^0, \delta)$ 的外点,而满足 $\rho(x, x^0) = \delta$ 的点 x 都是边界点.

例 3 考虑 $\mathbf{R}$ 内全体有理点所成之集 S,注意到 $\mathbf{R}$ 内点的邻域就是开区间,而任何开区间内既有有理点又有无理点,即知 S 既没有内点也没有外点,$\mathbf{R}$ 内每一点都是 S 的边界点,也就是说,整个空间 $\mathbf{R}$ 是 S 的边界.

定义(聚点) 如果 x^0 的任何邻域内都有属于 S 的异于 x^0 的点,则称 x^0 为 S 的**聚点**.

按定义,S 的每个内点都是它的聚点,但聚点未必是内点,它甚至可以不属于 S.

如果 x^0 属于 S,而又不是 S 的聚点,即存在 x^0 的某个邻域,此

邻域内一切异于 x^0 的点都不属于 S,则 x^0 称为 S 的**孤立点**.

在例 1 中,满足 $x_1^2 + x_2^2 \leqslant 1$ 的每一点都是 S 的聚点,除原点外,都属于 S. 在例 2 中,满足 $\rho(x,x^0) \leqslant \delta$ 的点都是球形邻域 $U(x^0,\delta)$ 的聚点,除满足 $\rho(x,x^0) = \delta$ 的点以外,都属于 S. 在例 3 中,$\mathbf{R}$ 的每一点都是 S 的聚点.

读者容易证明下面的定理:

定理 8.3　下列事实是等价的:

(1) x^0 是 S 的聚点.

(2) 在 S 中存在点列 $\{x^{(k)}\}$,使得 $\lim\limits_{k\to\infty} x^{(k)} = x^0$,并且对无穷多个 k 有 $x^{(k)} \neq x^0$ 成立.

(3) 在 S 中存在点列 $\{x^{(k)}\}$,使得 $\lim\limits_{k\to\infty} x^{(k)} = x^0$,并且对一切 $k x^{(k)} \neq x^0$ 成立.

定义(开集·闭集)　如果集合 S 的每一点都是它的内点,则称 S 为**开集**;如果 S 的补集 $\mathbf{R}^n \backslash S$(也记为 S^c)是开集,则称 S 为**闭集**.

现在该明了开球与开正方体这两个术语中开字的含义了,因为由例 2 可知,它们都是开集. 读者容易证明,闭球和闭正方体的补集都是开集,因而它们本身就都是闭集.

我们约定,空集 $\varnothing$ 是开集,因而 $\mathbf{R}^n$ 是闭集. 但是,另一方面,$\mathbf{R}^n$ 的每一点显然又都是内点,因而 $\mathbf{R}^n$ 又是开集,于是空集 $\varnothing$ 作为 $\mathbf{R}^n$ 的补集又应算作闭集. 总之,全空间 $\mathbf{R}^n$ 及空集 $\varnothing$ 既都是开集又都是闭集.

例 4　有限个点所成之集是闭集.

证　设 $S = \{x^{(1)}, x^{(2)}, \cdots, x^{(k)}\}$ 是有限点集,而 y 是补集 S^c 的任何一点,取 $r < \min\limits_{1 \leqslant i \leqslant k}\rho(x^{(i)}, y)$,则对每个 i,$x^{(i)} \overline{\in} U(y,r)$,因而 $U(y,r) \subset S^c$,按定义,这就证明了 S^c 是开集,因而 S 是闭集.

注意,不是开集的集合未必是闭集,不是闭集的集合也未必是开集. 既非开集又非闭集的集合是大量存在的. 区间 $[a,b)$ 及区间 $(a,b]$ 是 **R** 中的例子, 例 1 所讨论的集合是 **R**² 中的例子. 读者不难给出更高维空间中的例子.

定理 8.4 集合 S 是闭集的充分必要条件是 S 包含它的全部聚点.

证 (必要性) 若 S 是全空间 **R**^{n}, 条件显然是必要的. 若 S 是闭集而非全空间, 则 S^c 是非空开集, 因而 S^c 的每一点 x 都是内点, 于是存在 x 的包含于 S^c 的邻域 U, 即 U 中不含 S 的点, 因此 x 不是 S 的聚点, 亦即 S 的聚点都属于 S.

(充分性) 若 S 是全空间, 则它是闭集. 若 S 不是全空间而含有其全部聚点, 则 S^c 的每一点 x 都不是 S 的聚点, 因而存在 x 的邻域, 于其中不含 S 的点, 这表明这邻域中的点都属于 S^c, 即 x 是 S^c 的内点, 因而 S^c 是开集, 亦即 S 是闭集.

若利用定理 8.4, 例 4 的结论是明显的.

定理 8.5 集合 S 是闭集的充分必要条件是: 对于 S 中的任何点列, 只要它有极限, 则此极限必属于 S.

证 (必要性) 设 $\{x^{(k)}\}$ 是 S 中的任一收敛点列, 其极限为 x^0, 若 $x^{(k)} \neq x^0$ 对一切 k 成立, 则由定理 8.3, x^0 是 S 的聚点. 但已知 S 是闭集, 故由定理 8.4 知 $x^0 \in S$. 若有某个 k 使 $x^{(k)} = x^0$, 则由于 $\{x^{(k)}\}$ 在 S 中, 因而仍有 $x^0 \in S$.

(充分性) 设 x^0 是 S 的任一聚点, 由定理 8.3 知, x^0 是 S 中某点列的极限. 但按已知条件, 这个极限应属于 S, 由定理 8.4 知 S 是闭集.

定义(区域) 如果对于集合 S 中的任意两点 x 和 y, 都可用包含于 S 的折线相连接, 则说 S 具有**折线连通性**. **R**$^n (n \geqslant 2)$ 中具有折线连通性的开集称为**区域**, 区域再添上它的边界称为**闭区域**.

可以证明, 闭区域一定是闭集.

例如, 在 **R**² 中,

$$\mathbf{R}^2, \{(x_1, x_2) \mid 1 < x_1 < x_2\}$$
$$\{\boldsymbol{x}\}^c, \{(x_1, x_2) \mid x_2 < 0\}$$

都是区域. 而

$$\{(x_1, x_2) \mid 1 < x_1^2 + x_2^2 \leqslant 2\}, \quad \{(x_1, x_2) \mid x_1 + x_2 \neq 0\}$$

都不是区域, 因为前者不是开集, 后者不具有折线连通性.

今后, 还会遇到一种特殊的区域——凸域, 这是这样一种区域, 连接它的任意两点的线段都整个地属于这个区域.

8.1.3 几个基本定理

本段在 $\mathbf{R}^2$ 中证明几条重要定理, 它们在一般的 $\mathbf{R}^n (n \geqslant 3)$ 中也是对的, 而且其证明方法与 $\mathbf{R}^2$ 的情形没有本质上的差异.

定义（柯西点列） 如果对于任意给定的 $\varepsilon > 0$, 存在 $K \in \mathbf{N}$, 使得对于 $k \geqslant K$ 及所有的自然数 p 成立

$$\rho(\boldsymbol{x}^{(k)}, \boldsymbol{x}^{(k+p)}) < \varepsilon,$$

则称点列 $\{\boldsymbol{x}^{(k)}\}$ 为**柯西点列**或**基本点列**.

显然, 定义中的要求可以叙述为等价的形式: 任给 $\varepsilon > 0$, 存在 $K \in \mathbf{N}$, 使得对于大于 K 的一切自然数 m, n 成立

$$\rho(\boldsymbol{x}^{(m)}, \boldsymbol{x}^{(n)}) < \varepsilon.$$

定理 8.6（柯西收敛准则） 点列 $\{\boldsymbol{x}^{(k)}\}$ 收敛的充分必要条件是 $\{\boldsymbol{x}^{(k)}\}$ 为柯西点列.

证 （必要性） 设点列 $\{\boldsymbol{x}^{(k)}\}$ 收敛, 记其极限为 $\boldsymbol{x}^0$, $\lim\limits_{k \to \infty} \boldsymbol{x}^{(k)} = \boldsymbol{x}^0$. 则对任意给定的 $\varepsilon > 0$, 存在 K, 使对于一切 $k \geqslant K$ 以及一切自然数 p 有

$$\rho(\boldsymbol{x}^{(k)}, \boldsymbol{x}^0) < \frac{\varepsilon}{2}, \quad \rho(\boldsymbol{x}^{(k+p)}, \boldsymbol{x}^0) < \frac{\varepsilon}{2},$$

利用三角不等式得

$$\rho(\boldsymbol{x}^{(k)}, \boldsymbol{x}^{(k+p)}) \leqslant \rho(\boldsymbol{x}^{(k)}, \boldsymbol{x}^0) + \rho(\boldsymbol{x}^0, \boldsymbol{x}^{(k+p)}) < \varepsilon,$$

即 $\{\boldsymbol{x}^{(k)}\}$ 为柯西点列.

（充分性） 设$\{x^{(k)}\}$是柯西点列,则由
$$|x_1^{(k+p)}-x_1^{(k)}|\leqslant\rho(x^{(k+p)},x^{(k)}),$$
$$|x_2^{(k+p)}-x_2^{(k)}|\leqslant\rho(x^{(k+p)},x^{(k)})$$
知$\{x_1^{(k)}\},\{x_2^{(k)}\}$都是柯西数列,因而分别有极限$x_1^0,x_2^0$:
$$\lim_{k\to\infty}x_1^{(k)}=x_1^0,\quad \lim_{k\to\infty}x_2^{(k)}=x_2^0.$$
记$x^0=(x_1^0,x_2^0)$,由定理8.2知点列$\{x^{(k)}\}$收敛于x^0.

我们一开始就指出,定理8.6在一般的$\mathbf{R}^n(n\geqslant3)$中也是对的.这一定理的充分性表明,$\mathbf{R}^n$中的每一个基本点列都在$\mathbf{R}^n$中有极限,这一重要性质称为欧几里得空间的**完备性**,或者说欧几里得空间是**完备的**.

在定理8.6的充分性的证明中,我们看到,柯西点列$\{x^{(k)}\}$的坐标所成的数列$\{x_1^{(k)}\}\{x_2^{(k)}\}$都是柯西数列.反之,如果
$$|x_1^{(k+p)}-x_1^{(k)}|<\varepsilon,\quad |x_2^{(k+p)}-x_2^{(k)}|<\varepsilon,$$
则
$$\rho(x^{(k+p)},x^{(k)})=\sqrt{(x_1^{(k+p)}-x_1^{(k)})^2+(x_2^{(k+p)}-x_2^{(k)})^2}$$
$$<\sqrt{2}\varepsilon.$$
可见,若$\{x_1^{(k)}\},\{x_2^{(k)}\}$为柯西数列,则$\{x^{(k)}\}$必为柯西点列.于是得

定理8.7 点列$\{x^{(k)}\}$为柯西点列的充分必要条件是坐标所成的数列皆为柯西数列.

定义（点集的直径） 称$\sup\{\rho(x,y)|x,y\in S\}$为点集$S$的**直径**,记为$\mathrm{diam}\,S$.

显然,在$\mathbf{R}$中区间$[a,b]$的直径就是其长度$b-a$,在$\mathbf{R}^2$内圆的直径就是通常的直径的长度,而长方形的直径即其对角线之长.

定理8.8（闭集套定理） 若(ⅰ)$F_k(k=1,2,\cdots)$是一系列非空闭集;(ⅱ)$F_1\supset F_2\supset\cdots$;(ⅲ)$\lim_{k\to\infty}\mathrm{diam}\,F_k=0$.则$F_1,F_2,\cdots$有唯一的公共点,即存在唯一的$x^0$,即$x^0\in\bigcap_{k=1}^{\infty}F_k$.

证 因为对所有的 k，$F_k \neq \varnothing$，可取 $\boldsymbol{x}^{(k)} \in F_k$，$(k = 1, 2, \cdots)$ 由条件（ⅱ）知

$$\{\boldsymbol{x}^{(k)}, \boldsymbol{x}^{(k+1)}, \cdots\} \subset F_k \quad (k = 1, 2, \cdots), \tag{8.3}$$

于是

$$\rho(\boldsymbol{x}^{(k)}, \boldsymbol{x}^{(k+p)}) \leqslant \operatorname{diam} F_k \quad (k, p = 1, 2, \cdots).$$

从而由条件（ⅲ）得知 $\{\boldsymbol{x}^{(k)}\}$ 是柯西点列，按定理 8.6 知 $\boldsymbol{x}^{(k)}$ 有极限 $\boldsymbol{x}^0$. 如果从某个 k 开始，一切 $\boldsymbol{x}^{(k)}$ 等于 $\boldsymbol{x}^0$，则由(8.3)及条件（ⅱ）知 $\boldsymbol{x}^0$ 属于一切 F_k，即 $F_1, F_2, \cdots$ 有公共点 $\boldsymbol{x}^0$. 如果存在任意大的 k 使得 $\boldsymbol{x}^{(k)} \neq \boldsymbol{x}^0$，则由(8.3)及定理 8.3 知 $\boldsymbol{x}^0$ 是每个 F_k 的聚点，但 F_k 是闭集，因而 $\boldsymbol{x}^0$ 属于一切 F_k，即 $F_1, F_2, \cdots$ 有公共点 $\boldsymbol{x}^0$.

为证明公共点 $\boldsymbol{x}^0$ 是唯一的，设 $\bar{\boldsymbol{x}}$ 也是一切 F_k 的公共点，且 $\bar{\boldsymbol{x}} \neq \boldsymbol{x}^0$，则对一切 k 有

$$\rho(\boldsymbol{x}^0, \bar{\boldsymbol{x}}) \leqslant \operatorname{diam} F_k,$$

令 $k \to \infty$，由条件（ⅲ）得 $\rho(\boldsymbol{x}^0, \bar{\boldsymbol{x}}) \leqslant 0$，这与 $\bar{\boldsymbol{x}} \neq \boldsymbol{x}^0$ 矛盾，于是得知公共点 $\boldsymbol{x}^0$ 是唯一的.

在定理 8.8 中，如果满足条件（ⅰ）（ⅱ）（ⅲ）的 $F_k (k = 1, 2, \cdots)$ 是一系列闭矩形：

$$F_k = \{(x_1, x_2) \mid a_k \leqslant x_1 \leqslant b_k, c_k \leqslant x_2 \leqslant d_k\},$$

则得一串矩形套，此时的定理 8.8 称为矩形套定理. 建议读者写出这一定理并用区间套定理去证明它.

为了继续介绍下面的定理，需要有界性的概念.

定义（有界点集·有界点列） 如果存在 $L > 0$，使得对于一切 $x \in S$ 成立

$$\rho(\boldsymbol{x}, \boldsymbol{o}) \leqslant L,$$

则称 S 为**有界点集**. 如果点列 $\{\boldsymbol{x}^{(k)}\}$ 的点所成之集为有界点集，则称 $\{\boldsymbol{x}^{(k)}\}$ 为**有界点列**.

如果点集或点列不是有界的，则称之为**无界点集**或**无界点列**.

显然,点列$\{x^{(k)}\}$有界的充分必要条件是同名坐标所成的数列$\{x_1^{(k)}\},\{x_2^{(k)}\},\cdots,\{x_n^{(k)}\}$都是有界数列.

定义(覆盖·有限覆盖·子覆盖) 如果一族集合$\{G_\alpha\}$使得$S\subset\bigcup_\alpha G_\alpha$,则说$\{G_\alpha\}$是集合$S$的一个**覆盖**,或说$\{G_\alpha\}$覆盖$S$. 如果每个$G_\alpha$都是开集,则说$\{G_\alpha\}$是**开覆盖**. 如果覆盖$\{G_\alpha\}$只含有限个集合,则称$\{G_\alpha\}$为**有限覆盖**. 如果$\{G_\alpha\}$覆盖$S$,而$\{G_\alpha\}$的某个子集仍然覆盖$S$,则称该子集为**子覆盖**.

定义(紧集) 如果集合S的任何开覆盖都有有限子覆盖,则称S为**紧致集**或简称为**紧集**.

定理8.9(有限覆盖定理) 有界闭集的任何开覆盖都有有限子覆盖. 换言之,有界闭集是紧集.

证 (反证法) 设F是$\mathbf{R}^2$中的一个有界闭集,它的一个开覆盖$\{G_\alpha\}$不存在有限子覆盖,即$\{G_\alpha\}$中任何有限个开集都不能覆盖F. 由于F是有界集,存在正方形$\Delta_1 = \{(x_1,x_2)\big|\,|\,x_1\,|\leqslant K,$ $|\,x_2\,|\leqslant K\}$使$F\subset\Delta_1$(图8-2),坐标轴将Δ_1分为四个全等的正方形,各自加上边界后这四个正方形就都是闭的,由于F不能被有

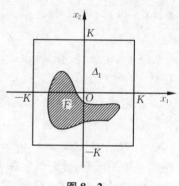

图8-2

限个G_α所覆盖,所以这四个闭正方形中至少有一个与F的交集不能为有限个G_α所覆盖,记之为Δ_2. 类似地,以平行于坐标轴的直线将Δ_2分成四个全等的正方形,则至少又有一个与F的交集不能为有限个G_α所覆盖,记之为Δ_3. 如此类推,得到一个闭正方形的序列$\{\Delta_k\}$

$$\Delta_1 \supset \Delta_2 \supset \Delta_3 \supset \cdots,$$

并且显然

$$\lim_{k \to \infty} \text{diam}\Delta_k = \lim_{k \to \infty} \frac{1}{2^{k-1}} \text{diam}\Delta_1 = 0.$$

于是由闭集套定理知存在 $\Delta_1, \Delta_2 \cdots$ 的公共点 $\boldsymbol{x}^0$，$\boldsymbol{x}^0 = (x_1^0, x_2^0)$.

由于对所有的 k 有 $F \bigcap \Delta_k \neq \varnothing$ 成立，可以取 $\boldsymbol{x}^{(k)} = (x_1^{(k)}, x_2^{(k)}) \in F \bigcap \Delta_k$，并且要求有任意大的 k 使 $\boldsymbol{x}^{(k)} \neq \boldsymbol{x}^0$. (这是可以办到的. 否则，必存在正数 k_0，对所有的 $k \geqslant k_0$，$F \bigcap \Delta_k$ 只含一点 $\boldsymbol{x}^0$，因而可由 G_α 中的某一个开集所覆盖，而这是与每个 $F \bigcap \Delta_k$ 都不能由有限个 G_α 所覆盖相矛盾的) 由 $\boldsymbol{x}^{(k)} \in \Delta_k$，$\boldsymbol{x}^0 \subset \Delta_k$ 及 $\lim_{k \to \infty} \text{diam}\Delta_k = 0$ 可知当 $k \to \infty$ 时 $\rho(\boldsymbol{x}^{(k)}, \boldsymbol{x}^0) \to 0$，亦即 $\lim_{k \to \infty} \boldsymbol{x}^{(k)} = \boldsymbol{x}^0$. 于是由定理 8.3 知 $\boldsymbol{x}^0$ 是 F 的聚点. 但 F 是闭集，因而 $\boldsymbol{x}^0 \in F$，也就必定属于开覆盖 G_α 的某个开集 G_{α_0}. 由此，又存在 $\boldsymbol{x}^0$ 的方形邻域 U，使

$$U \subset G_{\alpha_0},$$

若记

$$\Delta_k = \{(x_1, x_2) \mid a_k \leqslant x_1 \leqslant b_k, c_k \leqslant x_2 \leqslant d_k\},$$

注意到一切 Δ_k 只有唯一的公共点 $\boldsymbol{x}^0$，即知

$$\lim_{k \to \infty} a_k = \lim_{k \to \infty} b_k = \boldsymbol{x}_1^0,$$
$$\lim_{k \to \infty} c_k = \lim_{k \to \infty} d_k = \boldsymbol{x}_2^0.$$

于是当 k 充分大时，将成立

$$\Delta_k \subset U \subset G_{\alpha_0}.$$

由此可见，对这样的 k，$F \bigcap \Delta_k$ 可以被一个开集 G_{α_0} 所覆盖. 这又与每个 $F \bigcap \Delta_k$ 都不能用有限个 G_α 所覆盖相矛盾. 这一矛盾证明定理是正确的.

最后，将 $\mathbf{R}$ 中有界数列一定有收敛子数列的定理推广到高维空间，为简单起见，仍在 $\mathbf{R}^2$ 中进行证明.

定义(极限点)　点列 $\{\boldsymbol{x}^{(k)}\}$ 的收敛子列的极限称为 $\{\boldsymbol{x}^{(k)}\}$ 的**极限点**.

定理 8.10(子列收敛定理) 有界点列必存在收敛子列. 换言之,有界点列至少有一个极限点.

证 设 $\{x^{(k)}\}$ 为有界点列,则存在 L,使对一切 k 成立

$$|x_1^{(k)}| \leqslant L, \ |x_2^{(k)}| \leqslant L,$$

即 $\{x_1^{(k)}\}, \{x_2^{(k)}\}$ 都是有界数列. 根据 $\mathbf{R}$ 中的有界数列有收敛子数列的定理,知 $\{x_1^{(k)}\}$ 有收敛子列 $\{x_1^{(k_i)}\}$:

$$\lim_{i \to \infty} x_1^{(k_i)} = x_1^0.$$

但 $\{x_2^{(k)}\}$ 有界,故子数列 $\{x_2^{(k_i)}\}$ 也有界,因而又存在收敛子列 $\{x_2^{(k_{i_j})}\}$:

$$\lim_{j \to \infty} x_2^{(k_{i_j})} = x_2^0.$$

记 $x^{(k_{i_j})} = (x_1^{(k_{i_j})}, x_2^{(k_{i_j})})$, $x^0 = (x_1^0, x_2^0)$,则 $\{x^{(k_{i_j})}\}$ 是 $\{x^{(k)}\}$ 的子列,它收敛于 x^0.

推论 有界无穷点集一定存在聚点.

证 设 S 是有界无穷点集,任取 $x^{(1)} \in S$,则 $S \setminus \{x^{(1)}\}$ 仍然是无穷点集,于其中任取 $x^{(2)}$,则 $S \setminus \{x^{(1)}, x^{(2)}\}$ 仍然是无穷点集,于其中任取 $x^{(3)}$……如此,得到点列 $\{x^{(k)}\}$,它所有的点各不相同且均属于 S,由 S 为有界集知 $\{x^{(k)}\}$ 为有界点列. 按定理 8.10,它有收敛子列,记其极限为 x^0,由定理 8.3 知 x^0 是 S 的聚点.

定义(列紧集) 如果集合 S 中的任何点列都有收敛子列,且其极限属于 S,则称 S 为**列紧集**.

定理 8.11 有界闭集是列紧集.

证 设 S 是有界闭集. 由于 S 是有界集,S 中的任何点列都是有界点列,按定理 8.10,存在收敛子列,又由于 S 是闭集,由定理 8.5 可知收敛子列的极限必属于 S,按定义,S 是列紧集.

我们已经证明有界闭集是紧集(定理 8.9),读者容易证明紧集是列紧集(习题 19),列紧集是有界闭集(习题 20). 于是,在欧几里得空间内,有界闭集、紧集、列紧集是相互等价的. 特别地,有界

闭区域是最简单、最常见的紧集.

习　题

1. 证明:如果 $\mathbf{R}^n$ 中的点列 $\{x^{(k)}\}$ 收敛于 x^0,则它的任何子列亦收敛于 x^0.

2. 设在 $\mathbf{R}^n$ 中, $\lim\limits_{k\to\infty} x^{(k)} = x^0$, $\lim\limits_{k\to\infty} y^{(k)} = y^0$,证明对任何实数 a,b 有 $\lim\limits_{k\to\infty} (ax^{(k)} + by^{(k)}) = ax^0 + by^0$ 成立.

3. 证明在 $\mathbf{R}^n$ 中的直线上 $|M'M''| = |M'M| + |MM''|$ 成立,其中 M 在 M',M'' 之间.

4. 证明 $\mathbf{R}^n$ 中的点 x 的球邻域内存在方邻域,方邻域内存在球邻域.

5. 对方形邻域证明它的每一点都是内点.

6. 证明定理 8.3.

7. 求下列集合的内部和边界.

(1) $\{(x,y) \mid 0 < y < x+1, x > -1\}$;

(2) $\{(r\cos\theta, r\sin\theta) \mid 0 < r < 1, 0 < \theta < 2\pi\}$;

(3) $\{(x,y) \mid x$ 或 y 是无理数$\}$;

(4) 由有限个点所成之集;

(5) 直线上的点集 $\left\{1, \dfrac{1}{2}, \dfrac{1}{3}, \cdots\right\}$.

8. 在第 7 题中,哪些集合是开集? 哪些集合是闭集?

9. 证明任何集合 S 的内部是开集,而 S 的聚点所成之集是闭集.

10. 记由点列 $\{x^{(k)}\}$ 的点组成的点集为 S. 举例说明 S 的聚点未必是 $\{x^{(k)}\}$ 的极限,点列 $\{x^{(k)}\}$ 的极限也未必是 S 的聚点.

11. 求 $\mathbf{R}^2$ 中下列点集的聚点:

(1) $S = \left\{ \left(\dfrac{1}{n}, \dfrac{n+1}{n} \right) \mid n = 1, 2, \cdots \right\}$;

(2) $S = \left\{ \left(\dfrac{1}{n}, \dfrac{m+1}{m} \right) \mid n, m = 1, 2, \cdots \right\}$;

(3) $S = \{ (x, \operatorname{sgn} x) \mid x \text{ 为有理数} \}$.

12. 在 $\mathbf{R}^2$ 中举出(1) 开集而非区域,(2) 不含内点的闭集的例子.

13. 满足条件 $\lim\limits_{k \to \infty} \rho(\boldsymbol{x}^{(k+1)}, \boldsymbol{x}^{(k)}) = 0$ 的点列 $\{\boldsymbol{x}^{(k)}\}$ 是否是柯西点列?

14. 在 $\mathbf{R}^2$ 中叙述矩形套定理,并用 $\mathbf{R}$ 中的区间套定理证明之.

15. 在定理 8.8 中改一切 F_n 为开集而保留其余条件,结论还成立否?

16. 在定理 8.8 中将条件(ⅲ)改为(ⅲ′):一切 F_k 是有界集,证明属于一切 F_k 的点 $\boldsymbol{x}^0$ 仍然是存在的,并举例说明:(1) 此时 $\boldsymbol{x}^0$ 未必是唯一的,(2) 为保证 $\boldsymbol{x}^0$ 的存在性,条件(ⅰ)(ⅱ)是不够的.

17. 在 $\mathbf{R}^2$ 中举例说明:无界点列未必有收敛子列,有收敛子列的点列也未必是有界点列.

18. 在 $\mathbf{R}^2$ 中举出不包含聚点的有界无穷点集的例子.

19. 在 $\mathbf{R}^2$ 中证明紧集一定是列紧集.

20. 在 $\mathbf{R}^2$ 中证明列紧集一定是有界闭集.

8.2 多元函数及其极限

8.2.1 多元函数

我们已经研究过依赖于一个自变量的函数 $y = f(x)$，但是自然界中有许多量是依赖于几个量的. 例如，矩形的面积依赖于长和宽，而长方体的体积则与过同一顶点的三条棱的长度有关. 为了描述这些量之间的依赖关系，需要引进多元函数的概念.

我们从二元函数开始，为简化记号，省去足码，仍然以 (x, y) 表示 $\mathbf{R}^2$ 中的点. 设 D 是 $\mathbf{R}^2$ 中的集合，如果按照某个确定的规则，D 中的每一点 (x, y) 都有唯一的一个实数 z 与之对应，则说 z 是两个变量 x, y 的**函数**，即二元函数，记为 $z = f(x, y)$（或 $z = z(x, y)$）. 其中 x, y 称为自变数或变元，z 称为因变数或函数，f 称为函数关系，D 称为函数 z 的**定义域**，而数集 $\{f(x, y) \mid (x, y) \in D\}$ 称为 z 或 f 的**值域**，记为 $f(D)$.

按映射的观点，在 D 上给定一个函数，就是给出了 D 到 $\mathbf{R}$ 的一个映射：

$$f: D \rightarrow \mathbf{R}, \quad (x, y) \mapsto f(x, y).$$

注意，记号 $D \rightarrow \mathbf{R}$ 所表示的是对 D 中的每一点都有唯一的实数与之对应，但并不是说 $\mathbf{R}$ 中的每个实数都是 D 中的点的函数值，亦即：$f(D)$ 未必是整个 $\mathbf{R}$.

例如，$z = x^2 + y^2$ 以及 $z = \sqrt{1 - x^2 - y^2}$ 都是二元函数，它们的定义域依次是 $\mathbf{R}^2$ 及闭的单位圆 $x^2 + y^2 \leqslant 1$，而前者的值域是数轴 $\mathbf{R}$ 上包含原点在内的正半轴，后者是区间 $[0, 1]$.

将 (x, y, z) 看作三维空间 $\mathbf{R}^3$ 的点，则二元函数 $z = f(x, y)$ 的图形是 $\mathbf{R}^3$ 的点集

$$\{(x,y,z) \mid z = f(x,y),\ (x,y) \in D\}.$$

在一般情形下是一片曲面,它在 Oxy 平面上的投影是 D. 例如,$z = x^2 + y^2$ 的图像是位于 Oxy 平面上方的抛物面(图 8-3),而 $z = \sqrt{1 - x^2 - y^2}$ 的图像是以原点为球心 1 为半径的上半球面(图 8-4).

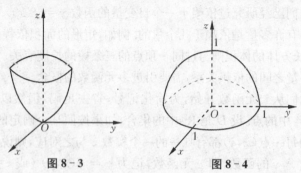

图 8-3   图 8-4

今后,当论及一个函数 $z = f(x,y)$ 而不指出定义域 D 时,D 就理解为使 $f(x,y)$ 有意义的一切 (x,y) 所成之集. 即所谓自然定义域. 但需注意,由具体问题所引出的函数,其定义域与自然定义域可能是不相同的. 例如 $z = xy$ 的自然定义域是整个平面,但若 z 表示矩形的面积,则它就只能在第一象限有定义了.

除了作了几何解释的函数图像以外,关于二元函数所述的一切,都不难推广到一般的 n 元函数($n \geqslant 3$):

$$u = f(x_1, x_2, \cdots, x_n),\quad (x_1, x_2, \cdots, x_n) \in D.$$

或简单地写成 $u = f(\boldsymbol{x})$,这里 $\boldsymbol{x} = (x_1, x_2, \cdots, x_n) \in D$,而 D 是 $\mathbf{R}^n$ 中的集合. 对于三元函数,仍以 x, y, z 记自变数而记成 $u = f(x, y, z)$ 或 $u = u(x, y, z)$.

8.2.2　极限

在一元函数的极限理论中,曾用数列的语言以及"ε-δ 语言"

定义过函数的极限. 现在,可以用完全类似的方式定义多元函数的极限,只不过是用距离代替绝对值而已.

设 $u = f(\boldsymbol{x})$ 是在 $\mathbf{R}^n$ 的集合 D 上定义的 n 元函数,$\boldsymbol{a} = (a_1, a_2, \cdots, a_n)$ 是 D 的聚点. 按定理 8.3,存在 D 中的点列 $\{\boldsymbol{x}^{(k)}\}$,$\boldsymbol{x}^{(k)} \neq \boldsymbol{a}, (k = 1, 2, \cdots)$ 且 $\lim\limits_{k \to \infty} \boldsymbol{x}^{(k)} = \boldsymbol{a}$.

定义(序列的语言) 设 $\boldsymbol{a}$ 是 $f(\boldsymbol{x})$ 的定义域 D 的聚点,如果不论 D 中怎样的点列 $\{\boldsymbol{x}^{(k)}\}$,只要它收敛于 $\boldsymbol{a}$ 且每一项都不等于 $\boldsymbol{a}$,对应的函数值所成的数列 $\{f(\boldsymbol{x}^{(k)})\}$ 就都收敛于数 A,则说 $\boldsymbol{x}$ 在 D 内趋于 $\boldsymbol{a}$ 时 $f(\boldsymbol{x})$ 以 A 为极限.

定义($\varepsilon\text{-}\delta$ 语言) 设 $\boldsymbol{a}$ 是 $f(\boldsymbol{x})$ 的定义域 D 的聚点,如果对于任意给定的 $\varepsilon > 0$,存在 $\delta > 0$,使得只要 $0 < \rho(\boldsymbol{x}, \boldsymbol{a}) < \delta$ 且 $\boldsymbol{x} \in D$ 就有 $|f(\boldsymbol{x}) - A| < \varepsilon$,则说 $\boldsymbol{x}$ 在 D 内趋于 $\boldsymbol{a}$ 时 $f(\boldsymbol{x})$ 以 A 为极限.

这两个定义的等价性可以像一元函数的情形一样证明. 注意,和一元函数的情形一样,考察 $f(\boldsymbol{x})$ 在 $\boldsymbol{a}$ 点的极限时,$f(\boldsymbol{a})$ 是否有意义以及取什么值是不必考虑的. 注意到方形邻域和球形邻域的关系 (8.1),显见,在用 $\varepsilon\text{-}\delta$ 语言表达极限的定义时,可以用不等式

$$|x_i - a_i| < \delta \quad (i = 1, 2, \cdots, n),$$

且

$$\sum_{i=1}^{n} (x_i - a_i)^2 \neq 0$$

代替不等式 $0 < \rho(\boldsymbol{x}, \boldsymbol{a}) < \delta$.

应用在 8.1 所引进的几何术语及记号,当 $\boldsymbol{x}$ 趋于 $\boldsymbol{a}$ 时 $f(\boldsymbol{x})$ 以 A 为极限可简洁地表示为:任给 $\varepsilon > 0$,存在 $\delta > 0$,使得

$$f([U(\boldsymbol{a}, \delta) \bigcap D] \backslash \{\boldsymbol{a}\}) \subset U(A, \varepsilon).$$

$\boldsymbol{x}$ 趋于 $\boldsymbol{a}$ 时 $f(\boldsymbol{x})$ 以 A 为极限也说成 $f(\boldsymbol{x})$ 在点 $\boldsymbol{a}$ 有极限 A,记为

$$\lim_{\boldsymbol{x} \to \boldsymbol{a}} f(\boldsymbol{x}) = A \text{ 或 } \boldsymbol{x} \to \boldsymbol{a} \text{ 时 } f(\boldsymbol{x}) \to A.$$

将各坐标写出,即

$$\lim_{\substack{x_1 \to a_1 \\ \vdots \\ x_n \to a_n}} f(x_1, x_2, \cdots, x_n) = A$$

或

$$x_1 \to a_1, \quad x_2 \to a_2, \cdots, \quad x_n \to a_n \text{ 时 } f(x_1, x_2, \cdots, x_n) \to A.$$

注 为了强调 x 是在集合 D 中变化而趋于 a,有时还在极限记号中指出 $x \in D$,例如记为

$$\lim_{\substack{x \to a \\ x \in D}} f(x) = A.$$

极限的上述定义和记号,容易推广到 $A, a_1, \cdots, a_n$ 中出现无穷的情形,建议读者去完成.

当极限 A 为有限数时,也说 $f(x)$ 收敛于 A.

例 1 证明 $\lim\limits_{\substack{x \to a \\ y \to b}} x^y = a^b \quad (a > 0, x > 0)$.

证 对于收敛于点 (a, b) 的任何点列 $\{x_k, y_k\}$,由定理 8.2 知当 $k \to \infty$ 时,$x_k \to a, y_k \to b$,于是在

$$x_k^{y_k} = e^{y_k \ln x_k}$$

两端令 $k \to \infty$ 取极限,由对数函数和指数函数的连续性以及一元函数的极限的定义得

$$e^{y_k \ln x_k} \to e^{b \ln a},$$

亦即

$$x_k^{y_k} \to a^b$$

按序列的语言,这就证明了所述结论.

例 2 证明 $\lim\limits_{\substack{x \to 0 \\ y \to 0}} \dfrac{x^2 y^2}{x^2 + y^2} = 0$.

证 由于当 $x^2 + y^2 \neq 0$ 时,

$$\left| \frac{x^2 y^2}{x^2 + y^2} \right| \leqslant \frac{1}{2} \mid xy \mid,$$

对任给的 $\varepsilon > 0$，只要取 $\delta = \sqrt{2\varepsilon}$，于是由 $|x| < \delta$，$|y| < \delta$，$x^2 + y^2 \neq 0$ 即可推知

$$\left| \frac{x^2 y^2}{x^2 + y^2} \right| < \varepsilon.$$

按 ε-δ 语言，这就是所要证明的.

例 3 求极限 $\lim\limits_{\substack{x \to +\infty \\ y \to +\infty}} x\sqrt{y}\,\mathrm{e}^{-\sqrt{xy}}$.

解 由于在 $x > 0$ 且 $y > 0$ 时

$$\left| x\sqrt{y}\,\mathrm{e}^{-\sqrt{xy}} \right| < \frac{x\sqrt{y}}{1 + \sqrt{xy} + \frac{1}{2}xy^2} < \frac{2x\sqrt{y}}{xy^2} = \frac{2}{y\sqrt{y}},$$

显然所求极限为零.

按定义，$f(x,y)$ 在点 (a,b) 以 A 为极限表示：只要 (x,y) 趋于点 (a,b)，不论这种趋近是按什么方式，例如沿曲线或沿直线的，$f(x,y)$ 都要趋于 A. 因此，如果 (x,y) 按两种不同方式趋于点 (a,b) 时，$f(x,y)$ 趋于不同常数，或者 (x,y) 按某种方式趋于 (a,b) 时 $f(x,y)$ 不趋于任何常数，则都可断定 $f(x,y)$ 在 (a,b) 没有极限.

例 4 证明 $\dfrac{xy}{x^2 + y^2}$ 在 $(0,0)$ 不存在极限.

证 在 $\dfrac{xy}{x^2 + y^2}$ 中令 $y = x$ 及 $y = 2x$，分别得到

$$\lim_{x \to 0} \frac{x^2}{2x^2} = \frac{1}{2}, \quad \lim_{x \to 0} \frac{2x^2}{5x^2} = \frac{2}{5},$$

即当 (x,y) 沿直线 $y = x$ 及 $y = 2x$ 趋于原点时，函数趋于不同常数，因而极限不存在.

例 5 证明 $\dfrac{x^2 y}{x^4 + y^2}$ 在点 $(0,0)$ 不存在极限.

证 事实上，(x,y) 沿直线 $y = x$ 及抛物线 $y = x^2$ 趋于原点时分别有：

$$\lim_{\substack{(x,y)\to(0,0)\\y=x}}\frac{x^2y}{x^4+y^2}=\lim_{x\to0}\frac{x}{x^2+1}=0,$$

$$\lim_{\substack{(x,y)\to(0,0)\\y=x^2}}\frac{x^2y}{x^4+y^2}=\lim_{x\to0}\frac{x^4}{2x^4}=\frac{1}{2}.$$

可见所给函数在原点没有极限.

例 6 证明 $\sin\dfrac{x+y^2}{x^2}$ 在点 $(0,0)$ 没有极限.

证 事实上,当 (x,y) 沿抛物线 $y^2=x$ 趋于原点时,
$\sin\dfrac{x+y^2}{x^2}=\sin\dfrac{2}{x}$ 不以任何数为极限,故所给函数在原点没有极限.

我们指出,对一元函数所建立的极限的性质以及四则运算法则,对于多元函数也是正确的. 其证明可以用 ε-δ 语言仿照一元函数的情形作出,也可仿照例1用序列的语言进行.

还可以证明,函数有有限极限的柯西准则,对于多元函数仍然成立.(习题6)

8.2.3 累次极限

按定义,二元函数 $f(x,y)$ 在点 (a,b) 以 A 为极限,是指坐标 x 和 y 同时趋于 a 和 b 时 $f(x,y)$ 趋于 A,如果 x 和 y 不是同时而是有次序地趋于 a 和 b,则会引出另一种极限——**累次极限**.

详言之,设想 y 为不等于 b 的常数,而在 $f(x,y)$ 中令 x 趋于 a 取极限,当然这个极限将依赖于 y 而成为 y 的函数:

$$\lim_{x\to a}f(x,y)=\varphi(y),$$

再令 y 趋于 b 对 $\varphi(y)$ 取极限,得

$$\lim_{y\to b}\lim_{x\to a}f(x,y)=\lim_{y\to b}\varphi(y).$$

完全类似地,可以定义另一个累次极限

$$\lim_{x\to a}\lim_{y\to b}f(x,y)=\lim_{x\to a}\psi(x),$$

其中

$$\psi(x) = \lim_{\substack{y \to b \\ x \neq a}} f(x, y).$$

对于三元以及更多元的函数,累次极限的定义是类似的. 为区别于累次极限, 称 2.2 段所定义的极限为重极限. 累次极限和重极限之间的关系会出现种种情形, 下面以二元函数为例进行说明.

首先, 重极限存在时, 累次极限未必存在.

例 1 证明 $\lim\limits_{\substack{x \to 0 \\ y \to 0}} x \sin \dfrac{1}{y}$ 存在, 但 $\lim\limits_{x \to 0} \lim\limits_{y \to 0} x \sin \dfrac{1}{y}$ 不存在.

证 因为 $\left| x \sin \dfrac{1}{y} \right| \leqslant |x|$, 所以重极限存在且等于零:

$$\lim_{\substack{x \to 0 \\ y \to 0}} x \sin \frac{1}{y} = 0.$$

但是由于 $\sin \dfrac{1}{y}$ 当 y 趋于零时没有极限, 故而 $\lim\limits_{x \to 0} \lim\limits_{y \to 0} x \sin \dfrac{1}{y}$ 不存在.

例 2 讨论 $x \sin \dfrac{1}{y} + y \sin \dfrac{1}{x}$ 在原点的重极限及累次极限的存在性.

解 由 $\left| x \sin \dfrac{1}{y} + y \sin \dfrac{1}{x} \right| \leqslant |x| + |y|$ 知重极限存在:

$$\lim_{\substack{x \to 0 \\ y \to 0}} \left(x \sin \frac{1}{y} + y \sin \frac{1}{x} \right) = 0.$$

但两个累次极限都不存在. (可仿照例 1 证明)

反之, 即使两个累次极限都存在且相等, 重极限也未必存在.

例 3 研究函数 $f(x, y) = \dfrac{xy}{x^2 + y^2}$ 在点 $(0, 0)$ 的累次极限及重极限的存在性.

解 当然,对于 $x \neq 0$,有

$$\lim_{y \to 0} f(x, y) = 0,$$

所以

$$\lim_{x \to 0} \lim_{y \to 0} f(x, y) = 0.$$

同理

$$\lim_{y \to 0} \lim_{x \to 0} f(x, y) = 0.$$

但在 8.2.2 段例 4 已经证明 $f(x, y)$ 在原点的重极限并不存在.

在两个累次极限存在时,它们并不一定是相等的.

例 4 证明 $f(x, y) = \dfrac{x - y + x^2 + y^2}{x + y}$ 在 $(0, 0)$ 的两个累次极限不相等.

证 当 $y \neq 0$ 时,

$$\lim_{x \to 0} f(x, y) = \frac{-y + y^2}{y} = y - 1,$$

所以

$$\lim_{y \to 0} \lim_{x \to 0} f(x, y) = \lim_{y \to 0} (y - 1) = -1.$$

类似地

$$\lim_{x \to 0} \lim_{y \to 0} f(x, y) = \lim_{x \to 0} (x + 1) = 1.$$

由例 4 可知,求极限的次序是不能无条件地交换的,那么,在什么条件下可以交换求极限的次序呢? 为解决这一问题,首先证明下面的定理.

定理 8.12 如果:(ⅰ) $\lim_{\substack{x \to a \\ y \to b}} f(x, y) = A$ (A 为有限或无穷);

(ⅱ) 对于 $y \neq b$, 极限 $\lim_{x \to a} f(x, y) = \varphi(y)$ 存在(有限). 则

$$\lim_{y \to b} \lim_{x \to a} f(x, y) = A.$$

证 对 A 为有限数的情形进行证明. A 为无穷大的情形是类似的. 对于任意给定的正数 ε, 取正数 ε', $\varepsilon' < \varepsilon$. 由条件(ⅰ),存在

$\delta > 0$, 使得当 $|x-a| < \delta$, $|y-b| < \delta$, $(x-a)^2 + (y-b)^2 \neq 0$ 时

$$|f(x,y) - A| < \varepsilon',$$

亦即

$$A - \varepsilon' < f(x,y) < A + \varepsilon'$$

成立. 在这个不等式中固定 y 使之满足 $0 < |y-b| < \delta$ 而令 x 趋于 a, 取极限, 由(ⅱ)即得

$$A - \varepsilon' \leqslant \varphi(y) \leqslant A + \varepsilon',$$

亦即

$$|\varphi(y) - A| \leqslant \varepsilon' < \varepsilon.$$

而这就表示

$$A = \lim_{y \to b} \varphi(y) = \lim_{y \to b} \lim_{x \to a} f(x,y).$$

这正是需要证明的.

推论 如果: (ⅰ) $\lim_{\substack{x \to a \\ y \to b}} f(x,y) = A$ (A 为有限或无穷);

(ⅱ) 对于 $y \neq b$, 存在极限 $\lim_{x \to a} f(x,y) = \varphi(y)$ (有限); (ⅲ) 对于 $x \neq a$, 存在极限 $\lim_{y \to b} f(x,y) = \psi(x)$ (有限), 则

$$\lim_{x \to a} \lim_{y \to b} f(x,y) = \lim_{y \to b} \lim_{x \to a} f(x,y) = A.$$

证 按定理 8.12, 条件(ⅰ)(ⅱ)保证 $\lim_{y \to b} \lim_{x \to a} f(x,y) = A$, 条件(ⅰ)(ⅲ)保证 $\lim_{x \to a} \lim_{y \to b} f(x,y) = A$, 由此立刻可知推论是正确的.

特别地, 在两个累次极限都存在时, 推论的条件(ⅱ)(ⅲ)必然满足. 因此, 由这个推论可知, 如果二元函数 $f(x,y)$ 在点 (a,b) 的重极限及两个累次极限都存在, 则它们必定相等, 因而求极限的次序是可以交换的.

习　题

1. 确定并画出下列函数的自然定义域：

(1) $u = x + \sqrt{y}$；　　　　　　(2) $u = \sqrt{1-x^2} + \sqrt{y^2-1}$；

(3) $u = \sqrt{(x^2+y^2-1)(4-x^2-y^2)}$；

(4) $u = \sqrt{\sin(x^2+y^2)}$；　　　(5) $u = \arcsin\dfrac{y}{x}$；

(6) $u = \ln(-1-x^2-y^2+z^2)$.

2. 作出 $F(t) = f(\cos t, \sin t)$ 的图形，其中

$$f(x,y) = \begin{cases} 1, & \text{当 } y \geqslant x, \\ 0, & \text{当 } y < x. \end{cases}$$

3. 若 $f(x,y) = \dfrac{2xy}{x^3+y^2}$，求 $f\left(1, \dfrac{y}{x}\right)$.

4. 若 $f\left(\dfrac{y}{x}\right) = \dfrac{\sqrt{x^2+y^2}}{x}$　$(x>0)$，求 $f(x)$.

5. 若 $f\left(x+y, \dfrac{y}{x}\right) = x^2 - y^2$，求 $f(x,y)$.

6. 证明：函数 $f(\boldsymbol{x})$ 在 $\boldsymbol{x}^0$ 有有限极限的充要条件是：任给 $\varepsilon > 0$，存在 $\delta > 0$，当 $0 < \rho(\boldsymbol{x}', \boldsymbol{x}^0) < \delta, 0 < \rho(\boldsymbol{x}'', \boldsymbol{x}^0) < \delta$ 时有 $|f(\boldsymbol{x}') - f(\boldsymbol{x}'')| < \varepsilon$.

7. 求极限

(1) $\lim\limits_{\substack{x \to 1 \\ y \to 2}} \dfrac{3xy + x^2y^2}{x+y}$；

(2) $\lim\limits_{\substack{x \to 1 \\ y \to 0}} \dfrac{\ln(x+e^y)}{\sqrt{x^2+y^2}}$；

(3) $\lim\limits_{\substack{x \to 0 \\ y \to 3}} \dfrac{\sin xy}{x}$；

(4) $\lim\limits_{\substack{x \to 0 \\ y \to 0}} \dfrac{x+y}{\sqrt{x+y+1}-1}$；

(5) $\lim\limits_{\substack{x \to 0 \\ y \to 0}} (x+y)\ln(x^2+y^2)$；

(6) $\lim\limits_{\substack{x \to +\infty \\ y \to +\infty}} \dfrac{x+y}{x^2-xy+y^2}$；

(7) $\lim\limits_{\substack{x \to 0 \\ y \to 0}} \dfrac{x^2 + y^2}{|x| + |y|}$;　　　　　　(8) $\lim\limits_{\substack{x \to +\infty \\ y \to +\infty}} (x^2 + y^2) \mathrm{e}^{-(x+y)}$.

8. 问 $f(x,y) = \dfrac{x^2 y^2}{x^2 y^2 + (x-y)^2}$ 在 $(0,0)$ 是否存在重极限?

当 $x \to 0, y \to 0$ 时两个累次极限是否存在且相等?

9. 证明: $f(x,y) = (x+y) \sin \dfrac{1}{x} \sin \dfrac{1}{y}$ 当 $x \to 0, y \to 0$ 时两个

累次极限都不存在, 但在 $(0,0)$ 有重极限.

10. 求 $\lim\limits_{x \to a} \lim\limits_{y \to b} f(x,y)$ 及 $\lim\limits_{y \to b} \lim\limits_{x \to a} f(x,y)$:

(1) $f(x,y) = \dfrac{x^y}{1 + x^y}$, $a = +\infty$, $b = 0_+$;

(2) $f(x,y) = \log_x(x+y)$, $a = 1$, $b = 0$;

(3) $f(x,y) = \sin \dfrac{\pi x}{2x + y}$, $a = +\infty$, $b = +\infty$;

(4) $f(x,y) = \dfrac{1}{xy} \tan \dfrac{xy}{1 + xy}$, $a = 0$, $b = +\infty$.

8.3　多元函数的连续性

8.3.1　连续函数及其运算

考虑在 $\mathbf{R}^n$ 中的点集 D 上定义的一个 n 元函数

$$f: D \to \mathbf{R}, \quad x \mapsto f(x).$$

设 x^0 是 D 的聚点.

定义(连续)　如果 $x^0 \in D$ 且

$$\lim_{\substack{x \to x^0 \\ x \in D}} f(x) = f(x^0), \tag{8.4}$$

则说 $f(x)$ 在点 x^0 是**连续**的, 并称 x^0 是 $f(x)$ 的**连续点**.

用序列的语言, 这个定义可表述为: 无论 D 中的点列 $\{x^{(k)}\}$ 如

何选取,只要 $x^{(k)}$ 收敛于 x^0,则对应的函数值所成的数列$\{f(x^{(k)})\}$一定收敛于 $f(x^0)$.

用 ε-δ 的语言,则可表述为:任给 $\varepsilon > 0$,存在 $\delta > 0$,使得对 D 中所有满足 $\rho(x, x^0) < \delta$ 的 x 成立 $|f(x) - f(x^0)| < \varepsilon$.

注意满足 $\rho(x, x^0) < \delta$ 的一切 x 所成立之集是 x^0 的一个 δ-邻域,满足 $|y - f(x^0)| < \varepsilon$ 的一切 y 是 $f(x^0)$ 的一个 ε-邻域,而 ε 又是任意给定的,于是 $f(x)$ 在 x^0 的连续性又可叙述为:对 $f(x^0)$ 的任意邻域 V,存在 x^0 的邻域 U,使得 $f(U \cap D) \subset V$(或 $U \cap D \subset f^{-1}(V)$). 在近代分析中普遍采用连续性定义的这种形式.

我们约定,D 的孤立点算作 $f(x)$ 在 D 内的连续点.

如果函数 $f(x)$ 在 D 的每一点都是连续的,则说 $f(x)$ 在 D 上连续.

如果 $f(x)$ 在点 x^0 不是连续的,则说 $f(x)$ 在 x^0 **间断**,并称 x^0 是 $f(x)$ 的**间断点**.

以二元函数为例,8.2.2 段中的例 1 证明了

$$\lim_{\substack{x \to a \\ y \to b}} x^y = a^b$$

对 $a > 0$ 及一切实数 b 成立,因而幂指函数 x^y 在 $D = \{(x,y) \mid x > 0\}$ 是连续的. 同样,按照极限的运算法则有

$$\lim_{\substack{x \to a \\ y \to b}} \frac{xy}{x^2 + y^2} = \frac{ab}{a^2 + b^2} \quad (a^2 + b^2 \neq 0).$$

于是函数 $\dfrac{xy}{x^2 + y^2}$ 在全平面上除原点以外是连续的. 而在原点,因为所给函数没有极限(8.2.2 段例 4)因而产生间断.

由极限的四则运算法则,立刻可以得知连续函数的和、差、积都是连续函数,而在分母不为零时商也是连续函数. 在下一节将在更一般的形式下证明连续函数的复合仍然得到连续函数(定理 8.23),利用所有这些性质,在许多情形不难断定所给出的函数的连续性.

今后,有时还会谈及对部分变元的连续性. 例如,二元函数 $f(x,y)$

对 x 连续, 是指当 y 固定时 $f(x,y)$ 作为 x 的一元函数是连续的.

8.3.2 连续函数的性质

下面要阐述多元连续函数的若干性质, 这些性质都是一元连续函数的相应性质的复述. 为简单起见, 限于二元函数的情形来叙述并证明它们, 对于更多变元的情形, 完全是类似的.

如果存在常数 M, 使得对一切 $(x,y) \in D$ | $f(x,y)$ |$\leqslant M$ 成立, 则说 $f(x,y)$ 在 D 内是有界的.

首先, 列举连续函数的局部性质, 即由函数在一点的连续性所得出的在这点附近的性质.

$1°$ 如果 $f(x,y)$ 在点 (a,b) 的邻域内有定义而且在 (a,b) 连续, 则 $f(x,y)$ 在 (a,b) 的邻域内是有界的.

$2°$ 如果 $f(x,y)$ 在点 (a,b) 的邻域有定义且在 (a,b) 连续, 又 $f(a,b) > 0$ (<0), 则存在 (a,b) 的邻域, 于其内 $f(x,y) > 0$ (<0).

只要利用连续性的定义即可证明这些性质, 建议读者自己去完成.

下面叙述并证明连续函数的整体性质, 即由函数在一个区域上的连续性所得出的性质.

定理 8.13（零点存在定理） 如果函数 $f(x,y)$ 在区域 G 内连续, 且在 G 中两点 $M_1(x_1,y_1)$ 及 $M_2(x_2,y_2)$ 处函数值异号: $f(x_1,y_1) f(x_2,y_2) < 0$, 则在 G 中存在点 $M_0(x_0,y_0)$ 使 $f(x_0,y_0) = 0$.

证 由于区域 G 具有折线连通性, 可以用完全含于 G 内的折线连接 M_1 与 M_2（图 $8-5$）. 若在这条折线的

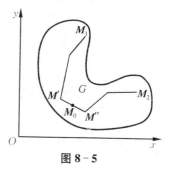

图 $8-5$

某个顶点上函数等于零,则定理已经证明. 如果在每个顶点处函数值都异于零,那么由于 $f(x_1,y_1)f(x_2,y_2) < 0$, 函数 $f(x,y)$ 一定在某两个相继的顶点上异号, 以 $M'(x',y')$ 及 $M''(x'',y'')$ 分别记这两点,则线段 $M'M''$ 的参数方程为

$$x = x' + t(x'' - x'), y = y' + t(y'' - y'), (0 \leqslant t \leqslant 1)$$

于是在线段 $M'M''$ 上,$f(x,y)$ 成为变量 t 的一元函数

$$F(t) = f(x' + t(x'' - x'), y' + t(y'' - y')),$$

在 8.4.3 段将要证明的定理 8.23 可知,作为连续函数的复合,$F(t)$ 在区间 $[0,1]$ 上连续,且

$$F(0)F(1) = f(x',y')f(x'',y'') < 0.$$

按一元连续函数取零值的定理,知存在 $t_0 \in (0,1)$ 使 $F(t_0) = 0$, 即

$$f(x' + t_0(x'' - x'), y' + t_0(y'' - y')) = 0.$$

记 $(x_0,y_0) = (x' + t_0(x'' - x'), y' + t_0(y'' - y'))$, 则 (x_0,y_0) 在线段 $M'M''$ 上,因而属于区域 G, 于是 (x_0,y_0) 为所求之点 M_0.

由定理 8.13 立刻可得

定理 8.14(介值定理)   如果 $f(x,y)$ 在区域 G 内连续,(x_1,y_1), (x_2,y_2) 是 G 中任意两点,则介于 $f(x_1,y_1)$ 与 $f(x_2,y_2)$ 之间的一切实数都属于 $f(x,y)$ 的值域.

下面三条定理,说的是有界闭集上的连续函数的性质. 在证明这些定理时,我们用 $f(\boldsymbol{P})$ 来表示在点 $\boldsymbol{P}(x,y)$ 的函数值 $f(x,y)$.

定理 8.15(有界性定理)   有界闭集 D 上的连续函数是有界的.

证   设 $f(\boldsymbol{P})$ 在 D 上连续,则对于每个点 $\boldsymbol{P} \in D$, 存在 $\boldsymbol{P}$ 点的邻域 $U(\boldsymbol{P}, r(\boldsymbol{P}))$, 使得对于 $U(\boldsymbol{P}, r(\boldsymbol{P})) \bigcap D$ 中的一切点 $\boldsymbol{Q}$ 成立

$$|f(\boldsymbol{Q}) - f(\boldsymbol{P})| < 1,$$

从而

$$|f(\boldsymbol{Q})| < |f(\boldsymbol{P})| + 1.$$

所有这些邻域 $\{U(\boldsymbol{P}, r(\boldsymbol{P}))\}$ 成为有界闭集 D 的一个开覆盖,按有

限覆盖定理,存在有限子覆盖,记之为

$$U(\boldsymbol{P}_1,r(\boldsymbol{P}_1)),U(\boldsymbol{P}_2,r(\boldsymbol{P}_2)),\cdots,U(\boldsymbol{P}_m,r(\boldsymbol{P}_m))$$

令

$$M=\max_{1<i<m}\{\,|\,f(\boldsymbol{P}_i)\,|\,\}+1,$$

则对一切 $\boldsymbol{Q}\in D$ 将有

$$|\,f(\boldsymbol{Q})\,|<M,$$

这就证明了 $f(x,y)$ 在 D 上是有界的.

定理 8.16(最大值和最小值定理) 有界闭集 D 上的连续函数在 D 上有最大值与最小值.

证 由定理 8.15 知 $f(\boldsymbol{P})$ 在 D 上是有界的,因而有上确界 α,对一切 $\boldsymbol{P}\in D$ 成立

$$f(\boldsymbol{P})\leqslant\alpha. \tag{8.5}$$

按上确界的定义,对任给的 $\varepsilon>0$,存在 $\boldsymbol{P}\in D$ 使

$$f(\boldsymbol{P})>\alpha-\varepsilon, \tag{8.6}$$

依次取 $\varepsilon=\dfrac{1}{k},k=1,2,\cdots$,相应地得到 D 中的点列 $\boldsymbol{P}_1,\boldsymbol{P}_2,\cdots$ 它们满足不等式(8.5)及(8.6),即

$$\alpha\geqslant f(\boldsymbol{P}_k)>\alpha-\frac{1}{k}. \qquad (k=1,2,\cdots)$$

由 D 的有界性知 $\{\boldsymbol{P}_k\}$ 是有界点列,于是存在收敛子列 $\{\boldsymbol{P}_{k_i}\}$, $\lim\limits_{i\to\infty}\boldsymbol{P}_{k_i}=\boldsymbol{P}'$. 但 D 是闭集,故 $\boldsymbol{P}'\in D$(定理 8.5). 由函数 $f(x,y)$ 在点 $\boldsymbol{P}'$ 的连续性,有

$$\lim_{i\to\infty}f(\boldsymbol{P}_{k_i})=f(\boldsymbol{P}'),$$

于是在不等式

$$\alpha\geqslant f(\boldsymbol{P}_{k_i})>\alpha-\frac{1}{k_i}$$

中令 $i\to\infty$ 取极限乃得 $f(\boldsymbol{P}')=\alpha$,从而由(8.5)得知对一切 $\boldsymbol{P}\in D$ 成立

$$f(\boldsymbol{P}) \leqslant f(\boldsymbol{P'}),$$

而这就证明了

$$f(\boldsymbol{P'}) = \max\{f(\boldsymbol{P}) \mid \boldsymbol{P} \in D\}.$$

同理,由下确界的存在可以证明存在 $\boldsymbol{P''} \in D$ 使

$$f(\boldsymbol{P''}) = \min\{f(\boldsymbol{P}) \mid \boldsymbol{P} \in D\},$$

这就证明了定理.

定义(一致连续) 如果对任给的 $\varepsilon > 0$,存在 $\delta > 0$,使得对于 D 中任意两点 $\boldsymbol{P'}$,$\boldsymbol{P''}$,只要 $\rho(\boldsymbol{P'},\boldsymbol{P''}) < \delta$,就一定有 $\mid f(\boldsymbol{P'}) - f(\boldsymbol{P''}) \mid < \varepsilon$,则说函数 $f(\boldsymbol{P})$ 在集合 D 上**一致连续**.

定理 8.17(一致连续性定理) 有界闭集 D 上的连续函数是一致连续的.

证 (反证法) 设函数 $f(\boldsymbol{P})$ 在 D 连续而非一致连续,于是存在 $\varepsilon_0 > 0$,使得不论 $\delta_k > 0$ 多么小,都存在 D 中的点 $\boldsymbol{P}_k'$ 及 $\boldsymbol{P}_k''$,同时满足不等式

$$\rho(\boldsymbol{P}_k',\boldsymbol{P}_k'') < \delta_k$$

及

$$\mid f(\boldsymbol{P}_k') - f(\boldsymbol{P}_k'') \mid \geqslant \varepsilon_0.$$

取 $\delta_k = \dfrac{1}{k}, k = 1,2,\cdots$,相应地得到两个点列 $\{\boldsymbol{P}_k'\}$ 及 $\{\boldsymbol{P}_k''\}$. 由于 $\{\boldsymbol{P}_k'\}$ 是 D 中的点列,而 D 是有界的,故 $\{\boldsymbol{P}_k'\}$ 是有界点列,由定理 8.10,存在收敛子列 $\{\boldsymbol{P}_{k_i}'\}$,$\lim\limits_{i \to \infty} \boldsymbol{P}_{k_i}' = \boldsymbol{P}^*$. 而由三角不等式

$$\rho(\boldsymbol{P}_{k_i}'',\boldsymbol{P}^*) \leqslant \rho(\boldsymbol{P}_{k_i}'',\boldsymbol{P}_{k_i}') + \rho(\boldsymbol{P}_{k_i}',\boldsymbol{P}^*)$$
$$< \frac{1}{k_i} + \rho(\boldsymbol{P}_{k_i}',\boldsymbol{P}^*)$$

立刻又可得知 $\lim\limits_{i \to \infty} \boldsymbol{P}_{k_i}'' = \boldsymbol{P}^*$. 但 D 是闭集,按定理 8.5,$\boldsymbol{P}^* \in D$,于是由函数在 $\boldsymbol{P}^*$ 的连续性,有

$$\lim_{i \to \infty} f(\boldsymbol{P}_{k_i}') = \lim_{i \to \infty} f(\boldsymbol{P}_{k_i}'') = f(\boldsymbol{P}^*),$$

而这与 $\mid f(\boldsymbol{P}_{k_i}') - f(\boldsymbol{P}_{k_i}'') \mid \geqslant \varepsilon_0$ 是矛盾的. 这一矛盾证明了定理的

正确性.

定理 8.13~8.17 所陈述的都是连续函数的性质,但需注意,定理 8.15~8.17 在有界闭集上成立(特别地,有界闭区域是有界闭集)而定理 8.13~8.14 只有在区域上才是对的.

习 题

1. 指出下列函数的间断点:

(1) $u = \dfrac{1}{\sqrt{x^2 + y^2}}$;

(2) $u = \dfrac{xy}{x + y}$;

(3) $u = \sin \dfrac{1}{xy}$;

(4) $u = \ln(1 - x^2 - y^2)$;

(5) $u = \dfrac{1}{xyz}$;

(6) $u = \ln \dfrac{1}{\sqrt{(x-a)^2 + (y-b)^2 + (z-c)^2}}$.

2. 证明函数

$$f(x,y) = \begin{cases} \dfrac{x^2 y}{x^4 + y^2}, & \text{当 } x^2 + y^2 \neq 0, \\ 0, & \text{当 } x^2 + y^2 = 0. \end{cases}$$

在 $(0,0)$ 沿着过该点的每一射线 $x = t\cos\alpha, y = t\sin\alpha$ 连续,但此函数在 $(0,0)$ 不连续.

3. 证明函数

$$f(x,y) = \begin{cases} \dfrac{2xy}{x^2 + y^2}, & \text{当 } x^2 + y^2 \neq 0, \\ 0, & \text{当 } x^2 + y^2 = 0. \end{cases}$$

分别对于变量 x 或 y 是连续的,但对这些变量的总体不是连续的.

4. 证明函数

$$f(x,y) = \begin{cases} x\sin\dfrac{1}{y}, & \text{当 } x \neq 0, \\ 0, & \text{当 } y = 0 \end{cases}$$

的不连续点所成之集既非闭集亦非开集.

5. 证明:若 $f(x,y)$ 在域 G 内对 x 连续,而对 y 满足利普希茨条件,即

$$| f(x,y') - f(x,y'') | \leqslant L \, | \, y' - y'' \, |,$$

其中 $(x,y') \in G, (x,y'') \in G$ 而 L 为常数. 则 $f(x,y)$ 在 G 内连续.

6. 设 $f(x,y)$ 对于 $a < x < A, b < y < B$ 连续,而 $\varphi(x)$ 连续于区间 (a,A) 且值域含于区间 (b,B). 证明函数 $F(x) = f(x, \varphi(x))$ 于区间 (a,A) 内连续.

7. 设 $f(x,y)$ 在域 $(a,A) \times (b,B)$ 连续,$\varphi(u,v)$ 及 $\psi(u,v)$ 在域 $(a',A') \times (b',B')$ 连续且 $a < \varphi(u,v) < A, b < \psi(u,v) < B$ 则 $F(u,v) = f(\varphi(u,v), \psi(u,v))$ 在域 $(a',A') \times (b',B')$ 内连续.

8. 设 $f(x)$ 在 $(-\infty, +\infty)$ 连续,证明集合

$$E = \{(x, f(x)) \, | -\infty < x < +\infty\}$$

是平面上的闭集.

9. 设 $f(x,y)$ 是 $\mathbf{R}^2$ 上的连续函数,对任意给定的实数 c 证明:$E = \{(x,y) \, | \, f(x,y) > c\}$ 是开集,$F = \{(x,y) \, | \, f(x,y) \geqslant c\}$ 是闭集.

10. 证明(1) $f(x,y) = \sin xy$;(2) $g(x,y) = \dfrac{xy}{x^2 + y^2}$ 在各自的定义域内不一致连续.

11. 设 $f(x,y)$ 在有界区域 G 内一致连续,则对任何 $(x_0, y_0) \in \overline{G}$ $\quad (\overline{G} = G \cup \partial G)$,$f(x,y)$ 在 (x_0, y_0) 有极限.

8.4 向量值函数

8.4.1 基本概念

我们已经研究过的一元函数和多元函数,其自变量依次是一个或多个,但因变量却都只有一个,人们称之为纯量值函数. 可是,在自然科学的各个领域内,因变量是多个的情况也是常会遇到的,例如,观察气体的流速(在每一点(x,y,z)的气流的速度),就遇到了三个变量 u_1,u_2,u_3,它们是速度矢量在三个坐标轴上的分量:

$$u_1 = f_1(x,y,z), u_2 = f_2(x,y,z), u_3 = f_3(x,y,z),$$

各自依赖于三个变量 x,y,z. 如果气流的速度还随时间 t 的变化而变化,则 u_1,u_2,u_3 将依赖于四个自变量 x,y,z 和 t:

$$u_1 = f_1(x,y,z,t), u_2 = f_2(x,y,z,t), u_3 = f_3(x,y,z,t).$$

$$(8.7)$$

如果改记 x,y,z,t 为 x_1,x_2,x_3,x_4,并记

$$\boldsymbol{u} = \begin{bmatrix} u_1 \\ u_2 \\ u_3 \end{bmatrix}, \quad \boldsymbol{f} = \begin{bmatrix} f_1 \\ f_2 \\ f_3 \end{bmatrix}, \quad \boldsymbol{x} = (x_1, x_2, x_3, x_4),$$

或(参阅 8.1.1 段)

$$\boldsymbol{u} = (u_1, u_1, u_3), \quad \boldsymbol{f} = (f_1, f_2, f_3),$$

则(8.7)可简单地写为

$$\boldsymbol{u} = \boldsymbol{f}(\boldsymbol{x}). \tag{8.8}$$

(8.8)左端的"值"是一个向量(或者说,(8.7)式中因变量多于一个),我们称(8.8)所表示的是一个**向量值函数**. 由于(8.7)只不过是(8.8)在另一种形式即分量形式下的表示,在不会产生误解时,也说(8.7)式给出了一个向量值函数,虽然这种说法由于(8.7)式中并未出现向量而显得不够严谨.

按映射的观点,如果有 n 维欧几里得空间 $\mathbf{R}^n$ 及 m 维欧几里得空间 $\mathbf{R}^m$,$D \subset \mathbf{R}^n$,则称映射

$$\boldsymbol{f}: D \to \mathbf{R}^m, \quad \boldsymbol{x} \mapsto \boldsymbol{f}(\boldsymbol{x}) \tag{8.9}$$

为一个向量值函数,通常表示为 $\boldsymbol{u} = \boldsymbol{f}(\boldsymbol{x})$,其中 $\boldsymbol{x} = (x_1, x_2, \cdots, x_n)$ 是 $\mathbf{R}^n$ 中的集合 D 的点,$\boldsymbol{u} = (u_1, u_2, \cdots, u_m)$ 是 $\mathbf{R}^m$ 的点. D 称为 $\boldsymbol{f}$ 的定义域,集合 $\{\boldsymbol{u} \mid \boldsymbol{u} = \boldsymbol{f}(\boldsymbol{x}), \boldsymbol{x} \in D\}$ 称为 $\boldsymbol{f}$ 的值域,记为 $\boldsymbol{f}(D)$. 在分量形式下,向量函数 $\boldsymbol{u} = \boldsymbol{f}(\boldsymbol{x})$ 可写为

$$(u_1, u_2, \cdots, u_m) = (f_1(x_1, x_2, \cdots, x_n), f_2(x_1, x_2, \cdots, x_n), \cdots,$$
$$f_m(x_1, x_2, \cdots, x_n)), \quad (x_1, x_2, \cdots, x_n) \in D;$$

$$\begin{pmatrix} u_1 \\ u_2 \\ \vdots \\ u_m \end{pmatrix} = \begin{pmatrix} f_1(x_1, x_2, \cdots, x_n) \\ f_2(x_1, x_2, \cdots, x_n) \\ \cdots \\ f_m(x_1, x_2, \cdots, x_n) \end{pmatrix}, \quad (x_1, x_2, \cdots, x_n) \in D;$$

或

$$\begin{cases} u_1 = f_1(x_1, x_2, \cdots, x_n), \\ u_2 = f_2(x_1, x_2, \cdots, x_n), \\ \cdots \\ u_m = f_m(x_1, x_2, \cdots, x_n). \end{cases} \quad (x_1, x_2, \cdots, x_n) \in D.$$

显然,如果 $n = m = 1$,则得一元纯量值函数,而 $n > 1, m = 1$ 时得到多元纯量值函数. 它们分别是以前所研究过的一元函数和多元函数.

例 1 螺旋线的参数方程

$$x = r\cos t, \quad y = r\sin t, \quad z = ct, t \in \mathbf{R}$$
$$(r > 0, c > 0 \text{ 为常数})$$

将直角坐标表示为参数 t 的函数,写成向量的形式,即

$$(x, y, z) = (r\cos t, r\sin t, ct), t \in \mathbf{R},$$

这是以 $\mathbf{R}$ 为定义域取值于 $\mathbf{R}^3$ 的向量值函数. 其值域为 $\mathbf{R}^3$ 中盘旋

在柱面 $x^2 + y^2 = r^2$ 上的两端无限延伸的曲线(图 8-6).

例 2　如图 8-7,M' 表示 M 在 Oxy 平面上的投影,令 φ 为矢径 OM 与 Oz 轴的夹角,θ 为 OM' 在 Oxy 平面内以 Ox 轴为极轴时的极角,而 r 为常数,则

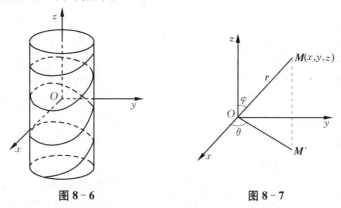

图 8-6　　　　　　　　图 8-7

$$x = r\sin\varphi\cos\theta, y = r\sin\varphi\sin\theta, z = r\cos\varphi,$$
$$0 \leqslant \varphi \leqslant \pi, 0 \leqslant \theta \leqslant 2\pi. \tag{8.10}$$

写成向量的形式即

$$(x, y, z) = (r\sin\varphi\cos\theta, r\sin\varphi\sin\theta, r\cos\varphi),$$

这是定义于 $\mathbf{R}^2$ 的子集

$$\{(\varphi, \theta) \mid 0 \leqslant \varphi \leqslant \pi, 0 \leqslant \theta \leqslant 2\pi\}$$

取值于 $\mathbf{R}^3$ 的向量值函数,其值域为 $\mathbf{R}^3$ 中的球面 $x^2 + y^2 + z^2 = r^2$. (8.10)称为这个球面的参数方程. 如果(8.10)中 r 也在 $[0, +\infty)$ 中变化:$0 \leqslant r < +\infty$,则定义域为 $\mathbf{R}^3$ 中的集合

$$\{(r, \varphi, \theta) \mid 0 \leqslant r < +\infty, 0 \leqslant \varphi \leqslant \pi, 0 \leqslant \theta < 2\pi\},$$

而值域为 $\mathbf{R}^3$. 此时,(8.10)称为三维空间中点的球坐标表示,而 (r, φ, θ) 称为点 (x, y, z) 的球坐标. 在球坐标的情形,三族坐标面是:

(1) $r=$ 常数,即以原点为中心的球面;

(2) $\varphi=$常数,即以 Oz 轴为轴的圆锥;

(3) $\theta=$常数,即通过 Oz 轴的半平面.

例 3 令 r 和 θ 表示 Oxy 平面上的点的极径和极角,则当 r 是常数时,

$$x = r\cos\theta, \ y = r\sin\theta, \ z = z, \tag{8.11}$$
$$0 \leqslant \theta < 2\pi, \ -\infty < z < +\infty,$$

或在向量形式下

$$(x,y,z) = (r\cos\theta, r\sin\theta, z)$$

是定义于 $\mathbf{R}^2$ 的子集 $\{(\theta,z) \mid 0 \leqslant \theta < 2\pi, -\infty < z < +\infty\}$,而取值于 $\mathbf{R}^3$ 的向量值函数,其值域为 $\mathbf{R}^3$ 中的柱面 $x^2 + y^2 = r^2$. 如果允许 r 也在 $[0, +\infty)$ 中变化:$0 \leqslant r < +\infty$,则定义域为 $\mathbf{R}^3$ 中的集合

$$\{(r,\theta,z) \mid 0 \leqslant r < +\infty, 0 \leqslant \theta < 2\pi, -\infty < z < +\infty\},$$

而值域为 $\mathbf{R}^3$. 此时(8.11)称为三维空间中点的柱坐标表示,而 (r,θ,z) 称为点 (x,y,z) 的柱坐标. 在柱坐标的情形,三族坐标面是:

(1) $r=$常数,即以 Oz 轴为轴的圆柱面;

(2) $\theta=$常数,即通过 Oz 轴的半平面;

(3) $z=$常数,即与 Oxy 平面平行的平面.

8.4.2 极限

对于定义于 $\mathbf{R}^n$ 中的集合 D 上的向量值函数 $\boldsymbol{u} = \boldsymbol{f}(\boldsymbol{x})$

$$\boldsymbol{f}: D \to \mathbf{R}^m, \quad \boldsymbol{x} \mapsto \boldsymbol{f}(\boldsymbol{x})$$

可以仿照 8.2.2 段建立起极限的概念,所不同的是这里极限不是数量,而是 $\mathbf{R}^m$ 中的向量(也就是 $\mathbf{R}^m$ 中的点).

定义(序列的语言) 设 $\boldsymbol{x}^0$ 是 D 的聚点,如果不论 D 中怎样的点列 $\{\boldsymbol{x}^{(k)}\}$,只要它收敛于 $\boldsymbol{x}^0$,且 $\boldsymbol{x}^{(k)} \neq \boldsymbol{x}^0 (k = 1,2,\cdots)$ 对应的点列 $\{\boldsymbol{u}^{(k)}\} (\boldsymbol{u}^{(k)} = \boldsymbol{f}(\boldsymbol{x}^{(k)}))$ 就都收敛于 $\boldsymbol{u}^0$,则说 $\boldsymbol{x}$ 在 D 内趋于 $\boldsymbol{x}^0$ 时 $\boldsymbol{f}(\boldsymbol{x})$ 以 $\boldsymbol{u}^0$ 为**极限**.

定义(ε-δ 语言) 设 x^0 是 D 的聚点,若对任给的 $\varepsilon > 0$,存在 $\delta > 0$,使得对于 D 中满足 $0 < \rho(x, x^0) < \delta$ 的一切点 x 都成立 $\rho(f(x), u^0) < \varepsilon$,则说 x 在 D 内趋于 x^0 时 $f(x)$ 以 u^0 为**极限**.

建议读者自己去证明这两个定义的等价性.

和 8.2.2 段一样,x 趋于 x^0 时 $f(x)$ 以 u^0 为极限也说成 $f(x)$ 在 x^0 有极限 u^0,或者说 x 趋于 x^0 时 $f(x)$ 趋于 u^0,记为

$$\lim_{x \to x^0} f(x) = u^0 \;(\text{或 } x \to x^0 \text{ 时 } f(x) \to u^0). \tag{8.12}$$

按几何的术语,这就是说,给定 u^0 的一个邻域 V,只要 x 属于 x^0 的充分小的邻域 U 与 D 的交集且 $x \neq x^0$,则 $f(x)$ 必定属于邻域 V. 这就是 $f(x)$ 以 u^0 为极限,也说成 $f(x)$ 收敛于 u^0. 借助于距离来定义的收敛性,常称为**按距离收敛**.

把 $x, x^0, f(x)$ 以及 u^0 各自视为所在空间的向量,注意向量 $x - x^0$ 的范数(长度)就是把 $x - x^0$ 视为相应空间中的点时该点与原点的距离,即

$$\| x - x^0 \| = \rho(x - x^0, o) = \sqrt{\sum_{i=1}^{n} (x_i - x_i^0)^2} = \rho(x, x^0).$$

$$\tag{8.13}$$

同样

$$\| f(x) - u^0 \| = \rho(f(x) - u^0, o) = \sqrt{\sum_{i=1}^{m} (f_i(x) - u_i^0)^2}$$
$$= \rho(f(x), u^0). \tag{8.14}$$

于是用 ε-δ 语言定义极限时,可以分别用范数 $\| x - x^0 \|$ 和 $\| f(x) - u^0 \|$ 代替距离 $\rho(x, x^0)$ 和 $\rho(f(x), u^0)$[①]. 借助于范数定义的收敛性称为**按范数收敛**.

---

① 有时会遇到诸如 $\lim\limits_{\|x\| \to \infty} f(x) = u^0$,$\lim\limits_{\|x\| \to \infty} \| f(x) \| = \infty$ 之类的记号,读者该能说明它们的意义.

显然,极限关系(8.12)还可表示为

$$\rho(\boldsymbol{x},\boldsymbol{x}^0)\to 0 \text{ 时 } \rho(\boldsymbol{f}(\boldsymbol{x}),\boldsymbol{u}^0)\to 0,$$

而由(8.13),(8.14)可知,$\rho(\boldsymbol{x},\boldsymbol{x}^0)\to 0$ 是和 $x_i\to x_i^0(i=1,2,\cdots,n)$ 是等价的,$\rho(\boldsymbol{f}(\boldsymbol{x}),\boldsymbol{u}^0)\to 0$ 是和 $f_i(x_1,x_2,\cdots,x_n)\to u_i^0(i=1,2,\cdots,m)$ 等价的,因而(8.12)又可定义为

$$\lim_{\substack{x_1\to x_1^0 \\ \vdots \\ x_n\to x_n^0}} f_i(x_1,x_2,\cdots,x_n)=u_i^0,\quad (i=1,2,\cdots,m),$$

借助于坐标定义的收敛性称为**按坐标收敛**.

综上所述,可得

定理 8.18　按距离收敛,按范数收敛以及按坐标收敛是相互等价的.

下面两条定理是容易证明的.

定理 8.19　若 $\boldsymbol{f}(\boldsymbol{x})$ 在 $\boldsymbol{x}^0$ 有极限,则极限是唯一的.

定理 8.20　如果 $\lim\limits_{\boldsymbol{x}\to\boldsymbol{x}^0}\boldsymbol{f}(\boldsymbol{x})=\boldsymbol{a}$, $\lim\limits_{\boldsymbol{x}\to\boldsymbol{x}^0}\boldsymbol{g}(\boldsymbol{x})=\boldsymbol{b}$, 则对任何实数 α,β 成立 $\lim\limits_{\boldsymbol{x}\to\boldsymbol{x}^0}\left[\alpha\boldsymbol{f}(\boldsymbol{x})+\beta\boldsymbol{g}(\boldsymbol{x})\right]=\alpha\boldsymbol{a}+\beta\boldsymbol{b}$.

8.4.3　连续性

有了极限概念以后,就可以定义向量值函数的连续性. 设 $\boldsymbol{f}(\boldsymbol{x})$ 定义于 D, $\boldsymbol{x}^0$ 是 D 的聚点.

定义(连续)　如果 $\boldsymbol{x}^0\in D$ 且

$$\lim_{\substack{\boldsymbol{x}\to\boldsymbol{x}^0 \\ \boldsymbol{x}\in D}} \boldsymbol{f}(\boldsymbol{x})=\boldsymbol{f}(\boldsymbol{x}^0),$$

则说 $\boldsymbol{f}(\boldsymbol{x})$ 在点 $\boldsymbol{x}^0$ **连续**.

读者容易在按距离收敛、按范数收敛以及按坐标收敛的意义下描述 $\boldsymbol{f}(\boldsymbol{x})$ 在 $\boldsymbol{x}^0$ 的连续性.

和 8.3 一样,我们约定在 D 的孤立点, $\boldsymbol{f}(\boldsymbol{x})$ 是连续的. 如果

$f(x)$在 D 的每一点都是连续的,则说 $f(x)$在 D 上连续.

作为定理 8.18 的必然结果,立刻可得

定理 8. 21 向量值函数 $f(x) = (f_1(x), f_2(x), \cdots, f_m(x))$ 在 x^0 连续的必要充分条件是每个函数 $f_i(x)(i = 1, 2, \cdots, m)$ 在 x^0 都连续.

定理 8.21 把向量值函数的连续性归结为纯量值函数的连续性,如果用序列的语言表述纯量值函数 $f_i(x)(i = 1, 2, \cdots, m)$ 的连续性,则由定理 8.21 又得

定理 8. 22 向量值函数 $f(x)$在 $x^0 \in D$ 连续的充分必要条件是对于 D 中收敛于 x^0 的任何点列 $\{x^{(k)}\}$ 都有

$$\lim_{k \to \infty} f(x^{(k)}) = f(x^0).$$

最后,证明一个复合函数的连续性定理. 考虑两个向量值函数:

$$f: D \to \mathbf{R}^m, \quad y \mapsto f(y),$$
$$g: G \to \mathbf{R}^n, \quad x \mapsto g(x),$$

其中 $D \subset \mathbf{R}^n, G \subset \mathbf{R}^l$. 如果函数 $g(x)$ 的值域含于 $f(y)$ 的定义域 D,则复合函数 $f(g(x))$(也记为 $f \circ g(x)$)是 $G \to \mathbf{R}^m$ 的映射:

$$f(g(x)) = \begin{pmatrix} f_1(g_1(x_1, x_2, \cdots, x_l), \cdots, g_n(x_1, x_2, \cdots, x_l)) \\ f_2(g_1(x_1, x_2, \cdots, x_l), \cdots, g_n(x_1, x_2, \cdots, x_l)) \\ \vdots \\ f_m(g_1(x_1, x_2, \cdots, x_l), \cdots, g_n(x_1, x_2, \cdots, x_l)) \end{pmatrix}.$$

定理 8. 23 如果 $f(g(x))$在 G 的聚点 x^0 附近有定义,$g(x)$在点 x^0 连续,且 $f(y)$在点 $y^0 = (g(x^0))$连续,则 $f(g(x))$在 x^0 连续.

证 因为 $y = g(x)$,所以

$$f(g(x)) - f(g(x^0)) = f(y) - f(y^0),$$

由于 $f(y)$ 在 y^0 连续,对于任给的 $\varepsilon > 0$,存在 $\eta > 0$,当 $\|y - y_0\| < \eta$ 时 $\|f(y) - f(y^0)\| < \varepsilon$,又由 $y = g(x)$ 在 x^0 连

续,对于所述的 η,存在 $\delta>0$,当 $\|\boldsymbol{x}-\boldsymbol{x}^0\|<\delta$ 时,$\|\boldsymbol{y}-\boldsymbol{y}^0\|<\eta$,从而 $\|\boldsymbol{f}(\boldsymbol{y})-\boldsymbol{f}(\boldsymbol{y}^0)\|<\varepsilon$ 亦即

$$\|\boldsymbol{f}(\boldsymbol{g}(\boldsymbol{x}))-\boldsymbol{f}(\boldsymbol{g}(\boldsymbol{x}^0))\|<\varepsilon.$$

这就证明了 $\boldsymbol{f}(\boldsymbol{g}(\boldsymbol{x}))$ 在 $\boldsymbol{x}^0$ 是连续的.

在 8.3.1 段的最后提到过这一结果,而在证明定理 8.13 时用到过 $l=m=1,n=2$ 的特殊情形.

习　题

1. 将圆的参数方程及平面上点的极坐标表示看作映射,分别说明它们的定义域及值域.

2. 设 $f(x,y)=(x+2y,2x+y)$,$x_1\leqslant x\leqslant x_2$,$y_1\leqslant y\leqslant y_2$,求 $f(x,y)$ 的值域.

3. 证明定理 8.19.

4. 证明定理 8.20.

5. 求映射 $\boldsymbol{f}$ 和 $\boldsymbol{g}$ 的复合 $\boldsymbol{f}\circ\boldsymbol{g}$,设

(1) $f(x,y)=(x-y,x+y,x)$,$g(u,v)=(u+v,u-v)$;

(2) $f(x,y,z)=(6x-y+2z,2x+4z)$,$g(u,v)=(u-v,2u,2v-2u)$.

第 8 章总习题

1. 举例说明,有限覆盖定理的三个条件:F 是有界的,F 是闭的,G_α 是开的,缺一不可.

2. 研究极限:

(1) $\lim\limits_{\substack{x\to 0\\y\to 0}} x^2 y^2 \ln(x^2+y^2)$;

(2) $\lim\limits_{\substack{x\to 0\\y\to 0}} \dfrac{(ax^2+2bxy+cy^2)^{\frac{1}{3}}}{(x^2+y^2)^{\frac{1}{4}}}$.

3. 沿着路径 $L: y^2 + x^2 y - x^2 = 0$ 研究极限

$$\lim_{\substack{x \to 0 \\ y \to 0}} \frac{x^2 + 4x - 4y}{y^2 - 6x + 6y}$$

的存在性.

4. 证明:若 $f(x,y)$ 对 x 和 y 分别连续且对其中之一为单调,则 $f(x,y)$ 连续.

5. 设 $f(x,y)$ 在原点附近有定义,而

$$F(r,\theta) = f(r\cos\theta, r\sin\theta) \qquad (r \geqslant 0, 0 \leqslant \theta < 2\pi)$$

满足条件:(ⅰ) 对每个固定的 $\theta, F(r,\theta)$ 关于 r 连续,(ⅱ) 对任意给定的 $\varepsilon > 0$ 存在 $\delta > 0$ 当 $|\theta - \theta'| < \delta$ 时,$|F(r,\theta) - F(r,\theta')| < \varepsilon$ 对 r 一致地成立. 证明 $f(x,y)$ 在 $(0,0)$ 连续.

6. 证明 $\mathbf{R}^n \to \mathbf{R}^m$ 的映射 $\boldsymbol{f}$ 为连续的充分必要条件是对任何开集 $U \subset \mathbf{R}^m, \boldsymbol{f}^{-1}(U) = \{\boldsymbol{x} \mid \boldsymbol{x} \in \mathbf{R}^n, \boldsymbol{f}(\boldsymbol{x}) \in U\}$ 也是开集.

7. 设函数 $u = f(x,y,z) (a \leqslant x \leqslant b, a \leqslant y \leqslant b, a \leqslant z \leqslant b)$ 连续,令 $\psi(x) = \max_{a \leqslant y \leqslant b} \{\min_{a \leqslant z \leqslant b} f(x,y,z)\}$,试证 $\psi(z)$ 在 $[a,b]$ 连续.

第9章　多元函数的微分学

本章将对于多元函数以及多元向量值函数建立偏导数、全微分、可微性等一系列概念,并阐明它们的性质以及有关的运算法则,最后叙述这些理论在几何以及分析学本身的应用.所有这一切与一元函数有许多相似之处,但也有不少不同之点,读者需经常注意对照,以加深理解.

9.1 偏导数・全微分

为叙述及书写简便,我们对二元函数建立偏导数及全微分的有关理论.所讲的一切,可以毫无困难地推广到更多变元的一般情形.

9.1.1 偏导数

设函数 $u = f(x, y)$ 定义于 $\mathbf{R}^2$ 的开集 D,点 (x_0, y_0) 属于 D. 如果保持 y 为常数值 y_0,则 $f(x, y_0)$ 成为一个自变量 x 的函数,于是可以考察它在 $x = x_0$ 处关于 x 的导数.

定义(偏导数)　设 $u = f(x, y)$ 定义于开集 D, $D \subset \mathbf{R}^2$,而 $(x_0, y_0) \in D$,如果极限

$$\lim_{\Delta x \to 0} \frac{f(x_0 + \Delta x, y_0) - f(x_0, y_0)}{\Delta x}$$

存在且为有限数,则称之为 $f(x, y)$ 在点 (x_0, y_0) 关于 x 的**偏导数**,并说 $f(x, y)$ 在点 (x_0, y_0) 关于 x 可导.

函数 $u = f(x, y)$ 在 (x_0, y_0) 关于 x 的偏导数记为

$$\frac{\partial f(x_0, y_0)}{\partial x}, \ \frac{\partial f}{\partial x}(x_0, y_0), \ f'_x(x_0, y_0),$$

$$\frac{\partial u(x_0, y_0)}{\partial x}, \ \frac{\partial u}{\partial x}(x_0, y_0), \ u'_x(x_0, y_0).$$

在所有这些记号里,字母 x 表明函数对哪个变量求偏导数,$(x_0,$ $y_0)$ 则表明所求的偏导数在哪一点取值. 如果对于 D 中的每一点, 函数都有关于 x 的偏导数,则这个偏导数本身也将是 x, y 的函数,于是得到了 $u = f(x, y)$ 关于 x 的偏导函数,记之为

$$\frac{\partial f(x, y)}{\partial x}, \ \frac{\partial f}{\partial x}(x, y), \ f'_x(x, y),$$

$$\frac{\partial u(x, y)}{\partial x}, \ \frac{\partial u}{\partial x}(x, y), \ u'_x(x, y).$$

对于偏导函数,通常都将括号内自变量省去,而写成 $\dfrac{\partial f}{\partial x}, \dfrac{\partial u}{\partial x}, f'_x,$ u'_x. 有时还省去 f'_x, u'_x 中的撇号,而简写为 f_x, u_x.

完全同样地,如保持 $x = x_0$ 不变,则有限极限

$$\lim_{\Delta y \to 0} \frac{f(x_0, y_0 + \Delta y) - f(x_0, y_0)}{\Delta y}$$

称为 $f(x, y)$ 在点 (x_0, y_0) 关于 y 的偏导数,并记为

$$\frac{\partial f(x_0, y_0)}{\partial y}, \frac{\partial f}{\partial y}(x_0, y_0), f'_y(x_0, y_0),$$

$$\frac{\partial u(x_0, y_0)}{\partial y}, \frac{\partial u}{\partial y}(x_0, y_0), u'_y(x_0, y_0).$$

关于 y 的偏导函数则记为

$$\frac{\partial f(x, y)}{\partial y}, \frac{\partial f}{\partial y}(x, y), f'_y(x, y),$$

$$\frac{\partial u(x, y)}{\partial y}, \frac{\partial u}{\partial y}(x, y), u'_y(x, y).$$

在不致产生混淆时,偏导函数也简称为偏导数.

由偏导数的定义可见,计算多元函数的偏导数实际上归结为

计算一元函数的导数.

例1 设 $u=x^y(x>0)$,则

$$\frac{\partial u}{\partial x}=yx^{y-1},\ \frac{\partial u}{\partial y}=x^y\ln x.$$

即两个偏导函数在右半平面是存在的.

例2 设 $r=\sqrt{(x-x_0)^2+(y-y_0)^2+(z-z_0)^2}$,其中 $x_0,y_0,$ z_0 是常数,求函数 $\frac{1}{r}$ 的三个偏导数.

解 视 y,z 为常数,则 $\frac{1}{r}$ 是 x 的复合函数,于是

$$\frac{\partial}{\partial x}\left(\frac{1}{r}\right)=-\frac{1}{r^2}\frac{\partial r}{\partial x}$$

$$=-\frac{1}{r^2}\frac{x-x_0}{\sqrt{(x-x_0)^2+(y-y_0)^2+(z-z_0)^2}}$$

$$=-\frac{x-x_0}{r^3},$$

按变数 x,y,z 的对称性,立刻可得

$$\frac{\partial}{\partial y}\left(\frac{1}{r}\right)=-\frac{y-y_0}{r^3},\ \frac{\partial}{\partial z}\left(\frac{1}{r}\right)=-\frac{z-z_0}{r^3}.$$

例3 设 $f(x,y)=\begin{cases}0,\text{当 }xy=0,\\1,\text{当 }xy\neq0.\end{cases}$

求 $f_x'(0,0)$ 及 $f_y'(0,0)$.

解 按偏导数的定义

$$\frac{\partial f(0,0)}{\partial x}=\lim_{x\to0}\frac{f(x,0)-f(0,0)}{x}=0,$$

$$\frac{\partial f(0,0)}{\partial y}=\lim_{y\to0}\frac{f(0,y)-f(0,0)}{y}=0.$$

读者容易证明,在例3中,对于位于坐标轴上而异于原点的点而言,这两个偏导数并不是都存在的.

注意,对于一元函数而言,在有限导数存在的点,函数一定是

连续的. 但是对多元函数而言,在全部偏导数都存在的点,函数也未必连续. 例 3 就是这样的例子,由于 $f(x,y)$ 沿着直线 $y=kx$ $(k\neq0,x\neq0)$ 取常数值 1,而 $f(0,0)=0$,可见 $f(x,y)$ 在原点发生间断. 但是,我们已经证明,偏导数 $f'_x(0,0)$ 及 $f'_y(0,0)$ 都是存在的.

下面,说明偏导数 $f'_x(x_0,y_0)$ 及 $f'_y(x_0,y_0)$ 的几何意义,它将有助于人们理解上述情况是如何发生的.

考虑三维空间中的曲面 S,设其方程为 $z=f(x,y)$. 按定义,偏导数 $f'_x(x_0,y_0)$ 是一元函数 $f(x,y_0)$ 对 x 的导数在 $x=x_0$ 时的值,注意平面 $y=y_0$ 与曲面 $z=f(x,y)$ 相交得曲面 S 上的一条曲线 C_1(图 9 - 1),其方程为

$$\begin{cases} z=f(x,y_0), \\ y=y_0, \end{cases}$$

于是按一元函数的导数的几何意义得知,$f'_x(x_0,y_0)$ 正是曲线 C_1 在点 $P(x_0,y_0,f(x_0,y_0))$ 的切线的斜率 $\tan\alpha$.

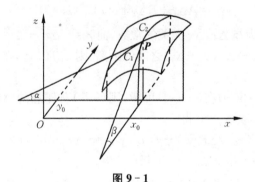

图 9 - 1

同样,曲面 $z=f(x,y)$ 与平面 $x=x_0$ 相交得曲线 C_2,而 $f'_y(x_0,y_0)$ 是 C_2 在点 $P(x_0,y_0,f(x_0,y_0))$ 的切线的斜率 $\tan\beta$.

由此可见,$f'_x(x_0,y_0)$ 是否存在以及存在时取何数值只与曲线

C_1 在 P 点附近的性态有关，$f'_y(x_0,y_0)$ 的存在与取值只与 C_2 在 P 点附近的性态有关. 也就是说，偏导数 $f'_x(x_0,y_0)$ 及 $f'_y(x_0,y_0)$ 的存在及取值与 S 上曲线 C_1,C_2 以外的点是没有关系的. 而函数 $f(x,y)$ 在 (x_0,y_0) 是否连续却与 S 上 P 点附近的一切点有关. 这样一来，偏导数的存在不足以保证函数的连续性这一事实就很容易理解了.

既然偏导数的存在性不能保证函数的连续性，那么，在什么条件下函数是连续的呢？ 下面所要建立的可微性就是连续性的充分条件.

9.1.2　全微分

定义（可微）　设函数 $z=f(x,y)$ 定义于 $\mathbf{R}^2$ 的开集 D. 而 $M_0(x_0,y_0)$ 是 D 内的一个给定点，相应于自变量 x 及 y 的改变量 Δx 及 Δy，因变量 z 的改变量 $\Delta z=f(x_0+\Delta x,y_0+\Delta y)-f(x_0,y_0)$ 若能表为

$$\Delta z=A\Delta x+B\Delta y+o(\rho) \quad (\rho\to 0). \tag{9.1}$$

其中 A,B 为与 $\Delta x,\Delta y$ 无关的常数，而 $\rho=\sqrt{\Delta x^2+\Delta y^2}$ 是 $M_0(x_0,y_0)$ 与 $M(x_0+\Delta x,y_0+\Delta y)$ 之间的距离. 则说 $f(x,y)$ 在点 (x_0,y_0) **可微**.

如果 $f(x,y)$ 在 (x_0,y_0) 可微，则 (9.1) 对任意的 Δx 及 Δy 成立，特别地，取 $\Delta y=0$ 得

$$f(x_0+\Delta x,y_0)-f(x_0,y_0)=A\Delta x+o(|\Delta x|),$$

两端除以 Δx 并令 $\Delta x\to 0$ 取极限，得

$$\lim_{\Delta x\to 0}\frac{f(x_0+\Delta x,y_0)-f(x_0,y_0)}{\Delta x}=\lim_{\Delta x\to 0}\frac{A\Delta x+o(|\Delta x|)}{\Delta x}=A.$$

即 $f'_x(x_0,y_0)$ 存在且等于 A. 同理可证 $f'_y(x_0,y_0)$ 存在且等于 B. 于是，若函数 $f(x,y)$ 在点 (x_0,y_0) 可微，则在该点存在偏导数，而且 (9.1) 式中的系数 A,B 是唯一确定的，它们分别是偏导数

$f'_x(x_0, y_0)$ 及 $f'_y(x_0, y_0)$. 即

$$\Delta z = f'_x(x_0, y_0)\Delta x + f'_y(x_0, y_0)\Delta y + o(\sqrt{\Delta x^2 + \Delta y^2}).$$

$$(9.2)$$

在一元函数的情形下,有限导数的存在对于可微性不但是必要的而且还是充分的. 但是对于多元函数,下面的例子表明偏导数的存在性不足以保证函数的可微性.

例 1 证明函数 $z = \sqrt{|xy|}$ 在原点存在偏导数但不可微.

证 按定义,

$$\frac{\partial z(0,0)}{\partial x} = \lim_{\Delta x \to 0} \frac{\sqrt{|\Delta x \cdot 0|} - 0}{\Delta x} = 0,$$

$$\frac{\partial z(0,0)}{\partial y} = \lim_{\Delta y \to 0} \frac{\sqrt{|0 \cdot \Delta y|} - 0}{\Delta y} = 0.$$

如果函数 $z(x, y)$ 在原点可微,则由(9.2)式应有

$$\sqrt{|\Delta x \Delta y|} = o(\sqrt{\Delta x^2 + \Delta y^2}),$$

特别地,若令 $\Delta x = \Delta y$,则得

$$|\Delta x| = o(\sqrt{2}|\Delta x|),$$

但是当 $\Delta x \to 0$ 时,

$$\frac{|\Delta x|}{\sqrt{2}|\Delta x|} = \frac{1}{\sqrt{2}} \not\to 0.$$

这表明(9.2)式不能成立,亦即函数 $z = \sqrt{|xy|}$ 在原点是不可微的.

在给出可微性的充分条件以前,先给出可微性定义的一种等价形式.

定理 9.1 函数 $z = f(x, y)$ 在点 (x_0, y_0) 可微的充分必要条件是 Δz 能表示为

$$\Delta z = A\Delta x + B\Delta y + \alpha\Delta x + \beta\Delta y, \tag{9.3}$$

其中 A, B 与 $\Delta x, \Delta y$ 无关,而当 $\sqrt{\Delta x^2 + \Delta y^2} \to 0$ 时,$\alpha \to 0, \beta \to 0$.

证 (必要性)设 $f(x,y)$ 在 (x_0,y_0) 可微,因而(9.1)式成立,即

$$\Delta z = A\Delta x + B\Delta y + h(\Delta x,\Delta y)\rho,$$

其中 $\rho = \sqrt{\Delta x^2 + \Delta y^2}$,且当 $\rho \to 0$ 时,$h(\Delta x,\Delta y) \to 0$. 将 Δz 变形为

$$\Delta z = A\Delta x + B\Delta y + \left(\frac{\Delta x}{\rho}\Delta x + \frac{\Delta y}{\rho}\Delta y\right)h(\Delta x,\Delta y).$$

在这个等式中记

$$\frac{\Delta x}{\rho}h(\Delta x,\Delta y) = \alpha, \quad \frac{\Delta y}{\rho}h(\Delta x,\Delta y) = \beta,$$

则得(9.3)式. 并且由于 $\left|\dfrac{\Delta x}{\rho}\right| \leqslant 1, \left|\dfrac{\Delta y}{\rho}\right| \leqslant 1$,得

$$|\alpha| \leqslant |h(\Delta x,\Delta y)|, \quad |\beta| \leqslant |h(\Delta x,\Delta y)|,$$

从而当 $\rho \to 0$ 时 $\alpha \to 0, \beta \to 0$.

(充分性)如果(9.3)成立,则由于

$$\left|\frac{\alpha\Delta x + \beta\Delta y}{\rho}\right| \leqslant |\alpha| + |\beta|$$

以及 $\rho \to 0$ 时 $\alpha \to 0, \beta \to 0$ 知

$$\alpha\Delta x + \beta\Delta y = o(\rho),$$

于是(9.1)式成立,即 $f(x,y)$ 在 (x_0,y_0) 可微.

下面的定理给出了可微性的充分条件.

定理 9.2 如果 f'_x 及 f'_y 在 (x_0,y_0) 及其邻域内存在,而且在 (x_0,y_0) 连续,则函数 $z = f(x,y)$ 在 (x_0,y_0) 可微.

证 将函数的改变量 Δz 改写为

$$\Delta z = [f(x_0+\Delta x, y_0+\Delta y) - f(x_0, y_0+\Delta y)] + $$
$$[f(x_0, y_0+\Delta y) - f(x_0, y_0)],$$

右端第一个差是一元函数 $f(x, y_0+\Delta y)$ 因 x 获得改变量 Δx 而产生的改变量,而第二个差是一元函数 $f(x_0, y)$ 因 y 获得改变量 Δy 而产生的改变量. 由于偏导数 f'_x 及 f'_y 在 (x_0,y_0) 的邻域内存在,故当 $|\Delta x|$ 及 $|\Delta y|$ 充分小时,可以对这两个差应用一元函数的微分

中值定理而得,

$$\Delta z = f'_x(x_0 + \theta_1 \Delta x, y_0 + \Delta y)\Delta x + f'_y(x_0, y_0 + \theta_2 \Delta y)\Delta y,$$
$$(0 < \theta_1 < 1, 0 < \theta_2 < 1)$$

令

$$\left.\begin{aligned}\alpha &= f'_x(x_0 + \theta_1 \Delta x, y_0 + \Delta y) - f'_x(x_0, y_0)\\ \beta &= f'_y(x_0, y_0 + \theta_2 \Delta y) - f'_y(x_0, y_0)\end{aligned}\right\} \qquad (9.4)$$

可将 Δz 改写为 (9.3) 的形式:

$$\Delta z = f'_x(x_0, y_0)\Delta x + f'_y(x_0, y_0)\Delta y + \alpha \Delta x + \beta \Delta y.$$

由于 f'_x 及 f'_y 在 (x_0, y_0) 的连续性,当 $\Delta x \to 0, \Delta y \to 0$ 时,有

$$f'_x(x_0 + \theta_1 \Delta x, y_0 + \Delta y) \to f'_x(x_0, y_0),$$
$$f'_y(x_0, y_0 + \theta_2 \Delta y) \to f'_y(x_0, y_0),$$

从而由 (9.4) 知 $\alpha \to 0, \beta \to 0$,于是,按定理 9.1,这就证明函数 $f(x, y)$ 在 (x_0, y_0) 是可微的.

在例 1 中已经看到,偏导数的存在性不足以保证函数的可微性. 但是,也有例子表明,函数在某点可微,但偏导数却在该点间断(参看习题 10),由此可见,偏导数的连续性又超过函数可微的要求了.

如果函数 $f(x, y)$ 在开集 D 的每一点都是可微的,则说 $f(x, y)$ 是 D 内的可微函数. 由 (9.2) 式可见,当 Δx 及 Δy 都趋于零时,Δz 亦将趋于零,亦即 $x \to x_0, y \to y_0$ 时,$f(x, y) \to f(x_0, y_0)$. 由此可见,如果函数 $f(x, y)$ 在点 (x_0, y_0) 可微,则它在该点必定连续. 因而,D 内的可微函数一定是连续函数.

定义(全微分·偏微分)　对于可微函数 $z = f(x, y)$,称函数的改变量关于 $\Delta x, \Delta y$ 的线性部分 $f'_x(x_0, y_0)\Delta x + f'_y(x_0, y_0)\Delta y$ 为 $f(x, y)$ 在点 (x_0, y_0) 的**全微分**,记为 $\mathrm{d}z(x_0, y_0)$ 或 $\mathrm{d}f(x_0, y_0)$. 而 $f'_x(x_0, y_0)\Delta x$ 及 $f'_y(x_0, y_0)\Delta y$ 分别称为 $f(x, y)$ 在点 (x_0, y_0) 关于 x 及 y 的**偏微分**,记为 $\mathrm{d}_x z(x_0, y_0)$(或 $\mathrm{d}_x f(x_0, y_0)$)及 $\mathrm{d}_y z(x_0, y_0)$(或 $\mathrm{d}_y f(x_0, y_0)$).

约定自变量的微分就是它的改变量,即 $\mathrm{d}x = \Delta x, \mathrm{d}y = \Delta y$,则函数 $f(x,y)$ 在点 (x_0, y_0) 的全微分可写为

$$\mathrm{d}f(x_0, y_0) = f'_x(x_0, y_0)\mathrm{d}x + f'_y(x_0, y_0)\mathrm{d}y,$$

而在任意点 (x, y) 的全微分为

$$\mathrm{d}f(x, y) = f'_x(x, y)\mathrm{d}x + f'_y(x, y)\mathrm{d}y.$$

类似地,对于偏微分则有

$$\mathrm{d}_x f(x_0, y_0) = f'_x(x_0, y_0)\mathrm{d}x, \quad \mathrm{d}_y f(x_0, y_0) = f'_y(x_0, y_0)\mathrm{d}y$$

及

$$\mathrm{d}_x f(x, y) = f'_x(x, y)\mathrm{d}x, \quad \mathrm{d}_y f(x, y) = f'_y(x, y)\mathrm{d}y.$$

由偏微分的定义可知:

$$f'_x(x, y) = \frac{\mathrm{d}_x f(x, y)}{\mathrm{d}x}, \quad f'_y(x, y) = \frac{\mathrm{d}_y f(x, y)}{\mathrm{d}y}.$$

于是偏导数也可看作为微分的商——偏微商.

注意 如果 $f(x, y)$ 在 (x_0, y_0) 不可微,即使 $f'_x(x_0, y_0)$ 及 $f'_y(x_0, y_0)$ 存在,也不称 $f'_x(x_0, y_0)\Delta x + f'_y(x_0, y_0)\Delta y$ 为全微分.

当(9.1)式中出现的 A, B 连续依赖于 x 和 y 时,则说函数 $f(x, y)$ 连续可微. 但是当函数可微时,A, B 恰恰就是偏导数 f'_x 和 f'_y,由此可知,连续可微与全部(一阶)偏导数连续是同义的. $f(x, y)$ 的一切一阶偏导数在 D 内连续用符号表示为 $f(x, y) \in C^1_b$ 或 $f(x, y) \in C^1(D)$,而当 D 不必强调指出时,也简单地写为 $f(x, y) \in C^1$.

由全微分的定义可知,函数在已知点的全微分就是它的该点的改变量关于 $\Delta x, \Delta y$ 的线性主部. 因此,对于可微函数,可以用全微分作为改变量的近似值.

例1 用全微分代替改变量,求 $\dfrac{1.03^2}{\sqrt[3]{0.98}\sqrt[4]{1.05^3}}$ 的近似值.

解 令 $f(x, y, z) = x^2 y^{-\frac{1}{3}} z^{-\frac{1}{4}}$,问题归结为求 $f(1.03, 0.98, 1.05)$. 记 $x_0 = 1, y_0 = 1, z_0 = 1, \Delta x = 0.03, \Delta y = -0.02, \Delta z =$

0.05,由

$$f(x_0 + \Delta x, y_0 + \Delta y, z_0 + \Delta z)$$
$$\approx f(x_0, y_0, z_0) + f'_x(x_0, y_0, z_0)\Delta x + f'_y(x_0, y_0, z_0)\Delta y +$$
$$f'_z(x_0, y_0, z_0)\Delta z$$

得

$$f(1.03, 0.98, 1.05) \approx 1 + 2 \times 0.03 - \frac{1}{3} \times (-0.02) -$$

$$\frac{1}{4} \times 0.05 \approx 1.054.$$

最后,对于 9.1.1 段及 9.1.2 段加一个总的附注. 迄今为止,当我们说到函数在集合 D 内有偏导数以及在 D 内可微时,都限制 D 为开集. 如果 D 不是开集,有时也用到 D 内存在偏导数以及 D 内可微等术语,其意义是指:存在开集 $\widetilde{D}$ 使得 $D \subset \widetilde{D}$,而所论的函数可延拓到 $\widetilde{D}$,并且在 $\widetilde{D}$ 内有所述的性质.

9.1.3　链锁法则

设函数 $u = f(x, y)$ 定义于开集 D,而 t 的函数 $x = \varphi(t)$,$y = \psi(t)$ 定义于区间 I,并且向量值函数 $(\varphi(t), \psi(t))$ 的值域含于 D,于是复合函数 $u = f(\varphi(t), \psi(t))$,将是在 I 上定义的 t 的函数. 现在要问:u 对 t 有没有导数? 如果有,如何计算? 我们提出:这里有与一元复合函数相类似的链锁法则,不过需要加上更强的条件.

设 $u = f(x, y)$ 在 D 内可微,而 $x = \varphi(t)$,$y = \psi(t)$ 在 I 上有有限导数,则函数 $u(t) = f(\varphi(t), \psi(t))$ 对 t 的导数是存在的,并且成立**链锁法则**:

$$\frac{\mathrm{d}u}{\mathrm{d}t} = \frac{\partial f}{\partial x}\frac{\mathrm{d}x}{\mathrm{d}t} + \frac{\partial f}{\partial y}\frac{\mathrm{d}y}{\mathrm{d}t}.$$

为了证明,注意对应于自变量的改变量 Δt,中间变量 x 及 y 将产生改变量 Δx 及 Δy,从而 u 亦获得改变量 Δu. 按 $f(x, y)$ 的可微

性,由定理 9.1 得

$$\Delta u = f'_x(x,y)\Delta x + f'_y(x,y)\Delta y + \alpha\Delta x + \beta\Delta y,$$

当 $\Delta x \to 0, \Delta y \to 0$ 时 $\alpha \to 0, \beta \to 0$.

于是

$$\frac{\Delta u}{\Delta t} = f'_x(x,y)\frac{\Delta x}{\Delta t} + f'_y(x,y)\frac{\Delta y}{\Delta t} + \alpha\frac{\Delta x}{\Delta t} + \beta\frac{\Delta y}{\Delta t},$$

注意一元函数 $\varphi(t)$ 及 $\psi(t)$ 存在有限导数时必定是连续的,令 $\Delta t \to 0$ 即知 $\Delta x \to 0, \Delta y \to 0$,从而 $\alpha \to 0, \beta \to 0$. 又由于 $\frac{\Delta x}{\Delta t} \to \frac{dx}{dt}, \frac{\Delta y}{\Delta t} \to \frac{dy}{dt}$,于是

$$\lim_{\Delta t \to 0} \frac{\Delta u}{\Delta t} = f'_x(x,y)\frac{dx}{dt} + f'_y(x,y)\frac{dy}{dt},$$

这就证明了 $u(t)$ 有导数并且

$$\frac{du}{dt} = \frac{\partial f}{\partial x}\frac{dx}{dt} + \frac{\partial f}{\partial y}\frac{dy}{dt}.$$

如果 x 和 y 也都是多个变元的函数,例如 $x = x(r,\varphi,\theta), y = y(r,\varphi,\theta)$,则在上述证明中依次以 $\Delta r, \Delta\varphi, \Delta\theta$ 代替 Δt,并注意对某个变元求偏导数时其余变元是看作常数的,即可得知,在函数 $f(x,y)$ 可微而 x 和 y 关于 r,φ,θ 存在有限导数时,复合函数 $u = f(x(r,\varphi,\theta), y(r,\varphi,\theta))$,关于 r,φ,θ 存在偏导数,且成立公式:

$$\frac{\partial u}{\partial r} = \frac{\partial f}{\partial x}\frac{\partial x}{\partial r} + \frac{\partial f}{\partial y}\frac{\partial y}{\partial r},$$

$$\frac{\partial u}{\partial \varphi} = \frac{\partial f}{\partial x}\frac{\partial x}{\partial \varphi} + \frac{\partial f}{\partial y}\frac{\partial y}{\partial \varphi},$$

$$\frac{\partial u}{\partial \theta} = \frac{\partial f}{\partial x}\frac{\partial x}{\partial \theta} + \frac{\partial f}{\partial y}\frac{\partial y}{\partial \theta},$$

写成矩阵的形式,即

$$\left(\frac{\partial u}{\partial r}\ \frac{\partial u}{\partial \varphi}\ \frac{\partial u}{\partial \theta}\right) = \left(\frac{\partial f}{\partial x}\ \frac{\partial f}{\partial y}\right)\begin{pmatrix}\dfrac{\partial x}{\partial r} & \dfrac{\partial x}{\partial \varphi} & \dfrac{\partial x}{\partial \theta} \\ \dfrac{\partial y}{\partial r} & \dfrac{\partial y}{\partial \varphi} & \dfrac{\partial y}{\partial \theta}\end{pmatrix}$$

或

$$
\begin{pmatrix}
\dfrac{\partial u}{\partial r} \\[2mm]
\dfrac{\partial u}{\partial \varphi} \\[2mm]
\dfrac{\partial u}{\partial \theta}
\end{pmatrix}
=
\begin{pmatrix}
\dfrac{\partial x}{\partial r} & \dfrac{\partial y}{\partial r} \\[2mm]
\dfrac{\partial x}{\partial \varphi} & \dfrac{\partial y}{\partial \varphi} \\[2mm]
\dfrac{\partial x}{\partial \theta} & \dfrac{\partial y}{\partial \theta}
\end{pmatrix}
\begin{pmatrix}
\dfrac{\partial f}{\partial x} \\[2mm]
\dfrac{\partial f}{\partial y}
\end{pmatrix}.
$$

注意　为在多元函数的情形下保证链锁法则成立,对 $f(x,y)$ 作了可微性的要求. 如果没有这一假设,不但不能保证链锁法则成立,甚至复合函数的偏导数都未必存在. 仍以 $z=\sqrt{|xy|}$ 为例,在 9.1.2 段例 1 已经证明它在 $(0,0)$ 不可微,但偏导数存在. 若以存在导数的函数 $x=t,y=t$ 代入得复合函数 $z=|t|$,它在 $t=0$ 时导数不存在.

下面举例说明链锁法则的应用.

例 1　求 $z=e^{xy}\sin(x^2+y^2)$ 的偏导数.

解　令 $u=xy,v=x^2+y^2$,则 $z=e^u\sin v$,按链锁法则,

$$
\begin{aligned}
\frac{\partial z}{\partial x} &=\frac{\partial z}{\partial u}\frac{\partial u}{\partial x}+\frac{\partial z}{\partial v}\frac{\partial v}{\partial x}=(e^u\sin v)y+(e^u\cos v)\cdot 2x \\
&=e^{xy}\{y\sin(x^2+y^2)+2x\cos(x^2+y^2)\},
\end{aligned}
$$

$$
\begin{aligned}
\frac{\partial z}{\partial y} &=\frac{\partial z}{\partial u}\frac{\partial u}{\partial y}+\frac{\partial z}{\partial v}\frac{\partial v}{\partial y}=(e^u\sin v)x+(e^u\cos v)\cdot 2y \\
&=e^{xy}\{x\sin(x^2+y^2)+2y\cos(x^2+y^2)\},
\end{aligned}
$$

例 2　设 $u=f(x,y,z)$,又 $x=\varphi(s,z),y=\psi(s,z)$,记 $u(s,z)=f(\varphi(s,z),\psi(s,z),z)$,求 $\dfrac{\partial u}{\partial s},\dfrac{\partial u}{\partial z}$.

解　记住 z 和 s 是独立变量,按链锁法则,

$$
\frac{\partial u}{\partial s}=\frac{\partial f}{\partial x}\frac{\partial \varphi}{\partial s}+\frac{\partial f}{\partial y}\frac{\partial \psi}{\partial s},
$$

$$
\frac{\partial u}{\partial z}=\frac{\partial f}{\partial x}\frac{\partial \varphi}{\partial z}+\frac{\partial f}{\partial y}\frac{\partial \psi}{\partial z}+\frac{\partial f}{\partial z}.
$$

请注意,后一个等式中的$\dfrac{\partial u}{\partial z}$与$\dfrac{\partial f}{\partial z}$有着不同的含义,前者是$\dfrac{\partial}{\partial z}\big[f(\varphi(s,$

$z),\psi(s,z),z)\big]$的一种缩写,而后者是$\dfrac{\partial f}{\partial z}(\varphi(s,z),\psi(s,z),z)$,亦即

$\dfrac{\partial f(x,y,z)}{\partial z}\bigg|_{x=\varphi(s,z),y=\psi(s,z)}$的一种缩写,在不会产生混淆时,我们使

用这些缩写. 而当把$u=f(x,y,z)$记为$u=u(x,y,z)$时,就将它们

分别记为$\dfrac{\partial u}{\partial z}$和$u_z$以示区别. 这是一种有缺点但却方便的记号,以

后在偏微分方程中常常用到.

例3 设$z(x,y)=f\left(x,xy,\dfrac{x}{y}\right)$,求$\dfrac{\partial z}{\partial x},\dfrac{\partial z}{\partial y}$. （$f$为可微函数）

解 令$u=x,v=xy,w=\dfrac{x}{y}$,则$z=f(u,v,w)$,按链锁法则,

并注意u不依赖于y,有

$$\frac{\partial z}{\partial x}=\frac{\partial z}{\partial u}\frac{\partial u}{\partial x}+\frac{\partial z}{\partial v}\frac{\partial v}{\partial x}+\frac{\partial z}{\partial w}\frac{\partial w}{\partial x}$$

$$=\frac{\partial f}{\partial u}+y\frac{\partial f}{\partial v}+\frac{1}{y}\frac{\partial f}{\partial w},$$

$$\frac{\partial z}{\partial y}=\frac{\partial z}{\partial v}\frac{\partial v}{\partial y}+\frac{\partial z}{\partial w}\frac{\partial w}{\partial y}=x\frac{\partial f}{\partial v}-\frac{x}{y^2}\frac{\partial f}{\partial w}.$$

在运算熟练以后,链锁公式本身不必写出. 若采用记号$f_1'=$

$f_u'(u,v,w),f_2'=f_v'(u,v,w),f_3'=f_w'(u,v,w)$,则例3的结果可

以立刻写出:

$$\frac{\partial z}{\partial x}=f_1'+yf_2'+\frac{1}{y}f_3',$$

$$\frac{\partial z}{\partial y}=xf_2'-\frac{x}{y^2}f_3'.$$

例4 设$z=f(u,v,w)$,又$v=\varphi(u,s),s=\psi(u,w)$,求

$\dfrac{\partial z}{\partial u},\dfrac{\partial z}{\partial w}$.

解　这里 $z = f(u, \varphi(u, \psi(u, w)), w)$，出现了复杂的复合过程. 运算时需要十分小心地辨认出全部中间变量.

$$\frac{\partial z}{\partial u} = \frac{\partial f}{\partial u} + \frac{\partial f}{\partial v} \frac{\partial v}{\partial u} + \frac{\partial f}{\partial v} \frac{\partial v}{\partial s} \frac{\partial s}{\partial u}$$

$$= \frac{\partial f}{\partial u} + \frac{\partial f}{\partial v} \frac{\partial \varphi}{\partial u} + \frac{\partial f}{\partial v} \frac{\partial \varphi}{\partial s} \frac{\partial \psi}{\partial u},$$

$$\frac{\partial z}{\partial w} = \frac{\partial f}{\partial w} + \frac{\partial f}{\partial v} \frac{\partial v}{\partial s} \frac{\partial s}{\partial w} = \frac{\partial f}{\partial w} + \frac{\partial f}{\partial v} \frac{\partial \varphi}{\partial s} \frac{\partial \psi}{\partial w}.$$

如果函数 $f(x_1, x_2, \cdots, x_n)$ 满足关系式

$$f(tx_1, tx_2, \cdots, tx_n) = t^m f(x_1, x_2, \cdots, x_n) \quad (t > 0). \quad (9.5)$$

则称之为 m **次齐次函数**.

例 5　证明:可微函数 $f(x_1, x_2, \cdots, x_n)$ 为 m 次齐次函数的充分必要条件是

$$\sum_{i=1}^{n} x_i \frac{\partial f(x_1, x_2, \cdots, x_n)}{\partial x_i} = m f(x_1, x_2, \cdots, x_n). \quad (9.6)$$

证　（必要性）若 $f(x_1, x_2, \cdots, x_n)$ 是 m 次齐次函数，则等式 (9.5) 成立. 对任意取定的 $x_1, x_2, \cdots, x_n$，将 (9.5) 式两端看成 t 的函数，对 t 求导数得

$$\sum_{i=1}^{n} x_i \frac{\partial f}{\partial x_i}(tx_1, tx_2, \cdots, tx_n) = m t^{m-1} f(x_1, x_2, \cdots, x_n),$$

于此取 $t = 1$，并注意 $x_1, x_2, \cdots, x_n$ 的任意性，即得 (9.6).

（充分性）对于任意固定的点 $(x_1, x_2, \cdots, x_n)$，考察 $t(t > 0)$ 的函数

$$F(t) = \frac{f(tx_1, tx_2, \cdots, tx_n)}{t^m},$$

$F(t)$ 的导数为

$$F'(t) = \frac{t \sum_{i=1}^{n} x_i \dfrac{\partial f}{\partial x_i}(tx_1, tx_2, \cdots, tx_n) - m f(tx_1, tx_2, \cdots, tx_n)}{t^{m+1}},$$

由(9.6)可知,上式的分子为零,因而 $F'(t)=0$ 在 $(0,+\infty)$ 成立.
于是 $F(t)$ 当 $t>0$ 时恒等于常数,特别 $F(t)=F(1)$ 给出

$$\frac{f(tx_1,tx_2,\cdots,tx_n)}{t^m}=f(x_1,x_2,\cdots,x_n),$$

由此立刻得到(9.5)式. 由 $x_1,x_2,\cdots,x_n$ 的任意性知 $f(x_1,x_2,\cdots,x_n)$ 是 m 次齐次函数.

公式(9.6)称为齐次函数的**欧拉公式**.

最后,作为链锁法则的一个应用,证明下面的定理.

定理 9.3 设函数 $u=f(x,y)$ 在凸域 G 内可微,则对 G 内任何两点 (x_0,y_0) 及 $(x_0+\Delta x,y_0+\Delta y)$ 成立

$$f(x_0+\Delta x,y_0+\Delta y)-f(x_0,y_0)$$
$$=f'_x(x_0+\theta\Delta x,y_0+\theta\Delta y)\Delta x+f'_y(x_0+\theta\Delta x,y_0+\theta\Delta y)\Delta y,$$
$$(9.7)$$

其中 $0<\theta<1$.

证 记 $M_0(x_0,y_0)$,$M_1(x_0+\Delta x,y_0+\Delta y)$,由于 G 是凸域,所以线段 M_0M_1 整个位于 G 内,其方程写成参数形式为:

$$x=x_0+t\Delta x,y=y_0+t\Delta y, \quad (0\leqslant t\leqslant 1)$$

令

$$F(t)=f(x_0+t\Delta x,y_0+t\Delta y),$$

则

$$f(x_0+\Delta x,y_0+\Delta y)-f(x_0,y_0)=F(1)-F(0). \quad (9.8)$$

按链锁法则,

$$F'(t)=f'_x(x_0+t\Delta x,y_0+t\Delta y)\Delta x+$$
$$f'_y(x_0+t\Delta x,y_0+t\Delta y)\Delta y.$$

对 $F(t)$ 应用一元函数的拉格朗日中值定理,知存在 $\theta(0<\theta<1)$,使

$$F(1)-F(0)=F'(\theta)$$
$$=f'_x(x_0+\theta\Delta x,y_0+\theta\Delta y)\Delta x+f'_y(x_0+$$

$$\theta\Delta x,y_0+\theta\Delta y)\Delta y,$$

代入 (9.8) 即得所求的公式 (9.7).

公式 (9.7) 称为二元函数的**微分中值公式**. 由它的证明可知，如果函数 $f(x,y)$ 在区域 G（不一定是凸域）内可微，且连接 $M_0(x_0,y_0),M_1(x_0+\Delta x,y_0+\Delta y)$ 的线段整个地位于 G 内，则这个公式就是有效的. 现在设 f'_x,f'_y 在区域 G 内恒等于零，在 G 内随意取定一点 (x_0,y_0)，由于区域 G 的折线连通性，G 内的任意点 (x,y) 都可用 G 内的折线与 (x_0,y_0) 相连接. 从 (x_0,y_0) 开始，对每两个相继的顶点应用公式 (9.7)，即知 $f(x,y)=f(x_0,y_0)$. 于是得

推论　如果在区域 G 内 f'_x,f'_y 都恒等于零，则 $f(x,y)$ 在 G 内恒等于常数.

9.1.4　一阶全微分的形式的不变性

设 $z=f(x,y)$ 是可微函数，则其全微分可表为

$$\mathrm{d}z=\frac{\partial f}{\partial x}\mathrm{d}x+\frac{\partial f}{\partial y}\mathrm{d}y. \tag{9.9}$$

现在证明，在一定条件下，无论 x 和 y 是自变量还是中间变量，公式 (9.9) 一概都是对的.

定理 9.4　如果 $z=f(x,y)$ 以及 $x=\varphi(u,v,w),y=\psi(u,v,w)$ 都具有一阶连续偏导数，则无论 z 作为 x,y 的函数，还是作为 u,v,w 的函数，全微分 $\mathrm{d}z$ 都具有形式 (9.9).

证　如果 x,y 是自变量，(9.9) 当然是对的. 如果 x,y 是中间变量，即视为 u,v,w 的函数，则按链锁法则

$$\left.\begin{aligned}
\frac{\partial z}{\partial u}&=\frac{\partial f}{\partial x}\frac{\partial \varphi}{\partial u}+\frac{\partial f}{\partial y}\frac{\partial \psi}{\partial u},\\
\frac{\partial z}{\partial v}&=\frac{\partial f}{\partial x}\frac{\partial \varphi}{\partial v}+\frac{\partial f}{\partial y}\frac{\partial \psi}{\partial v},\\
\frac{\partial z}{\partial w}&=\frac{\partial f}{\partial x}\frac{\partial \varphi}{\partial w}+\frac{\partial f}{\partial y}\frac{\partial \psi}{\partial w}.
\end{aligned}\right\} \tag{9.10}$$

由于右端的全部偏导数都是连续的,因而$\dfrac{\partial z}{\partial u},\dfrac{\partial z}{\partial v},\dfrac{\partial z}{\partial w}$都连续,于是 z 作为 u,v,w 的函数是可微的,且

$$\mathrm{d}z=\frac{\partial z}{\partial u}\mathrm{d}u+\frac{\partial z}{\partial v}\mathrm{d}v+\frac{\partial z}{\partial w}\mathrm{d}w.$$

以(9.10)代入并重新集项得

$$\begin{aligned}
\mathrm{d}z &=\left(\frac{\partial f}{\partial x}\frac{\partial\varphi}{\partial u}+\frac{\partial f}{\partial y}\frac{\partial\psi}{\partial u}\right)\mathrm{d}u+\left(\frac{\partial f}{\partial x}\frac{\partial\varphi}{\partial v}+\frac{\partial f}{\partial y}\frac{\partial\psi}{\partial v}\right)\mathrm{d}v+\\
&\quad\left(\frac{\partial f}{\partial x}\frac{\partial\varphi}{\partial w}+\frac{\partial f}{\partial y}\frac{\partial\psi}{\partial w}\right)\mathrm{d}w\\
&=\frac{\partial f}{\partial x}\left(\frac{\partial\varphi}{\partial u}\mathrm{d}u+\frac{\partial\varphi}{\partial v}\mathrm{d}v+\frac{\partial\varphi}{\partial w}\mathrm{d}w\right)+\frac{\partial f}{\partial y}\left(\frac{\partial\psi}{\partial u}\mathrm{d}u+\frac{\partial\psi}{\partial v}\mathrm{d}v+\frac{\partial\psi}{\partial w}\mathrm{d}w\right)\\
&=\frac{\partial f}{\partial x}\mathrm{d}x+\frac{\partial f}{\partial y}\mathrm{d}y.
\end{aligned}$$

即当 x,y 是中间变量时(9.9)也是对的.

和一元函数一样,定理 9.4 所表示的性质称为**一阶全微分的形式的不变性**. 虽然,定理是对两个中间变量三个自变量的情形证明的,但这种数量上的限制显然是非本质的.

作为一阶全微分的形式不变性的直接推论,可以证明,对于有连续偏导数的函数

$$u=u(x_1,x_2,\cdots,x_n),v=v(x_1,x_2,\cdots,x_n),$$

下面的微分法则成立

$$\mathrm{d}(cu)=c\mathrm{d}u(c\text{ 为常数}),\ \mathrm{d}(u\pm v)=\mathrm{d}u\pm\mathrm{d}v,$$

$$\mathrm{d}(uv)=u\mathrm{d}v+v\mathrm{d}u,\ \mathrm{d}\left(\frac{u}{v}\right)=\frac{v\mathrm{d}u-u\mathrm{d}v}{v^2}\ (v\neq0).$$

它们与 u,v 是一元函数 $u=u(t),v=v(t)$ 时保持相同的形式,以证明最后一个为例,如果 u,v 是自变量,则

$$\mathrm{d}\left(\frac{u}{v}\right)=\frac{1}{v}\mathrm{d}u-\frac{u}{v^2}\mathrm{d}v=\frac{v\mathrm{d}u-u\mathrm{d}v}{v^2}\ (v\neq0),$$

于是,由全微分的形式的不变性,当 u,v 是 $x_1,x_2,\cdots,x_n$ 的函数时,它也是对的.

类似于此,可以证明,对于一元函数 $z=f(u)$ 所建立的基本初等函数的微分公式,当 $u=u(x_1,x_2,\cdots,x_n)$ 时也是对的.

上述这些可以简化全微分的计算,而且还可以通过计算全微分而得到偏导数,而不是通过偏导数去求全微分.

例 1　$u=\ln\dfrac{z^2}{x^2+y^2}$,求全微分 $\mathrm{d}u$ 及全部偏导数.

解　按对数函数的微分公式及刚才建立的微分法则,

$$
\begin{aligned}
\mathrm{d}u &= \mathrm{d}\ln\frac{z^2}{x^2+y^2}=\frac{x^2+y^2}{z^2}\mathrm{d}\Big(\frac{z^2}{x^2+y^2}\Big)\\
&=\frac{x^2+y^2}{z^2}\cdot\frac{(x^2+y^2)\mathrm{d}(z^2)-z^2\mathrm{d}(x^2+y^2)}{(x^2+y^2)^2}\\
&=\frac{2(x^2+y^2)z\mathrm{d}z-z^2(2x\mathrm{d}x+2y\mathrm{d}y)}{(x^2+y^2)z^2}\\
&=\frac{-2x}{x^2+y^2}\mathrm{d}x-\frac{2y}{x^2+y^2}\mathrm{d}y+\frac{2}{z}\mathrm{d}z.
\end{aligned}
$$

由于在这个表示式中 $\mathrm{d}x,\mathrm{d}y,\mathrm{d}z$ 的系数分别是 $\dfrac{\partial u}{\partial x},\dfrac{\partial u}{\partial y},\dfrac{\partial u}{\partial z}$,于是同时得到三个偏导数:

$$
\frac{\partial u}{\partial x}=-\frac{2x}{x^2+y^2},\qquad\frac{\partial u}{\partial y}=-\frac{2y}{x^2+y^2},\qquad\frac{\partial u}{\partial z}=\frac{2}{z}.
$$

例 2　我们再来看函数 $z=f(u,\varphi(u,\psi(u,w)),w)$,在 9.1.3 段例 4 曾经指出,利用链锁法则计算它的偏导数,需要细心地辨认出全部中间变量. 现在,利用全微分的形式的不变性,就不必事先去识别中间变量和自变量,而只需按相继的复合过程"逐层"地进行微分,当对每一个复合步骤都施行微分以后,进行必要的整理,一切偏导数就同时得到了.

$$dz = \frac{\partial f}{\partial u}du + \frac{\partial f}{\partial v}dv + \frac{\partial f}{\partial w}dw$$

$$= \frac{\partial f}{\partial u}du + \frac{\partial f}{\partial v}\left[\frac{\partial \varphi}{\partial u}du + \frac{\partial \varphi}{\partial s}ds\right] + \frac{\partial f}{\partial w}dw$$

$$= \frac{\partial f}{\partial u}du + \frac{\partial f}{\partial v}\left[\frac{\partial \varphi}{\partial u}du + \frac{\partial \varphi}{\partial s}\left(\frac{\partial \psi}{\partial u}du + \frac{\partial \psi}{\partial w}dw\right)\right] + \frac{\partial f}{\partial w}dw$$

$$= \left(\frac{\partial f}{\partial u} + \frac{\partial f}{\partial v}\frac{\partial \varphi}{\partial u} + \frac{\partial f}{\partial v}\frac{\partial \varphi}{\partial s}\frac{\partial \psi}{\partial u}\right)du + \left(\frac{\partial f}{\partial w} + \frac{\partial f}{\partial v}\frac{\partial \varphi}{\partial s}\frac{\partial \psi}{\partial w}\right)dw,$$

于是

$$\frac{\partial z}{\partial u} = \frac{\partial f}{\partial u} + \frac{\partial f}{\partial v}\frac{\partial \varphi}{\partial u} + \frac{\partial f}{\partial v}\frac{\partial \varphi}{\partial s}\frac{\partial \psi}{\partial u},$$

$$\frac{\partial z}{\partial w} = \frac{\partial f}{\partial w} + \frac{\partial f}{\partial v}\frac{\partial \varphi}{\partial s}\frac{\partial \psi}{\partial w}.$$

习　　题

1. 证明 $f_y'(a,y) = \dfrac{d}{dy}[f(a,y)]$，并利用所证明的等式对函数

$f(x,y) = y + (x-1)\arcsin\sqrt{\dfrac{x}{y + e^x}}$ 求 $f_y'(1,y)$.

2. 求偏导数：

(1) $u = x^4 + y^4 - 4x^2y^2$；

(2) $u = \dfrac{x}{\sqrt{x^2 + y^2 + z^2}}$；

(3) $u = \sin xyz$；

(4) $u = \tan\dfrac{x^2}{y}$；

(5) $u = \arctan\dfrac{y}{x}$；

(6) $u = e^{x^2 + 2y^2 + 3z^3}$；

(7) $u = x^{\frac{y}{z}}$；

(8) $u = x^{y^z}$；

(9) $u = \ln\dfrac{1}{x_1 + x_2 + \cdots + x_n}$；

(10) $u = \arccos(x_1^2 + x_2^2 + \cdots + x_n^2)$.

3. 计算偏导数的值：

(1) 设 $f(x,y) = x - y + \sqrt{x^2 + y^2}$，求 $f_x'(3,4)$ 及 $f_y'(1,0)$；

(2) 设 $f(x,y) = \ln(xy+1)^2 + \mathrm{e}^x$，求 $\dfrac{\partial f(1,2)}{\partial y}$；

(3) 设 $z = \cos xy^3$，求 $\dfrac{\partial z}{\partial y}\bigg|_{(1,1)}$.

4. 设 f, φ, ψ 为可微函数，证明：

(1) 若 $z = f(x^2 + y^2)$，则 $y\dfrac{\partial z}{\partial x} - x\dfrac{\partial z}{\partial y} = 0$；

(2) 若 $z = f(xy)$，则 $x\dfrac{\partial z}{\partial x} = y\dfrac{\partial z}{\partial y}$；

(3) 若 $z = f(\varphi(x) + \psi(y))$，则 $\psi'(y)\dfrac{\partial z}{\partial x} = \varphi'(x)\dfrac{\partial z}{\partial y}$.

5. 求下列函数的全微分：

(1) $u = x^2 y^3$；
(2) $u = xyz\mathrm{e}^{xyz}$；

(3) $u = \ln\sqrt{x^2 + y^2}$；
(4) $u = \sqrt{x^2 + y^2 + z^2}$；

(5) $u = xy + yz + zx$；
(6) $u = \dfrac{z}{x^2 + y^2}$.

6. 求在指定点的全微分：

(1) $z = (x^2 + y^2)\sin(xy)$ 在 $(0,0)$，$\left(\dfrac{\sqrt{\pi}}{2}, \dfrac{\sqrt{\pi}}{2}\right)$；

(2) $z = \mathrm{e}^{xy}$ 在 $(0,1)$，$(1,0)$；

(3) $u = \sqrt[z]{\dfrac{x}{y}}$ 在 $(1,1,1)$.

7. 证明：

$$f(x,y) = \begin{cases} \dfrac{xy(x-y)}{\sqrt{x^2 + y^2}}, & \text{当}(x,y) \neq (0,0), \\ 0, & \text{当}(x,y) = (0,0). \end{cases}$$

在 $(0,0)$ 可微,并求 $df(0,0)$.

8. 设

$$f(x,y)=\begin{cases} \dfrac{xy}{x^2+y^2}, & \text{当 } x^2+y^2\neq0, \\ 0, & \text{当 } x^2+y^2=0. \end{cases}$$

证明, $f(x,y)$ 在 $(0,0)$ 存在偏导数,但在 $(0,0)$ 不可微.

9. 证明

$$f(x,y)=\begin{cases} \dfrac{xy}{\sqrt{x^2+y^2}}, & \text{当 } x^2+y^2\neq0, \\ 0, & \text{当 } x^2+y^2=0. \end{cases}$$

在点 $(0,0)$ 的邻域内连续而且偏导数有界,但在 $(0,0)$ 不可微.

10. 设

$$f(x,y)=\begin{cases} (x^2+y^2)\sin\dfrac{1}{x^2+y^2}, & \text{当 } x^2+y^2\neq0, \\ 0, & \text{当 } x^2+y^2=0. \end{cases}$$

证明:偏导数 $f_x'(x,y)$ 及 $f_y'(x,y)$ 在 $(0,0)$ 的邻域内存在但在 $(0,0)$ 不连续,且在 $(0,0)$ 的任何邻域内这些偏导数都无界,可是 $f(x,y)$ 在 $(0,0)$ 是可微的.

11. （1）验证函数 $u=\left(\dfrac{x}{y}\right)^{\frac{y}{z}}$ 是零次齐次函数;

（2）对任意给定的实数 α,举出 α 次齐次函数 $f(x,y,z)$ 的例子;

（3）证明 $\displaystyle\sum_{i=1}^{n} x_i\dfrac{\partial D}{\partial x_i}=\dfrac{n(n-1)}{2}D$,其中

$$D=\begin{vmatrix} 1 & 1 & \cdots & 1 \\ x_1 & x_2 & \cdots & x_n \\ x_1^2 & x_2^2 & \cdots & x_n^2 \\ \vdots & \vdots & & \vdots \\ x_1^{n-1} & x_2^{n-1} & \cdots & x_n^{n-1} \end{vmatrix}.$$

12. 设 f,φ,ψ 是连续可微函数,求下列函数的偏导数及全微分:

(1) $u=f\left(x,\dfrac{x}{y}\right)$;　　　　　(2) $u=f(ax+by,xy)$;

(3) $u=f(x,xy,xyz)$;

(4) $u=f(\varphi(x),\psi(y),\varphi(x)\psi(y))$;

(5) $u=f(x+y+z,x^2+y^2+z^2)$;

(6) $u=f(x^2+y^2,x^2-y^2,2xy)$.

13. 设 $|x|\ll1,|y|\ll1$,求下列各式的近似公式:

(1) $(1+x)^m(1+y)^n$;　　　　　(2) $\arctan\dfrac{x+y}{1+xy}$.

14. 用全微分代替函数的改变量,近似地计算:

(1) $1.002\cdot2.003^2\cdot3.004^3$;　　(2) $\sqrt{1.02^3+1.97^3}$;

(3) $\sin29°\cdot\tan46°$;　　(4) $0.97^{1.05}$.

15. 证明:若 $f(x,y)$ 对 x 连续,而 $f'_y(x,y)$ 有界,则 $f(x,y)$ 对 x,y 总体连续.

9.2　高阶偏导数·高阶全微分

9.2.1　高阶偏导数

设函数 $z=f(x,y)$ 在开集 D 内有偏导数:

$$\frac{\partial z}{\partial x}=f'_x(x,y),\quad\frac{\partial z}{\partial y}=f'_y(x,y),$$

如果这些偏导数本身又有偏导数,则称之为函数 $f(x,y)$ 的**二阶偏导数**. 例如,$f'_x(x,y)$ 对 x 的偏导数 $\dfrac{\partial}{\partial x}\left(\dfrac{\partial f}{\partial x}\right)$ 是 $f(x,y)$ 关于 x 的二阶偏导数,记为

$$\frac{\partial^2 f}{\partial x^2},f''_{x^2},f''_{xx},\frac{\partial^2 z}{\partial x^2},z''_{x^2}\text{或}z''_{xx},$$

而 $f'_x(x,y)$ 对 y 的偏导数 $\dfrac{\partial}{\partial y}\left(\dfrac{\partial f}{\partial x}\right)$ 则记为

$$\frac{\partial^2 f}{\partial y \partial x},\ f''_{xy},\ \frac{\partial^2 z}{\partial y \partial x} \text{或} z''_{xy} ①.$$

同样,$z = f(x,y)$ 的另外两个二阶偏导数为 $\dfrac{\partial}{\partial x}\left(\dfrac{\partial f}{\partial y}\right)$ 和

$\dfrac{\partial}{\partial y}\left(\dfrac{\partial f}{\partial y}\right)$ 分别记为

$$\frac{\partial^2 f}{\partial x \partial y},\ f''_{yx},\ \frac{\partial^2 z}{\partial x \partial y} \text{或} z''_{yx};$$

$$\frac{\partial^2 f}{\partial y^2},\ f''_{y^2},\ f''_{yy},\ \frac{\partial^2 z}{\partial y^2},\ z''_{y^2} \text{或} z''_{yy}.$$

对于更多变元以及更高阶的偏导数可以类似地定义. 例如, 对于函数 $u = g(x,y,z)$, 有

$$\frac{\partial^2 u}{\partial x \partial z} = u''_{zx} = \frac{\partial}{\partial x}\left(\frac{\partial u}{\partial z}\right),$$

$$\frac{\partial^3 u}{\partial z \partial x^2} = u'''_{x^2 z} = \frac{\partial}{\partial z}\left(\frac{\partial^2 u}{\partial x^2}\right),$$

$$\frac{\partial^3 u}{\partial y^2 \partial z} = u'''_{zy^2} = \frac{\partial}{\partial y}\left(\frac{\partial^2 u}{\partial y \partial z}\right),$$

$$\cdots$$

由定义可见, 求高阶偏导数实际上只不过是逐次求一阶偏导数而已.

例 1 求 $z = xy^3$ 的全部二阶偏导数及 $\dfrac{\partial^3 z}{\partial y^2 \partial x}, \dfrac{\partial^3 z}{\partial x \partial y^2}$.

解 由 $\dfrac{\partial z}{\partial x} = y^3$ 及 $\dfrac{\partial z}{\partial y} = 3xy^2$ 出发, 可以得到四个二阶偏导数为:

---

① 也有些书把 $\dfrac{\partial}{\partial y}\left(\dfrac{\partial f}{\partial x}\right)$ 记为 f''_{yx} 或 z''_{yx}.

$$\frac{\partial^2 z}{\partial x^2} = \frac{\partial}{\partial x}(y^3) = 0, \qquad \frac{\partial^2 z}{\partial y \partial x} = \frac{\partial}{\partial y}(y^3) = 3y^2,$$

$$\frac{\partial^2 z}{\partial x \partial y} = \frac{\partial}{\partial x}(3xy^2) = 3y^2, \qquad \frac{\partial^2 z}{\partial y^2} = \frac{\partial}{\partial y}(3xy^2) = 6xy.$$

由此,继续求偏导数,又可得:

$$\frac{\partial^3 z}{\partial y^2 \partial x} = \frac{\partial}{\partial y}\left(\frac{\partial^2 z}{\partial y \partial x}\right) = \frac{\partial}{\partial y}(3y^2) = 6y,$$

$$\frac{\partial^3 z}{\partial x \partial y^2} = \frac{\partial}{\partial x}\left(\frac{\partial^2 z}{\partial y^2}\right) = \frac{\partial}{\partial x}(6xy) = 6y.$$

关于不同变元所取的偏导数 u''_{zx}, u''_{xz}, u'''_{zy^2}, 等等称为**混合导数**. u''_{zx} 表示先对 z 后对 x 求导,而 u''_{xz} 则相反. 在例 1,我们看到 $\frac{\partial^2 z}{\partial x \partial y} = \frac{\partial^2 z}{\partial y \partial x}$, $\frac{\partial^3 z}{\partial x \partial y^2} = \frac{\partial^3 z}{\partial y^2 \partial x}$. 但如果不对函数作适当的限制,这些等式并不是一定成立的. 下面的例子表明,按不同次序求导,结果可能是不相同的.

例 2　设

$$f(x, y) = \begin{cases} xy\,\dfrac{x^2 - y^2}{x^2 + y^2}, & \text{当 } x^2 + y^2 \neq 0, \\ 0, & \text{当 } x^2 + y^2 \neq 0. \end{cases}$$

求证 $f''_{xy}(0, 0) \neq f''_{yx}(0, 0)$.

证　若 $x^2 + y^2 \neq 0$,则

$$f'_x(x, y) = \frac{y(x^4 + 4x^2 y^2 - y^4)}{(x^2 + y^2)^2},$$

$$f'_y(x, y) = \frac{x(x^4 - 4x^2 y^2 - y^4)}{(x^2 + y^2)^2}.$$

若 $x^2 + y^2 = 0$,则

$$f'_x(0, 0) = \lim_{x \to 0} \frac{f(x, 0) - f(0, 0)}{x} = 0,$$

$$f'_y(0, 0) = \lim_{y \to 0} \frac{f(0, y) - f(0, 0)}{y} = 0.$$

于是

$$f''_{xy}(0,0)=\lim_{y\to 0}\frac{f'_x(0,y)-f'_x(0,0)}{y}=\lim_{y\to 0}\frac{-y-0}{y}=-1,$$

$$f''_{yx}(0,0)=\lim_{x\to 0}\frac{f'_y(x,0)-f'_y(0,0)}{x}=\lim_{y\to 0}\frac{x-0}{x}=1,$$

亦即 $f''_{yx}(0,0)\neq f''_{xy}(0,0)$.

在例 2 中,如果对于使 $x^2+y^2\neq 0$ 的点 (x,y) 继续求二阶混合导数,可得

$$f''_{xy}=f''_{yx}=\frac{x^2-y^2}{x^2+y^2}\left\{1+\frac{8x^2y^2}{(x^2+y^2)^2}\right\},$$

容易看出,当 $(x,y)\to(0,0)$ 时,它们没有极限,因而二阶混合导数在原点发生间断. 可以证明,对于二阶混合导数 f''_{xy} 及 f''_{yx} 都连续的点 (x_0,y_0),$f''_{xy}(x_0,y_0)\neq f''_{yx}(x_0,y_0)$ 的现象是不会产生的. 为了深刻理解这一结论的证明,我们首先指出,求导次序的变换实际上就是极限次序的交换.

记 $h=\Delta x,k=\Delta y$,按偏导数的定义,

$$f'_x(x_0,y)=\lim_{h\to 0}\frac{f(x_0+h,y)-f(x_0,y)}{h},$$

$$f''_{xy}(x_0,y_0)=\lim_{k\to 0}\frac{f'_x(x_0,y_0+k)-f'_x(x_0,y_0)}{k}$$

$$=\lim_{k\to 0}\frac{1}{k}\left[\lim_{h\to 0}\frac{f(x_0+h,y_0+k)-f(x_0,y_0+k)}{h}-\lim_{h\to 0}\frac{f(x_0+h,y_0)-f(x_0,y_0)}{h}\right]$$

$$=\lim_{k\to 0}\lim_{h\to 0}\left(\frac{f(x_0+h,y_0+k)-f(x_0,y_0+k)}{hk}-\frac{f(x_0+h,y_0)-f(x_0,y_0)}{hk}\right)$$

$$=\lim_{k\to 0}\lim_{h\to 0}\frac{w(h,k)}{hk}, \tag{9.11}$$

其中

$$w(h,k) = f(x_0+h, y_0+k) - f(x_0, y_0+k) - f(x_0+h, y_0) +$$
$$f(x_0, y_0).$$

类似地，

$$f''_{yx}(x_0, y_0) = \lim_{h \to 0} \lim_{k \to 0} \frac{w(h,k)}{hk}. \tag{9.12}$$

由此可见，不同次序的混合导数实际上乃是不同次序的累次极限.

定理 9.5（混合导数交换次序）　若 $f(x,y)$ 的二阶混合导数 f''_{xy} 及 f''_{yx} 在 (x_0, y_0) 的邻域内存在且在 (x_0, y_0) 连续，则

$$f''_{yx}(x_0, y_0) = f''_{xy}(x_0, y_0).$$

证　令

$$\varphi(x) = f(x, y_0+k) - f(x, y_0),$$

则

$$\varphi(x_0) = f(x_0, y_0+k) - f(x_0, y_0),$$
$$\varphi(x_0+h) = f(x_0+h, y_0+k) - f(x_0+h, y_0),$$
$$w(h,k) = \varphi(x_0+h) - \varphi(x_0),$$

由于 f''_{xy} 在 (x_0, y_0) 的邻域内存在，因而 f'_x 在这个邻域内有定义，于是，当 $|h|, |k|$ 充分小时，$\varphi(x)$ 在 (x_0, x_0+h) 内可微，对 $\varphi(x)$ 在 $[x_0, x+h]$ 上应用微分中值定理得

$$w(h,k) = \varphi'(x_0+\theta_1 h) h$$
$$= [f'_x(x_0+\theta_1 h, y_0+k) - f'_x(x_0+\theta_1 h, y_0)] h.$$
$$(0 < \theta_1 < 1) \tag{9.13}$$

同样，还是由于 f''_{xy} 在 (x_0, y_0) 的邻域内存在，知 $f'_x(x_0+\theta_1 h, y)$ 作为 y 的函数在 y_0 的邻域内是可微的，再对 $f'_x(x_0+\theta_1 h, y)$ 在 $[y_0, y_0+k]$ 上应用微分中值定理，(9.13) 又可化为

$$w(h,k) = f''_{xy}(x_0+\theta_1 h, y_0+\theta_2 k) hk \quad (0 < \theta_2 < 1).$$

注意 f''_{xy} 在 (x_0, y_0) 连续，即知

$$\lim_{\substack{h \to 0 \\ k \to 0}} \frac{w(h,k)}{hk} = \lim_{\substack{h \to 0 \\ k \to 0}} f''_{xy}(x_0 + \theta_1 h, y_0 + \theta_2 k) = f''_{xy}(x_0, y_0).$$

又由于 f'_x 在 (x_0, y_0) 的邻域内存在，对 $\bar{k} \neq 0$，$|\bar{k}| \ll 1$ 有

$$\lim_{h \to 0} \frac{w(h, \bar{k})}{h\bar{k}} = \lim_{h \to 0} \left(\frac{f(x_0 + h, y_0 + \bar{k}) - f(x_0, y_0 + \bar{k})}{h\bar{k}} - \right.$$

$$\left. \frac{f(x_0 + h, y_0) - f(x_0, y_0)}{h\bar{k}} \right)$$

$$= \frac{f'_x(x_0, y_0 + \bar{k}) - f'_x(x_0, y_0)}{\bar{k}}.$$

同样可证明，对于 $\bar{h} \neq 0$，极限 $\lim\limits_{k \to 0} \dfrac{w(\bar{h}, k)}{hk}$ 也存在. 于是，根据定理 8.12 的推论，知 (9.11)(9.12) 右端的累次极限是相等的，而这就证明了 $f''_{xy}(x_0, y_0) = f''_{yx}(x_0, y_0)$.

注意，在定理 9.5 的证明过程中，为证明重极限 $\lim\limits_{\substack{h \to 0 \\ k \to 0}} \dfrac{w(h,k)}{hk}$ 的存在，只需用到两个混合导数之一（例如 f''_{xy}）在 (x_0, y_0) 的连续性. 但在极大部分的情形，所遇到的导数都是连续的，所以定理 9.5 的条件通常都是满足的.

定理 9.5 表明，如果 $f(x, y)$ 的所有的二阶混合导数在开集 D 内连续，则二阶混合导数与求导次序无关. 反复应用这一事实，易知，如果 $f(x, y)$ 的一切 n 阶混合导数都在 D 内连续，则 n 阶混合导数也就与求导次序无关. 因此，总可以通过交换求导次序，将指定的 n 阶混合导数写成 $\dfrac{\partial^n f}{\partial x^{n-i} \partial y^i}$ $(1 \leqslant i < n)$ 的形式.

由于 n 元 $(n > 2)$ 函数 $u = f(x_1, x_2, \cdots, x_n)$ 的二阶混合导数 $\dfrac{\partial^2 u}{\partial x_i \partial x_j}$ 和 $\dfrac{\partial u}{\partial x_j \partial x_i}$ 实质上就是以 x_i 及 x_j 为自变量的二元函数的混合导数，因此定理 9.5 及刚才所作的说明对于 n 元函数也是有效的.

由于求高阶偏导数实际上是逐次求一阶偏导数,因而在求复合函数的高阶偏导数时链锁法则依然是有效的.

例 3 设 $u=f(x,y)$ 的一切二阶偏导数都是连续的,变量 ξ,η 与 x,y 由公式 $\xi=x-y,\eta=x+y$ 相联系,试用 u 关于 ξ,η 的偏导数表示

$$\frac{\partial^2 u}{\partial x^2}-\frac{\partial^2 u}{\partial y^2}.$$

解 由 $\xi=x-y,\eta=x+y$ 得 $x=\dfrac{\xi+\eta}{2}$,$y=\dfrac{\eta-\xi}{2}$,仍然将 $f\left(\dfrac{\xi+\eta}{2},\dfrac{\eta-\xi}{2}\right)$ 记为 $u(\xi,\eta)$,按链锁法则,

$$\frac{\partial u}{\partial x}=\frac{\partial u}{\partial \xi}\frac{\partial \xi}{\partial x}+\frac{\partial u}{\partial \eta}\frac{\partial \eta}{\partial x}=\frac{\partial u}{\partial \xi}+\frac{\partial u}{\partial \eta}.$$

注意 $\dfrac{\partial u}{\partial \xi}$ 及 $\dfrac{\partial u}{\partial \eta}$ 仍然是 ξ,η 的函数,再一次利用链锁法则得

$$\begin{aligned}
\frac{\partial^2 u}{\partial x^2}&=\frac{\partial}{\partial x}\left(\frac{\partial u}{\partial \xi}+\frac{\partial u}{\partial \eta}\right)\\
&=\left(\frac{\partial^2 u}{\partial \xi^2}\frac{\partial \xi}{\partial x}+\frac{\partial^2 u}{\partial \eta\partial\xi}\frac{\partial \eta}{\partial x}\right)+\left(\frac{\partial^2 u}{\partial \xi\partial\eta}\frac{\partial \xi}{\partial x}+\frac{\partial^2 u}{\partial \eta^2}\frac{\partial \eta}{\partial x}\right)\\
&=\frac{\partial^2 u}{\partial \xi^2}+2\frac{\partial^2 u}{\partial \xi\partial\eta}+\frac{\partial^2 u}{\partial \eta^2}.
\end{aligned}$$

同理,

$$\frac{\partial u}{\partial y}=\frac{\partial u}{\partial \xi}\frac{\partial \xi}{\partial y}+\frac{\partial u}{\partial \eta}\frac{\partial \eta}{\partial y}=-\frac{\partial u}{\partial \xi}+\frac{\partial u}{\partial \eta},$$

$$\begin{aligned}
\frac{\partial^2 u}{\partial y^2}&=-\left(\frac{\partial^2 u}{\partial \xi^2}\frac{\partial \xi}{\partial y}+\frac{\partial^2 u}{\partial \eta\partial\xi}\frac{\partial \eta}{\partial y}\right)+\left(\frac{\partial^2 u}{\partial \xi\partial\eta}\frac{\partial \xi}{\partial y}+\frac{\partial^2 u}{\partial \eta^2}\frac{\partial \eta}{\partial y}\right)\\
&=\frac{\partial^2 u}{\partial \xi^2}-2\frac{\partial^2 u}{\partial \xi\partial\eta}+\frac{\partial^2 u}{\partial \eta^2},
\end{aligned}$$

所以

$$\frac{\partial^2 u}{\partial x^2}-\frac{\partial^2 u}{\partial y^2}=4\frac{\partial^2 u}{\partial \xi\partial\eta}.$$

例 4 设 $u = u(x, y)$ 的一切二阶偏导数都是连续的,求

$$\frac{\partial^2 u}{\partial x^2} + \frac{\partial^2 u}{\partial y^2}$$

在极坐标下的表示式.

解 在极坐标与直角坐标的变换公式

$$x = r \cos\theta, \; y = r \sin\theta$$

中,就 r, θ 解出,得

$$r = \sqrt{x^2 + y^2}, \theta = \text{arc} \tan \frac{y}{x} ①.$$

于是

$$\frac{\partial r}{\partial x} = \frac{x}{r} = \cos\theta, \quad \frac{\partial r}{\partial y} = \frac{y}{r} = \sin\theta,$$

$$\frac{\partial \theta}{\partial x} = \frac{-y}{x^2 + y^2} = -\frac{\sin\theta}{r}, \quad \frac{\partial \theta}{\partial y} = \frac{x}{x^2 + y^2} = \frac{\cos\theta}{r},$$

在下面的求导过程中,利用这些结果,得:

$$\frac{\partial u}{\partial x} = \frac{\partial u}{\partial r} \frac{\partial r}{\partial x} + \frac{\partial u}{\partial \theta} \frac{\partial \theta}{\partial x} = \frac{\partial u}{\partial r} \cos\theta - \frac{\partial u}{\partial \theta} \frac{\sin\theta}{r},$$

$$\frac{\partial u}{\partial y} = \frac{\partial u}{\partial r} \frac{\partial r}{\partial y} + \frac{\partial u}{\partial \theta} \frac{\partial \theta}{\partial y} = \frac{\partial u}{\partial r} \sin\theta + \frac{\partial u}{\partial \theta} \frac{\cos\theta}{r},$$

在继续利用链锁公式求二阶偏导数时,记住 $\frac{\partial u}{\partial r}, \frac{\partial u}{\partial \theta}$ 都通过中间变量 r, θ 而成为 x, y 的函数,于是

$$\frac{\partial^2 u}{\partial x^2} = \frac{\partial}{\partial x} \left(\frac{\partial u}{\partial r} \cos\theta - \frac{\partial u}{\partial \theta} \frac{\sin\theta}{r} \right)$$

$$= \frac{\partial}{\partial r} \left(\frac{\partial u}{\partial r} \cos\theta - \frac{\partial u}{\partial \theta} \frac{\sin\theta}{r} \right) \cos\theta +$$

$$\frac{\partial}{\partial \theta} \left(\frac{\partial u}{\partial r} \cos\theta - \frac{\partial u}{\partial \theta} \frac{\sin\theta}{r} \right) \frac{-\sin\theta}{r}$$

---

① 可能相差一个常数,但不影响求导结果.

$$=\frac{\partial^2 u}{\partial r^2}\cos^2\theta-\frac{\partial^2 u}{\partial r\partial\theta}\,\frac{2\sin\theta\,\cos\theta}{r}+\frac{\partial^2 u}{\partial\theta^2}\,\frac{\sin^2\theta}{r^2}+$$

$$\frac{\partial u}{\partial r}\,\frac{\sin^2\theta}{r}+\frac{\partial u}{\partial\theta}\,\frac{2\sin\theta\,\cos\theta}{r^2}.$$

类似地，

$$\frac{\partial^2 u}{\partial y^2}=\frac{\partial^2 u}{\partial r^2}\sin^2\theta+\frac{\partial^2 u}{\partial r\partial\theta}\,\frac{2\sin\theta\,\cos\theta}{r}+\frac{\partial^2 u}{\partial\theta^2}\,\frac{\cos^2\theta}{r^2}+\frac{\partial u}{\partial r}\,\frac{\cos^2\theta}{r}-$$

$$\frac{\partial u}{\partial\theta}\,\frac{2\sin\theta\,\cos\theta}{r^2}.$$

将所得的结果相加，得

$$\frac{\partial^2 u}{\partial x^2}+\frac{\partial^2 u}{\partial y^2}=\frac{\partial^2 u}{\partial r^2}+\frac{1}{r}\,\frac{\partial u}{\partial r}+\frac{1}{r^2}\,\frac{\partial^2 u}{\partial\theta^2}.$$

在求复合函数的高阶偏导数时，最常见的错误是遗漏关于中间变量的某些混合导数，建议读者在例 3、例 4 的计算过程中去仔细体会，防止发生这种错误.

例 5　试证函数 $z=x\varphi\left(\dfrac{y}{x}\right)+\psi\left(\dfrac{y}{x}\right)$ 满足方程

$$x^2\,\frac{\partial^2 z}{\partial x^2}+2xy\,\frac{\partial^2 z}{\partial x\partial y}+y^2\,\frac{\partial^2 z}{\partial y^2}=0, \tag{9.14}$$

其中函数 φ,ψ 具有二阶连续偏导数.

证　按链锁法则，

$$\frac{\partial z}{\partial x}=\varphi\left(\frac{y}{x}\right)-\frac{y}{x}\varphi'\left(\frac{y}{x}\right)-\frac{y}{x^2}\psi'\left(\frac{y}{x}\right),$$

$$\frac{\partial^2 z}{\partial x^2}=-\frac{y}{x^2}\varphi'\left(\frac{y}{x}\right)+\left(\frac{y}{x^2}\varphi'\left(\frac{y}{x}\right)+\frac{y^2}{x^3}\varphi''\left(\frac{y}{x}\right)\right)+$$

$$\left(\frac{2y}{x^3}\psi'\left(\frac{y}{x}\right)+\frac{y^2}{x^4}\psi''\left(\frac{y}{x}\right)\right),$$

$$=\frac{y^2}{x^3}\varphi''\left(\frac{y}{x}\right)+\frac{2y}{x^3}\psi'\left(\frac{y}{x}\right)+\frac{y^2}{x^4}\psi''\left(\frac{y}{x}\right),$$

$$\frac{\partial^2 z}{\partial x\partial y}=\frac{\partial^2 z}{\partial y\partial x}$$

$$= \frac{1}{x}\varphi'\left(\frac{y}{x}\right) - \left(\frac{1}{x}\varphi'\left(\frac{y}{x}\right) + \frac{y}{x^2}\varphi''\left(\frac{y}{x}\right)\right) -$$

$$\left(\frac{1}{x^2}\psi'\left(\frac{y}{x}\right) + \frac{y}{x^3}\psi''\left(\frac{y}{x}\right)\right)$$

$$= -\frac{y}{x^2}\varphi''\left(\frac{y}{x}\right) - \frac{1}{x^2}\psi'\left(\frac{y}{x}\right) - \frac{y}{x^3}\psi''\left(\frac{y}{x}\right),$$

$$\frac{\partial z}{\partial y} = \varphi'\left(\frac{y}{x}\right) + \frac{1}{x}\psi'\left(\frac{y}{x}\right),$$

$$\frac{\partial^2 z}{\partial y^2} = \frac{1}{x}\varphi''\left(\frac{y}{x}\right) + \frac{1}{x^2}\psi''\left(\frac{y}{x}\right).$$

将所得的三个二阶偏导数代入(9.14)左端，即知所求证的等式是正确的.

9.2.2 高阶全微分

由定理 9.2 可知，如果函数 $u = f(x, y)$ 的所有一阶偏导数在开集 D 内连续，则此函数在 D 内是可微的，且其全微分为

$$\mathrm{d}u = \frac{\partial u}{\partial x}\mathrm{d}x + \frac{\partial u}{\partial y}\mathrm{d}y, \tag{9.15}$$

这里的 $\mathrm{d}x, \mathrm{d}y$ 是自变量 x, y 的任意改变量. 如果保持 $\mathrm{d}x, \mathrm{d}y$ 为常数，即当 (x, y) 在 D 内变动时 $\mathrm{d}x, \mathrm{d}y$ 各自保持不变，则 $\mathrm{d}u$ 仍然是 x, y 的函数. 当 $f(x, y)$ 的所有二阶偏导数在 D 内连续时，$\mathrm{d}u$ 的一切一阶偏导数也在 D 内连续，因而 $\mathrm{d}u$ 又是可微的，它的全微分 $\mathrm{d}(\mathrm{d}u)$ 称为 u 的**二阶全微分**，记为 $\mathrm{d}^2 u$. 于是

$$\mathrm{d}^2 u = \mathrm{d}(\mathrm{d}u) = \mathrm{d}\left(\frac{\partial u}{\partial x}\mathrm{d}x + \frac{\partial u}{\partial y}\mathrm{d}y\right) = \mathrm{d}\left(\frac{\partial u}{\partial x}\mathrm{d}x\right) + \mathrm{d}\left(\frac{\partial u}{\partial y}\mathrm{d}y\right)$$

$$= \mathrm{d}\left(\frac{\partial u}{\partial x}\right)\mathrm{d}x + \mathrm{d}\left(\frac{\partial u}{\partial y}\right)\mathrm{d}y$$

$$= \left(\frac{\partial^2 u}{\partial x^2}\mathrm{d}x + \frac{\partial^2 u}{\partial y \partial x}\mathrm{d}y\right)\mathrm{d}x + \left(\frac{\partial^2 u}{\partial x \partial y}\mathrm{d}x + \frac{\partial^2 u}{\partial y^2}\mathrm{d}y\right)\mathrm{d}y$$

$$= \frac{\partial^2 u}{\partial x^2}\mathrm{d}x^2 + 2\frac{\partial^2 u}{\partial x \partial y}\mathrm{d}x\mathrm{d}y + \frac{\partial^2 u}{\partial y^2}\mathrm{d}y^2. \tag{9.16}$$

这里所需注意的是由于 $\mathrm{d}x$ 及 $\mathrm{d}y$ 都是常数,因此在对 $\mathrm{d}u$ 再微分时,它们是看作系数而提到微分符号之外的. 同时,在计算一阶全微分及二阶全微分时,$\mathrm{d}x$ 及 $\mathrm{d}y$ 各自保持同一数值,因此有 $\mathrm{d}x \cdot \mathrm{d}x = \mathrm{d}x^2$,$\mathrm{d}y \cdot \mathrm{d}y = \mathrm{d}y^2$.

今后,简称全微分为微分. 如前,由一阶微分出发定义了二阶微分,类似地可以定义三阶微分、四阶微分. 一般地,如果 $\mathrm{d}^{n-1}u$ 作为 x, y 的函数是可微的,则归纳地定义 $\mathrm{d}(\mathrm{d}^{n-1}u)$ 为 u 的 **n 阶微分**,记为 $\mathrm{d}^n u$.

微分的阶数愈高,表达式就愈复杂. 为了简化记号,通常采用算符

$$\mathrm{d}x\,\frac{\partial}{\partial x} + \mathrm{d}y\,\frac{\partial}{\partial y},$$

而把一阶微分记作

$$\mathrm{d}u = \left(\mathrm{d}x\,\frac{\partial}{\partial x} + \mathrm{d}y\,\frac{\partial}{\partial y}\right)u.$$

如果把 u 形式地按(右)乘法分配律分配到括弧中的每一项,并一律写在符号 ∂ 的后面,就得到了全微分的真正的表达式.

类似于此,以后的各阶微分可记作

$$\mathrm{d}^2 u = \left(\mathrm{d}x\,\frac{\partial}{\partial x} + \mathrm{d}y\,\frac{\partial}{\partial y}\right)^2 u,$$

$$\cdots$$

$$\mathrm{d}^n u = \left(\mathrm{d}x\,\frac{\partial}{\partial x} + \mathrm{d}y\,\frac{\partial}{\partial y}\right)^n u.$$

按乘法将括弧形式地展开,然后将 u 分配到每一项,并一律记在 ∂^n 的后面,于是一切记号就恢复了导数及微分的意义,而得到了 $\mathrm{d}^n u$ 真正的表达式.

完全类似于此,m 元函数 $u = f(x_1, x_2, \cdots, x_m)$ 的 n 阶微分可形式地记为

$$\mathrm{d}^n u = \left(\mathrm{d}x_1 \frac{\partial}{\partial x_1} + \cdots + \mathrm{d}x_m \frac{\partial}{\partial x_m} \right)^n u \quad (n = 1, 2, \cdots).$$

所有这些记号大大地简化了微分的表示方法,在理论探讨中带来不少方便. 但这并没有给计算微分带来实质性的简化. 实际计算时,利用的是 9.1.4 段所说的微分法则,而不是这些公式.

例 1　设 $u = \arctan \dfrac{x}{y}$,求 $\mathrm{d}u$ 及 $\mathrm{d}^2 u$.

解　$\mathrm{d}u = \dfrac{1}{1 + \left(\dfrac{x}{y} \right)^2} \mathrm{d}\left(\dfrac{x}{y} \right) = \dfrac{y^2}{x^2 + y^2} \cdot \dfrac{y\mathrm{d}x - x\mathrm{d}y}{y^2}$

$$= \frac{y\mathrm{d}x - x\mathrm{d}y}{x^2 + y^2}.$$

在继续计算二阶微分时,利用商的微分法则并记住 $\mathrm{d}x$ 及 $\mathrm{d}y$ 是常数,就有

$$\mathrm{d}^2 u = \mathrm{d}\left(\frac{y\mathrm{d}x - x\mathrm{d}y}{x^2 + y^2} \right)$$

$$= \frac{(x^2 + y^2)\mathrm{d}(y\mathrm{d}x - x\mathrm{d}y) - (y\mathrm{d}x - x\mathrm{d}y)\mathrm{d}(x^2 + y^2)}{(x^2 + y^2)^2}$$

$$= -\frac{(y\mathrm{d}x - x\mathrm{d}y)(2x\mathrm{d}x + 2y\mathrm{d}y)}{(x^2 + y^2)^2}$$

$$= \frac{2xy(\mathrm{d}y^2 - \mathrm{d}x^2) + 2(x^2 - y^2)\mathrm{d}x\mathrm{d}y}{(x^2 + y^2)^2}.$$

如果再将最后的分式按商的微分法则继续微分,就可得到三阶微分.

对于函数 $u = f(x, y)$,如果 x, y 不是自变量,而是另一些变量例如 ξ, η 的连续可微函数,则在表达式

$$\left. \begin{aligned} \mathrm{d}x &= \frac{\partial x}{\partial \xi}\mathrm{d}\xi + \frac{\partial x}{\partial \eta}\mathrm{d}\eta, \\ \mathrm{d}y &= \frac{\partial y}{\partial \xi}\mathrm{d}\xi + \frac{\partial y}{\partial \eta}\mathrm{d}\eta \end{aligned} \right\} \tag{9.17}$$

中, $\dfrac{\partial x}{\partial \xi}, \dfrac{\partial x}{\partial \eta}$ 等偏导数都是 ξ, η 的函数, 虽然自变量的改变量 $\mathrm{d}\eta, \mathrm{d}\xi$ 仍然保持不变, 而微分 $\mathrm{d}x$ 及 $\mathrm{d}y$ 却随 ξ, η 的变化而变化. 因此从 (9.15) 出发继续计算二阶微分时, 它们已不再是常数, 于是

$$
\begin{aligned}
\mathrm{d}^2 u &= \mathrm{d}\Big(\frac{\partial u}{\partial x}\mathrm{d}x + \frac{\partial u}{\partial y}\mathrm{d}y\Big) = \mathrm{d}\Big(\frac{\partial u}{\partial x}\mathrm{d}x\Big) + \mathrm{d}\Big(\frac{\partial u}{\partial y}\mathrm{d}y\Big) \\
&= \mathrm{d}\Big(\frac{\partial u}{\partial x}\Big)\mathrm{d}x + \frac{\partial u}{\partial x}\mathrm{d}(\mathrm{d}x) + \mathrm{d}\Big(\frac{\partial u}{\partial y}\Big)\mathrm{d}y + \frac{\partial u}{\partial y}\mathrm{d}(\mathrm{d}y) \\
&= \frac{\partial^2 u}{\partial x^2}\mathrm{d}x^2 + 2\frac{\partial^2 u}{\partial x \partial y}\mathrm{d}x\mathrm{d}y + \frac{\partial^2 u}{\partial y^2}\mathrm{d}y^2 + \frac{\partial u}{\partial x}\mathrm{d}^2 x + \frac{\partial u}{\partial y}\mathrm{d}^2 y.
\end{aligned}
$$

与 (9.16) 相比, 右端增加了最后两项. 其中出现的 $\mathrm{d}^2 x$ 及 $\mathrm{d}^2 y$ 是中间变量 x, y 的二阶微分, 可以对 (9.17) 继续微分而得到. 于是, 我们看到, 高于一阶的微分形式的不变性已不再成立. 因此, 在求复合函数的高阶微分时, 需要细心地区别中间变量和自变量. 否则, 就可能产生错误.

9.2.3　泰勒公式

我们知道, 如果函数 $F(t)$ 在 t_0 的邻域内有直到 $n+1$ 阶的各阶导数, 则当 $|\Delta t|$ 充分小时成立**泰勒公式**.

$$
\begin{aligned}
F(t_0 + \Delta t) = &\ F(t_0) + \frac{F'(t_0)}{1!}\Delta t + \frac{F''(t_0)}{2!}\Delta t^2 + \cdots + \\
&\ \frac{F^{(n)}(t_0)}{n!}\Delta t^n + \frac{F^{(n+1)}(t_0 + \theta\Delta t)}{(n+1)!}\Delta t^{n+1} \quad (0 < \theta < 1),
\end{aligned}
$$

$$(9.18)$$

现在从这个公式出发, 建立多元函数的泰勒公式, 它提供了用多项式近似地表示已知函数的途径, 无论对于理论研究还是对于实际计算都是很有意义的. 下面, 对于二元函数给出公式的推导, 更多变元的情形是完全类似的.

定理 9.6　设函数 $f(x, y)$ 在 (x_0, y_0) 的邻域 U 内直到 $n+1$

阶的一切偏导数都是连续的(简记作 $f \in C^{n+1}(U)$ 或 $f \in C_U^{n+1}$),则在此邻域内成立如下的公式:

$$f(x_0+\Delta x, y_0+\Delta y) = f(x_0, y_0) + \left(\Delta x \frac{\partial}{\partial x} + \Delta y \frac{\partial}{\partial y}\right) f(x_0, y_0) +$$

$$\frac{1}{2!}\left(\Delta x \frac{\partial}{\partial x} + \Delta y \frac{\partial}{\partial y}\right)^2 f(x_0, y_0) + \cdots + \frac{1}{n!}\left(\Delta x \frac{\partial}{\partial x} + \Delta y \frac{\partial}{\partial y}\right)^n f(x_0,$$

$$y_0) + \frac{1}{(n+1)!}\left(\Delta x \frac{\partial}{\partial x} + \Delta y \frac{\partial}{\partial y}\right)^{n+1} f(x_0+\theta\Delta x, y_0+\theta\Delta y)$$

$$(0 < \theta < 1). \tag{9.19}$$

证 设 $|\Delta x|$ 及 $|\Delta y|$ 充分小,使连接点 (x_0, y_0) 与 $(x_0+\Delta x, y_0+\Delta y)$ 的线段位于邻域 U 内. 令

$$x = x_0 + t\Delta x, \quad y = y_0 + t\Delta y, \quad 0 \leqslant t \leqslant 1,$$

则 $f(x, y)$ 以 x, y 为中间变量而成为 t 的函数:

$$F(t) = f(x_0+t\Delta x, y_0+t\Delta y),$$

并且

$$F(1) = f(x_0+\Delta x, y_0+\Delta y), \quad F(0) = f(x_0, y_0). \tag{9.20}$$

按链锁法则,

$$F'(t) = \frac{\partial f(x_0+t\Delta x, y_0+t\Delta y)}{\partial x}\Delta x + \frac{\partial f(x_0+t\Delta x, y_0+t\Delta y)}{\partial y}\Delta y$$

$$= \left(\Delta x \frac{\partial}{\partial x} + \Delta y \frac{\partial}{\partial y}\right) f(x_0+t\Delta x, y_0+t\Delta y),$$

$$F''(t) = \frac{d}{dt}\left[\frac{\partial f(x_0+t\Delta x, y_0+t\Delta y)}{\partial x}\Delta x + \frac{\partial f(x_0+t\Delta x, y_0+t\Delta y)}{\partial y}\Delta y\right]$$

$$= \frac{\partial^2 f(x_0+t\Delta x, y_0+t\Delta y)}{\partial x^2}\Delta x^2 + 2\frac{\partial^2 f(x_0+t\Delta x, y_0+t\Delta y)}{\partial x \partial y}\Delta x\Delta y +$$

$$\frac{\partial^2 f(x_0+t\Delta x, y_0+t\Delta y)}{\partial y^2}\Delta y^2$$

$$= \left(\Delta x \frac{\partial}{\partial x} + \Delta y \frac{\partial}{\partial y}\right)^2 f(x_0+t\Delta x, y_0+t\Delta y),$$

...

一般地，

$$F^{(n)}(t) = \left(\Delta x \frac{\partial}{\partial x} + \Delta y \frac{\partial}{\partial y}\right)^n f(x_0 + t\Delta x, y_0 + t\Delta y). \quad (9.21)$$

将一元函数的泰勒公式(9.18)用于 $F(t)$，取 $t_0 = 0$，$\Delta t = 1$，并注意 (9.20)，(9.21) 得

$$f(x_0 + \Delta x, y_0 + \Delta y) = F(1)$$

$$= F(0) + F'(0) + \frac{1}{2!}F''(0) + \cdots + \frac{1}{n!}F^{(n)}(0) + \frac{F^{(n+1)}(\theta)}{(n+1)!}$$

$$= f(x_0, y_0) + \left(\Delta x \frac{\partial}{\partial x} + \Delta y \frac{\partial}{\partial y}\right)f(x_0, y_0) +$$

$$\frac{1}{2!}\left(\Delta x \frac{\partial}{\partial x} + \Delta y \frac{\partial}{\partial y}\right)^2 f(x_0, y_0) + \cdots +$$

$$\frac{1}{n!}\left(\Delta x \frac{\partial}{\partial x} + \Delta y \frac{\partial}{\partial y}\right)^n f(x_0, y_0) +$$

$$\frac{1}{(n+1)!}\left(\Delta x \frac{\partial}{\partial x} + \Delta y \frac{\partial}{\partial y}\right)^{n+1} f(x_0 + \theta\Delta x, y_0 + \theta\Delta y).$$

这就是所要证明的.

公式(9.19)称为**带有拉格朗日余项的泰勒公式**，而

$$r_n = \frac{1}{(n+1)!}\left(\Delta x \frac{\partial}{\partial x} + \Delta y \frac{\partial}{\partial y}\right)^{n+1} f(x_0 + \theta\Delta x, y_0 + \theta\Delta y)$$

$$(0 < \theta < 1)$$

称为**拉格朗日余项**.

注 1　由定理 9.6 的证明可见，若 $f(x, y)$ 在凸的开区域 D 内有直到 $n+1$ 阶的一切连续偏导数，则对于 D 的任意点 (x_0, y_0) 及 $(x_0 + \Delta x, y_0 + \Delta y)$，公式(9.19)都是正确的.

注 2　若 $f(x, y)$ 的一阶偏导数在 D 内连续，则微分中值公式 (9.7)是泰勒公式(9.19)的特例，即 $n = 0$ 的情形.

如果不要求给出余项的具体形式，而只要求对它的阶作出估计，则有

定理 9.7 如果函数 $f(x,y)$ 在 (x_0,y_0) 的邻域 U 内直到 n 阶的一切偏导数都是连续的,则在邻域 U 内成立

$$f(x_0+\Delta x,y_0+\Delta y)=f(x_0+y_0)+\left(\Delta x\frac{\partial}{\partial x}+\Delta y\frac{\partial}{\partial y}\right)f(x_0,y_0)$$

$$+\frac{1}{2!}\left(\Delta x\frac{\partial}{\partial x}+\Delta y\frac{\partial}{\partial y}\right)^2 f(x_0,y_0)+\cdots+$$

$$\frac{1}{n!}\left(\Delta x\frac{\partial}{\partial x}+\Delta y\frac{\partial}{\partial y}\right)^n f(x_0,y_0)+o(\rho^n),\quad(\rho\rightarrow 0)$$

其中 $$\rho=\sqrt{\Delta x^2+\Delta y^2}.\qquad\qquad(9.22)$$

证 在定理 9.6 中,以 $n-1$ 代替 n,记

$$\frac{\partial^n f(x_0+\theta\Delta x,y_0+\theta\Delta y)}{\partial x^i\partial y^{n-i}}=\frac{\partial^n f(x_0,y_0)}{\partial x^i\partial y^{n-i}}+\alpha_i$$

并以 C_n^i 表示牛顿二项公式的系数,则由(9.19)得

$$f(x_0+\Delta x,y_0+\Delta y)=f(x_0,y_0)+\left(\Delta x\frac{\partial}{\partial x}+\Delta y\frac{\partial}{\partial y}\right)f(x_0,y_0)+$$

$$\cdots+\frac{1}{(n-1)!}\left(\Delta x\frac{\partial}{\partial x}+\Delta y\frac{\partial}{\partial y}\right)^{n-1}f(x_0,y_0)+$$

$$\frac{1}{n!}\sum_{i=0}^{n}\left(\frac{\partial^n f(x_0,y_0)}{\partial x^i\partial y^{n-i}}+\alpha_i\right)C_n^i\Delta x^i\Delta y^{n-i}$$

$$=f(x_0,y_0)+\left(\Delta x\frac{\partial}{\partial x}+\Delta y\frac{\partial}{\partial y}\right)f(x_0,y_0)+\cdots+$$

$$\frac{1}{(n-1)!}\left(\Delta x\frac{\partial}{\partial x}+\Delta y\frac{\partial}{\partial y}\right)^{n-1}f(x_0,y_0)+$$

$$\frac{1}{n!}\sum_{i=0}^{n}\frac{\partial^n f(x_0,y_0)}{\partial x^i\partial y^{n-i}}C_n^i\Delta x^i\Delta y^{n-i}+$$

$$\frac{1}{n!}\sum_{i=0}^{n}\alpha_i C_n^i\Delta x^i\Delta y^{n-i}$$

$$=f(x_0,y_0)+\left(\Delta x\frac{\partial}{\partial x}+\Delta y\frac{\partial}{\partial y}\right)f(x_0,y_0)+\cdots+$$

$$\frac{1}{n!}\left(\Delta x\frac{\partial}{\partial x}+\Delta y\frac{\partial}{\partial y}\right)^n f(x_0,y_0)+$$

$$\frac{1}{n!}\sum_{i=0}^{n}\alpha_i C_n^i \Delta x^i \Delta y^{n-i}.$$

由于 n 阶偏导数的连续性,当 $\rho\to 0$ 时,$\alpha_i\to 0(i=0,1,\cdots,n)$ 于是

$$\left|\frac{\dfrac{1}{n!}\sum\limits_{i=0}^{n}\alpha_i C_n^i \Delta x^i \Delta y^{n-i}}{\rho^n}\right|\leqslant\frac{1}{n!}\sum_{i=0}^{n}C_n^i\mid\alpha_i\mid\to 0,\quad(\rho\to 0)$$

这就证明了(9.22).

公式(9.22)称为**带有皮亚诺余项的泰勒公式**.

对于三个变元或更多变元的函数,泰勒公式的形式是与 (9.19),(9.22)类似的,建议读者自己写出并证明之.

采用微分的记号,泰勒公式(9.19)显然可以写为:

$$f(x_0+\Delta x,y_0+\Delta y)=f(x_0,y_0)+\frac{1}{1!}\mathrm{d}f(x_0,y_0)+$$

$$\frac{1}{2!}\mathrm{d}^2 f(x_0,y_0)+\cdots+\frac{1}{n!}\mathrm{d}^n f(x_0,y_0)+$$

$$\frac{1}{(n+1)!}\mathrm{d}^{n+1}f(x_0+\theta\Delta x,y_0+\theta\Delta y)\quad(0<\theta<1).$$

一般地,对于 n 元函数,记

$$\boldsymbol{x}=(x_1,x_2,\cdots,x_n),\quad\boldsymbol{x}^0=(x_1^0,x_2^0,\cdots,x_n^0),$$

$$\Delta\boldsymbol{x}=(\Delta x_1,\Delta x_2,\cdots,\Delta x_n).$$

则泰勒公式为

$$f(\boldsymbol{x}^0+\Delta\boldsymbol{x})=f(\boldsymbol{x}^0)+\frac{1}{1!}\mathrm{d}f(\boldsymbol{x}^0)+\frac{1}{2!}\mathrm{d}^2 f(\boldsymbol{x}^0)+\cdots$$

$$+\frac{1}{n!}\mathrm{d}^n f(\boldsymbol{x}^0)+\frac{1}{(n+1)!}\mathrm{d}^{n+1}f(\boldsymbol{x}^0+\theta\Delta\boldsymbol{x})\quad(0<\theta<1).$$

其中

$$\mathrm{d}^i f(\boldsymbol{x})=\left(\Delta x_1\frac{\partial}{\partial x_1}+\Delta x_2\frac{\partial}{\partial x_2}+\cdots+\Delta x_n\frac{\partial}{\partial x_n}\right)^i f(x_1,x_2,\cdots,x_n)$$

$$(i=1,2,\cdots,n+1).$$

在实际计算中，往往以采用这一形式为宜.

例1 若 $|x|\ll1$，$|y|\ll1$，利用泰勒公式求 $f(x,y)=\dfrac{\cos x}{\cos y}$ 到 x，y 二次项的近似公式.

解 取 $x_0=y_0=0$，因 $f(0,0)=1$，故

$$f(\Delta x,\Delta y)\approx1+\mathrm{d}f(0,0)+\frac{1}{2!}\mathrm{d}^2f(0,0). \qquad (9.23)$$

而

$$\mathrm{d}f(x,y)=\frac{-\sin x\,\cos y\,\mathrm{d}x+\cos x\,\sin y\,\mathrm{d}y}{\cos^2 y}.$$

$$\mathrm{d}^2f(x,y)=\frac{-\cos^2 y\,\cos x\mathrm{d}x^2-2\sin x\,\sin y\,\cos y\,\mathrm{d}x\mathrm{d}y}{\cos^3 y}+$$

$$\frac{(1+\sin^2 y)\cos x\,\mathrm{d}y^2}{\cos^3 y}.$$

所以

$$\mathrm{d}f(0,0)=0,\quad \mathrm{d}^2f(0,0)=\mathrm{d}y^2-\mathrm{d}x^2=\Delta y^2-\Delta x^2.$$

代入(9.23)，并改写 Δx 为 x，Δy 为 y，即得所求的近似公式

$$\frac{\cos x}{\cos y}\approx1+\frac{1}{2}(y^2-x^2)\quad(|x|\ll1,|y|\ll1).$$

当然，视 $f(x,y)$ 为两个一元函数的商，也可借助于一元函数的泰勒公式得到所求的近似公式，建议读者自己去完成.

习 题

1. 求二阶偏导数：

(1) $u=\dfrac{y}{\sqrt{x^2+y^2}}$；

(2) $u=\arctan\dfrac{x}{y}$；

(3) $u=x^{\frac{y}{z}}$；

(4) $u=x^{y^z}$；

(5) $u=f(x^2+y^2+z^2)$;　　　　(6) $u=f\left(x,\dfrac{x}{y}\right)$;

(7) $u=f(x,y,xyz)$.

2. 在下列各题中求指定的偏导数：

(1) $u=\mathrm{e}^{xyz}$, 求 $\dfrac{\partial^3 u}{\partial x\partial y\partial z}$;

(2) $u=x^3\sin y+y^3\sin x$, 求 $\dfrac{\partial^6 u}{\partial x^3\partial y^3}$;

(3) $u=(x-x_0)^p(y-y_0)^q$, 求 $\dfrac{\partial^{p+q}u}{\partial x^p\partial y^q}$;

(4) $u=xyz\mathrm{e}^{x+y+z}$, 求 $\dfrac{\partial^{p+q+r}u}{\partial x^p\partial y^q\partial z^r}$;

(5) $u=\dfrac{x+y}{x-y}$, 求 $\dfrac{\partial^{m+n}u}{\partial x^m\partial y^n}$;

(6) $u=\mathrm{e}^z\sin y$, 求 $\dfrac{\partial^{m+n}u(0,0)}{\partial x^m\partial y^n}$.

3. 证明：如果 $u=u(x,y)$ 满足方程
$$\frac{\partial^2 u}{\partial x^2}+\frac{\partial^2 u}{\partial y^2}=0,$$

则函数 $v=u\left(\dfrac{x}{x^2+y^2},\dfrac{y}{x^2+y^2}\right)$ 也满足这个方程.

4. 证明函数
$$u=\frac{1}{2a\sqrt{\pi t}}\mathrm{e}^{-\frac{(x-b)^2}{4a^2 t}}$$

满足方程
$$\frac{\partial u}{\partial t}=a^2\frac{\partial^2 u}{\partial x^2}.$$

5. 如果 $u=u(x,t)(t>0)$ 满足第 4 题中的方程,则
$$v=\frac{1}{a\sqrt{t}}\mathrm{e}^{-\frac{x^2}{4a^2 t}}u\left(\frac{x}{a^2 t},-\frac{1}{a^4 t}\right)$$

也满足这一方程.

6. 将下列表示式变为极坐标下的表示式:

(1) $w = x \dfrac{\partial u}{\partial y} - y \dfrac{\partial u}{\partial x}$;

(2) $w = y^2 \dfrac{\partial^2 z}{\partial x^2} - 2xy \dfrac{\partial^2 z}{\partial x \partial y} + x^2 \dfrac{\partial^2 z}{\partial y^2} - \left(x \dfrac{\partial z}{\partial x} + y \dfrac{\partial z}{\partial y} \right)$.

7. 设 $u = \ln(x + \sqrt{1+x^2})$, $v = \ln(y + \sqrt{1+y^2})$, 以变换方程

$$(1+x^2) \dfrac{\partial^2 z}{\partial x^2} + (1+y^2) \dfrac{\partial^2 z}{\partial y^2} + x \dfrac{\partial z}{\partial x} + y \dfrac{\partial z}{\partial y} = 0.$$

8. 设 $u = x - 2\sqrt{y}$, $v = x + 2\sqrt{y}$ $(y > 0)$ 以变换方程

$$\dfrac{\partial^2 z}{\partial x^2} - y \dfrac{\partial^2 z}{\partial y^2} = \dfrac{1}{2} \dfrac{\partial z}{\partial y}. \qquad (z \in C^2)$$

9. 求下列函数的二阶微分:

(1) $u = \sqrt{x^2 + y^2}$; (2) $u = \dfrac{z}{x^2 + y^2}$;

(3) $u = \dfrac{x}{y}$; (4) $u = e^{xy}$;

(5) $u = f\left(\dfrac{y}{x}\right)$; (6) $u = f(xyz)$;

(7) $u = f(ax, by)$; (8) $u = f\left(xy, \dfrac{x}{y}\right)$;

(9) $u = f(t, t^2, t^3)$; (10) $u = f\left(\dfrac{x}{y}, \dfrac{y}{z}\right)$.

10. 设 $f(x, y, z) = \sqrt[z]{\dfrac{x}{y}}$, 求 $d^2 f(1, 1, 1)$.

11. 若 $u = \sqrt{x^2 + y^2 + z^2}$, 证明 $d^2 u \geqslant 0$.

12. 在下列各题, 求指定阶的全微分(x, y, z 为自变量)

(1) $u = \sin(x^2 + y^2)$, 求 $d^3 u$;

(2) $u = \ln(x + y)$, 求 $d^{10} u$;

(3) $u = \ln(x^x y^y z^z)$, 求 $d^4 u$;

(4) $u = f(x)g(y)$，求 $\mathrm{d}^n u$；

(5) $u = \mathrm{e}^{ax+by+cz}$，求 $\mathrm{d}^n u$．

13. 求 $\dfrac{\partial z}{\partial y} = x^2 + 2y$ 的满足 $z(x, x^2) = 1$ 的解 $z(x, y)$．

14. 设 $u = u(x, y)$ 满足 $\dfrac{\partial^2 u}{\partial x^2} - \dfrac{\partial^2 u}{\partial y^2} = 0$ 及 $u(x, 2x) = x$，$u'_x(x, 2x) = x^2$，求 $u''_{x^2}(x, 2x), u''_{xy}(x, 2x)$ 及 $u''_{y^2}(x, 2x)$．

15. 按 $x - 1$ 和 $y - \dfrac{\pi}{2}$ 的正整数幂展开函数 $f(x, y) = \sin xy$ 到二次项．

16. 将 $f(x, y) = \mathrm{e}^{x+y}$ 在原点附近按泰勒公式展开到 n 次项，并写出拉格朗日余项．

17. 在点 $(1, -2)$ 的邻域内根据泰勒公式展开函数
$$f(x, y) = 2x^2 - xy - y^2 - 6x - 3y + 5.$$

18. 设 $f(x, y)$ 及其直到二阶的一切偏导数在原点的邻域内连续，证明
$$f''_{x^2}(0, 0) = \lim_{h \to 0_+} \frac{f(2h, \mathrm{e}^{-\frac{1}{2h}}) - 2f(h, \mathrm{e}^{-\frac{1}{h}}) + f(0, 0)}{h^2}.$$

9.3　向量值函数的导数与可微性

9.3.1　向量值函数的偏导数

设 D 是 $\mathbf{R}^n$ 的一个开集，而 $y = f(x)$ 是定义在 D 内取值于 $\mathbf{R}^m$ 的一个向量值函数
$$\boldsymbol{f}: D \to \mathbf{R}^m, \quad \boldsymbol{x} \mapsto \boldsymbol{f}(\boldsymbol{x}).$$
若详细写出坐标函数，即：

$$\begin{cases} y_1 = f_1(x_1, x_2, \cdots, x_n), \\ y_2 = f_2(x_1, x_2, \cdots, x_n), \\ \quad \cdots \\ y_m = f_m(x_1, x_2, \cdots, x_n) \end{cases}.$$

类似于多元纯量值函数，可以定义向量值函数的偏导数.

定义（偏导数）　设 $\boldsymbol{x}^0 = (x_1^0, x_2^0, \cdots, x_n^0)$ 是开集 D 内的定点，如果有限极限

$$\lim_{\Delta x_1 \to 0} \frac{\boldsymbol{f}(x_1^0 + \Delta x_1, x_2^0, \cdots, x_n^0) - \boldsymbol{f}(x_1^0, x_2^0, \cdots, x_n^0)}{\Delta x_1}$$

存在，则称之为向量值函数 $\boldsymbol{y} = \boldsymbol{f}(\boldsymbol{x})$ 在点 $\boldsymbol{x}^0$ 关于 x_1 的偏导数，记为 $\dfrac{\partial \boldsymbol{f}(\boldsymbol{x}^0)}{\partial x_1}$ 或 $\partial_{x_1} \boldsymbol{f}(\boldsymbol{x}^0)$.

注意　出现在极限符号后面的是一个向量值函数，而对向量值函数取极限归结为对每一个分量取极限，由此可知，$\dfrac{\partial \boldsymbol{f}(\boldsymbol{x}^0)}{\partial x_1}$ 存在当且仅当每个坐标函数 $f_i (i = 1, 2, \cdots, m)$ 在 $\boldsymbol{x}^0$ 的偏导数 $\dfrac{\partial f_i(\boldsymbol{x}^0)}{\partial x_1}$ 存在，并且在它们存在时成立等式

$$\frac{\partial \boldsymbol{f}(\boldsymbol{x}^0)}{\partial x_1} = \begin{pmatrix} \dfrac{\partial f_1(\boldsymbol{x}^0)}{\partial x_1} \\ \dfrac{\partial f_2(\boldsymbol{x}^0)}{\partial x_1} \\ \vdots \\ \dfrac{\partial f_m(\boldsymbol{x}^0)}{\partial x_1} \end{pmatrix},$$

完全类似地，可以定义 $\boldsymbol{f}(\boldsymbol{x})$ 对其他变元 $x_2, \cdots, x_n$ 的偏导数. 当偏导数在 D 的每一点都存在时，则它也是定义于 D 的函数，称之为偏导函数. 在不会产生混淆时，偏导函数也简称为偏导数.

以偏导函数 $\dfrac{\partial \boldsymbol{f}}{\partial x_1}, \dfrac{\partial \boldsymbol{f}}{\partial x_2}, \cdots, \dfrac{\partial \boldsymbol{f}}{\partial x_n}$ 为列向量的矩阵

$$Jf(x) = \begin{pmatrix} \dfrac{\partial f_1}{\partial x_1} & \dfrac{\partial f_1}{\partial x_2} & \cdots & \dfrac{\partial f_1}{\partial x_n} \\[2mm] \dfrac{\partial f_2}{\partial x_1} & \dfrac{\partial f_2}{\partial x_2} & \cdots & \dfrac{\partial f_2}{\partial x_n} \\[2mm] \vdots & \vdots & \vdots & \\[2mm] \dfrac{\partial f_m}{\partial x_1} & \dfrac{\partial f_m}{\partial x_2} & \cdots & \dfrac{\partial f_m}{\partial x_n} \end{pmatrix}$$

称为 $f(x)$ 的**雅可比（Jacobi）矩阵**. 在 $n=m$ 的情形, $Jf(x)$ 成为方阵, 其行列式 $\det Jf(x)$ 称为 $f(x)$ 的**雅可比行列式**. 有时也将因变量与自变量全部标出, 将雅可比行列式记为

$$\frac{\partial(y_1, y_2, \cdots, y_n)}{\partial(x_1, x_2, \cdots, x_n)} \quad \text{或} \quad \frac{\partial(f_1, f_2, \cdots, f_n)}{\partial(x_1, x_2, \cdots, x_n)}.$$

雅可比行列式对于以后要讲的隐函数理论以及重积分理论都是十分重要的, 它们将起着与一元函数的导数相仿的作用.

例 1　对于平面上点的极坐标表示

$$x = r\cos\theta, \; y = r\sin\theta,$$

雅可比矩阵及雅可比行列式依次为

$$J = \begin{pmatrix} \dfrac{\partial x}{\partial r} & \dfrac{\partial x}{\partial \theta} \\[2mm] \dfrac{\partial y}{\partial r} & \dfrac{\partial y}{\partial \theta} \end{pmatrix} = \begin{pmatrix} \cos\theta & -r\sin\theta \\ \sin\theta & r\cos\theta \end{pmatrix},$$

$$\det J = r.$$

而在 $(x_0, y_0) = (1, 1)$ 即 $r_0 = \sqrt{2}, \theta_0 = \dfrac{\pi}{4}$ 处,

$$J\left(\sqrt{2}, \frac{\pi}{4}\right) = \begin{pmatrix} \dfrac{1}{\sqrt{2}} & -1 \\[2mm] \dfrac{1}{\sqrt{2}} & 1 \end{pmatrix}, \; \det J\left(\sqrt{2}, \frac{\pi}{4}\right) = \sqrt{2}.$$

例 2　对于空间中点的球坐标表示

$$x = r\sin\varphi\cos\theta, \quad y = r\sin\varphi\sin\theta, \quad z = r\cos\varphi,$$

雅可比矩阵及雅可比行列式依次为

$$J = \begin{pmatrix} \dfrac{\partial x}{\partial r} & \dfrac{\partial x}{\partial \varphi} & \dfrac{\partial x}{\partial \theta} \\ \dfrac{\partial y}{\partial r} & \dfrac{\partial y}{\partial \varphi} & \dfrac{\partial y}{\partial \theta} \\ \dfrac{\partial z}{\partial r} & \dfrac{\partial z}{\partial \varphi} & \dfrac{\partial z}{\partial \theta} \end{pmatrix} = \begin{pmatrix} \sin\varphi\cos\theta & r\cos\varphi\cos\theta & -r\sin\varphi\sin\theta \\ \sin\varphi\sin\theta & r\cos\varphi\sin\theta & r\sin\varphi\cos\theta \\ \cos\varphi & -r\sin\varphi & 0 \end{pmatrix},$$

$$\det J = r^2\sin\varphi.$$

既然求向量值函数的偏导数归结为求每个坐标函数的偏导数,于是由纯量函数的偏导数运算法则立刻可知对于常数 c 成立

$$\frac{\partial(c\boldsymbol{f}(\boldsymbol{x}))}{\partial x_i} = c\,\frac{\partial \boldsymbol{f}(\boldsymbol{x})}{\partial x_i} \qquad (i = 1, 2, \cdots, n),$$

$$J(c\boldsymbol{f}(\boldsymbol{x})) = cJ\boldsymbol{f}(\boldsymbol{x}).$$

如果 $\boldsymbol{g}(\boldsymbol{x})$ 也是定义于 D 取值于 $\mathbf{R}^m$ 的且存在偏导数的向量值函数,则

$$\frac{\partial(\boldsymbol{f}(\boldsymbol{x})+\boldsymbol{g}(\boldsymbol{x}))}{\partial x_i} = \frac{\partial \boldsymbol{f}(\boldsymbol{x})}{\partial x_i} + \frac{\partial \boldsymbol{g}(\boldsymbol{x})}{\partial x_i} \qquad (i = 1, 2, \cdots, n),$$

$$J(\boldsymbol{f}(\boldsymbol{x})+\boldsymbol{g}(\boldsymbol{x})) = J\boldsymbol{f}(\boldsymbol{x}) + J\boldsymbol{g}(\boldsymbol{x}).$$

在这一段最后,我们指出,在 $n=1$ 的情形,得到一元的向量值函数,于是

$$\lim_{\Delta x \to 0} \frac{\boldsymbol{f}(x+\Delta x)-\boldsymbol{f}(x)}{\Delta x} = \lim_{\Delta x \to 0} \frac{1}{\Delta x} \begin{pmatrix} f_1(x+\Delta x)-f_1(x) \\ f_2(x+\Delta x)-f_2(x) \\ \vdots \\ f_m(x+\Delta x)-f_m(x) \end{pmatrix}$$

$$= \begin{pmatrix} f_1'(x) \\ f_2'(x) \\ \vdots \\ f_m'(x) \end{pmatrix},$$

称为 $\boldsymbol{f}(x)$ 的导函数或导数,记为 $\boldsymbol{f}'(x)$ 或 $D\boldsymbol{f}(x)$.

同样,在 $m=1$ 的情形下,得到多元纯量函数,而这里所讲的

偏导数与 9.1 所讲的是一致的.

9.3.2　可微性

对于在空间 $\mathbf{R}^n$ 的开集 D 内定义的向量值函数 $y=f(x)$:
$$f:D\to\mathbf{R}^m,\quad x\mapsto f(x)$$
可以仿照多元纯量函数定义可微性.

定义（可微）　如果存在矩阵

$$A=\begin{pmatrix} a_{11} & a_{12} & \cdots & a_{1n} \\ a_{21} & a_{22} & \cdots & a_{2n} \\ \vdots & \vdots & & \vdots \\ a_{m1} & a_{m2} & \cdots & a_{mn} \end{pmatrix}$$

使得
$$f(x^0+\Delta x)-f(x^0)=A\Delta x+r(\Delta x),\qquad (9.24)$$
其中 A 与 Δx 无关,

$$\Delta x=\begin{pmatrix} \Delta x_1 \\ \Delta x_2 \\ \vdots \\ \Delta x_n \end{pmatrix},r(\Delta x)=\begin{pmatrix} r_1(\Delta x) \\ r_2(\Delta x) \\ \vdots \\ r_m(\Delta x) \end{pmatrix},$$

并且 $r(\Delta x)$ 满足
$$\| r(\Delta x) \| =o(\| \Delta x \|).\qquad (9.25)$$
则说 $f(x)$ 在 x^0 **可微**.

如果 $f(x)$ 在 x^0 可微,则称向量 $A\Delta x$ 为 $f(x)$ 在 x^0 的微分,记为 $\mathrm{d}f(x^0)$.

定理 9.8　向量值函数 $f(x)$ 在 x^0 可微,当且仅当每一个坐标函数 $f_i(x)$ 在 x^0 可微$(i=1,2,\cdots,m)$.

证　（必要性）如果 $f(x)$ 在 x^0 点可微,则(9.24),(9.25)成立.将(9.24)按分量写出,即

$$f_1(\boldsymbol{x}^0+\Delta\boldsymbol{x})-f_1(\boldsymbol{x}^0)=a_{11}\Delta x_1+a_{12}\Delta x_2+\cdots+a_{1n}\Delta x_n+r_1(\Delta\boldsymbol{x}),$$
$$f_2(\boldsymbol{x}^0+\Delta\boldsymbol{x})-f_2(\boldsymbol{x}^0)=a_{21}\Delta x_1+a_{22}\Delta x_2+\cdots+a_{2n}\Delta x_n+r_2(\Delta\boldsymbol{x}),$$
$$\cdots$$
$$f_m(\boldsymbol{x}^0+\Delta\boldsymbol{x})-f_m(\boldsymbol{x}^0)=a_{m1}\Delta x_1+a_{m2}\Delta x_2+\cdots+a_{mn}\Delta x_n+r_m(\Delta\boldsymbol{x}).$$

$$(9.26)$$

按定义,这里的 $a_{ij}(i=1,2,\cdots,m;j=1,2,\cdots,n)$ 与 $\Delta x_1,\Delta x_2,\cdots,$ Δx_n 无关. 注意

$$|r_i(\Delta\boldsymbol{x})|\leqslant\sqrt{\sum_{i=1}^{m}r_i^2(\Delta\boldsymbol{x})}=\|\boldsymbol{r}(\Delta\boldsymbol{x})\| \quad (i=1,2,\cdots,m),$$

由(9.25)即知有

$$r_i(\Delta\boldsymbol{x})=o(\|\Delta\boldsymbol{x}\|) \quad (i=1,2,\cdots,m), \tag{9.27}$$

于是(9.26)表明每个 $f_i(\boldsymbol{x})$ 在 $\boldsymbol{x}^0$ 是可微的.

（充分性）如果每个 $f_i(\boldsymbol{x})$ 在 $\boldsymbol{x}^0$ 可微,则(9.26),(9.27)成立,且 $a_{ij}(i=1,2,\cdots,m;j=1,2,\cdots,n)$ 与 $\Delta x_1,\Delta x_2,\cdots,\Delta x_n$ 无关,因而与 $\Delta\boldsymbol{x}$ 无关. 由于(9.26)等价于(9.24),又

$$\|\boldsymbol{r}(\Delta\boldsymbol{x})\|=\sqrt{\sum_{i=1}^{m}r_i^2(\Delta\boldsymbol{x})}\leqslant\sum_{i=1}^{m}|r_i(\Delta\boldsymbol{x})|,$$

于是由(9.27)知(9.25)成立. 而(9.25)与(9.24)一起就表明 $\boldsymbol{f}(\boldsymbol{x})$ 在 $\boldsymbol{x}^0$ 是可微的.

我们知道,如果 $f_i(\boldsymbol{x})$ 在 $\boldsymbol{x}^0$ 是可微的,则 $f_i(\boldsymbol{x})$ 在 $\boldsymbol{x}^0$ 是连续的. 并且 n 个偏导数 $\dfrac{\partial f_i}{\partial x_1},\dfrac{\partial f_i}{\partial x_2},\cdots,\dfrac{\partial f_i}{\partial x_n}$ 在 $\boldsymbol{x}^0$ 都存在,分别等于 a_{i1}, $a_{i2},\cdots,a_{in}$,由此立刻得到

定理 9.9 如果向量值函数 $\boldsymbol{f}(\boldsymbol{x})$ 在 $\boldsymbol{x}^0$ 可微,则它在 $\boldsymbol{x}^0$ 连续.

定理 9.10 如果向量值函数 $\boldsymbol{f}(\boldsymbol{x})$ 在 $\boldsymbol{x}^0$ 可微,则一切偏导数 $\dfrac{\partial f_i(\boldsymbol{x}^0)}{\partial x_j}$ 都存在 $(i=1,2,\cdots,m;j=1,2,\cdots,n)$,且在(9.24)式中 $A=J\boldsymbol{f}(\boldsymbol{x}^0)$.

当向量值函数 $f(x)$ 在 x^0 可微时,称雅可比矩阵 $Jf(x^0)$ 为 $f(x)$ 在 x^0 的导数,记之为 $f'(x^0)$ 或 $Df(x^0)$. 约定以 dx 记向量 Δx,即

$$dx = \begin{pmatrix} \Delta x_1 \\ \Delta x_2 \\ \vdots \\ \Delta x_n \end{pmatrix},$$

则(9.24)可以写成

$$f(x^0 + \Delta x) - f(x^0) = f'(x^0)dx + r(\Delta x),$$

而 $f(x)$ 在 x^0 的微分为

$$df(x^0) = f'(x^0)dx.$$

这一切,与一元函数保持着同一形式.

不过需要注意,可能出现 $Jf(x^0)$ 存在而 $f(x)$ 在 x^0 不可微的情形(读者该能举出这种例子). 此时,不但不称 $f(x)$ 在 x^0 为微分,而且也不称 $Jf(x^0)$ 为导数.

如果 $f_i(x)$ 的所有偏导数 $\dfrac{\partial f_i(x)}{\partial x_1}, \dfrac{\partial f_i(x)}{\partial x_2}, \cdots, \dfrac{\partial f_i(x)}{\partial x_n}$ 在 x^0 连续,则 $f_i(x)$ 在 x^0 是可微的,于是由定理 9.8 立刻可得

定理 9.11 如果雅可比矩阵中的每个元素 $\dfrac{\partial f_i}{\partial x_j}$ 在 x^0 连续,则向量值函数 $f(x)$ 在 x^0 是可微的.

9.3.3 链锁法则

最后,我们来建立向量值函数的求导的链锁法则. 设有两个向量值函数 $u = f(y), y = g(x)$,它们分别定义于 $\mathbf{R}^k$ 中的开集 D 以及 $\mathbf{R}^n$ 中的开集 G,即

$$f: D \to \mathbf{R}^m, y \mapsto f(y),$$

$$g: G \to \mathbf{R}^k, x \mapsto g(x).$$

如果 g 的值域含于 D,则 $u = f(g(x))$ 是定义于 G 取值于 $\mathbf{R}^m$ 的向

量值函数.

定理 9.12　如果 $f(y)$ 的偏导数在点 $y^0 (= g(x^0))$ 连续,而 $g(x)$ 的偏导数在 x^0 连续,则

$$Jf \circ g(x^0) = Jf(y^0) \cdot Jg(x^0), \tag{9.28}$$

亦即

$$[f(g(x))]'|_{x^0} = f'(y^0) \cdot g'(x^0). \tag{9.29}$$

证　对复合函数 $u = f(g(x))$ 的每个坐标函数应用多元纯量函数求导的链锁法则,得到

$$\frac{\partial u_i(x^0)}{\partial x_j} = \frac{\partial f_i(y^0)}{\partial y_1} \frac{\partial y_1(x^0)}{\partial x_j} + \frac{\partial f_i(y^0)}{\partial y_2} \frac{\partial y_2(x^0)}{\partial x_j} + \cdots + \frac{\partial f_i(y^0)}{\partial y_k}$$

$$\frac{\partial y_k(x^0)}{\partial x_j}, (i = 1, 2, \cdots, m; j = 1, 2, \cdots, n) \tag{9.30}$$

按矩阵的乘法,这 mn 个等式可写成矩阵等式

$$\begin{pmatrix} \dfrac{\partial u_1}{\partial x_1} & \dfrac{\partial u_1}{\partial x_2} & \cdots & \dfrac{\partial u_1}{\partial x_n} \\ \dfrac{\partial u_2}{\partial x_1} & \dfrac{\partial u_2}{\partial x_2} & \cdots & \dfrac{\partial u_2}{\partial x_n} \\ \vdots & \vdots & & \vdots \\ \dfrac{\partial u_m}{\partial x_1} & \dfrac{\partial u_m}{\partial x_2} & \cdots & \dfrac{\partial u_m}{\partial x_n} \end{pmatrix}_{x^0} =$$

$$\begin{pmatrix} \dfrac{\partial f_1}{\partial y_1} & \dfrac{\partial f_1}{\partial y_2} & \cdots & \dfrac{\partial f_1}{\partial y_k} \\ \dfrac{\partial f_2}{\partial y_1} & \dfrac{\partial f_2}{\partial y_2} & \cdots & \dfrac{\partial f_2}{\partial y_k} \\ \vdots & \vdots & & \vdots \\ \dfrac{\partial f_m}{\partial y_1} & \dfrac{\partial f_m}{\partial y_2} & \cdots & \dfrac{\partial f_m}{\partial y_k} \end{pmatrix}_{y^0} \begin{pmatrix} \dfrac{\partial g_1}{\partial x_1} & \dfrac{\partial g_1}{\partial x_2} & \cdots & \dfrac{\partial g_1}{\partial x_n} \\ \dfrac{\partial g_2}{\partial x_1} & \dfrac{\partial g_2}{\partial x_2} & \cdots & \dfrac{\partial g_2}{\partial x_n} \\ \vdots & \vdots & & \vdots \\ \dfrac{\partial g_k}{\partial x_1} & \dfrac{\partial g_k}{\partial x_2} & \cdots & \dfrac{\partial g_k}{\partial x_n} \end{pmatrix}_{x^0}.$$

矩阵右下角的字母表明矩阵中各元素在所指明的点取值. 这一矩

阵等式即(9.28).

按已知条件, $f(y)$ 的偏导数在 y^0 连续, $g(x)$ 的偏导数在 x^0 连续,由定理 9.11 知 $f(y)$ 在 y^0 可微, $g(x)$ 在 x^0 可微. 又由(9.30)可知,复合函数 $f(g(x))$ 的偏导数在 x^0 是连续的,从而 $f(g(x))$ 在 x^0 也是可微的,于是(9.28)又可写作(9.29).

我们看到,在 $f(y)$ 及 $g(x)$ 的偏导数连续的条件下,向量值函数求导的链锁法则与一元函数保持相同的形式. 如果不追求这种形式上的统一,而只要(9.28)成立,则定理 9.12 的条件显然是可以放宽的(参阅 9.1.3 段).

对于两个以上映射的复合,类似于(9.28)的链锁法则成立.

例 1　设 $z=f(u,v,w),v=\varphi(u,s),s=\psi(u,w)$,求 $\dfrac{\partial z}{\partial u},\dfrac{\partial z}{\partial w}$.

作为链锁法则的例子以及一阶全微分的不变性的应用,在 9.1.3 段例 4 及 9.1.4 段例 2 两次计算过这些偏导数. 现在按向量值函数的观点,重新考察这个例子.

由 $z=f(u,\varphi(u,\psi(u,w)),w)$ 看出,这里实际上包含三个映射过程的复合(图 9-2):

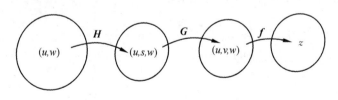

图 9-2

$$f:\mathbf{R}^3 \rightarrow \mathbf{R},\quad \begin{bmatrix} u \\ v \\ w \end{bmatrix} \mapsto z,\ \text{其中 } z=f(u,v,w);$$

$$\boldsymbol{G}: \mathbf{R}^3 \rightarrow \mathbf{R}^3, \quad \begin{pmatrix} u \\ s \\ w \end{pmatrix} \mapsto \begin{pmatrix} u \\ v \\ w \end{pmatrix}, \quad \text{其中} \begin{pmatrix} u \\ v \\ w \end{pmatrix} = \begin{pmatrix} u \\ \varphi(u,s) \\ w \end{pmatrix};$$

$$\boldsymbol{H}: \mathbf{R}^2 \rightarrow \mathbf{R}^3, \quad \begin{pmatrix} u \\ w \end{pmatrix} \mapsto \begin{pmatrix} u \\ s \\ w \end{pmatrix}, \quad \text{其中} \begin{pmatrix} u \\ s \\ w \end{pmatrix} = \begin{pmatrix} u \\ \psi(u,w) \\ w \end{pmatrix}.$$

它们的雅可比矩阵分别为

$$J\boldsymbol{f} = \left(\frac{\partial f}{\partial u}, \frac{\partial f}{\partial v}, \frac{\partial f}{\partial w} \right),$$

$$J\boldsymbol{G} = \begin{pmatrix} 1 & 0 & 0 \\ \dfrac{\partial \varphi}{\partial u} & \dfrac{\partial \varphi}{\partial s} & 0 \\ 0 & 0 & 1 \end{pmatrix},$$

$$J\boldsymbol{H} = \begin{pmatrix} 1 & 0 \\ \dfrac{\partial \psi}{\partial u} & \dfrac{\partial \psi}{\partial w} \\ 0 & 1 \end{pmatrix}.$$

按链锁法则，将这三个矩阵相乘，得

$$\left(\frac{\partial z}{\partial u} \quad \frac{\partial z}{\partial w} \right) = J\boldsymbol{f} \cdot J\boldsymbol{G} \cdot J\boldsymbol{H}$$

$$= \left(\frac{\partial f}{\partial u} + \frac{\partial f}{\partial v} \frac{\partial \varphi}{\partial u} + \frac{\partial f}{\partial v} \frac{\partial \varphi}{\partial s} \frac{\partial \psi}{\partial u} \quad \frac{\partial f}{\partial v} \frac{\partial \varphi}{\partial s} \frac{\partial \psi}{\partial w} + \frac{\partial f}{\partial w} \right).$$

由此得到

$$\frac{\partial z}{\partial u} = \frac{\partial f}{\partial u} + \frac{\partial f}{\partial v} \frac{\partial \varphi}{\partial u} + \frac{\partial f}{\partial v} \frac{\partial \varphi}{\partial s} \frac{\partial \psi}{\partial u},$$

$$\frac{\partial z}{\partial w} = \frac{\partial f}{\partial v} \frac{\partial \varphi}{\partial s} \frac{\partial \psi}{\partial w} + \frac{\partial f}{\partial w}.$$

结果是与 9.1.3 段例 4 及 9.1.4 段例 2 一致的.

习 题

1. 求下列向量值函数的导数或偏导数以及它们在指定点的值:

(1) $\boldsymbol{f}(t) = \begin{pmatrix} e^t \sin t \\ t^2 \cos t \end{pmatrix}$, $\quad t_0 = 0$;

(2) $\boldsymbol{f}(t) = \begin{pmatrix} \cos t \\ \sin t \\ t \end{pmatrix}$, $\quad t_0 = \dfrac{\pi}{4}$;

(3) $\boldsymbol{g}(x, y) = \begin{pmatrix} xy \\ x + y \\ x^2 - y^2 \end{pmatrix}$, $\quad (x_0, y_0) = (1, 2)$;

(4) $\boldsymbol{h}(u, v, w) = \begin{pmatrix} u + v^2 + w^3 \\ e^{uvw} \end{pmatrix}$, $\quad (u_0, x_0, w_0) = (1, 0, -1)$.

2. 求雅可比矩阵 J:

(1) $u = \sin xyz$, $v = \ln(x^2 + y^4 + z^6)$;

(2) $x = e^{2u + \cos 3v} + w$, $y = uv^2 w^3$;

(3) $u = \dfrac{x}{x^2 + y^2 + z^2}$, $v = \dfrac{y}{x^2 + y^2 + z^2}$, $w = \dfrac{z}{x^2 + y^2 + z^2}$.

3. 求 $\mathbf{R}^3 \to \mathbf{R}^3$ 的向量值函数 $\boldsymbol{f}$ 的一般形式,使得:

(1) $J\boldsymbol{f}$ 为单位矩阵;

(2) $J\boldsymbol{f} = \begin{pmatrix} p(x) & 0 & 0 \\ 0 & q(y) & 0 \\ 0 & 0 & r(z) \end{pmatrix}$.

4. 证明:对于一元向量值函数,可微与存在有限导数是等价的.

5. 求复合映射 $\boldsymbol{f} \circ \boldsymbol{g}$ 的雅可比矩阵:

(1) $\boldsymbol{f}(x,y)=\begin{pmatrix} xy \\ x^2y \end{pmatrix}, \boldsymbol{g}(s,t)=\begin{pmatrix} s+t \\ s^2-t^2 \end{pmatrix}$，在$(s,t)=(2,1)$处；

(2) $\boldsymbol{f}(x,y)=\begin{pmatrix} e^{x+2y} \\ \sin(y+2x) \end{pmatrix}, \boldsymbol{g}(u,v,w)=\begin{bmatrix} u+2v^2+3w^3 \\ 2v-u^2 \end{bmatrix}$在

$(u,v,w)=(1,-1,1)$处；

(3) $\boldsymbol{f}(x,y,z)=\begin{bmatrix} x+y+z \\ 1 \\ x^2+y^2+z^2 \end{bmatrix}, \boldsymbol{g}(u,v,w)=\begin{bmatrix} e^{v^2+w^2} \\ \sin uw \\ \sqrt{uv} \end{bmatrix}$.

6. 求复合映射 $\boldsymbol{f}\circ\boldsymbol{g}$ 及 $\boldsymbol{g}\circ\boldsymbol{f}$ 的雅可比矩阵：

(1) $\boldsymbol{f}(x,y)=\begin{pmatrix} \varphi(x+y) \\ \varphi(x-y) \end{pmatrix}, \boldsymbol{g}(s,t)=\begin{bmatrix} e^s \\ e^{-t} \end{bmatrix}$；

(2) $\boldsymbol{f}(x,y,z)=\begin{bmatrix} yz \\ zx \\ xy \end{bmatrix}, \boldsymbol{g}(u,v,w)=\begin{bmatrix} p(v,w) \\ q(w,u) \\ r(u,v) \end{bmatrix}$.

7. (1) 设 $z=h(u,x,y)$，其中 $y=g(u,v,x)$，$x=f(u,v)$，求 $\dfrac{\partial z}{\partial u}$，$\dfrac{\partial z}{\partial v}$；

(2) 设 $z=f(u,x,y)$，其中 $x=g(v,w)$，$y=h(u,v)$，求 $\dfrac{\partial z}{\partial u}$，$\dfrac{\partial z}{\partial v}$，$\dfrac{\partial z}{\partial w}$.

8. 设 $x=x(u,v)$，$y=y(u,v)$，$u=u(s,t)$，$v=v(s,t)$ 都是连续可微函数，求证

$$\frac{\partial(x,y)}{\partial(s,t)}=\frac{\partial(x,y)}{\partial(u,v)} \cdot \frac{\partial(u,v)}{\partial(s,t)}.$$

9. 设 $x=x(u,v)$，$y=y(u,v)$ 及逆变换 $u=u(x,y)$，$v=v(x,y)$ 都是连续可微的，求证对于 $\dfrac{\partial(x,y)}{\partial(u,v)}\neq 0$ 的点成立

$$\frac{\partial(u,v)}{\partial(x,y)} = \frac{1}{\dfrac{\partial(x,y)}{\partial(u,v)}}.$$

注 在 9.4.3 段将看到,在 $x = x(u,v)$, $y = y(u,v)$ 连续可微时, $\dfrac{\partial(x,y)}{\partial(u,v)} \neq 0$ 将保证逆变换存在及其连续可微.

10. 在 $\mathbf{R}^n (n \geqslant 3)$ 内叙述第 8 题、第 9 题的相应结果.这些性质类似于一元函数的导数的什么性质?

9.4 隐函数及其微分法

9.4.1 问题的提出

设有两个变量 x 和 y,它们由关系式

$$F(x,y) = 0 \tag{9.31}$$

联系着,这里 $F(x,y)$ 是定义于区域 D 上的二元函数.也就是说,x 和 y 在其变化过程中始终满足方程(9.31).现在要问,在这一变化过程中,y 是否由 x 所唯一确定? 如果事情是如此,即对于某个区间上的每个 x,都有唯一的满足(9.31)的 y 值与之对应,于是我们得到了 x 的一个函数 $y = f(x)$,它在所述区间上使得

$$F(x, f(x)) \equiv 0, \tag{9.32}$$

此时,便说 $y = f(x)$ 是由(9.31)所定义的**隐函数**.也说(9.31)确定 y 为 x 的隐函数.

如果方程(9.31)包含更多的变元:

$$F(x_1, x_2, \cdots, x_n; y) = 0,$$

隐函数 $y = f(x_1, x_2, \cdots, x_n)$ 的定义可以类似地作出.

回到方程(9.31),在对 $F(x,y)$ 不加任何限制的情形,隐函数是未必存在的.例如,由于平面上任何点都不满足方程

$$y^2 + x^2 + 1 = 0,$$

因此这个方程不能确定任何隐函数.同样,由于除原点外没有任何一点满足

$$y^2 + x^2 = 0,$$

因此这个方程在任何区间都不定义隐函数. 现在来看方程

$$y^2 - x^2 = 0, \tag{9.33}$$

它等价于

$$y = \pm x \quad (-\infty < x < +\infty),$$

对于任何非零实数 x_0,y 都有两个值
$y = x_0$ 及 $y = -x_0$ 分别满足(9.33).
不过由图 9-3 显然可见,如果(x_0,
y_0)满足(9.33)且 $x_0 \neq 0$,只要(x_0, y_0)
的邻域充分小,使得它不包含原点,则
在此邻域内 y 就能由 x 唯一确定,因
而成为 x 的隐函数. 而对于原点,这种
邻域却不存在. 这个简单的例子表明,
为了要获得隐函数,不但要限制(x_0,
y_0)的位置以及 x 的变化范围,而且对函数 y 的取值范围也要给出某种限制.

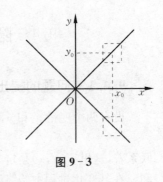

图 9-3

9.4.2　纯量值隐函数

既然隐函数的存在不是没有条件的,现在我们就来叙述这些条件. 在这些条件下,(9.31)确定隐函数 $y = f(x)$,而且 $f(x)$ 还具有连续性与可微性.

定理 9.13　设(ⅰ)函数 $F(x, y)$ 在(x_0, y_0)的某邻域内连续且有连续偏导数 F_x' 及 F_y';

(ⅱ) $F(x_0, y_0) = 0$;

(ⅲ) $F_y'(x_0, y_0) \neq 0$.

则 1° 在(x_0, y_0)某邻域内方程(9.31)确定隐函数 $y = f(x)$;

$2°$ $x=x_0$ 时 $y=y_0$,即 $f(x_0)=y_0$;

$3°$ $f(x)$ 在 x_0 的邻域内连续;

$4°$ 在此邻域内 $f(x)$ 有连续导数 $f'(x)$ 且

$$f'(x)=-\frac{F'_x(x,y)}{F'_y(x,y)}.$$

证　为确定起见,设 $F'_y(x_0,y_0)>0$,按条件(ⅰ),$F(x,y)$ 及 $F'_y(x,y)$ 在 (x_0,y_0) 的邻域内是连续的,于是存在矩形

$$D:x_0-\delta'\leqslant x\leqslant x_0+\delta',y_0-\delta'\leqslant y\leqslant y_0+\delta'.$$

在此矩形内 $F(x,y)$ 及 $F'_y(x,y)$ 连续且 $F'_y>0$,因而在这个矩形内,对任何固定的 $x,F(x,y)$ 随 y 严格递增,亦即沿着 D 内平行于 Oy 轴的每一线段,$F(x,y)$ 是 y 的严格递增函数.特别地,对于 $x=x_0$,按(ⅱ),$F(x_0,y_0)=0$,于是

$$F(x_0,y_0-\delta')<0,F(x_0,y_0+\delta')>0. \tag{9.34}$$

现在考察函数在平行于 Ox 轴的线段 $y=y_0-\delta'$ 及 $y=y_0+\delta'$ $(x_0-\delta'\leqslant x\leqslant x_0+\delta')$ 上的符号.由条件(ⅰ)知,当 $|x-x_0|\leqslant\delta'$ 时,$F(x,y_0-\delta')$ 与 $F(x,y_0+\delta')$ 都是 x 的连续函数,因而由(9.34)得知,存在正数 $\delta(\delta\leqslant\delta')$,使在区间

$$I_0:x_0-\delta<x<x_0+\delta$$

内成立

$$F(x,y_0-\delta')<0,\ F(x,y_0+\delta')>0. \tag{9.35}$$

(图 9-4)现在,对于每个 $\bar{x}\in I_0$,在直线 $x=\bar{x}$ 上考察函数 $F(\bar{x},y)$,当 $|y-y_0|\leqslant\delta'$ 时,$F(\bar{x},y)$ 是 y 的连续函数,而由(9.35),

$$F(\bar{x},y_0-\delta')<0,$$

$$F(\bar{x},y_0+\delta')>0.$$

于是按连续函数的介值定理,存在 $\bar{y}\in(y_0-\delta',y_0+\delta')$ 使 $F(\bar{x},\bar{y})=$

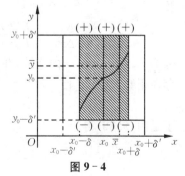

图 9-4

0. 并且由于一开始就证明 $F(\bar{x},y)$ 是 y 的严格递增函数,因而使得 $F(\bar{x},\bar{y})=0$ 的 $\bar{y}$ 在 $(y_0-\delta',y_0+\delta')$ 内还是唯一的,这样一来,我们实际上已经证明了在矩形

$$D_0:x_0-\delta<x<x_0+\delta,\ y_0-\delta'<y<y_0+\delta'$$

内 $F(x,y)=0$ 确定了隐函数 $y=f(x)$,它定义在区间 I_0 内,即结论 $1°$ 得证. 而条件(ⅱ)表明结论 $2°$ 成立,下面证明结论 $3°$ 和 $4°$. 注意,按隐函数的定义,当以 $f(x)$ 代替方程(9.31)中的 y 时,应得到恒等式

$$F(x,f(x))\equiv 0 \quad (x\in I_0).$$

于是,对于 I_0 内任意两点 x 及 $x+\Delta x$,记 $f(x)$ 的相应的函数值为 y 及 $y+\Delta y$,则将有

$$F(x,y)=0,\ F(x+\Delta x,y+\Delta y)=0.$$

按二元函数的中值定理(定理 9.3),

$$\begin{aligned}0&=F(x+\Delta x,y+\Delta y)-F(x,y)\\&=F_x'(x+\theta\Delta x,y+\theta\Delta y)\Delta x+F_y'(x+\theta\Delta x,y+\theta\Delta y)\Delta y,\\&\quad(0<\theta<1)\end{aligned}$$

因为 x 及 $x+\Delta x$ 属于 I_0 时,点 (x,y) 及 $(x_0+\Delta x,y_0+\Delta y)$ 都属于 D_0,又 $D_0\subset D$ 且在 D 内 $F_y'\neq0$,因而上式又可改写为

$$\Delta y=-\frac{F_x'(x+\theta\Delta x,y+\theta\Delta y)}{F_y'(x+\theta\Delta x,y+\theta\Delta y)}\Delta x \tag{9.36}$$

及

$$\frac{\Delta y}{\Delta x}=-\frac{F_x'(x+\theta\Delta x,y+\theta\Delta y)}{F_y'(x+\theta\Delta x,y+\theta\Delta y)}. \tag{9.37}$$

因为 F_x' 及 F_y' 在 D 内连续,并且 $F_y'>0$,而 D 是有界闭区域,因而存在正数 M 及 m 使

$$|F_x'|\leqslant M,\quad F_y'\geqslant m.$$

于是由(9.36)得

$$|\Delta y|\leqslant\frac{M}{m}|\Delta x|.$$

由此显然 Δy 随 Δx 趋于零,这就证明了 $f(x)$ 在 I_0 内是连续的,即结论 $3°$ 得证. 最后,在(9.37)中令 $\Delta x \to 0$,由于 θ 是有界变量,由条件(ⅰ)得

$$\lim_{\Delta x \to 0} \frac{\Delta y}{\Delta x} = -\frac{F'_x(x,y)}{F'_y(x,y)},$$

亦即

$$f'(x) = -\frac{F'_x(x,y)}{F'_y(x,y)} = -\frac{F'_x(x,f(x))}{F'_y(x,f(x))}. \tag{9.38}$$

作为连续函数的复合,(9.38)右端的分子分母都是 x 的连续函数,并且由于 $x_0 \in I$ 时 $(x,f(x)) \in D_0$,因而分母在 I_0 内处处不为零,于是(9.38)表明 $f'(x)$ 存在而且是连续的. 定理全部证完.

在定理 9.13 的证明过程中,利用(9.36)证明隐函数 $y = f(x)$ 的连续性时,用到了 F'_x 及 F'_y 连续性. 不过,这些条件对于保证 $f(x)$ 的连续性而言是太强了. 事实上,如果不要求隐函数的可微性,则只需假设 $F(x,y)$ 在 (x_0,y_0) 的邻域内连续关于 y 为严格单调,即可证明隐函数 $y = f(x)$ 的存在性及连续性,并且作为特例,由此还可得出我们已经熟知的结果:一元严格单调连续函数具有连续的反函数. 这一切建议读者自己去完成(习题 1).

注意　在隐函数存在时,方程 $y = f(x)$ 和方程(9.31)在 D_0 内是完全等价的,意即若 D_0 内的 $(\bar{x},\bar{y})$ 满足这两个方程中的任一个,则亦必满足另一个. 还需注意,隐函数定理所肯定的都是一点邻近的局部性质,并且在隐函数 $y = f(x)$ 存在时却未必能具体求出其解析表达式. 不过,这并不影响它在数学分析及其他学科内的广泛应用.

当方程(9.31)含有多个变数时,成立类似的定理,并且证明方法也与定理 9.13 相同,因此,我们陈述而不加证明.

定理 9.14　设(ⅰ)$n+1$ 元函数 $F(x_1,x_2,\cdots,x_n;y)$ 及其全部一阶偏导数在 $(x_1^0,x_2^0,\cdots,x_n^0;y^0)$ 的邻域内连续;

（ⅱ）$F(x_1^0,x_2^0,\cdots,x_n^0;y^0)=0$;

（ⅲ）$F_y'(x_1^0,x_2^0,\cdots,x_n^0;y^0)\neq0$.

则 $1°$ 在 $(x_1^0,x_2^0,\cdots,x_n^0;y^0)$ 的某邻域内,方程

$$F(x_1,x_2,\cdots,x_n;y)=0$$

确定 y 为 $x_1,x_2,\cdots,x_n$ 的隐函数

$$y=f(x_1,x_2,\cdots,x_n);$$

$2°$ $y^0=f(x_1^0,x_2^0,\cdots,x_n^0)$;

$3°$ $f(x_1,x_2,\cdots,x_n)$ 在 $(x_1^0,x_2^0,\cdots,x_n^0)$ 的邻域内连续;

$4°$ 在 $(x_1^0,x_2^0,\cdots,x_n^0)$ 的邻域内有连续偏导数 $f_{x_1}',f_{x_2}',\cdots,$ f_{x_n}' 且

$$f_{x_i}'=-\frac{F_{x_i}'}{F_y'}\quad(i=1,2,\cdots,n).$$

定理 9.13 和定理 9.14 不但肯定了隐函数存在连续的导数或偏导数,并且给出了求出这些导数的公式. 但是,通常并不直接使用这些公式,而是通过复合函数的微分法求隐函数的导数. 只有在进行理论分析时才会直接利用这些公式.

例 1 设函数 $y=y(x)$ 由方程

$$y=2x\arctan\frac{y}{x}\quad(x\neq0)$$

所定义,求 y' 及 y''.

解 将所给方程写为

$$y-2x\arctan\frac{y}{x}=0\quad(x\neq0).\tag{9.39}$$

容易验证,$F(x,y)=y-2x\arctan\dfrac{y}{x}(x\neq0)$ 满足定理 9.13 的全部条件,因而存在连续且可微的隐函数 $y(x)$,为了求出 $y'(x)$,在 (9.39) 中设想 y 已用函数 $y(x)$ 代入,于是成为关于 x 的恒等式. 因而它对 x 的导数恒等于零. 按复合函数的求导法则,有

$$y' - 2\arctan\frac{y}{x} + \frac{2xy}{x^2 + y^2} - \frac{2x^2 y'}{x^2 + y^2} = 0,$$

即

$$y'\left(1 - \frac{2x^2}{x^2 + y^2}\right) = -\frac{2xy}{x^2 + y^2} + 2\arctan\frac{y}{x},$$

利用(9.39)将 $2\arctan\dfrac{y}{x} = \dfrac{y}{x}$ 代入上式右端得

$$\frac{-x^2 + y^2}{x^2 + y^2} y' = \frac{-x^2 + y^2}{x^2 + y^2} \cdot \frac{y}{x},$$

于是

$$y' = \frac{y}{x}. \tag{9.40}$$

为求 y'',记住(9.40)右端的 y 是 x 的函数,将(9.40)继续求导数,得

$$y'' = \frac{xy' - y}{x^2},$$

右端出现的 y' 应以(9.40)代入,于是得 $y'' = 0$.

读者容易验证,若利用定理 9.13 所述的导数公式,得到的也是(9.40). 隐函数求导数的结果,一般仍含有未知函数(参阅(9.40)),这是由于没有得到隐函数的解析表达式而无法用自变数代入的缘故.

例 2　设 $x^2 + 2y^2 + 3z^2 + xy - z - 9 = 0$,求 $\dfrac{\partial z}{\partial x}, \dfrac{\partial z}{\partial y}, \dfrac{\partial^2 z}{\partial y \partial x}$ 在 $x = 1, y = -2, z = 1$ 时的值.

解　视 z 为 x, y 的函数,将所给方程两端分别对 x, y 求导,得

$$2x + 6z z_x' + y - z_x' = 0, \tag{9.41}$$

$$4y + 6z z_y' + x - z_y' = 0. \tag{9.42}$$

以 $x = 1, y = -2, z = 1$ 代入,(9.41)与(9.42)依次成为

$$5z'_x(1,-2;1)=0,$$
$$-7+5z'_y(1,-2;1)=0.$$

所以

$$z'_x(1,-2;1)=0, \quad z'_y(1,-2;1)=\frac{7}{5}. \tag{9.43}$$

将(9.41)两端继续对 y 求导数,得

$$6z'_yz'_x+6zz''_{xy}+1-z''_{xy}=0,$$

以 $x=1,y=-2,z=1$ 及(9.43)代入,上式化为

$$5z''_{xy}(1,-2;1)+1=0,$$

于是

$$z''_{xy}(1,-2;1)=-\frac{1}{5}.$$

若在(9.42)式中继续对 x 求导数,亦将得同一结果.

由于这里所需求出的是在给定点的导数,当然就不必像例1那样,在(9.41)(9.42)中解出导函数 z'_x 及 z'_y 的解析表达式了.

对于多元隐函数,若要计算对各个变元的偏导数,则从计算微分出发会简单些.

例3 设 $F(u,v)$ 有一切二阶连续偏导数,而 $z(x,y)$ 由

$$F(x+z,y+z)=0 \tag{9.44}$$

确定,求 $z(x,y)$ 的一阶二阶偏导数.

解 按一阶全微分的不变性,对(9.44)两端取全微分得

$$F'_1(\mathrm{d}x+\mathrm{d}z)+F'_2(\mathrm{d}y+\mathrm{d}z)=0, \tag{9.45}$$

其中

$$F'_1=F'_u(x+z,y+z), \quad F'_2=F'_v(x+z,y+z). \tag{9.46}$$

(9.45)式即

$$(F'_1+F'_2)\mathrm{d}z=-F'_1\mathrm{d}x-F'_2\mathrm{d}y,$$

由此得

$$\mathrm{d}z=-\frac{F'_1\mathrm{d}x+F'_2\mathrm{d}y}{F'_1+F'_2}. \tag{9.47}$$

由于 x,y 是独立变量,故

$$\frac{\partial z}{\partial x}=-\frac{F_1'}{F_1'+F_2'},\quad \frac{\partial z}{\partial y}=-\frac{F_2'}{F_1'+F_2'}.\quad (F_1'+F_2'\neq 0)$$

对(9.45)继续微分,记住(9.46)并注意自变量 x,y 的二阶微分等于零,又得

$$F_{11}''(\mathrm{d}x+\mathrm{d}z)^2+2F_{12}''(\mathrm{d}x+\mathrm{d}z)(\mathrm{d}y+\mathrm{d}z)+F_{22}''(\mathrm{d}y+\mathrm{d}z)^2+$$
$$(F_1'+F_2')\mathrm{d}^2z=0,$$

所以

$$\mathrm{d}^2z=-\frac{F_{11}''(\mathrm{d}x+\mathrm{d}z)^2+2F_{12}''(\mathrm{d}x+\mathrm{d}z)(\mathrm{d}y+\mathrm{d}z)-F_{22}''(\mathrm{d}y+\mathrm{d}z)^2}{F_1'+F_2'},$$

将 $\mathrm{d}z$ 的表达式(9.47)代入并化简,得

$$\mathrm{d}^2z=\frac{-F_{11}''F_2'^2+2F_{12}''F_1'F_2'-F_{22}''F_1'^2}{(F_1'+F_2')^3}(\mathrm{d}x-\mathrm{d}y)^2,$$

由此

$$z_{x^2}''=-z_{xy}''=z_{y^2}''=\frac{-F_{11}''F_2'^2+2F_{12}''F_1'F_2'-F_{22}''F_1'^2}{(F_1'+F_2')^3}.$$

当然,d^2z 的表达式也可以由(9.47)继续微分而得到,但一般不如对(9.45)继续微分来得方便.

9.4.3　向量值隐函数

从最简单的情形开始,设有由两个方程所组成的方程组

$$\left.\begin{array}{l}F(x,y,z)=0,\\ G(x,y,z)=0.\end{array}\right\}\qquad(9.48)$$

如果对于某个区间内的每个 x,都有唯一的数对 (y,z) 满足(9.48),则 y 和 z 便成为 x 的函数:

$$y=f(x),z=g(x).\qquad(9.49)$$

此时,便说(9.49)是由(9.48)所定义的**隐函数**. 显然,它表示一个取值于 $\mathbf{R}^2$ 的向量值函数 $(y,z)=(f(x),g(x))$.(参阅第 8

章8.4.1段)

类似于此,对于含有 $n+m$ 个变量的 m 个方程:

$$
\left.
\begin{array}{l}
F_1(x_1,x_2,\cdots,x_n;y_1,y_2,\cdots,y_m)=0, \\
F_2(x_1,x_2,\cdots,x_n;y_1,y_2,\cdots,y_m)=0, \\
\cdots \\
F_m(x_1,x_2,\cdots,x_n;y_1,y_2,\cdots,y_m)=0,
\end{array}
\right\}
\tag{9.50}
$$

可以给出取值于 $\mathbf{R}^m$ 的 n 元向量值隐函数的定义.

下面的定理 9.15 给出了方程组(9.48)存在隐函数的充分条件,其条件与结论的叙述与纯量隐函数的情形十分相似,只不过用 F,G 关于需要"解出"的变量 y,z 的雅可比行列式

$$
\frac{\partial(F,G)}{\partial(y,z)}=
\begin{vmatrix}
\dfrac{\partial F}{\partial y} & \dfrac{\partial F}{\partial z} \\[2mm]
\dfrac{\partial G}{\partial y} & \dfrac{\partial G}{\partial z}
\end{vmatrix}
$$

代替定理 9.13 中 F 关于需要"解出"的变量 y 的偏导数 F'_y.

定理 9.15　设(ⅰ)函数 $F(x,y,z)$ 和 $G(x,y,z)$ 连同它们的一切一阶偏导数在 (x_0,y_0,z_0) 的邻域内连续;

（ⅱ）(x_0,y_0,z_0) 满足方程组(9.48):

$$
F(x_0,y_0,z_0)=0, \quad G(x_0,y_0,z_0)=0;
$$

（ⅲ）$\left.\dfrac{\partial(F,G)}{\partial(y,z)}\right|_{(x_0,y_0,z_0)}\neq 0.$

则 1° 在 (x_0,y_0,z_0) 的某邻域内方程组(9.48)确定隐函数(9.49);

2° $x=x_0$ 时 $y=y_0,z=z_0$,即 $y_0=f(x_0),z_0=g(x_0)$;

3° 在 x_0 的邻域内 $f(x)$ 及 $g(x)$ 连续;

4° 在此邻域内存在连续导数 $f'(x),g'(x)$.

证　我们把两个方程(9.48)化为一个方程的情形,从而可以应用定理 9.13 及 9.14,按条件(ⅲ),

$$\begin{vmatrix} \dfrac{\partial F(x_0,y_0,z_0)}{\partial y} & \dfrac{\partial F(x_0,y_0,z_0)}{\partial z} \\[3mm] \dfrac{\partial G(x_0,y_0,z_0)}{\partial y} & \dfrac{\partial G(x_0,y_0,z_0)}{\partial z} \end{vmatrix} \neq 0.$$

故第二列的两个元素中至少有一个不等于零. 为确定起见,设

$$\frac{\partial F(x_0,y_0,z_0)}{\partial z} \neq 0.$$

于是由定理 9.14 知,方程

$$F(x,y,z)=0$$

在 (x_0,y_0,z_0) 的某邻域

$$U=\{(x,y,z)\,|\,|x-x_0|<\delta_1,|y-y_0|<\delta_1,|z-z_0|<\delta_1\}$$

内定义 z 为 x,y 的隐函数 $z=h(x,y)$,它具有定理 9.14 中结论 $2°,3°,4°$ 所陈述的性质. 由于 $z=h(x,y)$ 与 $F(x,y,z)=0$ 在 U 内是等价的,因而(9.48)与

$$\begin{cases} z=h(x,y), \\ G(x,y,z)=0 \end{cases}$$

等价. 在函数 $G(x,y,z)$ 中以 $h(x,y)$ 代替 z,又得到等价组

$$\left.\begin{array}{l} z=h(x,y), \\ \Phi(x,y)=0, \end{array}\right\} \tag{9.51}$$

其中

$$\Phi(x,y)=G(x,y,h(x,y)). \tag{9.52}$$

如果(9.51)的第二式能定义 y 为 x 的函数 $y=f(x)$,则由(9.51)的第一式又将得到 $z=h(x,f(x))$,记 $h(x,f(x))$ 为 $g(x)$,就得到了(9.49). 而由于(9.48)与(9.51)等价,这就证明了(9.48)存在隐函数(9.49),因此,问题归结为对(9.51)的第二个方程应用定理 9.13. 为此,要验证函数 $\Phi(x,y)$ 满足这一定理的全部条件(ⅰ),(ⅱ),(ⅲ).

按定理 9.14,函数 $z=h(x,y)$ 在 (x_0,y_0) 的邻域内连续,并且

$$z_0 = h(x_0, y_0), \tag{9.53}$$

又 $G(x,y,z)$ 在 (x_0,y_0,z_0) 的邻域内是连续的,于是利用定理 8.23 即可得出复合函数 $\Phi(x,y)=G(x,y,h(x,y))$ 在 (x_0,y_0) 的邻域内的连续性. 类似地,按链锁法则,由 $G(x,y,z)$ 的偏导数连续(条件 (ⅰ))以及 $h(x,y)$ 的偏导数连续(定理 9.14 的结论 4°)可推知 $\Phi(x,y)$ 的偏导数连续. 即定理 9.13 的条件(ⅰ)满足.

由条件(ⅱ)以及(9.52)(9.53)知

$$\Phi(x_0,y_0)=G(x_0,y_0,h(x_0,y_0))=G(x_0,y_0,z_0)=0,$$

亦即定理 9.13 的条件(ⅱ)也满足.

按定理 9.14,

$$h'_y = -\frac{F'_y}{F'_z}.$$

于是由链锁法则

$$\Phi'_y = G'_y + G'_z h'_y = G'_y - \frac{G'_z F'_y}{F'_z} = \frac{-1}{F'_z} \begin{vmatrix} F'_y & F'_z \\ G'_y & G'_z \end{vmatrix}$$

$$= -\frac{1}{F'_z} \frac{\partial(F,G)}{\partial(y,z)},$$

注意右端函数中的变量 z 等于 $h(x,y)$,由(9.53)知当 $x=x_0,y=y_0$ 时 z 应取值 z_0,于是由条件(ⅲ)知

$$\Phi'_y(x_0,y_0)=-\frac{1}{F'_z(x_0,y_0,z_0)} \frac{\partial(F,G)}{\partial(y,z)}\bigg|_{(x_0,y_0,z_0)} \neq 0,$$

即定理 9.13 的条件(ⅲ)也满足.

现在可以应用定理 9.13 于方程 $\Phi(x,y)=0$,而断定在邻域

$$\{(x,y) \mid |x-x_0|<\delta, |y-y_0|<\delta\}, \quad (0<\delta<\delta_1)$$

内存在隐函数 $y=f(x)$. 如上所述,由此即得(9.48)所确定的隐函数(9.49),它在 (x_0,y_0,z_0) 的邻域

$$\{(x,y,z) \mid |x-x_0|<\delta, |y-y_0|<\delta, |z-z_0|<\delta_1\}$$

内有定义,即结论 1°得证. 由定理 9.13 及 9.14 的结论 2°,3°,4°所

陈述的函数 $f(x)$ 及 $h(x,y)$ 的性质,容易证实本定理的结论 $2°$,$3°,4°$的正确性.

　　虽然在上述证明中,由定理 9.14 及 9.13 所得的隐函数 $z=h(x,y)$ 以及 $y=f(x)$ 都是唯一确定的,因而按这一证明过程所得的隐函数(9.49)也是唯一确定的.可是,细心的读者一定会注意到,这个证明过程是依赖于雅可比行列式中那个非零元素 $F'_z(x_0,y_0,z_0)$ 的.如果从不同的非零元素出发,将各自得到一组隐函数,这些隐函数彼此是否一定相同呢? 也就是说,定理 9.15 所保证存在的向量值隐函数是否也和定理 9.13 一样具有唯一性呢? 我们现在就来指出,结论是肯定的:在 (x_0,y_0,z_0) 的充分小邻域内,不能有两个不同的向量值隐函数.

　　设(9.48)定义两个向量值隐函数

$$\begin{cases} y=y_1(x) \\ z=z_1(x) \end{cases} \text{及} \begin{cases} y=y_2(x) \\ z=z_2(x) \end{cases}$$

它们都具有定理 9.15 所指出的性质,于是在 (x_0,y_0,z_0) 的邻域内成立关于 x 的恒等式

$$\begin{cases} F(x,y_1(x),z_1(x))\equiv 0, \\ G(x,y_1(x),z_1(x))\equiv 0 \end{cases} \text{及} \begin{cases} F(x,y_2(x),z_2(x))\equiv 0, \\ G(x,y_2(x),z_2(x))\equiv 0. \end{cases}$$

对 $F(x,y,z)$ 和 $G(x,y,z)$ 分别应用多元函数的微分中值定理得

$$\begin{cases} F'_y(x,y_1+\theta(y_2-y_1),z_1+\theta(z_2-z_1))(y_2-y_1) \\ \quad +F'_z(x,y_1+\theta(y_2-y_1),z_1+\theta(z_2-z_1))(z_2-z_1)=0, \\ G'_y(x,y_1+\tilde{\theta}(y_2-y_1),z_1+\tilde{\theta}(z_2-z_1))(y_2-y_1) \\ \quad +G'_z(x,y_1+\tilde{\theta}(y_2-y_1),z_1+\tilde{\theta}(z_2-z_1))(z_2-z_1)=0. \end{cases}$$

其中

$$0<\theta,\tilde{\theta}<1, y_i=y_i(x), z_i=z_i(x), (i=1,2)$$

把上式看作 y_2-y_1,z_2-z_1 所满足的线性代数方程组,记其系数行列式为 Δ.由定理 9.15 的条件(ⅰ)及结论 $2°,3°$得知,当 $|x-$

x_0｜充分小时（此时｜$y_i - y_0$｜，｜$z_i - z_0$｜也将充分小），Δ 将充分接近 $\dfrac{\partial(F,G)}{\partial(y,z)}\Bigg|_{(x_0,y_0,z_0)}$，从而由条件（ⅲ）知 $\Delta \neq 0$. 由此得知，在(x_0, y_0, z_0)的充分小邻域内成立

$$y_2(x) - y_1(x) \equiv 0, \quad z_2(x) - z_1(x) \equiv 0,$$

由此得知，隐函数(9.49)是唯一的.

对于一般情形的方程组(9.50)，容易写出与定理 9.15 类似的结果. 并且如同在定理 9.15 的证明中把两个方程化为一个方程一样，可以对方程个数应用归纳法进行证明. 当然，此时要用到的雅可比行列式是

$$\begin{vmatrix} \dfrac{\partial F_1}{\partial y_1} & \dfrac{\partial F_1}{\partial y_2} & \cdots & \dfrac{\partial F_1}{\partial y_m} \\ \dfrac{\partial F_2}{\partial y_1} & \dfrac{\partial F_2}{\partial y_2} & \cdots & \dfrac{\partial F_2}{\partial y_m} \\ \vdots & \vdots & & \vdots \\ \dfrac{\partial F_m}{\partial y_1} & \dfrac{\partial F_m}{\partial y_2} & \cdots & \dfrac{\partial F_m}{\partial y_m} \end{vmatrix}$$

及其子式.

采用向量的记号，本段迄今所得的结果可以叙述得十分简洁. 现在对一般方程组(9.50)写出下面的定理.

定理 9.16　给定向量值函数

$$\boldsymbol{F}: D \to \mathbf{R}^m, \ (\boldsymbol{x}, \boldsymbol{y}) \mapsto \boldsymbol{F}(\boldsymbol{x}, \boldsymbol{y}),$$

其中

$$D \subset \mathbf{R}^{n+m}, \ \boldsymbol{x} \in \mathbf{R}^n, \ \boldsymbol{y} \in \mathbf{R}^m,$$

$\boldsymbol{F}(\boldsymbol{x}, \boldsymbol{y}) = (F_1(\boldsymbol{x}, \boldsymbol{y}), F_2(\boldsymbol{x}, \boldsymbol{y}), \cdots, F_m(\boldsymbol{x}, \boldsymbol{y}))$，设

（ⅰ）$\boldsymbol{F}(\boldsymbol{x}, \boldsymbol{y}) \in C_U^1$，这里 U 是$(\boldsymbol{x}^0, \boldsymbol{y}^0)$的某个邻域；

（ⅱ）$\boldsymbol{F}(\boldsymbol{x}^0, \boldsymbol{y}^0) = \boldsymbol{0}$；

（ⅲ）$\dfrac{\partial(F_1, F_2, \cdots, F_m)}{\partial(y_1, y_2, \cdots, y_m)}\Bigg|_{(\boldsymbol{x}^0, \boldsymbol{y}^0)} \neq 0.$

则 1° 方程 $F(x,y)=0$ 在 (x^0,y^0) 的某邻域内确定向量值隐函数 $y=g(x)$;

2° $g(x^0)=y^0$;

3° $g(x)$ 在 x^0 的邻域内连续;

4° $g(x)$ 在该邻域内有连续的偏导数.

读者自己去证明,除求导公式外,定理 9.13~9.15 所说的一切都可由定理 9.16 得到.

下面转向向量值隐函数的求导方法.为了计算由组(9.48)所定义的隐函数的导数 $y'(x)$ 及 $z'(x)$,如同纯量的情形一样,可以按复合函数求导法则在(9.48)两端对求导数而得

$$\begin{cases} F'_x+F'_yy'+F'_zz'=0, \\ G'_x+G'_yy'+G'_zz'=0, \end{cases}$$

亦即

$$\begin{cases} F'_yy'+F'_zz'=-F'_x, \\ G'_yy'+G'_zz'=-G'_x, \end{cases}$$

由定理 9.15 的条件(ⅰ)(ⅲ)知行列式 $\dfrac{\partial(F,G)}{\partial(y,z)}$ 在 (x_0,y_0,z_0) 的邻域内不为零,于是按克莱姆(Cramer)法则可得

$$y'=-\frac{\dfrac{\partial(F,G)}{\partial(x,z)}}{\dfrac{\partial(F,G)}{\partial(y,z)}}, \quad z'=-\frac{\dfrac{\partial(F,G)}{\partial(y,x)}}{\dfrac{\partial(F,G)}{\partial(y,z)}}.$$

类似于此,对于一般情形(9.50),隐函数的偏导数 $\dfrac{\partial y_i}{\partial x_j}$ 也可将(9.50)对 x_j 求偏导数而得出:

$$\frac{\partial y_i}{\partial x_j}=-\frac{\dfrac{\partial(F_1,\cdots,F_{i-1},F_i,F_{i+1},\cdots,F_m)}{\partial(y_1,\cdots,y_{i-1},x_j,y_{i+1},\cdots,y_m)}}{\dfrac{\partial(F_1,\cdots,F_m)}{\partial(y_1,\cdots,y_m)}},$$

$$(i=1,2,\cdots,m;j=1,2,\cdots,n).$$

注意,按矩阵的乘法,mn 个等式

$$\frac{\partial F_i}{\partial x_j} + \sum_{k=1}^{m} \frac{\partial F_i}{\partial y_k} \frac{\partial y_k}{\partial x_j} = 0.$$

$$(i = 1, 2, \cdots, m; j = 1, 2, \cdots, n)$$

可以写成一个矩阵等式:

$$\begin{pmatrix} \frac{\partial F_1}{\partial x_1} & \cdots & \frac{\partial F_1}{\partial x_n} \\ \frac{\partial F_2}{\partial x_1} & \cdots & \frac{\partial F_2}{\partial x_n} \\ \vdots & & \vdots \\ \frac{\partial F_m}{\partial x_1} & \cdots & \frac{\partial F_m}{\partial x_n} \end{pmatrix} + \begin{pmatrix} \frac{\partial F_1}{\partial y_1} & \cdots & \frac{\partial F_1}{\partial y_m} \\ \frac{\partial F_2}{\partial y_1} & \cdots & \frac{\partial F_2}{\partial y_m} \\ \vdots & & \vdots \\ \frac{\partial F_m}{\partial y_1} & \cdots & \frac{\partial F_m}{\partial y_m} \end{pmatrix} \begin{pmatrix} \frac{\partial y_1}{\partial x_1} & \cdots & \frac{\partial y_1}{\partial x_n} \\ \frac{\partial y_2}{\partial x_1} & \cdots & \frac{\partial y_2}{\partial x_n} \\ \vdots & & \vdots \\ \frac{\partial y_m}{\partial x_1} & \cdots & \frac{\partial y_m}{\partial x_n} \end{pmatrix} = 0.$$

由此立刻可得,向量值隐函数的雅可比矩阵的计算公式:

$$\begin{pmatrix} \frac{\partial y_1}{\partial x_1} & \cdots & \frac{\partial y_1}{\partial x_n} \\ \frac{\partial y_2}{\partial x_1} & \cdots & \frac{\partial y_2}{\partial x_n} \\ \vdots & & \vdots \\ \frac{\partial y_m}{\partial x_1} & \cdots & \frac{\partial y_m}{\partial x_n} \end{pmatrix} = - \begin{pmatrix} \frac{\partial F_1}{\partial y_1} & \cdots & \frac{\partial F_1}{\partial y_m} \\ \frac{\partial F_2}{\partial y_1} & \cdots & \frac{\partial F_2}{\partial y_m} \\ \vdots & & \vdots \\ \frac{\partial F_m}{\partial y_1} & \cdots & \frac{\partial F_m}{\partial y_m} \end{pmatrix}^{-1} \begin{pmatrix} \frac{\partial F_1}{\partial x_1} & \cdots & \frac{\partial F_1}{\partial x_n} \\ \frac{\partial F_2}{\partial x_1} & \cdots & \frac{\partial F_2}{\partial x_n} \\ \vdots & & \vdots \\ \frac{\partial F_m}{\partial x_1} & \cdots & \frac{\partial F_m}{\partial x_n} \end{pmatrix}.$$

$$(9.54)$$

这一切通过实例将看得更清楚.

例1 平面上点的直角坐标与极坐标由

$$x = r \cos\theta, y = r \sin\theta,$$

联系着. 试用 r, θ 表示 $\frac{\partial r}{\partial x}, \frac{\partial r}{\partial y}, \frac{\partial \theta}{\partial x}, \frac{\partial \theta}{\partial y}.$

解 问题就是求由方程组

$$\begin{cases} F(x, y, r, \theta) \equiv x - r\cos\theta = 0, \\ G(x, y, r, \theta) \equiv y - r\sin\theta = 0 \end{cases}$$

所定义的隐函数 $r(x,y),\theta(x,y)$ 的偏导数. 因为

$$\frac{\partial(F,G)}{\partial(r,\theta)}=\begin{vmatrix} F'_r & G'_r \\ F'_\theta & G'_\theta \end{vmatrix}=\begin{vmatrix} -\cos\theta & r\sin\theta \\ -\sin\theta & -r\cos\theta \end{vmatrix}=r,$$

由定理 9.15 可见除去原点以外,隐函数及其偏导数都是存在且连续的(参阅习题 12). 将所写出的方程组对 x 求导数,得到

$$\begin{cases} 1-\dfrac{\partial r}{\partial x}\cos\theta+r\sin\theta\dfrac{\partial\theta}{\partial x}=0, \\[2mm] 0-\dfrac{\partial r}{\partial x}\sin\theta-r\cos\theta\dfrac{\partial\theta}{\partial x}=0, \end{cases}$$

亦即

$$\begin{cases} -\dfrac{\partial r}{\partial x}\cos\theta+r\sin\theta\dfrac{\partial\theta}{\partial x}=-1, \\[2mm] -\dfrac{\partial r}{\partial x}\sin\theta-r\cos\theta\dfrac{\partial\theta}{\partial x}=0. \end{cases}$$

于是,按克莱姆法则,

$$\frac{\partial r}{\partial x}=\frac{1}{r}\begin{vmatrix} -1 & r\sin\theta \\ 0 & -r\cos\theta \end{vmatrix}=\cos\theta,$$

$$\frac{\partial\theta}{\partial x}=\frac{1}{r}\begin{vmatrix} -\cos\theta & -1 \\ -\sin\theta & 0 \end{vmatrix}=-\frac{\sin\theta}{r}.$$

同理,将所给方程组对 y 求导数,可得

$$\begin{cases} 0-\dfrac{\partial r}{\partial y}\cos\theta+r\sin\theta\dfrac{\partial\theta}{\partial y}=0, \\[2mm] 1-\dfrac{\partial r}{\partial y}\sin\theta-r\cos\theta\dfrac{\partial\theta}{\partial y}=0, \end{cases}$$

所以

$$\frac{\partial r}{\partial y}=\frac{1}{r}\begin{vmatrix} 0 & r\sin\theta \\ -1 & -r\cos\theta \end{vmatrix}=\sin\theta,$$

$$\frac{\partial\theta}{\partial y}=\frac{1}{r}\begin{vmatrix} -\cos\theta & 0 \\ -\sin\theta & -1 \end{vmatrix}=\frac{\cos\theta}{r}.$$

所有这些结果,在 9.2.1 段例 4 都曾得到过. 在那里,是将隐函数 r,θ "解出",表示为 x,y 的显式,然后进行求导运算的. 可是,在很多情形,这种显式是无法求得的.

例 2 函数 $u=u(x,y)$ 由下列方程组所定义:
$$u=f(x,y,z,t), \quad g(y,z,t)=0, \quad h(z,t)=0,$$
其中
$$f(x,y,z,t), \ g(y,z,t), \ h(z,t)$$
都是连续可微函数,且
$$\frac{\partial(g,h)}{\partial(z,t)}\neq 0,$$
求 $\dfrac{\partial u}{\partial x}$ 及 $\dfrac{\partial u}{\partial y}$.

解 按定理 9.15,所给方程组的后两个方程定义连续可微隐函数 $z=z(y),t=t(y)$,它们的导数 $\dfrac{\mathrm{d}z}{\mathrm{d}y},\dfrac{\mathrm{d}t}{\mathrm{d}y}$ 可以如同例 1 一样求得,然后对复合函数 $u=f(x,y,z(y),t(y))$ 应用链锁法则即可求得所需的偏导数.

现在换一种方法,通过求全微分而得出偏导数. 将 $g(y,z,t)=0$ 及 $h(z,t)=0$ 微分,由一阶全微分不变性得
$$\frac{\partial g}{\partial y}\mathrm{d}y+\frac{\partial g}{\partial z}\mathrm{d}z+\frac{\partial g}{\partial t}\mathrm{d}t=0,$$
$$\frac{\partial h}{\partial z}\mathrm{d}z+\frac{\partial h}{\partial t}\mathrm{d}t=0.$$
按克莱姆法则得
$$\mathrm{d}z=-\frac{\dfrac{\partial g}{\partial y}\cdot\dfrac{\partial h}{\partial t}}{\dfrac{\partial(g,h)}{\partial(z,t)}}\mathrm{d}y, \quad \mathrm{d}t=-\frac{\dfrac{\partial g}{\partial y}\cdot\dfrac{\partial h}{\partial z}}{\dfrac{\partial(g,h)}{\partial(z,t)}}\mathrm{d}y.$$
将这些结果代入 $u=f(x,y,z,t)$ 的微分得

$$du = \frac{\partial f}{\partial x}dx + \frac{\partial f}{\partial y}dy + \frac{\partial f}{\partial z}dz + \frac{\partial f}{\partial t}dt$$

$$= \frac{\partial f}{\partial x}dx + \left[\frac{\partial f}{\partial y} + \frac{\partial g}{\partial y} \cdot \frac{\frac{\partial(h,f)}{\partial(z,t)}}{\frac{\partial(g,h)}{\partial(z,t)}}\right]dy.$$

由此得

$$\frac{\partial u}{\partial x} = \frac{\partial f}{\partial x}, \quad \frac{\partial u}{\partial y} = \frac{\partial f}{\partial y} + \frac{\partial g}{\partial y} \cdot \frac{\frac{\partial(h,f)}{\partial(z,t)}}{\frac{\partial(g,h)}{\partial(z,t)}}.$$

例 3　求由方程组

$$\begin{cases} x+y+u^2+v^2=1, \\ x^2+y^2+u+v=1 \end{cases}$$

所定义的隐函数 $u(x,y),v(x,y)$ 的偏导数 $u'_x,v'_x,u''_{x^2},v''_{x^2}$ 以及 u'_y, v'_y,u''_{y^2},v''_{y^2}.

解　将所给方程组对 x 求导数,得

$$\left. \begin{array}{l} 1+2uu'_x+2vv'_x=0, \\ 2x+u'_x+v'_x=0. \end{array} \right\} \tag{9.55}$$

设

$$\begin{vmatrix} 2u & 2v \\ 1 & 1 \end{vmatrix} \neq 0, \quad 即 \ u-v \neq 0.$$

则

$$\left. \begin{array}{l} u'_x = \dfrac{1}{2(u-v)}\begin{vmatrix} -1 & 2v \\ -2x & 1 \end{vmatrix} = \dfrac{4xv-1}{2(u-v)}. \\[4mm] v'_x = \dfrac{1}{2(u-v)}\begin{vmatrix} 2u & -1 \\ 1 & -2x \end{vmatrix} = \dfrac{-4xu+1}{2(u-v)} \end{array} \right\} (u-v \neq 0) \ (9.56)$$

为求 u''_{x^2} 和 v''_{x^2},可以将(9.55)再对 x 求导而得

$$\begin{cases} 0+2u'^2_x+2uu''_{x^2}+2v'^2_x+2vv''_{x^2}=0, \\ 2 \qquad +u''_{x^2} \qquad +v''_{x^2}=0, \end{cases}$$

亦即

$$\begin{cases} uu''_{x^2} + vv''_{x^2} = -(u'^2_x + v'^2_x), \\ u''_{x^2} + v''_{x^2} = -2. \end{cases}$$

于是

$$u''_{x^2} = \frac{1}{u-v} \begin{vmatrix} -(u'^2_x + v'^2_x) & v \\ -2 & 1 \end{vmatrix} = \frac{2v - u'^2_x - v'^2_x}{u-v},$$

$$v''_{x^2} = \frac{1}{u-v} \begin{vmatrix} u & -(u'^2_x + v'^2_x) \\ 1 & -2 \end{vmatrix} = \frac{-2u + u'^2_x + v'^2_x}{u-v},$$

$$(u-v \neq 0)$$

其中 u'_x, v'_x 应以(9.56)代入.

为了求 u, v 对 y 的一阶、二阶偏导数,可在所给方程两端逐次对 y 求导而同样地计算. 但是由于 x 及 y 在方程中的对称性,不必计算就可将结果直接写出:

$$u'_y = \frac{4yv-1}{2(u-v)}, \qquad v'_y = \frac{-4yu+1}{2(u-v)}.$$

$$u''_{y^2} = \frac{2v - u'^2_y - v'^2_y}{u-v}, \quad v''_{y^2} = \frac{-2u + u'^2_y + v'^2_y}{u-v}.$$

例 4 求由

$$\begin{cases} u^2 - v\cos xy + w^2 = 0, \\ u^2 + v^2 - \sin xy + 2w^2 = 2, \\ uv - \sin x \cos y + w = 0 \end{cases}$$

所定义的隐函数 $u(x,y), v(x,y), w(x,y)$ 在 $x = \frac{\pi}{2}, y = 0, u = v = 1, w = 0$ 的雅可比矩阵.

解 记

$$F_1(x,y,u,v,w) = u^2 - v\cos xy + w^2,$$

$$F_2(x,y,u,v,w) = u^2 + v^2 - \sin xy + 2w^2 - 2,$$

$$F_3(x,y,u,v,w) = uv - \sin x \cos y + w,$$

$$\boldsymbol{M}=(x,y,u,v,w),\boldsymbol{M}_0=\left(\frac{\pi}{2},0,1,1,0\right).$$

则

$$
\begin{pmatrix}
\dfrac{\partial F_1}{\partial u} & \dfrac{\partial F_1}{\partial v} & \dfrac{\partial F_1}{\partial w} \\[2mm]
\dfrac{\partial F_2}{\partial u} & \dfrac{\partial F_2}{\partial v} & \dfrac{\partial F_2}{\partial w} \\[2mm]
\dfrac{\partial F_3}{\partial u} & \dfrac{\partial F_3}{\partial v} & \dfrac{\partial F_3}{\partial w}
\end{pmatrix}_{\boldsymbol{M}_0}
=
\begin{pmatrix}
2u & -\cos xy & 2w \\
2u & 2v & 4w \\
v & u & 1
\end{pmatrix}_{\boldsymbol{M}_0}
$$

$$
=
\begin{pmatrix}
2 & -1 & 0 \\
2 & 2 & 0 \\
1 & 1 & 1
\end{pmatrix},
$$

$$
\begin{pmatrix}
\dfrac{\partial F_1}{\partial x} & \dfrac{\partial F_1}{\partial y} \\[2mm]
\dfrac{\partial F_2}{\partial x} & \dfrac{\partial F_2}{\partial y} \\[2mm]
\dfrac{\partial F_3}{\partial x} & \dfrac{\partial F_3}{\partial y}
\end{pmatrix}_{\boldsymbol{M}_0}
=
\begin{pmatrix}
yv\sin xy & xv\sin xy \\
-y\cos xy & -x\cos xy \\
-\cos x\cos y & \sin x\sin y
\end{pmatrix}_{\boldsymbol{M}_0}
$$

$$
=
\begin{pmatrix}
0 & 0 \\
0 & -\dfrac{\pi}{2} \\
0 & 0
\end{pmatrix},
$$

在点 $\boldsymbol{M}_0$ 应用公式(9.54)得

$$
\begin{pmatrix}
\dfrac{\partial u}{\partial x} & \dfrac{\partial u}{\partial y} \\[2mm]
\dfrac{\partial v}{\partial x} & \dfrac{\partial v}{\partial x} \\[2mm]
\dfrac{\partial w}{\partial x} & \dfrac{\partial w}{\partial y}
\end{pmatrix}_{\boldsymbol{M}_0}
=-
\begin{pmatrix}
2 & -1 & 0 \\
2 & 2 & 0 \\
1 & 1 & 1
\end{pmatrix}^{-1}
\begin{pmatrix}
0 & 0 \\
0 & -\dfrac{\pi}{2} \\
0 & 0
\end{pmatrix}
$$

$$= -\frac{1}{6} \begin{bmatrix} 2 & 1 & 0 \\ -2 & 2 & 0 \\ 0 & -3 & 6 \end{bmatrix} \begin{bmatrix} 0 & 0 \\ 0 & -\dfrac{\pi}{2} \\ 0 & 0 \end{bmatrix}$$

$$= \begin{bmatrix} 0 & \dfrac{\pi}{12} \\ 0 & \dfrac{\pi}{6} \\ 0 & -\dfrac{\pi}{4} \end{bmatrix}.$$

习　题

1. 证明：如果 $F(x_0, y_0) = 0$，而 $F(x, y)$ 在 (x_0, y_0) 的邻域内连续且关于 y 严格单调，则方程 $F(x, y) = 0$ 在 (x_0, y_0) 的邻域内存在连续的隐函数，并由此推出严格单调的连续函数 $y = f(x)$ 存在连续的反函数.

2. 对 $n = 2$ 的情形证明定理 9.14.

3. 设 $\varphi(0) = 0$，$|\varphi'(0)| < 1$，且 $\varphi'(y)$ 在 $|y| < a$ 时为连续，利用定理 9.13 证明对于充分小的正数 δ，在区间 $(-\delta, \delta)$ 内存在唯一的可微函数 $y = y(x)$ 满足方程 $x = y + \varphi(y)$ 以及条件 $y(0) = 0$.

4. 对于由下列方程所定义的隐函数 $y(x)$ 求 y' 及 y''.

(1) $x^y = y^x$ $(x \neq y)$；　　　　(2) $y - \varepsilon \sin y = x$ $(0 < \varepsilon < 1)$.

5. 对于隐函数 $z = z(x, y)$ 求一阶和二阶偏导数，设

(1) $x + y + z = e^{-(x+y+z)}$；

(2) $z = \sqrt{x^2 - y^2} \tan \dfrac{z}{\sqrt{x^2 - y^2}}$.

6. (1) 设 $z^2 y - xz^3 - 1 = 0$，在 $(1, 2, 1)$ 处计算 $\dfrac{\partial z}{\partial y}$；

(2) 设 $x^2+2y^2+3z^2+xy-z=9$,在$(1,-2,1)$处计算$\dfrac{\partial^2 z}{\partial x^2}$.

7. 求 $\mathrm{d}z$ 和 $\mathrm{d}^2 z$,设:

(1) $\dfrac{x^2}{a^2}+\dfrac{y^2}{b^2}+\dfrac{z^2}{c^2}=1$;   (2) $\dfrac{x}{z}=\ln\dfrac{z}{y}$.

8. 设 $F(x,y,z)$ 是连续可微函数,而 $x=x(y,z)$,$y=y(z,x)$,$z=z(x,y)$ 为由方程 $F(x,y,z)=0$ 所定义的隐函数,证明
$$\dfrac{\partial x}{\partial y}\cdot\dfrac{\partial y}{\partial z}\cdot\dfrac{\partial z}{\partial x}=-1.$$

9. 证明:由 $F(xy,z-2x)=0$ 所定义的隐函数 $z(x,y)$ 在适当条件下满足方程
$$x\dfrac{\partial z}{\partial x}-y\dfrac{\partial z}{\partial y}=2x.$$

这些条件是什么?

10. 若 $F(u,v)$ 有直到二阶的连续偏导数.

(1) 设 $F(xz,yz)=0$,求$\dfrac{\partial^2 z}{\partial x^2}$;

(2) 设 $F(x+y+z,x^2+y^2+z^2)=0$,求$\dfrac{\partial^2 z}{\partial x\partial y}$.

11. 证明:两个曲面 $x^2(y^2+z^2)=5$,$(x-z)^2+y^2=2$ 的交线在点$(1,-1,2)$的邻域内能用形如 $z=f(x)$ 及 $y=g(x)$ 的一对方程来表示.

12. 证明:$x=r\cos\theta,y=r\sin\theta$ 在任意点(r_0,θ_0)(这里 $r_0>0$,$-\infty<\theta_0<+\infty$)附近存在反函数,然而在整个区域 $D=\{(r,\theta)\mid r>0,-\infty<\theta<+\infty\}$ 内却不存在反函数.

13. 求隐函数的导数:

(1) 设 $x+y+z=0$,$x^2+y^2+z^2=1$,求$\dfrac{\mathrm{d}x}{\mathrm{d}z}$,$\dfrac{\mathrm{d}y}{\mathrm{d}z}$;

(2) 设 $\begin{cases} x = u \cos \dfrac{v}{u}, \\ y = u \sin \dfrac{v}{u}, \end{cases}$ 求 $\begin{pmatrix} u(x,y) \\ v(x,y) \end{pmatrix}$ 的偏导数.

14. 设 $x^2 + y^2 = \dfrac{1}{2} z^2, x + y + z = 2$, 求 $\dfrac{\mathrm{d}x}{\mathrm{d}z}, \dfrac{\mathrm{d}y}{\mathrm{d}z}, \dfrac{\mathrm{d}^2 x}{\mathrm{d}z^2}, \dfrac{\mathrm{d}^2 y}{\mathrm{d}z^2}$ 在 $x = 1, y = -1, z = 2$ 时的值.

15. 设 $\mathrm{e}^{\frac{u}{x}} \cos \dfrac{v}{y} = \dfrac{x}{\sqrt{2}}, \mathrm{e}^{\frac{u}{x}} \sin \dfrac{v}{y} = \dfrac{y}{\sqrt{2}}$, 求 $\mathrm{d}u, \mathrm{d}v, \mathrm{d}^2 u, \mathrm{d}^2 v$ 当 $x = 1, y = 1, u = 0, v = \dfrac{\pi}{4}$ 时的表达式.

16. 设 $u + v = x + y, \dfrac{\sin u}{\sin v} = \dfrac{x}{y}$, 求 $\mathrm{d}u, \mathrm{d}v, \mathrm{d}^2 u, \mathrm{d}^2 v$.

17. 将直角坐标下的方程

$$\begin{cases} \dfrac{\mathrm{d}x}{\mathrm{d}t} = y + x(x^2 + y^2), \\ \dfrac{\mathrm{d}y}{\mathrm{d}t} = -x + y(x^2 + y^2) \end{cases}$$

变换为极坐标下的方程.

18. 求由下列方程组所定义的隐函数 $\begin{pmatrix} u(x,y) \\ v(x,y) \end{pmatrix}$ 的雅可比矩阵:

(1) $xu - yv = 0, \ yu + xv = 1$;

(2) $x + y = u + v, \ \dfrac{x}{y} = \dfrac{\sin u}{\sin v}$.

19. 设 $\begin{cases} xv - 4y + 2\mathrm{e}^u + 3 = 0, \\ 2x - z - 6u + v \cos u = 0, \end{cases}$ 求隐函数 $\begin{pmatrix} u(x,y,z) \\ v(x,y,z) \end{pmatrix}$ 在 $x = -1, y = 1, z = -1, u = 0, v = 1$ 时的雅可比矩阵.

9.5　函数相关·函数独立

9.5.1　基本概念

设有 m 个 n 元函数

$$\left.\begin{aligned}
u_1 &= f_1(x_1, x_2, \cdots, x_n), \\
u_2 &= f_2(x_1, x_2, \cdots, x_n), \\
&\cdots \\
u_m &= f_m(x_1, x_2, \cdots, x_n),
\end{aligned}\right\} \tag{9.57}$$

它们在 $\mathbf{R}^n$ 的区域 D 内有定义. 如果这些函数中的某一个例如 u_j, 能借助其余的函数 $u_1, u_2, \cdots, u_{j-1}, u_{j+1}, \cdots, u_m$ 而表示为

$$u_j = \Phi(u_1, u_2, \cdots, u_{j-1}, u_{j+1}, \cdots, u_m), \tag{9.58}$$

其中函数 Φ 在 $\mathbf{R}^{m-1}$ 的某个区域 G 内有定义,而区域 G 包含向量值函数 $(f_1, f_2, \cdots, f_{j-1}, f_{j+1}, \cdots, f_m)$ 的值域,则称函数 u_j(或 f_j)在 D 内与组(9.57)中的其余函数**函数相依**. 如果(9.58)式中的函数 Φ 的直到 k 阶的一切偏导数都在 G 内连续,则说 u_j(或 f_j)在 D 内与组(9.57)的其余函数 C^k 函数相依或 C^k 相依. 这里仅限于讨论 $k = 1$ 的情形. 因此,下文所提到的函数相依,均指 C^1 相依.

需要注意的是,在(9.58)右端,函数 Φ 是以 $u_1, u_2, \cdots, u_{j-1}, u_{j+1}, \cdots, u_m$ 为变元,不能显含 $x_1, x_2, \cdots, x_n$. 显然,如果(9.58)成立,则当以组(9.57)代入(9.58)后,得到的将是变数 $x_1, x_2, \cdots, x_n$ 的在 D 内的恒等式.

例如:

$$\left.\begin{aligned}
u_1 &= x^2 + y^2 + z^2, \\
u_2 &= x + y + z, \\
u_3 &= xy + yz + zx,
\end{aligned}\right\} \tag{9.59}$$

由于

$$x^2 + y^2 + z^2 = (x+y+z)^2 - 2(xy+yz+zx),$$

(即 $u_1 = u_2^2 - 2u_3$)所以函数 u_1 与 u_2, u_3 在 $\mathbf{R}^3$ 内是函数相依的.

恒等于常数 C 的函数与其他任何函数都是函数相依的. 事实上,此时(9.58)中的函数 Φ 可以取为常数 C:

$$u_j = C,$$

C 当然是 $u_1, u_2, \cdots, u_{j-1}, u_{j+1}, \cdots, u_m$ 的函数,并且不显含 x_1, $x_2, \cdots, x_n$.

如果对某个 $j(1 \leqslant j \leqslant m)$,组(9.57)中的函数 u_j 在 D 内与其他函数相依,则称组(9.57)在 D 内**函数相关**. 如果在 D 的任何子区域内,组(9.57)中的每一个函数都不与其他函数函数相依,即对每个 $j(1 \leqslant j \leqslant m)$,都不存在函数 Φ,使(9.58)在 D 的某个子区域上成立,则称函数(9.57)在 D 内**函数独立**.

于是,组(9.59)中的函数 u_1, u_2, u_3 在 $\mathbf{R}^3$ 是函数相关的,而注意到 x, y 是平面上的独立变量,即知两个函数 $u_1 = x, u_2 = y$ 在 $\mathbf{R}^2$ 是函数独立的.

显然,如果一组函数在区域 D 内函数相关,则在 D 的任何子区域内它们也函数相关.

9.5.2　函数独立的判定

为了以微分学作为工具研究函数相关和函数独立,今后将假设组(9.57)中的函数 $f_1, f_2, \cdots, f_m$ 与(9.58)中的函数 Φ 一样,也都是连续可微的.

为叙述方便起见,对已知的矩阵 A,划去它的某些行某些列以后所得的方阵的行列式将称为矩阵 A 的子行列式,简称子式.

首先,设 $m \leqslant n$,即考虑函数的个数不超过自变量的个数的情形.

定理 9.17　如果组(9.57)中的所有函数在 D 内连续可微,且其雅可比矩阵在 D 的任何子域上都存在不恒等于零的 m 阶子行列式,则函数 $u_1, u_2, \cdots, u_m$ 在 D 内函数独立.

证　(反证法)设 $u_1, u_2, \cdots, u_m$ 在 D 内不是函数独立的,则存在整数 $j(1 \leqslant j \leqslant m)$ 及函数 Φ,使(9.58)在 D 的某个子区域 D_0 上成立.于是,作为 $x_1, x_2, \cdots, x_n$ 的函数,(9.58)两端在 D_0 内是恒等的.将这个恒等式对 $x_i(i=1,2,\cdots,n)$ 求导数得

$$\frac{\partial u_j}{\partial x_i} = \frac{\partial \Phi}{\partial u_1}\frac{\partial u_1}{\partial x_i} + \cdots + \frac{\partial \Phi}{\partial u_{j-1}}\frac{\partial u_{j-1}}{\partial x_i} + \frac{\partial \Phi}{\partial u_{j+1}}\frac{\partial u_{j+1}}{\partial x_i} + \cdots + \frac{\partial \Phi}{\partial u_m}\frac{\partial u_m}{\partial x_i}.$$

由此可见,雅可比矩阵

$$\begin{pmatrix} \dfrac{\partial u_1}{\partial x_1} & \dfrac{\partial u_1}{\partial x_2} & \cdots & \dfrac{\partial u_1}{\partial x_n} \\[2mm] \dfrac{\partial u_2}{\partial x_1} & \dfrac{\partial u_2}{\partial x_2} & \cdots & \dfrac{\partial u_2}{\partial x_n} \\[2mm] \vdots & \vdots & & \vdots \\[2mm] \dfrac{\partial u_m}{\partial x_1} & \dfrac{\partial u_m}{\partial x_2} & \cdots & \dfrac{\partial u_m}{\partial x_n} \end{pmatrix}$$

的第 j 行是其余各行分别乘以 $\dfrac{\partial \Phi}{\partial u_1}, \cdots, \dfrac{\partial \Phi}{\partial u_{j-1}}, \dfrac{\partial \Phi}{\partial u_{j+1}}, \cdots, \dfrac{\partial \Phi}{\partial u_m}$ 相加而得.因此一切 m 阶子式在 D_0 都恒等于零,而这与定理的条件相矛盾.这一矛盾证明 $u_1, u_2, \cdots, u_m$ 在 D 内是函数独立的.

由定理 9.17 立刻可得两个推论:

推论 1　如果组(9.57)中的一切函数在 D 内连续可微,且其雅可比矩阵的 m 阶子式中至少有一个在 D 的任何子域上都不恒等于零,则函数 $u_1, u_2, \cdots, u_m$ 在 D 内函数独立.

推论 2　在(9.57)中设 $m=n$,如果所有函数在 D 内连续可微且

$$\frac{\partial(f_1, f_2, \cdots, f_n)}{\partial(x_1, x_2, \cdots, x_n)} \neq 0,$$

则函数 $u_1, u_2, \cdots, u_n$ 在 D 内函数独立.

为了在一般情形判定函数独立及函数相关,需要用到雅可比

矩阵的秩. 对于向量值函数 $F(x)$, 雅可比矩阵 $JF(x^0)$ 的不等于零的子行列式的最高阶数称为 $JF(x)$ 在 x^0 的秩, 而 $JF(x)$ 在 D 内不恒为零的子行列式的最高阶数称为它在 D 内的秩. 如果 $JF(x)$ 在 D 内的秩为 $r, r \geqslant 1$, 则至少有一个 r 阶子式在某点 $(x_1^0, x_2^0, \cdots, x_n^0)$ 不为零, 而阶数高于 r 的所有子式在 D 中都恒等于零.

定理 9.18 设函数组(9.57)的雅可比矩阵在 D 内的秩为 r, $r \geqslant 1$, 而在 $r \times n$ 矩阵

$$\begin{pmatrix} \dfrac{\partial u_{i_1}}{\partial x_1} & \dfrac{\partial u_{i_1}}{\partial x_2} & \cdots & \dfrac{\partial u_{i_1}}{\partial x_n} \\[2mm] \dfrac{\partial u_{i_2}}{\partial x_1} & \dfrac{\partial u_{i_2}}{\partial x_2} & \cdots & \dfrac{\partial u_{i_2}}{\partial x_n} \\[2mm] \vdots & \vdots & & \vdots \\[2mm] \dfrac{\partial u_{i_r}}{\partial x_1} & \dfrac{\partial u_{i_r}}{\partial x_2} & \cdots & \dfrac{\partial u_{i_r}}{\partial x_n} \end{pmatrix} \tag{9.61}$$

中, 有某个 r 阶子式在点 $x^0 = (x_1^0, x_1^0, \cdots, x_n^0)$ 不为零, 其中 $x^0 \in D$. 则在 x^0 的充分小的邻域内,

1° 函数 $u_{i_1}, u_{i_2}, \cdots, u_{i_r}$ 函数独立;

2° 组(9.57)中的其余 $m - r$ 个函数都与它们函数相依.

证 按定理的条件, 矩阵(9.61)有在点 x^0 不等于零的 r 阶子式, 由于函数 $u_1, u_2, \cdots, u_m$ 的偏导数的连续性, 这个子式在 x^0 的充分小邻域内不为零. 于是, 由定理 9.17 的推论 1 知道, 函数 $u_{i_1}, u_{i_2}, \cdots, u_{i_r}$ 在此邻域内是函数独立的. 此即结论 1°.

为证明结论 2°, 就是要证明组(9.57)除 $u_{i_1}, u_{i_2}, \cdots, u_{i_r}$ 以外的任何函数都与 $u_{i_1}, u_{i_2}, \cdots, u_{i_r}$ 函数相依. 为简单起见, 对 $m = 3, n = 4, r = 2$ 的情形给出证明. 在一般情形下, 方法是类似的. 于是, 设有三个函数

$$\left. \begin{aligned} u_1 &= f_1(x_1, x_2, x_3, x_4), \\ u_2 &= f_2(x_1, x_2, x_3, x_4), \\ u_3 &= f_3(x_1, x_2, x_3, x_4), \end{aligned} \right\} \tag{9.62}$$

其雅可比矩阵的秩为 2,并且行列式

$$\begin{vmatrix} \dfrac{\partial f_1}{\partial x_1} & \dfrac{\partial f_1}{\partial x_2} \\[2mm] \dfrac{\partial f_2}{\partial x_1} & \dfrac{\partial f_2}{\partial x_2} \end{vmatrix}_{(x_1^0,x_2^0,x_3^0,x_4^0)} \neq 0, \tag{9.63}$$

因而由结论 1°,函数 u_1,u_2 在 $\boldsymbol{x}^0=(x_1^0,x_2^0,x_3^0,x_4^0)$ 点的某邻域内函数独立,我们希望证明在 $\boldsymbol{x}^0$ 的某邻域内 u_3 与 u_1,u_2 函数相依.

将(9.62)的前两个式子看作变数 u_1,u_2 及 x_1,x_2,x_3,x_4 所满足的方程组

$$\left. \begin{aligned} u_1 - f_1(x_1,x_2,x_3,x_4) &= 0, \\ u_2 - f_2(x_1,x_2,x_3,x_4) &= 0. \end{aligned} \right\} \tag{9.64}$$

由于条件(9.63)成立,按向量值隐函数的存在定理(定理 9.15),变量 x_1,x_2 被定义为 u_1,u_2,x_3,x_4 的函数:

$$x_1 = \varphi_1(u_1,u_2,x_3,x_4),$$
$$x_2 = \varphi_2(u_1,u_2,x_3,x_4).$$

于是由(9.62)的第三式得

$$u_3 = f_3(\varphi_1(u_1,u_2,x_3,x_4),\varphi_2(u_1,u_2,x_3,x_4),x_3,x_4),$$

出现在右端的是 u_1,u_2,x_3,x_4 的函数,记之为

$$u_3 = \Phi(u_1,u_2,x_3,x_4).$$

若能证明 $\dfrac{\partial \Phi}{\partial x_3} \equiv 0, \dfrac{\partial \Phi}{\partial x_4} \equiv 0$,则可断言 $\Phi(u_1,u_2,x_3,x_4)$ 实际上不显含 x_3 及 x_4,因而成为 u_1,u_2 的函数,从而得知在 $\boldsymbol{x}^0$ 的充分小邻域内 u_3 与 u_1,u_2 函数相依. 为计算 $\dfrac{\partial \Phi}{\partial x_3}$,首先注意,按隐函数求导的方法,在(9.64)中视 $x_1 = \varphi_1(u_1,u_2,x_3,x_4),x_2 = \varphi_2(u_1,u_2,x_3,x_4)$,于是得关于 u_1,u_2,x_3,x_4 的恒等式组

$$\left\{ \begin{aligned} u_1 - f_1(\varphi_1(u_1,u_2,x_3,x_4),\varphi_2(u_1,u_2,x_3,x_4),x_3,x_4) &\equiv 0, \\ u_2 - f_2(\varphi_1(u_1,u_2,x_3,x_4),\varphi_2(u_1,u_2,x_3,x_4),x_3,x_4) &\equiv 0. \end{aligned} \right.$$

将它对 x_3 求偏导数,容易得到:

$$\frac{\partial \varphi_1}{\partial x_3} = - \frac{\begin{vmatrix} \dfrac{\partial f_1}{\partial x_3} & \dfrac{\partial f_1}{\partial x_2} \\[2mm] \dfrac{\partial f_2}{\partial x_3} & \dfrac{\partial f_2}{\partial x_2} \end{vmatrix}}{\begin{vmatrix} \dfrac{\partial f_1}{\partial x_1} & \dfrac{\partial f_1}{\partial x_2} \\[2mm] \dfrac{\partial f_2}{\partial x_1} & \dfrac{\partial f_2}{\partial x_2} \end{vmatrix}}, \quad \frac{\partial \varphi_2}{\partial x_3} = - \frac{\begin{vmatrix} \dfrac{\partial f_1}{\partial x_1} & \dfrac{\partial f_1}{\partial x_3} \\[2mm] \dfrac{\partial f_2}{\partial x_1} & \dfrac{\partial f_2}{\partial x_3} \end{vmatrix}}{\begin{vmatrix} \dfrac{\partial f_1}{\partial x_1} & \dfrac{\partial f_1}{\partial x_2} \\[2mm] \dfrac{\partial f_2}{\partial x_1} & \dfrac{\partial f_2}{\partial x_2} \end{vmatrix}}.$$

利用此两式容易验证

$$\frac{\partial \Phi}{\partial x_3} = \frac{\partial f_3}{\partial x_1}\frac{\partial \varphi_1}{\partial x_3} + \frac{\partial f_3}{\partial x_2}\frac{\partial \varphi_2}{\partial x_3} + \frac{\partial f_3}{\partial x_3} = \frac{\begin{vmatrix} \dfrac{\partial f_1}{\partial x_1} & \dfrac{\partial f_1}{\partial x_2} & \dfrac{\partial f_1}{\partial x_3} \\[2mm] \dfrac{\partial f_2}{\partial x_1} & \dfrac{\partial f_2}{\partial x_2} & \dfrac{\partial f_2}{\partial x_3} \\[2mm] \dfrac{\partial f_3}{\partial x_1} & \dfrac{\partial f_3}{\partial x_2} & \dfrac{\partial f_3}{\partial x_3} \end{vmatrix}}{\begin{vmatrix} \dfrac{\partial f_1}{\partial x_1} & \dfrac{\partial f_1}{\partial x_2} \\[2mm] \dfrac{\partial f_2}{\partial x_1} & \dfrac{\partial f_2}{\partial x_2} \end{vmatrix}}.$$

但按假定,组(9.62)的雅可比矩阵的秩为 2,因此上式右端分式中的三阶行列式恒等于零,这就证明了 $\dfrac{\partial \Phi}{\partial x_3} \equiv 0$,同理可证 $\dfrac{\partial \Phi}{\partial x_4} \equiv 0$. 如前所述,这就完成了证明.

由定理 9.18 的结论 1°,容易得到

推论 如果函数组(9.57)的雅可比矩阵在 D 的每一点的秩都等于 m,则函数 $u_1,u_2,\cdots,u_m$ 在 D 内函数独立.

可以用反证法证明,建议读者自己去完成.

习　题

1. 证明下列函数组在指定区域内是函数独立的.

(1) $u_1=x$, $u_2=x+y$, $u_3=x+y+z$　$((x,y,z)\in\mathbf{R}^3)$;

(2) $x=r\cos\theta$, $y=r\sin\theta$　$(r>0,0\leqslant\theta<2\pi)$;

(3) $x=r\sin\varphi\cos\theta$, $y=r\sin\varphi\sin\theta$, $z=r\cos\varphi$ $(r>0,0\leqslant\varphi\leqslant\pi,0\leqslant\theta<2\pi)$.

2. 讨论下列函数组的函数相关性:

(1) $u=\dfrac{x}{\sqrt{x^2+y^2+z^2}}$, $v=\dfrac{y}{\sqrt{x^2+y^2+z^2}}$, $w=\dfrac{z^2}{x^2+y^2+z^2}$;

(2) $u=\displaystyle\sum_{i=1}^{n}\sqrt{x_i}$, $v=\displaystyle\sum_{i=1}^{n}x_i$, $w=\displaystyle\sum_{i\neq j}\sqrt{x_ix_j}$ $(x_i\geqslant0,i=1,2,\cdots,n)$.

3. 设函数 $u=f(x,y)$, $v=g(x,y)$ 在区域 D 内连续可微. 证明:如果存在连续可微函数 F,使 $F(u,v)=0$, $F_u'^2+F_v'^2\neq0$,则在 D 内成立

$$\begin{vmatrix} \dfrac{\partial f}{\partial x} & \dfrac{\partial f}{\partial y} \\[2mm] \dfrac{\partial g}{\partial x} & \dfrac{\partial g}{\partial y} \end{vmatrix}=0.$$

反之,若在 D 内这个行列式等于零,则至少在 D 的某个子区域上成立

$$F(u,v)=0,$$

其中 F 为连续可微函数,且 $F_u'^2+F_v'^2\neq0$.

9.6 微分学的应用

9.6.1 空间曲线的切线与法平面

设一空间曲线由参数方程

$$x = x(t), y = y(t), z = z(t), (a \leqslant t \leqslant b)$$

表示,其中向量值函数 $\boldsymbol{r}(t) = (x(t), y(t), z(t))$,在 $[a, b]$ 上连续,并且当 $t_1, t_2 \in (a, b)$(或 $[a, b)$)且 $t_1 \neq t_2$ 时,$\boldsymbol{r}(t_1) \neq \boldsymbol{r}(t_2)$,这种曲线称为**简单曲线**. 此外,如果 $\boldsymbol{r}'(t) = (x'(t), y'(t), z'(t))$ 也在 $[a, b]$ 上连续,$\boldsymbol{r}'(t) \neq (0, 0, 0)$,(若 $\boldsymbol{r}(a) = \boldsymbol{r}(b)$,还要求 $\boldsymbol{r}'_+(a) = \boldsymbol{r}'_-(b)$[①])则这曲线称为**光滑曲线**.

和平面曲线的情形一样,如果当动点 $\boldsymbol{M}$ 沿着曲线趋于定点 $\boldsymbol{M}_0$ 时,割线 $\boldsymbol{M}_0\boldsymbol{M}$ 有极限位置 $\boldsymbol{M}_0\boldsymbol{T}$,则称直线 $\boldsymbol{M}_0\boldsymbol{T}$ 为曲线在点 $\boldsymbol{M}_0$ 的**切线**(图 9-5). 现在证明,过光滑曲线上的每一点 $\boldsymbol{M}_0$,曲线有切线,并求出切线的方程.

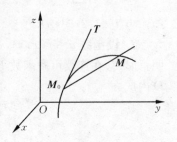

图 9-5

设 $\boldsymbol{M}_0$ 和 $\boldsymbol{M}$ 分别对应于参数 t_0 和 t,则割线 $\boldsymbol{M}_0\boldsymbol{M}$ 的方程为

$$\frac{X - x_0}{x(t) - x(t_0)} = \frac{Y - y_0}{y(t) - y(t_0)} = \frac{Z - z_0}{z(t) - z(t_0)},$$

其中 X, Y, Z 为割线上的点的流动坐标,而 $x_0 = x(t_0)$,$y_0 = y(t_0)$,$z_0 = z(t_0)$ 是曲线上定点 $\boldsymbol{M}_0$ 的坐标. 以 $t - t_0$ 通除上式中的分母,可将 $\boldsymbol{M}_0\boldsymbol{M}$ 的方程写为

[①] $\boldsymbol{r}'_+(a) = (x'_+(a), y'_+(a), z'_+(a))$,$\boldsymbol{r}'_-(b) = (x'_-(b), y'_-(b), z'_-(b))$.

$$\frac{X-x_0}{\dfrac{x(t)-x(t_0)}{t-t_0}} = \frac{Y-y_0}{\dfrac{y(t)-y(t_0)}{t-t_0}} = \frac{Z-z_0}{\dfrac{z(t)-z(t_0)}{t-t_0}},$$

因为当 $t \to t_0$(即 $\boldsymbol{M} \to \boldsymbol{M}_0$)时,向量

$$\left(\frac{x(t)-x(t_0)}{t-t_0}, \frac{y(t)-y(t_0)}{t-t_0}, \frac{z(t)-z(t_0)}{t-t_0}\right)$$

以 $(x'(t_0), y'(t_0), z'(t_0))$ 为极限,又按假设,$x'(t_0), y'(t_0), z'(t_0)$ 中至少有一个不等于零,于是方程

$$\frac{X-x_0}{x'(t_0)} = \frac{Y-y_0}{y'(t_0)} = \frac{Z-z_0}{z'(t_0)}$$

表示过点 $\boldsymbol{M}_0$ 的一条直线,它就是所要求的切线. 并且它的方向矢量就是 $\boldsymbol{r}'(t_0)$. 由此可知,当 $\boldsymbol{r}'(t)$ 在 $[a, b]$ 连续且处处非零时,曲线在每一点都有切线,并且随着切点在曲线上连续移动,切线也连续转动. 因此,就几何形象而言,光滑曲线是有连续转动的切线的曲线.

过切点 $\boldsymbol{M}_0$ 并且与切线 $\boldsymbol{M}_0 \boldsymbol{T}$ 垂直的平面称为曲线在 $\boldsymbol{M}_0$ 的**法平面**. 称 $\boldsymbol{M}_0 \boldsymbol{T}$ 的方向矢量为曲线在点 $\boldsymbol{M}_0$ 的**切矢量**,这一矢量就是过 $\boldsymbol{M}_0$ 的法平面的**法矢量**,于是,过 $\boldsymbol{M}_0$ 的法平面为

$$x'(t_0)(X-x_0) + y'(t_0)(Y-y_0) + z'(t_0)(Z-z_0) = 0.$$

例 1　求曲线

$$x = a\sin^2 t, \quad y = b\sin t\cos t, \quad z = c\cos^2 t \quad (-\infty < t < +\infty)$$

上任意点的切线与法平面及过 $t = \dfrac{\pi}{2}$ 对应点的切线与法平面.

解　因为

$(x'(t), y'(t), z'(t)) = (a\sin 2t, b\cos 2t, -c\sin 2t)$,所以过曲线上任意定点的切线及法平面分别为

$$\frac{x-a\sin^2 t}{a\sin 2t} = \frac{y-b\sin t\cos t}{b\cos 2t} = \frac{z-c\cos^2 t}{-c\sin 2t}$$

与

$$a\,\sin 2t(x-a\,\sin^2 t)+b\,\cos 2t(y-b\,\sin t\,\cos t)-$$
$$c\,\sin 2t(z-c\,\cos^2 t)=0.$$

这里，按通常的习惯，又将流动坐标 X,Y,Z 记成了 x,y,z. 特别地，对于 $t=\dfrac{\pi}{2}$，即对于点 $(a,0,0)$ 而言，切线为

$$\frac{x-a}{0}=\frac{y}{-b}=\frac{z}{0},$$

亦即

$$\begin{cases} x=a, \\ z=0, \end{cases}$$

而法平面为

$$y=0.$$

如果曲线的方程不是以参数形式给出，而是写成两个曲面的交线

$$F(x,y,z)=0, \quad G(x,y,z)=0,$$

这里的函数 F 和 G 具有一阶连续偏导数. 设 $\dfrac{\partial(F,G)}{\partial(y,z)}\Big|_{M_0}\neq 0$，其中 M_0 是曲线上的定点. 则按定理 9.15，在 M_0 的邻域内，曲线可以用方程组

$$y=y(x), \quad z=z(x)$$

表示，并且

$$y'(x)=-\frac{\begin{vmatrix} F'_x & F'_z \\ G'_x & G'_z \end{vmatrix}}{\begin{vmatrix} F'_y & F'_z \\ G'_y & G'_z \end{vmatrix}}, \quad z'(x)=-\frac{\begin{vmatrix} F'_y & F'_x \\ G'_y & G'_x \end{vmatrix}}{\begin{vmatrix} F'_y & F'_z \\ G'_y & G'_z \end{vmatrix}}.$$

于是，这里的变数 x 起着参数 t 的作用，而过 M_0 的切线与法平面依次为

$$\frac{X-x_0}{\begin{vmatrix} F_y' & F_z' \\ G_y' & G_z' \end{vmatrix}_{\boldsymbol{M}_0}} = \frac{Y-y_0}{\begin{vmatrix} F_z' & F_x' \\ G_z' & G_x' \end{vmatrix}_{\boldsymbol{M}_0}} = \frac{Z-z_0}{\begin{vmatrix} F_x' & F_y' \\ G_x' & G_y' \end{vmatrix}_{\boldsymbol{M}_0}}$$

和

$$\begin{vmatrix} F_y' & F_z' \\ G_y' & G_z' \end{vmatrix}_{\boldsymbol{M}_0} (X-x_0) + \begin{vmatrix} F_z' & F_x' \\ G_z' & G_x' \end{vmatrix}_{\boldsymbol{M}_0} (Y-y_0) +$$

$$\begin{vmatrix} F_x' & F_y' \\ G_x' & G_y' \end{vmatrix}_{\boldsymbol{M}_0} (Z-z_0) = 0.$$

显然,这后一方程又可写为

$$\begin{vmatrix} X-x_0 & Y-y_0 & Z-z_0 \\ F_x' & F_y' & F_z' \\ G_x' & G_y' & G_z' \end{vmatrix} = 0.$$

其中一切偏导数都在 $\boldsymbol{M}_0$ 取值.

如果在点 $\boldsymbol{M}_0$ 不为零的行列式不是 $\dfrac{\partial(F,G)}{\partial(y,z)}$,而且 $\dfrac{\partial(F,G)}{\partial(z,x)}$ 或 $\dfrac{\partial(F,G)}{\partial(x,y)}$,类似的推导仍然得出上述结果.

例 2 求球面 $x^2+y^2+z^2=2$ 与平面 $z=-y$ 的交线在点$(0,1,-1)$的切线与法平面.

解 所述曲线的方程可以写为

$$\begin{cases} x^2+y^2+z^2-2=0, \\ y+z=0. \end{cases}$$

于是过$(0,1,-1)$的法平面为

$$\begin{vmatrix} x & y-1 & z+1 \\ 0 & 2 & -2 \\ 0 & 1 & 1 \end{vmatrix} = 0.$$

将这行列式展开,得 $4x=0$,即法平面为 Oyz 平面. 而切线为

$$\frac{x}{4} = \frac{y-1}{0} = \frac{z+1}{0},$$

即

$$\begin{cases} y=1 \\ z=-1. \end{cases}$$

为了以后的需要,现在对切线建立正向的概念.

从平面曲线开始,考虑 Oxy 平面上的一条光滑曲线,取弧长 s 为参数,设所给曲线的参数方程为

$$x=x(s), \ y=y(s). \tag{9.65}$$

令 M_0 对应于弧长 s,给 s 以正的改变量 Δs,记对应于弧长 $s+\Delta s$ 的点为 M. 从 M_0 出发指向 M 的射线 M_0M 称为曲线在 M_0 的正向割线(图 9-6). 当 $\Delta s \to 0_+$ 时正向割线的极限位置 M_0T 称为曲线在点 M_0 的 **正向切线**,也就是说,在切线的两个相反方向中,正向指的是朝着弧长增加的方向.

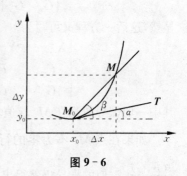

图 9-6

以 β 记 Ox 轴的正向与正向割线 M_0M 所成的有向角(即以 Ox 轴为始边,向另一边旋转所得的角. 逆时针为正,顺时针为负). 而以 α 记 Ox 轴的正向与正向切线 M_0T 所成的有向角,又记 $M_0=(x_0,y_0)$,$M=(x_0+\Delta x,y_0+\Delta y)$,则

$$\Delta x=|M_0M|\cos\beta, \Delta y=|M_0M|\sin\beta, |M_0M|=\sqrt{\Delta x^2+\Delta y^2}.$$

于是

$$\begin{aligned} \cos\beta &= \frac{\Delta x}{|M_0M|} = \frac{\Delta x}{\Delta s} \cdot \frac{\Delta s}{\sqrt{\Delta x^2+\Delta y^2}} \\ &= \frac{\Delta x}{\Delta s} \cdot \frac{1}{\sqrt{\left(\dfrac{\Delta x}{\Delta s}\right)^2+\left(\dfrac{\Delta y}{\Delta s}\right)^2}}, \end{aligned}$$

$$\sin\beta = \frac{\Delta y}{|\boldsymbol{M}_0 \boldsymbol{M}|} = \frac{\Delta y}{\Delta s} \cdot \frac{\Delta s}{\sqrt{\Delta x^2 + \Delta y^2}}$$

$$= \frac{\Delta y}{\Delta s} \cdot \frac{1}{\sqrt{\left(\frac{\Delta x}{\Delta s}\right)^2 + \left(\frac{\Delta y}{\Delta s}\right)^2}}.$$

令 $\Delta s \to 0$ 并注意(7.65)乃得

$$\cos\alpha = \frac{\mathrm{d}x}{\mathrm{d}s}, \sin\alpha = \frac{\mathrm{d}y}{\mathrm{d}s}. \tag{9.66}$$

公式(9.66)在切线的两个相反方向中确定了正向.

对于空间曲线有类似的结果,即以弧长 s 为参数时,曲线

$$x = x(s), y = y(s), z = z(s)$$

的正向切线的方向余弦为

$$\cos\alpha = \frac{\mathrm{d}x}{\mathrm{d}s}, \cos\beta = \frac{\mathrm{d}y}{\mathrm{d}s}, \cos\gamma = \frac{\mathrm{d}z}{\mathrm{d}s}. \tag{9.67}$$

在第 14 章,将用到这里所讲的一切.

9.6.2　曲面的切平面与法线

设曲面 S 的方程为

$$F(x, y, z) = 0.$$

如果在曲面上的每一点,偏导数 F_x', F_y', F_z' 都连续且不全为零,则称这曲面为**光滑曲面**.过光滑曲面 S 上的点 $\boldsymbol{M}_0(x_0, y_0, z_0)$,随意作位于这个曲面上的曲线 l,设其参数方程为

$$x = x(t), y = y(t), z = z(t),$$

并且 $\boldsymbol{M}_0$ 对应于参数 t_0.如果 $x'(t_0), y'(t_0), z'(t_0)$ 都存在且不全为零,则由 6.1 段知曲线 l 在 $\boldsymbol{M}_0$ 有切线.由于曲线 l 在曲面 S 上,故

$$F(x(t), y(t), z(t)) = 0.$$

按链锁法则,

$$F_x'(x_0, y_0, z_0)x'(t_0) + F_y'(x_0, y_0, z_0)y'(t_0) + F_z'(x_0, y_0, z_0)z'(t_0) = 0.$$

这表示在点 M_0 处的两个向量 $(F'_x, F'_y, F'_z)|_{M_0}$ 与 $(x'(t_0), y'(t_0), z'(t_0))$ 是正交的. 由此得知,只要 l 在 S 上且它在 M_0 有切线,则这切线就应位于通过 M_0 以 $(F'_x, F'_y, F'_z)|_{M_0}$ 为法向量的平面

$$F'_x(x-x_0)+F'_y(y-y_0)+F'_z(z-z_0)=0$$

上,其中 F'_x, F'_y, F'_z 均在 (x_0, y_0, z_0) 取值. 这个平面称为曲面 S 在 M_0 的**切平面**,M_0 称为切点,切平面的法向量 $(F'_x, F'_y, F'_z)|_{M_0}$ 称为曲面 S 在点 M_0 的法向量. 由上所述,如果 F'_x, F'_y, F'_z 在 S 上每一点都连续且不全为零,则过 S 上每一点都有切平面,并且随着切点在 S 上连续移动,切平面也连续变动. 因此,就几何形象而言,光滑曲面就是有连续变动的切平面的曲面.

切平面的过切点 M_0 的垂线称为 S 在 M_0 的**法线**. 其方程为

$$\frac{X-x_0}{F'_x(x_0, y_0, z_0)}=\frac{Y-y_0}{F'_y(x_0, y_0, z_0)}=\frac{Z-z_0}{F'_z(x_0, y_0, z_0)}.$$

由显式方程 $z=f(x, y)$ 所给出的曲面属于所述情形的特例,因为只要把这个方程改写为

$$f(x, y)-z=0,$$

即知在 $M(x_0, y_0, z_0)$ 的法向量为 $(f'_x(x_0, y_0), f'_y(x_0, y_0), -1)$,于是立刻可以写出切平面及法线的方程:

$$f'_x(x_0, y_0)(X-x_0)+f'_y(x_0, y_0)(Y-y_0)=Z-z_0,$$

$$\frac{X-x_0}{f'_x(x_0, y_0)}=\frac{Y-y_0}{f'_y(x_0, y_0)}=\frac{Z-z_0}{-1}.$$

如果曲面由参数方程给出:

$$x=x(u, v), y=y(u, v), z=z(u, v),$$
$$(u, v)\in D\subset\mathbf{R}^2.$$

设 x, y, z 关于 u, v 的一阶偏导数连续,并且行列式

$$\frac{\partial(x, y)}{\partial(u, v)}, \frac{\partial(y, z)}{\partial(u, v)}, \frac{\partial(z, x)}{\partial(u, v)}$$

在每一点 $(u, v)\in D$ 不全为零,为确定起见,不妨设 $\left.\dfrac{\partial(x, y)}{\partial(u, v)}\right|_{(u_0, v_0)} \neq$

0,于是方程组

$$x-x(u,v)=0, y-y(u,v)=0$$

确定 u,v 为 x,y 的隐函数

$$u=u(x,y), v=v(x,y),$$

并且

$$\frac{\partial u}{\partial x}=\frac{-\begin{vmatrix} 1 & -\dfrac{\partial x}{\partial v} \\ 0 & -\dfrac{\partial y}{\partial v} \end{vmatrix}}{\begin{vmatrix} -\dfrac{\partial x}{\partial u} & -\dfrac{\partial x}{\partial v} \\ -\dfrac{\partial y}{\partial u} & -\dfrac{\partial y}{\partial v} \end{vmatrix}}=\frac{\dfrac{\partial y}{\partial v}}{\begin{vmatrix} \dfrac{\partial x}{\partial u} & \dfrac{\partial x}{\partial v} \\ \dfrac{\partial y}{\partial u} & \dfrac{\partial y}{\partial v} \end{vmatrix}},$$

$$\frac{\partial v}{\partial x}=\frac{-\begin{vmatrix} -\dfrac{\partial x}{\partial u} & 1 \\ -\dfrac{\partial y}{\partial u} & 0 \end{vmatrix}}{\begin{vmatrix} -\dfrac{\partial x}{\partial u} & -\dfrac{\partial x}{\partial v} \\ -\dfrac{\partial y}{\partial u} & -\dfrac{\partial y}{\partial v} \end{vmatrix}}=\frac{-\dfrac{\partial y}{\partial u}}{\begin{vmatrix} \dfrac{\partial x}{\partial u} & \dfrac{\partial x}{\partial v} \\ \dfrac{\partial y}{\partial u} & \dfrac{\partial y}{\partial v} \end{vmatrix}},$$

$$\frac{\partial u}{\partial y}=\frac{-\begin{vmatrix} 0 & -\dfrac{\partial x}{\partial v} \\ 1 & -\dfrac{\partial y}{\partial v} \end{vmatrix}}{\begin{vmatrix} -\dfrac{\partial x}{\partial u} & -\dfrac{\partial x}{\partial v} \\ -\dfrac{\partial y}{\partial u} & -\dfrac{\partial y}{\partial v} \end{vmatrix}}=\frac{-\dfrac{\partial x}{\partial v}}{\begin{vmatrix} \dfrac{\partial x}{\partial u} & \dfrac{\partial x}{\partial v} \\ \dfrac{\partial y}{\partial u} & \dfrac{\partial y}{\partial v} \end{vmatrix}},$$

$$\frac{\partial v}{\partial y}=\frac{-\begin{vmatrix} -\dfrac{\partial x}{\partial u} & 0 \\[2mm] -\dfrac{\partial y}{\partial u} & 1 \end{vmatrix}}{\begin{vmatrix} -\dfrac{\partial x}{\partial u} & -\dfrac{\partial x}{\partial v} \\[2mm] -\dfrac{\partial y}{\partial u} & -\dfrac{\partial y}{\partial v} \end{vmatrix}}=\frac{\dfrac{\partial x}{\partial u}}{\begin{vmatrix} \dfrac{\partial x}{\partial u} & \dfrac{\partial x}{\partial v} \\[2mm] \dfrac{\partial y}{\partial u} & \dfrac{\partial y}{\partial v} \end{vmatrix}},$$

从而曲面的方程成为

$$z=z(u(x,y),v(x,y)).$$

记右端的函数为 $f(x,y)$,按链锁法则,

$$\frac{\partial f}{\partial x}=\frac{\partial z}{\partial u}\frac{\partial u}{\partial x}+\frac{\partial z}{\partial v}\frac{\partial v}{\partial x}=\frac{-\begin{vmatrix} \dfrac{\partial y}{\partial u} & \dfrac{\partial y}{\partial v} \\[2mm] \dfrac{\partial z}{\partial u} & \dfrac{\partial z}{\partial v} \end{vmatrix}}{\begin{vmatrix} \dfrac{\partial x}{\partial u} & \dfrac{\partial x}{\partial v} \\[2mm] \dfrac{\partial y}{\partial u} & \dfrac{\partial y}{\partial v} \end{vmatrix}},$$

$$\frac{\partial f}{\partial y}=\frac{\partial z}{\partial u}\frac{\partial u}{\partial y}+\frac{\partial z}{\partial v}\frac{\partial v}{\partial y}=\frac{-\begin{vmatrix} \dfrac{\partial z}{\partial u} & \dfrac{\partial z}{\partial v} \\[2mm] \dfrac{\partial x}{\partial u} & \dfrac{\partial x}{\partial v} \end{vmatrix}}{\begin{vmatrix} \dfrac{\partial x}{\partial u} & \dfrac{\partial x}{\partial v} \\[2mm] \dfrac{\partial y}{\partial u} & \dfrac{\partial y}{\partial v} \end{vmatrix}},$$

于是,若记

$$x_0=x(u_0,v_0),y_0=y(u_0,v_0),z_0=z(u_0,v_0),$$

则过点 $M(x_0,y_0,z_0)$ 的切平面和法线依次为

$$\begin{vmatrix} \dfrac{\partial y}{\partial u} & \dfrac{\partial y}{\partial v} \\[2mm] \dfrac{\partial z}{\partial u} & \dfrac{\partial z}{\partial v} \end{vmatrix}_{(u_0,v_0)} (X-x_0) + \begin{vmatrix} \dfrac{\partial z}{\partial u} & \dfrac{\partial z}{\partial v} \\[2mm] \dfrac{\partial x}{\partial u} & \dfrac{\partial x}{\partial v} \end{vmatrix}_{(u_0,v_0)} (Y-y_0) +$$

$$\begin{vmatrix} \dfrac{\partial x}{\partial u} & \dfrac{\partial x}{\partial v} \\[2mm] \dfrac{\partial y}{\partial u} & \dfrac{\partial y}{\partial v} \end{vmatrix}_{(u_0,v_0)} (Z-z_0) = 0,$$

和

$$\frac{X-x_0}{\begin{vmatrix} \dfrac{\partial y}{\partial u} & \dfrac{\partial y}{\partial v} \\[2mm] \dfrac{\partial z}{\partial u} & \dfrac{\partial z}{\partial v} \end{vmatrix}_{(u_0,v_0)}} = \frac{Y-y_0}{\begin{vmatrix} \dfrac{\partial z}{\partial u} & \dfrac{\partial z}{\partial v} \\[2mm] \dfrac{\partial x}{\partial u} & \dfrac{\partial x}{\partial v} \end{vmatrix}_{(u_0,v_0)}} = \frac{Z-z_0}{\begin{vmatrix} \dfrac{\partial x}{\partial u} & \dfrac{\partial x}{\partial v} \\[2mm] \dfrac{\partial y}{\partial u} & \dfrac{\partial y}{\partial v} \end{vmatrix}_{(u_0,v_0)}}.$$

而前一方程显然可以写为

$$\begin{vmatrix} X-x_0 & Y-y_0 & Z-z_0 \\[2mm] \dfrac{\partial x}{\partial u} & \dfrac{\partial y}{\partial u} & \dfrac{\partial z}{\partial u} \\[2mm] \dfrac{\partial x}{\partial v} & \dfrac{\partial y}{\partial v} & \dfrac{\partial z}{\partial v} \end{vmatrix} = 0,$$

其中一切偏导数在 (u_0,v_0) 取值.

例 1 求曲面

$$x=u+v, \ y=u^2+v^2, \ z=u^3+v^3 \quad (u \neq v)$$

在任意点的切平面. 当 $u \to 1, v \to 1$ 时切平面的极限位置为何?

解 切平面的方程为

$$\begin{vmatrix} x-x_0 & y-y_0 & z-z_0 \\ 1 & 2u & 3u^2 \\ 1 & 2v & 3v^2 \end{vmatrix} = 0,$$

其中

$$x_0=u+v, y_0=u^2+v^2, z_0=u^3+v^3,$$

展开这个行列式得

$$6uv(v-u)(x-x_0)-3(v^2-u^2)(y-y_0)+2(v-u)(z-z_0)=0,$$

约去非零因子 $v-u$,得所求的切平面为

$$6uv(x-x_0)-3(v+u)(y-y_0)+2(z-z_0)=0.$$

于此,令 $u\to1,v\to1$,注意此时 $x_0\to2,y_0\to2,z_0\to2$,得切平面的极限位置为平面

$$6(x-2)-6(y-2)+2(z-2)=0,$$

即

$$3x-3y+z-2=0.$$

在几何学中,两条曲线在交点处的交角指的是它们在交点处的切线之间的夹角,两个曲面在交线上任一点的夹角指的是它们在这一点的法线之间的夹角. 如果在交线上的每一点的法向量都正交,则说这两个曲面正交.

例 2 设

$$S_1: x^2+y^2+z^2=r^2,$$
$$S_2: x\sin\theta-y\cos\theta=0,$$
$$S_3: (x^2+y^2)\cos^2\varphi-z^2\sin^2\varphi=0,$$

其中 r,φ,θ 为常数,$0<r<+\infty,0\leqslant\varphi\leqslant\pi,0\leqslant\theta<2\pi$. 证明 S_1,S_2,S_3 两两正交.

证 对 $S_i(i=1,2,3)$ 上的任意点 (x,y,z),以 $\boldsymbol{n}_i$ 表示 S_i 在该点的法向量,则

$$\boldsymbol{n}_1=(2x,2y,2z),$$
$$\boldsymbol{n}_2=(\sin\theta,-\cos\theta,0),$$
$$\boldsymbol{n}_3=(2x\cos^2\varphi,2y\cos^2\varphi,-2z\sin^2\varphi),$$

于是

$$\boldsymbol{n}_1\cdot\boldsymbol{n}_2=2x\sin\theta-2y\cos\theta,$$
$$\boldsymbol{n}_2\cdot\boldsymbol{n}_3=(2x\sin\theta-2y\cos\theta)\cos^2\varphi,$$
$$\boldsymbol{n}_3\cdot\boldsymbol{n}_1=4(x^2+y^2)\cos^2\varphi-4z^2\sin^2\varphi,$$

由于 S_1, S_2 的交点及 S_2, S_3 的交点都满足 S_2 的方程，S_2, S_1 的交点满足 S_3 的方程，因而得知

$$\boldsymbol{n}_1 \cdot \boldsymbol{n}_2 = 0, \quad \boldsymbol{n}_2 \cdot \boldsymbol{n}_3 = 0, \quad \boldsymbol{n}_3 \cdot \boldsymbol{n}_1 = 0,$$

这就证明了 S_1, S_2, S_3 是两两正交的.

我们指出，在例 2 中，S_1 是球心在原点的球面，S_2 是过 Oz 轴的平面，S_3 是以 Oz 轴为轴的圆锥面（$\varphi = \dfrac{\pi}{2}$ 时退化为 Oxy 平面），它们是在点的球坐标表示（第 8 章 8.4.1 段例 2）中消去 r, φ, θ 中的两个而得到的. 于是例 2 表明：球坐标系中的三族坐标面是相互正交的.

与例 2 类似，可以证明柱面 $x^2 + y^2 = r^2$，平面 $x \sin\theta - y \cos\theta = 0$ 以及平面 $z = c$ 也是两两正交的. 也就是说，柱坐标系（第 8 章 8.4.1 段例 3）中三族坐标面也是相互正交的（习题 10）.

9.6.3　平面曲线的曲率

考虑 Oxy 平面上的一条光滑曲线，于是在它的每一点都有切线，并且这些切线随点在曲线上的连续移动而连续转动. 现在我们借助于切线的转动的快慢来刻画曲线的弯曲程度.

取从某点开始的弧长 s 作为参数，曲线的方程可写为

$$x = x(s), \quad y = y(s). \tag{9.68}$$

过曲线上的点 $M_0(s)$ 作切线，在切线的两个相反方向上取一个确定的方向，例如沿 s 增加的方向，将所作切线记为 $M_0 T_0$，当点 M_0 沿曲线移动到点 $M(s + \Delta s)$

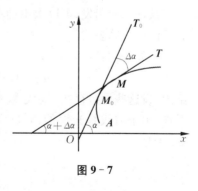

图 9-7

时，切线 $M_0 T_0$ 连续转动而成为 MT，它与 Ox 轴的正向之间的有

向角(以弧度为度量单位)也从 α 变为 $\alpha+\Delta\alpha$(图 9-7),称

$$\bar{k}=\left|\frac{\Delta\alpha}{\Delta s}\right|$$

为弧 $\overparen{M_0 M}$ 的**平均曲率**,而称平均曲率当 $\Delta s \to 0$ 时的极限

$$k=\lim_{\Delta s \to 0}\left|\frac{\Delta\alpha}{\Delta s}\right|$$

为曲线在 M_0 点的**曲率**,称 $\frac{1}{k}$ 为曲线在点 M_0 的**曲率半径**,记为 R,即 $R=\frac{1}{k}$. 由于

$$\frac{\mathrm{d}\alpha}{\mathrm{d}s}=\lim_{\Delta s \to 0}\frac{\Delta\alpha}{\Delta s},$$

又对于曲线上的每个固定的点无论这个导数是正的、负的还是零,都容易证明

$$\lim_{\Delta s \to 0}\left|\frac{\Delta\alpha}{\Delta s}\right|=\left|\frac{\mathrm{d}\alpha}{\mathrm{d}s}\right|,$$

因而对曲线上每一点成立公式

$$k=\left|\frac{\mathrm{d}\alpha}{\mathrm{d}s}\right|. \tag{9.69}$$

从(9.69)出发,可以求出曲率及曲率半径相应于曲线的种种表示法的计算公式.

首先,若曲线由参数方程

$$x=x(t), y=y(t) \tag{9.70}$$

给出,设这些函数存在二阶导数并且参数 t 的增加对应于弧长 s 的增加. 由于曲线是光滑的,$x'(t)$ 和 $y'(t)$ 在每个点上不能同时为零. 于是

$$\frac{\mathrm{d}\alpha}{\mathrm{d}s}=\frac{\alpha'_t}{s'_t}=\frac{\alpha'_t}{\sqrt{x_t'^2+y_t'^2}}. \tag{9.71}$$

为确定起见,设 $x'(t)\neq 0$,在等式

$$\tan \alpha = \frac{\mathrm{d}y}{\mathrm{d}x} = \frac{y_t'}{x_t'}$$

两端对 t 求导数,注意 α 是 t 的函数,按链锁法则得

$$\sec^2\alpha \cdot \alpha'(t) = \frac{y_{t^2}'' x_t' - x_{t^2}'' y_t'}{x_t'^2},$$

由此

$$\alpha'(t) = \frac{1}{1+\tan^2\alpha} \cdot \frac{y_{t^2}'' x_t' - x_{t^2}'' y_t'}{x_t'^2}$$

$$= \frac{1}{1+\left(\frac{y_t'}{x_t'}\right)^2} \cdot \frac{x_t' y_{t^2}'' - x_{t^2}'' y_t'}{x_t'^2} = \frac{x_t' y_{t^2}'' - x_{t^2}'' y_t'}{x_t'^2 + y_t'^2}, \tag{9.72}$$

代入(9.71)并注意(9.69),最后得到

$$k = \frac{|x_t' y_{t^2}'' - x_{t^2}'' y_t'|}{(x_t'^2 + y_t'^2)^{\frac{3}{2}}}. \tag{9.73}$$

如果曲线由直角坐标方程 $y=y(x)$ 给出,则视 x 为参数,在 y'' 存在时,(9.73)成为

$$k = \frac{|y_{x^2}''|}{(1+y_x'^2)^{\frac{3}{2}}}. \tag{9.74}$$

最后,如果曲线由极坐标方程 $r=r(\theta)$ 给出,则取 θ 为参数,曲线可表示为

$$x=r(\theta)\cos\theta, \quad y=r(\theta)\sin\theta.$$

于是在 r'' 存在时,由(9.73)可得

$$k = \frac{|r^2 + 2r_\theta'^2 - rr_\theta''|}{(r^2 + r_\theta'^2)^{\frac{3}{2}}}. \tag{9.75}$$

例如,半径为 a 的圆周,在极坐标下的方程是 $r=a$,从而 $r_\theta' \equiv 0, r_{\theta^2}'' \equiv 0.$ 由(9.75)可得

$$k = \frac{1}{a}.$$

由此可见,圆周上每一点有相同的曲率,它等于圆的半径的倒数
(因而圆周上每一点处的曲率半径就等于该圆的半径),当然,这一
结果也可利用圆的参数方程由公式(9.73)得出,甚至根据曲率的
定义即可确认这一事实.

9.6.4 多元函数的极值

设在 n 维空间的区域 D 内给出函数 $u = f(x_1, x_2, \cdots, x_n)$,而
$\boldsymbol{x}^0 = (x_1^0, x_2^0, \cdots, x_n^0)$ 是 D 的内点,如果存在 $\boldsymbol{x}^0$ 的邻域 $U(\boldsymbol{x}^0, \delta) \subset$
D,使得此邻域内的一切 $\boldsymbol{x} = (x_1, x_2, \cdots, x_n)$,满足不等式

$$f(x_1^0, x_2^0, \cdots, x_n^0) \leqslant f(x_1, x_2, \cdots, x_n),$$
$$(f(x_1^0, x_2^0, \cdots, x_n^0) \geqslant f(x_1, x_2, \cdots, x_n)) \tag{9.76}$$

则说函数 f 在点 $\boldsymbol{x}^0$ 有**极小值(极大值)** $f(\boldsymbol{x}^0)$. 点 $\boldsymbol{x}^0$ 称为**极小(极
大)点**. 如果上述不等式在 $\boldsymbol{x}^0$ 的某邻域内成为严格的不等式,则说
$f(\boldsymbol{x}^0)$ 是严格的极小(极大)值.

极大值极小值统称为**极值**,极大点和极小点统称为**极值点**. 与
一元函数的情形一样,求解一个已知函数的极值问题通常指的是
求出它的全部极值点,判定这些点上的函数值是极大还是极小,并
计算出这些函数值.

为了能应用微分学作为工具研究极值问题,在讨论必要条件
时需假定函数有有限的一阶偏导数,而在研究充分条件时需假定
函数有连续的二阶偏导数.

设 $\boldsymbol{x}^0$ 是 $f(\boldsymbol{x})$ 的极值点,于是不等式(9.76)对于 $U(\boldsymbol{x}^0, \delta)$ 中的
一切点 $(x_1, x_2, \cdots, x_n)$ 成立,特别对于 $(x_1, x_2^0, \cdots, x_n^0)$ 有

$$f(x_1^0, x_2^0, \cdots, x_n^0) \leqslant f(x_1, x_2^0, \cdots, x_n^0)$$
$$(f(x_1^0, x_2^0, \cdots, x_n^0) \geqslant f(x_1, x_2^0, \cdots, x_n^0)),$$

这表示以 x_1 为自变量的一元函数 $f(x_1, x_2^0, \cdots, x_n^0)$ 当 $x_1 = x_1^0$ 时有
极值,于是由费马定理得知

$$f'_{x_1}(x_1^0, x_2^0, \cdots, x_n^0) = 0.$$

完全同样地可以证明,其余的一阶偏导数在点 $\boldsymbol{x}^0$ 也必须等于零.

这样,我们证明了一切一阶偏导数存在且为有限的函数在 $\boldsymbol{x}^0$ 取得极值的必要条件是

$$f'_{x_1}(\boldsymbol{x}^0)=0,\ f'_{x_2}(\boldsymbol{x}^0)=0,\cdots,\ f'_{x_n}(\boldsymbol{x}^0)=0.$$

满足这组条件的点 $\boldsymbol{x}^0$ 称为静止点.注意,和一元函数的情形一样,上面只是断言在函数的一切一阶偏导数都存在且有限的前提下极值点必定是静止点.但是部分或全体一阶偏导数不存在或成为无穷的点也可能成为极值点,但却不是静止点了.例如函数 $u=\sqrt{x^2+y^2}$ 显然在 $(0,0)$ 有极小值,但是两个偏导数 u'_x,u'_y 在 $(0,0)$ 都不存在.

和一元函数的情形相同,所有一阶偏导数在 $\boldsymbol{x}^0$ 点等于零并不是 $f(\boldsymbol{x}^0)$ 为极值的充分条件.建议读者举出适当的二元函数为例说明这一点.那么,静止点 $\boldsymbol{x}^0$ 成为极值点的充分条件是什么呢?为简单起见,仅对二元函数作出详细讨论,但下面所采用的讨论方法对于更多变元的函数也是适用的.

设函数 $f(x,y)$ 以 (x_0,y_0) 为静止点:

$$f'_x(x_0,y_0)=0,\ f'_y(x_0,y_0)=0,$$

并且在 (x_0,y_0) 的邻域内有二阶连续偏导数,于是按泰勒公式,有

$$\Delta f(x_0,y_0)=f(x,y)-f(x_0,y_0)$$
$$=\frac{1}{2}\{f''_{x^2}(\xi,\eta)\Delta x^2+2f''_{xy}(\xi,\eta)\Delta x\Delta y+$$
$$f''_{y^2}(\xi,\eta)\Delta y^2\},\qquad(9.77)$$

其中

$$(\xi,\eta)=(x_0+\theta\Delta x,y_0+\theta\Delta y),\ (0<\theta<1),$$
$$\Delta x=x-x_0,\ \Delta y=y-y_0.$$

研究 $f(x_0,y_0)$ 是不是极值归结为研究当 (x,y) 在 (x_0,y_0) 的邻域内变动时 $\Delta f(x_0,y_0)$ 是定号的还是变号的.为此目的,考察 u,v 的二次型.

$$Q(x,y,u,v)=f''_{x^2}(x,y)u^2+2f''_{xy}(x,y)uv+f''_{y^2}(x,y)v^2,$$

记

$$a_{11}=f''_{x^2}(x_0,y_0),\quad a_{12}=f''_{xy}(x_0,y_0),\quad a_{22}=f''_{y^2}(x_0,y_0),$$

(9.78)

$$Q(x_0,y_0,u,v)=a_{11}u^2+2a_{12}uv+a_{22}v^2.$$

我们来证明：

1° 若 $Q(x_0,y_0,u,v)$ 为正定型,则 $f(x_0,y_0)$ 是极小值;

2° 若 $Q(x_0,y_0,u,v)$ 为负定型,则 $f(x_0,y_0)$ 是极大值;

3° 若 $Q(x_0,y_0,u,v)$ 为不定型,则 $f(x_0,y_0)$ 不是极值.

由于 1°,2° 的证明是类似的,下面只证明 1° 和 3°.

首先证明 1°. 因为圆周 $u^2+v^2=1$ 是 $\mathbf{R}^2$ 中的有界闭集,而多项式 $Q(x_0,y_0,u,v)$ 在这个圆周上恒取正值,因而有正的最小值 m. 利用二阶偏导数的连续性,对于取定的正数 $\varepsilon=\dfrac{m}{4}$,存在 $\delta>0$,当 $\rho=\sqrt{(x-x_0)^2+(y-y_0)^2}<\delta$ 时有

$$|f''_{x^2}(x,y)-a_{11}|<\varepsilon,\ |f''_{xy}(x,y)-a_{12}|<\varepsilon,$$
$$|f''_{y^2}(x,y)-a_{22}|<\varepsilon.$$

于是,当 $\rho<\delta$ 且 $u^2+v^2=1$ 时,

$$|Q(x,y,u,v)-Q(x_0,y_0,u,v)|$$
$$=|(f''_{x^2}(x,y)-a_{11})u^2+2(f''_{xy}(x,y)-a_{12})uv+$$
$$(f''_{y^2}(x,y)-a_{22})v^2|$$
$$\leqslant\varepsilon(u^2+2|uv|+v^2)\leqslant2\varepsilon(u^2+v^2)=2\varepsilon=\frac{m}{2},$$

因而

$$Q(x,y,u,v)\geqslant Q(x_0,y_0,u,v)-\frac{m}{2}\geqslant\frac{m}{2}.$$

注意当 $\sqrt{(x-x_0)^2+(y-y_0)^2}<\delta$ 时,必定有

$$\sqrt{(\xi-x_0)^2+(\eta-y_0)^2}=|\theta|\sqrt{\Delta x^2+\Delta y^2}<\delta,$$

现在取 $u=\dfrac{\Delta x}{\rho}$, $v=\dfrac{\Delta y}{\rho}$,将所得的不等式用于(9.77)右端乃得

$$\Delta f(x_0,y_0)=\frac{\rho^2}{2}\left\{f''_{x^2}(\xi,\eta)\left(\frac{\Delta x}{\rho}\right)^2+2f''_{xy}(\xi,\eta)\frac{\Delta x}{\rho}\cdot\frac{\Delta y}{\rho}+\right.$$

$$\left.f''_{y^2}(\xi,\eta)\left(\frac{\Delta y}{\rho}\right)^2\right\}\geqslant\frac{\rho^2}{2}\cdot\frac{m}{2}>0.$$

这就证明了 $f(x_0,y_0)$ 是极小,于是 1° 得证.

其次证明 3°. 由于 $Q(x_0,y_0,u,v)$ 是不定型,存在 (u_1,v_1) 及 (u_2,v_2) 使

$$a_{11}u_1^2+2a_{12}u_1v_1+a_{22}v_1^2<0,$$

$$a_{11}u_2^2+2a_{12}u_2v_2+a_{22}v_2^2>0,$$

利用二阶偏导数的连续性,存在 $\delta>0$,使得当

$$\rho=\sqrt{(x-x_0)^2+(y-y_0)^2}<\delta$$

时成立

$$f''_{x^2}(x,y)u_1^2+2f''_{xy}(x,y)u_1v_1+f''_{y^2}(x,y)v_1^2<0,$$

$$f''_{x^2}(x,y)u_2^2+2f''_{xy}(x,y)u_2v_2+f''_{y^2}(x,y)v_2^2>0.$$

另一方面,由(9.77)得

$$\left.\begin{aligned}&f(x_0+\alpha u_1,y_0+\alpha v_1)-f(x_0,y_0)\\&=\frac{\alpha^2}{2}\{f''_{x^2}(\xi_1,\eta_1)u_1^2+2f''_{xy}(\xi_1,\eta_1)u_1v_1+f''_{y^2}(\xi_1,\eta_1)v_1^2\},\\&f(x_0+\alpha u_2,y_0+\alpha v_2)-f(x_0,y_0)\\&=\frac{\alpha^2}{2}\{f''_{x^2}(\xi_2,\eta_2)u_2^2+2f''_{xy}(\xi_2,\eta_2)u_2v_2+f''_{y^2}(\xi_2,\eta_2)v_2^2\}.\end{aligned}\right\}\quad(9.79)$$

若限制

$$0<\alpha<\min\left(\frac{\delta}{\sqrt{u_1^2+v_1^2}},\frac{\delta}{\sqrt{u_2^2+v_2^2}}\right),$$

则由

$$\sqrt{(\xi_1-x_0)^2-(\eta_1-y_0)^2}=\sqrt{\theta_1^2\alpha^2(u_1^2+v_1^2)}<\sqrt{\alpha^2(u_1^2+v_1^2)}\leqslant\delta,$$

$$\sqrt{(\xi_2-x_0)^2-(\eta_2-y_0)^2}=\sqrt{\theta_2^2\alpha^2(u_2^2+v_2^2)}<\sqrt{\alpha^2(u_2^2+v_2^2)}\leqslant\delta,$$

知在(9.79)中第一式小于零,而第二式大于零. 注意到正数可取得任意小,即知点$(x_0+\alpha u_1,y_0+\alpha v_1)$,$(x_0+\alpha u_2,y_0+\alpha v_1)$可以任意接近$(x_0,y_0)$并使

$$f(x_0+\alpha u_1,y_0+\alpha v_1)<f(x_0,y_0),$$
$$f(x_0+\alpha u_2,y_0+\alpha v_2)<f(x_0,y_0).$$

这就表明$f(x_0,y_0)$不是极值,于是3°得证.

代数学已经证明:当$a_{11}a_{22}-a_{12}^2>0$时,$a_{11}u^2+2a_{12}uv+a_{22}v^2$为有定型,且$a_{11}>0$时为正定型而$a_{11}<0$时为负定型;当$a_{11}a_{22}-a_{12}^2<0$时,$a_{11}u^3+2a_{12}uv+a_{22}v^2$为不定型. 于是,我们得到二元函数$f(x,y)$在静止点$(x_0,y_0)$是否有极值的判定准则:

1° 若$a_{11}a_{22}-a_{12}^2>0$且$a_{11}>0$,则$f(x_0,y_0)$是极小;

2° 若$a_{11}a_{22}-a_{12}^2>0$且$a_{11}<0$,则$f(x_0,y_0)$是极大;

3° 若$a_{11}a_{22}-a_{12}^2<0$,则$f(x_0,y_0)$不是极值.

当$a_{11}a_{22}-a_{12}^2=0$时,上述判别法没有给出结论. 事实上,此时什么情形都可能发生. 例如三个函数

$$z_1=y^2+x^4,\ z_2=-y^2-x^4,\ z_3=y^2+x^3$$

都以$(0,0)$为静止点,且$a_{11}a_{22}-a_{12}^2=0$,但容易看出,$(0,0)$对于z_1是极小点,对于z_2是极大点,而对于z_3不是极值点.

下面举例说明上述法则的应用.

例1 研究函数$z=xy\ln(x^2+y^2)$的极值.

解 函数的定义域为$\{(x,y)|x^2+y^2\neq0\}$,

$$\frac{\partial z}{\partial x}=y\ln(x^2+y^2)+\frac{2x^2y}{x^2+y^2},$$
$$\frac{\partial z}{\partial y}=x\ln(x^2+y^2)+\frac{2xy^2}{x^2+y^2}.$$

令$\frac{\partial z}{\partial x}=0,\frac{\partial z}{\partial y}=0$,得方程组

$$\begin{cases} y\left[\ln\left(x^2+y^2\right)+\dfrac{2x^2}{x^2+y^2}\right]=0, \\[2mm] x\left[\ln\left(x^2+y^2\right)+\dfrac{2y^2}{x^2+y^2}\right]=0. \end{cases}$$

由此解出全部静止点为:

$$(0,\pm 1),(\pm 1,0),\left(\pm\frac{1}{\sqrt{2e}},\pm\frac{1}{\sqrt{2e}}\right),\left(\pm\frac{1}{\sqrt{2e}},\mp\frac{1}{\sqrt{2e}}\right).$$

由于函数 z 对变数 x 或 y 说来都是奇函数,易见 $(0,\pm 1)$ 及 $(\pm 1,0)$ 都不是极值点. 为了对其余静止点作出判定,算出二阶导数

$$\frac{\partial^2 z}{\partial x^2}=\frac{2xy}{x^2+y^2}+\frac{4xy^3}{(x^2+y^2)^2},$$

$$\frac{\partial^2 z}{\partial y^2}=\frac{2xy}{x^2+y^2}+\frac{4x^3 y}{(x^2+y^2)^2},$$

$$\frac{\partial^2 z}{\partial x\partial y}=\ln\left(x^2+y^2\right)+2-\frac{4x^2 y^2}{(x^2+y^2)^2}.$$

对于点 $\left(\pm\dfrac{1}{\sqrt{2e}},\pm\dfrac{1}{\sqrt{2e}}\right)$,

$$a_{11}=\frac{\partial^2 z}{\partial x^2}=2,\ a_{22}=\frac{\partial^2 z}{\partial y^2}=2,\ a_{12}=\frac{\partial^2 z}{\partial x\partial y}=0,$$

于是 $a_{11}>0,a_{11}a_{22}-a_{12}^2>0$,故 $\left(\pm\dfrac{1}{\sqrt{2e}},\pm\dfrac{1}{\sqrt{2e}}\right)$ 为极小点,极小值 $z\left(\pm\dfrac{1}{\sqrt{2e}},\pm\dfrac{1}{\sqrt{2e}}\right)=-\dfrac{1}{2e}.$

对于点 $\left(\pm\dfrac{1}{\sqrt{2e}},\mp\dfrac{1}{\sqrt{2e}}\right)$,

$$a_{11}=-2,a_{22}=-2,a_{12}=0.$$

于是 $a_{11}<0,a_{11}a_{22}-a_{12}^2>0$,故 $\left(\pm\dfrac{1}{\sqrt{2e}},\mp\dfrac{1}{\sqrt{2e}}\right)$ 为极大点,极大值 $z\left(\pm\dfrac{1}{\sqrt{2e}},\mp\dfrac{1}{\sqrt{2e}}\right)=\dfrac{1}{2e}.$

如果将计算结果用列表法表示,则不但看起来一目了然,而且还可防止计算过程中发生遗漏.

例 2 研究函数 $z = x^4 + y^4 - x^2 - 2xy - y^2$ 的极值.

解 $\dfrac{\partial z}{\partial x} = 4x^3 - 2x - 2y,\ \dfrac{\partial z}{\partial y} = 4y^3 - 2x - 2y,\ \dfrac{\partial^2 z}{\partial x^2} = 12x^2 - 2,$

$\dfrac{\partial^2 z}{\partial y^2} = 12y^2 - 2,\ \dfrac{\partial^2 z}{\partial x \partial y} = -2.$

由方程组 $\dfrac{\partial z}{\partial x} = 0,\ \dfrac{\partial z}{\partial y} = 0$ 即

$$\begin{cases} 2x^3 - x - y = 0, \\ 2y^3 - x - y = 0. \end{cases}$$

解出静止点 $(0,0),(1,1),(-1,-1)$. 于是可以列出表格:

(其中 $\Delta = a_{11}a_{22} - a_{12}^2$)

	a_{11}	a_{22}	a_{12}	Δ	z
$(0,0)$	-2	-2	-2	0	0
$(1,1)$	10	10	-2	$+$	-2
$(-1,-1)$	10	10	-2	$+$	-2

由此得知,$(1,1)$ 及 $(-1,-1)$ 都是极小点,极小值为 -2. 对于 $(0,0)$,$a_{11}a_{22} - a_{12}^2 = 0$,判别法没有给出结论,但对于 $0 < x < 1$,令 $y = x$ 得 $z = 2x^4 - 4x^2 < 0$,令 $y = -x$ 得 $z = 2x^4 > 0$,由此可见 $(0,0)$ 不是极值点.

最后,给出 n 元函数的极值的充分条件而略去证明. 设 $f(x_1, x_2, \cdots, x_n)$ 在静止点 $(x_1^0, x_2^0, \cdots, x_n^0)$ 的邻域内连续并有连续的一阶二阶偏导数,记

$$f''_{x_i x_k}(x_1^0, x_2^0, \cdots, x_n^0) = a_{ik} \quad (i, k = 1, 2, \cdots, n),$$

则当

$$a_{11}>0, \quad \begin{vmatrix} a_{11} & a_{12} \\ a_{21} & a_{22} \end{vmatrix}>0, \cdots, \begin{vmatrix} a_{11} & a_{12} & \cdots & a_{1n} \\ a_{21} & a_{22} & \cdots & a_{2n} \\ \vdots & \vdots & & \vdots \\ a_{n1} & a_{n2} & \cdots & a_{nn} \end{vmatrix}>0$$

时, $f(x_1^0, x_2^0, \cdots, x_n^0)$ 是极小值;而当

$$a_{11}<0, \quad \begin{vmatrix} a_{11} & a_{12} \\ a_{21} & a_{22} \end{vmatrix}>0, \cdots, (-1)^n \begin{vmatrix} a_{11} & a_{12} & \cdots & a_{1n} \\ a_{21} & a_{22} & \cdots & a_{2n} \\ \vdots & \vdots & & \vdots \\ a_{n1} & a_{n2} & \cdots & a_{nn} \end{vmatrix}>0$$

时, $f(x_1^0, x_2^0, \cdots, x_n^0)$ 是极大值.

如果二次型 $\sum\limits_{i,k=1}^{n} a_{ik} u_i v_k$ 是不定型,则 $f(x_1^0, x_2^0, \cdots, x_n^0)$ 不是极值.

9.6.5 最大值·最小值

如果一个多元函数定义在有界闭区域 D 上,并且在 D 上连续,则它在 D 上有最大值和最小值. 如果达到最大值或最小值的点 M_0 是 D 的内点,则 M_0 显然是极值点. 不过,函数的最大值或最小值也可能在 D 的边界点上达到. 因此,为了求出函数的最大值和最小值,需要求出它位于 D 内部的极值点,算出相应的函数值,并将这些数值与 D 的边界上的函数值比较,其中最大者即最大值,最小者即最小值. 由于这里最终要对极值进行比较,因而没有必要判定每个极值是极大还是极小. 如果所考察的函数是从具体问题中提出来的,联系问题的实际意义,往往有助于最大值和最小值的判定.

例1 求半径为 R 的圆的内接三角形的最大面积.

解 以 x, y, z 记三角形三边所张的圆心角,若圆心在三角形内部(图9-8),则 $z=2\pi-x-y$;若圆心在三角形的外部或边界

上,则 $z=x+y$. 在前一情形,三角形的面积为

$$S=\frac{R^2}{2}(\sin x+\sin y+\sin z)$$

$$=\frac{R^2}{2}[\sin x+\sin y-\sin(x+y)];$$

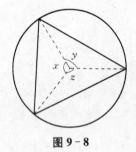

图 9-8   图 9-9

在后一种情形,

$$S=\frac{R^2}{2}(\sin x+\sin y-\sin z)$$

$$=\frac{R^2}{2}[\sin x+\sin y-\sin(x+y)].$$

求内接三角形面积的最大值就是求 $u=\sin x+\sin y-\sin(x+y)$ 的最大值.

下面来考虑 x,y,z 的变化范围.

第一种情况:圆心在三角形内部,则 $0<x<\pi,0<y<\pi,0<2\pi-(x+y)<\pi$(即 $x+y>\pi$).

第二种情况:圆心在三角形边界或外面,则 $0<x\leqslant\pi,0<y\leqslant\pi,0<x+y\leqslant\pi$,也就是图 9-9 中 $\triangle OAB$.

两者合起来就是四边形 $OACB$,也就是图 9-9 中 $\triangle ACB$.

于是,问题归结为在有界闭区域(图 9-9)

$$D:\pi\geqslant x\geqslant 0,\ \pi\geqslant y\geqslant 0,$$

上求函数

$$u = \sin x + \sin y - \sin(x+y)$$

的最大值. 由

$$\begin{cases} \dfrac{\partial u}{\partial x} = \cos x - \cos(x+y) = 0, \\[2mm] \dfrac{\partial u}{\partial y} = \cos y - \cos(x+y) = 0 \end{cases}$$

知, 函数在 D 内有唯一的静止点 $\left(\dfrac{2\pi}{3}, \dfrac{2\pi}{3}\right)$, 而 $u\left(\dfrac{2\pi}{3}, \dfrac{2\pi}{3}\right) = \dfrac{3\sqrt{3}}{2}$,

且在 D 的边界上

$u(OA) = 0, u(OB) = 0, u(AC) = 2\sin y \leqslant 2, u(BC) = 2\sin x \leqslant 2.$

由此可知 u 的值都小于这个数. 于是 u 的最大值为 $\dfrac{3\sqrt{3}}{2}$. 从而断定,

当圆的内接三角形为等边三角形时, 其面积最大, 其大值为 $\dfrac{3\sqrt{3}}{4} R^2$.

有时, 边界上的函数值不像例 1 那样明显, 下面的例子就是如此.

例 2 求曲面 $z = x^2 + y^2 - 2x - y$ 在区域

$$D: x \geqslant 0, \ y \geqslant 0, \ 2x + y \leqslant 4$$

上的最高点及最低点.

解 问题就是求函数 z 在有界闭区域 D 上的最大值与最小值. 由 $\dfrac{\partial z}{\partial x} = 0, \dfrac{\partial z}{\partial y} = 0$ 容易算出唯一的静止点 $\left(1, \dfrac{1}{2}\right)$, 且 $z\left(1, \dfrac{1}{2}\right) = -\dfrac{5}{4}$. 在边界 OA (图 9-10) 上, $y = 0$, 函数 z 成为 x 的一元函数 $z(x, 0) = x^2 - 2x(0 \leqslant x \leqslant 2)$, 按一元函数求极值的方法, 在区间 $(0,2)$ 内求出静止点

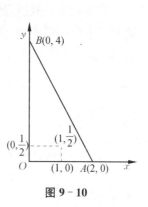

图 9-10

$x=1$，从而可得 $z(1,0)=-1$. 在边界 OB 上 $x=0$，$z(0,y)=y^2-y$ $(0\leqslant y\leqslant 4)$，它在区间 $(0,4)$ 内有静止点 $y=\dfrac{1}{2}$，从而算出 $z\left(0,\dfrac{1}{2}\right)=-\dfrac{1}{4}$. 类似地，在边界 AB 上，$y=4-2x$，$z(x,4-2x)=5x^2-16x+12(0\leqslant x\leqslant 2)$，它在区间 $(0,2)$ 内有静止点 $x=\dfrac{8}{5}$，由此，$z\left(\dfrac{8}{5},\dfrac{4}{5}\right)=-\dfrac{4}{5}$，最后再算出这三个函数在各自的定义域的端点的函数值，也就是算出函数在三角形的顶点 O,A,B 的值：$z(0,0)=0$，$z(2,0)=0$，$z(0,4)=12$. 比较求出的所有这些函数值，即知曲面在 D 上的最低点为 $\left(1,\dfrac{1}{2},-\dfrac{5}{4}\right)$，而最高点为 $(0,4,12)$.

注意　例 1 和例 2 在所考虑的区域内部极值点都是唯一的，并且容易验明在例 1 是极大值，在例 2 是极小值. 我们已见，它们也恰好分别是函数在整个闭区域上的最大值与最小值. 但是，与一元函数的情形不同，这并不是必然如此的. 也就是说，在多元函数的情形，即使极值点是唯一的，极小值仍然可能不是最小值，极大值也可能不是最大值. 我们不去举具体的例子了.

有些问题，函数虽然不是定义在有界闭区域上，但仍然可以讨论其最大值或最小值. 例如，在例 2 中以 $\mathbf{R}^2$ 代替 D. 由于沿直线 $y=x$ 趋于无穷大时，函数 z 趋于正无穷大，因而曲面不存在最高点. 另一方面，由于点 $\left(1,\dfrac{1}{2}\right)$ 也是 $\mathbf{R}^2$ 中的静止点，并且对于 $\mathbf{R}^2$ 中的一切点 (x,y)，只要 $(x,y)\neq\left(1,\dfrac{1}{2}\right)$，都有

$$z-\left(-\dfrac{5}{4}\right)=x^2+y^2-2x-y+\dfrac{5}{4}=(x-1)^2+\left(y-\dfrac{1}{2}\right)^2>0,$$

由此可见，点 $\left(1,\dfrac{1}{2},-\dfrac{5}{4}\right)$ 仍然是曲面的最低点.

9.6.6　条件极值·拉格朗日乘数法

在实际应用中,往往会遇到这样一种情况:需要寻求某已知函数的极值,但这个函数的自变数不能相互独立地变化,而是要服从某些附加的限制.在数学上就表现为满足某些方程.例如,在 Oxy 平面上,要计算一个定点与已知曲线上的动点之间的最大距离或最小距离,则动点的坐标要满足一个方程 $f(x,y)=0$. 而在计算一条空间曲线上的动点到某个坐标面的距离的最大值或最小值时,动点的坐标就需要同时满足两个方程 $F(x,y,z)=0$ 和 $G(x,y,z)=0$. 下面,给出诸如此类的极值问题的一般提法.

假设 $n+m$ 元函数 $f(x_1,x_2,\cdots,x_{n+m})$ 的变元满足 m 个方程

$$\Phi_i(x_i,x_2,\cdots,x_{n+m})=0 \quad (i=1,2,\cdots,m), \tag{9.80}$$

如果对满足(9.80)的点 $\boldsymbol{x}^0=(x_1^0,x_2^0,\cdots,x_{n+m}^0)$ 的某个邻域内所有满足这同一组方程的点 $\boldsymbol{x}=(x_1,x_2,\cdots,x_{n+m})$ 都成立不等式

$$f(x_1^0,x_2^0,\cdots,x_{n+m}^0)\leqslant f(x_1,x_2,\cdots,x_{n+m})$$
$$(f(x_1^0,x_2^0,\cdots,x_{n+m}^0)\geqslant f(x_1,x_2,\cdots,x_{n+m})),$$

则说 f 在 $(x_1^0,x_2^0,\cdots,x_{n+m}^0)$ 有**条件极小(大)值** $f(x_1^0,x_2^0,\cdots,x_{n+m}^0)$,并称 $(x_1^0,x_2^0,\cdots,x_{n+m}^0)$ 为**条件极小(大)点**.

方程(9.80)称为**约束方程**或**约束条件**.条件极值也称为**相对极值**.区别于此,在 6.4 段所研究过的极值称为**无条件极值**或**绝对极值**.

为书写简单起见,以满足两个约束条件的四元函数来阐明条件极值问题的解法,其他情形是完全类似的.

于是,在条件

$$F(x,y,u,v)=0, \; G(x,y,u,v)=0 \tag{9.81}$$

之下求 $f(x,y,u,v)$ 的极值,这里假设函数 F,G,f 及它们的一阶偏导数都是连续的.问题首先是如何求出极值点.如果点 $\boldsymbol{P}_0(x_0,$

y_0, u_0, v_0)是一个极值点，且 F, G 的雅可比矩阵在 $\boldsymbol{P}_0$ 的秩为 $2^{①}$（与约束方程的个数相同），于是，至少有一个二阶子式在这点不等于零，为确定起见，设

$$\begin{vmatrix} F'_u & F'_v \\ G'_u & G'_v \end{vmatrix}_{P_0} \neq 0, \tag{9.82}$$

按隐函数存在定理，在 $\boldsymbol{P}_0$ 的邻域 U 内存在可微隐函数

$$u = \varphi(x, y), \quad v = \psi(x, y). \tag{9.83}$$

这里 x, y 是独立变量，因而

$$f(x, y, u, v) = f(x, y, \varphi(x, y), \psi(x, y)).$$

由于(9.83)和(9.81)在邻域 U 内是等价的，因而条件(9.81)下 $f(x, y, u, v)$ 在 $\boldsymbol{P}_0$ 的条件极值就成为复合函数 $f(x, y, \varphi(x, y),$ $\psi(x, y))$ 在 (x_0, y_0) 的无条件极值，而问题可按 9.6.4 段的方法解决. 在 9.6.4 段的例 1 中，我们实际上就是把问题归结为 $u = \sin x + \sin y + \sin z$ 在约束条件 $x + y + z = 2\pi$ 或 $u = \sin x + \sin y - \sin z$ 在约束条件 $z = x + y$ 之下的极值问题，并按刚才所指出的方法求解的. 但是，在实践中，形如(9.83)的显式未必能得到，也就是说，未必能在约束方程中解出一部分变元用其他变元表达. 有时候，虽然解出了部分变元用形如(9.83)的显式表示了出来，但却因此而破坏了方程的对称性，使计算变得困难起来. 为了克服这些缺陷，拉格朗日提出了一种方法，后人称之为拉格朗日乘数法.

如上所说，$f(x, y, \varphi(x, y), \psi(x, y))$ 在 (x_0, y_0) 有无条件极值，因此，作为 x, y 的复合函数，它在 (x_0, y_0) 的两个偏导数等于零，从而微分 $\mathrm{d}f$ 也为零. 而按一阶全微分的不变性，这就表示

$$f'_x \mathrm{d}x + f'_y \mathrm{d}y + f'_u \mathrm{d}u + f'_v \mathrm{d}v = 0, \tag{9.84}$$

其中所有偏导数都在 $\boldsymbol{P}_0(x_0, y_0, u_0, v_0)$ 取值. 另一方面，以函数(9.83)代入方程(9.81)后，复合函数 $F(x, y, \varphi(x, y), \psi(x, y))$ 及

---

① 按定理 9.18，这表示函数 F 和 G 在 $\boldsymbol{P}_0$ 的邻域内是函数独立的.

$G(x,y,\varphi(x,y),\psi(x,y))$ 的微分在 $\boldsymbol{P}_0$ 的邻域内应恒等于零,特别在 $\boldsymbol{P}_0$ 应有

$$\left.\begin{array}{l} F'_x\,\mathrm{d}x+F'_y\,\mathrm{d}y+F'_u\,\mathrm{d}u+F'_v\,\mathrm{d}v=0,\\ G'_x\,\mathrm{d}x+G'_y\,\mathrm{d}y+G'_u\,\mathrm{d}u+G'_v\,\mathrm{d}v=0, \end{array}\right\} \tag{9.85}$$

以待定常数 λ 和 μ 分别乘以(9.85)中的两个等式并与(9.84)相加,得

$$(f'_x+\lambda F'_x+\mu G'_x)\mathrm{d}x+(f'_y+\lambda F'_y+\mu G'_y)\mathrm{d}y+$$

$$(f'_u+\lambda F'_u+\mu G'_u)\mathrm{d}u+(f'_v+\lambda F'_v+\mu G'_v)\mathrm{d}v=0. \tag{9.86}$$

选取 λ 和 μ 使 $\mathrm{d}u,\mathrm{d}v$ 的系数等于零,即

$$\begin{array}{l} f'_u+\lambda F'_u+\mu G'_u=0,\\ f'_v+\lambda F'_v+\mu G'_v=0. \end{array} \tag{9.87}$$

由条件(9.82)知满足条件(9.87)的 λ,μ 是存在的. 注意 x 和 y 是独立变量,$\mathrm{d}x$ 和 $\mathrm{d}y$ 是它们的任意微分,于是对如此选取的 λ 和 μ,(9.86)中 $\mathrm{d}x$ 及 $\mathrm{d}y$ 的系数也应等于零,即

$$\begin{array}{l} f'_x+\lambda F'_x+\mu G'_x=0,\\ f'_y+\lambda F'_y+\mu G'_y=0. \end{array} \tag{9.88}$$

由于 x_0,y_0,u_0,v_0,还必须满足约束条件(9.81),于是一共得到了六个方程(9.81),(9.87)和(9.88),由此可以确定点 $\boldsymbol{P}_0$ 的坐标 x_0,y_0,u_0,v_0 以及相应的乘数 λ 和 μ.

为了简便地记住所说的方法,可以作辅助函数

$$\Phi(x,y,u,v,\lambda,\mu)=f+\lambda F+\mu G,$$

形式上考察函数 Φ 的无条件极值,令它的所有一阶偏导数等于零,得

$$\Phi'_x=0,\quad \Phi'_y=0,\quad \Phi'_u=0,\quad \Phi'_v=0,\quad \Phi'_\lambda=0,\quad \Phi'_\mu=0.$$

这些方程不是别的,正是(9.81),(9.87)和(9.88).

上述这种方法称为**拉格日朗日乘数法**. 在采用这种方法解极值问题时,虽然由于引进了乘数而增加了未知数的个数,但却往往因此使方程获得了某种对称性,而使求解过程变得简单起来.

拉格朗日乘数法所得到的仅仅是条件极值的必要条件. 不过, 在很多情形下, 由于能按严格的数学理论或问题的实际意义断定在所论区域内使函数达到最大值或最小值的点的存在性, 我们往往能断定函数在静止点实际上取得了最大值或最小值. 通过下面的例子, 读者可以很清楚地了解这里所说的一切. 当不能断定取得最大值或最小值的点确实存在时, 则需要在求出静止点以后进行适当的论证, 9.6.5 段的最后的讨论是这种论证的最简单的例子.

例 1 求圆周 $(x-1)^2+y^2=1$ 上的点与定点 $(0,1)$ 的距离的最大值及最小值.

解 即在条件 $(x-1)^2+y^2=1$ 之下求函数 $d=\sqrt{x^2+(y-1)^2}$ 的最大值与最小值. 显然, 这等价于在相同约束条件下求 $d^2=x^2+(y-1)^2$ 的最大值与最小值. 作辅助函数
$$\Phi=x^2+(y-1)^2+\lambda[(x-1)^2+y^2-1],$$
列出方程组 $\Phi'_x=0, \Phi'_y=0, \Phi'_\lambda=0$, 即
$$\left.\begin{array}{l} x+\lambda(x-1)=0, \\ y-1+\lambda y=0, \\ (x-1)^2+y^2-1=0, \end{array}\right\} \tag{9.89}$$
由前两个方程得
$$x-1=-\frac{x}{\lambda}, \quad y=-\frac{(y-1)}{\lambda}, \tag{9.90}$$
即
$$x=\frac{\lambda}{1+\lambda}, \quad y=\frac{1}{1+\lambda}. \tag{9.91}$$
以 (9.90) 代入 (9.89) 的第三个方程 (它就是约束条件) 得
$$x^2+(y-1)^2=\lambda^2,$$
即 $d^2=\lambda^2$, 所以
$$d=\sqrt{x^2+(y-1)^2}=|\lambda|.$$
以 (9.91) 代入 (9.89) 的第三个方程得

$$(1+\lambda)^2=2,\ \lambda=\pm\sqrt{2}-1.$$

由于连续函数 $x^2+(y-1)^2$ 在有界闭集 $(x-1)^2+y^2=1$ 上的最大值最小值是存在的,因而可以断言,所求的最大距离是 $\sqrt{2}+1$,最小距离是 $\sqrt{2}-1$,它们分别在点 $(x_1,y_1)=\left(1+\dfrac{\sqrt{2}}{2},-\dfrac{\sqrt{2}}{2}\right)$ 和

$(x_2,y_2)=\left(1-\dfrac{\sqrt{2}}{2},\dfrac{\sqrt{2}}{2}\right)$ 达到.

例 2 设 $a>0$,求曲线

$$\left.\begin{array}{r}x^2+y^2=2az,\\ x^2+y^2+xy=a^2\end{array}\right\} \tag{9.92}$$

上的点与 Oxy 平面的最大距离与最小距离.

解 $x^2+y^2=2az$ 是椭圆抛物面,$x^2+y^2+xy=a^2$ 是椭圆柱面,它们的交线是一条闭曲线.因而所求的最大距离与最小距离是显然存在的.问题归结为在约束条件(9.92)之下求 z 的最大值与最小值.按拉格朗日乘数法,令

$$\Phi=z+\lambda(x^2+y^2-2az)+\mu(x^2+y^2+xy-a^2),$$

方程组 $\Phi_x'=0,\Phi_y'=0,\Phi_z'=0$ 即(我们不再写出方程 $\Phi_\lambda'=0$ 和 $\Phi_\mu'=0$,因为它们就是约束条件)

$$2\lambda x+2\mu x+\mu y=0, \tag{9.93}$$
$$2\lambda y+2\mu y+\mu x=0, \tag{9.94}$$
$$1-2a\lambda=0. \tag{9.95}$$

依次以 $x,y,2z$ 乘这三个方程再相加,得

$$2z+2\lambda(x^2+y^2-2az)+2\mu(x^2+y^2+xy)=0,$$

注意到(9.92)即知

$$z+a^2\mu=0,$$

于是

$$z=-a^2\mu. \tag{9.96}$$

如果 $xy\neq0$,则在(9.93),(9.94)中消去 x,y 得 $4(\lambda+\mu)^2=$

μ^2, 即 $(2\lambda + \mu)(2\lambda + 3\mu) = 0$. 但按 (9.95), $\lambda = \dfrac{1}{2a}$, 所以

$$\mu_1 = -2\lambda = -\frac{1}{a}, \quad \mu_2 = -\frac{2\lambda}{3} = -\frac{1}{3a},$$

分别代入 (9.96) 得

$$z_1 = -a^2\mu_1 = a, \quad z_2 = -a^2\mu_2 = \frac{a}{3}.$$

如果 $x = 0$, 则由 (9.93) 知, $\mu = 0$ 或者 $y = 0$, 但若 $\mu = 0$, 则由 (9.96) 及 (9.92) 的第一个方程仍然得出 $y = 0$. 同理, 如果 $y = 0$ 则必 $x = 0$. 但是, $x = 0$, $y = 0$ 显然不能满足 (9.92) 第二的个方程. 可见静止点一定满足条件 $xy \neq 0$. 于是, 所求的最大距离为 a, 而最小距离为 $\dfrac{a}{3}$. 并且由 (9.92) 易于算出, 最大距离在点 $(\pm a, \mp a, a)$ 达到, 而最小距离在点 $\left(\pm \dfrac{a}{\sqrt{3}}, \pm \dfrac{a}{\sqrt{3}}, \dfrac{a}{3}\right)$ 达到.

例 3 将正数 c 分解为 n 个正数之和, 使它们的乘积最大.

解 即求在约束条件 $x_1 + x_2 + \cdots + x_n = c$ 之下的函数 $u = x_1 x_2 \cdots x_n$ 的最大值. 令

$$\Phi = x_1 x_2 \cdots x_n - \lambda(x_1 + x_2 + \cdots + x_n - c),$$

则由 $\Phi'_{x_i} = 0$ 得

$$\frac{u}{x_i} = \lambda \quad (i = 1, 2, \cdots, n), \tag{9.97}$$

从而 $x_i = \dfrac{u}{\lambda}$, 而约束条件成为

$$\frac{nu}{\lambda} = c,$$

所以

$$u = \frac{\lambda c}{n}.$$

于是由 (9.97) 得 $x_i = \dfrac{u}{\lambda} = \dfrac{c}{n}$.

由于函数 $u=x_1x_2\cdots x_n$ 的连续性,它在集合
$$D:x_1\geqslant 0,x_2\geqslant 0,\cdots,x_n\geqslant 0,x_1+x_2+\cdots+x_n=c.$$
上有最大值与最小值.并且在 x_i 中至少有一个为零时取得最小值零,因而在 $x_i=\dfrac{c}{n}(i=1,2,\cdots,n)$ 时 u 取得最大值 $\left(\dfrac{c}{n}\right)^n$.即当 c 分成 n 个相等的正数时乘积最大.

例3表明:
$$x_1x_2\cdots x_n\leqslant\left(\frac{c}{n}\right)^n=\left(\frac{x_1+x_2+\cdots x_n}{n}\right)^n,$$
亦即
$$\sqrt[n]{x_1x_2\cdots x_n}\leqslant\frac{x_1+x_2+\cdots+x_n}{n},(x_i\geqslant 0,i=1,2,\cdots,n)$$
并且当且仅当 $x_1=x_2=\cdots=x_n$ 时等号成立.这最后的不等式表示:任何有限个正数,其几何平均值不超过算术平均值.第4章4.3.3段例2曾用其他方法证明过这一结论.

习　题

1. 求下列曲线在指定点处的切线和法平面的方程:

（1） $x=a\cos\alpha\cos t,y=a\sin\alpha\cos t,z=a\sin t$,在 $t=t_0$ 所对应的点,α 为常数;

（2） $x^2+y^2=a^2$, $y^2+z^2=a^2$,在点 (x_0,y_0,z_0);

（3） $x^2+y^2+z^2=6$, $x+y+z=0$,在点 $(1,-2,1)$;

（4） $y=x$, $z=x^2$,在点 $(1,1,1)$.

2. 求下列曲线在指定点的切线的方向余弦:

（1） $x=t^2,y=t^3,z=t^4$,在 $t=1$ 对应的点;

（2） $xyz=1,y^2=x$ 在点 $(1,1,1)$.

3. 在曲线 $x=t,y=t^2,z=t^3$ 上求点,使过此点的切线平行于

平面 $x+2y+z=4$.

4. 证明:螺旋线 $x=a\cos t, y=a\sin t, z=bt$ 的切线与 Oz 轴形成定角.

5. 设 $f(x,y)$ 的一阶偏导数连续,试求曲线

$$z=f(x,y), \frac{x-x_0}{\cos\alpha}=\frac{y-y_0}{\sin\alpha},$$

在 (x_0,y_0) 的切线与 Oxy 平面所成角的正切.

6. 求下列曲面在指定点的切平面和法线:

(1) $2^{\frac{x}{z}}+2^{\frac{y}{z}}=8$ 在点 $(2,2,1)$;(2) $z=x^2+y^2$ 在点 $(1,2,5)$;

(3) $x=a\sin\varphi\cos\theta, y=b\sin\varphi\sin\theta, z=c\cos\varphi$ 在 $\varphi=\varphi_0$, $\theta=\theta_0$.

7. 圆柱 $x^2+y^2=a^2$ 与曲面 $bz=xy$ 在公共点 (x_0,y_0,z_0) 相交成怎样的角?

8. 在曲面 $x^2+2y^2+3z^2+2xy+4yz+2zx=8$ 上求出切平面平行于坐标平面的诸切点.

9. 在椭球面

$$\frac{x^2}{a^2}+\frac{y^2}{b^2}+\frac{z^2}{c^2}=1$$

上哪些点上的法线与坐标轴成等角?

10. 证明:柱坐标系中经过同一点的三个坐标曲面相互正交.

11. 证明:曲面 $xyz=a^3(a>0)$ 的切平面与坐标面形成的四面体的体积为常数.

12. 求下列曲线的曲率半径:

(1) $y^2=2px$;   (2) $r=a(1+\cos\theta)$;

(3) $x=a(t-\sin t), y=a(1-\cos t)$;

(4) $r^2=a^2\cos 2\theta$.

13. 证明:不论常数 a,b 取什么值,函数 $z=y^2-x^2+ax+by$ 都没有极值.

14. 证明函数 $f(x,y)=x\,\mathrm{e}^{y+x\sin y}$ 无极值.

15. 求下列函数的极值：

(1) $z=x^2+(y-1)^2$；

(2) $z=xy+\dfrac{50}{x}+\dfrac{20}{y}\quad(x>0,y>0)$；

(3) $z=xy\sqrt{1-\dfrac{x^2}{a^2}-\dfrac{y^2}{b^2}}\quad(a>0,b>0)$；

(4) $z=\sin x+\cos y+\cos(x-y)\quad\left(0\leqslant x\leqslant\dfrac{\pi}{2},0\leqslant y\leqslant\dfrac{\pi}{2}\right)$；

(5) $z(x,y)$ 由 $x^2+y^2+z^2-2x+2y-4z-10=0$ 定义；

(6) $z=x_1x_2^2\cdots x_n^n(1-x_1-2x_2-\cdots-nx_n)$；
$(x_1>0,x_2>0,\cdots,x_n>0)$

(7) $z=x_1+\dfrac{x_2}{x_1}+\dfrac{x_3}{x_2}+\cdots+\dfrac{x_n}{x_{n-1}}+\dfrac{2}{x_n}$.
$(x_1>0,x_2>0,\cdots,x_n>0)$

16. 求曲面 $z=\dfrac{x^2}{2}-4xy+9y^2+3x-14y+\dfrac{1}{2}$ 的最低点,它有没有最高点？

17. 求抛物线 $y=x^2$ 与直线 $x-y-2=0$ 之间的最短距离.

18. 分解正数 a 为 n 个非负数之和,使这 n 个数的平方和最小.

19. 在椭球
$$\dfrac{x^2}{a^2}+\dfrac{y^2}{b^2}+\dfrac{z^2}{c^2}=1$$
内嵌入有最大体积的长方体.

20. 求周长为 $2p$ 的三角形的最大面积.

21. 求下列函数在指定约束条件下的最大值与最小值：

(1) $z=\dfrac{x}{a}+\dfrac{y}{b}$,若 $x^2+y^2=1$；

(2) $z = x^2 + y^2$, 若 $\dfrac{x}{a} + \dfrac{y}{b} = 1$;

(3) $z = Ax^2 + 2Bxy + Cy^2$, 若 $x^2 + y^2 = 1$;

(4) $u = x - 2y + 2z$, 若 $x^2 + y^2 + z^2 = 1$;

(5) $u = xyz$, 若 $x^2 + y^2 + z^2 = 1$, $x + y + z = 0$.

22. 求有心二次曲线 $Ax^2 + 2Bxy + Cy^2 = 1$ 的半轴之长.

23. 在周长为 $2p$ 的三角形中, 求绕着它一边旋转所得的体积为最大的那个三角形.

24. 分解正数 a 为 n 个正的因数, 使得它们的倒数和为最小.

第 9 章总习题

1. $f(x,y) = \begin{cases} (x+y)^p \sin \dfrac{1}{\sqrt{x^2+y^2}}, & \text{当 } x^2+y^2 \neq 0, \\ 0, & \text{当 } x^2+y^2 = 0. \end{cases}$

其中 p 为正整数. 指出: (1) 使 $f(x,y)$ 在原点连续的所有正整数 p; (2) 使 $f'_x(0,0)$, $f'_y(0,0)$ 都存在的所有正整数 p; (3) 使 $f'_x(x,y)$, $f'_y(x,y)$ 在原点连续的所有正整数 p.

2. 设 $f'_x(x_0,y_0)$ 存在, 而 $f'_y(x,y)$ 在 (x_0,y_0) 邻域内连续, 试证 $f(x,y)$ 在 (x_0,y_0) 可微.

3. 在 $\triangle ABC$ 中, 以 a,b,c 分别表示 $\angle A, \angle B, \angle C$ 的对边, S 表示面积, 证明下面的微分等式:

(1) $\mathrm{d}c = \cos B \, \mathrm{d}a + \cos A \, \mathrm{d}b + a \sin B \, \mathrm{d}C$;

(2) $8S \, \mathrm{d}S = a(b^2+c^2-a^2)\mathrm{d}a + b(c^2+a^2-b^2)\mathrm{d}b + c(a^2+b^2-c^2)\mathrm{d}c$.

4. 设 $\dfrac{x^2}{a^2} + \dfrac{y^2}{b^2} + \dfrac{z^2}{c^2} = 1$, $\dfrac{x^2}{a^2+\lambda} + \dfrac{y^2}{b^2+\lambda} + \dfrac{z^2}{c^2+\lambda} = 1$ $(a^2 \neq b^2 \neq c^2)$. 求证 $\dfrac{x(b^2-c^2)}{\mathrm{d}x} + \dfrac{y(c^2-a^2)}{\mathrm{d}y} + \dfrac{z(a^2-b^2)}{\mathrm{d}z} = 0$.

5. 设 $f(x,y,z)$ 为 n 次齐次函数,直到二阶的一切偏导数都连续,证明:

(1) f'_x, f'_y, f'_z 都是 $n-1$ 次齐次函数;

(2) $\begin{vmatrix} f_{xx} & f_{xy} & f_{xz} & f_x \\ f_{yx} & f_{yy} & f_{yz} & f_y \\ f_{zx} & f_{zy} & f_{zz} & f_z \\ f_x & f_y & f_z & 0 \end{vmatrix} \div \begin{vmatrix} f_{xx} & f_{xy} & f_{xz} \\ f_{yx} & f_{yy} & f_{yz} \\ f_{zx} & f_{zy} & f_{zz} \end{vmatrix} = -\frac{n}{n-1} f.$

6. 证明:方程组

$$uy+vx+w+x^2=0, \quad uvw+x+y+1=0$$

在 $(u,v,w)=(2,1,0)$ 的邻域内定义两对隐函数

$$x=f_i(u,v,w), \quad y=g_i(u,v,w) \quad (i=1,2),$$

分别求出它们在 $u=2, v=1, w=0$ 时的雅可比矩阵.

7. 设 $f(x,y) \in C^2$,且 $\Delta = f''_{xx} f''_{yy} - f''_{xy}{}^2 \neq 0$. 证明变换 $u = f'_x(x,y)$, $v = f'_y(x,y)$, $w = -z + x f'_x + y f'_y$ 在每一点邻近都有唯一的逆变换,并且可写作

$$x=g'_u(u,v), y=g'_v(u,v), z=-w+ug'_u+vg'_v.$$

8. 设可微函数 $f(x,y,z)$ 为 n 次齐次函数,证明:

(1) 若 $f(x,y,z)=0$ 能定义可微函数 $z=\varphi(x,y)$,则 $\varphi(x,y)$ 为一次齐次函数;

(2) 若 x,y,z 都是 u,v,w 的可微的 p 次齐次函数,则 $F(u,v,w)=f(x(u,v,w),y(u,v,w),z(u,v,w))$ 是 np 次齐次函数.

9. 设 $z=z(x,y)$ 满足

$$z=f(x,y,t,u), g(y,t,u)=0, h(x,t,u)=0.$$

求 $\dfrac{\partial z}{\partial x}$ 及 $\dfrac{\partial z}{\partial y}$.

10. 设 $u=f(z)$,其中 z 是由方程 $z=x+y\varphi(z)$ 所定义的隐函数,$\varphi(z)$ 无穷多次可微,证明

$$\frac{\partial^n u}{\partial y^n} = \frac{\partial^{n-1}}{\partial x^{n-1}} \left\{ \left[\varphi(z) \right]^n \frac{\partial u}{\partial x} \right\} \quad (n=1,2,\cdots).$$

11. 设 $u = a + x \sin u$ 确定 u 为 x 的函数,a 为常数. 将 $u(x)$ 按 x 的幂次展开至三次项.

12. 可微映射 $u = \varphi(x, y)$,$v = \psi(x, y)$ 将 Oxy 平面上交于 $P(x_0, y_0)$ 的曲线 C_1, C_2 映射为 Ouv 平面上交于 $Q(u_0, v_0)$ 的两条对应曲线 l_1, l_2,试证保持交角不变的条件是 $u_x' = v_y'$,$v_x' = -u_y'$.

13. 设 $F(x, y)$ 在 (x_0, y_0) 的邻域内有二阶连续偏导数,且 $F(x_0, y_0) = 0$,$F_x'(x_0, y_0) = 0$,$F_{x^2}''(x_0, y_0) F_y'(x_0, y_0) \neq 0$,试证由 $F(x, y) = 0$ 在 (x_0, y_0) 邻近所定义的隐函数在 x_0 有极值,并指出何时取极大何时取极小.

14. 若 $f(x, y)$ 在点 M_0 有极小值,且 f_{xx}'',f_{yy}'' 在 M_0 存在,试证 $f_{xx}'' + f_{yy}''$ 在 M_0 非负.

15. 设 $F(x, y)$ 在平面区域 G 内有连续的一阶偏导数,$F(x, y) = 0$ 的图形 Γ 在 G 内自身不相交且 $(F_x'^2 + F_y'^2)|_{\Gamma} \neq 0$,试证:若 AB 是 Γ 的一条极大弦(即存在邻域 $U(A)$ 及 $U(B)$,使得当 $C \in U(A) \cap \Gamma$,$D \in U(B) \cap \Gamma$ 时,必有 $|CD| \leqslant |AB|$),则 Γ 在 A, B 的切线必平行.

习题答案与提示

第1章 极限理论

1.1 数列的极限

2. (4) 提示:对各分子、分母分解因式.

(13) 提示:先证当 $k \leqslant n$ 且 $k > 1$ 时有 $k(n-k+1) \geqslant n$.

6. (1) $\dfrac{1}{5}$; (2) $\dfrac{6}{5}$; (3) 0; (4) $+\infty$; (5) $\dfrac{1}{2}$; (6) $\dfrac{1}{1-x}$; (7) 0;

(8) $a > 1$ 时为 1, $a = 1$ 时为 $\dfrac{1}{2}$, $a < 1$ 时为 0; (9) $a > 1$ 时为 1, $a = 1$ 时为

0, $a < 1$ 时为 -1; (10) 1.

7. (1) $-5, 0$; (2) $\dfrac{1}{3}, \dfrac{2}{3}$; (3) $1, \dfrac{1}{2}$; (4) $\dfrac{3}{2}, 4$.

10. 提示:用 $\varepsilon - N$ 法.

11. 提示:取对数.

12. 提示:利用 11 题结果.

13. (1) 1; (2) $\dfrac{1}{p+1}$; (3) $\dfrac{1}{2}$; (4) $\dfrac{2^p}{p+1}$; (5) $\dfrac{a}{2}$.

14. (1) 有界, $\dfrac{3}{2}, -2$; (2) 有界, 1, 0; (3) 无界, $+\infty, 0$; (4) 有界, 1,

-1; (5) 无界, $+\infty, -\infty$.

19. (5) 提示: $\ln n = \ln\left(1 \cdot \dfrac{2}{1} \cdot \dfrac{3}{2} \cdot \cdots \cdot \dfrac{n}{n-1}\right)$.

20. (1) 2; (2) 0; (3) $\sqrt{a}$; (4) 提示:分奇数项和偶数项讨论. $\dfrac{\sqrt{5}-1}{2}$.

24. (1) e^{-1}; (2) e; (3) 1; (4) e^{-1}; (5) e^{-1}.

1.2 函数的极限

2. (1) 发散; (2) 收敛于 0; (3) 发散于 ∞; (4) 收敛于 1.

3. (1) 10; (2) $\frac{1}{2}mn(n-m)$; (3) $\left(\frac{3}{2}\right)^{30}$; (4) $\frac{1}{2}n(n+1)$;

(5) $\frac{1}{2}n(n-1)a^{n-2}$; (6) $\frac{1}{2}n(n+1)$; (7) -1; (8) $\frac{1}{4}$.

4. (1) $\frac{1}{\sqrt{2a}}$; (2) $\frac{7}{36}$; (3) $\frac{a}{m}+\frac{b}{n}$; (4) $\frac{1}{2}(a+b)$; (5) $\frac{1}{n}\sum_{i=1}^{n}a_i$;

(6) 2^n; (7) $2n$; (8) $\frac{m}{n}$.

5. (1) $\frac{1}{2}$; (2) 4; (3) $(-1)^{m-n}\frac{m}{n}$; (4) 0; (5) $\cos\alpha$; (6) $-\sin\alpha$;

(7) 14; (8) $-\frac{\cos 2a}{\cos^4 a}\left(a\neq(2k+1)\frac{\pi}{2}\right)$; (9) 1; (10) $\frac{1}{8}$.

6. (1) 1; (2) $\frac{1}{\sqrt{2}}$; (3) $\frac{1}{p}$; (4) 1; (5) $+\infty$.

7. (1) 1; (2) 1; (3) 2; (4) $\frac{1}{3}$.

8. (1) 3,1; (2) $\frac{1}{2}n(n+1)$,1; (3) 1,π; (4) 1,1; (5) 1,$\frac{1}{n}$;

(6) $\left(3,\frac{1}{2}\right)$.

9. (1) 1,-1; (2) 0,-2; (3) 0,0; (4) $\frac{b}{a},\frac{b}{a}$; (5) $-\infty,-\infty$.

10. (1) 1,0; (2) 1,0.

1.3 实数系的基本定理

2. (1) $[0,1)$; (2) $\varnothing$; (3) $\varnothing$(广义地有$\pm\infty$); (4) $[0,1)$.

4. (1) 0,1; (2) 0,$\left\{\frac{1}{n}\right\}$; (3) a,b; (4) $\{a_n\},\{a_n\}$的极限点.

6. $\frac{1}{3},\frac{2}{3}$.

21. (1) 不存在; (2) 不存在; (3) 不存在; (4) 存在.

第1章总习题

1. (3) 提示:证 $P(n)\leqslant\log_2 n$.

4. 提示:奇、偶项分别考虑.

5. 提示:考虑集合 $F=\{x\,|\,f(x)\geqslant x,x\in[a,b]\}$ 的上确界 x_0.

7. (1) n;　(2) $\dfrac{m}{n}$.

11. 收敛.

第2章　一元连续函数

2.1　连续·间断

2. (1) $\dfrac{3}{2}$;　(2) 0;　(3) 2;　(4) 1.

4. (1) 是;　(2) 不一定.

7. (1) $A=4$ 时连续;$A\neq4$ 时,$x=2$ 为第二类间断,其他点连续;　(2) $x=0$ 为第一类间断,其他点连续;　(3) 连续;　(4) 连续;　(5) $x=1$ 为第一类间断,其他点连续.

9. (1) $f(g(x))$ 连续,$g(f(x))$ 在 $x=0$ 处为可去间断点,其他处连续;

(2) $f(g(x))$ 连续,$g(f(x))$ 连续;

(3) $f(g(x))$ 连续,$g(f(x))$ 在 $x=1$ 处连续,其他处为第二类间断.

10. (1) $k\pi(k\in\mathbf{Z})$,一类;　(2) $n(n\neq0,n\in\mathbf{Z})$,一类;　(3) 连续;　(4) $\pm\sqrt{n}$ $(n\in\mathbf{N})$,一类;　(5) $\dfrac{1}{n}(n\neq0,n\in\mathbf{Z})$,一类;0,可去;　(6) $\pm\dfrac{1}{\sqrt{n}}(n\in\mathbf{N})$, 一类;0,二类;　(7) 0,二类;$\dfrac{1}{n}(n\in\mathbf{Z},n\neq0)$,二类;　(8) $\pm\sqrt{n}(n\in\mathbf{N})$, 一类;　(9) 0,一类;1,一类;2,一类;　(10) $\pm\sqrt{k\pi}(k=0,1,2,\cdots)$,二 类;　(11) -1;一类;　(12) 有理点,可去;　(13) $x\in\mathbf{R}$,二类; (14) $x\neq0$,二类;　(15) ±1,一类;　(16) 0,一类;　(17) ±1,二类; (18) $k\pi\pm\dfrac{\pi}{6}(k\in\mathbf{Z})$,一类.

11. (1) $\dfrac{1}{a}$;　(2) 0;　(3) $\dfrac{3}{2}$;　(4) $\dfrac{3}{2}$;　(5) $-x^{-2}$;　(6) $\dfrac{2a}{b}$;　(7) n;

(8) $-\ln2$;　(9) $\mathrm{e}^{-(a+b)}$;　(10) $\dfrac{\alpha}{\beta}\,a^{a-\beta}$;　(11) $\left(\ln\dfrac{a}{b}\right)^{-1}$;

(12) $\sqrt{ab}$;　(13) e^2;　(14) $\sqrt[q]{b}$;　(15) e^2;　(16) $\sqrt[3]{abc}$;　(17) $\dfrac{2}{3}$;

(18) $\dfrac{1}{\sqrt{ab}}$; (19) 1; (20) 1.

2.2 连续函数的性质

8. (1) 是; (2) 非; (3) 非; (4) 是; (5) 非; (6) 非; (7) 是; (8) 非;是.

11. (1) 是; (2) 是;不一定.

第2章总习题

3. 提示:用反证法.

5. (提示:当 $x \to x_0$ 且 $x \neq x_0$ 时,若 x 为有理数,则 $n \to +\infty$.) $x > 0$ 时无理点处连续,有理点处为可去间断; $x = 0$ 时连续; $x < 0$ 时为第二类间断.

6. 提示:考虑最大(小)点,并利用介值定理.

11. 提示:用反证法.

第3章 导数·微分

3.1 一阶导数·一阶微分

1. (1) $a \Delta x$; (2) $(2ax + b) \Delta x + a (\Delta x)^2$; (3) $a^x (a^{\Delta x} - 1)$;

  (4) $\ln \left(1 + \dfrac{\Delta x}{x} \right)$.

2. (1) 5; (2) 4.1; (3) 4.01; (4) 4.

3. (1) $-\dfrac{1}{x^2}$ $(x \neq 0)$; (2) $-\sin x$; (3) $\dfrac{1}{\cos^2 x}$

  $\left(x \neq k\pi - \dfrac{\pi}{2}, k = 0, \pm 1, \cdots \right)$; (4) $\dfrac{1}{1 + x^2}$; (5) $\dfrac{1}{\sqrt{1 - x^2}}$ $(|x| < 1)$.

4. (1) $-8, 0, 0$; (2) $1 + \dfrac{\pi}{4}$; (3) $\dfrac{1}{2}, \dfrac{1}{2\sqrt{2}}$; (4) $-1, -\dfrac{1}{4}$.

5. $\varphi(a)$.

7. (1) 没有; (2) 不一定.

8. (1) 不一定; (2) 不一定.

9. (1) $10a^3 x - 5x^4$;

  (2) $2(x+2)(x+3)^2 (3x^2 + 11x + 9)$;

(3) $mn[x^{m-1}+x^{n-1}+(m+n)x^{m+n-1}]$;

(4) $mn(ax^m+b)^{n-1}(cx^n+d)^{m-1}(2acx^{m+n-1}+adx^{m-1}+cbx^{n-1})$;

(5) $\dfrac{2(1+x^2)}{(1-x^2)^2}$ $(|x|\neq 1)$; (6) $\dfrac{1-x+4x^2}{(1-x)^3(1+x)^4}$;

(7) $-\dfrac{(1-x)^{p-1}[(p+q)+(p-q)x]}{(1+x)^{q+1}}$ $(x\neq -1)$;

(8) $\dfrac{x^{p-1}(1-x)^{q-1}}{(1+x)^2}[p-(q+1)x-(p+q-1)x^2]$ $(x\neq -1)$;

(9) $\dfrac{1+2x^2}{\sqrt{1+x^2}}$;

(10) $\dfrac{6+3x+8x^2+4x^3+2x^4+3x^5}{\sqrt{2+x^2}\,\sqrt[3]{(3+x^3)^2}}$ $(x\neq \sqrt[3]{-3})$;

(11) $\dfrac{(n-m)-(n+m)x}{(n+m)\cdot\sqrt[n+m]{(1-x)^n(1+x)^m}}$;

(12) $\dfrac{1}{27}\cdot\dfrac{1}{\sqrt[3]{x^2(1+\sqrt[3]{x})^2}}\cdot\dfrac{1}{\sqrt[3]{(1+\sqrt[3]{1+\sqrt[3]{x}})^2}}$ $(x\neq 0, x\neq -1, x\neq -8)$;

(13) $\dfrac{2x^2}{1-x^6}\sqrt[3]{\dfrac{1+x^3}{1-x^3}}$ $(|x|\neq 1)$; (14) $-\dfrac{1}{(1+x^2)^{3/2}}$;

(15) $-\sin 2x\cos(\cos 2x)$;

(16) $\cos x\cdot\cos(\sin x)\cos[\sin(\sin x)]$;

(17) $-\dfrac{8}{3\sin^4 x\,\sqrt[3]{\cot x}}$ $\left(x\neq\dfrac{k\pi}{2}, k\in\mathbf{Z}\right)$;

(18) $-\dfrac{16\cos\dfrac{2x}{a}}{a\sin^3\dfrac{2x}{a}}$ $\left(x\neq\dfrac{k\pi a}{2}, k\in\mathbf{Z}\right)$;

(19) $\dfrac{1}{\sqrt{1+2x-x^2}}$ $(|x-1|<\sqrt{2})$;

(20) $\dfrac{2\,\mathrm{sgn}(\sin x)\cdot\cos x}{\sqrt{1+\cos^2 x}}$ $(x\neq k\pi, k\in\mathbf{Z})$;

(21) $\mathrm{arc}\sin\sqrt{\dfrac{x}{1+x}}$ $(x\geqslant 0)$;

(22) 1 $\left(x\neq k\pi+\dfrac{\pi}{4}, k\in\mathbf{Z}\right)$;

(23) $\dfrac{a+b}{a-b\cos x}$;　(24) $\dfrac{1}{\sqrt{x(1+x^2)}}\dfrac{x^2-1}{1+x+x^2}$;

(25) $\dfrac{4x}{\sqrt{1-x^4}\,\mathrm{arc}\,\cos^3(x^2)}$　$(|x|<1)$;

(26) $\dfrac{1}{x\ln x\ln\ln x}$　$(x>\mathrm{e})$;　(27) $\dfrac{x}{x^4-1}$　$(|x|>1)$;

(28) $\dfrac{1}{2(1+\sqrt{x+1})}$　$(x>-1)$;

(29) $\dfrac{1}{\sin x}$　$(0<x-2k\pi<\pi, k\in\mathbf{Z})$;

(30) $-\dfrac{1}{1+x\ln\dfrac{1}{x}}\dfrac{1+x+\dfrac{1}{x}+\ln\dfrac{1}{x}}{1+x\ln\left(\dfrac{1}{x}+\ln\dfrac{1}{x}\right)}$;

(31) $-\dfrac{1}{\cos x}$　$\left(x\neq k\pi-\dfrac{\pi}{2}, k\in\mathbf{Z}\right)$;

(32) $-2x\mathrm{e}^{-x^2}$;

(33) $-\dfrac{1}{x^2}2^{\tan\frac{1}{x}}\sec^2\dfrac{1}{x}\cdot\ln 2$;

(34) $\mathrm{e}^x[1+\mathrm{e}^{\mathrm{e}^x}(1+\mathrm{e}^{\mathrm{e}^{e^x}})]$;

(35) $(\sin x)^{1+\cos x}(\cot^2 x-\ln\sin x)-(\cos x)^{1+\sin x}(\tan^2 x-\ln\cos x)$

$\left(0<x-2k\pi<\dfrac{\pi}{2}, k\in\mathbf{Z}\right)$;

(36) $\mathrm{th}^3 x$;　(37) $\dfrac{\mathrm{sgn}(\mathrm{sh}\,x)}{\mathrm{ch}\,x}$　$(x\neq 0)$;

(38) $\dfrac{a+b\,\mathrm{ch}\,x}{b+a\,\mathrm{ch}\,x}$;　(39) $-\dfrac{\sin 2x}{\sqrt{1+\cos^4 x}}$;

(40) $-\dfrac{2}{\sqrt{1-x^2}}\mathrm{arc}\,\cos x\ln^2(\mathrm{arc}\,\cos x)$　$(|x|<1)$.

10. (1) $\sqrt[v]{u}\left(\dfrac{u'}{uv}-\dfrac{v'}{v^2}\ln u\right)$　$(u,v\neq 0)$;

(2) $\dfrac{vu'\ln v-uv'\ln u}{uv\ln^2 v}$　$(u\neq 0,v>0)$;

(3) $\dfrac{vv'+uu'}{\sqrt{u^2+v^2}}$　$(u^2+v^2\neq 0)$;

(4) $\dfrac{1}{v^3}(vu'-2uv')$ $(v\neq 0)$；

(5) $\dfrac{vu'-uv'}{u^2-v^2}$ $(u^2+v^2\neq 0)$；

(6) $-\dfrac{uu'+vv'}{(\sqrt{u^2+v^2})^2}$ $(u^2+v^2\neq 0)$.

11. (1) $-2,1$；(2) $-1,0$.

14. (1) $x'_y=\dfrac{x}{x+1}$；(2) $x'_y=\dfrac{1}{1-x+y}$；

(3) $x'_y=\dfrac{1}{\sqrt{1+y^2}}$；(4) $x'_y=\dfrac{1}{1-y^2}$ $(|y|<1)$.

15. (1) 当 $\sqrt{2k\pi}<|x|<\sqrt{(2k+1)\pi}$ $(k=0,1,2,\cdots)$时,$f'_-(x)=f'_+(x)=$

$\dfrac{x\cos x^2}{\sqrt{\sin x^2}},f'_-(0)=-1,f'_+(0)=1,f'_\pm(\mp\sqrt{(2k+1)\pi})=\pm\infty$

$(k\in\mathbf{N}),f'_\pm(\pm\sqrt{2k\pi})=\pm\infty$ $(k\in\mathbf{N})$；

(2) $x\neq 0$ 时,$f'_-(x)=f'_+(x)=\dfrac{xe^{-x^2}}{\sqrt{1-e^{-x^2}}},f'_-(0)=-1,f'_+(0)=1$；

(3) $x\neq\dfrac{2}{2k+1}(k\in\mathbf{Z})$时,

$$f'_-(x)=f'_+(x)=\left(\cos\dfrac{\pi}{x}+\dfrac{\pi}{x}\sin\dfrac{\pi}{x}\right)\cdot\mathrm{sgn}\left(\cos\dfrac{\pi}{x}\right),$$

$$f'_-\left(\dfrac{2}{2k+1}\right)=-(2k+1)\dfrac{\pi}{2},f'_+\left(\dfrac{2}{2k+1}\right)=(2k+1)\dfrac{\pi}{2}；$$

(4) $x\neq 2$ 时,$f'_-(x)=f'_+(x)=\arctan\dfrac{1}{x-2}-\dfrac{x-2}{(x-2)^2+1},f'_\pm(2)=\pm\dfrac{\pi}{2}$.

16. (1) **R** 内连续；(2) **R** 内连续；

(3) 在 $|x|>1$ 时连续；$|x|=1$ 时为第二类间断；

(4) **R** 内连续.

17. (1) $n>0$ 时处处连续,$n\leqslant 0$ 时 $x=0$ 为第二类间断点,其他点连续；$n>1$ 时处处可导,$n\leqslant 1$ 时 $x=0$ 不可导,其他点可导；$n>2$ 时导数处处连续,$n\leqslant 2$ 时 $x=0$ 为导数的第二类间断点,其他点导数连续；

(2) $x\neq-1$ 时连续、可导、导数连续；$x=-1$ 时连续,不可导；

(3) $x\neq k\pi(k\in\mathbf{Z})$ 时连续、可导、导数连续；$x=k\pi(k\in\mathbf{Z})$ 时连续但不可导；

(4) **R** 内连续、可导、导数连续.

18. (1) $\dfrac{1}{x^2-a^2}\mathrm{d}x$ $(x\neq\pm a)$； (2) $\dfrac{1}{\sqrt{x^2+a}}\mathrm{d}x$；

(3) $\dfrac{\operatorname{sgn}a}{\sqrt{a^2-x^2}}\mathrm{d}x$ $(|x|<|a|)$；

(4) $\dfrac{\mathrm{d}x}{\cos^3x}$ $\left(x\neq k\pi+\dfrac{\pi}{2},k\in\mathbf{Z}\right)$.

19. (1) $-\tan^2x$ $\left(x\neq k\pi+\dfrac{\pi}{2},k\in\mathbf{Z}\right)$； (2) -1 $(|x|<1)$；

(3) $1-4x^3-3x^6$； (4) $\dfrac{1}{2x^2}\left(\cos x-\dfrac{\sin x}{x}\right)$.

20. (1) 1.007； (2) 0.4849； (3) 0.8104.

3.2 高阶导数·高阶微分

1. $1,2,6,0$.

2. (1) $\dfrac{3}{4}\sin x-\dfrac{81}{4}\sin 3x$； (2) $a^4\mathrm{e}^{ax}$；

(3) $x\mathrm{e}^x+4\mathrm{e}^x$； (4) $(x^2-12)\sin x-8x\cos x$；

(5) $x\operatorname{sh}x+100\operatorname{ch}x$；

(6) $\dfrac{(-1)^{n-1}n!\,c^{n-1}(ad-bc)}{(cx+d)^{n+1}}$；

(7) $\mathrm{e}^x\left[\dfrac{1}{x}+\displaystyle\sum_{k=1}^n(-1)^k\dfrac{n(n-1)\cdots(n-k+1)}{x^{k+1}}\right]$；

(8) $\dfrac{(a-b)^n}{2}\cos\left[(a-b)x+\dfrac{n}{2}\pi\right]-\dfrac{(a+b)^n}{2}\cos\left[(a+b)x+\dfrac{n}{2}\pi\right]$；

(9) $\mathrm{e}^x2^{\frac{n}{2}}\sin\left(x+\dfrac{n\pi}{4}\right)$；

(10) $\dfrac{(n-1)!\,b^n}{(a^2-b^2x^2)^n}\left[(a+bx)^n+(-1)^{n-1}(a-bx)^n\right]$ $\left(|x|<\dfrac{|a|}{|b|}\right)$.

3. (1) $y''=4x^2f''(x^2)+2f'(x^2),y'''=8x^3f'''(x^2)+12xf''(x^2)$；

(2) $y''=\dfrac{1}{x^4}f''\left(\dfrac{1}{x}\right)+\dfrac{2}{x^3}f'\left(\dfrac{1}{x}\right),y'''=-\dfrac{1}{x^6}f'''\left(\dfrac{1}{x}\right)-\dfrac{6}{x^5}f''\left(\dfrac{1}{x}\right)-$

$$\frac{6}{x^4}f'\left(\frac{1}{x}\right);$$

(3) $y''=\frac{1}{x^2}[f''(\ln x)-f'(\ln x)],$

$\quad y'''=\frac{1}{x^3}[f'''(\ln x)-3f''(\ln x)+2f'(\ln x)];$

(4) $y''=\varphi'^2(x)f''(\varphi(x))+\varphi''(x)f'(\varphi(x)),$

$\quad y'''=\varphi'^3(x)f'''(\varphi(x))+3\varphi'(x)\varphi''(x)f''(\varphi(x))+\varphi'''(x)f'(\varphi(x)).$

5. 提示：将等式 $(x^2-1)u'=2mxu$ 作 $m+1$ 次求导,其中 $u=(x^2-1)^m.$

6. (1) $-\frac{15}{8x^3\sqrt{x}}\mathrm{d}x^3\quad(x>0);$

(2) $\mathrm{e}^x\left(\ln x+\frac{4}{x}-\frac{6}{x^2}+\frac{8}{x^3}-\frac{6}{x^4}\right)\mathrm{d}x^4;$

(3) $\mathrm{e}^u(\mathrm{d}u^4+6\mathrm{d}u^2\mathrm{d}^2u+4\mathrm{d}u\mathrm{d}^3u+3(\mathrm{d}^2u)^2+\mathrm{d}^4u);$

(4) $\frac{2\mathrm{d}u^3}{u^3}-\frac{3\mathrm{d}u\mathrm{d}^2u}{u^2}+\frac{\mathrm{d}^3u}{u};$

(5) $u^{m-2}v^{n-2}\{[m(m-1)v^2\mathrm{d}u^2+2mnuv\,\mathrm{d}u\mathrm{d}v+n(n-1)u^2\mathrm{d}v^2]+uv\cdot$

$\quad(mv\mathrm{d}^2u+nu\mathrm{d}^2v)\};$

(6) $\frac{v^2\mathrm{d}^2u-uv\mathrm{d}^2v-2\mathrm{d}v(v\mathrm{d}u-u\mathrm{d}v)}{v^3}\quad(v>0);$

(7) $\mathrm{e}^x\left[\sum_{k=1}^n\frac{[n(n-1)\cdots(n-k+1)]^2}{k!}x^{n-k}+x^n\right]\mathrm{d}x^n;$

(8) $\frac{(-1)^n n!}{x^{n+1}}\left\{\ln x-\sum_{i=1}^n\frac{1}{i}\right\}\mathrm{d}x^n\quad(x>0).$

7. (1) $\sqrt[6]{\frac{(1-\sqrt{t})^4}{t(1-\sqrt[3]{t})^3}}\quad(t>0,t\neq1);$

(2) $\cot\frac{t}{2}\quad(t\neq2k\pi,k\in\mathbf{Z}).$

8. (1) $-\frac{3}{8}\frac{1+t^2}{t^5};\quad$ (2) $\frac{1}{8}\frac{t^4-1}{t^3}.$

9. (1) $\frac{1-x-y}{x-y};\quad$ (2) $-\sqrt{\frac{y}{x}};\quad$ (3) $\tan\left(\varphi+\arctan\frac{1}{m}\right).$

第3章总习题

1. $|x-a_1|+\cdots+|x-a_n|.$

2. 不一定可微,例如狄利克雷函数.

3. 提示:用反证法.

4. $x \neq 0$ 时, $y' = p \, \text{sgn} \, x \cdot |x|^{p-1}$, $p > 1$ 时 $y'(0) = 0$; $p \leqslant 1$ 时 $x = 0$ 处导数不存在.

5. $\varphi(a)$, $-\varphi(a)$, $\varphi(a) = 0$ 时.

7. $\dfrac{\mathrm{d}h}{\mathrm{d}t} = \dfrac{72}{\pi h^2}$.

8. $A = g'(0)$,

$$f'(x) = \begin{cases} \dfrac{1}{x^2}[xg'(x) + x \sin x - g(x) + \cos x], & \text{当 } x \neq 0, \\ \dfrac{1}{2}(g''(0) + 1), & \text{当 } x = 0, \end{cases}$$

$f(x)$ 的导数连续.

9. 提示:用多项式与指数函数乘积表示各阶导数.

10. 提示:用多项式与正弦、余弦的乘积表示各阶导数.

第4章 利用导数研究函数

4.1 微分学基本定理

3. 提示:研究 $2n$ 次多项式 $p_{2n} = (x^2 - 1)^n$ 的 $1 \sim n$ 阶导数的零点情况.

6. 否.

10. (1) $-\dfrac{1}{3}$; (2) $\dfrac{1}{3}$; (3) $\dfrac{1}{6}\ln a$; (4) 1; (5) $\mathrm{e}^{\frac{2}{\pi}}$;

  (6) $\dfrac{1}{2}$; (7) 1; (8) $\mathrm{e}^{\frac{1}{2}(\ln^2 a - \ln^2 b)}$; (9) a; (10) 0;

  (11) e; (12) 1; (13) e^2; (14) $\mathrm{e}^{-\frac{1}{2}}$; (15) $\displaystyle\prod_{i=1}^{n} a_i$.

11. 不能

4.2 泰勒公式

1. (1) $1 + 2x + 2x^2 - 2x^4 + o(x^4)$;

  (2) $a + \dfrac{x}{ma^{m-1}} - \dfrac{(m-1)x^2}{2m^2 a^{2m-1}} + o(x^2)$;

(3) $1+2x+x^2-\dfrac{2}{3}x^3-\dfrac{5}{6}x^4-\dfrac{1}{15}x^5+o(x^5)$;

(4) $x-\dfrac{1}{18}x^7-\dfrac{1}{3\,240}x^{13}+o(x^{13})$;

(5) $-\dfrac{1}{2}x^2-\dfrac{1}{12}x^4-\dfrac{1}{45}x^6+o(x^6)$;

(6) $(x-1)+(x-1)^2+\dfrac{1}{2}(x-1)^3+o((x-1)^3)$;

(7) $\left($提示:令 $x'=x-\dfrac{\pi}{2}\right)$　$1-\dfrac{1}{2!}\left(x-\dfrac{\pi}{2}\right)^2+\cdots+(-1)^n\dfrac{1}{2n!}(x-\dfrac{\pi}{2})^{2n}+o\left(\left(x-\dfrac{\pi}{2}\right)^{2n+1}\right)$;

(8) $\ln 2+\dfrac{1}{2}(x-2)+\cdots+(-1)^n\dfrac{1}{n\cdot 2^n}(x-2)^n+o((x-2)^n)$.

2. (1) 3.017;　(2) 0.182;　(3) 0.467;　(4) 1.121.

3. (1) $-\dfrac{1}{12}$;　(2) $-\dfrac{1}{4}$;　(3) $\dfrac{1}{3}$;　(4) $\dfrac{1}{2}$.

4. $\dfrac{1}{a+1}, a+1$.

4.3　函数的局部性质·整体性质

1. (1) $(-\infty,-1]$下降,$[-1,1]$上升,$[1,+\infty)$下降;

(2) $[0,100]$上升,$[100,+\infty)$下降;

(3) $\left[\dfrac{1}{2}k\pi,\dfrac{1}{2}k\pi+\dfrac{\pi}{3}\right]$　$(k\in\mathbf{Z})$上升,$\left[\dfrac{1}{2}kx+\dfrac{\pi}{3},\dfrac{1}{2}(k+1)\pi\right]$　$(k\in\mathbf{Z})$下降;

(4) $(-\infty,0]$下降,$\left[0,\dfrac{2}{\ln 2}\right]$上升,$\left[\dfrac{2}{\ln 2},+\infty\right)$下降;

(5) $[0,n]$上升,$[n,+\infty)$下降.

2. 否.

3. 是.

5. $\sqrt[3]{3}$.

8. (1) 在$(3,+\infty)$内有唯一的根;

(2) $a<-4$ 时有唯一的根在$(-\infty,-1)$内;$a=-4$ 时有两个根,一根为

$x=1$,还有一根在$(-\infty,-1)$内;$|a|<4$ 时有三根,分别在$(-\infty,-1),(-1,1),(1,+\infty)$内;$a=4$ 时有一根为 $x=-1$,还有一根在$(1,+\infty)$内;$a>4$ 时有一根,在$(1,+\infty)$内;

(3) $a<0$ 时,有一根,在$(0,1)$内;$a=0$ 时有一根,$x=1$;$0<a<\mathrm{e}^{-1}$ 时有两根,各在$(1,\mathrm{e}),(\mathrm{e},+\infty)$内;$a=\mathrm{e}^{-1}$ 时有一根,$x=\mathrm{e}$;$a>\mathrm{e}^{-1}$ 时无根.

9. (1) $y\left(\dfrac{1}{2}\right)=\dfrac{9}{4}$(极大); (2) $y(0)=2$(极小);

(3) $y\left(\dfrac{m}{m+n}\right)=\dfrac{m^m n^n}{(m+n)^{m+n}}$(极大);当 m 为偶数时,$y(0)=0$(极小);当 n 为偶数时,$y(1)=0$(极小);

(4) $y(0)=0$(极小);

(5) $y\left(\dfrac{1}{3}\right)=\dfrac{1}{3}\sqrt[3]{4}$(极大),$y(1)=0$(极小).

10. 是.

11. 当 $|q|<-\dfrac{2}{3}p\sqrt{-\dfrac{p}{3}}$ 时$\left(\text{即}\dfrac{p^3}{27}+\dfrac{q^2}{4}<0\text{ 时}\right)$有三个相异实根,当 $|q|>-\dfrac{2}{3}p\sqrt{-\dfrac{p}{3}}$ 或 $p\geqslant 0$ 时$\left(\text{即}\dfrac{p^3}{27}+\dfrac{q^2}{4}>0\text{ 或 }p=q=0\text{ 时}\right)$有一根.

12. $R=\sqrt[3]{\dfrac{v}{2\pi}},h=\sqrt[3]{\dfrac{4v}{\pi}}$.

13. $2\pi\left(1-\sqrt{\dfrac{2}{3}}\right)$.

14. $\dfrac{6}{5}$公里.

15. $\dfrac{1}{n}\sum\limits_{i=1}^{n}x_i$.

16. 当连心线长 $l>r+R\sqrt{\dfrac{R}{r}}$ 时,它到各球中心距离之比等于对应球半径之比的 $\dfrac{3}{2}$ 次方,当 $l\leqslant r+R\sqrt{\dfrac{R}{r}}$ 时,它取值 $l-r$.

19. $y=x-2,x=-3,x=1$.

第4章总习题

2. 提示:作 $F(x)=f(x)-\dfrac{x^n}{\mathrm{e}^x}$.

6. 提示：对 $F(x)=f(x)e^x$，$g(x)=e^x$ 应用柯西定理.

9. 提示：将 $\sqrt{x}f'(x)$ 改写成 $\dfrac{f'(x)}{\dfrac{1}{\sqrt{x}}}$，并应用柯西定理.

12. 提示：对方程取对数.

第5章　实 数 理 论

5.1　实数的公理系统

1. 提示：由 P5，用数学归纳法.

5.3　实数的其他模型

1. 110.011.

2. 100.015625.

4. $1+\cfrac{1}{2+\cfrac{1}{2+\cdots}}$.

第6章　不 定 积 分

本章习题答案中，除6.7外，全部省去了积分常数.

6.1　不定积分·原函数

1. (1) $v=x^2$；　(2) $y=\dfrac{5}{3}x^3$；

3. (1) x^3+2x；　(2) $\dfrac{x^2}{2}+2\sqrt{x}$；　(3) $\dfrac{4^x}{\ln 4}+\dfrac{2\cdot 6^x}{\ln 6}+\dfrac{9^x}{\ln 9}$；

　　(4) $-x+\tan x$；　(5) $\dfrac{a^x}{\ln a}+2\cos x$；　(6) $\dfrac{3}{2}x^{\frac{2}{3}}-\dfrac{6}{5}x^{\frac{5}{3}}+\dfrac{3}{8}x^{\frac{8}{3}}$；

　　(7) $\dfrac{a_0}{n+1}x^{n+1}+\dfrac{a_1}{n}x^n+\cdots+\dfrac{a_{n-1}}{2}x^2+a_n x$；　(8) $\dfrac{4(x^2+7)}{7\sqrt[4]{x}}$；

　　(9) e^x-x.

6.2　换元积分法·分部积分法

2. (1) $-x-2\ln|1-x|$；　(2) $\dfrac{x^2}{2}-x+\ln|1+x|$；　(3) $\dfrac{1}{3}\ln\left|\dfrac{x-1}{x+2}\right|$；

(4) $\dfrac{1}{2\sqrt{b^2-ac}}\ln\left|\dfrac{ax+b-\sqrt{b^2-ac}}{ax+b+\sqrt{b^2-ac}}\right|$,若 $b^2-ac>0$;

$\dfrac{1}{\sqrt{ac-b^2}}\arctan\dfrac{ax+b}{\sqrt{ac-b^2}}$,若 $b^2-ac<0$.

3. (1) $-\dfrac{1}{2(m+n)}\cos(m+n)x-\dfrac{1}{2(m-n)}\cos(m-n)x$;

(2) $\dfrac{1}{2(m-n)}\sin(m-n)x-\dfrac{1}{2(m+n)}\sin(m+n)x$;

(3) $\dfrac{1}{2(m+n)}\sin(m+n)x+\dfrac{1}{2(m-n)}\sin(m-n)x$;

(4) $\dfrac{x}{2}-\dfrac{1}{4m}\sin 2mx$; (5) $\dfrac{x}{2}+\dfrac{1}{4m}\sin 2mx$;

(6) $\dfrac{x}{2}\cos\alpha-\dfrac{1}{4}\sin(2x+\alpha)$; (7) $\tan\dfrac{x}{2}$;

(8) $-\tan\left(\dfrac{\pi}{4}-\dfrac{x}{2}\right)$;

(9) $\dfrac{1}{2}\ln|\sin 2x|$; (10) $\tan x+\dfrac{1}{3}\tan^3 x$; (11) $\tan x-\cot x$.

4. (1) $\dfrac{1}{3}\left[(x+1)^{\frac{3}{2}}-(x-1)^{\frac{3}{2}}\right]$;

(2) $-\dfrac{8+30x}{375}(2-5x)^{\frac{3}{2}}$,提示:$x=-\dfrac{1}{5}(2-5x)+\dfrac{2}{5}$;

(3) $\ln|x|-\dfrac{1}{4x^4}$.

5. (1) $\dfrac{1}{2}\mathrm{e}^{2x}-\mathrm{e}^x+x+\mathrm{e}^{-x}$; (2) $\dfrac{1}{3}\mathrm{e}^{x^3}$; (3) $\dfrac{1}{2}\mathrm{e}^{2x}-\mathrm{e}^x+x$;

(4) $x-\ln(1+\mathrm{e}^x)$; (5) $\dfrac{1}{2}[\mathrm{ch}(2x+1)+\mathrm{sh}(2x-1)]$; (6) $\dfrac{2}{3}\mathrm{sh}^3 x$;

(7) $2\mathrm{th}\dfrac{x}{2}$; (8) $-(\mathrm{th}\,x+\mathrm{cth}\,x)$.

6. (1) $-\sqrt{1-x^2}$; (2) $2\arctan\sqrt{x}$;

(3) $2\mathrm{sgn}\,x\ln(\sqrt{|x|}+\sqrt{|1+x|})$;

(4) $\dfrac{1}{a^2-b^2}\sqrt{a^2\sin^2 x+b^2\cos^2 x}$,若 $a^2\neq b^2$;$\dfrac{1}{2|a|}\sin^2 x$,若 $a^2=b^2$;

(5) $-\dfrac{1}{2}$arc tan(cos2x);　(6) 3 $\sqrt[3]{\text{th } x}$;

(7) $\dfrac{2}{3}(-2+\ln x)\sqrt{1+\ln x}$;

(8) $\dfrac{1}{\sqrt{2}}$arc tan$\dfrac{x^2-1}{\sqrt{2}x}$,提示:$\left(1+\dfrac{1}{x^2}\right)\mathrm{d}x=\mathrm{d}\left(x-\dfrac{1}{x}\right)$;

(9) $-\dfrac{1}{15}(8+4x^2+3x^4)\sqrt{1-x^2}$;

(10) 2arc sin$\sqrt{\dfrac{x-a}{b-a}}$,提示:令 $x-a=(b-a)\sin^2 t$;

(11) 2 ln($\sqrt{x+a}+\sqrt{x+b}$),若 $x+a>0$, $x+b>0$; $-2\ln(\sqrt{-x-a}+\sqrt{-x-b})$,若$x+a<0$,$x+b<0$,提示:令 $x+a=(b-a)\text{sh}^2 t$.

7. (1) $x(\ln^2 x-2\ln x+2)$;　(2) $-\dfrac{\mathrm{e}^{-2x}}{2}\left(x^2+x+\dfrac{1}{2}\right)$;

(3) $-\dfrac{2x^2-1}{4}\cos 2x+\dfrac{x}{2}\sin 2x$;　(4) $x\ln(x+\sqrt{1+x^2})-\sqrt{1+x^2}$;

(5) x arc sin $x+\sqrt{1-x^2}$;　(6) $\ln\tan\dfrac{x}{2}-\cos x\ln\tan x$;

(7) $x-\dfrac{1-x^2}{2}\ln\dfrac{1+x}{1-x}$.

8. (1) $\dfrac{x}{2}\sqrt{x^2-2}+\ln|x+\sqrt{x^2-2}|$;

(2) $-\dfrac{\text{arc sin }x}{x}-\ln\left|\dfrac{1+\sqrt{1-x^2}}{x}\right|$;

(3) $-\dfrac{x^2+2}{9}\sqrt{1-x^2}+\dfrac{x^3}{3}$arc cos x;

(4) $-\sqrt{x}+(1+x)$arc tan $\sqrt{x}$.

9. $\mathrm{e}^{ax}\left[\dfrac{P(x)}{a}-\dfrac{P'(x)}{a^2}+\cdots+(-1)^n\dfrac{P^{(n)}(x)}{a^{n+1}}\right]$.

11. (1) $I_n=x(\ln x)^n-nI_{n-1}$;　(2) $I_n=x^n\mathrm{e}^x-nI_{n-1}$.

6.3　有理函数的积分

1. (1) $\ln|x-2|+\ln|x+5|$;　(2) $\dfrac{1}{x+1}+\dfrac{1}{2}\ln|x^2-1|$;

(3) $\dfrac{1}{4}\ln\dfrac{x^2+x+1}{x^2-x+1}+\dfrac{1}{2\sqrt{3}}\text{arc tan}\dfrac{\sqrt{3}x}{x^2-1}$;

(4) $\dfrac{1}{2}\text{arc tan }x+\dfrac{1}{4}\ln\dfrac{(x+1)^2}{x^2+1}$;

(5) $-\dfrac{1}{6(x+1)}+\dfrac{1}{6}\ln\dfrac{(x+1)^2}{x^2-x+1}+\dfrac{1}{2}\text{arc tan }x-\dfrac{1}{3\sqrt{3}}\text{arc tan}\dfrac{2x-1}{\sqrt{3}}$;

(6) $\dfrac{2}{5}\ln\dfrac{x^2+2x+2}{x^2+x+\dfrac{1}{2}}+\dfrac{8}{5}\text{arc tan}(x+1)-\dfrac{2}{5}\text{arc tan}(2x+1)$.

2. (1) $\dfrac{x^3+2x}{6(x^4+x^2+1)}$;　　(2) $-\dfrac{x}{x^5+x+1}$.

3. (1) $\dfrac{x(3x^2+5)}{8(x^2+1)^2}+\dfrac{3}{8}\text{arc tan }x$;　　(2) $\dfrac{1}{x^2+2x+2}+\text{arc tan}(x+1)$.

4. $I_n=\dfrac{2ax+b}{(n-1)\Delta(ax^2+bx+c)^{n-1}}+\dfrac{2n-3}{n-1}\cdot\dfrac{2a}{\Delta}I_{n-1}$，其中 $\Delta=4ac-b^2$，

$\dfrac{2x+1}{6(x^2+x+1)^2}+\dfrac{2x+1}{3(x^2+x+1)}+\dfrac{4}{3\sqrt{3}}\text{arc tan}\dfrac{2x+1}{\sqrt{3}}$；

提示：利用恒等式 $4a(ax^2+bx+c)=2(ax+b)^2+(4ac-b^2)$.

5. $I=\dfrac{1}{(b-a)^{m+n-1}}\displaystyle\int\dfrac{(1-t)^{m+n-2}}{t^m}\mathrm{d}t$；

$\dfrac{1}{625}\left(-\dfrac{1}{t}+3t-\dfrac{t^2}{2}-3\ln|t|\right)$，其中 $t=\dfrac{x-2}{x+3}$.

6. $-\displaystyle\sum_{k=0}^{n-1}\dfrac{P_n^{(k)}(a)}{k!\,(n-k)(x-a)^{n-k}}+\dfrac{P_n^{(n)}(a)}{n!}\ln|x-a|$；

提示：利用泰勒公式，将 $P_n(x)$ 在点 a 展开，

7. (1) $-\dfrac{x}{2}+\dfrac{1}{3}\ln|\mathrm{e}^x-1|+\dfrac{1}{6}\ln(\mathrm{e}^x+2)$；　　(2) $x+\dfrac{8}{1+\mathrm{e}^{\frac{x}{4}}}$；

(3) $-2\text{arc sin }\mathrm{e}^{-\frac{x}{2}}$ 或 $2\text{arc tan }\sqrt{\mathrm{e}^x-1}$.

6.4　三角函数有理式的积分

1. (1) $-\dfrac{u}{4}+\dfrac{\sqrt{5}}{16}\ln\left|\dfrac{\sqrt{5}+2u}{\sqrt{5}-2u}\right|$，其中 $u=\sin x$；

(2) $\dfrac{1}{6}\ln\left|\dfrac{(u+1)(u-1)^3}{(2u-1)^4}\right|$，其中 $u=\cos x$；

(3) $-\dfrac{1}{4}\ln(\sin x-\cos x)^2+\dfrac{x}{2}$;

(4) $\dfrac{1}{a-b}\Big[x-\sqrt{\dfrac{b}{a}}\operatorname{arc\,tan}\Big(\sqrt{\dfrac{b}{a}}\tan x\Big)\Big]$;

(5) $\sqrt{2}\operatorname{arc\,tan}\Big(\dfrac{\tan x}{\sqrt{2}}\Big)-x$; (6) $-\ln|a\sin x-\cos^2 x|$;

(7) $-\dfrac{\cos x}{a(a\sin x+b\cos x)}$;

(8) $\dfrac{1}{a^2+1}\big[(a^2-1)x+a\ln(\cos^2 x(a+\tan x)^2)\big]$;

(9) $\sin x-\dfrac{2}{3}\sin^3 x+\dfrac{1}{5}\sin^5 x$;

(10) $\dfrac{1}{\cos x}+\dfrac{1}{3\cos^3 x}+\ln\Big|\tan\dfrac{x}{2}\Big|$.

2. (1) $\ln\dfrac{(t+1)^2}{t^2+1}-\dfrac{2}{t+1}$,其中 $t=\tan\dfrac{\pi}{2}$;

(2) $\dfrac{2}{3}\operatorname{arc\,tan}\dfrac{5t+4}{3}$,其中 $t=\tan\dfrac{x}{2}$;

(3) $2\tan\dfrac{x}{2}-x$;

(4) $\dfrac{1}{4}\tan^2\dfrac{\pi}{2}+\tan\dfrac{x}{2}+\dfrac{1}{2}\ln\Big|\tan\dfrac{x}{2}\Big|$;

(5) $\dfrac{2\operatorname{sgn} a}{\sqrt{a^2-1}}\operatorname{arc\,tan}\sqrt{\dfrac{a-1}{a+1}}\,t$,其中 $t=\tan\dfrac{x}{2}$.

3. (1) $-2\sqrt{\cot x}+\dfrac{2}{3}\sqrt{\tan^3 x}$;

(2) $\dfrac{1}{2\sqrt{2}}\ln\dfrac{t^2+\sqrt{2}t+1}{t^2-\sqrt{2}t+1}-\dfrac{1}{\sqrt{2}}\operatorname{arc\,tan}\dfrac{\sqrt{2}t}{t^2-1}$,其中 $t=\sqrt{\tan x}$;

(3) $\dfrac{1}{\sqrt{2}}\ln\dfrac{\sqrt{2}+\sqrt{1+\sin^2 x}}{|\cos x|}$.

4. $\dfrac{1}{\cos(a-b)}\ln\left|\dfrac{\sin(x+a)}{\cos(x+b)}\right|$; $\dfrac{1}{\cos a}\ln\left|\dfrac{\sin\dfrac{x-a}{2}}{\cos\dfrac{x+a}{2}}\right|$.

6.5　某些无理函数的积分

1. (1) $\dfrac{3}{4}t^4-\dfrac{3}{2}t^2-\dfrac{3}{4}\ln|t-1|+\dfrac{15}{8}\ln(t^2+t+2)-\dfrac{27}{4\sqrt{7}}\arctan\dfrac{2t+1}{\sqrt{7}}$，其中

$\qquad t=\sqrt[3]{2+x}$；

(2) $\dfrac{6}{5}x^{\frac{5}{6}}-4x^{\frac{1}{2}}+18x^{\frac{1}{6}}+\dfrac{3x^{\frac{1}{6}}}{1+x^{\frac{1}{3}}}-21\arctan x^{\frac{1}{6}}$；

(3) $-\dfrac{3}{2}\sqrt[3]{\dfrac{x+1}{x-1}}$.

3. (1) $\dfrac{3}{5}t^5-2t^3+3t$，其中 $t=\sqrt{1+\sqrt[3]{x^2}}$；

(2) $\dfrac{3t}{2(t^3+1)}-\dfrac{1}{4}\ln\dfrac{(t+1)^2}{t^2-t+1}-\dfrac{\sqrt{3}}{2}\arctan\dfrac{2t-1}{\sqrt{3}}$，其中 $t=\dfrac{\sqrt[3]{3x-x^3}}{x}$；

(3) $\dfrac{1}{4}\ln\left|\dfrac{t+1}{t-1}\right|-\dfrac{1}{2}\arctan t$，其中 $t=\dfrac{\sqrt[4]{1+x^4}}{x}$.

4. (1) $-\dfrac{\sqrt{x^2+1}}{x}$；

(2) $\dfrac{2x-3}{4}\sqrt{x^2+x+1}-\dfrac{1}{8}\ln\left(\dfrac{1}{2}+x+\sqrt{x^2+x+1}\right)$；

(3) $\dfrac{1-2x}{4}\sqrt{1+x-x^2}-\dfrac{11}{8}\arcsin\dfrac{1-2x}{\sqrt{5}}$；

(4) $\dfrac{1}{\sqrt{2}}\arctan\dfrac{\sqrt{2}x}{\sqrt{1-x^2}}$；　(5) $\dfrac{1}{2\sqrt{2}}\ln\left|\dfrac{\sqrt{x^2+1}+\sqrt{2}x}{\sqrt{x^2+1}-\sqrt{2}x}\right|$；

(6) $\dfrac{1}{\sqrt{a}}\ln|2ax+b+2\sqrt{a(ax^2+bx+c)}|$，若 $a>0$；

$\qquad -\dfrac{1}{\sqrt{|a|}}\arcsin\dfrac{2ax+b}{\sqrt{b^2-4ac}}$，若 $a<0$.

6.7　简单的微分方程

1. $y=\arcsin(C\sin t)$，$y=k\pi$.

2. $1+y^2=C(1+x)$.

3. $y=\ln\left(\mathrm{e}-\dfrac{3}{4}+\dfrac{1}{2}t^2+\dfrac{1}{4}t^4\right)$.

4. $y=\left[9+2\ln\left(\dfrac{x^2+1}{5}\right)\right]^{\frac{1}{2}}$.

5. $y=Ce^a-2x-2$.

6. $\sin\dfrac{y}{x}=Cx$.

7. $x^2-y^2=Cx$.

8. $x^2+2xy-y^2=C$.

9. $x^2-2xy-y^2+2x-6y=C$.

10. $x^2-2xy+y^2+10x+4y=C$.

11. $y=\dfrac{1}{2}(\cos x-\sin x)+Ce^{-x}$.

12. $y=\dfrac{1}{2}+\dfrac{3}{2}e^{1-t^2}$.

13. $y=(x^2+C)\sin x$.

14. $y=(x+1)^n(e^x+C)$.

15. $x=y^2(C-\ln|y|)$，提示：取 y 为自变量.

16. (1) $y=C_1e^{-x}+C_2e^{-2x}$;

   (2) $y=e^{-\frac{x}{2}}\left(C_1\cos\dfrac{\sqrt{3}}{2}x+C_2\sin\dfrac{\sqrt{3}}{2}x\right)$;

   (3) $y=\left(1+\dfrac{x}{3}\right)e^{-\frac{x}{3}}$.

17. (1) $y=C_1e^x+C_2e^{-x}-\dfrac{1}{5}\sin^2x-\dfrac{2}{5}$;

   (2) $y=C_1e^{\frac{x}{3}}+\left(C_2+9x-2x^2+\dfrac{1}{3}x^3\right)e^2$;

   (3) $y=C_1\cos x+C_2\sin x+\cos x\ln|\cos x|+x\sin x$.

18. $2^{\frac{7}{4}}$ 倍.

19. $y^2+2x^2=C$.

20. (1) $I=\dfrac{E_0}{R}\left(1-e^{-\frac{R}{L}t}\right)$;

   (2) $I=\dfrac{\omega LE_0}{R^2+\omega^2L^2}e^{-\frac{R}{L}t}+\dfrac{E_0}{R^2+\omega^2L^2}(R\sin\omega t-\omega L\cos\omega t)$.

第6章总习题

1. $I_1 = \dfrac{1}{3}(3x^2 - 2x + 7)^{\frac{3}{2}}$，$I_2 = -\sqrt{2 - 2x - x^2} - 2\arcsin\dfrac{x+1}{\sqrt{3}}$.

2. $I_n = \dfrac{1}{n-1}\tan^{n-1}x - I_{n-2}$，$I_4 = \dfrac{1}{3}\tan^3 x - \tan x + x$.

3. (1) $\dfrac{1}{2\sqrt{2}}\ln\left|\dfrac{x^2 - \sqrt{2}x + 1}{x^2 + \sqrt{2}x + 1}\right|$；

   (2) $\mathrm{e}^x\tan\dfrac{x}{2}$ 或 $\mathrm{e}^{-x}\cot x + \dfrac{\mathrm{e}^x}{\sin x}$；

   (3) $\dfrac{1}{3}\ln\left|\dfrac{x^3}{x^3 + 1}\right| + \dfrac{1}{3(x^3 + 1)}$.

4. $\dfrac{1}{6}\operatorname{sgn} x \cdot \arctan\sqrt{x^{12} - 1}$.

7. $I = \dfrac{x\,\mathrm{e}^{ax}(a\cos bx + b\sin bx)}{a^2 + b^2} -$

   $\dfrac{\mathrm{e}^{ax}\left[(a^2 - b^2)\cos bx + 2ab\sin bx\right]}{(a^2 + b^2)^2}$；

   $J = \dfrac{x\,\mathrm{e}^{ax}(a\sin bx - b\cos bx)}{a^2 + b^2} -$

   $\dfrac{\mathrm{e}^{ax}\left[(a^2 - b^2)\sin bx - 2ab\cos bx\right]}{(a^2 + b^2)^2}$.

8. 在计算 I 时，令 $t = \arctan x$.

   $I = I_2 = \dfrac{2x^2 + 2ax + a^2 + a}{a(a^2 + 4)(x^2 + 1)}\mathrm{e}^{a\arctan x}$.

9. $a_1 + \dfrac{a_2}{1!} + \dfrac{a_3}{2!} + \cdots + \dfrac{a_n}{(n-1)!} = 0$.

10. 将 $\dfrac{x}{(x^3 + a^3)^{n-1}}$ 微分，然后再积分，可得递推公式：

    $I_n = \dfrac{1}{3(n-1)a^3} \cdot \dfrac{x}{(x^3 + a^3)^{n-1}} + \dfrac{3n-4}{3(n-1)a^3}I_{n-1}$,

    $I_1 = \dfrac{1}{3a^2}\left[\ln\dfrac{|x+a|}{\sqrt{x^2 - ax + a^2}} + \sqrt{3}\arctan\dfrac{2x-a}{\sqrt{3}a}\right]$.

11. $J_{2,1} = \dfrac{x^2}{3(x^3 + 1)} - \dfrac{1}{6}\ln|x+1| + \dfrac{1}{18}\ln|x^3 + 1| + \dfrac{1}{3\sqrt{3}}\arctan\dfrac{2x-1}{\sqrt{3}}$,

$$J_{2,-3} = \frac{1}{3x^2(x^3+1)} - \frac{5}{6x^2} - \frac{5}{6}\ln|x+1| + \frac{5}{18}\ln|x^3+1| -$$

$$\frac{5}{3\sqrt{3}}\arctan\frac{2x-1}{\sqrt{3}}.$$

13. 为计算 I_1，令 $y=tx$，则 $x=\dfrac{1}{t^2(1-t)}$，$y=\dfrac{1}{t(1-t)}$，

　　$I_1=\dfrac{3y}{x}-2\ln\left|\dfrac{y}{x}\right|$；为计算 I_2，令 $x-y=t$，则 $x=\dfrac{t^3}{t^2-1}$，$y=\dfrac{t}{t^2-1}$，$I_2=$

　　$\dfrac{1}{2}\ln|(x-y)^2-1|$.

14. $I=\varphi(x)+C$，其中 $\varphi(x)=\begin{cases} x, & \text{若 }|x|\leqslant 1, \\ \dfrac{x^3}{3}+\dfrac{2}{3}\operatorname{sgn}x, & \text{若 }|x|>1. \end{cases}$

15. $I=\varphi(x)+C$，其中 $\varphi(x)=\begin{cases} x-\dfrac{x^3}{3}, & \text{若 }|x|\leqslant 1, \\ x-\dfrac{x|x|}{2}+\dfrac{1}{6}\operatorname{sgn}x, & \text{若 }|x|>1. \end{cases}$

16. $f(x)=\begin{cases} x, & \text{当 }-\infty<x\leqslant 0, \\ \mathrm{e}^x-1, & \text{当 }0<x<+\infty. \end{cases}$

17. $y=C\mathrm{e}^{-\varphi(x)}+\varphi(x)-1$.

18. $\varphi(x)=\mathrm{e}^{3x}$.

19. $p(t)=\dfrac{m(t)}{200}$，其中 $m(t)=m_0\mathrm{e}^{-0.02t}+100(1-\mathrm{e}^{-0.02})$.

第7章　定积分

7.1　定积分及其存在条件

1. $12\dfrac{1}{2}$.

2. (1) $s_n=16\dfrac{1}{4}-\dfrac{175}{2n}+\dfrac{125}{4n^2}$,　$S_n=16\dfrac{1}{4}+\dfrac{175}{2n}+\dfrac{125}{4n^2}$.

　 (2) $s_n=\dfrac{10230}{n(2^{\frac{10}{n}}-1)}$,　$S_n=\dfrac{10230\cdot 2^{\frac{10}{n}}}{n(2^{\frac{10}{n}}-1)}$.

7.2 几类可积函数

2. (1) 可积； (2) 可积； (3) 不可积.

6. (1) 1； (2) $v_0 t + \frac{1}{2} g t^2$.

7.3 定积分的性质

3. f, g 之一恒为零或 $f = -\lambda g, g = -\lambda f$ 之一成立.

9. (1) $\frac{4\pi}{3} < I < 4\pi$； (2) $\sqrt{2} e^{-\frac{1}{2}} < I < \sqrt{2}$.

7.4 定积分的计算

1. (1) $-\sin 2x \cdot f(\cos^2 x)$； (2) $f(x+b) - f(x+a)$； (3) 1.

3. (1) $\frac{1}{2}$； (2) $\frac{2}{\pi}$； (3) $\frac{1}{4}(b^3 + b^2 a + ba^2 + a^3)$.

5. (1) $a+b$； (2) $6\frac{2}{3}$；

(3) $\frac{m}{m^2 - n^2} - \frac{1}{2(m+n)} \cos \frac{(m+n)\pi}{2} - \frac{1}{2(m-n)} \cos \frac{(m-n)\pi}{2}$，若 $m \neq n$；

$\frac{\pi}{4}$，若 $m = n$；

(4) $\frac{4}{3}$； (5) $315\frac{1}{26}$； (6) $\frac{1}{4}(1 - \ln 2)$； (7) -4π；

(8) $\frac{5}{3}$； (9) 0； (10) $\frac{5}{27} e^3 - \frac{2}{27}$；

(11) $\frac{2}{3}\pi - \frac{\sqrt{3}}{2}$； (12) $\frac{\pi}{2 \sin \alpha}$； (13) 1； (14) 1；

(15) $\frac{a^4 \pi}{16}$； (16) $\frac{\pi}{8} \ln 2$； (17) $\frac{\pi^2}{36}$.

6. (1) $(-1)^n \left[\frac{\pi}{4} - \left(1 - \frac{1}{3} + \frac{1}{5} - \cdots + \frac{(-1)^{n-1}}{2n-1}\right) \right]$； (2) $\frac{\pi}{2^{n+1}}$；

(3) $2^{2n} \cdot \frac{(n!)^2}{(2n+1)!}$.

10. (1) -1； (2) $14 - \ln 7!$； (3) $\frac{30}{\pi}$； (4) $\ln n!$.

11. (1) $\frac{\theta}{50\pi}$ $(0 < \theta < 1)$； (2) $\frac{\theta}{a}$ $(|\theta| \leqslant 1)$.

7.5 定积分的近似计算

1. 0.8352.

2. 17.322

7.6 定积分的应用

1. (1) $\dfrac{a^2}{3}$； (2) $9.9-8.1\lg e \approx 6.38$； (3) $\dfrac{\pi}{2}$； (4) $\dfrac{4}{3}a^3$；

   (5) $\dfrac{3}{8}\pi a^2$； (6) $\dfrac{3}{2}a^2$，提示：化为极坐标； (7) a^2； (8) $\dfrac{a^2\pi}{4}$.

2. $(3\pi+2):(9\pi-2)$.

3. (1) $\dfrac{8}{15}$； (2) $\dfrac{16}{3}a^3$； (3) $\dfrac{16}{15}a^2\sqrt{ab}$； (4) $\dfrac{4\sqrt{2}\pi}{3}a^3$.

4. (1) (a) $\dfrac{\pi^2}{2}$； (b) $2\pi^2$· (2) (a) $6a^3\pi^3$； (b) $7a^3\pi^2$.

7. (1) $\dfrac{8}{27}(10\sqrt{10}-1)$； (2) $\dfrac{e^2+1}{4}$； (3) $a\ln\dfrac{a+b}{a-b}-b$；

   (4) $\dfrac{4(a^3-b^3)}{ab}$； (5) $\left(1+\dfrac{\ln(1+\sqrt{2})}{\sqrt{2}}\right)a$； (6) $8a$；

   (7) $p[\sqrt{2}+\ln(1+\sqrt{2})]$； (8) $2+\dfrac{1}{2}\ln 3$.

10. (1) $\left[\sqrt{5}-\sqrt{2}+\ln(\dfrac{(\sqrt{2}+1)(\sqrt{5}-1)}{2})\right]\pi$. (2) $4\pi^2 ab$.

    (3) (a) $\dfrac{64}{3}\pi a^2$； (b) $16\pi^2 a^2$； (c) $\dfrac{32}{3}\pi a^2$.

    (4) (a) $2\pi a^2(2-\sqrt{2})$； (b) $2\pi a^2\sqrt{a}$； (c) $4\pi a^2$.

11. $2a^2$.

12. $\left(\dfrac{9}{20}a,\dfrac{9}{20}a\right)$.

13. $W_h=\dfrac{Rh}{R+h}mg$，$W_\infty=mgR$.

14. 0.5 千克重米.

第7章总习题

1. 利用积分的定义.

5. 比较两端所对应的积分和.

6. 设 $\pi=\{t_0,t_1,\cdots,t_n\}$ 是 $[a,b]$ 的一个分割,则 $\pi'=\{f(t_0),f(t_1),\cdots,f(t_n)\}$ 是区间 $[f(a),f(b)]$ 的一个分割. 算计 $s(f,\pi)+S(f^{-1},\pi')$,其中 $s(f,\pi)$ 表示函数 f 相应于分割 π 的下和,而 $S(f^{-1},\pi')$ 表示函数 f^{-1} 相应于分割 π' 的上和.

7. (1) 分部积分;

   (2) 对不等式 $(a-r)f(r)<\displaystyle\int_r^a f(x)\mathrm{d}x$ $(0<r<a)$ 右端的积分用(1)所证得的结果;

   (3) 在(2)的结果中取 $f(x)=x^{p-1}$ $(p>1)$.

12. 对 $\displaystyle\int_0^x f(u)\mathrm{d}u$ 应用积分第一中值定理.

13. 在积分 $\displaystyle\int_n^{n^2}\left(1+\frac{1}{2t}\right)^t\sin\frac{1}{\sqrt{t}}\mathrm{d}t$ 中令 $t=y^2$,并利用积分中值定理.

16. 求出 $f(x)$,再积分.

22. 6 cm.

23. 曲线 $y=Cx^4$ 绕 Oy 轴旋转.

24. (1) 2.

第8章 多元函数

8.1 欧几里得空间

7. (1) $\{(x,y)\,|\,0<y<x+1,x>-1\}$,
   $\{(x,y)\,|\,x\geqslant-1,y=0\}\bigcup\{(x,y)\,|\,y=x+1,x\geqslant-1\}$;

   (2) $\{(r\cos\theta,r\sin\theta)\,|\,0<r<1,0<\theta<2\pi\}$,圆周 $x^2+y^2=1$ 与连接点 $(0,0)$,$(1,0)$ 的线段之并集;

   (3) $\varnothing,\mathbf{R}^2$;   (4) $\varnothing$,所给集合本身;   (5) $\varnothing$,所给集合与原点之并集.

8. (1) (2)是开集,(4)是闭集.

11. (1) $(0,1)$;

   (2) $\left\{\left(\dfrac{1}{n},1\right)\,|\,n=1,2,\cdots\right\}\bigcup\left\{\left(0,\dfrac{m+1}{m}\right)\,|\,m=1,2,\cdots\right\}\bigcup(0,1)$;

   (3) $\{(x,1)\,|\,x\geqslant0\}\bigcup\{(x-1)\,|\,x\leqslant0\}$.

8.2　多元函数及其极限

1. (1) $\{(x,y)|-\infty<x<+\infty,y\geqslant 0\}$；

   (2) $\{(x,y)||x|\leqslant 1,|y|\geqslant 1\}$；

   (3) $\{(x,y)|1\leqslant x^2+y^2\leqslant 4\}$；

   (4) $\{(x,y)|2k\pi\leqslant x^2+y^2\leqslant(2k+1)\pi,k=0,1,2,\cdots\}$；

   (5) $\{(x,y)||y|\leqslant|x|,x\neq 0\}$；

   (6) $\{(x,y)|x^2+y^2-z^2<-1\}$.

3. $\dfrac{2xy}{x^2+y^2}$.

4. $\sqrt{1+x^2}$.

5. $x^2\cdot\dfrac{1-y}{1+y}$.

7. (1) $\dfrac{10}{3}$；　(2) $\ln 2$；　(3) 3；　(4) 2；　(5) 0；　(6) 0；　(7) 0；　(8) 0.

10. (1) $\dfrac{1}{2}$,1；　(2) 1,∞；　(3) 0,1；　(4) 0,1.

8.3　多元函数的连续性

1. (1) $(0,0)$；　(2) 直线 $x+y=0$ 上的一切点；　(3) 坐标轴上的一切点；

   (4) 圆周 $x^2+y^2=1$ 上的一切点；　(5) 坐标面上的一切点；

   (6) (a,b,c).

8.4　向量值函数

1. $\{\theta|0\leqslant\theta<2\pi\},\{(x,y)|x^2+y^2=r^2\}$；$\{(r,\theta)|0\leqslant r<+\infty,0\leqslant\theta<2\pi\}$,$\mathbf{R}^2$.

2. $\{(u,v)|3x_1\leqslant 2v-u\leqslant 3x_2,3y_1\leqslant 2u-v\leqslant 3y_2\}$.

5. (1) $(2,2u,u+v)$；　(2) $(-2v,-6u+6v)$.

第8章总习题

2. (1) 0；　(2) 0.

3. 令 $y=ux$,将 L 的方程写成参数形式.

第9章 多元函数的微分学

9.1 偏导数·全微分

1. $f'_y(1, y) = 1$.

2. (1) $\dfrac{\partial u}{\partial x} = 4y^3 - 8xy^2$, $\quad \dfrac{\partial u}{\partial y} = 4y^3 - 8x^2 y$;

   (2) $\dfrac{\partial u}{\partial x} = \dfrac{y^2 + z^2}{r^3}$, $\dfrac{\partial u}{\partial y} = \dfrac{-xy}{r^3}$, $\dfrac{\partial u}{\partial z} = \dfrac{-xz}{r^3}$, 其中 $r = \sqrt{x^2 + y^2 + z^2}$;

   (3) $\dfrac{\partial u}{\partial x} = yz \cos xyz$, $\quad \dfrac{\partial u}{\partial y} = zx \cos xyz$, $\quad \dfrac{\partial u}{\partial z} = xy \cos xyz$;

   (4) $\dfrac{\partial u}{\partial x} = \dfrac{2x}{y} \sec^2 \dfrac{x^2}{y}$, $\quad \dfrac{\partial u}{\partial y} = -\dfrac{x^2}{y^2} \sec^2 \dfrac{x^2}{y}$;

   (5) $\dfrac{\partial u}{\partial x} = -\dfrac{y}{x^2 + y^2}$, $\quad \dfrac{\partial u}{\partial y} = \dfrac{x}{x^2 + y^2}$;

   (6) $\dfrac{\partial u}{\partial x} = 2xe^{x^2 + 2y^2 + 3z^3}$, $\dfrac{\partial u}{\partial y} = 4ye^{x^2 + 2y^2 + 3z^3}$, $\dfrac{\partial u}{\partial x} = 9z^2 e^{x^2 + 2y^2 - 3z^3}$;

   (7) $\dfrac{\partial u}{\partial x} = \dfrac{yu}{xz}$, $\quad \dfrac{\partial u}{\partial y} = \dfrac{u \ln x}{z}$, $\quad \dfrac{\partial u}{\partial z} = -\dfrac{yu}{z^2} \ln x$;

   (8) $\dfrac{\partial u}{\partial x} = \dfrac{y^2}{x} u$, $\quad \dfrac{\partial u}{\partial y} = zy^{z-1} u \ln x$, $\quad \dfrac{\partial u}{\partial z} = y^2 u \ln x \ln y$;

   (9) $\dfrac{\partial u}{\partial x_i} = \dfrac{-1}{x_1 + x_2 + \cdots + x_n}$, $i = 1, 2, \cdots, n$;

   (10) $\dfrac{\partial u}{\partial x_i} = -\dfrac{2x_i}{\sqrt{1 - (x_1^2 + x_2^2 + \cdots + x_n^2)^2}}$, $i = 1, 2, \cdots, n$.

3. (1) $\dfrac{8}{5}$, -1; (2) $\dfrac{2}{3}$; (3) $-3\sin 1$.

5. (1) $2xy^3 \mathrm{d}x + 3x^2 y^2 \mathrm{d}y$;

   (2) $e^{xyz}(1 + xyz)(yz\mathrm{d}x + zx\mathrm{d}y + xy\mathrm{d}z)$;

   (3) $\dfrac{x\mathrm{d}x + y\mathrm{d}y}{x^2 + y^2}$; (4) $\dfrac{x\mathrm{d}x + y\mathrm{d}y + z\mathrm{d}z}{\sqrt{x^2 + y^2 + z^2}}$;

   (5) $(y + z)\mathrm{d}x + (z + x)\mathrm{d}y + (x + y)\mathrm{d}z$;

   (6) $\dfrac{(x^2 + y^2)\mathrm{d}z - 2z(x\mathrm{d}x + y\mathrm{d}y)}{(x^2 + y^2)^2}$.

6. (1) $0,\dfrac{\sqrt{2\pi}}{2}\left(1+\dfrac{\pi}{4}\right)(\mathrm{d}x+\mathrm{d}y)$； (2) $\mathrm{d}x,\mathrm{d}y$； (3) $\mathrm{d}x-\mathrm{d}y$.

7. 0.

12. (1) $\dfrac{\partial u}{\partial x}=f_1'\left(x,\dfrac{x}{y}\right)+\dfrac{1}{y}f_2'\left(x,\dfrac{x}{y}\right),\dfrac{\partial u}{\partial y}=-\dfrac{x}{y^2}f_2'\left(x,\dfrac{x}{y}\right)$；

(2) $\dfrac{\partial u}{\partial x}=af_1'(ax+by,xy)+yf_2'(ax+by,xy)$，

$\dfrac{\partial u}{\partial y}=bf_1'(ax+by,xy)+xf_2'(ax+by,xy)$；

(3) $\dfrac{\partial u}{\partial x}=f_1'+yf_2'+yzf_3',\dfrac{\partial u}{\partial y}=xf_2'+xzf_3',\dfrac{\partial u}{\partial z}=xyf_3'$；

(4) $\dfrac{\partial u}{\partial x}=[f_1'+\psi(y)f_3']\varphi'(x),\dfrac{\partial u}{\partial y}=[f_2'+\varphi(x)f_3']\psi'(y)$；

(5) $\dfrac{\partial u}{\partial x}=f_1'+2xf_2'$， $\dfrac{\partial u}{\partial y}=f_1'+2yf_2'$， $\dfrac{\partial u}{\partial z}=f_1'+2zf_2'$；

(6) $\dfrac{\partial u}{\partial x}=2xf_1'+2xf_2'+2yf_3'$， $\dfrac{\partial u}{\partial y}=2yf_1'-2yf_2'+2xf_3'$.

13. (1) $1+mx+ny$； (2) $x+y$.

14. (1) 108.972； (2) 2.95； (3) 0.502； (4) 0.97.

9.2 高阶偏导数·高阶全微分

1. (1) $\dfrac{\partial^2 u}{\partial x^2}=\dfrac{y(2x^2-y^2)}{r^5}$， $\dfrac{\partial^2 u}{\partial x\partial y}=\dfrac{x(2y^2-x^2)}{r^5}$， $\dfrac{\partial^2 u}{\partial y^2}=\dfrac{-3x^2 y}{r^5}$，其中，

$r=\sqrt{x^2+y^2}$；

(2) $\dfrac{\partial^2 u}{\partial x^2}=-\dfrac{2xy}{(x^2+y^2)^2}$， $\dfrac{\partial^2 u}{\partial x\partial y}=\dfrac{x^2-y^2}{(x^2+y^2)^2}$， $\dfrac{\partial^2 u}{\partial y^2}=\dfrac{2xy}{(x^2+y^2)^2}$；

(3) $\dfrac{\partial^2 u}{\partial x^2}=\dfrac{y(y-z)u}{x^2 z^2}$， $\dfrac{\partial^2 u}{\partial y^2}=\dfrac{u\ln^2 x}{z^2}$， $\dfrac{\partial^2 u}{\partial z^2}=\dfrac{yu\ln x}{z^4}(2z+y\ln x)$，

$\dfrac{\partial^2 u}{\partial x\partial y}=\dfrac{(z+y\ln x)u}{xz^2}$， $\dfrac{\partial^2 u}{\partial z\partial x}=-\dfrac{yu(z+y\ln x)}{xz^3}$，

$\dfrac{\partial^2 u}{\partial y\partial z}=-\dfrac{u\ln x(z+y\ln x)}{z^3}$ $(xz\neq 0)$；

(4) $\dfrac{\partial^2 u}{\partial x^2}=\dfrac{y^z(y^z-1)u}{x^2}$， $\dfrac{\partial^2 u}{\partial y^2}=zy^{z-2}u(z-1+zy^z\ln x)\ln x$，

$$\frac{\partial^2 u}{\partial z^2}=y^z u(1+y^z\ln x)\ln x\ln^2 y, \quad \frac{\partial^2 u}{\partial x\partial y}=\frac{zy^{z-1}u}{x}(1+y^z\ln x),$$

$$\frac{\partial^2 u}{\partial x\partial z}=\frac{y^z u\ln y}{x}(1+y^z\ln x), \quad \frac{\partial^2 u}{\partial y\partial z}=y^{z-1}u\ln x[1+z\ln y(1+$$

$$y^z\ln x)]; \quad (x>0, y>0)$$

(5) $\dfrac{\partial^2 u}{\partial x^2}=2f'+4x^2 f''$, $\quad \dfrac{\partial^2 u}{\partial y^2}=2f'+4y^2 f''$, $\quad \dfrac{\partial^2 u}{\partial z^2}=2f'+4z^2 f''$,

$$\frac{\partial^2 u}{\partial x\partial y}=4xyf'', \quad \frac{\partial^2 u}{\partial y\partial z}=4yzf'', \quad \frac{\partial^2 u}{\partial z\partial x}=4zxf'';$$

(6) $\dfrac{\partial^2 u}{\partial x^2}=f''_{11}+\dfrac{2}{y}f''_{12}+\dfrac{1}{y^2}f''_{22}$,

$$\frac{\partial^2 u}{\partial x\partial y}=-\frac{x}{y^2}f''_{12}-\frac{x}{y^2}f''_{22}-\frac{1}{y^2}f'_2,$$

$$\frac{\partial^2 u}{\partial y^2}=\frac{x^2}{y^4}f''_{22}+\frac{2z}{y^3}f'_2;$$

(7) $\dfrac{\partial^2 u}{\partial x^2}=f''_{11}+y^2 f''_{22}+y^2 z^2 f''_{33}+2yf''_{12}+2yzf''_{13}+2y^2 zf''_{23}$,

$$\frac{\partial^2 u}{\partial y^2}=x^2 f''_{22}+2x^2 zf''_{23}+x^2 z^2 f''_{33}, \quad \frac{\partial^2 u}{\partial z^2}=x^2 y^2 f''_{33},$$

$$\frac{\partial^2 u}{\partial x\partial y}=xyf''_{22}+xyz^2 f''_{33}+xf''_{12}+xzf''_{13}+2xyzf''_{23}+f'_2+zf'_3,$$

$$\frac{\partial^2 u}{\partial x\partial z}=xyf''_{13}+xy^2 f''_{23}+xy^2 zf''_{33}+yf'_3,$$

$$\frac{\partial^2 u}{\partial y\partial z}=x^2 yf''_{23}+x^2 yzf''_{33}+xf'_3.$$

2. (1) $e^{xyz}(1+3xyz+x^2 y^2 z^2)$; (2) $-6(\cos x+\cos y)$;

(3) $p|q|$; (4) $(x+p)(y+q)(z+r)e^{x+y+z}$;

(5) $\dfrac{(-1)^m 2\cdot(m+n-1)!\,(nx+my)}{(x-y)^{m+n+1}}$; (6) $\sin\dfrac{n\pi}{2}$.

6. (1) $w=\dfrac{\partial u}{\partial\varphi}$; (2) $w=\dfrac{\partial^2 u}{\partial\varphi^2}$.

7. $\dfrac{\partial^2 z}{\partial u^2}+\dfrac{\partial^2 z}{\partial v^2}=0$.

8. $\dfrac{\partial^2 z}{\partial u\partial v}=0$.

9. (1) $\dfrac{(y\mathrm{d}x-x\mathrm{d}y)^2}{(x^2+y^2)^{\frac{3}{2}}}$;

(2) $\dfrac{2z\left[(3x^2-y^2)\mathrm{d}x^2+8xy\mathrm{d}x\mathrm{d}y+(3y^2-x^2)\mathrm{d}y^2\right]}{(x^2+y^2)^3}-$

$\dfrac{4(x^2+y^2)(x\mathrm{d}x+y\mathrm{d}y)\mathrm{d}z}{(x^2+y^2)^3}$;

(3) $-\dfrac{2}{y^3}(y\mathrm{d}x-x\mathrm{d}y)\mathrm{d}y$;

(4) $\mathrm{e}^{xy}\left[y^2\mathrm{d}x^2+2(1+xy)\mathrm{d}x\mathrm{d}y+x^2\mathrm{d}y^2\right]$;

(5) $\dfrac{(x\mathrm{d}y-y\mathrm{d}x)^2}{x^4}f''\left(\dfrac{y}{x}\right)-\dfrac{2(x\mathrm{d}y-y\mathrm{d}x)\mathrm{d}x}{x^3}f'\left(\dfrac{y}{x}\right)$;

(6) $(yz\mathrm{d}x+zx\mathrm{d}y+xy\mathrm{d}z)^2f''+2(z\mathrm{d}x\mathrm{d}y+y\mathrm{d}z\mathrm{d}x+x\mathrm{d}y\mathrm{d}z)f'$;

(7) $a^2f''_{11}\mathrm{d}x^2+2abf''_{12}\mathrm{d}x\mathrm{d}y+b^2f''_{22}\mathrm{d}y^2$;

(8) $f''_{11}(y\mathrm{d}x+x\mathrm{d}y)^2+2f''_{12}\cdot\dfrac{y^2\mathrm{d}x^2-x^2\mathrm{d}y^2}{y^2}+f''_{22}\cdot\dfrac{(y\mathrm{d}x-x\mathrm{d}y)^2}{y^2}+$

$2f'_1\mathrm{d}x\mathrm{d}y-2f'_2\dfrac{(y\mathrm{d}x-x\mathrm{d}y)\mathrm{d}y}{y^3}$;

(9) $(f''_{11}+4tf''_{12}+4t^2f''_{22}+6t^2f''_{13}+12t^3f''_{23}+9t^4f''_{33}+2f'_2+6tf'_3)\mathrm{d}t^2$;

(10) $f''_{11}\cdot\dfrac{(y\mathrm{d}x-x\mathrm{d}y)^2}{y^4}+2f''_{12}\cdot\dfrac{(y\mathrm{d}x-x\mathrm{d}y)(z\mathrm{d}y-y\mathrm{d}z)}{y^2z^2}+$

$f''_{22}\dfrac{(z\mathrm{d}y-y\mathrm{d}z)^2}{z^4}-2f'_1\cdot\dfrac{(y\mathrm{d}x-x\mathrm{d}y)\mathrm{d}y}{y^3}-2f'_2\cdot\dfrac{(z\mathrm{d}y-y\mathrm{d}z)\mathrm{d}z}{z^3}$.

10. $-2(\mathrm{d}x-\mathrm{d}y)(\mathrm{d}y+\mathrm{d}z)$.

12. (1) $-8(x\mathrm{d}x+y\mathrm{d}y)^3\cos(x^2+y^2)-12(x\mathrm{d}x+y\mathrm{d}y)(\mathrm{d}x^2+\mathrm{d}y^2)\sin(x+y^2)$;

(2) $-\dfrac{9!\ (\mathrm{d}x+\mathrm{d}y)^{10}}{(x+y)^{10}}$;   (3) $2\left(\dfrac{\mathrm{d}x^4}{x^3}+\dfrac{\mathrm{d}y^4}{y^3}+\dfrac{\mathrm{d}z^4}{z^3}\right)$;

(4) $\displaystyle\sum_{k=0}^{n}\mathrm{C}_n^kf^{(n-k)}(x)g^{(k)}(y)\mathrm{d}x^{n-k}\mathrm{d}y^k$;   (5) $(a\mathrm{d}x+b\mathrm{d}y+c\mathrm{d}z)^nu$.

13. $z=1+x^2y+y^2-2x^4$.

14. $u''_{xx}(x,2x)=u''_{yy}(x,2x)=-\dfrac{4}{3}x,u''_{xy}(x,2x)=\dfrac{5}{3}x$.

15. $1-\dfrac{1}{8}\pi^2(x-1)^2-\dfrac{1}{2}\pi(x-1)\left(y-\dfrac{\pi}{2}\right)-\dfrac{1}{2}\left(y-\dfrac{\pi}{2}\right)^2$.

16. $\displaystyle\sum_{k=0}^{n}\frac{1}{k!}\sum_{l=0}^{k}C_k^l x^{k-l}y^l+\frac{e^{\theta(x+y)}}{(n+1)!}\sum_{l=0}^{n+1}C_{n+1}^l x^{n+1-l}y^l\,(0<\theta<1).$

17. $5+2(x-1)^2-(x-1)(y+2)-(y+2)^2.$

18. 对右端分子的前两项应用泰勒公式.

9.3 向量值函数的导数与可微性

1. (1) $f'(t)=\begin{pmatrix}e^t(\sin t+\cos t)\\2t\cos t-t^2\sin t\end{pmatrix},f'(0)=\begin{pmatrix}1\\0\end{pmatrix},$

(2) $f'(t)=\begin{bmatrix}-\sin t\\\cos t\\1\end{bmatrix},\quad f'\left(\frac{\pi}{4}\right)=\begin{bmatrix}-\dfrac{\sqrt2}{2}\\\dfrac{\sqrt2}{2}\\1\end{bmatrix};$

(3) $g_x'(x,y)=\begin{bmatrix}y\\1\\2x\end{bmatrix},\quad g_y'(x,y)=\begin{bmatrix}x\\1\\-2y\end{bmatrix},\quad g_x'(1,2)=\begin{bmatrix}2\\1\\2\end{bmatrix},$

$g_y'(1,2)=\begin{bmatrix}1\\1\\-4\end{bmatrix};$

(4) $h_u'(u,v,w)=\begin{pmatrix}1\\vwe^{uvw}\end{pmatrix},\quad h_v'(u,v,w)=\begin{pmatrix}2v\\uwe^{uvw}\end{pmatrix},\quad h_w'(u,v,w)=$
$\begin{pmatrix}3w^2\\uve^{uvw}\end{pmatrix},\quad h_u'(1,0,-1)=\begin{pmatrix}1\\0\end{pmatrix},\quad h_v'(1,0,-1)=\begin{pmatrix}0\\-1\end{pmatrix},\quad h_w'(1,$
$0,-1)=\begin{pmatrix}3\\0\end{pmatrix}.$

2. (1) $\begin{bmatrix}yz\cos xyz & zx\cos xyz & xy\cos xyz\\\dfrac{2x}{x^2+y^4+z^6} & \dfrac{4y^3}{x^2+y^4+z^6} & \dfrac{6z^5}{x^2+y^4+z^6}\end{bmatrix};$

(2) $\begin{pmatrix}2e^{2u+\cos 3v} & -3e^{2u+\cos 3v}\sin 3v & 1\\v^2w^3 & 2uvw^3 & 3uv^2w^3\end{pmatrix};$

(3) $\dfrac{1}{(x^2+y+z^2)^2}\begin{bmatrix}-x^2+y^2+z^2 & -2xy & -2xz\\-2xy & x^2-y^2+z^2 & -2yz\\-2zx & -2yz & x^2+y^2-z^2\end{bmatrix}.$

3. (1) $\begin{pmatrix} x+C_1 \\ y+C_2 \\ z+C_3 \end{pmatrix}$; (2) $\begin{pmatrix} \int p(x)\mathrm{d}x+C_1 \\ \int q(y)\mathrm{d}y+C_2 \\ \int r(z)\mathrm{d}z+C_3 \end{pmatrix}$.

5. (1) $\begin{pmatrix} 15 & -3 \\ 54 & 0 \end{pmatrix}$; (2) $\begin{pmatrix} -3 & 0 & 9 \\ 0 & -6\cos 9 & 18\cos 9 \end{pmatrix}$;

(3) $\begin{pmatrix} w\cos^2 uw+\dfrac{1}{2}\sqrt{\dfrac{v}{u}} & 2v\,\mathrm{e}^{v^2+w^2}+\dfrac{1}{2}\sqrt{\dfrac{u}{v}} & 2w\,\mathrm{e}^{v^2+w^2}+u\cos uw \\ 0 & 0 & 0 \\ w\sin 2uw+v & 4v\,\mathrm{e}^{2(v^2+w^2)}+u & u\sin 2uw+4w\,\mathrm{e}^{2(v^2+w^2)} \end{pmatrix}$.

6. (1) $J\boldsymbol{f}\circ\boldsymbol{g}=\begin{pmatrix} \mathrm{e}^s\varphi'(\mathrm{e}^s+\mathrm{e}^{-t}) & -\mathrm{e}^{-t}\varphi(\mathrm{e}^s+\mathrm{e}^{-t}) \\ \mathrm{e}^s\varphi'(\mathrm{e}^s-\mathrm{e}^{-t}) & \mathrm{e}^{-t}\varphi(\mathrm{e}^s-\mathrm{e}^{-t}) \end{pmatrix}$,

$J\boldsymbol{g}\circ\boldsymbol{f}=\begin{pmatrix} \mathrm{e}^{\varphi(x+y)}\,\varphi'(x+y) & \mathrm{e}^{\varphi(x+y)}\,\varphi'(x+y) \\ -\mathrm{e}^{-\varphi(x-y)}\,\varphi'(x-y) & \mathrm{e}^{-\varphi(x-y)}\,\varphi'(x-y) \end{pmatrix}$.

(2) $J\boldsymbol{f}\circ\boldsymbol{g}=\begin{pmatrix} (rq)'_u & qr'_v & rq'_w \\ pr'_u & (rp)'_v & rp'_w \\ pq'_u & qp'_v & (pq)'_w \end{pmatrix}$,

$J\boldsymbol{g}\circ\boldsymbol{f}=\begin{pmatrix} zp'_v+yp'_w & xp'_w & xp'_v \\ yq'_w & zq'_u+xq'_w & yq'_u \\ zr'_v & zr'_u & yr'_u+xr'_v \end{pmatrix}$,

其中诸偏导函数中的变数 u,v,w 应以 $u=yz,v=zx,w=xy$ 代入.

7. (1) $\dfrac{\partial z}{\partial u}=h'_y+h'_y g'_u+(h'_x+h'_y g'_z)f'_u$,

$\dfrac{\partial z}{\partial v}=(h'_x+h'_y g'_x)f'_v+h'_y g'_v$;

(2) $\dfrac{\partial z}{\partial u}=f'_u+f'_y h'_u$, $\quad \dfrac{\partial z}{\partial v}=f'_x g'_v+f'_y h'_v$, $\quad \dfrac{\partial z}{\partial w}=f'_x g'_w$.

9.4 隐函数及其微分法

4. (1) $y'=\dfrac{y^2(1-\ln x)}{x^2(1-\ln y)}$,

$$y''=\frac{y^2\left[y(1-\ln x)^2-2(x-y)(1-\ln x)(1-\ln y)-x(1-\ln y)^2\right]}{x^4(1-\ln y)^3};$$

(2) $y'=\dfrac{1}{1-\epsilon\cos y}$, $y''=\dfrac{-\epsilon\sin y}{(1-\epsilon\cos y)^2}$.

5. (1) $\dfrac{\partial z}{\partial x}=\dfrac{\partial z}{\partial y}=-1$, $\dfrac{\partial^2 z}{\partial x^2}=\dfrac{\partial^2 z}{\partial x\partial y}=\dfrac{\partial^2 z}{\partial y^2}=0$;

(2) $\dfrac{\partial z}{\partial x}=\dfrac{xz}{x^2-y^2}$, $\dfrac{\partial z}{\partial y}=-\dfrac{yz}{x^2-y^2}$, $\dfrac{\partial^2 z}{\partial x^2}=-\dfrac{y^3 z}{(x^2-y^2)^2}$,

$\dfrac{\partial^2 z}{\partial x\partial y}=\dfrac{xyz}{(x^2-y^2)^2}$, $\dfrac{\partial^2 z}{\partial y^2}=-\dfrac{x^2 z}{(x^2-y^2)^2}$.

6. (1) -1;   (2) $-\dfrac{2}{5}$.

7. (1) $\mathrm{d}z=-\dfrac{c^2}{z}\left(\dfrac{x\mathrm{d}x}{a^2}+\dfrac{y\mathrm{d}y}{b^2}\right)$,

$\mathrm{d}^2 z=-\dfrac{c^4}{z^2}\left[\left(\dfrac{x^2}{a^2}+\dfrac{z^2}{c^2}\right)\dfrac{\mathrm{d}x^2}{a^2}+\dfrac{2xy}{a^2 b^2}\mathrm{d}x\mathrm{d}y+\left(\dfrac{y^2}{b^2}+\dfrac{z^2}{c^2}\right)\dfrac{\mathrm{d}y^2}{b^2}\right]$;

(2) $\mathrm{d}z=\dfrac{z(y\mathrm{d}x+z\mathrm{d}y)}{y(x+z)}$, $\mathrm{d}^2 z=\dfrac{-z^2(y\mathrm{d}x-x\mathrm{d}y)^2}{y^2(x+z)^3}$.

9. $F(u,v)$的一阶偏导数连续且 $F_v'\neq 0$.

10. (1) $-\dfrac{y^2 z^2(F_2'^2 F_{11}''-2F_1'F_2'F_{12}''+F_1'^2 F_{22}'')-2z(xF_1'+yF_2')F_1'^2}{(xF_1'+yF_2')^3}$;

(2) $-\dfrac{4(x-z)(y-z)(F_2'^2 F_{11}''-2F_1'F_2'F_{12}''+F_1'^2 F_{22}'')}{(F_1'+2zF_2')^3}+$

$\dfrac{2(F_1'+2xF_2')(F_1'+2yF_2')F_2'}{(F_1'+2zF_2')^3}$.

13. (1) $\dfrac{\mathrm{d}x}{\mathrm{d}z}=\dfrac{y-z}{x-y}$, $\dfrac{\mathrm{d}y}{\mathrm{d}z}=\dfrac{z-x}{x-y}$;

(2) $\begin{bmatrix}\cos\dfrac{v}{u}\\[2mm]-\sin\dfrac{v}{u}+\dfrac{v}{u}\cos\dfrac{v}{u}\end{bmatrix}$, $\begin{bmatrix}\sin\dfrac{v}{u}\\[2mm]\cos\dfrac{v}{u}+\dfrac{v}{u}\sin\dfrac{v}{u}\end{bmatrix}$.

14. $\dfrac{\mathrm{d}x}{\mathrm{d}z}=0$, $\dfrac{\mathrm{d}y}{\mathrm{d}z}=-1$, $\dfrac{\mathrm{d}^2 x}{\mathrm{d}z^2}=-\dfrac{1}{4}$, $\dfrac{\mathrm{d}^2 y}{\mathrm{d}z^2}=\dfrac{1}{4}$.

15. $\mathrm{d}u=\dfrac{1}{2}(\mathrm{d}x+\mathrm{d}y)$, $\mathrm{d}v=-\dfrac{1}{2}\mathrm{d}x+\left(\dfrac{\pi}{4}+\dfrac{1}{2}\right)\mathrm{d}y$, $\mathrm{d}^2 u=\mathrm{d}x^2$, $\mathrm{d}^2 v=$

$\dfrac{1}{2}(\mathrm{d}x-\mathrm{d}y)^2.$

16. $\mathrm{d}u=\dfrac{(\sin v+x\cos v)\mathrm{d}x-(\sin u-x\cos v)\mathrm{d}y}{x\cos v+y\cos u},$

$\mathrm{d}v=\dfrac{(-\sin v+y\cos u)\mathrm{d}x+(\sin u+y\cos u)\mathrm{d}y}{x\cos v+y\cos u},$

$\mathrm{d}^2u=-\mathrm{d}^2v=-\dfrac{(2\cos v\,\mathrm{d}x-x\sin v\,\mathrm{d}v)\mathrm{d}v}{x\cos v+y\cos u}-$

$\dfrac{(2\cos u\,\mathrm{d}y-y\sin u\,\mathrm{d}u)\mathrm{d}u}{x\cos v+y\cos u}.$

17. $\dfrac{\mathrm{d}r}{\mathrm{d}t}=r^3,\quad \dfrac{\mathrm{d}\varphi}{\mathrm{d}t}=-1.$

18. (1) $\dfrac{-1}{(x^2+y^2)^2}\begin{pmatrix}2xy & y^2-x^2\\ x^2-y^2 & 2xy\end{pmatrix};$

(2) $\dfrac{1}{x\cos v+y\cos u}\begin{pmatrix}x\cos v+y\sin v & x\cos v-\sin u\\ y\cos u-\sin v & y\cos u+\sin u\end{pmatrix}.$

19. $\dfrac{1}{4}\begin{pmatrix}3 & -4 & -1\\ 10 & -24 & -2\end{pmatrix}.$

9.5 函数相关·函数独立

2. (1) 函数相关； (2) 函数相关.

9.6 微分学的应用

1. (1) $\dfrac{x-x_0}{-\cos\alpha\sin t_0}=\dfrac{y-y_0}{-\sin\alpha\sin t_0}=\dfrac{z-z_0}{\cos t_0},$

$z-z_0=(x-x_0)\cos\alpha\tan t_0+(y-y_0)\sin\alpha\tan t_0,$

其中 $x_0=a\cos\alpha\cos t_0,y_0=a\sin\alpha\cos t_0,z_0=a\sin t_0;$

(2) $\dfrac{x-x_0}{y_0z_0}=-\dfrac{y-y_0}{z_0x_0}=\dfrac{z-z_0}{x_0y_0},$

$y_0z_0(x-x_0)-z_0x_0(y-y_0)+x_0y_0(z-z_0)=0;$

(3) $y+2=0,x-z=0,x+z=2;$

(4) $\dfrac{x-1}{1}=\dfrac{y-1}{1}=\dfrac{z-1}{2},\quad x+y+2z=4.$

2. (1) $\pm\left(\dfrac{2}{\sqrt{29}},\dfrac{3}{\sqrt{29}},\dfrac{4}{\sqrt{29}}\right);$ (2) $\pm\left(\dfrac{2}{\sqrt{14}},\dfrac{1}{\sqrt{14}},\dfrac{-3}{\sqrt{14}}\right).$

3. $M_1(-1,1,-1)$, $M_2\left(-\dfrac{1}{3},\dfrac{1}{9},-\dfrac{1}{27}\right)$.

5. $\tan\varphi=f'_x(x_0,y_0)\cos\alpha+f'_y(x_0,y_0)\sin\alpha$.

6. (1) $x+y-4z=0$,　$\dfrac{x-2}{1}=\dfrac{y-2}{1}=\dfrac{z-1}{-4}$;

　(2) $2x+4y-z-5=0$,　$\dfrac{x-1}{2}=\dfrac{y-2}{4}=\dfrac{z-5}{-1}$;

　(3) $\dfrac{x}{a}\sin\varphi_0\cos\theta_0+\dfrac{y}{b}\sin\varphi_0\sin\theta_0+\dfrac{z}{c}\cos\varphi_0=1$,

　　$\dfrac{x-a\sin\varphi_0\cos\theta_0}{bc\sin\varphi_0\cos\theta_0}=\dfrac{y-b\sin\varphi_0\sin\theta_0}{ac\sin\varphi_0\sin\theta_0}=\dfrac{z-c\cos\varphi_0}{ab\cos\varphi_0}$.

7. $\cos\varphi=\dfrac{2bz_0}{a\sqrt{a^2+b^2}}(a>0)$.

8. $(0,\pm2\sqrt{2},\mp2\sqrt{2})$,$(\pm2,\mp4,\pm2)$,$(\pm4,\mp2,0)$.

9. $x=\pm\dfrac{a^2}{d}$,$y=\pm\dfrac{b^2}{d}$,$z=\pm\dfrac{c^2}{d}$,其中$d=\sqrt{a^2+b^2+c^2}$.

12. (1) $y\left(1+\dfrac{2x}{p}\right)^{\frac{3}{2}}$;　(2) $\dfrac{2}{3}\sqrt{2ar}$;　(3) $2\sqrt{2ay}$;　(4) $\dfrac{a^2}{3r}$.

15. (1) $z(0,1)=0$ 为极小；　(2) $z(5,2)=30$ 为极小；

　(3) 当 $\dfrac{x}{a}=-\dfrac{y}{b}=\pm\dfrac{1}{\sqrt{3}}$时,$z=-\dfrac{ab}{3\sqrt{3}}$为极小,

　　当 $\dfrac{x}{a}=\dfrac{y}{b}=\pm\dfrac{1}{\sqrt{3}}$时,$z=\dfrac{ab}{3\sqrt{3}}$为极大；

　(4) $z\left(\dfrac{\pi}{3},\dfrac{\pi}{6}\right)=\dfrac{3\sqrt{3}}{2}$为极大；

　(5) $z(1,-1)=-2$ 为极小,　$z(1,-1)=6$ 为极大；

　(6) 当 $x_1=x_2=\cdots=x_n=\dfrac{2}{n^2+n+2}$时,$u=\left(\dfrac{2}{n^2+n+2}\right)^{\frac{n^2+n+2}{2}}$为极大；

　(7) 当 $x_1=2^{\frac{1}{n+1}}$,$x_2=x_1^2$,$\cdots$,$x_n=x_1^n$ 时,$u=(n+1)2^{\frac{1}{n+1}}$为极小.

16. $(1,1,-5)$为最低点,没有最高点.

17. $\dfrac{7}{4\sqrt{2}}$.

18. 各加数相等.

19. 长方体的梭长为 $\dfrac{2a}{\sqrt{3}}, \dfrac{2b}{\sqrt{3}}, \dfrac{2c}{\sqrt{3}}$.

20. 各边之长为 $\dfrac{2p}{3}$ 时面积最大,为 $\dfrac{p^2}{3\sqrt{3}}$.

21. (1) 当 $x=-\dfrac{b\varepsilon}{\sqrt{a^2+b^2}}, y=-\dfrac{a\varepsilon}{\sqrt{a^2+b^2}}$ 时 $z=-\dfrac{\sqrt{a^2+b^2}}{|ab|}$ 为最小值,

   当 $x=\dfrac{b\varepsilon}{\sqrt{a^2+b^2}}, y=-\dfrac{a\varepsilon}{\sqrt{a^2+b^2}}$ 时 $z=\dfrac{\sqrt{a^2+b^2}}{|ab|}$ 为最大值,

   其中 $\varepsilon=\mathrm{sgn}\ ab\neq 0$;

   (2) 当 $x=\dfrac{ab^2}{a^2+b^2}, y=\dfrac{a^2b}{a^2+b^2}$ 时 $z=\dfrac{a^2b^2}{a^2+b^2}$ 为最小;

   (3) $u=\lambda_1$ 为最小, $u=\lambda_2$ 为最大,其中 λ_1, λ_2 是方程 $(A-\lambda)(C-\lambda)-B^2=0$ 的根,且 $\lambda_1 < \lambda_2$;

   (4) $u\left(-\dfrac{1}{3}, \dfrac{2}{3}, -\dfrac{2}{3}\right)=-3$ 为最小, $u\left(\dfrac{1}{3}, -\dfrac{2}{3}, \dfrac{2}{3}\right)=3$ 为最大;

   (5) 在 $M_1\left(\dfrac{1}{\sqrt{6}}, \dfrac{1}{\sqrt{6}}, \dfrac{-2}{\sqrt{6}}\right), M_2\left(\dfrac{1}{\sqrt{6}}, \dfrac{-2}{\sqrt{6}}, \dfrac{1}{\sqrt{6}}\right), M_3\left(\dfrac{-2}{\sqrt{6}}, \dfrac{1}{\sqrt{6}}, \dfrac{1}{\sqrt{6}}\right)$ 诸点 u 取最小 $\dfrac{-1}{3\sqrt{6}}$,在 $N_1\left(\dfrac{-1}{\sqrt{6}}, \dfrac{-1}{\sqrt{6}}, \dfrac{2}{\sqrt{6}}\right), N_2\left(\dfrac{-1}{\sqrt{6}}, \dfrac{2}{\sqrt{6}}, \dfrac{-1}{\sqrt{6}}\right), N_3\left(\dfrac{2}{\sqrt{6}}, \dfrac{-1}{\sqrt{6}}, \dfrac{-1}{\sqrt{6}}\right)$ 诸点 u 取最大 $\dfrac{1}{3\sqrt{6}}$.

22. 半轴的平方 $a^2=\lambda_1, b^2=\lambda_2$ 为方程 $(1-\lambda A)(1-\lambda C)-\lambda^2 B^2=0$ 的根.

23. 三边之长 $\dfrac{p}{2}, \dfrac{3p}{4}, \dfrac{3p}{4}$.

24. 各个因数相等时,得倒数之和的最小值 $\dfrac{n}{\sqrt[n]{a}}$.

第9章总习题

1. (1) 一切正整数; (2) 大于1的所有正整数;

   (3) 大于2的所有正整数.

6. $\dfrac{1}{3}\begin{pmatrix} 0 & -1 & -3 \\ 0 & 1 & -3 \end{pmatrix}$, $\dfrac{-1}{3}\begin{pmatrix} -3 & 2 & -3 \\ 3 & -2 & 9 \end{pmatrix}$.

10. 数学归纳法,注意在所需证明的等式中 u 及 z 都是 x, y 的函数: $z=$

$z(xy), u = f(z(x, y))$.

11. 在第 10 题中,取 $f(z) = z$,并交换 x, y 的地位,可得命题:若方程 $u = y + x\varphi(u)$ 确定隐函数 $u = u(x, y)$,则有公式

$$\frac{\partial^n u}{\partial x^n} = \frac{\partial^{n-1}}{\partial y^{n-2}} \left([\varphi(u)]^n \frac{\partial u}{\partial y} \right).$$

在点 $(x, y) = (0, a)$ 应用此公式.

13. $F''_{x^2}(x_0, y_0) F'_y(x_0, y_0) < 0$ 时取极小,$F''_{x^2}(x_0, y_0) F'_y(x_0, y_0) > 0$ 时取极大.

15. 条件极值的拉格朗日乘数法.

参考文献

[1] Г. М. 菲赫金哥尔茨. 微积分学教程[M]. 北京：高等教育出版社,1956.

[2] 复旦大学(欧阳光中等编). 数学分析[M]. 上海：上海科学技术出版社,1982.

[3] 何琛,史济怀,徐森林. 数学分析[M]. 北京：高等教育出版社,1984.

[4] 华东师范大学数学系. 数学分析[M]. 北京：人民教育出版社,1983.

[5] G. Klambauer. 数学分析[M],孙本旺,译. 长沙：湖南人民教育出版社,1981.

[6] 戈夫曼. 多元微积分[M]. 史济怀,龚升,等,译. 北京：人民教育出版社,1979.

[7] 孙本旺,汪浩. 数学分析中的典型例题和解题方法[M]. 长沙：湖南科学技术出版社,1981.

[8] 徐利治,王兴华. 数学分析中的方法及例题选讲(修订版)[M]. 北京：高等教育出版社,1984.

[9] B. R. 盖尔鲍姆,J. M. H. 奥姆斯特德. 分析中的反例[M]. 高枚,译. 上海：上海科学技术出版社,1980.

[10] 王建午,曹之江,刘景麟. 实数的构造理论[M]. 北京：人民教育出版社,1981.

[11] M. 斯皮瓦克. 流形上的微积分[M]. 齐民友,路见可,译. 北京：科学技术出版社,1985.

[12] 弗列明(美). 多元函数[M]. 庄亚栋,译. 北京：人民教育出版社,1982.

[13] T. M. Apostol. Mathematical Analysis[M]. New York：Addison-Wesley Publishing Company. Inc. , 1957.

[14] R. S. Borden, A Course in Advanced Calculus[M]. New York：North Holland, 1983.

[15]　W. Rudin. Principles of Mathematical Analysis[M]. 3rd. edition. New York：Mcgraw-Hill，1976.

[16]　吉米多维奇. 数学分析习题集[M]. 李荣冻，译. 北京：人民教育出版社，1978.

[17]　B. A. 萨多夫尼. 奥林匹克数学竞赛试题解答集[M]. 王英新，译. 长沙：湖南科学技术出版社，1981.

[18]　G. 波利亚，G. 舍贵. 数学分析中的问题和定理[M]. 张奠宙，宋国栋，等，译. 上海：上海科学技术出版社，1981.

[19]　B. Gelbaum. Problems in Analysis[M]. New York：Springer，1982.

[20]　G. Klambauer. Problems and Propositions in Analysis[M]. Madison Avenue，New York and Basel，1979.